Teilchenphysik ohne Beschleuniger

Von Prof. Dr. rer. nat. Hans Volker Klapdor-Kleingrothaus
Max-Planck-Institut für Kernphysik, Heidelberg
und Dr. rer. nat. Andreas Staudt
Zentrale Forschung Bayer AG, Leverkusen

Mit zahlreichen Abbildungen und Tabellen

 B. G. Teubner Stuttgart 1995

Prof. Dr. rer. nat. Hans Volker Klapdor-Kleingrothaus

Geboren 1942 in Reinbek. Studium der Physik in Hamburg. Promotion 1969, Habilitation 1971. Seit 1969 am Max-Planck-Institut für Kernphysik in Heidelberg. Seit 1980 Professor an der Universität Heidelberg. Physikpreis der DPG 1982.

Dr. rer. nat. Andreas Staudt

Geboren 1964 in Bad Homburg. Studium der Physik an der Universität Heidelberg. Promotion 1991 mit einer Dissertation am Max-Planck-Institut für Kernphysik. Anschließend wissenschaftliche Tätigkeit am MPI in Heidelberg. Seit 1992 Leitender Mitarbeiter in Forschung und Entwicklung der Bayer AG, Leverkusen.

Die Deutsche Bibliothek – CIP-Einheitsaufnahme

Klapdor-Kleingrothaus, Hans Volker:
Teilchenphysik ohne Beschleuniger : mit zahlreichen Tabellen /
von Hans Volker Klapdor-Kleingrothaus und Andreas Staudt. –
Stuttgart : Teubner, 1995
  (Teubner-Studienbücher : Physik)
  ISBN-13: 978-3-519-03088-1   e-ISBN-13: 978-3-322-89144-0
  DOI: 10.1007/978-3-322-89144-0
NE: Staudt, Andreas

Das Werk einschließlich aller seiner Teile ist urheberrechtlich geschützt. Jede Verwertung außerhalb der engen Grenzen des Urheberrechtsgesetzes ist ohne Zustimmung des Verlags unzulässig und strafbar. Das gilt besonders für Vervielfältigungen, Übersetzungen, Mikroverfilmungen und die Einspeicherung und Verarbeitung in elektronischen Systemen.
© B. G. Teubner Stuttgart 1995

Satz: Schreibdienst Henning Heinze, Nürnberg

Vorwort

Viele zentrale Fragen der Teilchenphysik jenseits der Möglichkeiten moderner Beschleuniger lassen sich durch Nicht-Beschleuniger-Experimente untersuchen. Andere hängen in vielfältiger Weise mit der Evolution des Universums und der Kosmologie zusammen. Sich dies und die sich daraus ergebenden Möglichkeiten vor Augen zu führen, mag von besonderer Aktualität sein in einem Augenblick, wo die Elementarteilchenphysik in ein Stadium extremer Anforderungen an neue Beschleunigergenerationen getreten ist. Die rasante Entwicklung und zunehmende Bedeutung von Nicht-Beschleuniger-Experimenten u.a. in zahlreichen Untergrundlabors in den letzten Jahren spricht eine deutliche Sprache. In diesem Buch werden die wichtigsten auf diese Weise gegebenen Möglichkeiten, zum Verständnis der Teilchenphysik beizutragen, zusammengetragen und diskutiert. Wir glauben, damit eine Lücke in der gegenwärtigen Literatur auszufüllen.

Das Buch gibt damit zugleich einen Einblick in aktuelle Aspekte der modernen Physik. Hervorgegangen aus Seminaren an der Universität Heidelberg – wendet es sich an Physikstudenten mittlerer Semester, aber auch an Leser, die sich allgemein für aktuelle Fragen der modernen Physik interessieren, insbesondere auch für die engen Zusammenhänge zwischen Teilchen-, Kern- und Astrophysik.

Zum Dank verpflichtet für kritisches Lesen des Manuskripts und nützliche Ratschläge sind wir den Herren Prof. Ewan Squires (Dep. of Mathematical Science, University of Durham) und Dr. Brian Foster (Physics Dep., University of Bristol), sowie Dr. Martin Hirsch (Max-Planck-Institut für Kernphysik, Heidelberg). Zu danken haben wir ferner Herrn Dr. Jens Bockholt für seine Hilfe beim Schreiben des Manuskripts und Frau Veronika Träumer für die unermüdliche Hilfe bei der Erstellung der Abbildungen.

Besonderen Dank gebührt Herrn Dr. P. Spuhler vom Teubner Verlag für die vertrauensvolle Zusammenarbeit.

Heidelberg/Köln   H.V. Klapdor-Kleingrothaus, A. Staudt
im Sommer 1995

Inhalt

1	**Moderne Elementarteilchentheorien**	**9**
1.1	Die elementaren Bausteine der Materie	10
1.1.1	Einführung	10
1.1.2	Leptonen und Quarks	10
1.1.3	Antiteilchen	13
1.1.4	Aufbau der Hadronen aus Quarks	13
1.2	Die elementaren Wechselwirkungen	14
1.2.1	Einleitung	14
1.2.2	Der Begriff der Wechselwirkung in modernen Quantenfeldtheorien	14
1.2.3	Die Reichweite einer Austauschwechselwirkung	19
1.2.4	Phänomenologie der bekannten Wechselwirkungen	21
1.3	Symmetrien und Invarianzen	26
1.3.1	Symmetrieoperationen in der modernen Physik	26
1.3.2	Modelle für eine T- und CP-Verletzung	32
1.4	Eichtheorien und das Standardmodell	37
1.4.1	Einleitung	37
1.4.2	Das Eichprinzip	38
1.4.3	Die spontane Symmetriebrechung	44
1.4.4	Das Glashow-Weinberg-Salam-Modell	48
1.4.5	Die starke Wechselwirkung	51
1.4.6	Die $SU(3)_c \otimes SU(2)_L \otimes U(1)$-Gruppe – das Standardmodell	53
1.5	Modelle der Großen Vereinigung	55
1.5.1	Motivation von GUT's	55
1.5.2	Effektive Kopplungskonstanten	56
1.5.3	Das $SU(5)$-Modell	60
1.5.4	Das $SO(10)$-Modell	62
1.5.5	Supersymmetrische GUT-Modelle	65
1.5.6	Superstrings	67

1.6	Die Beschreibung von Neutrinos	68
1.6.1	Parität und Ladungskonjugation bei Neutrinos	68
1.6.2	Dirac- und Majoranabeschreibung	70
1.6.3	Die physikalische Neutrinomasse	73
1.6.4	Neutrinos in GUT-Modellen	75
1.7	Ausblick	78
2	**Zur Teilchenphysik mit Beschleunigern**	**82**
2.1	Energieskalen gegenwärtiger und zukünftiger Beschleuniger	83
2.2	Zur Physik an den Beschleunigern bis um die Jahrtausendwende	101
2.2.1	Tests des Standardmodells durch LEP und SLC	108
2.3	Ausblick. Beschleuniger- und Nicht-Beschleuniger-Experimente	123
3	**Das frühe Universum und Teilchenphysik**	**125**
3.1	Das kosmologische Standardmodell	125
3.2	Inflationäre Modelle	133
3.3	Die primordiale Nukleosynthese	134
3.3.1	Beobachtete Häufigkeiten der primordialen Elemente	135
3.3.2	Der Ablauf der Nukleosynthese	136
3.3.3	Die Anzahl der Neutrinoflavours	141
4	**Der Protonzerfall**	**144**
4.1	Die Baryonenzahl	144
4.2	Theoretische Vorhersagen für die Lebensdauer des Protons	146
4.2.1	Der Protonzerfall im $SU(5)$-Modell	146
4.2.2	Der Protonzerfall in supersymmetrischen GUT-Modellen	151
4.3	Experimente zum Protonzerfall	152
4.3.1	Indirekter Nachweis	153
4.3.2	Direkter Nachweis	154
5	**Neutron-Antineutron-Oszillationen, elektrisches Dipolmoment des Neutrons**	**170**
5.1	Das elektrische Dipolmoment von Elementarteilchen	170
5.2	Experimente zur Messung des elektrischen Dipolmoments des Neutrons	174
5.2.1	Das Prinzip der Messungen	174
5.2.2	Der Neutronenspiegel	175

6 Inhalt

5.2.3	Experimente an einem Neutronenstrahl	177
5.2.4	Experimente an gespeicherten Neutronen	179
5.2.5	Das θ-Problem	182
5.2.6	Das elektrische Dipolmoment anderer Teilchen	183
5.3	Neutron-Antineutron-Oszillationen	184
5.3.1	Einleitung	184
5.3.2	Die Phänomenologie der $n\bar{n}$-Oszillationen	186
5.3.3	Experimente zu $n\bar{n}$-Oszillationen	191

6 Experimente zur Bestimmung der Neutrinomasse   **198**

6.1	Die direkte Bestimmung der Neutrinomasse in Zerfallsexperimenten	199
6.1.1	Der Kernbetazerfall und die Masse des Elektronneutrinos	199
6.1.2	Das 17-keV-Neutrino	221
6.1.3	Die Massen von Myon- und Tauneutrino	226
6.2	Der Doppelbetazerfall	228
6.2.1	Einleitung	228
6.2.2	Die verschiedenen Zerfallsmodi	231
6.2.3	Der doppelte Betazerfall im Rahmen der Großen Vereinigungstheorien	236
6.2.4	Die Doppelbeta-Zerfallsraten	241
6.2.5	Experimente zum Doppelbetazerfall	256
6.2.6	Die Neutrinomischung im $0\nu\beta\beta$-Zerfall	289
6.3	Die Supernova SN1987A	293
6.4	Der Neutrinozerfall	298

7 Neutrinooszillationen   **303**

7.1	Einleitung und Phänomenologie der Neutrinooszillationen	303
7.2	Der Formalismus	305
7.2.1	Die Massenmatrix und die Teilchenmischung	305
7.2.2	Flavoroszillationen	307
7.2.3	Zeitliche Mittelwerte	310
7.2.4	Neutrinooszillationen und die Prinzipien der Quantenmechanik	311
7.2.5	Mischung von zwei Neutrinoflavors	314
7.3	Experimente zu Neutrinooszillationen	316
7.3.1	Die Empfindlichkeit verschiedener experimenteller Anordnungen	316
7.3.2	Reaktorexperimente	320

7.3.3	Beschleunigerexperimente	330
7.3.4	Experimente mit solaren Neutrinos	334
7.3.5	Der Mikheyev-Smirnov-Wolfenstein-Effekt	352
7.3.6	Das magnetische Moment des Neutrinos	370
7.3.7	Der Neutrinozerfall	373
7.3.8	Neuere Experimente zum Nachweis solarer Neutrinos	373
7.3.9	Atmosphärische Neutrinos	383

8 Magnetische Monopole 386

8.1	Einleitung, historischer Überblick	386
8.2	Theoretische Konzepte zur Einführung von magnetischen Monopolen	387
8.2.1	Die Symmetrie der Maxwell-Gleichungen	387
8.2.2	Die Diracsche Quantisierungsbedingung	389
8.2.3	GUT-Monopole	394
8.2.4	Die Häufigkeit magnetischer Monopole im Universum	398
8.3	Prinzipien zum Nachweis magnetischer Monopole	401
8.3.1	Induktionstechniken	401
8.3.2	Wechselwirkung von Monopolen mit Materie	403
8.4	Experimentelle Ergebnisse	406
8.4.1	Die Suche nach Dirac-Monopolen	406
8.4.2	Die Suche nach GUT-Monopolen	407

9 Die Suche nach dunkler Materie im Kosmos 416

9.1	Hinweise auf die Existenz dunkler Materie	418
9.1.1	Rotationskurven von Galaxien	418
9.1.2	Die Dynamik von Galaxienhaufen	423
9.1.3	Hinweise aus der Kosmologie	424
9.2	Kandidaten für dunkle Materie	428
9.2.1	Die kosmologische Konstante, MOND-Theorie, zeitabhängige Gravitationskonstante	428
9.2.2	Baryonische dunkle Materie	430
9.2.3	Nicht-baryonische dunkle Materie	431
9.3	Experimente zum Nachweis dunkler Materie	441
9.3.1	Experimente zum Nachweis des Axions	442
9.3.2	Der Nachweis von WIMP's	445
9.3.3	Suche nach Quark-Nuggets (Nuklearíten)	451

10 Fraktionell geladene Teilchen — 452

- 10.1 Das Quark-Confinement … 452
- 10.2 Experimente zur Suche nach freien Quarks … 453
- 10.2.1 Der Millikan-Versuch … 453
- 10.2.2 Erzeugung freier Quarks an Beschleunigern … 455
- 10.2.3 Die Suche in der kosmischen Strahlung … 456
- 10.2.4 Die Suche nach fraktionell geladenen Teilchen in Materie … 459

11 Fünfte Kraft: Theoretische Erwartungen und experimenteller Status — 468

- 11.1 Einleitung … 468
- 11.2 Theoretische Erwartungen … 468
- 11.2.1 Das Äquivalenzprinzip … 469
- 11.2.2 Das Yukawa-Potential in Bosonenaustausch-Modellen … 471
- 11.2.3 Baryonenzahlabhängige fünfte Kraft … 474
- 11.2.4 Quantentheorien der Gravitation … 476
- 11.3 Die experimentelle Suche nach einer fünften Kraft … 478
- 11.3.1 Das geophysikalische Fenster … 478
- 11.3.2 Die Überprüfung des $1/r^2$-Gesetzes … 479
- 11.3.3 Substanzabhängigkeit der Gravitation … 485

12 Zeitabhängigkeit von Naturkonstanten — 499

- 12.1 Einleitung … 499
- 12.2 Vorhersagen der Theorie … 503
- 12.3 Experimente zur Suche nach der Zeitabhängigkeit von Naturkonstanten … 508
- 12.3.1 Die Auslegung von Experimenten … 508
- 12.3.2 Experimente zur gegenwärtigen Variation … 509
- 12.3.3 Experimente zu früheren Variationen … 515
- 12.4 Abschließende Bemerkungen und Ausblick … 524

Literaturverzeichnis — 526

Quellennachweis — 565

Sachverzeichnis — 566

1 Moderne Elementarteilchentheorien

Das Hauptanliegen der Elementarteilchenphysik besteht in der Untersuchung der elementaren Bausteine unserer Welt und der fundamentalen Kräfte, die zwischen diesen Objekten wirken. Hierin spiegelt sich die alte Hoffnung der Menschheit wider, einige einfache, allgemeine Gesetze zu finden, die die heutige Welt in ihrer Vielfalt und Komplexität zu erklären vermögen.

Einer einheitlichen Naturbeschreibung nähert man sich am einfachsten, wenn man in Begriffen von Elementarteilchen und den Wechselwirkungen zwischen ihnen denkt. Man hofft, wenigstens im Prinzip die makroskopischen physikalischen und chemischen Vorgänge auf diese Grundeinheiten zurückführen zu können.

Historisch gesehen wurde diese Lehre des „Atomismus" bereits von Demokrit (ca. 460–370 v. Chr.) eingeführt. Der endgültige Nachweis der Existenz von Atomen ließ jedoch noch lange auf sich warten.

In der Teilchenphysik werden die „unteilbaren" Atome, die für viele Zwecke in der Chemie und Physik bereits als die Grundbausteine überhaupt gelten können, noch weiter zerlegt. In der Atomphysik unterscheidet man bereits zwischen der Hülle und dem Atomkern. Die Kernphysik lehrt uns, daß Atomkerne aus Nukleonen, den Protonen und Neutronen, aufgebaut sind. Nach den Erkenntnissen der Elementarteilchenphysik besitzen Nukleonen noch eine innere Struktur, die durch Quarks und Gluonen erklärt wird, und es wird auch schon über einen Aufbau der Quarks aus Präonen oder anderen Subquarks nachgedacht.

Unser theoretisches Verständnis der fundamentalen Teilchen und Wechselwirkungen beruht im wesentlichen auf zwei wichtigen Errungenschaften der modernen Physik, der Quantenfeldtheorie (QFT) und der Erkenntnis der Bedeutung von Symmetrieprinzipien.

Im folgenden wollen wir kurz die heute bekannten Elementarteilchen und Wechselwirkungen diskutieren, bevor wir auf die Besprechung von Symmetrien sowie der Grundideen von Eichtheorien und Großen Vereinigungsmodellen eingehen.

1.1 Die elementaren Bausteine der Materie

1.1.1 Einführung

Die Elementarteilchenphysik setzte etwa mit der Erforschung von Neutronen und Protonen, den „elementaren" Kernbausteinen, ein und führte schließlich zu den Vorstellungen der Quark-Lepton-Struktur der Materie. Unsere gegenwärtige Vorstellung vom Aufbau der Materie läßt sich grob wie folgt zusammenfassen:

a) Atome bzw. aus Atomen aufgebaute Moleküle bilden die Basis chemischer Substanzen.

b) Atome selbst bestehen aus einem elektrisch positiv geladenen Atomkern (Durchmesser $d \simeq 10^{-15}$m), der von den negativ geladenen Elektronen der Atomhülle ($d \simeq 10^{-10}$m) umgeben ist.

c) Der Atomkern setzt sich aus Protonen und Neutronen, den Nukleonen, zusammen.

d) Streuexperimente mit hochenergetischen Leptonen offenbaren jedoch, daß die Nukleonen selbst aus noch elementareren Bausteinen zusammengesetzt sind. In einem einfachen Modell kann man sich jedes Nukleon aus drei Quarks aufgebaut denken. Aus heutiger Sicht gehören die Quarks zusammen mit den Leptonen (e, μ, τ, ν_e, ν_μ, ν_τ) zu den Elementarteilchen im eigentlichen Sinne, da sie bislang keine innere Struktur erkennen lassen, d.h. als punktförmig betrachtet werden können (Durchmesser $d < 10^{-17}$m).

1.1.2 Leptonen und Quarks

Die elementaren Bausteine der Materie, Leptonen und Quarks, sind Fermionen, d.h. Teilchen mit halbzahligem Spin.

Leptonen unterliegen außer der Gravitation der schwachen, und sofern sie geladen sind, auch der elektromagnetischen Wechselwirkung. An der starken Wechselwirkung nehmen sie nicht teil. Quarks dagegen unterliegen allen vier Kräften.

Man kennt heute sechs Leptonen, das Elektron (e^-), das Myon (μ^-) und das Tauon (τ^-) sowie drei Neutrinos (jedem der drei geladenen Leptonen wird ein neutrales Neutrino zugeordnet – das ν_τ konnte indessen bislang noch nicht direkt nachgewiesen werden). Geordnet nach steigender Masse der geladenen Leptonen können wir folgende drei Leptonenpaare aufschreiben:

$$\begin{pmatrix} e^- \\ \nu_e \end{pmatrix} \ , \ \begin{pmatrix} \mu^- \\ \nu_\mu \end{pmatrix} \ , \ \begin{pmatrix} \tau^- \\ \nu_\tau \end{pmatrix}. \tag{1.1}$$

1.1 Die elementaren Bausteine der Materie

Tab. 1.1 Eigenschaften der Leptonen
(L_i = Flavorbezogene Leptonenzahl, $L = \sum_{i=e,\mu,\tau} L_i$).

Lepton	$Q[e]$	L_e	L_μ	L_τ	L
e^-	−1	1	0	0	1
ν_e	0	1	0	0	1
μ^-	−1	0	1	0	1
ν_μ	0	0	1	0	1
τ^-	−1	0	0	1	1
ν_τ	0	0	0	1	1

Die Eigenschaften sind in Tab. 1.1 zusammengefaßt.

Analog zu den Leptonen existieren die Quarks in mehreren sog. *Flavors*. Fünf Quarksorten konnten bereits experimentell nachgewiesen werden, nämlich das up-Quark (u), das down-Quark (d), das strange-Quark (s), das charm-Quark (c) und das bottom-(beauty-)Quark (b). Die Existenz eines sechsten Flavors, des top-Quarks (t), wird vermutet[1] (siehe Kap. 2).

Ähnlich wie die Leptonen lassen sich die Quarks in Paaren anordnen, wobei sich zwischen den beiden Teilchen eines Paares eine Ladungsdifferenz von einer Elementarladung ($\Delta Q = 1e$) ergibt

$$\begin{bmatrix} Q = 2/3e \\ Q = -1/3e \end{bmatrix} \quad \begin{pmatrix} u \\ d \end{pmatrix}, \quad \begin{pmatrix} c \\ s \end{pmatrix}, \quad \begin{pmatrix} t \\ b \end{pmatrix}. \tag{1.2}$$

Die Eigenschaften der fünf bekannten Quarks (und des erwarteten sechsten) sind in Tab. 1.2 zusammengefaßt.

Tab. 1.2 Eigenschaften der Quarks.

Flavor	Spin	B	I	I_3	S	C	B^*	T	$Q[e]$
u	1/2	1/3	1/2	1/2	0	0	0	0	2/3
d	1/2	1/3	1/2	−1/2	0	0	0	0	−1/3
c	1/2	1/3	0	0	0	1	0	0	2/3
s	1/2	1/3	0	0	−1	0	0	0	−1/3
b	1/2	1/3	0	0	0	0	−1	0	−1/3
t	1/2	1/3	0	0	0	0	0	−1	2/3

I = Isospin, S = Strangeness, C = Charm, Q = Ladung, B = Baryonenzahl, B^* = Bottom, T = Top

---

[1] Für erste experimentelle Hinweise siehe [Abe94,Aba95].

1 Moderne Elementarteilchentheorien

Die in Tab. 1.2 angegebenen Quantenzahlen (Baryonenzahl B, Strangeness S, Charm C, Bottom (oder Beauty) B^*, Isospin I und die Isospinkomponente I_3) genügen der (erweiterten) Gell-Mann-Nishijima-Formel

$$Q = I_3 + \frac{1}{2}(B + S + C + B^*). \tag{1.3}$$

Die genannten elementaren Fermionen werden insgesamt in drei Familien (Generationen) angeordnet:

$$\begin{pmatrix} e^- \\ \nu_e \\ u \\ d \end{pmatrix} \quad \begin{pmatrix} \mu^- \\ \nu_\mu \\ c \\ s \end{pmatrix} \quad \begin{pmatrix} \tau^- \\ \nu_\tau \\ t \\ b \end{pmatrix} \quad \begin{pmatrix} \cdot \\ \cdot \\ \cdot \\ \cdot \end{pmatrix} \tag{1.4}$$

1.Generation 2.Generation 3.Generation 4.Generation?

Jede Familie enthält zwei Leptonen und zwei Quarks. Der wesentliche Unterschied zwischen den einzelnen Generationen besteht in den Teilchenmassen (Abb. 1.1). Die erste Generation enthält die leichtesten Quarks, das leichteste geladene Lepton und vermutlich das leichteste der drei Neutrinos. Die gesamte stabile Materie ist daher ausschließlich aus Mitgliedern der ersten Generation aufgebaut.

Die Einordnung in die drei Familien spiegelt das Verhalten gegenüber der starken, der elektromagnetischen und der schwachen Wechselwirkung wider. Entsprechende Mitglieder aus unterschiedlichen Familien sind bzgl. der genannten Kräfte äquivalent. Nur bzgl. der Gravitation bestehen Unterschiede aufgrund der Massenabhängigkeit.

Auf die Struktur der einzelnen Familien kommen wir bei der Diskussion der Großen Vereinigungstheorien zurück. Die Tatsache, daß es gleich viele Quark- wie Leptonen-Familien gibt, garantiert in gewisser Weise, daß die zugrundeliegende Elementarteilchen-Theorie anomaliefrei ist (siehe

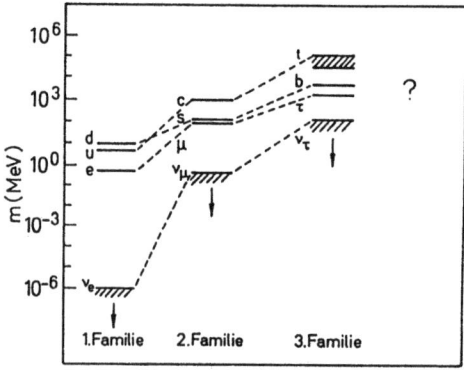

Abb. 1.1
Massenspektrum der bekannten elementaren Fermionen. Die gestrichelten Linien verbinden die einander entsprechenden Teilchen der verschiedenen Familien.

[Gro89,90,92]). Da nach den in Kap. 2 zu besprechenden Ergebnissen von LEP nur drei (leichte) Neutrinoarten existieren, haben wir voraussichtlich mit nur drei Generationen zu rechnen.

Es gibt Vermutungen, daß die bislang diskutierten Quarks und Leptonen noch nicht die kleinsten Bausteine der Materie sind, sondern ihrerseits aus noch elementareren Teilchen, Subquarks (z.B. Präonen), zusammengesetzt sind („composite models", siehe z.B. [Moh86a, Schr85b]). Die verschiedenen Familien könnten dann z.b. als unterschiedliche Anregungszustände gebundener Präonensysteme verstanden werden. Anlaß zu solchen Spekulationen geben sowohl die bisherige historische Entwicklung als auch die bereits wieder relativ große Anzahl der heutigen Elementarteilchen.

1.1.3 Antiteilchen

Zu jedem Teilchen existiert ein Antiteilchen. Teilchen und Antiteilchen besitzen dieselbe Masse, denselben Spin, denselben Isospin und, falls sie instabil sind, auch dieselbe Lebensdauer. Sie unterscheiden sich jedoch im Vorzeichen aller additiven Quantenzahlen wie der elektrischen Ladung oder der Baryonenzahl.

Die Existenz von Antiteilchen mit genau diesen Eigenschaften gehört zu den grundlegenden Folgerungen aus der relativistischen Quantenfeldtheorie (siehe Abschn. 1.3.1). Das Positron etwa, das Antiteilchen des Elektrons, dessen Existenz historisch aus den „Lösungen mit negativer Energie" der Dirac-Gleichung vorhergesagt wurde, wurde 1932 von Anderson in Nebelkammeraufnahmen [And32] entdeckt. Das Antiteilchen eines Fermions f wird häufig mit $\bar{f}$ oder f^C bezeichnet, wobei C den Operator der Ladungskonjugation bedeutet.

1.1.4 Aufbau der Hadronen aus Quarks

Unter dem Sammelbegriff Hadronen faßt man alle Teilchen zusammen, die der starken Wechselwirkung unterliegen. Sie werden in zwei Klassen eingeteilt:

a) Mesonen (ganzzahliger Spin (Bosonen), z.B. π^0, $\pi^\pm$);
b) Baryonen (halbzahliger Spin (Fermionen), z.B. n, p, Δ^0).

Wir glauben heute, daß Hadronen aus Quarks aufgebaut sind. Vor allem Streuexperimente von Elektronen und Neutrinos an Protonen zeigten, daß das Proton eine Struktur und eine räumliche Ausdehnung von ca. 1 fm besitzt.

Im Quarkmodell bestehen Baryonen aus drei Quarks (genau genommen Valenzquarks). Auf die Komplikationen durch See-Quarks wollen wir hier nicht näher eingehen. Quarks besitzen (siehe Tab. 1.2) halbzahligen Spin sowie drittelzahlige Ladungen und Baryonenzahlen. Der Quarkinhalt von Proton und Neutron lautet

$$p \equiv uud$$
$$n \equiv udd \qquad (1.5)$$

Mesonen haben die Baryonenzahl $B = 0$. Sie sind folglich aus einer gleichen Anzahl von Quarks und Antiquarks zusammengesetzt. Die einfachste Annahme eines Quark-Antiquark-Paares vermag bereits erfolgreich die Systematik der gefundenen Mesonen zu beschreiben. Man findet beispielsweise

$$\pi^+ \equiv u\bar{d}$$
$$\pi^- \equiv d\bar{u} \qquad (1.6)$$
$$K^0 \equiv d\bar{s}$$

Zusammenfassend gilt, daß qqq-Systeme mit den Baryonen und $q\bar{q}$-Systeme mit den Mesonen zu identifizieren sind:

$$\text{Baryonen: } qqq, \quad \text{Mesonen: } q\bar{q}. \qquad (1.7)$$

1.2 Die elementaren Wechselwirkungen

1.2.1 Einleitung

Die Wechselwirkungen zwischen den oben genannten elementaren Fermionen können phänomenologisch auf vier fundamentale Kräfte zurückgeführt werden. In der Reihenfolge abnehmender Stärke sind dies die Farbwechselwirkung (starke Wechselwirkung zwischen den Quarks), die elektromagnetische Wechselwirkung, die schwache Wechselwirkung und schließlich die Gravitation. Die unterschiedlichen Stärken sind aufgrund der physikalischen Phänomene offensichtlich, dennoch ist ein quantitativer Vergleich schwierig, da die phänomenologisch definierten Kopplungskonstanten mit unterschiedlichen Dimensionen behaftet sind (vgl. Tab. 1.3), während man für einen Vergleich aber dimensionslose Größen benötigt. Neben diesen vier bekannten Wechselwirkungen werden von Großen Vereinigungstheorien, die diese phänomenologischen Kräfte zusammenfassen, weitere hypothetische Kräfte vorhergesagt.

1.2.2 Der Begriff der Wechselwirkung in modernen Quantenfeldtheorien

Im folgenden sei zunächst kurz die Entwicklung des Kraftbegriffes in der Physik im Laufe der Jahrhunderte diskutiert. In der Newtonschen Gravitationstheorie (17. Jhd.) wird die Kraft als die Wirkung zweier entfernter

Tab. 1.3 Phänomenologie der vier Grundkräfte und der hypothetischen GUT-Wechselwirkung

Wechselwirkung	Stärke	Reichweite R	Austauschteilchen	Beispiel
schwach	$G_F \simeq 1{,}02 \cdot 10^{-5} m_p^{-2}$	$\approx m_W^{-1} \simeq 10^{-3}$ fm	$W^\pm, Z^0$	β-Zerfall
elektromagnet.	$\alpha \simeq 1/137$	∞	γ	Kräfte zwischen elektr. Ladungen
stark (Kern-)	$g_\pi^2/4\pi \simeq 14$	$\approx m_\pi^{-1} \approx 1{,}5$ fm	Gluonen	Kernkräfte
stark (Farb-)	$\alpha_s \simeq 1$	confinement	Gluonen	Kräfte zwischen den Quarks
Gravitation	$G_N \simeq 5{,}9 \cdot 10^{-39}$	∞	Graviton ?	Massenanziehung
GUT	$M_X^{-2} \approx 10^{-30} m_p^{-2}$ $M_X \approx 10^{15}$ GeV	$\approx M_X^{-1} \approx 10^{-16}$ fm	X, Y	p-Zerfall

Körper aufeinander verstanden (Fernwirkung). Im Rahmen der Elektrodynamik wird der Begriff des Feldes eingeführt. Die Anwesenheit einer Ladung modifiziert den Raum um eine Ladung, es herrscht ein elektrisches Feld mit einer bestimmten Energiedichte. Die Kraft auf eine Probeladung wird durch die Wirkung des Feldes am Ort der Probeladung erzeugt. Die Vorstellung der Fernwirkung wird durch die der Nahwirkung des Feldes ersetzt.

Mit der Einführung der Quantenmechanik ergab sich die Notwendigkeit, die Felder zu quantisieren. Im Rahmen moderner Quantenfeldtheorien werden Wechselwirkungen durch den Austausch von Feldquanten beschrieben. Die wichtigsten Eigenschaften der Austauschteilchen der vier Grundkräfte sowie der hypothetischen GUT-Wechselwirkung sind in Tab. 1.4 angegeben. Die ausgetauschten Bosonen besitzen einen Viererimpulsvektor, der nicht dem eines freien Teilchens, sondern dem eines Teilchens mit negativem Massenquadrat entspricht. Man spricht daher auch von virtuellen Austauschteilchen.

Tab. 1.4 Eigenschaften der Austauschbosonen

Boson	Wechselwirkung	Spin	Masse [GeV/c^2]	Farbladung	elektr. Ladung	schwache Ladung
Gluonen	stark	1	0	ja	0	nein
γ	elektromagn.	1	0	nein	0	nein
$W^{\pm}$; Z^0	schwach	1	81,8; 91,2	nein	± 1; 0	ja
Graviton	Gravitation	2	0	nein	0	nein
X; Y	GUT	1	$\sim 10^{15}$	ja	$\pm 4/3$; $\pm 1/3$	ja

Wechselwirkungsprozesse als Austauschvorgänge werden oft in Form von anschaulichen Feynman-Diagrammen dargestellt (siehe Abb. 1.2–1.4). Hinter diesen Graphen verbergen sich formale Regeln zur Berechnung der Wirkungsquerschnitte für die entsprechenden Prozesse (siehe z.B. [Ait89, Gro89]).

Die elementaren Komponenten eines Feynman-Diagrammes sind sog. Vertices, in denen ein Fermion mit einem Austauschboson verknüpft ist (Abb. 1.2a). Daneben findet man auch Boson-Boson-Vertices. Ein Vertex stellt somit eine Verknüpfung verschiedener Teilchen in einem Raum-Zeit-Punkt dar.

Wechselwirkungsprozesse werden durch die Kombination zweier elementarer Vertices unter Berücksichtigung der Erhaltungssätze (Quantenzahlen) dar-

1.2 Die elementaren Wechselwirkungen   17

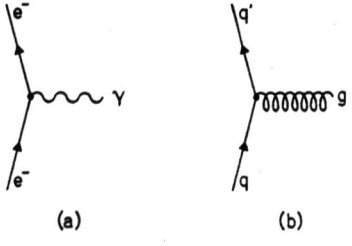

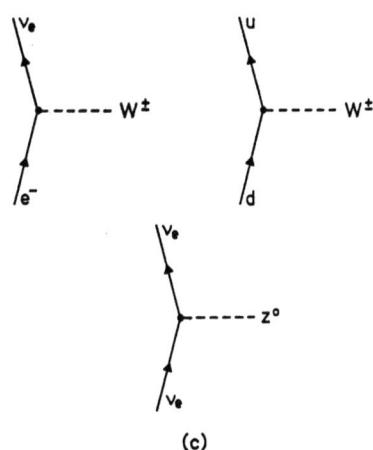

Abb. 1.2a Elementare Vertices für
a) elektromagnetische,
b) starke und
c) schwache Wechselwirkung.

Abb. 1.2b Feynman-Diagramm für die
e^+e^--Streuung.

gestellt, wobei man sich eine vorgegebene Zeitrichtung von unten nach oben bzw. von links nach rechts definiert denkt.

Abbildung 1.2b zeigt ein einfaches Feynman-Diagramm. Anhand dieses Beispiels sei skizziert, wie die Wahrscheinlichkeit für die dargestellte e^+e^--Streuung abgeschätzt werden kann. Ein virtuelles Photon koppelt mit der Amplitude $\sqrt{\alpha}$ an ein geladenes Lepton. α bezeichnet hierbei die Feinstrukturkonstante, d.h. die Kopplungskonstante der elektromagnetischen Wechselwirkung. Die Wahrscheinlichkeitsamplitude für den gesamten Prozeß ist das Produkt aus den Amplituden an beiden Vertices und einem Propagatorterm, der den Austausch des virtuellen Bosons beschreibt:

Wahrscheinlichkeitsamplitude
$$= \text{Kopplung} \times \text{Propagator} \times \text{Kopplung}. \tag{1.8}$$

18   1 Moderne Elementarteilchentheorien

Für den in Abb. 1.2b dargestellten Prozeß folgt

$$A \sim \sqrt{\alpha} P(q,m) \sqrt{\alpha}, \tag{1.9}$$

wobei $P(q,m)$ den Propagatorterm bezeichnet. $P(q,m)$ läßt sich aus der Beschreibung durch eine Greens-Funktion ableiten (vgl. [Nac86]). Man findet folgende Abhängigkeit von der Masse m des Feldquants und dem übertragenen Viererimpuls q_μ

$$P(q,m) \sim \frac{1}{q^2 - m^2}. \tag{1.10}$$

Damit folgt aus (1.9)

$$A \sim \frac{\alpha}{q^2 - m^2}. \tag{1.11}$$

Der Wirkungsquerschnitt ist proportional zum Quadrat der Wahrscheinlichkeitsamplitude A. Wir erhalten

$$\frac{d\sigma}{dq^2} \sim \frac{\alpha^2}{(q^2 - m^2)^2}. \tag{1.12}$$

Wenn wir die Masse des Austauschbosons gegenüber dem Impulsübertrag vernachlässigen, so geht (1.12) gerade in den bekannten Rutherfordschen Streuquerschnitt über

$$\frac{d\sigma}{dq^2} \sim \frac{\alpha^2}{q^4}. \tag{1.13}$$

Im Fall der e^+e^--Streuung ist diese Näherung erlaubt, da in diesem Falle das Feldquant, das Photon, eine verschwindende Masse besitzt. (1.12) deutet an, daß das Abstandsverhalten einer Wechselwirkung mit der Masse der Feldquanten eng verknüpft ist (siehe Abschn. 1.2.3).

Die Wechselwirkungsstrukturen folgen in Eichtheorien aus Symmetrieüberlegungen, die insbesondere auch die Anzahl der Austauschquanten eindeutig festlegen.

1.2.3 Die Reichweite einer Austauschwechselwirkung

Wir haben im vorigen Abschnitt gesehen, daß Wechselwirkungen durch den Austausch von Bosonen vermittelt werden. Diese Vorgänge können nur im Rahmen der Heisenbergschen Unschärferelation ablaufen und verstanden werden. Die spontane Emission eines Photons durch ein Elektron verletzt den Satz von der Energieerhaltung. Die Trägerteilchen, in diesem Fall das Photon, können daher nur eine kurze, durch

$$\Delta E \cdot \Delta t \geq \hbar \tag{1.14}$$

bestimmte Zeit Δt leben, bevor sie in einem zweiten Prozeß wieder vernichtet werden. Man spricht daher auch von virtuellen Austauschteilchen, die jedoch einen reellen Effekt zur Folge haben.

Wenn die Beobachtungszeit auf das Intervall Δt beschränkt ist, so kann die Energie nicht genauer bestimmt werden als auf

$$\Delta E \simeq \frac{\hbar}{\Delta t}, \tag{1.15}$$

d.h. ein kurzfristiges Auftreten eines Teilchens der Masse

$$m \simeq \frac{\Delta E}{c^2} \simeq \frac{\hbar}{\Delta t c^2} \tag{1.16}$$

wird möglich.

Die Reichweite der durch die Bosonen der Masse m vermittelten Kraft läßt sich nun leicht abschätzen, wenn wir annehmen, daß sich das Austauschquant praktisch mit Lichtgeschwindigkeit fortbewegt. In der Zeitspanne Δt legt es einen Weg

$$R \simeq c\Delta t \simeq c \cdot \frac{\hbar}{\Delta E} \simeq \frac{c\hbar}{mc^2} \tag{1.17}$$

zurück. Die Reichweite beträgt daher

$$R = \frac{\hbar}{mc}. \tag{1.18}$$

Nach (1.18) hängt z.B. die kurze Reichweite der schwachen Wechselwirkung direkt mit der grossen Masse der intermediären Vektorbosonen $W^{\pm}$, Z^0 zusammen.

Die Beziehung (1.18) läßt sich auf eine mathematisch etwas anspruchsvollere Weise aus der Klein-Gordon-Gleichung ableiten. Diese relativistische Wellengleichung beschreibt skalare ($S = 0$) (oder auch Vektor- ($S = 1$)) Teilchen (siehe z.B. [Gro89,90,92]). Ausgehend von der relativistischen Energie-Impuls-Beziehung für ein freies Teilchen

$$E^2 = p^2 c^2 + m^2 c^4 \tag{1.19}$$

erhalten wir die Klein-Gordon-Gleichung, indem wir ähnlich wie bei der „Herleitung" der Schrödinger-Gleichung folgende Ersetzung durchführen:

$$\vec{p} \to -i\hbar \nabla$$
$$E \to i\hbar \frac{\partial}{\partial t}. \tag{1.20}$$

Wir erhalten aus (1.19) durch Multiplikation mit ψ

$$\frac{\partial^2 \psi}{\partial t^2} - c^2 \nabla^2 \psi + \frac{m^2 c^4}{\hbar^4} \psi = 0. \tag{1.21}$$

Die Wellenfunktion ψ ist im Gegensatz zu den Dirac-Spinoren ein Skalar. m bezeichnet die Ruhemasse.

Eine stationäre Lösung von (1.21) ist durch den Ansatz

$$\psi = \psi_0 \cdot \frac{e^{-\lambda r}}{r} \tag{1.22a}$$

mit

$$\lambda = \frac{mc}{\hbar} \tag{1.22b}$$

gegeben. Die Wellenfunktion (1.22a) verschwindet mit wachsender Entfernung exponentiell. Die Reichweite wird definiert durch

$$R = \frac{1}{\lambda} = \frac{\hbar}{mc}. \tag{1.23}$$

Solche Überlegungen führten Yukawa 1935 [Yuk35] auf die Vorhersage der Existenz von Teilchen mit einer Masse von ca. 200 MeV/c^2 als Feldquant der Kernkräfte. Letztere besitzen typische Reichweiten im Bereich von 1 fm, so daß wir aus (1.23)

$$m \simeq \frac{\hbar}{c \cdot 1\text{fm}} \simeq 197 \text{MeV}/c^2 \tag{1.24}$$

erhalten. Diese neuen Teilchen wurden später tatsächlich in der kosmischen Strahlung entdeckt [Lat47, Bjo50]. Es handelt sich um die heute als Pionen ($\pi^{\pm}$, π^0) bekannten Mesonen.

Nach Yukawas Vorstellung kommen die Kräfte zwischen Nukleonen durch den Austausch von Pionen zustande. Unter dieser Annahme können viele Phänomene der Kernphysik qualitativ und quantitativ befriedigend erklärt werden. Aus heutiger Sicht führt man die Kernkräfte jedoch auf elementarere Prozesse zurück, nämlich die durch Gluonen vermittelte Farbwechselwirkung zwischen den Konstituenten der Nukleonen, den Quarks. Die klassischen Kernkräfte sind praktisch nur eine Art Restwechselwirkung analog den van-der-Waals-Kräften als Restwechselwirkung der elektromagnetischen Kraft. Aber die Idee von einer Austauschwechselwirkung bleibt bestehen.

Nach (1.18) wird die Reichweite einer Wechselwirkung durch die Masse der Austauschquanten bestimmt. Da die Photonen, die Vermittler der elektromagnetischen Wechselwirkung, masselos sind, folgt die unendliche Reichweite dieser Kraft. Anhand der folgenden Überlegung können wir sogar das $1/r^2$-Verhalten des Coulomb-Gesetzes ableiten:

Der Austausch eines virtuellen Bosons bewirkt eine Impulsänderung Δp. Nach den Gesetzen der Mechanik gilt

$$F = \frac{\Delta p}{\Delta t}. \tag{1.25}$$

Ein masseloses Teilchen bewegt sich mit Lichtgeschwindigkeit c, es gilt daher

$$\Delta t = \frac{r}{c}. \tag{1.26}$$

Die zurückgelegte Wegstrecke r ist durch die Heisenbergsche Unschärferelation

$$r \cdot \Delta p \geq \frac{\hbar}{2\pi} \tag{1.27}$$

festgelegt. Ersetzen wir in (1.27) das $\geq$ durch ein $\approx$, so folgt mit (1.25) und (1.26) schließlich

$$F \sim \frac{1}{r^2}. \tag{1.28}$$

Auch die kurzreichweitige *starke* Wechselwirkung führt man auf den Austausch masseloser Feldquanten, der Gluonen, zwischen den Quarks zurück. Der scheinbare Widerspruch zwischen der kurzen Reichweite und der Masselosigkeit der Gluonen löst sich dadurch auf, daß nicht nur die Quarks, sondern auch die Gluonen selbst Farbladung tragen und dadurch *untereinander* wechselwirken, insbesondere da der Ein-Gluon-Austausch wegen der Farblosigkeit der Hadronen nicht auftritt (siehe z.B. [Gro89,90,92]).

1.2.4 Phänomenologie der bekannten Wechselwirkungen

Zwischen den Elementarteilchen wirken vier bekannte Kräfte:

a) Gravitation,
b) elektromagnetische Wechselwirkung,
c) starke Wechselwirkung,
d) schwache Wechselwirkung.

22 1 Moderne Elementarteilchentheorien

a) *Gravitation*

Die Gravitation zwischen zwei Elementarteilchen ist an die Masse gekoppelt. Die Wirkung ist jedoch für Massen von Elementarteilchen so schwach, daß sie in den meisten Diskussionen dieses Buches vernachlässigt werden kann. Sie spielt indessen eine Rolle z.b. bei den sehr hohen Energien des frühen Universums (siehe Kap. 3). Sowohl für die Teilchenphysik als auch Kosmologie ist es ein wesentliches Problem, daß es bis heute keine renormierbare Quantentheorie der Gravitation gibt.

b) *elektromagnetische Wechselwirkung*

Die elektromagnetische Wechselwirkung tritt zwischen allen elektrisch geladenen Teilchen auf. Sie wird sehr erfolgreich durch eine Quantenfeldtheorie, die Quantenelektrodynamik (QED), beschrieben. Im „makroskopischen" Bereich folgt aus der Masselosigkeit des Photons ein $1/r^2$-Kraftgesetz mit unendlicher Reichweite. Vorhergesagte Quantenfeldeffekte wie die Lamb-Shift und die Abweichung des g-Faktors des Elektrons von zwei sind in Präzisionsexperimenten bestätigt worden.

c) *starke Wechselwirkung*

Die starke Wechselwirkung bewirkt den Zusammenhalt der Nukleonen im Atomkern und der Quarks in den Nukleonen. Die Kräfte zwischen Quarks versucht man in Analogie zur elektromagnetischen Wechselwirkung zu erklären, wobei die sogenannte Farbladung an die Stelle der elektrischen Ladung tritt.

Messungen der Verhältnisse der Annihilationsquerschnitte von Elektronen und Positronen $\sigma(e^+e^- \to q\bar{q} \to$ Hadronen$)$ und $\sigma(e^+e^- \to \mu^+\mu^-)$ zeigen (siehe z.B. [Gro89,90,92]), daß jedes Quark drei Freiheitsgrade besitzt, die den drei Farbladungszuständen (z.B. rot, blau und grün) zugeordnet werden. Die Kraft zwischen den Quarks kommt durch den Austausch von Feldquanten mit Spin 1, den Gluonen, zustande. Eine feldtheoretische Beschreibung erfolgt im Rahmen der Quantenchromodynamik (QCD), der eine $SU(3)$-Symmetrie zugrunde liegt. Durch eine Farbwechselwirkung kann sich die Farbladung, nicht aber das Flavor eines Quarks ändern. Folge der speziellen Eigenschaften der Farbwechselwirkung ist, daß alle physikalischen Systeme (Hadronen) nach außen hin farbneutral bzw. „weiß" (qqq oder $q\bar{q}$) erscheinen, oder anders gesagt, ein Singulett zur Farbwechselwirkung bilden. Die Energie isolierter farbiger Zustände wäre sehr wahrscheinlich unendlich. Quarks können nicht als freie Teilchen, sondern nur in gebundenen Systemen existieren (sog. quark-confinement). Andererseits nimmt die Farbwechselwir-

1.2 Die elementaren Wechselwirkungen

kung zu kleinen Abständen hin asymptotisch gegen null ab (asymptotische Freiheit, siehe z.B. [Gro89,90,92]).

Alle Hadronen (Baryonen und Mesonen) unterliegen der starken Wechselwirkung. Typische Reaktionszeiten liegen im Bereich von 10^{-23}s. Die Lebensdauern der Hyperonen gegen Zerfälle in Nukleonen und Mesonen sind dagegen sehr viel länger (z.B. $\tau(\Lambda^0) = 2,63 \cdot 10^{-10}$s, $\tau(\Omega^-) = 0,82 \cdot 10^{-10}$s). Dies liegt daran, daß die starke Wechselwirkung durch bestimmte Auswahlregeln verboten ist, so daß diese Zerfälle durch die schwache Wechselwirkung zustande kommen.

d) *schwache Wechselwirkung*

Die schwache Wechselwirkung tritt sowohl zwischen Leptonen untereinander, als auch zwischen Leptonen und Hadronen, sowie Hadronen untereinander auf. Sie wurde erstmals beim β-Zerfall

$$n \to p + e^- + \bar{\nu}_e \tag{1.29}$$

beobachtet und untersucht.

Der Zerfall (1.29) ist sehr langsam im Vergleich zu den Raten, mit denen Prozesse der elektromagnetischen oder starken Wechselwirkung ablaufen. Außerdem verletzt (1.29) die Invarianz unter Raumspiegelung (Paritätsverletzung, vgl. Abschn. 1.3).

Die schwache Wechselwirkung ist nach der Gravitation die universellste Wechselwirkung. Während an der Gravitation alle Teilchen teilnehmen, wirkt die schwache Kraft auf alle Fermionen. Sie vermag als einzige sowohl die elektrische Ladung der beteiligten Fermionen als auch deren Flavorquantenzahl zu ändern. Die Ladungsänderung folgt aus der Tatsache, daß die Feldquanten $W^\pm$ elektrische Ladungen tragen.

Die klassische Theorie der schwachen Wechselwirkung kannte nur ladungsändernde Prozesse wie den β-Zerfall und den μ-Zerfall (vgl. Abb. 1.3). In Abb. 1.3 wurde von der aus dem *CPT*-Theorem (siehe Abschn. 1.3) abgelei-

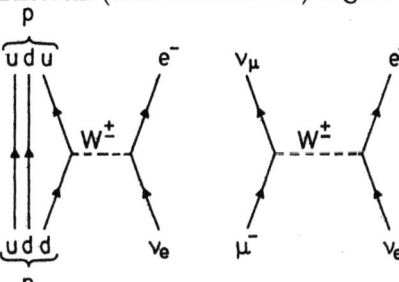

Abb. 1.3
Feynman-Diagramme für den β-Zerfall und den μ-Zerfall („ladungsändernde Ströme").

24 1 Moderne Elementarteilchentheorien

teten Regel Gebrauch gemacht, daß ein Umklappen einer Fermionenlinie aus der Vergangenheit in die Zukunft erlaubt ist, wenn gleichzeitig das Fermion durch sein Antiteilchen ersetzt wird („auslaufendes Antiteilchen ≡ einlaufendes Teilchen").

In der modernen Theorie der elektroschwachen Wechselwirkung, zu der schwache und elektromagnetische Wechselwirkungen zusammengefaßt wurden, der Glashow-Weinberg-Salam-Theorie (GWS-Theorie), gibt es neben den geladenen W-Bosonen auch ein neutrales Z^0-Boson. Folglich treten Prozesse auf, bei welchen sich die elektrische Ladung der Fermionen nicht ändert. Man spricht in diesem Zusammenhang von *neutralen Strömen*, die beispielsweise einen Beitrag zur $\nu_e e^-$-Streuung liefern (siehe Abb. 1.4).

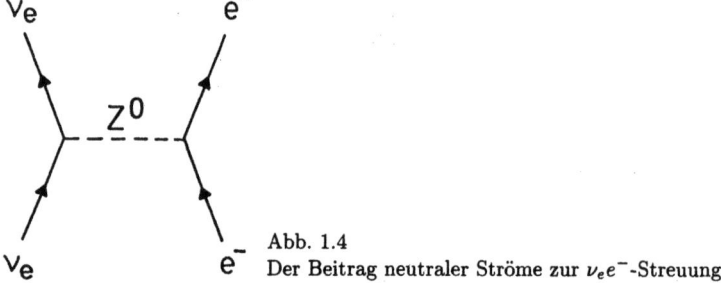

Abb. 1.4 Der Beitrag neutraler Ströme zur $\nu_e e^-$-Streuung.

Die schwache Wechselwirkung verknüpft jeweils zwei Paare von Fermionen miteinander, wobei die erlaubten Paarungen nach dem oben Gesagten in zwei Klassen unterteilt werden können. Man unterscheidet geladene und neutrale schwache Ströme, denen sich folgende Leptonenpaare zuordnen lassen:

a) geladene schwache Ströme ($W^\pm$-Austausch)

$$\begin{pmatrix}\overline{\nu}_e\\ e^-\end{pmatrix},\ \begin{pmatrix}\overline{\nu}_\mu\\ \mu^-\end{pmatrix},\ \begin{pmatrix}\overline{\nu}_\tau\\ \tau^-\end{pmatrix},\ \begin{pmatrix}\nu_e\\ e^+\end{pmatrix},\ \begin{pmatrix}\nu_\mu\\ \mu^+\end{pmatrix},\ \begin{pmatrix}\nu_\tau\\ \tau^+\end{pmatrix} \qquad (1.30a)$$

b) neutrale schwache Ströme (Z^0-Austausch)

$$\begin{pmatrix}\overline{\nu}_i\\ \nu_i\end{pmatrix} \text{ mit } i=e,\mu,\tau,\ \begin{pmatrix}l^+\\ l^-\end{pmatrix} \text{ mit } l=e,\mu,\tau. \qquad (1.30b)$$

Ähnliches gilt für den Quarksektor. Hierbei tritt allerdings durch die *Cabibbo-Mischung* eine zusätzliche Besonderheit auf, die wir in Abschn. 1.3 diskutieren werden. Die Kopplung der Vektorbosonen an die Quarkzustände u, c, t und die Cabibbo-gemischten Zustände d', s', b' ist wie folgt:

1.2 Die elementaren Wechselwirkungen

a) geladene schwache Ströme

$$\begin{pmatrix} u \\ d' \end{pmatrix}, \quad \begin{pmatrix} c \\ s' \end{pmatrix}, \quad \begin{pmatrix} t \\ b' \end{pmatrix}, \quad \begin{pmatrix} \bar{u} \\ d' \end{pmatrix}, \quad \begin{pmatrix} \bar{c} \\ s' \end{pmatrix}, \quad \begin{pmatrix} \bar{t} \\ b' \end{pmatrix} \qquad (1.31a)$$

b) neutrale schwache Ströme

$$\begin{pmatrix} u \\ \bar{u} \end{pmatrix}, \quad \begin{pmatrix} c \\ \bar{c} \end{pmatrix}, \quad \begin{pmatrix} t \\ \bar{t} \end{pmatrix}, \quad \begin{pmatrix} d' \\ \bar{d'} \end{pmatrix}, \quad \begin{pmatrix} s' \\ \bar{s'} \end{pmatrix}, \quad \begin{pmatrix} b' \\ \bar{b'} \end{pmatrix}. \qquad (1.31b)$$

Nur die in (1.30) und (1.31) angegebenen Fermion-Antifermion-Paare können miteinander gekoppelt werden.

Die schwache Wechselwirkung besitzt eine sehr reichhaltige Phänomenologie. Die meisten experimentell zugänglichen Phänomene sind Zerfallsprozesse. Daneben äußert sich die schwache Wechselwirkung auch in Streuprozessen, wie z.B. in der νe^--Streuung und der νN-Streuung

$$\begin{aligned} \nu_e e^- &\to \nu_e e^- \\ \nu_\mu n &\to \mu^- p. \end{aligned} \qquad (1.32)$$

Je nach der Art der beteiligten Teilchen ergibt sich folgende Einteilung für Prozesse der schwachen Wechselwirkung:

a) *rein leptonische* Reaktionen, an denen nur Leptonen beteiligt sind, z.B.:

$$\begin{aligned} \mu^- &\to e^- \bar{\nu}_e \nu_\mu \\ \nu_e e^- &\to \nu_e e^-. \end{aligned} \qquad (1.33)$$

b) *semileptonische* Reaktionen, an denen Leptonen und Quarks (bzw. Hadronen) beteiligt sind, z.B.:

$$\begin{aligned} n &\to p e^- \bar{\nu}_e \quad (d \to u e^- \bar{\nu}_e) \\ \pi^- &\to \mu^- \bar{\nu}_\mu \quad (d\bar{u} \to \mu^- \bar{\nu}_\mu) \\ \Lambda &\to p e^- \bar{\nu}_e \quad (s \to u e^- \bar{\nu}_e). \end{aligned} \qquad (1.34)$$

c) *rein hadronische* Reaktionen, an denen keine Leptonen beteiligt sind, z.B.:

$$\begin{aligned} \Lambda &\to \pi^- p \quad (s \to \bar{u} d u) \\ K^+ &\to \pi^0 \pi^+ \quad (\bar{s} \to \bar{u} u \bar{d}). \end{aligned} \qquad (1.35)$$

Ein weiteres Merkmal der schwachen Wechselwirkung ist die sogenannte *e-μ-τ-Universalität*. In allen schwachen Prozessen kommen das Myon, das Tauon und die entsprechenden Neutrinos in exakt derselben Weise vor wie das Elektron und sein zugeordnetes Neutrino. Abgesehen von der Masse verhalten sich e^-, μ^- und τ^- genau gleich. Die unterschiedlichen Massen der geladenen Leptonen haben keinen Einfluß auf die Eigenschaften hinsichtlich der schwachen Wechselwirkung. Diesen Sachverhalt bezeichnet man als die e-μ-τ-Universalität, deren tiefere Ursache noch immer ein Rätsel darstellt.

Eine weitere Besonderheit der schwachen Kraft betrifft die Helizitätsstruktur. Untersuchungen des β-Zerfalls von ^{60}Co zeigten erstmals, daß die Leptonen mit einem bevorzugten Drehsinn emittiert werden. Der Drehsinn wird durch einen pseudoskalaren Operator definiert, der durch das Skalarprodukt des Kernspins $\vec{I}$ mit dem Elektronenimpuls $\vec{p}_e$ gegeben ist.

Der Impuls $\vec{p}_e$ ist ein Vektor. Der Kernspin $\vec{I}$ besitzt dagegen wie alle Drehimpulsoperatoren axialvektoriellen Charakter, d.h. er wechselt bei einer räumlichen Spiegelung (Paritätstransformation $\vec{x} \xrightarrow{P} -\vec{x}$) sein Vorzeichen nicht. Folglich ändert die Größe $\vec{p}_e \cdot \vec{I}$ bei einer Raumspiegelung ihr Vorzeichen (Pseudoskalar). Bei exakter Paritätserhaltung muß ein solcher pseudoskalarer Operator immer verschwinden.

Wu et al. [Wu57] untersuchten den β-Zerfall von ^{60}Co und bestimmten insbesondere den Erwartungswert $\langle \vec{p}_e \cdot \vec{I} \rangle$, indem die Rate der in Richtung des Kernspins emittierten β-Elektronen mit der der entgegengesetzt zum Kernspin emittierten verglichen wurde. Es zeigte sich, daß die Rate von der Emissionsrichtung relativ zur Orientierung des Kernspins $\vec{I}$ abhängt, d.h. für den gemessenen Erwartungswert gilt

$$\langle \vec{p}_e \cdot \vec{I} \rangle \neq 0. \tag{1.36}$$

Die Auswertung ergab, daß Elektronen bevorzugt mit Linksdrall ($\vec{p}_e \uparrow\downarrow \vec{I}$) emittiert werden, während Antineutrinos ausschließlich rechtshändig auftreten.

In einem ebenfalls berühmt gewordenen Experiment wiesen Goldhaber und Mitarbeiter nach, daß Neutrinos linkspolarisiert sind ([Gol58], siehe auch [Vyl84]).

Diese experimentellen Befunde deuten darauf hin, daß nur linkshändige Teilchen bzw. rechtshändige Antiteilchen an der schwachen Wechselwirkung teilnehmen. Dies bedeutet, daß die schwache Wechselwirkung einen Drehsinn gegenüber dem Spiegelbild auszeichnet, d.h. es liegt eine (maximale) Verletzung der Paritätsinvarianz vor.

1.3 Symmetrien und Invarianzen

1.3.1 Symmetrieoperationen in der modernen Physik

Die verschiedenen Wechselwirkungen zwischen den Elementarteilchen lassen sich mit Hilfe von Erhaltungssätzen und Symmetrien übersichtlich zusammenfassen und charakterisieren (für eine Übersicht siehe z.B. [Gro89,90,92]).

1.3 Symmetrien und Invarianzen

Die Invarianz der Elementarprozesse gegenüber Symmetrietransformationen impliziert eine bestimmte Struktur der physikalischen Gesetze. In den sogenannten Eichtheorien (siehe Abschn. 1.4) werden sogar die Existenz und Struktur von Wechselwirkungen aus zugrunde gelegten Symmetrie-Gruppen abgeleitet. Die in den physikalischen Theorien enthaltenen Symmetrien erkennt man daran, daß die entsprechenden Gleichungen und die dadurch beschriebenen Vorgänge invariant gegenüber bestimmten mathematischen Operationen sind. Jede Erhaltungsgröße entspricht einer Invarianz der Bewegungsgleichungen oder der Lagrange-Funktion unter einer bestimmten Symmetrieoperation.

Man unterscheidet im allgemeinen zwischen *äußeren* und *inneren* Symmetrien. Die äußeren Symmetrien beziehen sich auf das Raum-Zeit-Kontinuum. Die Homogenität des Raumes, die Isotropie des Raumes und die Homogenität der Zeit führen zu den wichtigen Erhaltungssätzen für Impuls, Drehimpuls und Energie (siehe z.B. [Lan79a, Gre79,89]). Innere Symmetrien betreffen Parameter der Teilchenwellenfunktionen, z.B. die Phase einer Wellenfunktion. Die elektrische Ladung ist ein Beispiel für eine Erhaltungsgröße, die auf eine innere Invarianz zurückgeht.

Je nach Parametrisierung durch eine reelle oder eine ganze Zahl unterscheidet man zwischen *kontinuierlichen* und *diskreten* Symmetrieoperationen. Beispiele für diskrete Symmetrien sind die Invarianzen unter Punktspiegelungen (Parität) und der Ladungskonjugation C, die auf multiplikative Quantenzahlen führen. Additive Quantenzahlen wie die elektrische Ladung folgen aus kontinuierlichen Symmetrietransformationen.

In der Quantenmechanik wird ein System durch einen Zustandsvektor bzw. eine Wellenfunktion ψ beschrieben. Das Ergebnis einer physikalischen Messung ist durch den Erwartungswert $\langle\psi|Q|\psi\rangle$ eines entsprechenden selbstadjungierten Operators Q gegeben. Die zeitliche Entwicklung eines Systems kann durch eine zeitabhängige Wellenfunktion $\psi_s(\vec{r},t)$ und einen zeitunabhängigen Operator Q_0 beschrieben werden (Schrödinger-Bild). Die Bewegungsgleichung (Schrödinger-Gleichung) lautet

$$i\hbar\frac{\partial\psi_s(\vec{r},t)}{\partial t} = H\psi_s(\vec{r},t)\,, \qquad (1.37)$$

wobei H den Hamilton-Operator bezeichnet.

Eine vollständig äquivalente Darstellung geht von einer zeitunabhängigen Zustandsfunktion ψ_0 aus, während die zeitliche Entwicklung durch einen zeitabhängigen Operator beschrieben wird (Heisenberg-Bild). Diese Heisenberg-Darstellung besitzt den Vorteil, daß die Korrespondenz zu den entsprechenden klassischen Variablen deutlich wird. Die Heisenbergsche Bewegungsgleichung für den Operator Q lautet [Lan79b]

$$i\hbar \frac{dQ}{dt} = i\hbar \frac{\partial Q}{\partial t} + [Q, H]. \tag{1.38}$$

Der Erwartungswert $\langle \psi | Q | \psi \rangle$ wird also im allgemeinen von der Zeit abhängen.

Erhaltene Quantenzahlen können in der Quantenmechanik über die entsprechenden Operatoren definiert werden. Wenn der Operator Q nicht explizit von der Zeit abhängt ($\partial_t Q = 0$), entspricht er genau dann einer Erhaltungsgröße, wenn er mit dem Hamiltonoperator kommutiert

$$[H, Q] = 0, \tag{1.39}$$

d.h. wenn H und Q gleichzeitig diagonalisiert werden können. Unter dieser Voraussetzung existieren Eigenzustände ψ von H, die gleichzeitig Eigenzustände zu Q sind

$$H\psi = E\psi, \qquad Q\psi = q_0 \psi. \tag{1.40}$$

Dann ist $\langle \psi | Q | \psi \rangle$ eine Konstante der Bewegung und der Eigenwert q_0 eine erhaltene („gute") Quantenzahl.

Drei besonders wichtige *diskrete* Symmetrieoperationen, auf die wir im folgenden eingehen wollen, sind die Paritätstransformation P, die Ladungskonjugation C und die Zeitumkehr T.

a) *Parität P*

Die Parität wird durch eine zu einer diskreten Symmetrieoperation gehörende multiplikative Quantenzahl charakterisiert. Die Paritätsoperation P beschreibt die räumliche Spiegelung der Koordinaten am Ursprung. Während das Vorzeichen eines polaren Vektors geändert wird ($\vec{r} \to -\vec{r}$), bleiben axiale Vektoren wie der Bahndrehimpuls $\vec{L} = \vec{r} \times \vec{p}$ ungeändert.

Der Paritätsoperator P ist ein hermitescher Operator, der eine skalare Wellenfunktion überführt in

$$\psi^P(\vec{r}, t) = P\psi(\vec{r}, t) = \psi(-\vec{r}, t). \tag{1.41}$$

Die nochmalige Anwendung von P führt zum Ausgangszustand zurück, so daß $P^2 = 1$ gilt. Wenn $\psi(\vec{r}, t)$ ein Eigenzustand zu P ist ($P\psi = \pi\psi$), so besitzt ψ entweder gerade ($\pi = +1$) oder ungerade ($\pi = -1$) Parität. Die

1.3 Symmetrien und Invarianzen   29

Invarianz eines physikalischen Systems gegenüber räumlichen Spiegelungen führt zum Erhaltungssatz für die Parität.

Man findet experimentell, daß die starke und die elektromagnetische Wechselwirkung die Parität erhalten, wenn man den Teilchen eine vom Bewegungszustand unabhängige *Eigenparität* zuordnet. Ein charakteristisches Merkmal der schwachen Wechselwirkung ist dagegen die Nichterhaltung der Parität, also eine Rechts-Links-Asymmetrie der Natur. Ein besonders deutliches Beispiel für die Paritätsverletzung ist die Linkshändigkeit der Neutrinos. P ändert die Händigkeit eines Teilchens, erzeugt also aus einem linkshändigen ein rechtshändiges Neutrino, welches in der Natur nicht beobachtet wird.

b) *Ladungskonjugation C*

Die Ladungskonjugation oder Teilchen-Antiteilchen-Konjugation C ist eine diskrete innere Symmetrie, die eine Transformation eines Teilchens in das entsprechende Antiteilchen vermittelt, wobei alle additiven Quantenzahlen das Vorzeichen wechseln (vgl. z.B. [Nac86]).

Während die C-Invarianz der starken und der elektromagnetischen Wechselwirkung experimentell mit einer Genauigkeit von etwa 1% überprüft werden konnte, verletzt die schwache Wechselwirkung diese Symmetrie, was sich z.B. in der Longitudinalpolarisation der Elektronen bzw. Positronen im β-Zerfall äußert. Es werden nämlich bevorzugt *links*händige Elektronen und *rechts*händige Positronen emittiert. Der ladungskonjugierte Zustand zu einem linkshändigen Elektronenzustand wäre dagegen ein *links*händiger Positronzustand

$$|e_L^-\rangle^C = |e_L^+\rangle \,, \qquad (1.42)$$

c) *CP-Konjugation*

Obwohl die schwache Wechselwirkung weder unter C noch unter P invariant ist, besteht eine nahezu perfekte Invarianz unter der zusammengesetzten Operation CP, die 1957 erstmals von Landau eingeführt wurde [Lan57]. Eine Verletzung der CP-Invarianz konnte bislang nur im Zerfall der neutralen K-Mesonen nachgewiesen werden [Chr64].

Da die starke Wechselwirkung die Strangeness S erhält, besitzen die in Prozessen der starken Wechselwirkung gebildeten K-Mesonen K^0 und $\overline{K^0}$ einen definierten Wert der Quantenzahl S. Die schwache Wechselwirkung kann die Strangeness jedoch ändern, die Zustände K^0 und $\overline{K^0}$ sind folglich keine Eigenzustände zur schwachen Wechselwirkung. Es lassen sich jedoch durch

Linearkombination Zustände mit definierten CP-Eigenwerten bilden (vgl. z.B. [Per82])

$$|K_1\rangle = \frac{1}{\sqrt{2}}(|K^0\rangle + |\overline{K^0}\rangle), \qquad CP = +1, \tag{1.43a}$$

$$|K_2\rangle = \frac{1}{\sqrt{2}}(|K^0\rangle - |\overline{K^0}\rangle), \qquad CP = -1. \tag{1.43b}$$

Während K^0 und $\overline{K^0}$ durch ihre Erzeugung charakterisiert werden, unterscheiden sich K_1 und K_2 durch ihren Zerfall. K_1 (K_S) zerfällt mit einer Lebensdauer von $\tau_S = 0.9 \cdot 10^{-10}$ s in zwei Pionen ($CP = +1$), während K_2 (K_L) mit $\tau_L = 0.5 \cdot 10^{-7}$ s wegen des negativen CP-Eigenwertes nicht in zwei, sondern in drei Pionen zerfällt. Die längere Lebensdauer erklärt sich durch den ungünstigeren Phasenraum. Im Jahre 1964 zeigten Christenson, Cronin, Fitch and Turlay [Chr64] in einem berühmten Experiment, daß der langlebige Zustand mit einer sehr kleinen Wahrscheinlichkeit ebenfalls in zwei Pionen zerfallen kann. Dieser Zerfall wäre bei exakter CP-Invarianz verboten. Ein Maß für die CP-Verletzung wird durch folgende Amplitudenverhältnisse definiert

$$\eta_{+-} = \frac{A(K_L \to \pi^+\pi^-)}{A(K_S \to \pi^+\pi^-)}, \tag{1.44a}$$

$$\eta_{00} = \frac{A(K_L \to \pi^0\pi^0)}{A(K_S \to \pi^0\pi^0)}, \tag{1.44b}$$

wobei man experimentell folgende Werte findet [PDG92]

$$|\eta_{+-}| = (2.27 \pm 0.02) \cdot 10^{-3}, \qquad |\eta_{00}| = (2.33 \pm 0.08) \cdot 10^{-3}. \tag{1.45}$$

Auch in den leptonischen Zerfallsmodi von K_L

$$K_L \to l^+ \nu_l \pi^- \tag{1.46a}$$

$$K_L \to l^- \overline{\nu}_l \pi^+ \tag{1.46b}$$

konnte die CP-Verletzung nachgewiesen werden (siehe [Per82]). Die Zerfallsbreiten für beide Prozesse sind nicht identisch.

Diese Verletzung der CP-Invarianz hängt über das im folgenden Abschnitt zu besprechende CPT-Theorem mit einer Verletzung der Zeitumkehrinvarianz zusammen.

d) *Die Zeitumkehr und das CPT-Theorem*

Die Invarianz gegenüber Zeitspiegelungen bedeutet, daß sich die Naturgesetze nicht ändern, wenn man die Zeit „rückwärts" laufen läßt (vgl. Abb. 1.5). Der Zeitumkehroperator T vertauscht die Zeitkoordinate t mit $-t$, läßt die Ortskoordinaten aber ungeändert

1.3 Symmetrien und Invarianzen

$$t \xrightarrow{T} -t, \qquad \vec{r} \xrightarrow{T} \vec{r}. \tag{1.47}$$

Damit wechseln auch die Geschwindigkeit $\vec{v} = \dfrac{d\vec{r}}{dt}$, der Impuls und der Drehimpuls ihr Vorzeichen.

Die Gesetze der klassischen Physik sind invariant gegenüber Zeitspiegelungen. Die Newtonsche Bewegungsgleichung

$$\vec{F} = m\frac{d^2\vec{r}}{dt^2} \tag{1.48}$$

ist beispielsweise eine Differentialgleichung zweiter Ordnung in t und bleibt bei einem Übergang $t \to -t$ ungeändert. Auch die Maxwell-Gleichungen sind invariant gegenüber der Operation T (für eine ausführlichere Diskussion vgl. z.B. [Hol89]).

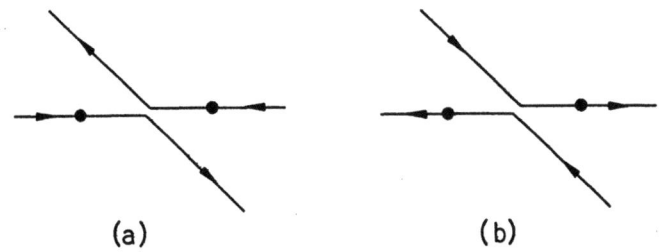

Abb. 1.5 Stoß zwischen zwei Kugeln. Diagramm b) stellt den zeitgespiegelten Prozeß zu Diagramm a) dar.

In der Quantenmechanik bleibt die Schrödinger-Gleichung invariant gegenüber Zeitspiegelungen, wenn T für eine skalare Wellenfunktion wie folgt definiert wird [Bet86, Hol89]

$$T\psi(\vec{r},t) = \psi^*(\vec{r},-t). \tag{1.49}$$

Aus der Invarianz gegenüber der Bewegungsumkehr folgt jedoch keine erhaltene Quantenzahl, die eine ähnliche Rolle spielt wie die Parität. Dies liegt daran, daß der Operator T die Wellenfunktion ψ in die konjugiert komplexe Funktion ψ^* überführt, so daß ψ kein Eigenzustand von T sein kann. Die Invarianz gegenüber der Zeitspiegelung kann also nicht dadurch getestet werden, daß man nach Zerfällen sucht, die der Erhaltung einer „Zeitparität" widersprechen. Es gibt jedoch andere Methoden, die T-Invarianz zu prüfen. Dazu gehört die Suche nach einem elektrischen Dipolmoment von Elementarteilchen, insbesondere des Neutrons. Eine weitere Testmöglichkeit ist das aus der T-Invarianz abgeleitete Prinzip des detaillierten Gleichgewichts, das besagt, daß die Übergangswahrscheinlichkeit für eine Reaktion mit der für

1 Moderne Elementarteilchentheorien

die entsprechende Umkehrreaktion bei zeitlich gespiegelten Zuständen übereinstimmt.

In Tab. 1.5 ist das Verhalten von einigen wichtigen physikalischen Größen unter den Operationen P, C und T angegeben.

Tab. 1.5 Das Verhalten von einigen wichtigen physikalischen Größen unter C-, P- und T-Transformationen.

Größe	P	C	T
Ortsvektor $\vec{r}$	$-\vec{r}$	$\vec{r}$	$\vec{r}$
Zeit t	t	t	$-t$
Impuls $\vec{p}$	$-\vec{p}$	$\vec{p}$	$-\vec{p}$
Spin $\vec{\sigma}$	$\vec{\sigma}$	$\vec{\sigma}$	$-\vec{\sigma}$
elektr. Feld $\vec{E}$	$-\vec{E}$	$-\vec{E}$	$\vec{E}$
magnet. Feld $\vec{B}$	$\vec{B}$	$-\vec{B}$	$-\vec{B}$

Eines der grundlegenden Theoreme der modernen Quantenfeldtheorien ist das sogenannte CPT-Theorem [Sch51, Lüd54, Pau55, Lüd57]. Dieses besagt, daß alle physikalischen Wechselwirkungen unter der kombinierten Transformation CPT invariant bleiben, wobei die Reihenfolge der einzelnen Operationen beliebig ist. Die Voraussetzungen bei der Ableitung dieses Theorems sind so allgemein, daß es äußerst schwierig erscheint, eine Theorie ohne CPT-Erhaltung zu konstruieren. Insbesondere ist jede Lorentz-invariante Quantenfeldtheorie, die lokale Feldgleichungen und Vertauschungsrelationen für die Felder enthält und dem Spin-Statistik-Satz (Fermionen (halbzahliger Spin): Fermi-Dirac-Statistik, Bosonen (ganzzahliger Spin): Bose-Einstein-Statistik) genügt, automatisch CPT-invariant (siehe [Lan79b]).

Die CPT-Invarianz gewährleistet die Existenz eines Antiteilchens zu jedem Teilchen mit gleicher Halbwertszeit, Masse und gleichem Spin aber entgegengesetzten additiven Quantenzahlen wie die Ladung. Wie bereits erwähnt wurde, sind sowohl die C- als auch die P-Invarianz gebrochen (siehe Tab. 1.6, die eine Übersicht über die Erhaltungssätze gibt). Eine T-Verletzung konnte bislang nur indirekt über das CPT-Theorem durch die CP-Verletzung in den Zerfällen der neutralen K-Mesonen gefunden werden.

1.3.2 Modelle für eine T- und CP-Verletzung

Die im K^0-System gefundene CP-Verletzung und die Verletzung der T-Invarianz hängen über das CPT-Theorem eng miteinander zusammen. Wir wollen in diesem Abschnitt kurz zusammenfassen, welche theoretischen Vorstellungen zur $CP-$ bzw. $T-$Verletzung existieren (für eine ausgezeichnete

1.3 Symmetrien und Invarianzen

Tab. 1.6 Übersicht über die Erhaltungssätze

Erhaltungssatz	starke WW	elektromagnet. WW	schwache WW
Energie	ja	ja	ja
Impuls	ja	ja	ja
Drehimpuls	ja	ja	ja
B, L	ja	ja	ja
P	ja	ja	nein
C	ja	ja	nein
CP	ja	ja	nein*
T	ja	ja	nein**
CPT	ja	ja	ja

* bislang nur im K^0-System
** folgt indirekt aus der CP-Verletzung und der CPT-Invarianz

Übersicht über den Stand der Forschung zur CP-Verletzung siehe [Jar89, Tra90]).

Im Rahmen des Standardmodells (siehe Abschn. 1.4) existiert die Möglichkeit einer Verletzung der Zeitumkehrinvarianz durch eine Phase der Kobayashi-Maskawa-Matrix [Kob73]. Die Kobayashi-Maskawa-Mischungsmatrix beschreibt eine Mischung auf dem Quarksektor. Aus Experimenten zu schwachen Zerfällen mit Strangeness folgerte Cabibbo,indexCabibbo-Mischung daß der an der schwachen Wechselwirkung teilnehmende d-Quark-Zustand nicht identisch mit dem durch den Masseneigenzustand definierten d-Quark ist, sondern vielmehr eine Überlagerung von d- und s-Zuständen (siehe (1.31))

$$d' = d\cos\theta_C + s\sin\theta_C \tag{1.50}$$

mit dem Cabibbo-Winkel $\theta_C \approx 13°$ darstellt. Das $SU(2)_L$-Quarkdublett lautet demnach $(u, d')_L$. Durch diese Transformation konnte die Universalität der schwachen Wechselwirkung gerettet werden. Um dem experimentellen Befund Rechnung zu tragen, daß es keine den Quarkflavor ändernden neutralen schwachen Ströme gibt, mußte ein weiterer Wechselwirkungsterm, der den Zustand s'

$$s' = s\cos\theta_C - d\sin\theta_C \tag{1.51}$$

enthält, eingeführt werden. Der fehlende Partner in dem neuen Quarkdublett war das c-Quark, dessen Existenz aufgrund dieser Überlegung bereits vor seiner Entdeckung gefordert wurde (GIM-Mechanismus [Gla70]). Die Erweiterung der Theorie auf drei Familien führt zu den drei folgenden linkshändigen Quarkdubletts

$$\begin{pmatrix} u \\ d' \end{pmatrix}_L, \quad \begin{pmatrix} c \\ s' \end{pmatrix}_L, \quad \begin{pmatrix} t \\ b' \end{pmatrix}_L. \tag{1.52}$$

Die Quarkzustände $|d'\rangle$, $|s'\rangle$ und $|b'\rangle$ gehen durch eine unitäre Transformation U aus den Masseneigenzuständen $|d\rangle$, $|s\rangle$ und $|b\rangle$ hervor

$$\begin{pmatrix} d' \\ s' \\ b' \end{pmatrix} = U \begin{pmatrix} d \\ s \\ b \end{pmatrix}, \quad \text{mit} \quad U^\dagger = U^{-1}, \tag{1.53}$$

wobei U die Kobayashi-Maskawa-Matrix bezeichnet

$$U = \begin{pmatrix} U_{ud} & U_{us} & U_{ub} \\ U_{cd} & U_{cs} & U_{cb} \\ U_{td} & U_{ts} & U_{tb} \end{pmatrix}. \tag{1.54}$$

Das Matrixelement U_{us} gibt z.B. die relative Stärke des Übergangs $u \leftrightarrow s$ an.

Die Kobayashi-Maskawa-Matrix kann durch drei Euler-Winkel und sechs Phasen parametrisiert werden. Fünf dieser sechs Phasen sind jedoch nicht beobachtbar, so daß man nur eine nichttriviale Phase δ erhält (siehe z.B. [Nac86])

$$U = \begin{pmatrix} c_1 & s_1 c_3 & s_1 s_3 \\ -s_1 c_2 & c_1 c_2 c_3 - s_2 s_3 e^{i\delta} & c_1 c_2 s_3 + s_2 c_3 e^{i\delta} \\ -s_1 s_2 & c_1 s_2 c_3 + c_2 s_3 e^{i\delta} & c_1 s_2 s_3 - c_2 c_3 e^{i\delta} \end{pmatrix} \tag{1.55}$$

mit $c_i = \cos\theta_i$, $s_i = \sin\theta_i$, $(i = 1, 2, 3)$ und $0 \leq \theta_i \leq \pi/2$, $0 \leq \delta \leq 2\pi$. Die drei Mischungswinkel θ_1, θ_2 und θ_3 ersetzen den Cabibbo-Winkel θ_C im Fall von nur vier Quarks ($c_1 = \cos\theta_C$). Die Bestimmung der einzelnen Matrixelemente ist Gegenstand intensiver Forschung [Ng89]. Da $e^{i\delta}$ unter der Zeitumkehrtransformation in $e^{-i\delta}$ übergeht, ermöglicht eine von 0 oder π verschiedene Phase δ das Auftreten einer T- oder CP-Verletzung. Allerdings darf keines der Elemente der Mischungsmatrix verschwinden, wenn CP verletzt sein soll (Bedingungen für das Auftreten der CP-Verletzung findet man z.B. in [Jar85, Jar89]). Erst vor kurzem konnte gezeigt werden, daß $U_{ub} \neq 0$ [Alb90, Ful90, Schm90a].

Es gibt mehrere Modelle für die CP-Verletzung (siehe unten), aber das Kobayashi-Maskawa-Modell ist das einzige, das sich im Rahmen der bis heute bekannten Physik abspielt, also keine neue, über das Standardmodell hinausgehende Physik beinhaltet.

Die Zuordnung der physikalischen Teilchen K_S („short-lived") und K_L („long-lived") zu K_1 und K_2 aus (1.43a,b) ist nur bei exakter CP-Erhaltung richtig. Man kann sich nun zwei Möglichkeiten für einen CP-verletzenden

Zerfall des langlebigen K-Mesons in zwei Pionen vorstellen, entweder eine *direkte* oder eine *indirekte* CP-Verletzung. Die indirekte CP-Verletzung bedeutet, daß den Wellenfunktionen von K_L und K_S CP-verletzende Komponenten beigemischt sind, d.h. die physikalischen Zustände sind Linearkombinationen der CP-Eigenzustände K_1 und K_2

$$|K_L\rangle = \frac{|K_2\rangle + \epsilon|K_1\rangle}{\sqrt{1+|\epsilon|^2}}, \qquad (1.56a)$$

$$|K_S\rangle = \frac{|K_1\rangle + \epsilon|K_2\rangle}{\sqrt{1+|\epsilon|^2}}. \qquad (1.56b)$$

Alle *Übergänge* in der Natur wären demnach selbst CP-erhaltend, die Verletzung wäre einzig und allein ein Effekt der kleinen Beimischung ϵ der jeweils entgegengesetzten CP-Parität in den physikalischen Zuständen.

Eine andere Möglichkeit besteht in einem *direkt* CP-verletzenden Übergang, d.h. der Wechselwirkungs-Hamiltonoperator selbst enthält einen CP-verletzenden Anteil

$$\langle \pi^0 \pi^0 | H_W | K_2 \rangle \neq 0. \qquad (1.57)$$

Dieser Beitrag wird häufig durch einen Parameter ϵ' beschrieben.

Experimentell werden die Amplituden der Zerfälle $K_L, K_S \to 2\pi$ gemessen. Die in (1.44) definierten Parameter η_{+-} und η_{00} können durch die Parameter ϵ und ϵ' ausgedrückt werden (siehe z.B. [Nac86])

$$\eta_{+-} = \epsilon + \epsilon', \qquad \eta_{00} = \epsilon - 2\epsilon'. \qquad (1.58)$$

Bis 1987 waren alle experimentellen Daten mit der Annahme der indirekten CP-Verletzung konsistent, mit $\epsilon \sim 2 \cdot 10^{-3}$ und $\epsilon' \sim 0$. Erste Anzeichen für eine direkte CP-Verletzung ($\epsilon' \neq 0$) wurden 1988 bei CERN in Genf gefunden [Bur88]

$$\Re(\epsilon'/\epsilon) = (33 \pm 11) \cdot 10^{-4}. \qquad (1.59)$$

Dieses Resultat konnte jedoch durch Experimente am Fermilab in Chicago nicht bestätigt werden, das Ergebnis der amerikanischen Gruppe lautet [Pat90]

$$\Re(\epsilon'/\epsilon) = (-4 \pm 14 \pm 6) \cdot 10^{-4}. \qquad (1.60)$$

In dem oben diskutierten Kobayashi-Maskawa-Modell erwartet man $|\eta_{+-}| \sim |\eta_{00}| \sim |\epsilon| \sim \sin\theta_2 \cdot \sin\theta_3 \cdot \sin\delta < 3 \cdot 10^{-3}$ (vgl. z.B. [Nac86]). Insbesondere wird gefordert, daß $\epsilon'/\epsilon \approx 10^{-2}$ [Gil79]. Die T-verletzende Phase der Mischungsmatrix ist mit dem Sektor der schweren Quarks verknüpft, so daß man keine T-verletzenden niederenergetischen Phänomene erwartet. Eine

Brechung der CP-Invarianz sollte dagegen im Zerfall der B-Mesonen auftreten (Quarkgehalt $B^0 = |\bar{b}d\rangle$).

Dieses Kobayashi-Maskawa-Bild kann in links-rechts-symmetrischen Modellen modifiziert werden, in denen die elektroschwache Wechselwirkung durch den Austausch von Vektorbosonen vermittelt wird, die sowohl linkshändig als auch rechtshändig koppeln. Die Tatsache, daß man bislang nur linkshändige schwache geladene Ströme beobachtet hat, wird durch eine sehr große Masse dieser rechtshändigen Vektorbosonen erklärt. Links- und rechtshändige Eichbosonen können unterschiedliche Mischungsparameter besitzen. Einige Modelle postulieren zwar die Identität von links- und rechtshändigen Kobayashi-Maskawa-Matrizen

$$U_L = U_R, \tag{1.61}$$

doch im allgemeinen sind U_L und U_R vollkommen unabhängig voneinander. Diese zusätzliche Freiheit aufgrund der rechtshändigen Ströme ermöglicht T-verletzende Phasen auch im leichten Quarksektor (siehe [Hol89]).

Schon bald nach der Entdeckung der CP-Verletzung schlug Wolfenstein ein phänomenologisches Modell zur Erklärung der Beobachtung vor („superweak model"[Wol64]). Darin wird die Existenz einer superschwachen Kraft postuliert, die Übergänge zwischen den CP-Eigenzuständen $|K_1\rangle$ und $|K_2\rangle$ vermittelt, sonst aber praktisch nirgendwo in Erscheinung treten sollte

$$\langle K_1|H_{sw}|K_2\rangle \neq 0. \tag{1.62}$$

Diese neue Wechselwirkung vermag die Strangeness um zwei Einheiten zu ändern ($\Delta S = 2$). Das superschwache Modell fordert

$$\eta_{+-} = \eta_{00} = \epsilon \quad \text{und} \quad \frac{\epsilon'}{\epsilon} = 0. \tag{1.63}$$

Dieser Ansatz kann dann ausgeschlossen werden, wenn man entweder eindeutig eine direkte CP-Verletzung nachweisen kann ($\epsilon'/\epsilon \neq 0$), oder wenn eine CP- oder T-Verletzung in einem anderen System gefunden würde.

Eine von 0 und π verschiedene Phase δ in der Kobayashi-Maskawa-Matrix ist eine mögliche Ursache für die CP-Verletzung im Rahmen des Standardmodells. Nicht-störungstheoretische Effekte in der Quantenchromodynamik (QCD) könnten eine weitere Quelle für CP-Verletzung darstellen [t'Ho76]. Das QCD-Vakuum läßt sich nicht eindeutig festlegen, es sollte vielmehr eine Reihe entarteter, gleichwertiger Vakuumzustände geben. Für das tatsächliche Vakuum erwartet man eine Überlagerung dieser entarteten Zustände mit zufälligen Phasen $e^{i\nu\theta}$, wobei ν eine ganzzahlige topologische Quantenzahl wäre [Cal76, Jac76]. Ein solches Vakuum wäre nicht CP-invariant. Als meßbarer Effekt wird ein elektrisches Dipolmoment d_n des Neutrons induziert, welches proportional zu θ sein sollte

$$d_n = (2.7 - 5.2) \cdot 10^{-16} \theta \quad \text{ecm}. \tag{1.64}$$

Die experimentellen Grenzen für d_n führen zu sehr kleinen Werten von

$$\theta < 3 \cdot 10^{-10}, \tag{1.65}$$

was schwer verständlich ist, wenn θ eine rein zufällige Phase ist (sog. θ-*Problem* oder *starkes CP-Problem*, siehe Abschn. 5.2.5).

Für das K^0-System ist der CP-verletzende Anteil der Lagrange-Dichte $\mathcal{L}_\theta$ ziemlich bedeutungslos. Denkt man sich nämlich die gewöhnliche schwache Wechselwirkung zunächst abgeschaltet, so sind die CP-Eigenzustände $|K_1\rangle$ und $|K_2\rangle$ auch Eigenzustände von C mit unterschiedlichen Vorzeichen. Da $\mathcal{L}_\theta$ unter der Ladungskonjugation gerade ist, kann es keine Übergänge zwischen K_1 und K_2 und damit keine Zustandsmischung geben. Dies könnte erst durch ein Zusammenwirken von $\mathcal{L}_\theta$ mit der schwachen Wechselwirkung geschehen. Dadurch kann jedoch die Stärke der CP-Verletzung nicht erklärt werden (siehe z.B. [Nac86]). Das heißt, daß die Suche nach einem elektrischen Dipolmoment des Neutrons weitreichende Aussagen über theoretische Vorstellungen erlaubt, die nicht allein durch Untersuchungen am K^0-System gewonnen werden können.

1.4 Eichtheorien und das Standardmodell

1.4.1 Einleitung

Auf den ersten Blick scheinen die schwache Wechselwirkung, der Elektromagnetismus und die starke Wechselwirkung keine Gemeinsamkeiten aufzuweisen. Sie unterscheiden sich sowohl in ihren Erscheinungsbildern, als auch in ihren Reichweiten.

Im Rahmen der modernen Eichtheorien gelang es jedoch, eine Ordnung in den Bereich der Naturkräfte zu bringen. Eine wesentliche Erkenntnis ist, daß die drei grundlegenden Wechselwirkungen aus dem Postulat von Eichsymmetrien hergeleitet werden können. Sie werden alle durch den Austausch von Eichbosonen vermittelt. Der Grund für die Verschiedenheiten der genannten Wechselwirkungen liegt in der die Wechselwirkung darstellenden Symmetriegruppe, die die Anzahl der Eichbosonen und die Form der Kraft festlegt.

Im Standardmodell wird die Theorie der starken Wechselwirkung, die QCD, durch die Eichgruppe $SU(3)_c$ charakterisiert. Die Gruppe $SU(2)_L \otimes U(1)$

bestimmt die Struktur der zur elektroschwachen Kraft zusammengefaßten elektromagnetischen und schwachen Kräfte.

Allerdings ist im Standardmodell, das auf dem direkten Produkt der Gruppen

$$SU(3)_c \otimes SU(2)_L \otimes U(1) \tag{1.66}$$

basiert, eine echte Vereinigung aller drei Wechselwirkungen noch nicht erreicht. Denn die $SU(3)_c$- und die $SU(2)_L \otimes U(1)$-Transformation sind voneinander unabhängig, und wir haben noch drei verschiedene Kopplungskonstanten. Eine echte Vereinigung der drei Wechselwirkungen wäre erst erreicht, wenn sich die drei unterschiedlichen Wechselwirkungsstärken aus nur *einer* fundamentalen Kopplungskonstanten ableiten ließen. Dies kann mit einer *einfachen* Gruppe erreicht werden. Die kleinste Gruppe, die diese Bedingungen erfüllt, ist $G = SU(5)$ (siehe Abschn. 1.5).

Im sog. Standardmodell werden die Stärken der Wechselwirkungen durch dimensionslose Kopplungskonstanten beschrieben:

$$\begin{aligned} g_3 &= g_s & SU(3) \\ g_2 &= e/\sin\theta_W & SU(2) \\ g_1 &= e/\cos\theta_W & U(1) \end{aligned} \tag{1.67}$$

Der Parameter θ_W bezeichnet den Weinberg-Winkel, der vom Standardmodell nicht vorhergesagt wird, sondern experimentell bestimmt werden muß. e ist die elektrische Elementarladung.

1.4.2 Das Eichprinzip

Zur Vorbereitung der weiteren Diskussion wollen wir zunächst eine kurze Skizze der Grundzüge von Eichtheorien geben. Die Tatsache, daß Eichtheorien in der modernen Physik eine zentrale Bedeutung zukommt, liegt darin begründet, daß sie *renormierbar* sind [t'Ho72, Lee72].

Unter Renormierung versteht man Verfahren zur „Beseitigung" von Divergenzen (Unendlichkeiten), die insbesondere bei der Berechnung höherer Ordnungen, den sog. Strahlungskorrekturen, auftreten. Bezüglich der formalen Aspekte der Renormierbarkeit verweisen wir auf die Spezialliteratur (siehe z.B. [Ait89]).

Das Eichprinzip basiert auf der Tatsache, daß sowohl die klassische Physik als auch die Quantentheorie Größen kennt, die sich prinzipiell nicht messen lassen. Für verschiedene Werte solcher Größen resultieren äquivalente Theorien, d.h. Theorien, die für alle Experimente dieselben Vorhersagen machen. Es besteht daher die Möglichkeit, eine Theorie durch eine geeignete Wahl der

1.4 Eichtheorien und das Standardmodell

nicht meßbaren Parameter zu „eichen", um z.b. die Bewegungsgleichungen zu vereinfachen.

In den Eichtheorien werden nun solche Eichfreiheiten nicht bloß als einfache Zufallserscheinung betrachtet, sondern zu einem allgemeinen Prinzip erhoben. Aus der Forderung nach der Existenz derartiger nicht physikalisch festgelegter, also eichbarer, Größen wird die Existenz und Struktur von Wechselwirkungen mit den entsprechenden Wechselwirkungsfeldern abgeleitet (für einführende Darstellungen siehe [Ait89, Gro89,90,92]).

Elektromagnetismus als Beispiel einer Eichtheorie

Diese Eichfreiheit soll am Elektromagnetismus verdeutlicht werden. Das Viererpotential

$$A^\mu = (\phi, \vec{A}) \tag{1.68}$$

ist ein Beispiel für eine Größe, die prinzipiell nicht meßbar ist. Verschiedene Werte von A^μ führen zu denselben physikalischen Feldern $\vec{E}$ und $\vec{B}$, wie wir im folgenden sehen werden.

Wir beginnen die Diskussion mit den Maxwell-Gleichungen, die wir zur Erinnerung noch einmal angeben wollen:

$$\text{div}\vec{E} = \varrho \tag{1.69a}$$

$$\text{rot}\vec{E} = -\frac{\partial \vec{B}}{\partial t} \tag{1.69b}$$

$$\text{div}\vec{B} = 0 \tag{1.69c}$$

$$\text{rot}\vec{B} = \vec{j} + \frac{\partial \vec{E}}{\partial t} \tag{1.69d}$$

ϱ und $\vec{j}$ erfüllen die Kontinuitätsgleichung

$$\frac{\partial \varrho}{\partial t} + \text{div}\vec{j} = 0. \tag{1.70}$$

Anstelle der Felder $\vec{E}$ und $\vec{B}$ ist es häufig von Vorteil, das Vektorpotential A^μ einzuführen, wobei

$$\vec{B} = \text{rot}\vec{A} \tag{1.71a}$$

$$\vec{E} = -\nabla\phi - \frac{\partial}{\partial t}\vec{A} \tag{1.71b}$$

Durch diese Wahl sind die Gleichungen (1.69b) und (1.69c) automatisch erfüllt. Mit der Definition eines Viererstroms j^μ

$$j^\mu = (\varrho, \vec{j}) \tag{1.72}$$

schreibt sich die Kontinuitätsgleichung (1.70) in der einfachen Form

$$\partial_\mu j^\mu = 0. \tag{1.73}$$

Die Einführung des Feldstärketensors

$$F^{\mu\nu} = \partial^\mu A^\nu - \partial^\nu A^\mu \tag{1.74}$$

erlaubt es, die Maxwellgleichungen (1.69a) und (1.69d) in die kompakte Form

$$\partial_\mu F^{\mu\nu} = j^\nu \tag{1.75}$$

zu bringen.

Der Ursprung der Eichinvarianz der klassischen Elektrodynamik liegt in der Mehrdeutigkeit des Potentials A^μ hinsichtlich vorgegebener physikalischer Felder $\vec{E}$ und $\vec{B}$.

Die Festlegung definierter Werte für A^μ nennt man *Eichung*. Transformationen, die $\vec{E}$ und $\vec{B}$ unverändert lassen, werden Eichtransformationen genannt. Bei der Ersetzung

$$A^\mu(x) \to A^\mu(x) + \partial^\mu \Lambda(x) \tag{1.76}$$

bzw.

$$\vec{A}(\vec{x},t) \to \vec{A}(\vec{x},t) - \text{grad}\Lambda(\vec{x},t) \tag{1.77a}$$

$$\phi(\vec{x},t) \to \phi(\vec{x},t) + \frac{\partial}{\partial t}\Lambda(\vec{x},t), \tag{1.77b}$$

wobei $\Lambda(\vec{x},t)$ eine beliebige skalare, differenzierbare Funktion darstellt, bleiben der Feldstärketensor $F^{\mu\nu}$ und die Felder $\vec{E}$ und $\vec{B}$ ungeändert. Man bezeichnet daher die Transformation (1.76) bzw. (1.77) als Eichtransformation.

Die Eichfreiheit kann ausgenutzt werden, um das Viererpotential einer Nebenbedingung zu unterwerfen. Häufig verwendet man die sog. *Lorentz-Eichung*

$$\partial_\mu A^\mu = 0, \tag{1.78}$$

mit deren Hilfe die Maxwell-Gleichung (1.75) auf die einfache Form

$$\Box A^\mu = j^\mu \tag{1.79}$$

gebracht werden kann. Die elektromagnetische Stromdichte j^μ stellt hierbei die Quelle des Feldes A^μ dar.

In Eichtheorien wird wie gesagt die Eichfreiheit zum allgemeinen Prinzip erhoben. Die innere Struktur von Eichtransformationen und damit die Dynamik der resultierenden Kräfte werden durch eine zugrunde gelegte Symmetriegruppe bestimmt.

Wie wir gesehen haben, läßt sich der Elektromagnetismus im Rahmen einer Eichtheorie beschreiben. Seit dem Nachweis der $W^\pm$- und Z^0-Bosonen bei CERN besteht auch kein Zweifel mehr daran, daß die schwache bzw. die elektroschwache Wechselwirkung aus dem Eichprinzip abgeleitet werden kann. Entsprechendes gilt auch für die Farbwechselwirkung im Rahmen der QCD.

Die Wurzel des Eichprinzips ist die Erhaltung der inneren Symmetrie (d.h. der Forminvarianz) von Bewegungsgleichungen unter Transformationen.

1.4 Eichtheorien und das Standardmodell

Man unterscheidet im allgemeinen zwischen *globalen* und *lokalen* Symmetrien.

Globale Transformationen verändern eine physikalische Größe überall gleich, sie sind unabhängig von den Orts- und Zeitkoordinaten. Als Beispiel ziehen wir die Quantenmechanik in der Schrödinger-Formulierung heran, in der physikalische Zustände durch komplexe Wellenfunktionen $\psi(\vec{x},t)$ beschrieben werden. Einer globalen Transformation entspricht in diesem Fall die Multiplikation mit einem konstanten Phasenfaktor

$$\psi'(\vec{x},t) = T\psi(\vec{x},t) \equiv e^{-ie\varrho}\psi(\vec{x},t), \tag{1.80}$$

wobei ϱ reell ist und unabhängig von $(\vec{x},t)$. Die transformierte Wellenfunktion ψ' erfüllt dieselbe Schrödingergleichung wie ψ, da die Orts- und Zeitableitungen nicht auf den konstanten Phasenfaktor wirken. Der Hamiltonoperator ist daher mit dem Transformationsoperator vertauschbar

$$[H,T] = 0. \tag{1.81}$$

Die globale Transformation (1.80) läßt auch die Grundgleichung der Quantenelektrodynamik, die Dirac-Gleichung, forminvariant.

Die Dirac-Gleichung stellt die relativistische Bewegungsgleichung eines freien Elektrons dar. Sie lautet

$$(i\gamma^\mu \partial_\mu - m)\psi(x) = 0, \tag{1.82}$$

wobei γ^μ die folgenden 4×4-Matrizen bedeuten

$$\gamma^0 = \begin{pmatrix} 1 & 0 \\ 0 & -1 \end{pmatrix}, \qquad \vec{\gamma} = \begin{pmatrix} 0 & \vec{\sigma} \\ \vec{\sigma} & 0 \end{pmatrix}; \tag{1.83}$$

$\vec{\sigma}$ bezeichnet die Paulischen Spinmatrizen. Leser, die mit der relativistischen Quantenmechanik noch nicht vertraut sind, verweisen wir z.B. auf [Ait89]. Das Einsetzen von (1.80) in (1.82) ergibt sofort

$$(i\gamma^\mu \partial_\mu - m)\psi'(x') = 0. \tag{1.84}$$

Das sogenannte *Noether-Theorem* ([Noe18], siehe auch [Bjo78, Gro89,90,92]) besagt nun, daß es zu *jeder* globalen Transformation, unter welcher die Lagrangedichte $\mathcal{L}$ invariant bleibt, eine Erhaltungsgröße gibt, d.h. eine Meßgröße, deren Wert sich zeitlich nicht ändert.

Als Beispiele seien aus der klassischen Mechanik die Verbindung zwischen Translations-, Rotations- und Zeitinvarianz und der Erhaltung von Impuls, Drehimpuls und Energie genannt. Die Invarianz der Dirac-Gleichung unter (1.80) hat die Erhaltung der elektrischen Ladung zur Folge (vgl. z.B. [Gro89,90,92]).

42   1 Moderne Elementarteilchentheorien

Sehr viel wichtiger als die globalen Symmetrien, die in den meisten physikalischen Theorien auftreten, sind die *lokalen* (=*Eich-*) Symmetrien, die für die Beschreibung der Wechselwirkungen die entscheidende Rolle spielen. Lokal bedeutet in diesem Zusammenhang, daß die Symmetrietransformation an jedem Ort und zu jedem Zeitpunkt anders gewählt werden darf, d.h. (1.80) geht. über in

$$\psi'(x) = e^{ie\varrho(x)}\psi(x), \qquad x = (\vec{x},t) \quad \text{lokale Transformation}. \qquad (1.85)$$

Die Forderung nach der Invarianz unter einer *lokalen* Transformation stellt eine viel stärkere Bedingung dar, als die nach der Invarianz unter globalen Transformationen.

Die Dirac-Gleichung für freie Teilchen ist nicht invariant unter lokalen Transformationen der Form (1.85), d.h. $\psi'(x)$ ist keine Lösung von (1.82). Sei $\psi(x)$ eine Lösung der Dirac-Gleichung, so genügt $\psi'(x)$ der Gleichung

$$(i\gamma^\mu \left(\partial_\mu - ie\partial_\mu \varrho(x)\right) - m)\psi'(x) = 0. \qquad (1.86)$$

Durch die Ableitung des Phasenfaktors erhält man gegenüber (1.82) einen zusätzlichen Term.

Die Invarianz der Dirac-Gleichung kann durch die Einführung eines Wechselwirkungsfeldes wiederhergestellt werden. Dieses *Eichfeld* muß gleichzeitig mit der Transformation (1.85) derart geändert werden, daß die Wirkung des Zusatzterms in (1.86) gerade aufgehoben wird. Die kombinierte Transformation des Feldes ψ und des Eichfeldes werden als *Eichtransformation* bezeichnet.

Im Falle der Quantenelektrodynamik erreicht man die Invarianz der Dirac-Gleichung durch die Einführung eines Eichfeldes $A^\mu(x)$, an welches $\psi(x)$ mit der durch die Ladung e bestimmten Stärke koppelt. Dazu wird die Ableitung ∂_μ in Analogie zur „minimalen Kopplung" in der klassischen Physik durch die kovariante Ableitung bezüglich des Feldes $A^\mu(x)$ ersetzt:

$$\partial_\mu \to D_\mu = \partial_\mu - ieA_\mu. \qquad (1.87)$$

Ersetzt man in der Dirac-Gleichung ∂_μ durch D_μ, so folgt

$$(i\gamma^\mu D_\mu - m)\psi(x) = 0 \qquad (1.88a)$$

$$(i\gamma^\mu \partial_\mu - m + e\gamma^\mu A_\mu)\psi(x) = 0. \qquad (1.88b)$$

Ausgehend von (1.88b) findet man für das transformierte Feld $\psi' = e^{ie\varrho(x)}\psi$

$$(i\gamma^\mu \partial_\mu - m + e\gamma^\mu A_\mu)e^{-ie\varrho(x)}\psi'(x) = 0. \qquad (1.89a)$$

Daraus folgt

$$(i\gamma^\mu(\partial_\mu - ieA_\mu - ie\partial_\mu\varrho(x) - m))\psi'(x) = 0. \qquad (1.89b)$$

1.4 Eichtheorien und das Standardmodell

Die Dirac-Gleichung behält ihre ursprüngliche Gestalt, wenn das Eichfeld in geeigneter Weise transformiert wird

$$A'_\mu(x) = A_\mu(x) + \partial_\mu \varrho(x).\tag{1.90}$$

Einsetzen von (1.90) in (1.89b) ergibt

$$\left(i\gamma_\mu \left(\partial^\mu - ieA'^\mu(x)\right) - m\right)\psi'(x) = 0.\tag{1.91}$$

Damit haben wir gezeigt, daß (1.88) unter der Eichtransformation

$$\psi'(x) = e^{ie\varrho(x)}\psi(x)\tag{1.92a}$$

$$A'_\mu(x) = A_\mu(x) + \partial_\mu \varrho(x)\tag{1.92b}$$

invariant ist. Physikalisch ist das Eichfeld A_μ im Falle der QED als *Photonfeld* zu interpretieren.

Generell gilt, daß sich eine lokale Invarianz nur dann erreichen läßt, wenn man ein Eichfeld, d.h. eine Wechselwirkung einführt. Die Eigenschaften der Wechselwirkung werden dabei durch das Eichprinzip weitgehend festgelegt. Eine Quantisierung des Eichfeldes führt auf Eichbosonen als Vermittler der Wechselwirkung (im Falle der QED handelt es sich um die Photonen). Die Eichfelder genügen ebenfalls bestimmten Bewegungsgleichungen. Das Photonfeld A_μ gehorcht beispielsweise der Klein-Gordon-Gleichung, da Photonen Bosonen sind. Allerdings wird gefordert, daß auch diese Bewegungsgleichungen invariant unter (1.92) sind. Dies ist jedoch nur dann gewährleistet, wenn die Austauschteilchen eine verschwindende Ruhemasse besitzen. Diese Forderung ist für Photonen offensichtlich erfüllt. Es ist eine generelle Eigenschaft von (*ungebrochenen*, s.u.) Eichtheorien, daß sie *prinzipiell* die Existenz *masseloser* Austauschfelder vorhersagen.

Wir haben andererseits schon gesehen, daß man die Schwäche der schwachen Wechselwirkung auf die kurze Reichweite infolge einer großen Masse der Austauschbosonen zurückführt.

Einen möglichen Ausweg aus diesem scheinbaren Widerspruch liefert der *Higgs-Mechanismus* (s.u.). Dabei wird den Austauschteilchen „nachträglich" über den Prozeß der spontanen Symmetriebrechung eine Masse zugeordnet, ohne dabei die lokale (=Eich-)Symmetrie der Theorie zu stören, bzw. ohne daß die Symmetriebrechung hierbei die Renormierbarkeit beeinträchtigt.

Ein großer Vorteil von Eichtheorien liegt in der Tatsache begründet, daß Eichtheorien renormierbar sind. Trotzdem beruht ihre Bedeutung letztlich lediglich auf den bisherigen Erfolgen bei der Beschreibung der elektromagnetischen und der elektroschwachen Wechselwirkung. Die Forderung nach Eichinvarianz läßt sich nicht aus grundlegenden physikalischen Prinzipien herleiten. Es mag daher durchaus möglich sein, daß das Eichprinzip eines Tages durch ein fundamentaleres Prinzip ersetzt werden muß. In den

1 Moderne Elementarteilchentheorien

Kaluza-Klein-Theorien etwa versucht man, alle Wechselwirkungen auf ein geometrisches Prinzip zurückzuführen (siehe Kap. 12).

Eichtheorien werden im allgemeinen nach den Transformationseigenschaften klassifiziert. Die Beschreibung der Struktur einer Theorie erfolgt einfach durch die Angabe der Eichgruppe $G(n)$, die die Symmetrieeigenschaften widerspiegelt. Man unterscheidet abelsche und nicht-abelsche Eichgruppen, je nachdem ob in einer Gruppe das Kommutativgesetz gilt oder nicht.

Die QED wird durch die Gruppe der Phasenfaktoren $e^{ie\varrho(x)}$ beschrieben. Es handelt sich um eine (abelsche) $U(1)$-Symmetrie. $U(1)$ steht für die Gruppe aller unitären 1×1-Matrizen.

Bei der Behandlung der schwachen und der starken Kräfte werden wir den Gruppen $SU(n)$ begegnen. S steht für speziell, d.h. für Matrizen mit positiver Determinante (det$U = +1$), n bezeichnet die Dimension der Matrizen. $SU(n)$ ist also die Gruppe aller unitären $n \times n$-Matrizen U mit det$U = +1$. In der Gruppenbezeichnung $SO(n)$ steht O für orthogonal anstelle von unitär. Die Anzahl der Eichbosonen der speziellen Gruppen $SU(n)$ und $SO(n)$ beläuft sich auf $n^2 - 1$.

Die an einer Wechselwirkung teilnehmenden Teilchen werden in sog. *Multipletts* bzgl. der jeweiligen Gruppe angeordnet, wobei die Mitglieder eines Multipletts ineinander umgewandelt werden können. Die Zugehörigkeit zu einem Multiplett ist invariant unter der betreffenden Wechselwirkung. Da die elektromagnetische Kraft z.B. den Teilchencharakter nicht ändert, werden bzgl. dieser Wechselwirkung alle Teilchen in Singuletts angeordnet.

1.4.3 Die spontane Symmetriebrechung

Die in Eichtheorien auftretenden Eichbosonen sind prinzipiell alle masselos. Im Falle der Photonen als Austauschteilchen der elektromagnetischen Wechselwirkung und der Gluonen als Vermittler der Farbwechselwirkung stimmt dies mit unserem physikalischen Bild überein. Wir wissen jedoch, daß die Eichbosonen der schwachen Wechselwirkung eine Ruhemasse von ca. 80 bzw. 90 GeV/c^2 besitzen. Würde man diese Masse jedoch explizit in die Lagrangedichte $\mathcal{L}_W$ hineinnehmen, so ginge die Invarianz unter Eichtransformationen verloren.

Mit der sog. *spontanen Symmetriebrechung* steht uns ein Mechanismus zur Verfügung, der den Eichbosonen eine Masse zuordnet, ohne die Eichinvarianz zu zerstören.

Von einer spontanen Symmetriebrechung spricht man, wenn die Grundgleichungen eines Systems eine Symmetrie besitzen, die der Grundzustand nicht aufweist. So ist es beispielsweise denkbar, daß die Lagrangedichte unter einer

1.4 Eichtheorien und das Standardmodell

Eichtransformation invariant ist, aber das Vakuum als Zustand niedrigster Energie diese Symmetrie nicht besitzt.

Sei das Vakuum $|0\rangle$ der Eigenzustand des Hamilton-Operators H mit der niedrigsten Energie $E_{\min}$:

$$H|0\rangle = E_{\min}|0\rangle. \tag{1.93}$$

Sind die Bewegungsgleichungen invariant unter der Transformation U, so gilt

$$[H, U] = 0. \tag{1.94}$$

Für das transformierte Vakuum $U|0\rangle$ erhalten wir daher

$$HU|0\rangle = UH|0\rangle = E_{\min}U|0\rangle, \tag{1.95}$$

d.h. $U|0\rangle$ ist ebenfalls ein Eigenzustand von H mit dem Eigenwert $E_{\min}$. Wenn wir voraussetzen, daß es nur einen eindeutigen Vakuumzustand gibt, so folgt aus (1.93) und (1.95)

$$U|0\rangle = |0\rangle, \tag{1.96}$$

d.h. unter der gemachten Annahme ist das Vakuum ebenfalls invariant unter U. Läßt man jedoch mehrere entartete Zustände $|0\rangle_i$ zu, so gilt

$$U|0\rangle_i = |0\rangle_j, \quad i \neq j. \tag{1.97}$$

Das Vakuum ist daher nicht mehr notwendigerweise invariant unter U, auch wenn H nach wie vor mit U vertauschbar ist. Das Phänomen der spontanen Symmetriebrechung hängt also eng mit einer Entartung des Grundzustandes zusammen.

Mittels eines einfachen Beispiels lassen sich die wesentlichen Gesichtspunkte der spontanen Symmetriebrechung veranschaulichen (siehe z.B. [Nac86, Ait89]). Wir betrachten ein einfaches W-förmiges Potential der Form (siehe Abb. 1.6)

$$V(x) = -\frac{1}{2}\mu^2 x^2 + \frac{1}{4}\lambda x^4, \quad \mu^2, \lambda > 0. \tag{1.98}$$

Das Potential $V(x)$ ist symmetrisch unter der Transformation $x \to -x$

$$V(-x) = V(x). \tag{1.99}$$

Die Gleichgewichtslage berechnet sich aus der Bedingung $\partial V/\partial x = 0$ zu

$$x = \pm x_0 = \pm\sqrt{\frac{\mu^2}{\lambda}}. \tag{1.100}$$

1 Moderne Elementarteilchentheorien

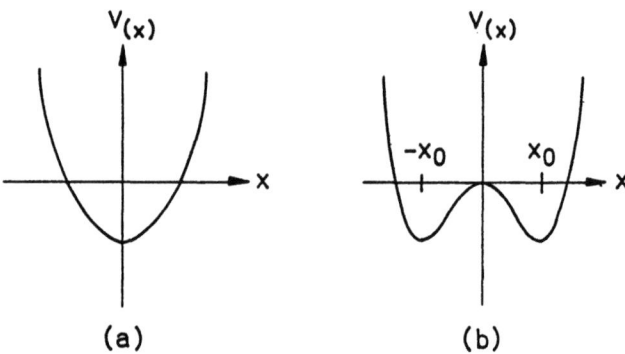

Abb. 1.6 Symmetrische Potentiale. Das W-förmige Potential in b) zeigt das Phänomen der spontanen Symmetriebrechung. Im Grundzustand befindet sich ein Teilchen entweder bei $x = x_0$ oder bei $x = -x_0$. Keine dieser Gleichgewichtslagen zeigt die Symmetrie des Potentials unter der Transformation $x \to -x$.

Im Grundzustand befindet sich ein Teilchen in diesem Potential entweder bei $x = x_0$ oder bei $x = -x_0$. Keine dieser Gleichgewichtslagen zeigt die Symmetrie des Potentials unter der Transformation $x \to -x$, die Symmetrie ist spontan gebrochen.

Das Prinzip der spontanen Symmetriebrechung ist ein geläufiges Phänomen in der Physik. Wichtige Beispiele sind:

a) die spontane Magnetisierung eines Festkörpers beim Unterschreiten der Curie-Temperatur (Ferromagnetismus),
b) die Bildung von Kristallen aus Flüssigkeiten unterhalb einer kritischen Temperatur bzw. die Kondensation von Wasserdampf,
c) die Supraleitung.

In ferromagnetischen Stoffen sind die Elektronenspins oberhalb der Curie-Temperatur T_C rein statistisch verteilt. Beim Unterschreiten der kritischen Temperatur T_C richten sich die Spins innerhalb der Weißschen Bezirke einheitlich aus, es kommt zu einer spontanen Magnetisierung.

In der statistischen Mechanik schreibt man die freie Energie eines Ferromagneten in der Landau-Ginzburg-Näherung in Abhängigkeit von der Temperatur T und der Magnetisierung $\vec{M}$ in der Form

$$F(\vec{M},T) \simeq F_0(T) + \frac{1}{2}\mu^2(T)M^2 + \frac{1}{4}\lambda(T)M^4 + \ldots \qquad (1.101)$$

Diese Entwicklung ist gültig für kleine Magnetisierungen. Aus Gründen der Stabilität verlangt man $\lambda(T) > 0$. Die freie Energie F ist rotationsinvariant, alle Richtungen der Magnetisierung $\vec{M}$ sind gleichberechtigt. Das Minimum von (1.101) findet man wieder zu

$$\text{grad}_{\vec{M}} F(\vec{M}, T) = 0 \Rightarrow [\mu^2(T) + \lambda(T)M^2]\vec{M} = 0. \tag{1.102}$$

Man muß zwei Fälle unterscheiden:

$\alpha)\ \mu^2 > 0$

Es gibt nur die Lösung $\vec{M} = 0$. Es existiert keine Magnetisierung, F ist rotationsinvariant.

$\beta)\ \mu^2 < 0$ Neben $\vec{M} = 0$ findet man zwei weitere Lösungen

$$|M_0|^2 = -\frac{\mu^2}{\lambda}. \tag{1.103}$$

Die sich einstellende Magnetisierung zerstört die Rotationsinvarianz von F. Bei spontaner Magnetisierung ist der Erwartungswert von $\vec{M}$ im Grundzustand ungleich null. Allerdings ist nur der Betrag der Magnetisierung festgelegt, während die Richtung beliebig ist.

Die kritische Temperatur (Curie-Temperatur), bei der die Symmetriebrechung auftritt, folgt aus der Bedingung

$$\mu^2(T_C) = 0. \tag{1.104}$$

Ähnliche Überlegungen lassen sich für Supraleiter anstellen.

Auch bei der Kristallisation tritt beim Unterschreiten einer bestimmten Temperatur eine spontane Symmetriebrechung auf. Während die Flüssigkeit vollständig rotationssymmetrisch ist, besitzen Kristalle Vorzugsrichtungen und respektieren daher nicht mehr alle Invarianzen der Ausgangsgleichungen.

Allen Beispielen ist gemeinsam, daß oberhalb einer kritischen Temperatur (Curie-Temperatur, Sprungtemperatur, ...) die vollständige Symmetrie wiederhergestellt ist, und daß die sich bei der Symmetriebrechung einstellenden Vorzugsrichtungen zufällig verteilt sind.

Grundsätzlich können sowohl globale als auch lokale Symmetrien spontan gebrochen sein. Eine spontan gebrochene globale Symmetrie ist jedoch untrennbar mit der Existenz eines masselosen skalaren Feldes, des Nambu-Goldstone-Bosons, verknüpft [Nam60, Gol61].

Wir wollen uns im folgenden auf die spontane Brechung von lokalen (=Eich) Symmetrien beschränken, die für die Beschreibung der elektroschwachen Wechselwirkung und in Großen Vereinigungstheorien die entscheidende Rolle spielen. Nur die unter lokalen (Eich-) Transformationen invarianten Theorien können lorentz-invariant sein (siehe z.B. [Nac86]).

In der heutigen quantenfeldtheoretischen Beschreibung von Wechselwirkungen wird die spontane Symmetriebrechung durch den Higgs-Mechanismus hervorgerufen [Hig64, Kib67, Gun90]. Dieser Mechanismus erfordert die

Einführung zusätzlicher skalarer Felder. Diese Higgs-Felder besitzen einen von Null verschiedenen Vakuumerwartungswert, d.h. der Zustand niedrigster Energie wird bei einem von Null verschiedenen Erwartungswert des Higgs-Feldes erreicht. Sie beeinflussen daher insbesondere die Struktur des Vakuums.

Aufgrund der Wechselwirkung der bislang masselosen Fermionen- und Bosonenfelder mit dem Higgs-Feld werden die Bewegungsgleichungen derart modifiziert, daß sich Fermionen und Bosonen so verhalten, als hätten sie eine Masse. Die Kopplung der Teilchenfelder an das Higgs-Feld ist proportional zum Massenquadrat. Aufgrund des endlichen Vakuumerwartungswerts des Higgs-Feldes erhalten Fermionen und Bosonen eine endliche potentielle Energie, die sich in einer effektiven Masse äußert. Man kann diesen Mechanismus in gewissem Sinne mit der effektiven Masse eines Elektrons in einem Festkörper vergleichen, die sich zum Teil erheblich von der physikalischen Masse des freien Elektrons unterscheidet. Bei diesem Konzept wird in den Bewegungsgleichungen die wahre Masse durch die effektive Masse ersetzt, die die komplexe Wechselwirkung des Elektrons mit dem Gitter näherungsweise berücksichtigt.

Durch die Wechselwirkung mit dem Higgs-Feld erhalten in Eichtheorien Fermionen und Bosonen nachträglich eine Masse. Eine manifeste physikalische Masse dagegen würde die Eichinvarianz der Theorie zerstören.

1.4.4 Das Glashow-Weinberg-Salam-Modell

Nachdem wir die Grundideen des Eichprinzips und des Higgs-Mechanismus kennengelernt haben, wollen wir im folgenden kurz das Glashow-Weinberg-Salam-Modell (GWS-Modell) der elektroschwachen Wechselwirkung skizzieren [Gla61, Wei67, Sal68].

Die elektromagnetische Wechselwirkung kann durch eine $U(1)$-Eichtheorie, die QED, erfolgreich beschrieben werden. Der Versuch einer Behandlung der schwachen Wechselwirkung im Rahmen einer $SU(2)$-Eichtheorie scheiterte zunächst. Es zeigte sich, daß beide Kräfte nicht durch separate Eichtheorien behandelt werden können.

Weinberg, Glashow und Salam gelang es schließlich, beide Kräfte als verschiedene Komponenten einer einzigen Eichtheorie herzuleiten.

Die Eichgruppe dieser elektroschwachen Wechselwirkung ist das direkte Produkt der Gruppen $U(1)$ und $SU(2)_L$

$$\mathcal{E}_{\text{GWS}} = SU(2)_L \otimes U(1). \tag{1.105}$$

1.4 Eichtheorien und das Standardmodell

Der Index L deutet an, daß die durch die Gruppe $SU(2)_L$ beschriebene Wechselwirkung rein linkshändig ist. Dies trägt dem experimentellen Befund Rechnung, daß nur linkshändige Teilchen und rechtshändige Antiteilchen an der schwachen Wechselwirkung teilnehmen. Es sei jedoch darauf hingewiesen, daß weder die $SU(2)_L$-Transformation in (1.105) eindeutig mit der schwachen noch die $U(1)$-Transformation eindeutig mit der elektromagnetischen Wechselwirkung zu identifizieren sind.

Beide Symmetrien, die $SU(2)_L$ und die $U(1)$, müssen spontan gebrochen sein. (In der Natur findet man nur die elektromagnetische Wechselwirkung und die Farbwechselwirkung als Folge einer ungebrochenen Symmetrie, d.h. mit masselosen Austauschbosonen.) Der „Trick" der GWS-Theorie besteht nun darin, daß zwar $SU(2)_L$ und $U(1)$ spontan gebrochen werden, jedoch derart, daß eine Untergruppe des Produktes beider Gruppen, nämlich die $U(1)_{\text{EM}}$, als *ungebrochene* Symmetrie resultiert.

Die geladenen schwachen Ströme sind nach den bisherigen experimentellen Erfahrungen rein linkshändig. Eine angemessene theoretische Beschreibung erfolgt daher durch die Zerlegung der Elektron- und Neutrinofelder in links- und rechtshändige Komponenten. Die linkshändigen Komponenten werden zu einem Dublett zusammengefaßt:

$$\begin{pmatrix} \nu_L \\ e_L \end{pmatrix}. \tag{1.106}$$

Die rechtshändige Neutrinokomponente ν_R geht nicht in die Theorie ein. Dies entspricht der bisherigen experimentellen Nichtbeobachtung eines rechtshändigen Neutrinos. Die rechtshändige Komponente des Elektrons bildet ein Singulett

$$e_R. \tag{1.107}$$

Die Eichtransformationen des Dubletts und des Singuletts lauten

a) $SU(2)_L$ $\qquad \begin{pmatrix} \nu_L \\ e_L \end{pmatrix}' = \mathcal{U}_{SU(2)} \begin{pmatrix} \nu_L \\ e_L \end{pmatrix}$ $\qquad (1.108a)$

$\qquad\qquad\qquad\qquad e'_R = e_R \qquad (1.108b)$

b) $U(1)$ $\qquad \begin{pmatrix} \nu_L \\ e_L \end{pmatrix}' = \mathcal{U}_{L(1)} \begin{pmatrix} \nu_L \\ e_L \end{pmatrix}$ $\qquad (1.109a)$

$\qquad\qquad\qquad\qquad e'_R = \mathcal{U}_{R(1)} e_R \qquad (1.109b)$

Bezüglich der mathematischen Ausformulierung der Theorie verweisen wir z.B. auf [Ait89, Gro89,90,92]. Wir wollen an dieser Stelle nur zwei wesentliche Aspekte erwähnen:

a) Die Invarianz der Lagrangedichte unter lokalen $SU(2)_L \otimes U(1)$-Transformationen erfolgt durch die Bildung einer geeigneten kovarianten Ableitung

$$\partial_\mu \to D_\mu \tag{1.110}$$

mit geeigneten Eichfeldern $B_\mu(x)$ und $\vec{W}_\mu(x)$ der $U(1)$- bzw. $SU(2)_L$-Transformationen, die mit unterschiedlichen Kopplungskonstanten an die Fermionen gekoppelt sind:

$$U(1): \quad g' \quad (B_\mu(x)) \tag{1.111a}$$
$$SU(2)_L: \quad g \quad (W_\mu^+(x), W_\mu^-, W_\mu^3(x)). \tag{1.111b}$$

Da sich nach (1.108) und (1.109) links- und rechtshändige Feldkomponenten unter Eichtransformationen unterschiedlich transformieren, sind explizite Massenterme in der Lagrangedichte verboten.

b) Die Massen der Bosonen werden nachträglich über den Higgs-Mechanismus generiert. Zwischen den Kopplungskonstanten G_F der Fermi-Theorie der schwachen Wechselwirkung und g ergibt sich folgender Zusammenhang

$$\frac{G_F}{\sqrt{2}} = \frac{g^2}{8 M_W^2} \tag{1.112}$$

Das Z^0-Boson wird als Mischung eines neutralen $SU(2)_L$-Bosonzustands (W_μ^3) mit rein linkshändiger $(V-A)$-Kopplung mit einem $U(1)$-Zustand (B_μ) verstanden

$$Z_\mu = -B_\mu \sin\theta_W + W_\mu^3 \cos\theta_W. \tag{1.113}$$

Entsprechend gilt für das Photonfeld

$$A_\mu = B_\mu \cos\theta_W + W_\mu^3 \sin\theta_W \tag{1.114}$$

Der Weinbergwinkel θ_W beschreibt diese Mischung, durch die die schwachen neutralen Ströme im Gegensatz zu den schwachen geladenen Strömen einen rechtshändigen Anteil erhalten.

Zwischen dem Weinbergwinkel und den Kopplungskonstanten g und g' besteht folgender Zusammenhang

$$\cos\theta_W = \frac{g}{\sqrt{g'^2 + g^2}} \tag{1.115}$$

$$\sin\theta_W = \frac{g'}{\sqrt{g'^2 + g^2}} \tag{1.116}$$

Da die Kopplung zwischen dem Photonfeld A_μ und einem Elektron gerade durch die elektrische Elementarladung gegeben ist, folgt ohne Herleitung

$$e = \frac{gg'}{\sqrt{g'^2 + g^2}} = g \cdot \sin\theta_W \tag{1.117}$$

1.4 Eichtheorien und das Standardmodell

Wir erhalten somit aus (1.112)

$$M_W = \frac{g}{2} \left(\frac{\sqrt{2}}{2G_F} \right)^{1/2}$$

$$= \frac{e}{2 \sin \theta_W} \left(\frac{\sqrt{2}}{2G_F} \right)^{1/2}, \quad (1.118)$$

d.h. bei bekanntem Weinbergwinkel kann M_W aus G_F berechnet (vorhergesagt) werden.

Die Masse des neutralen Z^0 berechnet sich zu

$$M_{Z^0} = \frac{M_W}{\cos \theta_W}. \quad (1.119)$$

Genauso wie die Massen der Eichbosonen ergeben sich auch die Massen der Fermionen durch eine eichinvariante Wechselwirkung der Fermionen mit demselben Higgs-Feld. Die entsprechenden Kopplungskonstanten sind freie Parameter des GWS-Modells.

Im einfachsten Fall eines $SU(2)_L$-Higgs-Feldes mit vier Freiheitsgraden erwartet man die Existenz eines neuen physikalischen Teilchens, des *Higgs-Teilchens*. Die drei anderen Freiheitsgrade des Higgs-Feldes führen zu keinen weiteren Teilchen, sondern finden sich in der longitudinalen Polarisation der $W^{\pm}$- und Z^0-Bosonen wieder. Hierzu sei bemerkt, daß masselose Bosonen mit Spin $S = 1$ wie das Photon nur zwei transversale Polarisationsfreiheitsgrade besitzen, während massive Teilchen einen weiteren Freiheitsgrad für die longitudinale Polarisation aufweisen.

Neben dieser einfachen Higgs-Struktur sind auch kompliziertere Fälle denkbar.

1.4.5 Die starke Wechselwirkung

Die starke Wechselwirkung läßt sich nach unserem heutigen Verständnis ebenfalls durch eine Eichtheorie, die Quantenchromodynamik (QCD), beschreiben, deren Grundzüge wir kurz beschreiben wollen.

Die experimentellen Fakten lassen sich durch die Existenz einer Eichwechselwirkung erklären, die zwischen den Farbladungen der Quarks wirkt. Die Farbwechselwirkung basiert auf der Eichgruppe $SU(3)_c$. Der Index c steht für die Farbe (color).

Entsprechend der $SU(3)_c$-Symmetrie werden drei Farbladungen (rot, grün, blau) eingeführt. Sie verhindern u.a. einen Widerspruch, der ohne sie zwischen Quarkwellenfunktionen und Pauli-Prinzip bestünde (ein Zustand Δ^{++} z.B. kann jetzt durch drei u-Quarks in demselben Spinzustand beschrieben

52   1 Moderne Elementarteilchentheorien

werden). Diese zusätzlichen drei Freiheitsgrade sind in verschiedenen Experimenten bestätigt worden (vgl. z.B. [Per82, Gro89,90,92]). Die drei Farbladungen können zu einem „weißen" Zustand, einem ungeladenen (farblosen) Singulett-Zustand kombinieren. Entsprechendes gilt für die Kombination aus einer Ladung mit seiner Antiladung. In der Natur sind bislang nur die („farblosen") Singulett-Zustände frei beobachtet worden (siehe Kap. 10).

Nach diesen Modellvorstellungen ist die starke Wechselwirkung zwischen Hadronen nur als Restwechselwirkung der fundamentalen Farbkraft zwischen den Quarks zu verstehen.

Die der QCD zugrunde liegende $SU(3)_c$-Symmetrie scheint nach unseren Kenntnissen in der Natur ungebrochen vorzuliegen. Dies hat zur Folge, daß die Eichbosonen, die Gluonen, keine Masse tragen. Die anderen bekannten Wechselwirkungen koppeln nicht an die Farbladung, so daß die $SU(3)_c$-Transformationen mit den $SU(2)_L \otimes U(1)$-Transformationen vertauschbar sind. Die Mitglieder jeweils eines $SU(3)_c$-Multipletts unterscheiden sich daher nur in der Farbladung, sonst aber in keiner Quantenzahl. Andernfalls wären sie durch ihre Eigenschaften bzgl. der elektroschwachen Wechselwirkung bzw. der Gravitation unterscheidbar und die $SU(3)_c$-Symmetrie gebrochen.

Die fundamentalen $SU(3)_c$-Tripletts lauten

$$\begin{pmatrix} u_r \\ u_g \\ u_b \end{pmatrix}, \begin{pmatrix} d_r \\ d_g \\ d_b \end{pmatrix}, \begin{pmatrix} c_r \\ c_g \\ c_b \end{pmatrix}, \begin{pmatrix} s_r \\ s_g \\ s_b \end{pmatrix}, \begin{pmatrix} t_r \\ t_g \\ t_b \end{pmatrix}, \begin{pmatrix} b_r \\ b_g \\ b_b \end{pmatrix}. \qquad (1.120)$$

Die Indizes r, g, b stehen für die drei Farbladungen. Im Gegensatz zur schwachen Wechselwirkung unterscheidet die Farb-Wechselwirkung nicht zwischen links- und rechtshändigen Feldkomponenten.

Die Forderung nach Eichinvarianz liefert acht Eichfelder ($n^2 - 1$, mit $n = 3$), die Gluonenfelder G_{ij}. Die Gluonen selbst tragen eine Kombination aus einer Farbe und einer Antifarbe. G_{rb} beispielsweise trägt eine rote Farbladung und eine blaue Antifarbladung. Es transformiert daher ein blaues in ein rotes Quark.

Die Tatsache, daß die Gluonen selbst Farbladungen tragen und damit auch untereinander wechselwirken, ist Ursache zweier wichtiger Eigenschaften der QCD:

a) des confinements,
b) der asymptotischen Freiheit.

Confinement bedeutet in diesem Zusammenhang, daß Quarks nur in gebundenen Systemen in einem Farbsingulett-Zustand existieren können. Man erwartet daher, daß Quarks nicht als freie Teilchen existieren (siehe Kap. 10). Beim Versuch, ein einzelnes Quark aus einem farbneutralen Verbund herauszulösen, muß soviel Energie aufgebracht werden, daß sich schließlich ein neues Quark-Antiquark-Paar bildet. Zusammen mit den bereits vorhandenen Quarks ergeben sich folglich zwei farbneutrale Zustände.

Der Grund für das starke Anwachsen der potentiellen Energie beim Überschreiten eines kritischen Abstandes zwischen den Quarks ist die Gluon-Gluon-Wechselwirkung. Durch die Farbladung der Gluonen wirkt jedes dieser Eichbosonen wieder als Quelle neuer Gluonen, so daß der Raum zwischen zwei Quarks mit einem Gluonenfeld angefüllt ist, dessen Stärke nahezu abstandsunabhängig ist, so daß die potentielle Energie ungefähr proportional zum Quark-Quark-Abstand r anwächst.

Im Vergleich dazu strebt die potentielle Energie bei einem Coulombschen Kraftgesetz gegen einen Sättigungswert. Will man das Verhalten der starken Wechselwirkung durch ein Coulomb-artiges Gesetz beschreiben, so muß man eine effektive Kopplungskonstante g_{eff} definieren, die nicht konstant ist, sondern mit zunehmendem Abstand r anwächst.

Bei kleinen Quark-Quark-Abständen r strebt diese effektive Kopplungskonstante gegen Null. Die Quarks verhalten sich praktisch wie freie Teilchen. Man spricht daher auch von der asymptotischen Freiheit. Auf das Konzept der effektiven Kopplungskonstanten kommen wir in Abschn. 1.5.1 nochmals zurück (siehe auch [Gro89,90,92]).

1.4.6 Die $SU(3)_c \otimes SU(2)_L \otimes U(1)$-Gruppe – das Standardmodell

Wir haben gelernt, daß die schwache Wechselwirkung und die elektromagnetische Wechselwirkung im Rahmen einer $SU(2)_L \otimes U(1)$-Eichgruppe in der elektroschwachen Wechselwirkung aufgehen. Bei hohen Energien liegt diese Symmetrie ungebrochen vor. Erst bei Unterschreiten einer bestimmten Energie ($\mathcal{O}(100 \text{ GeV})$) erhalten die $W^{\pm}$- und Z^0-Bosonen eine Masse, während die Photonen masselos bleiben. Erst bei diesen niedrigen Energien unterscheidet man zwischen der schwachen und der elektromagnetischen Wechselwirkung.

Die Farbwechselwirkung wird durch die QCD beschrieben, die als ungebrochene $SU(3)_c$-Eichsymmetrie realisiert ist.

Im Standardmodell werden die Beschreibung der elektroschwachen Wechselwirkung und der Farbwechselwirkung zusammengefaßt. Da die Farbwechselwirkung auf den Quarksektor beschränkt ist, sind die Erzeugenden (Genera-

1 Moderne Elementarteilchentheorien

toren) der $SU(3)_c$-Gruppe mit denen der $SU(2)_L \otimes U(1)$-Gruppe vertauschbar. Das direkte Produkt

$$S = SU(3)_c \otimes SU(2)_L \otimes U(1) \tag{1.121}$$

legt man dem sog. Standardmodell zugrunde.

Für sehr große Energien $E \gg 100$ GeV ist die volle Eichsymmetrie bis auf kleine Korrekturen realisiert. Bei Energien $E \ll 100$ GeV liegen nach der spontanen Symmetriebrechung nur noch die elektromagnetische Wechselwirkung und die Farbkraft als ungebrochene Symmetrien vor

$$SU(3)_c \otimes SU(2)_L \otimes U(1) \xrightarrow{m_{(Z^0, W)} c^2 \simeq 100 \text{ GeV}} SU(3)_c \otimes U_{\text{EM}}(1). \tag{1.122}$$

Die Einteilung der Fermionen erfolgt im Standardmodell in drei Familien oder Generationen. Die Beschränkung auf drei Familien folgt aus den Messungen der Z^0-Breite bei LEP und am SLC (siehe Kap. 2).

Linkshändige Teilchen, die an der schwachen Wechselwirkung teilnehmen, werden in Dubletts angeordnet, während rechtshändige Teilchen Singuletts bilden. Hinzu kommen dann jeweils noch die Antiteilchen. Bei den Leptonen sind nur die experimentell bekannten Zustände vertreten. Es fehlen z.B. rechtshändige Neutrino- und linkshändige Antineutrinozustände.

Die Quarks treten in drei Farben auf. Da Quarks auch an der schwachen Wechselwirkung teilnehmen, sind linkshändige Quarks in Dubletts und rechtshändige in Singuletts angeordnet. Es ist zu beachten, daß hierbei nicht die reinen QCD-Eigenzustände, sondern gemischte Zustände eine Rolle spielen. Die $SU(2)_L$-Multipletts lauten

$$(u_f)_R, (d_f)_R, (c_f)_R, (s_f)_R, (t_f)_R, (b_f)_R, (e^-)_R, (\mu^-)_R, (\tau^-)_R,$$
$$\begin{pmatrix} u_f \\ d'_f \end{pmatrix}_L, \begin{pmatrix} c_f \\ s'_f \end{pmatrix}_L, \begin{pmatrix} t_f \\ b'_f \end{pmatrix}_L, \begin{pmatrix} \nu_e \\ e^- \end{pmatrix}_L, \begin{pmatrix} \nu_\mu \\ \mu^- \end{pmatrix}_L, \begin{pmatrix} \nu_\tau \\ \tau^- \end{pmatrix}_L, \tag{1.123}$$

wobei $f = r, b, g$.

Die gemischten Zustände d', s', b' werden durch die Kobayashi-Maskawa-Matrix U_{KM} (siehe Abschn. 1.3.2) erzeugt

$$\begin{pmatrix} d' \\ s' \\ b' \end{pmatrix} = U_{\text{KM}} \begin{pmatrix} d \\ s \\ b \end{pmatrix}. \tag{1.124}$$

Eine wichtige Aufgabe der modernen Physik besteht in der Bestimmung der freien Parameter des Standardmodells. Diese sind

- Kopplungskonstanten: e, g_s, $\sin \theta_W$
- Bosonenmassen: m_W, M_{Higgs}
- Leptonmassen: m_e, m_μ, m_τ

- Quarkmassen: m_u, m_d, m_s, m_c, m_t, m_b
- Parameter der Kobayashi-Maskawa-Matrix U_{KM}: drei Winkel θ_i und eine Phase δ

M_Z sowie g und g' können durch die genannten Größen ausgedrückt werden. Die Neutrinos sind als masselos angenommen.

Einige wichtige Merkmale des Standardmodells seien im folgenden zusammengefaßt. Es handelt sich *nicht* um Vorhersagen, da diese Eigenschaften quasi die Basis für die Aufstellung des Modells bildeten:

- es gibt keine Übergänge zwischen Leptonen und Quarks sowie zwischen Leptonen und Antileptonen bzw. Quarks und Antiquarks. Die Leptonenzahl L und die Baryonenzahl B sind daher separat erhalten;
- in einer Familie gibt es nur das experimentell bekannte linkshändige Neutrino und das dazugehörige rechtshändige Antineutrino;
- Neutrinos sind masselos;
- die schwache Wechselwirkung (genauer die geladenen schwachen Ströme) besitzt eine reine $(V-A)$-Struktur, d.h. die Wechselwirkung ist rein linkshändig („maximale Paritätsverletzung");
- die Kopplungskonstanten g, g' und g_s sind freie Parameter;
- die Ladung des Protons stimmt exakt mit der des Positrons überein, obwohl der Lepton- und der Quarksektor nicht gekoppelt sind.

Im Rahmen des Standardmodells lassen sich u.a. folgende *Vorhersagen* treffen, deren experimentelle Überprüfung, wie auch die der Annahme einer verschwindenden Neutrinomasse, Gegenstand der Kapitel 4 und 6 sein wird:

- das Proton ist stabil;
- der doppelte β-Zerfall erfolgt ausschließlich unter Emission von zwei Elektronen (Positronen) *und* zwei Antineutrinos (Neutrinos). Der neutrinolose $\beta\beta$-Zerfall ist verboten.

1.5 Modelle der Großen Vereinigung

1.5.1 Motivation von GUT's

Ziel einer Theorie der Großen Vereinigung (Grand Unified Theory $\equiv$ GUT) ist es, die phänomenologisch stark unterschiedlichen elektroschwachen und starken Kräfte und letztlich auch die Gravitation als Resultat *eines* elementaren Grundprinzips zu verstehen. Aus diesem grundlegenden Ansatz sollten die unterschiedlichen Eigenschaften der einzelnen Kräfte bei niedrigen Energien abzuleiten sein. Mit dem oben skizzierten Standardmodell ist zwar eine gemeinsame Beschreibung der elektroschwachen und starken

Wechselwirkung erreicht, nicht aber eine echte Vereinigung aller drei Wechselwirkungen. Letztere würde erfordern, daß sich die drei unterschiedlichen Wechselwirkungsstärken aus nur *einer* fundamentalen Kopplungskonstanten ableiten lassen. Das kann erreicht werden, wenn die entsprechende Symmetriegruppe $\mathcal{G}$ der neuen Theorie eine *einfache* Gruppe ist.

Da die neue Theorie die GWS-Theorie und die QCD enthalten soll, muß gelten

$$\mathcal{G} \supset SU(2)_L \otimes U(1), \qquad \mathcal{G} \supset SU(3)_c. \tag{1.125}$$

Da ferner die $SU(3)_c$-Transformationen der QCD und die $SU(2)_L \otimes U(1)$-Transformationen voneinander unabhängig (vertauschbar) sind, muß $\mathcal{G}$ auch das direkte Produkt enthalten

$$\mathcal{G} \supset SU(3)_c \otimes SU(2)_L \otimes U(1). \tag{1.126}$$

Entscheidend ist, daß $\mathcal{G}$ einfach ist. Eine Gruppe $\mathcal{A}$ heißt einfach, wenn sie nicht nach dem Muster

$$\mathcal{A} = \mathcal{A}_1 \otimes \mathcal{A}_2 \otimes \ldots \otimes \mathcal{A}_n \tag{1.127}$$

zerlegt werden kann. Damit ist z.B. gewährleistet, daß die Theorie nur *eine* Kopplungskonstante enthält. Die kleinste Gruppe, die diese Bedingungen erfüllt, ist $\mathcal{G} = SU(5)$.

In GUT-Modellen nimmt man also an, daß die Symmetriegruppe $\mathcal{S}$ des Standardmodells Teil einer größeren, einfachen Gruppe $\mathcal{G}$ ist, die erst bei sehr hohen Energien von typischerweise 10^{15} GeV „sichtbar" wird.

1.5.2 Effektive Kopplungskonstanten

Aus einer einfachen Gruppe läßt sich zunächst nur eine einheitliche Wechselwirkung mit einer typischen Kopplungskonstanten ableiten. Dieser symmetrische Zustand existiert jedoch nur bei extrem hohen Energiedichten. Bei den heute in Experimenten üblicherweise zugänglichen Energien ist diese GUT-Symmetrie gebrochen, so daß uns die einzelnen Wechselwirkungen so unterschiedlich erscheinen. Sie sind jedoch nur verschiedene Aspekte einer fundamentalen Kraft. Neben den uns bekannten Eichbosonen (Photon, $W^\pm$, Z^0, Gluonen) erwartet man die Existenz weiterer, bis heute nicht entdeckter Bosonen (z.B. X- und Y-Bosonen mit Massen im Bereich der GUT-Energieskalen), deren Zahl und Eigenschaften durch die spezielle Symmetriegruppe definiert sind.

Es stellt sich die Frage, wie man die Wechselwirkungskonstanten g, g', g_s (bzw. g_s, G_F und α) aus einer fundamentalen Konstanten g_{GUT} ableiten kann, und ob es experimentelle Hinweise auf die Existenz von g_{GUT} gibt.

1.5 Modelle der Großen Vereinigung

Die Beantwortung dieser Frage führt uns auf das Konzept der *effektiven* (oder *gleitenden*) *Kopplungskonstanten* (running coupling constants). Die experimentell beobachtbaren Kopplungskonstanten sind in Wahrheit keine Konstanten, sie zeigen vielmehr eine mehr oder weniger starke Abstands- oder Energieabhängigkeit. Diese Abhängigkeit ist eine Folge der Vakuumpolarisation und anderer Effekte höherer Ordnung.

Die Vakuumpolarisation in der QED ist ein Effekt der Wechselwirkung von Photonen mit virtuellen Elektron-Positron-Paaren. Eine elektrische Ladung polarisiert die im Vakuum stets vorhandenen virtuellen e^+e^--Paare. Das Vakuum verhält sich praktisch wie ein Dielektrikum.

In großen Entfernungen kann daher nur die durch die umgebenden Polarisationsladungen abgeschirmte Probeladung „gesehen" werden. Dies bedeutet, daß die wirksame Ladung zunimmt, wenn man sich der Probeladung nähert, da der Abschirmeffekt reduziert wird.

Nach dieser Überlegung treten bei kleinen gegenseitigen Abständen bzw. hohen Energien Abweichungen vom Coulomb-Gesetz auf, die sich beispielsweise in der Lambshift äußern. Qualitativ erwartet man einen leichten Anstieg der Stärke der elektromagnetischen Wechselwirkung mit wachsender Energie.

Die echte Kopplungskonstante bzw. die nackte Ladung ist experimentell nicht zugänglich, da die Vakuumpolarisation und andere Effekte höherer Ordnung in keinem Experiment ausgeschaltet werden können.

Aus diesem Grund wurde das Konzept der gleitenden Kopplungskonstanten oder effektiven Ladung eingeführt. Diese effektiven Kopplungskonstanten berücksichtigen bereits einen großen Teil der durch höhere Ordnungen erzeugten Renormierungseffekte (für eine Diskussion siehe auch [Gro89, 90,92]). Diese Renormierungseffekte hängen vom Quadrat des Viererimpulsübertrags q^2 ab. Auf Grund von Energie- und Impulserhaltung ist q^2 für ein virtuelles Austauschboson immer negativ. Anstelle von q^2 führt man daher üblicherweise die positive Größe $Q^2 = -q^2$ ein.

In Eichtheorien ist die Q^2-Abhängigkeit der effektiven Kopplungskonstanten $g(Q^2)$ für große Q^2 durch die sog. *Renormierungsgruppengleichung*

$$\frac{d[g(Q^2)]^2}{d[\ln Q^2]} = bg^4(Q^2) + \mathcal{O}(g^6) \tag{1.128}$$

mit

$$b = -\frac{1}{(4\pi)^2}\left[\frac{11}{3}C - \frac{4}{3}T\right] \tag{1.129}$$

gegeben. Sei m_f die Masse des schwersten an der Wechselwirkung teilnehmenden Fermions, so hängen die Parameter C und T für $Q^2 \gg m_f^2 c^2$ von der Eichgruppe und den Teilchenmultipletts ab. Die Lösung der Renormierungsgruppengleichung lautet

$$\frac{1}{[g(Q^2)]^2} = \frac{1}{[g(Q_0^2)]^2} + b \ln\left(\frac{Q_0^2}{Q^2}\right), \tag{1.130}$$

wobei Q_0 einen beliebigen Referenzpunkt bezeichnet.

Entscheidend für die Q^2-Abhängigkeit der Kopplungskonstanten ist das Vorzeichen von b. Für eine $U(1)$-Eichgruppe ist b positiv. Wir erhalten den durch den Abschirmeffekt verursachten Anstieg der Kopplungskonstanten mit wachsender Energie.

Im Gegensatz zum Photon tragen die Gluonen selber eine Ladung und wechselwirken daher auch untereinander stark. Die Vakuumpolarisation führt in diesem Fall durch virtuelle Quark-Antiquark-Paare und farbgeladene Gluonen zu einem Anwachsen der effektiven Kopplungsstärke bei großen Abständen bzw. kleinen Energien ($\rightarrow$ confinement). Ein analoges Verhalten findet man bei der schwachen Wechselwirkung, da auch dort die Eichbosonen eine schwache Ladung tragen und folglich untereinander über die schwache Kraft in Wechselwirkung treten. Allerdings ist die entsprechende Q^2-Abhängigkeit wesentlich weniger ausgeprägt.

Im Gegensatz zur $U(1)$-Symmetrie führen die $SU(2)$- und die $SU(3)$-Eichgruppen zu einem negativen b-Paramater. Die Kopplungsstärken nehmen mit zunehmendem Q^2 ab. Für die Farbwechselwirkung findet man folgende Abhängigkeit (siehe z.B. [Lan81, Lan86]):

$$\alpha_s(Q^2) = \frac{12\pi}{33 - 2n_f} \cdot \frac{1}{\ln(Q^2/\Lambda^2)}, \tag{1.131a}$$

wobei

$$\alpha_s = \frac{g_s^2}{4\pi}. \tag{1.131b}$$

Λ ist ein aus dem Experiment zu bestimmender Skalenfaktor ($\Lambda \simeq 0.3$ GeV). n_f bezeichnet die Anzahl der Quarkflavors. Für $n_f \leq 16$ liefert (1.131a) eine Erklärung der asymptotischen Freiheit der Quarks, da

$$\alpha_s(Q^2) \rightarrow 0 \quad \text{für} \quad Q^2 \rightarrow \infty. \tag{1.132}$$

Der steile Anstieg von $\alpha_s(Q^2)$ zu kleinen Q^2 hin deutet auf das confinement hin. Man sollte jedoch beachten, daß (1.131a) das Ergebnis einer Störungsrechnung mit dem Entwicklungsparameter α_s ist, so daß die Entwicklung bei großen α_s ihre Gültigkeit verliert.

1.5 Modelle der Großen Vereinigung

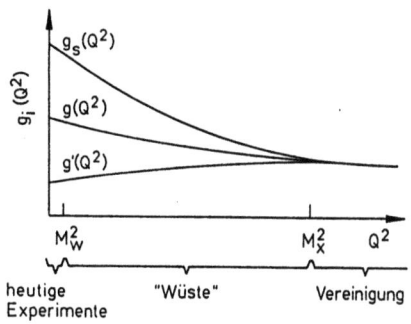

Abb. 1.7
Schematische Darstellung der Q^2-Abhängigkeit der effektiven Kopplungskonstanten g und g' der elektroschwachen und g_s der Farbwechselwirkung. Oberhalb $Q^2 = M_X^2 c^2$ gehen alle drei Kopplungskonstanten in eine einzige über.

Abbildung 1.7 zeigt den schematischen Verlauf der effektiven Kopplungskonstanten g, g' und g_s als Funktion von Q^2.

Mit Hilfe der Renormierungsgruppengleichung kann man nun aus den experimentell bekannten Kopplungsparametern bei niedrigen Energien zu hohen Energien hin extrapolieren. In der Tat findet man, daß sich $g(Q^2)$, $g'(Q^2)$ und $g_s(Q^2)$ mit wachsendem Q^2 einander nähern und schließlich im Bereich von ca. 10^{15} bis 10^{16} GeV zusammenzulaufen scheinen. Eine genauere Analyse unter Berücksichtigung der neuesten experimentellen Daten findet man in Kap. 2.

Diese Energieabhängigkeit ist ein wichtiger Hinweis auf die Existenz einer GUT-Wechselwirkung. Allerdings liegt die Vereinigungsenergie, bei der der Phasenübergang von ungebrochener zu spontan gebrochener GUT-Symmetrie stattfindet, mit 10^{15} bis 10^{16} GeV weit außerhalb der Zugänglichkeit irdischer Beschleunigeranlagen.

Die Energieabhängigkeit der Eichsymmetrie kann nach den bislang vorgestellten Überlegungen schematisch wie folgt dargestellt werden (m_X bezeichnet die Masse der X, Y-Bosonen):

$$\begin{array}{l} \mathcal{G} \\ \quad \Big\downarrow \; E_X \simeq m_X c^2 \simeq 10^{15} \text{ GeV} \\ SU(3)_c \otimes SU(2)_L \otimes U(1) \\ \quad \Big\downarrow \; E \simeq m_W c^2 \simeq 100 \text{ GeV} \\ SU(3)_c \otimes U_{\text{EM}}(1)\,. \end{array} \qquad (1.133)$$

Nach dem Konzept solcher GUT-Modelle erwartet man keine „neue Physik" in dem weiten Energiebereich zwischen 100 GeV und 10^{15} GeV. Unsere bisherigen Erfahrungen lassen es jedoch als unwahrscheinlich erscheinen, daß sich über diesen enorm weiten Bereich keine grundlegend neuen Phänomene offenbaren sollten.

Es gibt indessen andere Typen von Theorien, die diese „Wüste" mit neuen intermediären Massenskalen bevölkern. Wir wollen an dieser Stelle nur das rechts-links-symmetrische Modell von Pati und Salam [Pat74, Moh86a] erwähnen, dem folgendes Schema der Symmetriebrechung zugrundeliegt:

$$\begin{array}{c} \mathcal{G} \\ \downarrow ? \\ SU(3)_c \otimes SU(2)_R \otimes SU(2)_L \otimes U(1)_{B-L} \\ \downarrow m_{W_R} c^2 \simeq 10^4 \text{ GeV} \\ SU(3)_c \otimes SU(2)_L \otimes U(1) \\ \downarrow m_{W_L} c^2 \simeq 10^2 \text{ GeV} \\ SU(3)_c \otimes U_{\text{EM}}(1) \, . \end{array} \qquad (1.134)$$

Es wurde eine rechtshändige $SU(2)_R$-Eichgruppe eingeführt, d.h. auch rechtshändige Fermionen nehmen an der schwachen Wechselwirkung teil. Allerdings erhalten die rechtshändigen W-Bosonen eine größere Masse als ihre linkshändigen Partner, so daß die Kopplung bei niedrigen Energien entsprechend schwach ist.

Im folgenden seien kurz einige weitere, konkrete GUT-Modelle skizziert.

1.5.3 Das $SU(5)$-Modell

Die einfachste Realisierung eines GUT-Modells mit den in Abschn. 1.5.1 geforderten Eigenschaften ist das von Georgi und Glashow vorgeschlagene $SU(5)$-Modell [Geo74]

$$\mathcal{G} = SU(5) \, . \qquad (1.135)$$

$SU(5)$ ist die *kleinste* einfache Gruppe, die die Bedingungen aus Kap. 1.5.1 erfüllt. Die Anordnung der Fermionen erfolgt wie üblich in drei Familien. Wir werden im folgenden nur die erste Familie betrachten, die Erweiterung ist offensichtlich.

Der Teilcheninhalt der $SU(5)$-Theorie besteht aus folgenden 15 bekannten linkshändigen Fermionen:

$$u_g, u_r, u_b, u_g^c, u_r^c, u_b^c, d_g, d_r, d_b, d_g^c, d_r^c, d_b^c, e^-, e^+, \nu_e \, . \qquad (1.136)$$

Die Anordnung erfolgt in zwei Multipletts

1.5 Modelle der Großen Vereinigung

$$\bar{5}_L = \begin{bmatrix} d_r^c \\ d_b^c \\ d_g^c \\ e^- \\ \nu_e \end{bmatrix} \quad 10_L = \frac{1}{\sqrt{2}} \begin{bmatrix} 0 & -u_g^c & u_b^c & u_r & d_r \\ & 0 & -u_r^c & u_b & d_b \\ & & 0 & u_g & d_g \\ \text{anti-} & & & 0 & e^+ \\ \text{symmetrisch} & & & & 0 \end{bmatrix}. \quad (1.137)$$

Hinzu kommen die entsprechenden 15 rechtshändigen Antiteilchen.

Das $SU(5)$-Modell kommt mit den bislang bekannten Fermionen aus. Es gibt keinen Platz für linkshändige Antineutrinos und rechtshändige Neutrinos. Es treten 24 Eichbosonen auf ($n^2 - 1 = 5 \times 5 - 1$, siehe z.B. [Gro89,90], Kap. A.5.3), zusätzlich zu den 12 bekannten (γ, $W^\pm$, Z^0, 8 Gluonen) die X- und Y-Bosonen (siehe Tab. 1.4).

Die Brechung der $SU(5)$-Symmetrie erfolgt wie beim GWS-Modell spontan durch Ankopplung an Higgs-Felder. Die $SU(5)$-Symmetriebrechung bei 10^{15} GeV könnte durch ein 24-dimensionales Higgs-Feld erzeugt werden. Dabei erhalten nur X- und Y-Bosonen durch die Ankopplung an den endlichen Vakuumerwartungswert eine Masse, während die anderen Bosonen wie die Fermionen masselos bleiben. Für die Brechung der $SU(2)_L \otimes U(1)$-Symmetrie bei 10^2 GeV benötigt man ein weiteres 5-dimensionales Higgs-Feld, welches für die Massen von $W^\pm$ und Z^0 sowie der Fermionen verantwortlich ist.

Im folgenden seien einige wichtige Eigenschaften des minimalen $SU(5)$-Modells zusammengefaßt:

- Es gibt nur die beiden bislang experimentell bekannten Neutrinos ν_L und $(\nu^c)_R$. Damit ist das Neutrino ein sog. Majoranateilchen (siehe Kap. 1.6);
- Neutrinos sind masselos. Bei rein linkshändiger schwacher Wechselwirkung wird damit eine Unterscheidung zwischen Dirac- und Majorana-Charakter des Neutrinos sinnlos (siehe Abschn. 1.6 und 6 sowie [Gro89,90,92]);
- Der neutrinolose Doppelbetazerfall ist verboten;
- Die exakte Gleichheit von Proton- und Positronladung ist eine einfache Konsequenz der Anordnung von Leptonen und Quarks in *einem* Multiplett: Die $SU(5)$-Multipletts müssen elektrisch neutral sein, d.h. die Ladungen der einzelnen Felder müssen sich in jedem Multiplett zu Null addieren;
- Wegen der Anordnung von Leptonen und Quarks in einem Multiplett ist auch eine gegenseitige Umwandlung erlaubt. Die Übergänge zwischen Quarks und Leptonen werden durch die X- und Y-Bosonen vermittelt. Das $SU(5)$-Modell sagt also die Nichterhaltung der Baryonen- und der Leptonenzahl voraus. Eine direkte Folgerung daraus ist die Instabilität der baryonischen Materie (Protonzerfall);

62 1 Moderne Elementarteilchentheorien

- Die Baryonenzahl B und die Leptonenzahl L bleiben zwar separat nicht erhalten, es gilt jedoch die $(B - L)$-Erhaltung;
- Es gibt insgesamt 24 Eichbosonen. Neben den bekannten Bosonen γ, $W^{\pm}$, Z^0 und den 8 Gluonen sind dies die X- und Y-Bosonen mit Ladungen $\pm\frac{4}{3}e$ und $\pm\frac{1}{3}e$ und Massen im Bereich von 10^{15} GeV/c^2.
- Die Kopplungskonstanten g, g' und g_s können aus der universellen Kopplungskonstanten g_5 der $SU(5)$-Eichgruppe abgeleitet werden;
- Das $SU(5)$-Modell macht Aussagen über den Weinberg-Winkel. Am Vereinigungspunkt gilt

$$\sin\theta_W = \frac{3}{8} = 0.375\,. \tag{1.138}$$

Für einen Vergleich mit dem Experiment muß dieser Wert auf Laborenergien umgerechnet werden. Die Vorhersage liegt im Bereich des gefundenen experimentellen Wertes, innerhalb der Fehlergrenzen ergibt sich aber keine Übereinstimmung. Diese Diskrepanz kann durch eine supersymmetrische Erweiterung des minimalen $SU(5)$-Modells beseitigt werden (vgl. auch Kap. 2)
- es werden magnetische Monopole mit außergewöhnlich hohen Massen von 10^{16} bis 10^{17} Protonenmassen vorhergesagt (siehe Kap. 8).

Die in späteren Kapiteln zu besprechenden experimentellen Ergebnisse bzgl. des Weinberg-Winkels, der Vereinigungsenergie und der Protonlebensdauer legen eine Erweiterung des minimalen $SU(5)$-Modells nahe.

1.5.4 Das $SO(10)$-Modell

Die Eichgruppe $SO(10)$ ist ein weiterer Kandidat für die gesuchte GUT-Symmetrie [Fri75, Geo75]

$$\mathcal{G} = SO(10)\,. \tag{1.139}$$

Die $SO(10)$-Gruppe ist einfach und enthält die $SU(5)$ als Untergruppe

$$SO(10) \supset SU(5)\,. \tag{1.140}$$

Neben den 24 Eichbosonen des $SU(5)$-Modells treten nun weitere Bosonen auf, die eine Umwandlung von Elementen der $\overline{5}_L$-Darstellung in solche des Dekupletts 10_L und umgekehrt verursachen. Während im $SU(5)$-Modell die elementaren Fermionen in zwei unterschiedlichen Darstellungen ($\overline{5}$ und 10) erscheinen, sind im $SO(10)$-Modell alle Fermionen einer Familie in einem Multiplett untergebracht. Dieses $SO(10)$-Multiplett umfaßt die 15 Elemente des $SU(5)$-Quintetts und des $SU(5)$-Dekupletts und ein weiteres 16. Element, das ein $SU(5)$-Singulett bildet und an keiner der $SU(5)$-Wechselwirkungen teilnimmt.

1.5 Modelle der Großen Vereinigung

Dieses 16. Element des $SO(10)$-Multipletts wird mit dem rechtshändigen Partner ν_R des experimentell bekannten linkshändigen Neutrinos identifiziert. Abbildung 1.8 zeigt den Teilcheninhalt des $SO(10)$-Modells. Da das 16-dimensionale Fermionenmultiplett wieder rein linkshändig ist, ist das 16. Element nicht ν_R selbst, sondern das entsprechende linkshändige Antineutrino $(\nu^c)_L$.

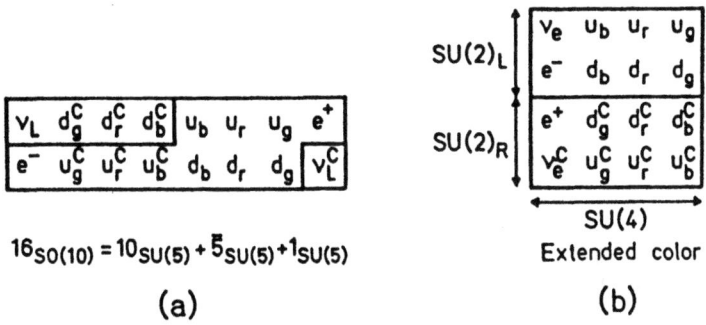

Abb. 1.8 Teilcheninhalt des $SO(10)$-Multipletts. Das 16. Element dieses Multipletts ist das bislang nicht nachgewiesene rechtshändige Neutrino ν_R bzw. dessen CP-Partner ν_L^C. Teil b) zeigt die Aufteilung des $SO(10)$-Multipletts nach der $SU(4)_{EC} \otimes SU(2)_L \otimes SU(2)_R$-Struktur (aus [Gro89,90]).

ν_R nimmt an keiner der $SU(5)$-Wechselwirkungen teil, also insbesondere auch nicht an der schwachen Wechselwirkung. Es nimmt jedoch an einer noch sehr viel schwächeren, durch die neuen $SO(10)$-Bosonen vermittelten Wechselwirkung teil, die das rechtshändige Gegenstück zur normalen schwachen Wechselwirkung bildet.

Bei der $SO(10)$ handelt es sich also um ein rechts-links-symmetrisches Modell, und zwar um das einfachste unter diesen.

Im Gegensatz zum $SU(5)$-Modell bietet das $SO(10)$-Modell Mechanismen, die neben der Nichterhaltung von Baryonenzahl B und Leptonenzahl L auch zu einer Nichterhaltung von $(B-L)$ führen. Erst diese Brechung der $(B-L)$-Symmetrie macht z.B. den neutrinolosen $\beta\beta$-Zerfall möglich (siehe Kap. 6).

Da die $SO(10)$-Symmetrie die $SU(5)$-Symmetrie enthält, besteht die Möglichkeit, daß für Energien $E < m_X c^2 \simeq 10^{15}$ GeV keine Unterscheidung zwischen $SU(5)$ und $SO(10)$ möglich ist und die $SO(10)$-Symmetrie bei einer noch größeren Energie gebrochen wird. Dies ergäbe folgendes Schema:

64   1 Moderne Elementarteilchentheorien

$$SO(10)$$
$$\downarrow \quad E = M_{10}c^2 > M_X c^2 \simeq 10^{15} \text{ GeV}$$
$$SU(5)$$
$$\downarrow \quad E = M_X c^2 \simeq 10^{15} \text{ GeV} \qquad (1.141)$$
$$SU(3)_c \otimes SU(2)_L \otimes U(1)$$
$$\downarrow \quad E = m_W c^2 \simeq 10^2 \text{ GeV}$$
$$SU(3)_c \otimes U_{\text{EM}}(1).$$

Es ist jedoch auch ein anderes Brechungsschema denkbar, das die Rechts-Links-Symmetrie auch für Energien unterhalb $M_{10}c^2$ erhält [Pat74]

$$SO(10)$$
$$\downarrow \quad E = M_{10}c^2 \qquad (1.142)$$
$$SU(4)_{EC} \otimes SU(2)_L \otimes SU(2)_R.$$

Der Index EC steht für „extended color". Wir wollen nicht näher auf die Bedeutung von $SU(4)_{EC}$ eingehen. Man erkennt in diesem Schema das Auftreten von $SU(2)_R$ als Gegenpol zu $SU(2)_L$. Da die durch $SU(2)_R$ beschriebene rechtshändige schwache Wechselwirkung bislang nicht beobachtet werden konnte, müssen die sie vermittelnden rechtshändigen $W^{\pm}$-Bosonen sehr schwer sein. Aus einer Analyse des neutrinolosen Doppelbetazerfalls erhält man die Grenze [Moh86c,88b,c]

$$m_{W_R} \geq 800 \text{ GeV}/c^2. \qquad (1.143)$$

Eine höhere Schranke wird durch eine Analyse des $K^0\bar{K}^0$-Systems nahegelegt [Moh88b]

$$m_{W_R} \geq 1.6 \text{ TeV}/c^2. \qquad (1.144)$$

Eine noch schärfere Grenze ergibt sich aus der Betrachtung der Neutrinoemission in Supernovae [Moh91a]. Unter gewissen, allerdings relativ einschränkenden Annahmen, u.a., daß die Masse des rechtshändigen Neutrinos kleiner als $10-100$ MeV/c^2 ist, läßt sich

$$m_{W_R} \geq 23 \text{ TeV}/c^2. \qquad (1.145)$$

ableiten.

Neben dem $SU(5)$- und $SO(10)$-Modell gibt es eine Reihe weiterer Modelle mit zum Teil noch größeren Eichgruppen, auf die wir hier nicht eingehen wollen. Für ausführliche Darstellungen der bisher betrachteten Modelle verweisen wir auf [Lan81, Lan85, Lan88, Lan93, Moh86a,88b,c, Gro89,90,92, Wil93].

1.5.5 Supersymmetrische GUT-Modelle

Die Supersymmetrie (SUSY) wurde von Akulov und Volkov [Aku72] sowie Wess und Zumino [Wes74] in die Elementarteilchenphysik eingeführt. In den bislang diskutierten GUT-Modellen $SU(5)$ und $SO(10)$ wurde eine Symmetrie zwischen Quarks und Leptonen betrachtet. Die Supersymmetrie stellt nun eine Symmetrie zwischen Fermionen und Bosonen her (siehe Abb. 1.9), Fermionen und Bosonen werden in Supermultipletts zusammengefaßt. Es handelt sich hierbei um eine völlig neuartige Symmetrie, da sich der Teilchenspin unter einer Transformation ändert. Eine solche Theorie muß als ähnlich fundamental betrachtet werden wie die CPT-Theorie, die eine Symmetrie zwischen Teilchen und Antiteilchen darstellt. Wess und Zumino [Wes74] formulierten erstmals eine renormierbare Theorie, welche eine solche Symmetrie zwischen fermionischen und bosonischen Freiheitsgraden enthält.

Jedes auf einer normalen Eichsymmetrie aufbauende GUT-Modell kann zu einer supersymmetrischen Version ausgebaut werden. Die Symmetrie zwischen Fermionen und Bosonen bewirkt, daß es zu jedem Fermion einen bosonischen Partner in demselben Multiplett gibt und umgekehrt. Bei ungebrochener Symmetrie haben beide Partner dieselbe Masse.

Wir kennen bereits eine Reihe von fundamentalen Fermionen und Bosonen in der Natur. Leider ist es jedoch nicht möglich, einige dieser Teilchen

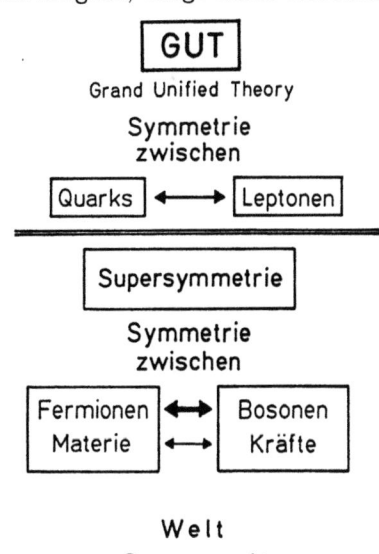

Abb. 1.9
Große Vereinigung (GUT): Symmetrie zwischen Quarks und Leptonen; Supersymmetrie (SUSY): Symmetrie zwischen Fermionen und Bosonen (aus [Scho89]).

zu einem Supermultiplett zusammenzufassen. In den gegenwärtigen SUSY-Modellen verdoppelt sich daher praktisch die Anzahl der Teilchen. Zu jedem bekannten fundamentalen Fermion (Lepton oder Quark) gibt es einen bosonischen Partner mit Spin 0 (s-Lepton oder s-Quark). Analog werden den bekannten Bosonen (Photon, Gluon, W, Z, Higgs) Fermionen zugeordnet, die die Endung „-ino" erhalten (Photino, Gluino, Wino, Zino, Higgsino, siehe Tab. 1.7).

Tab. 1.7 Die SUSY-Partner einiger Teilchen

normale Teilchen	SUSY-Partner	Kurzbezeichnung	Spin
Quark	s-Quark	$(\tilde{q})$	0
Lepton	s-Lepton	$(\tilde{l})$	0
Gluon	Gluino	$(\tilde{g})$	1/2
W-Boson	Wino	$(\tilde{w})$	1/2
Photon	Photino	$(\tilde{\gamma})$	1/2
Higgs	Higgsino	$(\tilde{h})$	1/2
Graviton	Gravitino		3/2

Wäre die Supersymmetrie exakt, dann müßten die SUSY-Partner entartet in der Masse sein. Da dies experimentell nicht der Fall ist (bis heute konnte noch kein eindeutiger Beweis für die Existenz von SUSY-Teilchen gefunden werden), muß die SUSY gebrochen sein. Die Massenskala, bei der die Supersymetrie gebrochen wird, sollte auch grob die Masse der Superteilchen festlegen.

Um die Brechung der SUSY zu erzeugen, benötigt man noch weitere Felder. Da diese Felder „unphysikalische" Eigenschaften besitzen, sind sie nur akzeptabel, wenn sie von der beobachtbaren Welt entkoppelt bleiben. Man spricht in diesem Zusammenhang von einem sichtbaren und einem unsichtbaren oder *versteckten Teilchensektor*. Diese Nichtbeobachtbarkeit des unsichtbaren Sektors wird in einigen Modellen durch die Einführung einer multiplikativen Quantenzahl, der R-Parität, gewährleistet. R ist für Teilchen des sichtbaren Sektors positiv und für die des unsichtbaren negativ. Dadurch ist der Zerfall eines unsichtbaren Teilchens in Teilchen ausschließlich des sichtbaren Sektors verboten.

SUSY-Modelle sind sehr attraktive Kandidaten für Physik jenseits des Standardmodells (s. z.B. [Hab93]). Die Renormierungseigenschaften sind sehr viel besser als in konventionellen Theorien (sog. Nichtrenormierungstheoreme, siehe z.B. [Gro89,90,92]). Schließlich eröffnen Theorien mit geeichter Supersymmetrie (Forderung nach *lokaler* SUSY) einen natürlichen Weg, auch die Gravitation mit den übrigen Wechselwirkungen zu vereinheitlichen. Lokal supersymmetrische Modelle enthalten automatisch die Gravitation und werden als Modelle der Super-Gravitation (SUGRA) bezeichnet (vgl. z.B. [Gro89,90,92]). Zusätzlich zum Eichfeld der Gravitation mit Spin 2, erhält man ein weiteres Eichfeld mit Spin 3/2. Dieses beschreibt den SUSY-Partner des Gravitons, das Gravitino.

Das Endziel einer SUGRA-Theorie ist es, alle Phänomene aus einer Theorie mit der Planck-Masse (siehe Abschn. 3.1) als einzigem Parameter herzuleiten. Die Planck-Masse $m_{Pl} = 1.2 \cdot 10^{19}$ GeV/c^2 ist eine charakteristische Masse der Gravitation, insofern als in Einheiten von m_{Pl} die Newtonsche Gravitationskonstante gerade eins wird. Bei Energien und Impulsüberträgen von der Größenordnung m_{Pl} dominiert die Gravitation alle anderen Wechselwirkungen (siehe z.B. [Oku87]).

1.5.6 Superstrings

Die Supersymmetrie beseitigt eine Reihe von Divergenzen, die in der Quantenfeldtheorie nichtgravitativer Kräfte auftreten. Dennoch scheint die alleinige Kombination von Supersymmetrie und Quantenfeldtheorie noch nicht zu einer konsistenten Quantentheorie der Gravitation zu führen. Solange die Theorie punktförmige Objekte (Fermionen) enthält, divergiert sie für Energien oberhalb der Planck-Energie (zum Problem der Quantisierung der Gravitation siehe z.B. [deWit62]).

Dieses Problem kann möglicherweise dadurch umgangen werden, daß Fermionen nicht mehr als punktförmige Objekte, sondern als eindimensional ausgedehnte Objekte, sog. *Strings*, aufgefaßt werden. Unterhalb der Planck-Masse sollte eine solche Theorie nicht unterscheidbar sein von einer punktförmigen Quantenfeldtheorie mit SUSY. Der String-Charakter macht sich erst bei Massenskalen oberhalb der Planck-Masse bemerkbar und verhindert die durch punktförmige Fermionen hervorgerufenen Divergenzen.

Besonders attraktiv sind die Eichgruppen $SO(32)$ und $E_8 \otimes E_8$ (vgl. z.B. [Gre85, Gre86, Schw85]). Beide Gruppen enthalten 496 Eichfelder, beide enthalten auch die 24 Generatoren der minimalen $SU(5)$. Diese Eichgruppen müßten stufenweise auf die $SO(10)$- oder $SU(5)$-Symmetrie heruntergebrochen werden, so daß sich die Superstring-Theorie bei kleineren Energien ($E \leq 10^{15}$ GeV) nicht von den normalen GUT-Modellen unterscheidet. Dabei wäre die gesamte „Nieder"energiephysik in nur *einem* der E_8-Faktoren enthalten [Gro85a]. Eine $E_8 \otimes E_8$-Superstringtheorie bedingt noch eine weitere Komplikation. Sie ist nur möglich in einem 10-dimensionalen geometrischen Raum. Dieser muß auf die beobachtbaren vier Raum-Zeit-Dimensionen zusammenfallen („kompaktifizieren", siehe auch Kap. 12).

Bzgl. weiterführender Literatur siehe [Wit81, Lee84a, Der86, Sha86, Val86, Dra87, Moh88b,c] und insbesondere [Fre88, Gre87].

Eine weitere Möglichkeit der Einbeziehung der Gravitation besteht in sog. Kaluza-Klein-Theorien. Auf diese kommen wir etwas ausführlicher in Kap. 12 zurück.

1.6 Die Beschreibung von Neutrinos

Bei der mathematischen Darstellung von Neutrinos tritt eine Besonderheit auf, die wir bei den geladenen Fermionen nicht kennen. Neben der Beschreibung durch die Dirac-Theorie gibt es für Neutrinos die alternative Majorana-Beschreibung. Auf diese Zweideutigkeit wollen wir zunächst eingehen.

1.6.1 Parität und Ladungskonjugation bei Neutrinos

Wir wollen mit einigen Bemerkungen zur Beziehung zwischen Neutrinos und Antineutrinos beginnen. Experimentell nachgewiesen sind bislang ausschließlich linkshändige Neutrinos ν_L und rechtshändige Antineutrinos $\bar{\nu}_R$. Genau genommen ist $\bar{\nu}_R$ nicht das ladungskonjugierte Teilchen zu ν_L, da bei der Ladungskonjugation Spin und Impuls unverändert bleiben. Der Operator C wirkt nicht auf die Händigkeit. ν_L und $\bar{\nu}_R$ sind vielmehr durch die Operation CP miteinander verknüpft. Der Paritätsoperator P sorgt für die Vorzeichenänderung der Händigkeit

$$(\nu_L)^{CP} = \bar{\nu}_R. \tag{1.146}$$

Das ladungskonjugierte Teilchen zu ν_L müßte wiederum ein linkshändiges Teilchen sein. Hier bestehen nun zwei Möglichkeiten:

1. Das Neutrino ν_L ist sein eigenes ladungskonjugiertes Teilchen

$$(\nu_L)^C = \nu_L. \tag{1.147}$$

Entsprechend gilt

$$(\bar{\nu}_R)^C = \bar{\nu}_R. \tag{1.148}$$

Es gibt nur zwei physikalisch unterscheidbare Zustände. Man spricht in diesem Falle von einem Majorana-Neutrino.
2. Das ladungskonjugierte Teilchen zu ν_L bzw. das ladungskonjugierte Teilchen zu $\bar{\nu}_R$ sind unabhängige, bislang experimentell nicht nachgewiesene Teilchen. Es liegt eine Vierkomponententheorie vor. Man spricht in diesem Fall von einem Dirac-Neutrino.

1.6 Die Beschreibung von Neutrinos

Wir schreiben im folgenden aus Gründen der Übersichtlichkeit ψ^C für den CP-konjugierten Zustand von ψ.

Fermionen mit halbzahligem Spin werden in der relativistischen Quantentheorie durch vierkomponentige Spinoren

$$\psi = \begin{pmatrix} \psi_1 \\ \psi_2 \\ \psi_3 \\ \psi_4 \end{pmatrix} \qquad (1.149)$$

beschrieben, die Lösungen der Dirac-Gleichung

$$(i\gamma_\mu \partial^\mu - m)\psi(x) = 0 \qquad (1.150)$$

sind. Die Lösung durch ebene Wellen

$$\psi_-(x) = u \cdot e^{-ipx} = u \cdot e^{-i(Et - \vec{p}\vec{x})}, \qquad (1.151a)$$

$$\psi_+(x) = v \cdot e^{ipx} = v \cdot e^{i(Et - \vec{p}\vec{x})} \qquad (1.151b)$$

liefert für $m \neq 0$ vier unabhängige Basisspinorfelder u_1, u_2, v_1 und v_2. Das Dirac-Feld besitzt daher vier Freiheitsgrade. Bei masselosen Fermionen sind jedoch nur zwei der vier Basis-Diracspinoren voneinander linear unabhängig. Für positive Energien beschreiben die Lösungen $\psi_-(x)$ Teilchen und die Lösungen $\psi_+(x)$ die entsprechenden Antiteilchen. Die beiden Freiheitsgrade u_1 und u_2 zu $\psi_-(x)$ bzw. v_1 und v_2 zu $\psi_+(x)$ beschreiben die möglichen Spineinstellungen oder Helizitäten.

Die links- und rechtshändigen Komponenten von $\psi(x)$ gewinnt man leicht durch Anwendung der Projektionsoperatoren

$$P_L = \frac{1}{2}(1 - \gamma_5) \qquad (1.152a)$$

$$P_R = \frac{1}{2}(1 + \gamma_5) \qquad (1.152b)$$

auf den Spinor ψ

$$\psi_L = P_L \psi \qquad (1.153a)$$

$$\psi_R = P_R \psi. \qquad (1.153b)$$

Ein Antiteilchenzustand geht aus dem Teilchenzustand durch Anwendung des Operators C der Ladungskonjugation hervor. Wir definieren das Antiteilchenfeld durch

$$\psi^C = C\overline{\psi}^T \qquad (1.154)$$

mit $\overline{\psi} = \psi^\dagger \gamma^0$ und $C = i\gamma_2\gamma_0$ (T beschreibt Transposition).

Daraus ergibt sich, daß der Antiteilchenzustand zu einem linkshändigen Zustand ein rechtshändiger Zustand ist:

$$(\psi_L)^C = (P_L\psi)^C = C\overline{P_L\psi}^T = P_R(C\overline{\psi}^T) = P_R\psi^C = (\psi^C)_R\,. \quad (1.155)$$

Hierbei wurden die Vertauschungsrelationen der γ-Matrizen verwendet (siehe z.B. [Gro89, 90,92]).

Die vier Freiheitsgrade des Diracfeldes ψ entsprechen den Teilchen- bzw. Antiteilchenzuständen mit je zwei möglichen Händigkeiten ($\psi_L^C \equiv (\psi^C)_L$):

$$\psi_R,\ \psi_L,\ \psi_R^C,\ \psi_L^C\,. \quad (1.156)$$

Im Falle des Elektrons sind diese vier Komponenten tatsächlich unterschiedlich, da sich e_L^- und der CP-konjugierte Zustand von e_R^-, also $(e_R^-)^C = e_L^+$, durch die elektrische Ladung unterscheiden. Im Falle des Neutrinos ist jedoch nicht offensichtlich, ob sich ν_R und ν_R^C bzw. ν_L und ν_L^C unterscheiden, oder ob es nur zwei unabhängige Freiheitsgrade gibt.

Wir wollen im folgenden die Unterscheidung zwischen Dirac- und Majorana-Neutrino noch etwas genauer untersuchen. Eine ausführliche Darstellung findet man in [Gro89,90, Kay89].

1.6.2 Dirac- und Majoranabeschreibung

Im Rahmen der schwachen Wechselwirkung arbeitet man häufig mit zweikomponentigen Spinoren ψ_L und ψ_R, die auch Weyl-Spinoren genannt werden. In der Sprache der zweiten Quantisierung kann ψ_L ein linkshändiges Teilchen vernichten oder ein rechtshändiges Antiteilchen erzeugen, während ψ_L^+ ein linkshändiges Teilchen erzeugt oder ein rechtshändiges Antiteilchen vernichtet. Für ψ_R sind die Rollen von L und R gerade vertauscht. Im wechselwirkungsfreien Fall schreiben wir

$$\psi_L(x) = \int \frac{d^3p}{\sqrt{(2\pi)^3 2E}} \left(b_L(\vec{p}) u_L(\vec{p}) e^{-ipx} + d_R^\dagger(\vec{p}) v_R(\vec{p}) e^{ipx} \right). \quad (1.157)$$

b_L und d_R sind Vernichtungsoperatoren für L-Teilchen und R-Antiteilchen, $b_L^\dagger$ und $d_R^\dagger$ die entsprechenden Erzeugungsoperatoren. Für $\psi_R(x)$ werden die Rollen von R und L vertauscht.

Ein gewöhnliches vierkomponentiges Diracfeld $\psi(x)$ läßt sich als Summe der chiralen Projektionen oder Weyl-Spinoren schreiben

$$\psi = \psi_L + \psi_R\,. \quad (1.158)$$

Wir erhalten somit wieder die gewohnte Darstellung des Diracfeldes

$$\psi(x) = \sum_{s=L,R} \int \frac{d^3p}{\sqrt{(2\pi)^3 2E}} \left[b_s(\vec{p}) u_s(\vec{p}) e^{-ipx} + d_s^\dagger(\vec{p}) v_s(\vec{p}) e^{ipx} \right]. \quad (1.159)$$

Nach diesen einleitenden Bemerkungen kommen wir konkret auf den Fall des Neutrinos zurück.

1. Dirac-Neutrino

Nehmen wir an, der Zustand ν_R existiere und sei nicht identisch mit ν_R^C, so bilden ν_L, ν_R, ν_L^C und ν_R^C ein vierkomponentiges Dirac-Teilchen, und wir können schreiben

$$\nu_D = \nu_L + \nu_R \tag{1.160a}$$
$$\nu_D^C = \nu_L^C + \nu_R^C. \tag{1.160b}$$

Ein Massenterm in einer Lagrangedichte koppelt generell Felder mit unterschiedlichen Helizitäten. Im Dirac-Fall können wir daher folgenden Massenterm definieren

$$\begin{aligned}-\mathcal{L}_D &= m^D \bar{\nu}_L \nu_R + \text{h.c.}^{2)} \\ &= m^D \bar{\nu}_D \nu_D.\end{aligned} \tag{1.161}$$

In diesem Fall ist die Leptonenzahl erhalten, da es keine Übergänge zwischen ν und ν^C gibt (man beachte, daß $\bar{\nu}$ für $\bar{\nu} = \nu^\dagger \gamma^0$ steht!).

Zum besseren Verständnis sei vielleicht noch erwähnt, daß sich die Bewegungsgleichungen wie die Dirac-Gleichung mit Hilfe der Euler-Lagrange-Gleichungen aus der Lagrangedichte $\mathcal{L}$ ableiten lassen. Die Dirac-Gleichung kann dabei in zwei gekoppelte Gleichungen für beide Händigkeiten aufgespalten werden. Die Kopplung drückt sich in der Lagrangedichte $\mathcal{L}$ derart aus, daß im sog. Massenterm zwei Felder mit verschiedenen Händigkeiten gekoppelt werden, wobei die Dirac-Masse m^D die Kopplungsstärke bezeichnet. Bei $m^D = 0$ sind die Gleichungen entkoppelt, da die Händigkeit für masselose Teilchen eine Erhaltungsgröße darstellt.

2. Majorana-Neutrino

Im Fall des elektrisch neutralen Neutrinos wurde von Majorana eine andere Art der Kopplung eingeführt. Diese zweikomponentige Theorie des Neutrinos löst ebenfalls die Dirac-Gleichung, geht aber davon aus, daß ν_R und ν_R^C physikalisch nicht unterscheidbar sind.

Die Kopplung im Massenterm der Lagrangedichte erfolgt zwischen ν_L und dem CP-konjugierten ν_R^C bzw. zwischen ν_R und ν_L^C. Man erhält zwei Majorana-Massenterme, je nachdem ob man das linkshändige Feld mit seinem CP-konjugierten koppelt oder das rechtshändige:

$$\mathcal{L}_M = \mathcal{L}_M^L + \mathcal{L}_M^R \tag{1.162}$$

[2)] h.c. = hermitesch konjugiert

mit

$$-\mathcal{L}_M^L = \frac{1}{2} m_L^M (\bar{\nu}_L \nu_R^C + \overline{\nu_R^C} \nu_L) \tag{1.163a}$$

$$-\mathcal{L}_M^R = \frac{1}{2} m_R^M (\bar{\nu}_R \nu_L^C + \overline{\nu_L^C} \nu_R) \tag{1.163b}$$

ν_L und ν_R^C sowie ν_R und ν_L^C können zu jeweils einem zweikomponentigen Majorana-Neutrino kombiniert werden. Die Majorana-Masseneigenzustände ν_1 und ν_2

$$\nu_1 = \nu_L + \nu_R^C \tag{1.164a}$$
$$\nu_2 = \nu_R + \nu_L^C \tag{1.164b}$$

sind Superpositionen der linear abhängigen Wechselwirkungseigenzustände. Die Majorana-Neutrinos ν_1 und ν_2 sind ihre eigenen Antiteilchen, denn wegen $(\nu_L)^C = (\nu^C)_R$ folgt

$$\begin{aligned}(\nu_1)^C &= (\nu_L)^C + (\nu_R^C)^C \\ &= (\nu_L)^C + (\nu^{CC})_L \\ &= \nu_R^C + \nu_L \\ &= \nu_1 \end{aligned} \tag{1.165}$$

und analog $(\nu_2)^C = \nu_2$.

Mit den Zuständen ν_1 und ν_2 können wir $\mathcal{L}_M^{L/R}$ umschreiben in

$$-\mathcal{L}_M^L = \frac{1}{2} m_L^M \bar{\nu}_1 \nu_1 \tag{1.166a}$$

$$-\mathcal{L}_M^R = \frac{1}{2} m_R^M \bar{\nu}_2 \nu_2. \tag{1.166b}$$

Aufgrund der möglichen Übergänge zwischen ν_L und ν_R^C verletzt die Majorana-Kopplung die Leptonenzahl um zwei Einheiten $\Delta L = \pm 2$. Abb. 1.10 faßt

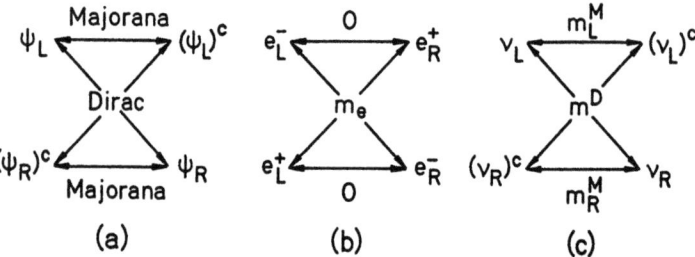

Abb. 1.10 Kopplungsschema für Fermionenfelder durch Majorana- und Dirac-Massen. a) Allgemeines Kopplungsschema für links- und rechtshändige Felder und ihre ladungskonjugierten Felder. b) Kopplungsschema für Elektronen. Aufgrund der Ladung kommt nur die Dirac-Kopplung in Frage. c) Kopplungsschema für Neutrinos. Nur bei Neutrinos können sowohl Dirac- als auch Majorana-Kopplung auftreten (aus [Mut88]).

die Kopplungsmöglichkeiten noch einmal zusammen. Man erkennt, daß für geladene Fermionen keine Majorana-Kopplung möglich ist. Der hypothetische Majorana-Masseneigenzustand des Elektrons

$$e_M = e_L^- + e_R^+ \qquad (1.167)$$

hätte keine definierte Ladung, während die Diraczustände

$$e_D^- = e_L^- + e_R^- \qquad (1.168a)$$
$$e_D^+ = e_L^+ + e_R^+ \qquad (1.168b)$$

eine wohldefinierte Ladung aufweisen.

Wir haben gesehen, daß sich Majorana-Neutrinos dadurch auszeichnen, daß Neutrino und Antineutrino identisch sind, so daß im Gegensatz zur vierkomponentigen Dirac-Beschreibung eine zweikomponentige Majorana-Beschreibung genügt. Wir wollen jedoch bemerken, daß es für den Fall, daß das Neutrino keine Masse besitzt, und nur das linkshändige Feld ν_L an der schwachen Wechselwirkung teilnimmt, nicht möglich ist, experimentell zu unterscheiden, welche Beschreibung die richtige ist (siehe [Gro89,90,92, Kay89]).[3]

Der Majorana-Fall ist für $m = 0$ nur dann vom Dirac-Fall unterscheidbar, wenn die schwache Wechselwirkung eine rechtshändige Komponente besitzt, denn dann wären die zwei zusätzlichen Dirac-Freiheitsgrade ebenfalls nachweisbar.

Eine weitere wichtige Unterscheidungsmöglichkeit zwischen Dirac- und Majorana-Charakter beruht auf dem magnetischen Moment (für massive Neutrinos). Aufgrund der Eigenschaft $\nu = \nu^C$ können Majorana-Neutrinos kein magnetisches Moment aufweisen. Nach dem CPT-Theorem hätten die magnetischen Momente von Neutrino und Antineutrino entgegengesetzte Vorzeichen. Da beide Teilchen jedoch nach Voraussetzung identisch sind, verschwindet das magnetische Moment (siehe auch Kap. 7).

1.6.3 Die physikalische Neutrinomasse

Die im vorherigen Abschnitt eingeführten Massen m^D, m_L^M und m_R^M stellen zunächst nur Kopplungsparameter dar. Wir wollen nun den Zusammenhang zur physikalischen Masse herstellen. Für den Fall, daß nur eines der obigen Kopplungsschemata realisiert ist, entspricht der Kopplungsparameter der Masse, und das Kopplungsschema legt den Neutrinocharakter (Dirac oder Majorana) fest.

---

[3] Etwas vereinfacht kann man sich dies wie folgt vorstellen: bei rein linkshändiger Wechselwirkung nimmt das ν_R nicht an der Wechselwirkung teil. Ist das ν_R masselos, so bleibt die Helizität erhalten, d.h. das ν_R ist nicht nachweisbar, selbst wenn es existieren würde.

1 Moderne Elementarteilchentheorien

Im allgemeinen enthält die Lagrangedichte alle drei möglichen Kopplungen

$$\mathcal{L}_m = \mathcal{L}_D + \mathcal{L}_M^L + \mathcal{L}_M^R. \tag{1.169}$$

Wir können dies in einer kompakten Schreibweise zusammenfassen

$$-\mathcal{L}_m = \bar{\nu}_L m^D \nu_R + \frac{1}{2}\bar{\nu}_R m_R^M \nu_L^C + \frac{1}{2}\bar{\nu}_L m_L^M \nu_R^C + \text{h.c.}$$

$$= \frac{1}{2}(\bar{\nu}_L \overline{\nu_L^C}) M \begin{pmatrix} \nu_R^C \\ \nu_R \end{pmatrix} + \text{h.c.}, \tag{1.170}$$

wobei M eine Massenmatrix ist

$$M = \begin{pmatrix} m_L^M & m^D \\ m^D & m_R^M \end{pmatrix}. \tag{1.171}$$

Die physikalische Masse des Neutrinos ergibt sich als Eigenwert der Massenmatrix M. Durch eine geeignete unitäre Transformation folgt

$$UMU^\dagger = \begin{pmatrix} m_1 & 0 \\ 0 & m_2 \end{pmatrix} \tag{1.172}$$

mit den Eigenwerten

$$m_{1/2} = \frac{m_L^M + m_R^M}{2} \pm \sqrt{\frac{(m_L^M - m_R^M)^2}{4} + m_D^2}. \tag{1.173}$$

Einige Spezialfälle sind von besonderem Interesse:

1. $m_L^M = m_R^M = 0$

Wir erhalten ein *reines Dirac-Neutrino* mit $m = m_D$. Dieses wird aus zwei Majoranazuständen mit entarteten Massen $m_1 = m_2 = m_D$ zusammengesetzt.

2. $m^D \gg m_L^M = m_R^M = \varepsilon$

Man erhält zwei fast entartete Majorana-Masseneigenzustände mit $m_{1/2} = m^D \pm \varepsilon$ und entgegengesetzten CP-Quantenzahlen. Diese bilden im wesentlichen ein Dirac-Neutrino mit einer kleinen L-verletzenden Beimischung. Man spricht in diesem Fall von einem *Pseudo-Dirac-Neutrino* (vgl. [Mut88] und dort zitierte Arbeiten).

3. $m_L^M = 0$ und $m_R^M \gg m^D$

Die Diagonalisierung der Massenmatrix

$$M = \begin{pmatrix} 0 & m^D \\ m^D & m_R^M \end{pmatrix} \tag{1.174}$$

nach

$$UMU^{-1} = \begin{pmatrix} m_1 & 0 \\ 0 & m_2 \end{pmatrix} \qquad (1.175)$$

mit

$$U = \begin{pmatrix} 1 & -\frac{m^D}{m_R^M} \\ \frac{m^D}{m_R^M} & 1 \end{pmatrix} \qquad (1.176)$$

liefert ein schweres und ein leichtes Neutrino mit den Massen

$$m_1 = m_R^M \left(1 + \left(\frac{m^D}{m_R^M}\right)^2\right)$$
$$\approx m_R^M \qquad (1.177a)$$
$$m_2 = \frac{(m^D)^2}{m_R^M} \ll m^D. \qquad (1.177b)$$

Die Masse des leichten Neutrinos m_2 ist um einen Faktor m^D/m_R^M gegenüber der ursprünglichen Dirac-Masse m^D unterdrückt. Dies ist der von Gell-Mann, Ramond und Slansky [Gel79], Yanagida [Yan79b] und Stech [Ste80] vorgeschlagene Mechanismus zur Erzeugung kleiner Neutrinomassen. Man spricht auch von dem „*see-saw*"-*Mechanismus*, der insbesondere in rechts-links-symmetrischen Modellen wie dem $SO(10)$-Modell von großer Bedeutung ist (s.u.).

Eine große Dirac-Masse wird durch das Wechselspiel mit einer noch größeren Majorana-Masse reduziert. Man kann so auf Kosten der Einführung eines zweiten sehr schweren Neutrinos die Kleinheit der Neutrinomassen auf natürliche Weise erklären.

Die beiden Neutrinos, das leichte und das superschwere, lassen sich durch fast reine Majorana-Masseneigenzustände darstellen. Das schwere Neutrino ν_1 besteht im wesentlichen aus den bislang nicht beobachteten Zuständen (rechtshändiges Neutrino und linkshändiges Antineutrino).

Dagegen ist das leichte Neutrino bis auf kleine Korrekturen der Ordnung m^D/m_R^M aus den beiden experimentell bekannten Zuständen zusammengesetzt.

1.6.4 Neutrinos in GUT-Modellen

Die Neutrinoeigenschaften hängen von der Wahl der speziellen Eichtheorie ab. Da das Standardmodell auf einer $SU(2)_L \otimes U(1)$-Symmetrie basiert, gibt es kein rechtshändiges Neutrino ν_R, so daß keine Dirac-Kopplung möglich ist. Ein Majorana-Massenterm muß im Standardmodell ebenfalls verschwinden, da er die Verletzung der hier vorausgesetzten Leptonenzahlerhaltung zur Folge hätte.

76　1 Moderne Elementarteilchentheorien

Wir wollen im folgenden die wichtigsten Neutrinoeigenschaften in den einfachsten konkreten GUT-Modellen angeben.

1.6.4.1 $SU(5)$-Neutrinos

Im minimalen $SU(5)$-Modell als dem einfachsten GUT-Modell sind im Gegensatz zum Standardmodell die Baryonen- und Leptonenzahl separat nicht mehr enthalten; es gilt aber $(B-L)$-Erhaltung. Das $SU(5)$-Modell beinhaltet lediglich die beiden experimentell bekannten Neutrinofreiheitsgrade $(\nu_L, \bar{\nu}_R)$. Eine Dirac-Masse ist nicht möglich, da der rechtshändige Partner des ν_L für eine Dirac-Kopplung der Form $m^D \bar{\nu}_L \nu_R$ fehlt. Somit ist das Neutrino im $SU(5)$-Modell zwangsläufig ein Majorana-Teilchen. Im minimalen $SU(5)$-Modell läßt die Struktur des $SU(5)$-Higgs-Feldes indessen keine $SU(5)$-invariante Majorana-Kopplung zu, so daß auch der Majorana-Massenterm verschwindet. Das Neutrino im $SU(5)$-Modell bleibt daher masselos. Da die schwache Wechselwirkung als linkshändig vorausgesetzt wird, ist eine Unterscheidung zwischen Dirac- und Majoranacharakter nicht möglich.

1.6.4.2 $SO(10)$-Neutrinos

In GUT-Modellen, die auf der $SO(10)$-Eichgruppe aufbauen, treten massive Neutrinos auf natürliche Weise auf.[4] Die rechts-links-symmetrische $SO(10)$-Theorie enthält neben dem linkshändigen Neutrinofeld auch ein rechtshändiges Neutrino ν_R (siehe Abb. 1.8). ν_L und ν_R können zu einem Dirac-Feld kombiniert werden:

$$\nu_D = \nu_L + \nu_R. \tag{1.178}$$

Die Lagrangedichte enthält folglich einen Dirac-Massenterm. Das Dirac-Feld (1.178) ist zusammen mit anderen Fermionenfeldern in einem Multiplett angeordnet. Die $SO(10)$-Invarianz hat zur Konsequenz, daß die Dirac-Masse des Neutrinos nicht unabhängig von den Dirac-Massen der übrigen Fermionen sein kann. Vielmehr ist der Dirac-Massenterm des Neutrinos in erster Näherung proportional zur u-Quark-Masse [Lan81]

$$m^D_{\nu_e} \approx m_u. \tag{1.179}$$

Eine derart große Neutrinomasse widerspricht der experimentellen Obergrenze der Neutrinomasse im Bereich von wenigen eV. Einen Ausweg aus diesem scheinbaren Widerspruch liefert der in Abschn. 1.6.3 diskutierte „seesaw"-Mechanismus.

---
[4] Eine aktuelle Darstellung findet man in [Moh94, Lee94,95a].

1.6 Die Beschreibung von Neutrinos

Da im $SO(10)$-Modell $(B-L)$ nicht notwendigerweise erhalten ist, sind auch Majorana-Massenterme erlaubt. Eine Majorana-Masse des Neutrinos würde die $(B-L)$-Quantenzahl verletzen, da dadurch Oszillationen zwischen Neutrinos und Antineutrinos möglich werden ($\Delta L = 2$), die Baryonenzahl jedoch nicht beeinflußt wird.

Man beachte, daß eine spontane Brechung der globalen $(B-L)$-Symmetrie die Existenz eines Goldstone-Bosons, des Majorons, zur Folge hätte [Chi81, Gel81, Moh91a, Ber92b]. Dieses Majoron müßte u.U. im Doppelbetazerfall emittiert werden (siehe Kap. 6.2.3, 6.2.4 sowie [Kla92b, Bec93, Bur94]).

Im $SO(10)$-Modell könnte nun ein 126-dimensionales Higgs-Feld sowohl Dirac-Massen für alle Fermionen als auch Majorana-Massen für das Neutrino erzeugen. Dieses Feld koppelt nur an ν_R, nicht aber an ν_L. Dadurch ist es möglich, ein verschwindendes m_L^M und ein großes m_R^M in der Massenmatrix (1.171) zu erhalten.

Für $m_R^M \gg m^D$ kommt damit der „see-saw"-Mechanismus zum Tragen. Wir erhalten ein leichtes und ein superschweres Neutrino. m_R^M wird häufig mit

Tab. 1.8 Modelle der Neutrinomasse, zusammen mit ihren Vorhersagen für die Massen leichter Neutrinos (aus [Lan88]). Es sei darauf hingewiesen, daß in den meisten Fällen m_{ν_e} mit der effektiven Neutrinomasse $\langle m_{\nu_e} \rangle$ (siehe Abschn. 6.2.3 und 6.2.5.4) übereinstimmt.

Modell	$m_{\nu_e}c^2$	$\langle m_{\nu_e} \rangle$	$m_{\nu_\mu}c^2$	$m_{\nu_\tau}c^2$
Dirac	1 – 10 MeV	0	0,1 – 1 GeV	1 – 100 GeV
reines Majorana (Higgs-Triplett)	willkürlich	m_{ν_e}	willkürlich	willkürlich
GUT seesaw ($M \approx 10^{14}$ GeV)	10^{-11} eV	m_{ν_e}	10^{-6} eV	10^{-3} eV
Intermediäres seesaw ($M \approx 10^9$ MeV)	10^{-7} eV	m_{ν_e}	10^{-2} eV	10 eV
$SU(2)_L \otimes SU(2)_R \otimes U_1$ seesaw ($M \approx 1$ TeV)	10^{-1} eV	m_{ν_e}	10 keV	1 MeV
Leichtes seesaw ($M \gg 1$ TeV)	1 – 10 MeV	$\ll m_{\nu_e}$		
geladenes Higgs	< 1 eV	$\ll m_{\nu_e}$		

einer neuen Brechungsskala identifiziert. Da die Masse des leichten Neutrinozustandes durch

$$m_2 \simeq \frac{(m^D)^2}{m_R^M} \tag{1.180}$$

gegeben ist, wobei m^D die Fermionmasse (Quark- oder Leptonmasse) aus derselben Generation bedeutet, folgt für die Massenhierarchie der Neutrinos (siehe [Moh88b,c])

$$m_{\nu_e} : m_{\nu_\mu} : m_{\nu_\tau} = m_u^2 : m_c^2 : m_t^2 \tag{1.181}$$

oder

$$m_{\nu_e} : m_{\nu_\mu} : m_{\nu_\tau} = m_e^2 : m_\mu^2 : m_\tau^2. \tag{1.182}$$

In einigen Modellen liegen typische Werte von m_{ν_e} im Bereich von 10^{-1} eV/c^2 bis 1 eV/c^2 (Tab. 1.8). Im allgemeinen variieren die Vorhersagen jedoch in Abhängigkeit von dem speziell gewählten Mechanismus zwischen 10^{-11} eV/c^2 und 1 eV/c^2 (siehe Tab. 1.8 und [Lan88, Blu92, Lan92a]). Es sind indessen auch andere Modelle denkbar, die anstelle der in Tabelle 1.8 gezeigten Massenhierarchie der Neutrinoflavors weitgehend entartete ν-Massen ergeben (s. z.B. [Lee94, Moh94, Pet94]).

1.6.4.3 Neutrinos in Superstring-Modellen

Superstring-Modelle neigen dazu, Majorana-Neutrinos mit viel zu großen Massen vorherzusagen (vgl. z.B. [Moh88b,c]). Dies liegt daran, daß keine Higgsfelder auftreten, die eine hinreichend große Majorana-Masse m_R^M für das rechtshändige Neutrino generieren könnten. Man ist daher auf sehr viel kompliziertere Mischungsmechanismen als im „see-saw"-Modell angewiesen, um die Kleinheit der Neutrinomasse zu erklären (z.B. [Val87]). Dazu wird eine intermediäre Massenskala im TeV-Bereich benötigt, welche unter Umständen mit der SUSY-Skala identifiziert werden könnte (siehe z.B. [Val93]).

1.7 Ausblick

Die oben skizzierten Teilchentheorien, sowohl das Standardmodell als auch alle Erweiterungen, haben gemeinsam, daß die effektive Symmetrie mit wachsender Energie zunimmt. D.h. die zugrundeliegende Idee ist eine Hierarchie von Symmetrien, in der aus einer höheren Symmetrie, die eine Vereinigung aller Kräfte zu einer „Urkraft" beinhaltet, durch aufeinanderfolgende spontane Symmetriebrechungen bei jeweils niedrigeren Energien die einzelnen phänomenologischen Kräfte abgespalten werden (Abb. 1.11). Daß diese

1.7 Ausblick   79

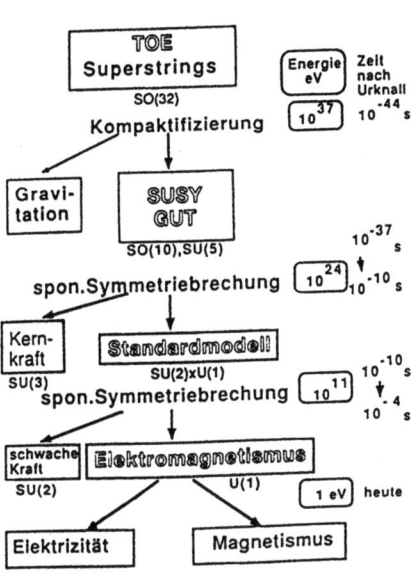

Abb. 1.11
Hierarchie der Symmetrien. Aus einer höchsten Symmetrie (TOE = Theory Of Everything, Superstrings), die eine Vereinigung aller Kräfte zu einer Urkraft beinhaltet, werden durch sukzessive spontane Symmetriebrechungen bei jeweils niedrigeren Energien die einzelnen Kräfte abgespalten. Die verschiedenen Stadien wurden nach unseren heutigen Vorstellungen vom Universum bei seiner Abkühlung nach dem Urknall nacheinander durchlaufen. In der rechten Spalte sind die Zeiten nach dem Urknall angegeben (aus [Scho89]).

verschiedenen Stadien vom Universum im Laufe seiner Abkühlung nach dem Urknall sukzessive durchlaufen wurden, ergibt eine geradezu aufregende Verknüpfung von Teilchenphysik und Kosmologie (siehe Kap. 3 und 9). Es sei indessen zumindest angeführt, daß es andererseits auch für denkbar gehalten wird, daß man bei hohen Energien völlig chaotische Verhältnisse vorfindet, die Symmetrien bei niedrigen Energien bloß vortäuschen (vgl. [Nac86]). Dies sei an einem Beispiel aus der Festkörperphysik verdeutlicht. Betrachtet man ein Stück amorpher Materie (Glas) auf einer atomaren Skala, so findet man weder Translations- noch Rotationssymmetrien, während das Materiestück auf makroskopischer Ebene homogen und isotrop erscheint.

In den vergangenen Jahren sind etliche der Grundvoraussetzungen (und Vorhersagen) der oben behandelten Teilchentheorien insbesondere mit Beschleunigerexperimenten untersucht worden (siehe Kap. 2). Im nächsten Jahrzehnt werden neue Beschleuniger (zirkulare Proton-Kollider und e^+e^--Linear-Kollider, die in den Multi-TeV-Bereich vordringen können, siehe Kap. 2) sich weiterer offener zentraler Fragen dieser Theorien annehmen, von denen einige in Tab. 1.9 aufgeführt sind. Dazu gehört als drängendste Frage und experimentum crucis für die Lösung des Massenproblems die Suche nach dem hypothetischen Higgs-Teilchen, ferner die Suche nach dem Top-Quark. Weiter werden die natürlichen Skalen für die Massen von SUSY-Partnern der gewöhnlichen Teilchen, die im Bereich von hundert GeV bis zu etwa einem TeV liegen, erreichbar. Für eine ausführliche Diskussion

1 Moderne Elementarteilchentheorien

Tab. 1.9 Vornehmliche Forschungsfelder zukünftiger Beschleuniger (aus [Zer93]).

	e^+e^--Linearkollider	Proton-Kollider LHC/SSC
Higgs-Boson Standardmodell	Masse $\leq$ 250 GeV alle Zerfallskanäle	Masse $\leq$ 180 GeV: seltene Zerfälle Masse $\geq$ 180 GeV: $H \to ZZ \to 4\ell$
Higgsbosonen SUSY-Erweiterung	vollständige Überdeckung des Higgs-Parameterraumes	partielle Überdeckung des Higgs-Parameterraumes
W-, Z-Bosonen Standardmodell	magn. Dipol- und el. Quadrupolmomente; eichtheoretische Struktur der elektroschwachen Kräfte	
Erweiterte Eichtheorien	neue Leptonen [schwere Neutrinos]	neue Eichbosonen und Quarks
Top	Präzisionsmessungen von Masse, Dipolmomenten, Zerfallsstrom; Higgs- und andere seltene Zerfälle	Higgs-Zerfälle CP-Verletzung
Supersymmetrie	Sleptonen und elektroschwache Gauginos/Higgsinos	Squarks und Gluinos

der zukünftigen Möglichkeiten sei auf [Jar90, Buc92, Zer92, Zer93] verwiesen.

Einige der zentralen Fragen sind jedoch Nicht-Beschleuniger-Experimenten vorbehalten, die in Schlüsselproblemen den einzigen Zugang zu von Beschleunigern nicht erreichbaren Energieskalen erlauben. Daher wird die Bedeutung der Teilchenphysik ohne Beschleuniger in den nächsten Jahren beträchtlich zunehmen. Hierzu gehören vor allem die Eigenschaften der Neutrinos, die für die Struktur der GUTs eine Schlüsselrolle einnehmen, und die gleichzeitig eng verknüpft sind mit der Entwicklung des frühen Universums. Es sei nur hingewiesen auf die Sphaleron-induzierte Verletzung der Baryonenzahl-Erhaltung unterhalb des elektroschwachen Phasenübergangs und ihren Zusammenhang mit der Neutrinomasse [Fuk90, Cam91, Gel92], ferner auf die Bedeutung des Neutrinos als Kandidat für dunkle Materie (siehe Kap. 9).

In see-saw-Modellen (Abschn. 1.6.3 und 1.6.4.2) sondiert die Suche nach einer Neutrinomasse, etwa im Doppelbetazerfall oder in solaren Neutrinoexperimenten, im Prinzip Energieskalen im Bereich TeV bis 10^{15} GeV.

Der Doppelbetazerfall liefert über die Masse des Elektronneutrinos hinaus Aufschluß über die Masse des superschweren in rechts-links-symmetrischen Modellen eingeführten Neutrinos wie auch über die Masse rechtshändiger

1.7 Ausblick

W-Bosonen [Moh86c,88b,c,91a], ferner zu Parametern von SUSY-Modellen [Moh86b, Hir95].

Die Beobachtung von Neutrinos aus Supernova-Explosionen liefert einige der schärfsten Eingrenzungen anderer Neutrinoeigenschaften wie Halbwertszeit oder magnetisches Moment.

Zu diesen Experimenten gehört ferner als klassisches Beispiel die Suche nach dem Zerfall des Protons, der möglicherweise den einzigen mehr oder weniger direkten Zugang zur Energieskala der Großen Vereinigung darstellt. Ferner gehört dazu die Suche nach dunkler Materie in Form von WIMPs, Axionen, SUSY-Teilchen, magnetischen Monopolen und anderen. Die Suche nach magnetischen Monopolen betrifft gleichzeitig unser Verständnis des frühen Universums (Inflation) als auch der Teilchenphysik bei Energieskalen der GUT-Symmetriebrechung.

Die Suche nach fraktionell geladenen Teilchen trägt zur Überprüfung der QCD bei. Experimente zum Dipolmoment des Neutrons und zu Neutron-Antineutron-Oszillationen berühren sowohl das Standardmodell als auch Physik jenseits davon (θ-Problem, starkes CP-Problem).

Untersuchungen der Zeitabhängigkeit der Naturkonstanten sind eng verknüpft mit den Kaluza-Klein-Theorien, die eine der Möglichkeiten zur Einbeziehung der Gravitation in eine vereinheitlichte Beschreibung der Kräfte sein können.

Diesen Möglichkeiten, die Nicht-Beschleuniger-Experimente komplementär zu zukünftigen Beschleuniger-Experimenten bieten, widmen sich die Kapitel 3–12 dieses Buches.

2 Zur Teilchenphysik mit Beschleunigern

Teilchenbeschleuniger und Speicherringe sind sozusagen die Mikroskope, mit denen die Naturgesetze im subatomaren Bereich erforscht werden. Zusammen mit den entsprechenden Detektoren bilden sie die wichtigsten technischen Hilfsmittel der Hochenergiephysik.

Durch eine kontinuierliche Weiterentwicklung der Beschleunigertechnologie gelangen in den vergangenen Jahrzehnten gewaltige Fortschritte bei der Identifizierung und Erforschung der Grundbausteine der Materie und der fundamentalen Wechselwirkungen. Man nutzt dabei die Tatsache, daß die de Broglie-Wellenlänge λ eines Teilchens mit wachsender Energie abnimmt. Für sehr hohe Energien E kann die Ruhemasse m_0 weitgehend vernachlässigt werden. Es gilt folglich der Zusammenhang

$$E \simeq pc = \frac{hc}{\lambda} \quad \Rightarrow \quad \lambda \simeq \frac{hc}{E}. \tag{2.1}$$

Je kleiner die Materiewellenlänge λ, d.h. je größer die Teilchenenergie ist, desto kleinere Strukturen können noch aufgelöst werden. Einer Auflösung von 1 fm ($= 10^{-15}$ m) entspricht z.B. eine Elektronenenergie von 1 GeV. Andererseits erlauben höhere Energien die *Produktion* schwererer Teilchen.

Ergebnisse von Streuexperimenten mit hochenergetischen Leptonen ergaben, daß alle Materie aus Teilchen (Quarks und Leptonen) zusammengesetzt ist, die auf einer Skala von 10^{-18} m keine Substrukturen erkennen lassen, d.h. punktförmig sind. Zur Beantwortung der Frage nach der Natur und einer möglichen Struktur der heute bekannten Elementarteilchen sind daher Experimente auf noch höheren Energieskalen nötig. Wie wir in Kap. 1 gesehen haben, sind auch die zentralen Fragen nach der Masse des top-Quarks, der Existenz des Higgsteilchens und von SUSY-Teilchen nur mit höheren Beschleunigerenergien erfolgreich anzugehen.

Da mit wachsender Energie die Wirkungsquerschnitte für die interessierenden Ereignisse i.a. abnehmen (siehe (2.15)), spielt neben der Energie die sogenannte Luminosität L als zweiter Parameter eine entscheidende Rolle bei der Entwicklung von Hochenergiebeschleunigern. L ist ein Maß für die

Strahlintensität. Bei bekanntem Wirkungsquerschnitt σ für eine Reaktion bestimmt die Luminosität die Ereignisrate R gemäß der Gleichung

$$R = \sigma L. \tag{2.2}$$

Energie und Luminosität eines Beschleunigers bestimmen also das Auflösungsvermögen und die Anzahl der beobachtbaren Ereignisse. Daneben wird der Erfolg von Experimenten an Hochenergiebeschleunigern entscheidend durch die Entwicklung geeigneter Detektoren bestimmt.

2.1 Energieskalen gegenwärtiger und zukünftiger Beschleuniger

Ein Beschleuniger besteht im wesentlichen aus einer Elektronen- oder Ionenquelle, aus der die Teilchen mit einer geringen Energie austreten, und der eigentlichen Beschleunigerröhre, in der die Teilchen im Hochvakuum mit Hilfe eines elektrischen Feldes auf die gewünschte Energie beschleunigt werden (vgl. Abb. 2.1). Im Anschluß daran werden die hochenergetischen Teilchen auf ein Target gelenkt, um die zu untersuchenden Reaktionen auszulösen. Im elektrischen Feld $\vec{\mathcal{E}}$ erhält ein geladenes Teilchen der Ladung q die kinetische Energie

$$E = q \int_0^s \vec{\mathcal{E}} \cdot d\vec{s}, \tag{2.3}$$

wobei sich das Linienintegral über den gesamten Weg erstreckt, den das Teilchen innerhalb des Feldes zurücklegt. Das erforderliche elektrische Feld kann durch verschiedene Methoden erzeugt werden. Eine Möglichkeit besteht im Anlegen einer Gleichspannung U zwischen der Ionenquelle und dem Target, so daß sich die Energie

$$E = qU \tag{2.4}$$

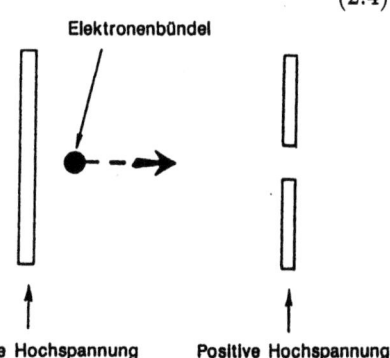

Abb. 2.1
Die Beschleunigungswirkung in Teilchenbeschleunigern wird durch elektrische Felder erzielt, wie hier anhand eines einfachen Beispiels skizziert.

ergibt. Häufig erfolgt die Beschleunigung durch elektromagnetische Wechselfelder, wobei die geladenen Teilchen in einem Magnetfeld auf Kreisbahnen laufen und das $\vec{\mathcal{E}}$-Feld immer parallel zur Bahnrichtung steht. Die Beschleunigung von Elektronen in einem sog. Betatron erfolgt durch elektrische Wirbelfelder (Induktionsprinzip). Eine weitere Möglichkeit besteht in der Erzeugung elektrischer Wanderwellen. Die Ladungen „reiten" auf der Vorderfront dieser Welle und finden somit zu jedem Zeitpunkt ein beschleunigendes Feld in Bewegungsrichtung vor. Für Details verweisen wir den Leser auf die entsprechende Spezialliteratur (z.B. [Dan74, Wil92], siehe auch [Scho89]).

Um sehr hohe Energien zu erzielen, benötigt man mehrere Beschleunigungsstufen. Es entwickelten sich zwei unterschiedliche Beschleunigertypen, nämlich Linear- und Kreisbeschleuniger (s. Abb. 2.2).

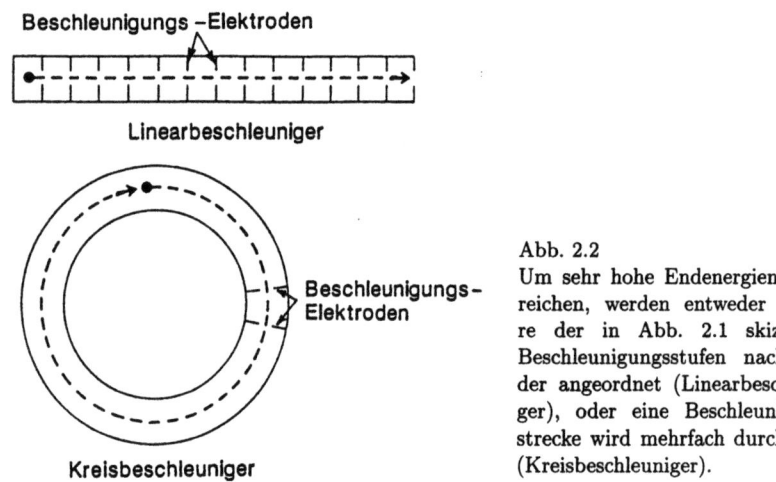

Abb. 2.2
Um sehr hohe Endenergien zu erreichen, werden entweder mehrere der in Abb. 2.1 skizzierten Beschleunigungsstufen nacheinander angeordnet (Linearbeschleuniger), oder eine Beschleunigungsstrecke wird mehrfach durchlaufen (Kreisbeschleuniger).

Ein Linearbeschleuniger besteht im Prinzip aus einer langen Vakuumröhre, in der mehrere Hochfrequenzbeschleunigungsstrecken hintereinander angeordnet sind. Die angelegte Wechselspannung muß so abgestimmt sein, daß ein durchfliegendes Teilchenpaket („bunch") gerade beschleunigt wird. Die Endenergie des Strahls hängt damit von der beschleunigenden Spannung und der Gesamtlänge des Beschleunigers ab. Diese beiden Faktoren begrenzen die maximal erreichbare Energie.

In Kreisbeschleunigern werden die geladenen Teilchen durch Magnetfelder auf Kreisbahnen senkrecht zum Magnetfeld gezwungen (Lorentz-Kraft $\vec{F} = q\vec{v} \times \vec{B}$). Dasselbe Teilchen vermag den Beschleuniger daher mehrmals zu

2.1 Energieskalen gegenwärtiger und zukünftiger Beschleuniger 85

durchlaufen, wobei es bei jedem Umlauf eine Beschleunigungsstrecke durchfliegt. Hohe Endenergien werden durch eine große Anzahl an Umläufen erzielt. In den heute üblichen Synchrotronringen passiert der Strahl bei jedem Umlauf einen Linearbeschleuniger. Um einen konstanten Bahnradius zu gewährleisten, muß die Magnetfeldstärke entsprechend kontinuierlich verändert werden. Dabei werden hohe Anforderungen an das Vakuum, die Strahlführung und die Fokussierung gestellt, da die Teilchen insgesamt eine sehr lange Strecke im Beschleuniger durchlaufen.

Ein Nachteil von Kreisbeschleunigern ist die mit wachsender Strahlenergie zunehmende Synchrotronstrahlung. Bei sehr hohen Energien wird die Energiezufuhr schließlich durch die Abstrahlung elektromagnetischer Wellen begrenzt. Die umlaufenden geladenen Teilchen unterliegen dadurch, daß sie auf eine Kreisbahn mit Radius R gezwungen werden, einer ständigen Beschleunigung, so daß dem Strahl fortwährend Energie durch elektromagnetische Strahlung entzogen wird. Der Energieverlust pro Umlauf beträgt

$$\Delta E = \frac{q^2}{3\epsilon_0 R} \left(\frac{E}{m_0 c^2}\right)^4, \qquad (2.5)$$

wobei q die Ladung des Teilchens, ϵ_0 die Dielektrizitätskonstante des Vakuums und $m_0 c^2$ die Ruheenergie des Teilchens sind. Die durch Synchrotronstrahlung abgegebene Leistung beträgt daher

$$P \sim \frac{E^4}{R^2 m_0^4}. \qquad (2.6)$$

Für Elektronen ist dieser Effekt wegen der kleinen Ruhemasse weitaus größer als bei schweren Teilchen wie Protonen, bei denen er gegenwärtig noch keine Rolle spielt. Die Elektronenenergien, die in einem Kreisbeschleuniger erreicht werden können, hängen wesentlich vom Energieverlust durch Synchrotronstrahlung ab. In dem 6,3 km langen Ring von HERA (s.u.) z.B. verliert ein Elektron von 30 GeV pro Umlauf 0,5% seiner Energie durch Synchrotronstrahlung, bei 50000 Umläufen pro Sekunde eine beträchtliche Zahl.

Bis in die sechziger Jahre hinein wurden Beschleunigerexperimente praktisch nur mit ruhenden Targets durchgeführt („fixed-target"-Experimente). Dazu wird der Teilchenstrahl auf ein stationäres Target gelenkt und die Reaktionsprodukte nachgewiesen. Üblicherweise besteht das Target aus Wasserstoff, d.h. aus Protonen. Mit Hilfe dieser Technik wurde ein breites Spektrum von pp- und ep-Experimenten durchgeführt, um die Absorption und die Streuung der Strahlteilchen im Target zu messen und die Erzeugung sekundärer Teilchen zu studieren. Darüber hinaus werden häufig Strahlen aus

Sekundärteilchen wie Pionen, Myonen, Kaonen, Neutrinos u.a. als Projektile für neue Untersuchungen verwendet. Experimente mit einem ruhenden Target haben den Nachteil, daß die für eine neue Teilchenproduktion zur Verfügung stehende Energie nur mit der Wurzel der Strahlenergie E ansteigt. Die restliche Energie geht nicht verloren, sondern findet sich in der kinetischen Energie der Sekundärteilchen wieder. Diese Zusammenhänge wollen wir kurz naher betrachten. Für das Quadrat der Schwerpunktsenergie W gilt bei ruhendem Target

$$\begin{aligned} s = W^2 &= \left((E, \vec{p}c) + (m_T c^2, \vec{0})\right)^2 \\ &= (E + m_T c^2)^2 - |\vec{p}|^2 c^2 \\ &= 2E m_T c^2 + (m_T^2 + m_0^2)c^4 \,. \end{aligned} \tag{2.7}$$

In Hochenergiebeschleunigern ist die Strahlenergie E im allgemeinen sehr viel größer als die Ruheenergie der Teilchen $m_0 c^2$ und die Ruheenergie der Targetkerne $m_T c^2$, so daß

$$s \simeq 2E m_T c^2 \tag{2.8}$$

folgt. Dies bedeutet, daß im Schwerpunktsystem nur die Energie

$$W \simeq \sqrt{2E m_T c^2} \tag{2.9}$$

für Reaktionen zur Verfügung steht, diese also lediglich mit der Wurzel der Beschleunigerenergie ansteigt. Andererseits ist man bei dieser Technik in der Lage, hochenergetische Sekundärstrahlen zu erzeugen. Abb. 2.3 faßt die maximal erreichbare Energie von bestehenden fixed-target-Beschleunigern zusammen.

Um größere Schwerpunktsenergien zu erzielen, ist man zu Teilchen-Collidern oder Speicherringen übergegangen. Das Prinzip eines Colliders ist in Abb. 2.4 dargestellt. Zwei Teilchenpakete laufen in entgegengesetzten Richtungen um und werden an bestimmten Wechselwirkungspunkten zur Kollision gebracht. Betrachten wir Teilchen mit den Energien E_1 und E_2 und den Impulsen $\vec{p}_1 = -\vec{p}_2$, so folgt

$$\begin{aligned} s = W^2 &= ((E_1, \vec{p}_1 c) + (E_2, -\vec{p}_1 c))^2 \\ &= (E_1 + E_2)^2 \,. \end{aligned} \tag{2.10}$$

Im Fall von zwei gleichen Teilchen mit $E_1 = E_2 = E$ folgt für die Schwerpunktsenergie

$$W = 2E \,, \tag{2.11}$$

2.1 Energieskalen gegenwärtiger und zukünftiger Beschleuniger 87

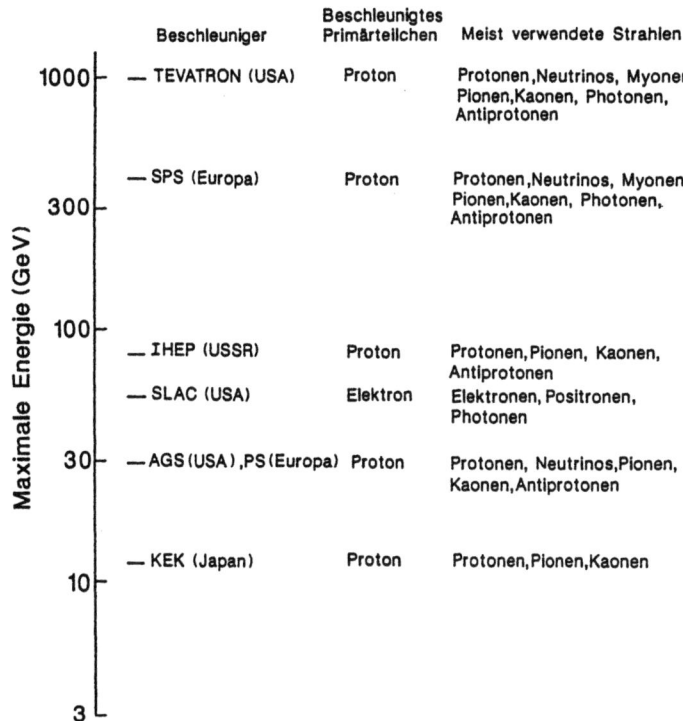

Abb. 2.3 Maximal erreichbare Endenergien an bestehenden „fixed-target"-Beschleunigern (aus [Phy86]).

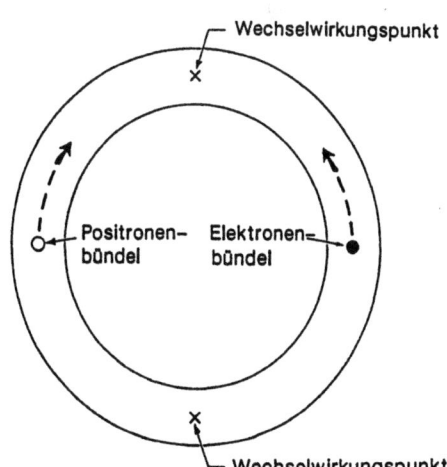

Abb. 2.4
Prinzip eines Speicherringes (Teilchen-Colliders): zwei Teilchenpakete laufen in entgegengesetzten Richtungen um und werden an definierten Wechselwirkungspunkten immer wieder zur Kollision gebracht.

88 2 Zur Teilchenphysik mit Beschleunigern

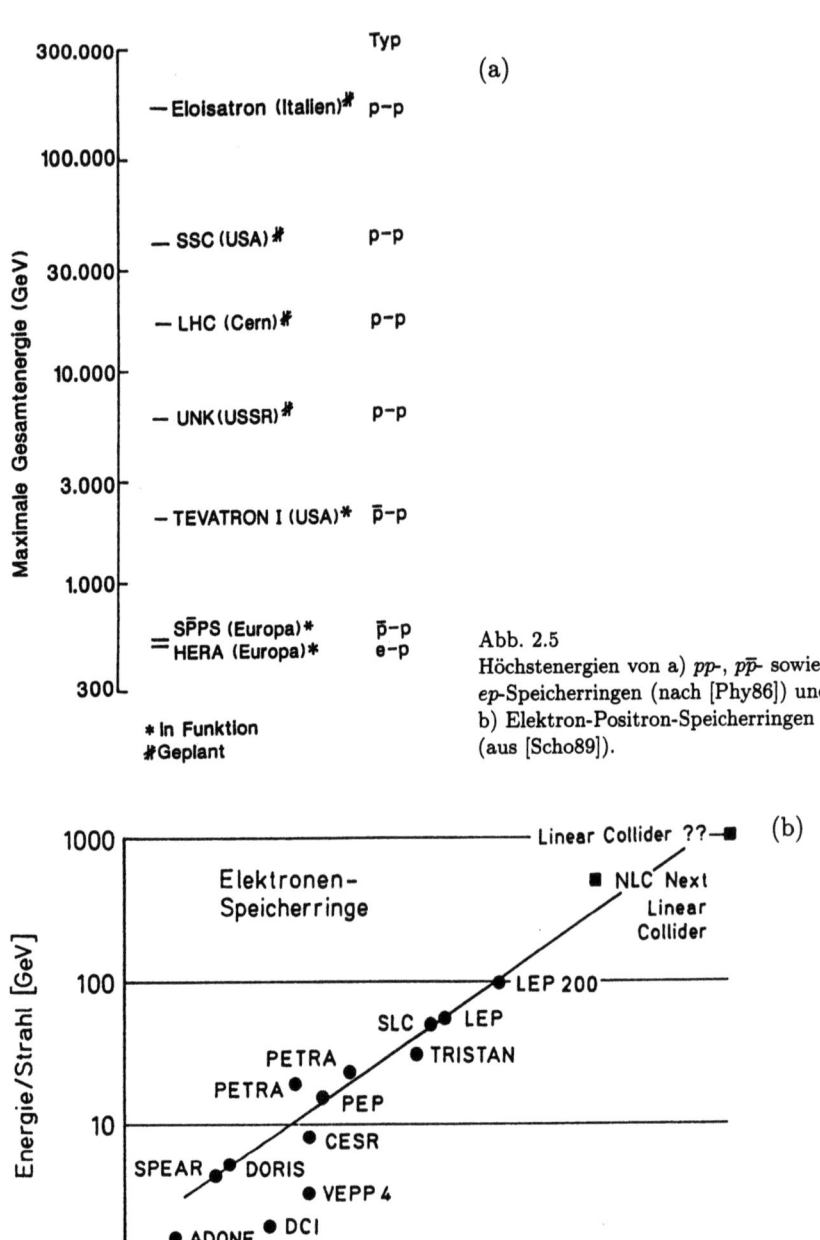

Abb. 2.5
Höchstenergien von a) pp-, $p\bar{p}$- sowie ep-Speicherringen (nach [Phy86]) und b) Elektron-Positron-Speicherringen (aus [Scho89]).

2.1 Energieskalen gegenwärtiger und zukünftiger Beschleuniger

d.h. die gesamte Kollisionsenergie steht für die Erzeugung neuer Teilchen zur Verfügung. Die meisten Strahlteilchen fliegen ohne Stoß durch das entgegenkommende Paket hindurch, so daß die Teilchenpakete mehrere Stunden durch den Ring laufen und immer wieder zur Wechselwirkung gebracht werden können. Abb. 2.5 gibt die Maximalenergien von verschiedenen Collidern wieder.

Die Entwicklung der Strahlenergie in verschiedenen Beschleunigeranlagen seit 1930 ist in den Abb. 2.5 und 2.6 dargestellt. Man sieht, daß es etwa alle sechs bis sieben Jahre gelang, eine Erhöhung der Höchstenergien um einen Faktor 10 zu erzielen, wobei neuere Beschleunigertypen die älteren ablösten. Da die maximale Energie eines Beschleunigers für die Suche nach neuen Teilchen von entscheidender Bedeutung ist, wollen wir noch auf einen wichtigen Unterschied zwischen e^+e^-- und Hadronen-Collidern hinweisen. In der e^+e^--Annihilation steht die gesamte Energie nach (2.11) zur Produk-

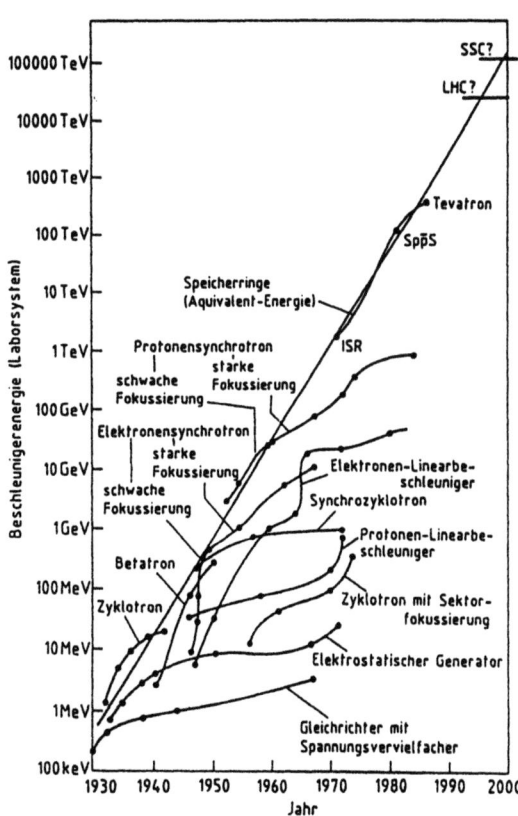

Abb. 2.6
Höchstenergien, die mit verschiedenen Beschleunigertypen im Laufe der Zeit erreicht wurden (gemessen im Laborsystem, logarithmischer Maßstab). Etwa alle sieben Jahre gelang es, eine Erhöhung um den Faktor 10 zu erzielen, wobei neue Beschleunigertypen ältere ablösten. Bei den Proton-Speicherringen sind die Äquivalent-Energien angegeben, die ein fixed-target-Beschleuniger haben müßte, um dieselbe „nutzbare" Energie zu liefern (aus [Scho89]).

tion neuer Teilchen zur Verfügung. In $p\bar{p}$- und pp-Kollisionen benötigt man dagegen eine Schwerpunktsenergie, die höher ist als die Ruheenergie des zu erzeugenden Teilchens. Dies liegt daran, daß die Reaktion tatsächlich über die Wechselwirkung zwischen einzelnen Quarks oder Gluonen des einen Protons und einzelnen Quarks oder Gluonen des anderen Protons (Antiprotons) verläuft. Diese Konstituenten des Nukleons tragen im Mittel etwa 1/6 der Gesamtenergie.

Aus Neutrino-Quark-Streuexperimenten ist bekannt, daß Quarks nur etwa 50% des Gesamtimpulses eines Nukleons tragen (erster indirekter experimenteller Hinweis auf die Existenz der Gluonen). Legt man drei Quarks als Konstituenten des Nukleons zugrunde, so trägt ein Quark typischerweise einen Impulsanteil $x_p \simeq 1/6$. Aufgrund der Invarianz der starken Wechselwirkung unter Ladungskonjugation ist die Antiquarkverteilung im Antinukleon identisch mit der Quarkverteilung im Nukleon. D.h. auf ein Antiquark im $\bar{p}$ entfällt ebenfalls nur rund 1/6 des Gesamtimpulses $x_{\bar{p}} \simeq 1/6$. Damit beträgt die Schwerpunktsenergie in einer $q\bar{q}$-Kollision $\sqrt{s_{q\bar{q}}} = \sqrt{x_p x_{\bar{p}} s} \simeq \frac{1}{6}\sqrt{s}$. Dies hat zur Folge, daß man in $p\bar{p}$- und pp-Stößen eine Schwerpunktsenergie benötigt, die etwa 6 mal über der gewünschten Ruheenergie liegt.

Für die in Kap. 1 diskutierten Theorien ist die Energieskala von 1 TeV von Interesse, da man etwa für das top-Quark und das Higgs-Teilchen Massen erwartet, die unter 1 TeV/c^2 liegen. Auch SUSY-Teilchen könnten Massen in diesem Bereich aufweisen. Man muß daher folgende Minimalforderungen an künftige Beschleuniger stellen

a) pp- oder $p\bar{p}$-Collider

$$W \geq 10 \text{ TeV}, \quad L \geq 10^{32} \text{ cm}^{-2}\text{s}^{-1}, \tag{2.12a}$$

b) e^+e^--Collider

$$W \geq 1 \text{ TeV}, \quad L \geq 10^{32} \text{ cm}^{-2}\text{s}^{-1}. \tag{2.12b}$$

Ein Nachteil von Experimenten an Speicherringen betrifft die Reaktionsrate. In einem ruhenden Target ist die Teilchendichte und damit die Reaktionswahrscheinlichkeit ungleich höher als im Falle gegenläufiger Teilchenpakete. Die Luminosität ist ein Maß für die Wahrscheinlichkeit, daß Teilchen des einen Strahls mit solchen des anderen Strahls wechselwirken. Sie hängt von der Teilchendichte und dem Überlapp der Pakete ab. Der Zusammenhang zwischen der Reaktionsrate und der Luminosität L ist durch (2.2) gegeben. Wegen der relativ geringen Dichte eines Strahlpakets im Vergleich zu einem ruhenden Target besteht das Problem dieser Beschleunigertechnologie darin, eine hohe Luminosität zu erzielen. Typische Werte an heutigen Speicherringen sind etwa $L \simeq 10^{31}$ cm^{-2}s^{-1} für $p\bar{p}$- und e^+e^--Ringe.

2.1 Energieskalen gegenwärtiger und zukünftiger Beschleuniger

In „fixed-target"-Maschinen gilt

$$L = \Phi \rho, \qquad (2.13)$$

wobei ρ die Teilchendichte im Target und Φ den Teilchenfluß in Teilchen pro Zeiteinheit bezeichnen. Für gegenläufige Strahlen relativistischer Teilchen ist L gegeben durch

$$L = f n_P \frac{N_1 N_2}{A}. \qquad (2.14)$$

$N_{1/2}$ sind die Teilchenzahlen pro Paket, n_P bezeichnet die Anzahl der Pakete pro Strahl, A den Kollisionsquerschnitt und f die Umlauffrequenz der Pakete.

Anstatt Speicherringe zu verwenden, kann man auch gegenläufige oder zunächst gleichläufige (siehe SLC) Strahlen aus Linearbeschleunigern zur Kollision bringen. Dabei sind die Anforderungen an die Teilchendichte in den Paketen noch viel größer, da im Gegensatz zum Kreisbeschleuniger die Pakete nur einmal wechselwirken können.

Speicherringe bzw. Collider können nur mit stabilen geladenen Teilchen arbeiten. Es kommen folgende Teilchenkombinationen in Frage (in Klammern sind Beispiele bestehender oder geplanter Anlagen angegeben):

e^+e^--Collider (LEP, SLC)
$p\bar{p}$-Collider (SPPS, TEVATRON I)
pp-Collider (ISR, LHC)
$e^{\mp}p$-Collider (HERA)

Darüber hinaus können auch schwerere Ionen zur Kollision gebracht werden. Auf Aspekte der Schwerionenphysik wollen wir hier jedoch nicht eingehen.

Während Hadronenspeicherringe mit Strahlenergien bis etwa 9 TeV geplant sind (LHC), fehlen bislang die technischen Voraussetzungen, um einen e^+e^--Speicherring mit 1 TeV Schwerpunktsenergie zu realisieren.

Besonders wichtig waren in jüngster Zeit die Fertigstellungen und Inbetriebnahmen von LEP am CERN, des ersten linearen e^+e^--Colliders SLC (Stanford Linear Collider), und des ersten e^-p-Colliders HERA [Eis92, Schn94] bei DESY.

- **LEP (Large Electron Positron Ring)**

Dieser weltweit größte e^+e^--Speicherring mit einem Umfang von 27 km wurde 1989 fertiggestellt (Abb. 2.7, 2.8). Anfang August 1989 wurden die ersten Zusammenstöße zwischen Elektronen und Positronen beobachtet. In einer kreisförmigen Vakuumröhre ($p \approx 10^{-10}$ Torr) laufen je vier intensive Pakete von ca. 10^{11} Elektronen bzw. Positronen mit entgegengesetzten Flugrichtungen um. Entlang des Ringes halten ca. 3400 Magnete die Teilchenstrahlen in einem relativ schwachen Magnetfeld von 0.1 Tesla auf ihrer Bahn. Über 1300 Quadrupol- und Sextupolmagnete sind für die Fokussierung verantwortlich.

LEP ist in seiner ersten Ausbauphase mit einer Maximalenergie von ca. 2×50 GeV dafür ausgelegt, Z^0-Bosonen in großer Anzahl zu erzeugen, um deren Eigenschaften studieren zu können. Die Elektronen- und Positronenpakete durchqueren sich an vier vorgesehenen Stellen des Ringes. An jedem dieser vier Wechselwirkungspunkte ist ein großer Detektor (ALEPH [ALE89], DELPHI [DEL89], L3[L89] und OPAL [OPA89]) installiert. Innerhalb der ersten 12 Betriebsmonate gelang es bereits, etwa 700.000 Z^0-Bosonen nachzuweisen.

In den nächsten Jahren soll die LEP-Energie auf ca. 2×100 GeV erhöht werden, um die W^+W^--Paarerzeugung zu untersuchen (LEP 200). Zu diesem Zweck werden supraleitende Beschleunigungskavitäten entwickelt.

Um e^+e^--Kollisionen bei Energien oberhalb 200 GeV Schwerpunktsenergie zu studieren, muß man neue Beschleunigerkonzepte erarbeiten, denn die Kosten für e^+e^--Speicherringe steigen wegen der Synchrotronstrahlung mit wachsender Energie etwa quadratisch an.

Als Ausweg bieten sich lineare Collider an, in denen die Teilchen in Linearbeschleunigern getrennt auf hohe Energien gebracht werden und anschließend kollidieren. Die Kosten solcher Linear-Collider wachsen nur linear mit der Schwerpunktsenergie, so daß dieses Konzept oberhalb 200 GeV die wirtschaftlichere Lösung darstellt.

Ein erster e^+e^--Linear-Collider wurde am Stanford Linear Accelerator Center (SLAC) in Kalifornien gebaut.

- **SLC (SLAC Linear Collider)**

Der SLC (Abb. 2.9) liefert ähnlich wie LEP gegenwärtig eine Schwerpunktsenergie von 100 GeV und ermöglicht daher das Studium der Z^0-Physik.

Beim SLC-Beschleuniger werden Elektronen- und Positronenpakete von jeweils ca. 10^{10} Teilchen in einem Linearbeschleuniger auf eine Endenergie von

---

Abb. 2.7 oben: Luftbild von CERN. Vorn der Genfer Flughafen, hinten der französische Jura. Dazwischen liegt der Tunnel von LEP und (links) das SPS. Punktiert die Grenze Schweiz/Frankreich (Foto: Swissair). unten: Blick in den LEP-Tunnel. Zu sehen sind die in Paaren zusammengefaßten Dipol-Magnete (weißlich) und die fokussierenden Quadrupol-Magnete. Man beachte die geringe Krümmung des Tunnels (Foto CERN) (aus [Scho89]).

2.1 Energieskalen gegenwärtiger und zukünftiger Beschleuniger 93

94 2 Zur Teilchenphysik mit Beschleunigern

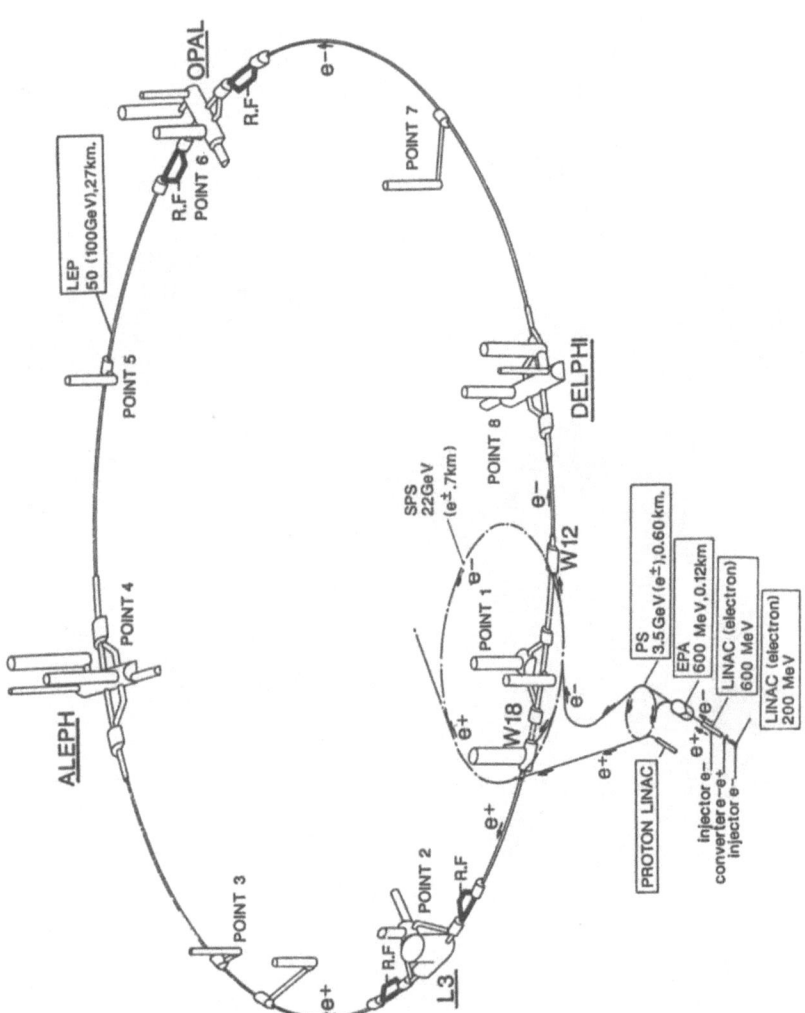

Abb. 2.8 Schematische Anordnung von LEP (aus [Scho89]).

2.1 Energieskalen gegenwärtiger und zukünftiger Beschleuniger   95

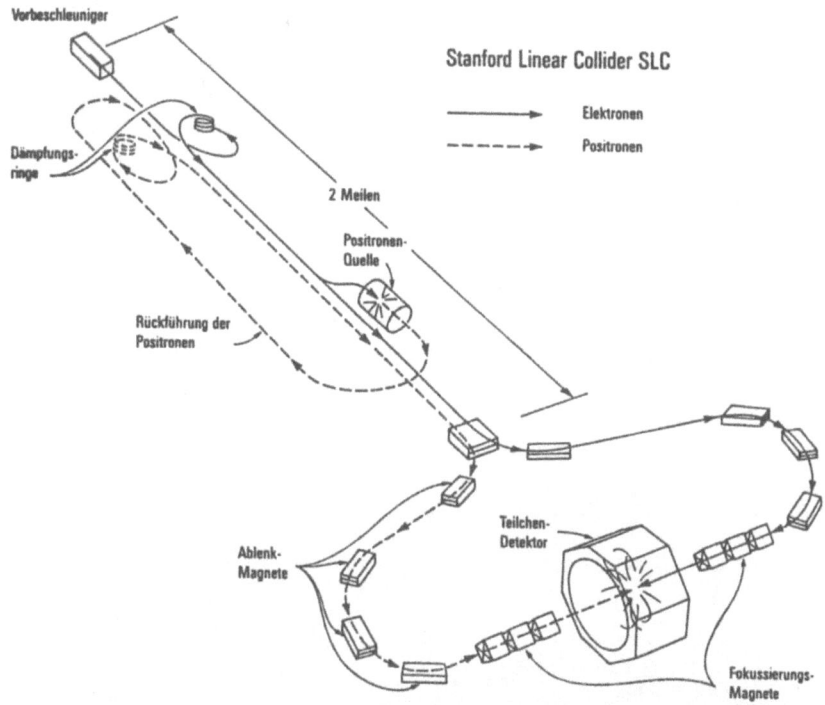

Abb. 2.9 Schematische Anordnung von SLC (Stanford Linear Collider). Elektronen und Positronen werden kurz hintereinander beschleunigt und mit Hilfe von zwei Halbbögen zur Kollision gebracht. In zwei Dämpfungsringen werden zunächst Teilchenpakete hergestellt (aus [Scho89]).

50 GeV beschleunigt. Mittels eines Magnetfeldes werden die Pakete am Ende der Beschleunigungsstrecke in zwei halbkreisförmigen Bahnen umgelenkt und zur Kollision gebracht. Der Wechselwirkungsbereich war vom MARK-II-Detektor [MAR89] umgeben, jetzt vom SLD-Detektor. Während bei LEP ca. 45000 Kollisionen pro Sekunde stattfinden, erreicht der SLC eine Wiederholrate von 60 pro Sekunde. Um dennoch hohe Z^0-Produktionsraten zu erzielen, müssen die Teilchenpakete auf sehr kleine Volumina konzentriert werden.

Am SLC sind die Produktionsraten kleiner als bei LEP. Ein Vorteil des SLC gegenüber LEP wird in der Zukunft vermutlich in der höheren longitudinalen Polarisation des Strahls liegen, was für Untersuchungen der Helizitätsstruktur der schwachen Wechselwirkung von Bedeutung ist.

SLC stellt den ersten erfolgreich betriebenen linearen e^+e^--Collider dar. Aufbauend auf diesen Erfahrungen wird bei SLAC der Bau eines neuen e^+e^--Linear Colliders (NLC=Next Linear Collider) diskutiert, der in Ergänzung zu dem Hadronen-Speicherring LHC (s.u.) bei Energien von 300–500 GeV sehr untergrundarme Experimente zur Suche nach Higgs-Teilchen und dem top-Quark erlauben würde [Loh92]. Fernziel derartiger Entwicklungen in mehreren Laboratorien sind Strahlenergien von 1000–2000 GeV.

- **HERA (Hadron-Elektron-Ring-Anlage)**

Neben den reinen Hadronen- und Elektronen-Collidern stellt HERA bei DESY in Hamburg (Abb. 2.10) eine Mischform dar, in der 30 GeV Elektronen mit 820 GeV Protonen zur Kollision gebracht werden (maximale Energie im Schwerpunktsystem etwa 600 GeV). Die beiden Ringe von HERA verlaufen in einem gemeinsamen Tunnel von 6.3 km Länge und etwa 5 m

Abb. 2.10a Luftbild von DESY. Der PETRA-Ring ist sichtbar, während der unterirdische HERA-Ring schematisch eingezeichnet ist. Die Oberflächenbauwerke der vier Experimentalzonen N, O, S, W sind erkennbar. HERA umschließt den Altonaer Volkspark und die Trabrennbahn. Im Hintergrund der Hamburger Flughafen (Foto: DESY, aus [Scho89]).

2.1 Energieskalen gegenwärtiger und zukünftiger Beschleuniger 97

Abb. 2.10b Blick in den HERA-Tunnel bei DESY. Unten der schon fertiggestellte Elektronenring und darüber einige der bereits installierten supraleitenden Magnete (aus [Scho89]).

Durchmesser. HERA ist die erste europäische Großanlage, in der die Supraleitung und entsprechende Tieftemperaturtechnik in großem Stil eingesetzt werden. Für den Protonenring werden supraleitende Magnete verwendet, für den Elektronenring wird an der Entwicklung supraleitender Kavitäten gearbeitet, um in einer späteren Phase die Elektronenenergie erhöhen zu können [Schm90b, Eis92].

• **LHC (Large Hadron Collider)**

Gegenwärtig befindet sich im wesentlichen ein großer Hadronenbeschleuniger, der LHC am CERN, in der Planung (vgl. z.B. [Win88, Phy86, Scho89, Rub93]). Ein weiteres Projekt, der SSC in den USA (s.u.), wurde inzwischen eingestellt.

Es ist geplant, den supraleitenden Protonen-Collider LHC in den bereits entsprechend dimensionierten LEP-Tunnel einzubauen (Abb. 2.11). Die am CERN vorhandenen Beschleuniger könnten als Vorbeschleuniger dienen. Mit den supraleitenden Dipolmagneten lassen sich Magnetfelder von rund 10 Tesla erzeugen. Dies erfordert jedoch die Abkühlung der Magnete mit Helium-II auf 1.8 K. In einem solchen Magnetfeld ließen sich bei den Ausmaßen des LEP-Tunnels Protonen bis auf Energien von 8 – 9 TeV beschleu-

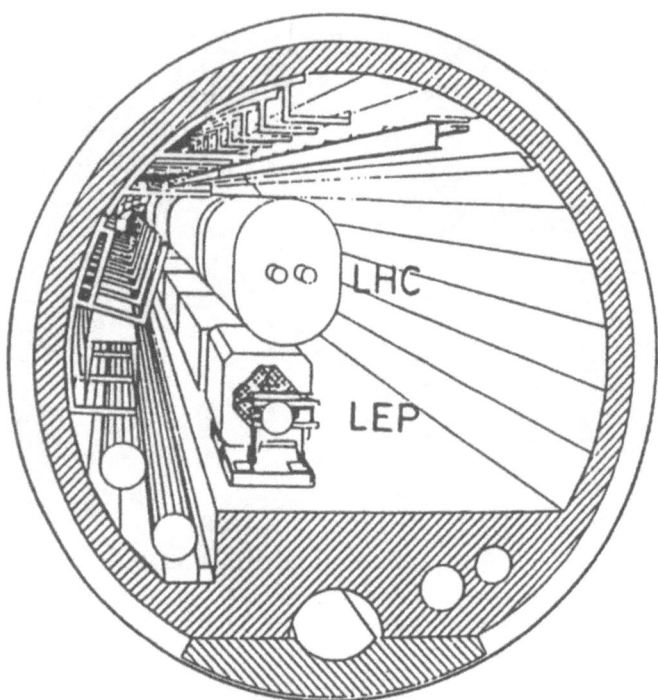

Abb. 2.11 Mögliche Anordnung eines Doppelringes für einen Proton-Proton-Collider (LHC) oberhalb des LEP-Magnetringes (aus [Scho89]).

nigen bzw. speichern und somit pp-Schwerpunktsenergien von 16–18 TeV erzielen.

In den Quark-Quark-Stößen könnte daher der wichtige Energiebereich von 1 TeV untersucht werden. Darüber hinaus wird eine hohe Luminosität von 10^{33} bis 10^{34}cm^{-2}s^{-1} angestrebt (für Details siehe [Rub93]).

- **SSC (Superconducting Super Collider)**

Die USA planten bis vor kurzem den Bau des bislang größten pp-Speicherringes (Abb. 2.12). Dieser Superconducting Super Collider mit einem Umfang von 83 km sollte für gegenläufige Protonen eine Energie von 2×20 TeV erreichen, d.h. die maximale Gesamtenergie sollte 40 TeV betragen. Die geplante Luminosität lag bei 10^{33} cm^{-2}s^{-1} (für Details siehe [Sch93]).

Ein weiteres Projekt wurde in der ehemaligen UdSSR verfolgt. Ein 3 TeV-Protonenbeschleuniger (UNK) sollte zunächst mit festem Target betrieben werden und später zu einem 2×3 TeV-pp-Collider erweitert werden.

2.1 Energieskalen gegenwärtiger und zukünftiger Beschleuniger 99

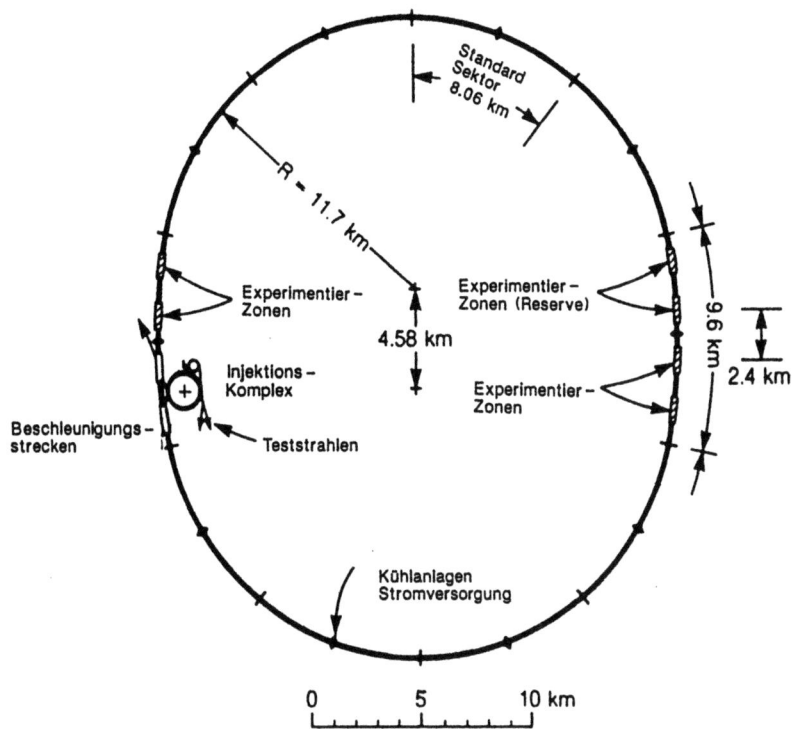

Abb. 2.12 Plan des amerikanischen SSC (Superconducting Super Collider) mit einem Umfang von 83 km, der südlich von Dallas/Texas gebaut werden sollte (aus [Scho89]).

Abb. 2.13 gibt eine Übersicht über die wichtigsten Beschleunigerzentren der Welt (vgl. Abb. 4.13). Zusammenfassend läßt sich sagen, daß sich die physikalische Forschung bis Ende der 90er Jahre auf drei große Maschinen stützen kann: Tevatron ($p\bar{p}$, Strahlenergie 1000 GeV), LEP (e^+e^-, Strahlenergie 100 GeV) und HERA (e^-p, 820 GeV Protonen und 30 GeV Elektronen). Daneben gibt es ergänzend mehrere kleinere Elektron-Positron-Collider (DORIS bei DESY, CESR, SLC), sowie den LEAR-Ring bei CERN für Antiprotonen bei sehr niedrigen Energien. Außerdem gibt es an etlichen Orten Planungen für eine neue Generation von Beschleunigern, deren Ziel die Erzeugung extrem hoher Teilchenströme bei relativ niedrigen Energien ist (K- und B-Mesonen-Fabriken etc.). Für die weitere Zukunft kommt zu den genannten großen Maschinen LHC (Strahlenergie 8–9 TeV) hinzu.

Andererseits werden bei der gegenwärtigen Technik auch Grenzen im Beschleunigerbau sichtbar. Wegen der Synchrotronstrahlung nimmt die Größe

100 2 Zur Teilchenphysik mit Beschleunigern

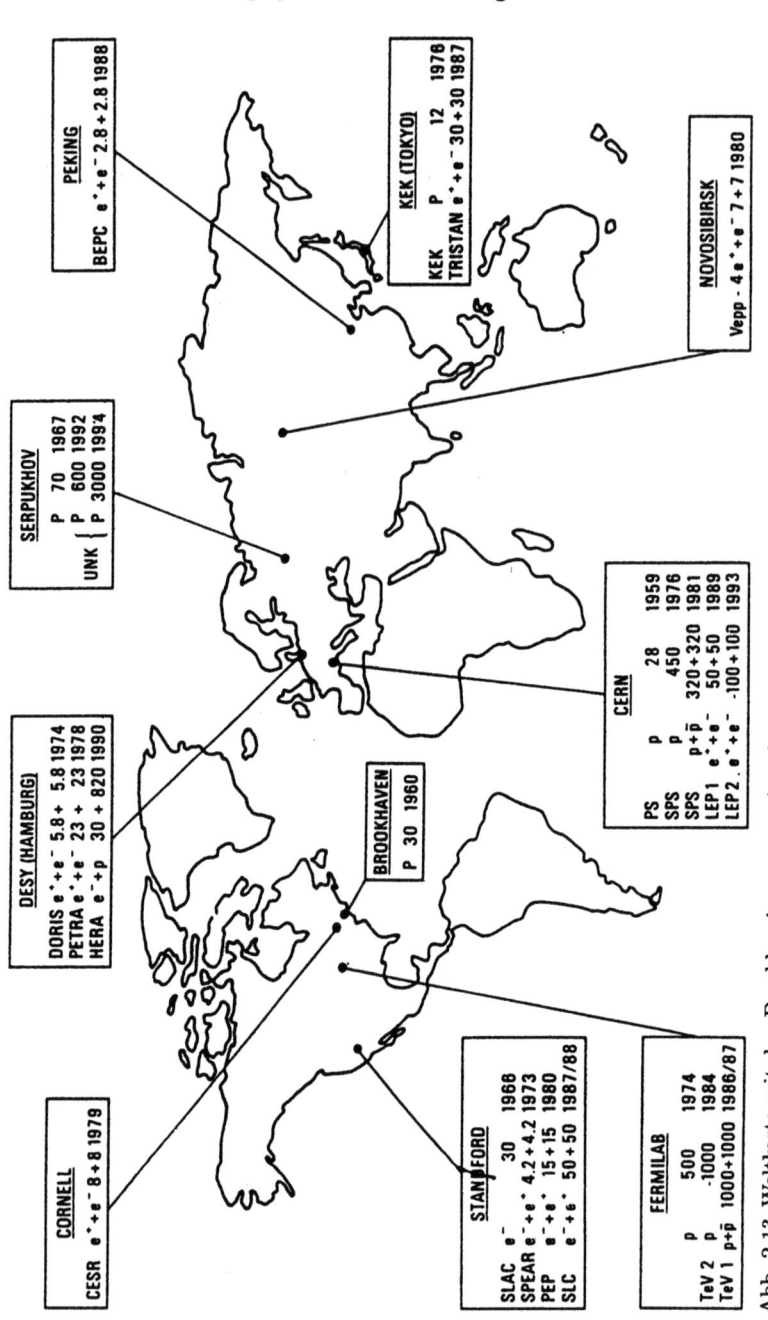

Abb. 2.13 Weltkarte mit den Beschleunigerzentren (aus [Scho89]).

einer kreisförmigen Maschine etwa mit dem Quadrat der Energie zu. Wollte man z.b. in der Strahlenergie einen Faktor 5 gegenüber LEP gewinnen, so müßte man einen etwa 25 mal größeren Ring als LEP bauen, was einem Umfang von 600-700 km entspräche. Ein nächster Schritt nach LEP können daher nur Linearbeschleuniger sein.

Die Wirkungsquerschnitte für eine Wechselwirkung zwischen Quarks bzw. Leptonen nehmen mit wachsender Energie E gemäß der Beziehung

$$\sigma \sim 1/E^2 \tag{2.15}$$

ab. Eine Erhöhung der Schwerpunktsenergie um einen Faktor 10 erfordert daher eine gleichzeitige Anhebung der Luminositäten um einen Faktor 100, um hinreichend viele Ereignisse auszulösen. Dies stellt extreme Anforderungen an die Strahloptik.

2.2 Zur Physik an den Beschleunigern bis um die Jahrtausendwende

Ein Großteil unserer heutigen Kenntnis der fundamentalen Wechselwirkungen und der Physik der Elementarteilchen basiert auf Hochenergieexperimenten an den großen Beschleunigeranlagen. Wenn auch das minimale Standardmodell mit drei Quark- und Leptonengenerationen in der Lage ist, eine Vielzahl von experimentellen Fakten zu beschreiben, so werden andererseits viele Fragen aufgeworfen, die neue Experimente an höherenergetischen Beschleunigern erfordern, um die Modellvorstellungen zu bestätigen oder aber zu widerlegen und somit „neue Physik" zu entdecken. Wichtige offene Fragen bereits im Rahmen des Standardmodells betreffen das top-Quark und die Higgs-Teilchen, die über den Higgs-Mechanismus für die Masse von Quarks, Leptonen und der intermediären Vektorbosonen verantwortlich sein sollen. Weitere Fragen jenseits des Standardmodells werden von den verschiedenen Typen der Großen Vereinigungstheorien (GUT's, SUSY's, ...) aufgeworfen, so die Frage nach der Existenz supersymmetrischer Teilchen, schwerer Neutrinos, Majorons u.a. (siehe Kap. 1, 6, 7, 9).

Unser Ziel kann es nicht sein, die Erfolge und Meilensteine der Elementarteilchenphysik erschöpfend darzustellen. Wir wollen vielmehr in diesem Kapitel versuchen, einen kurzen und zwangsläufig unvollständigen Überblick über einige bisherige Ergebnisse und über die Möglichkeiten der physikalischen Forschung an den Beschleunigern der neunziger Jahre zu geben.

Nach dem in Kap. 1 Besprochenen ist es zwangsläufig, daß immer höhere Energien angestrebt werden. Der durch die Masse der $W^{\pm}$- und Z^0-Bosonen definierte Energiebereich von 100 GeV konnte anhand von Messungen des Mischungsparameters $\sin^2 \theta_W$ in semileptonischen Neutrino-Streuexperimenten im Rahmen der Theorie der elektroschwachen Wechselwirkung vorhergesagt werden.

Higgs-Massen und Massen von supersymmetrischen Teilchen werden im Bereich bis 1 TeV/c^2 erwartet. (Schwerere Higgs-Teilchen scheinen bei ca. 1 TeV/c^2 eine Verletzung der Unitaritätsgrenze zu implizieren.) Im folgenden seien einige der gegenwärtigen Ziele der Beschleuniger-Hochenergiephysik zusammengestellt. Für ausführliche Diskussionen der Möglichkeiten der in Abschn. 2.1 besprochenen Beschleuniger (Hadron-Collider und e^+e^--Linear-Collider, ep-Collider) sei auf [Bar87d, Jar90b, Zer92, Buc92, Zer93] verwiesen (siehe auch Tab. 1.9 des vorigen Kapitels).

- **Test des Standardmodells**

Immer empfindlichere Tests des Standardmodells bezüglich der inneren Konsistenz und der Vorhersagekraft spielen eine wichtige Rolle (für eine Übersicht siehe [Lan92b, Lan93, Wil93]). In den vergangenen Jahren konnten bereits entscheidende Fortschritte durch die Arbeiten am LEP und am SLC erzielt werden. Da diese Resultate auch für die in den späteren Kapiteln zu besprechenden Fragen der Neutrinophysik von Bedeutung sind, werden wir weiter unten (Abschn. 2.2.1) noch ausführlicher auf einige davon eingehen.

- **Higgsteilchen**

Bislang gibt es keinen experimentellen Nachweis des Higgsteilchens, das für unser Verständnis der spontanen Symmetriebrechung eine zentrale Rolle spielt. LEP, derzeitige Higgs-Monopolmaschine, und ein an die LEP-Energie anschließender zukünftiger e^+e^--Linearcollider sind die idealen Maschinen zur Suche nach Higgsteilchen im Massenbereich bis 250 GeV/c^2. Mögliche Reaktionen sind (Abb. 2.14, 2.15)

$$e^+e^- \to Z^0 H \tag{2.16}$$

$$e^+e^- \to \bar{\nu}\nu H \tag{2.17a}$$

$$e^+e^- \to e^+e^- H. \tag{2.17b}$$

In neuen Proton-Collidern hoher Energie könnten Higgsteilchen bis zu Massen von ca. 1 TeV/c^2 entdeckt werden. Dabei erlauben Z^0-Zerfälle der Higgsteilchen mit nachfolgenden leptonischen Zerfällen oberhalb der Schwelle $H \to Z^0 Z^0$ eine besonders effiziente Suche (Abb. 2.15):

$$pp \to H \to Z^0 Z^0 + llll \tag{2.18}$$

Für eine ausführlichere Diskussion der Möglichkeiten zum Nachweis von Higgsteilchen sei auf [Gun90] verwiesen.

2.2 Zur Physik an den Beschleunigern bis um die Jahrtausendwende

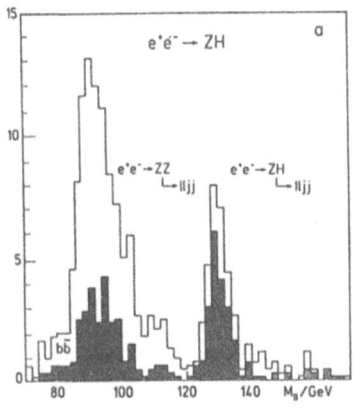

Abb. 2.14
Diagramm für die Erzeugung des Higgs-Teilchens als „Bremsstrahlung" von einem Z^0, das anschließend in ein Fermion-Paar zerfällt.

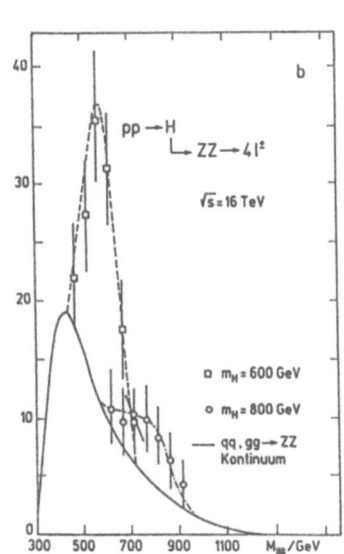

Abb. 2.15
Erzeugung von Higgs-Teilchen im intermediären Massenbereich in e^+e^--Linearcollidern und im hohen Massenbereich in Proton-Collidern (LHC); Simulationen aus [Jar90b, Zer92] (aus [Zer93]).

104 2 Zur Teilchenphysik mit Beschleunigern

- **Suche nach dem top-Quark**

Die Messungen bei LEP liefern für die Masse des top-Quarks eine Obergrenze von typischerweise

$$m_t < 200 \text{GeV}/c^2. \quad (2.19)$$

Es besteht daher die berechtigte Hoffnung, das top-Quark direkt an Hadronen-Collidern über die Reaktion

$$p\bar{p} \to t\bar{t} + \ldots \quad (2.20)$$

nachzuweisen. Die Schwerpunktenergien der beiden derzeit leistungsfähigsten $p\bar{p}$-Collider S$p\bar{p}$S am CERN ($\sqrt{s} = 630$ GeV) und Tevatron I am Fermilab ($\sqrt{s} = 1.8$ TeV) liegen bereits in dem erforderlichen Bereich. Allerdings wird diese Energie auf die Konstituenten der kollidierenden Protonen und Antiprotonen aufgeteilt, so daß im Mittel nur etwa 1/6 der Energie zur Teilchenproduktion zur Verfügung steht. Darüber hinaus ist der Wirkungsquerschnitt für die Erzeugung eines top-Quarks je nach der Masse m_t sehr klein (siehe z.B. [Kle88]). Bezüglich Erwartungen für die Masse m_t des Top-Quarks siehe Abschn. 2.2.1.2. Kürzlich wurden am Fermilab Tevatron Hinweise auf $m_t = (174 \pm 10^{+13}_{-12})$ GeV/c^2 gefunden [Abe94].

- **Weinberg-Winkel**

Ein weiteres Ziel ist die präzise Messung des elektroschwachen Mischungswinkels, des Weinberg-Winkels $\sin^2 \theta_W$, der als Parameter in das Standardmodell eingeht, von GUT-Modellen dagegen vorhergesagt wird. Fortschritte erwartet man sowohl von den Hadronen-Collidern durch genauere Messungen der Massendifferenz $m_Z - m_W$ als auch von dem Ausbau des LEP-Speicherrings auf Energien oberhalb der W^+W^--Produktionsschwelle (LEPII).

- **Quarkmischung**

Die Bestimmung der Matrixelemente der Kobayashi-Maskawa-Matrix zur Beschreibung der Quarkmischung erfordert weitere Präzisionsmessungen mit schweren Quarkflavors.

- **Suche nach „neuer Physik"**

Die genannten Aufgaben stellen zum Teil bereits eine Suche nach Hinweisen auf eine „neue Physik", d.h. Physik jenseits des Standardmodells dar, die für sich eine entscheidende Motivation für den Bau neuer Beschleuniger ist. Unter „neuer Physik" versteht man also z.B. Hinweise auf GUT-

2.2 Zur Physik an den Beschleunigern bis um die Jahrtausendwende

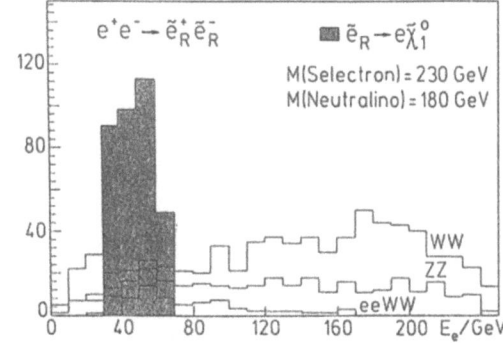

Abb. 2.16 Produktion supersymmetrischer Teilchen: Selektronen, skalare Partner der Elektronen, in e^+e^--Linearcollidern; Simulationen aus [Jar90b, Zer92] (aus [Zer93]).

oder SUSY-Strukturen, auf eine Substruktur von Quarks und Leptonen, auf Leptoquarks (gebundene Zustände von Quarks und Leptonen), neue Vektorbosonen, supersymmetrische Teilchen usw.

e^+e^--Linearcollider sind die idealen Maschinen zur Suche nach den leichten Sleptonen und elektroschwachen Gauginos/Higgsinos (für deren Massen man $\sim 100 - 200$ GeV/c^2 erwartet), während Protoncollider die farbtragenden SUSY-Teilchen (Squarks und Gluinos, mit Massen im Bereich einiger hundert GeV/c^2) mit hohen Raten erzeugen können (Abb. 2.16) (siehe [Jar90b, Zer92, Zer93]). Ansatzpunkte für über das Standardmodell hinausgehende theoretische Beschreibungen (siehe z.B. [Lan92b, Lan93, Wil93]) könnte man außer durch die Entdeckung neuer Teilchen (SUSY-, Higgs-Teilchen, neue Vektorbosonen) u.U. auch durch das Studium seltener Zerfälle finden, die aufgrund bestimmter Erhaltungssätze verboten sein sollten (z.B. B- oder L-Erhaltung). Mögliche Anzeichen *hat* man bereits in Präzisionsmessungen der starken und elektroschwachen Kopplungskonstanten gefunden (siehe Abschn. 2.2.1.3).

Bei den Beschleunigeranlagen zum Erreichen dieser Ziele handelt es sich entweder um Hadronen-Collider oder e^+e^-- oder ep-Speicherringe bzw. Linear-Collider. Alle Beschleuniger, die auf das Erreichen höchster Energien zielen, verwenden heutzutage gegenläufige Teilchenpakete mit den in Abschn. 2.1 genannten Teilchenkombinationen. Hadronenbeschleuniger mit einem statischen Target besitzen nach wie vor noch eine Bedeutung als sogenannte Fabriken für leichte Quarkflavors. Dieser Beschleunigertyp wird im wesentlichen zur Erzeugung von Sekundärstrahlen aus Mesonen (π, K, ϕ, B), Antiprotonen und Neutrinos benötigt. Beim gegenwärtigen Stand der Beschleunigertechnologie werden die höchsten Schwerpunktsenergien an Hadronen-Speicherringen erreicht, der geringere Untergrund dagegen bei den Elektronenmaschinen, da hier Effekte der starken Wechselwirkung vermieden werden.

Ein kurzer historischer Rückblick zeigt, daß das Colliderprinzip bereits in der Vergangenheit bedeutende Entdeckungen ermöglichte. Mit dem Proton-Proton-Speicherring ISR (Intersecting Storage Ring) am CERN war es erstmals möglich, pp-Kollisionen zu untersuchen. Bei einer Maximalenergie von 63 GeV konnten Aspekte der starken Wechselwirkung aufgeklärt werden, die über die in „fixed-target"-Experimenten zugänglichen Energien hinausgingen.

Der nächste Schritt, der große Proton-Antiproton-Speicherring (S$p\bar{p}$S) am CERN, erlaubte das Speichern von gegenläufigen Protonen- und Antiprotonenstrahlen in einem Ring. Kollisionen bei Schwerpunktsenergien von bis zu 600 GeV wurden beobachtet.

Am CERN-S$p\bar{p}$S gelangen die Erzeugung und der Nachweis der intermediaren Vektorbosonen $W^{\pm}$ und Z^0 durch $p\bar{p}$-Stöße bei einer Schwerpunktsenergie von 540 GeV. Die fundamentale Reaktion zur Erzeugung der W-Bosonen in hadronischen Kollisionen lautet

$$u\bar{d} \to W^+, \quad \bar{u}d \to W^-, \tag{2.21}$$

wobei die Quarks bzw. Antiquarks die Konstituenten der gegenläufigen Protonen und Antiprotonen sind. Durch die Beobachtung der Zerfälle

$$\begin{aligned} W^- &\to e^-\bar{\nu}_e & W^+ &\to e^+\nu_e \\ &\to \mu^-\bar{\nu}_\mu & &\to \mu^+\nu_\mu \end{aligned} \tag{2.22}$$

gelang der *Nachweis* der W^+-Bosonen [Arn83, Bag83, Ban83]. Die Masse entsprach dem theoretisch vorhergesagten Wert. Darüber hinaus konnte auch das Z^0-Boson über die Beobachtung der Zerfälle

$$Z^0 \to e^+e^-, \mu^+\mu^- \tag{2.23}$$

nachgewiesen werden. Die erzeugende Reaktion im $p\bar{p}$-Stoß schreibt sich

$$u\bar{u} \to Z^0, \quad d\bar{d} \to Z^0. \tag{2.24}$$

Damit gelang am S$p\bar{p}$S-Collider am CERN die spektakuläre Bestätigung der Theorie der elektroschwachen Wechselwirkung durch den Nachweis der die schwache Kraft vermittelnden Austauschteilchen.

Dieser Erfolg führte schließlich zum Bau des derzeit hinsichtlich der Schwerpunktsenergie leistungsfähigsten Hadronen-Speicherringes, des Tevatron am Fermilab in Chicago. Es handelt sich um einen 2×900 GeV $p\bar{p}$-Collider mit supraleitenden Ablenkmagneten.

Der gegenwärtig geplante große Hadronenbeschleuniger LHC am CERN wurde im vorigen Abschnitt besprochen.

Außer von den reinen Hadronen-Collidern sowie zukünftigen Elektron-Linear-Collidern mit Energien oberhalb der von LEP erwartet man von der

2.2 Zur Physik an den Beschleunigern bis um die Jahrtausendwende 107

Mischform Elektron-Proton-Collider (z.B. die kürzlich bei DESY in Hamburg in Betrieb genommene Hadron-Elektron-Ring-Anlage HERA) wichtige Aufschlüsse und vielleicht die Beobachtung von Phänomenen, die über das Standardmodell hinausgehen. Dazu gehören die Spinstruktur des Nukleons, wie die Suche nach Substrukturen von Quarks und Leptonen, sowie nach Leptoquarks (s. z.B. [Ahm94]), schweren Neutrinos oder schweren Elektronen. Die letzten drei könnten mit Massen bis zu 250 GeV/c^2 bei HERA mit einer Sensitivität erzeugt werden, die die aller anderen existierenden Beschleuniger weit übertrifft [Buc92, Eis92].

Die Entwicklung von e^+e^--Speicherringen hat sich als besonders fruchtbar erwiesen. Neben der Tatsache, daß die gesamte Kollisionsenergie nach der Vernichtungsreaktion zur Erzeugung neuer Teilchen zur Verfügung steht, besitzen e^+e^--Ringe gegenüber den Hadronen-Maschinen den großen Vorteil eines kleinen Untergrundes und eines einfachen Anfangszustandes.

Die Entwicklung von Teilchen-Speicherringen überhaupt begann zunächst für Elektronen. Im Jahre 1960 gelang es in Frascati (Italien) erstmals, im Speicherring ADA Elektronen zu speichern. Die ersten e^+e^--Kollisionen unter Verwendung nur eines Magnetringes wurden schließlich 1964 in Orsay (Frankreich) mit ACC und 1969 in Frascati mit ADONE beobachtet.

Experimente an e^+e^--Collidern führten u.a. zur Entdeckung des τ-Leptons, der Mesonen mit Charm (D-Mesonen), des B-Mesons, des J/ψ-Teilchens und der Hadronen-Jets. Die Quarkonium-Zustände $J/\psi(c\bar{c})$ und $\Upsilon(b\bar{b})$ wurden sehr genau untersucht. Wegen der Analogie zum H-Atom ist die Spektroskopie der Energiezustände dieser Resonanzen besonders einfach.

Die e^+e^--Speicherringe SPEAR in Stanford und CESR an der Cornell-Universität hatten einen großen Anteil an den Fortschritten der Teilchenphysik in den 70er und 80er Jahren. Der SPEAR-Ring lieferte wichtige Daten über ψ-Resonanzen, Mesonen mit Charm und das τ-Lepton.

Die Energie am CESR-Ring ermöglichte Untersuchungen der Υ-Resonanzen, der B-Mesonen und der Eigenschaften der b-Quarks. Weitere Beiträge zur Physik der Υ-Resonanzen kamen von DORIS am DESY in Hamburg und vom Speicherring VEPP4 in Novosibirsk.

Die e^+e^--Speicherringe PEP (Stanford) und PETRA (DESY, Hamburg) erreichten Energien von 20–30 GeV bzw. 20–46 GeV. Ein wichtiges Ziel war die Untersuchung der Eigenschaften von c- und b-Quarks. Bei PETRA gelangen insbesondere die Entdeckung des Trägers der Farbwechselwirkung, des Gluons, und die Beobachtung von Oszillationen zwischen neutralen B-Mesonen und ihren Antiteilchen (analog zu den $K^0\bar{K}^0$-Oszillationen).

2 Zur Teilchenphysik mit Beschleunigern

Der nächste entscheidende Schritt in der Teilchenphysik war die Inbetriebnahme des bislang größten e^+e^- Speicherrings, LEP, am CERN im Jahre 1989 und der Ausbau des ersten linearen e^+e^--Colliders SLC (Stanford Linear Collider) am Stanford Linear Accelerator Center (SLAC) auf Energien von 50 GeV (1988). Da die jüngsten Resultate, die an diesen beiden Anlagen gewonnen wurden, für die folgenden Kapitel von großer Bedeutung sind, wollen wir im nächsten Abschnitt etwas ausführlicher auf sie eingehen.

2.2.1 Tests des Standardmodells durch LEP und SLC

Mit LEP, in seiner ersten Ausbauphase mit einer Maximalenergie von ca. 2×50 GeV dafür ausgelegt, Z^0-Bosonen in großer Anzahl zu erzeugen, um deren Eigenschaften studieren zu können, gelang es bereits innerhalb der ersten 12 Betriebsmonate, etwa 700.000 Z^0-Bosonen nachzuweisen, so daß Präzisionsmessungen möglich wurden (siehe z.B. [Ste91] für eine Übersicht). Auch am SLC ist es gelungen, sehr präzise Messungen im Bereich der Z^0-Resonanz durchzuführen, wenn auch die Produktionsraten kleiner sind als bei LEP (siehe Abschn. 2.1).

2.2.1.1 Z^0-Physik, Anzahl der Neutrinoflavors, Majorons

Die in e^+e^--Stößen erzeugten Z^0-Teilchen

$$e^+e^- \to Z^0 \tag{2.25}$$

zerfallen innerhalb von 10^{-25} s und können daher nicht direkt beobachtet werden, sondern müssen stattdessen über ihren Zerfall identifiziert werden. Da ein Z^0 mit einer Ruhemasse von ~ 91 GeV/c^2 sehr schwer ist, besitzen die Zerfallsprodukte eine hohe Energie, so daß man große Detektoren zur Energiemessung benötigt. So wiegt z.B. der ALEPH-Detektor stattliche 3000 Tonnen. Die vier weiter oben (siehe Kap. 2.1) erwähnten Detektoren ähneln sich vom Grundkonzept her, dennoch wurde jeweils besonderer Wert auf den Nachweis spezieller Teilchensorten oder Zerfallskanäle gelegt.

Da das Z^0 einen wichtigen Bestandteil des Standardmodells darstellt, ist die Bestimmung der Eigenschaften dieses Bosons eine wichtige Aufgabe. Der Wirkungsquerschnitt für die Erzeugung eines Z^0-Teilchens in einer e^+e^--Vernichtung besitzt genau dann ein Maximum, wenn die Schwerpunktsenergie der Masse m_{Z^0} entspricht (siehe Abb. 2.17). Als extrem schweres Teilchen kann das Z^0 in alle leichteren bekannten und u.U. auch noch

2.2 Zur Physik an den Beschleunigern bis um die Jahrtausendwende

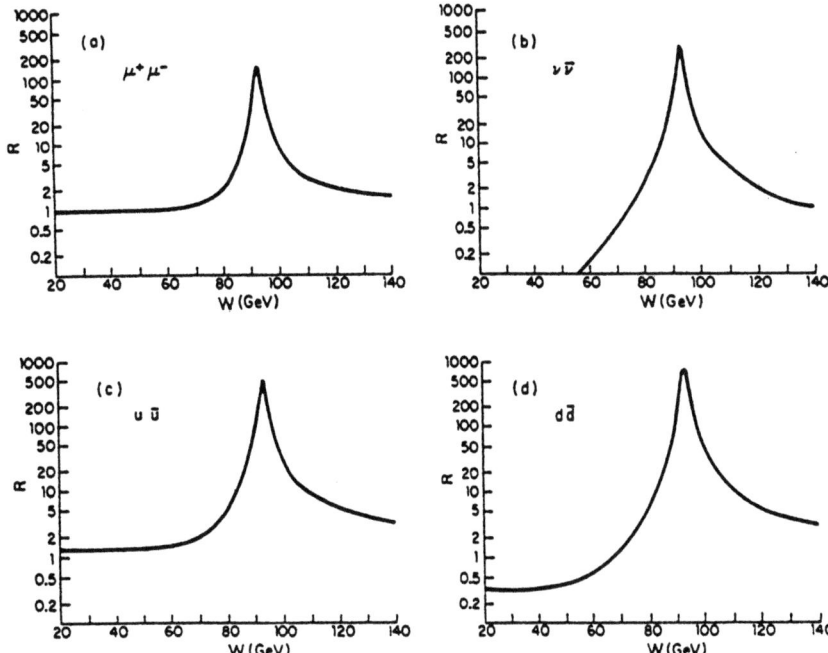

Abb. 2.17 Abhängigkeit der Wirkungsquerschnitte für die Reaktionen $e^+e^- \to \mu^+\mu^-$ bzw. $e^+e^- \to f\bar{f}$ von der Schwerpunktsenergie W im GWS-Modell. Aufgetragen ist die Energieabhängigkeit des Verhältnisses $R \equiv \sigma(e^+e^- \to f\bar{f})/\sigma_{\text{QED}}(e^+e^- \to \mu^+\mu^-)$ im Standardmodell für drei Generationen von Quarks und Leptonen. In c), d) steht $u\bar{u}$ und $d\bar{d}$ für Endzustände mit Quarks mit Ladung 2/3 bzw. −1/3. Die Resonanzstruktur entsteht durch den Propagator des Z^0-Bosons (aus [Qui83]).

nicht entdeckten Leptonpaare oder Quark-Antiquarkpaare zerfallen. Die Z^0-Zerfallskanäle lauten

$$Z^0 \to e^+e^-, \mu^+\mu^-, \tau^+\tau^-$$
$$\to \nu_i \bar{\nu}_i\,, \qquad i = e, \mu, \tau \tag{2.26}$$
$$\to q\bar{q}\,, \qquad q = s, u, d, c, b\,. \tag{2.27}$$

Die Quarks in (2.27) treten jedoch nicht als freie Teilchen auf, sondern erscheinen als Hadronenjets aus Pionen, Kaonen und anderen Hadronen.

Aus der Zahl der beobachteten jetartigen Ereignisse als Funktion der Stoßenergie läßt sich der Reaktionsquerschnitt für die Reaktionen (2.27) bestimmen. Man erhält eine typische Resonanzkurve. Die Lage des Maximums entspricht der Masse m_{Z^0}. Die Breite Γ der Kurve hängt nach der Unschärferelation mit der Lebensdauer τ zusammen gemäß

$$\tau = \frac{h}{\Gamma} \qquad (2.28)$$

Die kombinierten Resultate der vier LEP-Experimente ergeben eine Z^0-Masse von [Bob91, Sch91, PDG92] (vgl. auch Tab. 2.1)

$$m_{Z^0} = (91.174 \pm 0.005 \pm 0.020)\,\text{GeV}/c^2 \qquad (2.29)$$

und eine Breite von

$$\Gamma = (2487 \pm 10)\,\text{MeV}/c^2 \,. \qquad (2.30)$$

Beim ersten Fehler von m_{Z^0} handelt es sich um den experimentellen Fehler, beim zweiten um einen systematischen Fehler der Energieeichung der LEP-Strahlen.

Die totale Breite Γ setzt sich aus den Beiträgen der einzelnen Zerfallskanäle zusammen, d.h. der hadronischen Breite Γ_h, der leptonischen Breite $\Gamma_{\text{lept}} = \Gamma_{ee} + \Gamma_{\mu\mu} + \Gamma_{\tau\tau}$ und einer unsichtbaren Breite Γ_{inv}. Es gilt

$$\Gamma = \Gamma_h + \Gamma_{\text{lept}} + \Gamma_{\text{inv}} \,. \qquad (2.31)$$

Wir wollen uns an dieser Stelle kurz vergegenwärtigen, wie die Breite Γ aus der Messung der Wirkungsquerschnitte abgeleitet werden kann. Die folgenden Formeln sind ohne Beweis in natürlichen Einheiten ($\hbar = c = 1$) angegeben. Für eine Ableitung verweisen wir z.B. auf [Nac 86].

Wir betrachten die Produktion eines Z^0-Bosons in der e^+e^--Annihilation mit anschließendem Zerfall in einen beliebigen Endzustand

$$e^+e^- \to Z^0 \to f\bar{f} \,. \qquad (2.32)$$

Der Streuquerschnitt für die Reaktion (2.32) lautet [Nac86]

$$\sigma_{f\bar{f}} = 12\pi \frac{\Gamma_{ee}\Gamma_{f\bar{f}}}{(s - m_{Z^0}^2)^2 + m_{Z^0}^2 \Gamma^2} \,, \qquad (2.33)$$

wobei Γ_{ee} die partielle Zerfallsbreite für den Kanal $Z^0 \to e^+e^-$ und Γ die totale Breite bezeichnen. s ist das Quadrat der Schwerpunktsenergie ($\sqrt{s} = E_{e^-} + E_{e^+}$). Man erkennt, daß der Wirkungsquerschnitt $\sigma_{f\bar{f}}$ mit Γ zusammenhängt. Aus (2.33) ergibt sich der Produktionsquerschnitt für das Z^0 in der e^+e^--Annihilation zu

$$\sigma(e^+e^- \to Z^0) = 12\pi \frac{\Gamma_{ee}\Gamma}{(s - m_{Z^0}^2)^2 + m_{Z^0}^2 \Gamma^2} \qquad (2.34)$$

Tab. 2.1 Daten des Z^0-Bosons, gewonnen aus vier verschiedenen LEP-Experimenten; m_{Z^0} in GeV/c^2, Zerfallsbreiten in MeV (aus [Scho91]).

	ALEPH	DELPHI	L3	OPAL	Mittelwert
m_{Z^0}	$91,182 \pm 0,009$	$91,175 \pm 0,010$	$91,181 \pm 0,010$	$91,160 \pm 0,009$	$91,174 \pm 0,005 \pm 0,02$ (LEP)
Γ	2488 ± 17	2454 ± 20	2501 ± 17	2497 ± 17	2487 ± 9
Γ_{ee}	$84,2 \pm 0,9$	$81,6 \pm 1,3$	$83,3 \pm 1,0$	$83,5 \pm 1,0$	$83,3 \pm 0,5$
$\Gamma_{\mu\mu}$	$80,9 \pm 1,4$	$88,4 \pm 2,4$	$84,5 \pm 2,0$	$83,5 \pm 1,5$	$83,3 \pm 0,9$
$\Gamma_{\tau\tau}$	$82,9 \pm 1,6$	$84,9 \pm 2,7$	$84,0 \pm 2,7$	$83,1 \pm 1,9$	$83,3 \pm 1,0$
Γ_{lept}	$83,3 \pm 0,7$	$83,4 \pm 1,0$	$83,6 \pm 0,8$	$83,4 \pm 0,7$	$83,3 \pm 0,4$
Γ_{h}	1756 ± 15	1718 ± 22	1742 ± 19	1747 ± 19	1744 ± 10
$\Gamma_{\text{inv.}}$	481 ± 14	486 ± 21	511 ± 18	499 ± 17	$493 \pm 9,5$
N_ν	$2,90 \pm 0,08$	$2,93 \pm 0,13$	$3,05 \pm 0,10$	$2,99 \pm 0,10$	$2,96 \pm 0,06$

mit einem maximalen Wert von
$$\sigma_{\max} = 12\pi \frac{\Gamma_{ee}}{m_{Z^0}^2 \Gamma} \tag{2.35}$$
bei $\sqrt{s} = m_{Z^0}$. Ein typischer Wert für $\sigma_{\max}$ beträgt $5 \cdot 10^{-32}$ cm^2.
Mit (2.33) können wir z.b. für den oben erwähnten hadronischen Kanal schreiben
$$\sigma_h = 12\pi \frac{\Gamma_{ee}\Gamma_h}{(s - m_{Z^0}^2)^2 + m_{Z^0}^2 \Gamma^2}$$
$$= \sigma_0^h \frac{\Gamma^2 m_{Z^0}^2}{(s - m_{Z^0}^2)^2 + m_{Z^0}^2 \Gamma^2}. \tag{2.36}$$
σ_0^h bezeichnet den hadronischen Wirkungsquerschnitt im Maximum
$$\sigma_0^h = 12\pi \frac{\Gamma_{ee}\Gamma_h}{m_{Z^0}^2 \Gamma^2}. \tag{2.37}$$
Laut (2.36) wird der hadronische Wirkungsquerschnitt durch eine Lorentzkurve mit drei Parametern m_{Z^0}, Γ und σ_0^h beschrieben. Aus der Anpassung einer Lorentzkurve an die Meßpunkte können die drei Parameter bestimmt werden.

Durch die Identifikation der beim Zerfall entstehenden Teilchen ist es bei LEP gelungen, die einzelnen Zerfallskanäle mit ihren Breiten Γ_i zu messen. Die weitere Aufschlüsselung von Γ_h in die Komponenten $\Gamma_{q\bar{q}}$ ist äußerst schwierig, so daß im allgemeinen nur Γ_h angegeben wird. Die Ergebnisse der vier Experimente sind in Tab. 2.1. zusammengefaßt. Die Übereinstimmung zwischen den Resultaten der individuellen Messungen ist sehr gut. Die partiellen Breiten stimmen innerhalb der Fehlergrenzen mit den Vorhersagen des Standardmodells überein. Darüber hinaus ist offensichtlich die e-μ-τ-Universalität erfüllt, d.h. die schwache Wechselwirkung unterscheidet nicht zwischen den verschiedenen Leptonarten. Wir können daher schreiben:
$$\Gamma_{ee} = \Gamma_{\mu\mu} = \Gamma_{\tau\tau} = \overline{\Gamma}_{\text{lept}} \tag{2.38}$$
bzw.
$$\Gamma_{\text{lept}} = 3\overline{\Gamma}_{\text{lept}}. \tag{2.39}$$
Aus den Messungen der Resonanzkurve (2.36) folgt schließlich eine fundamentale Aussage über die Zahl der (leichten) Neutrinoarten, indem man die Gesamtbreite mit der Vorhersage des Standardmodells vergleicht.
Die Zerfallsbreite Γ hängt von der Zahl und der Art der möglichen Zerfallskanäle ab. Je mehr Zerfallskanäle offen stehen, desto kürzer wird die Lebensdauer. Nach (2.28) folgt damit eine entsprechend größere Zerfallsbreite.

2.2 Zur Physik an den Beschleunigern bis um die Jahrtausendwende

Bei LEP ist es durch die Identifikation der Endprodukte gelungen, neben Γ auch die partiellen Breiten Γ_h und Γ_{lept} zu messen. Aus diesen Resultaten läßt sich unmittelbar die unsichtbare Breite Γ_{inv} ableiten

$$\Gamma_{\text{inv}} = \Gamma - 3\overline{\Gamma}_{\text{lept}} - \Gamma_h$$
$$= \Gamma - \Gamma_{\text{lept}} - \Gamma_h \,. \tag{2.40}$$

Im Rahmen des Standardmodells berechnet man für masselose bzw. leichte Neutrinos, die universell an das Z^0-Boson koppeln, einen Beitrag zur Z^0-Breite von

$$\Gamma_\nu \simeq 166 \text{ MeV} \,. \tag{2.41}$$

Führt man Γ_{inv} ausschließlich auf Zerfallskanäle unter Bildung von $\nu_i\bar{\nu}_i$-Paaren zurück, so folgt für die Anzahl der (leichten) Neutrinoarten

$$N_\nu = \frac{\Gamma_{\text{inv}}}{\Gamma_\nu} \,. \tag{2.42}$$

Eine noch empfindlichere Messung von N_ν erfolgt über das Maximum des hadronischen Wirkungsquerschnitts. Abb. 2.18 zeigt den Wirkungsquerschnitt für die Erzeugung des Z^0-Teilchens in der e^+e^--Annihilation mit einem anschließenden hadronischen Zerfallskanal für verschiedene Anzahlen von Neutrinoflavors ($N_\nu = 2, 3, 4$).

Der Wirkungsquerschnitt im Maximum σ_0^h ist sehr empfindlich auf N_ν. Gemäß

$$\sigma_0^h = 12\pi \frac{\Gamma_{ee}\Gamma_h}{\Gamma^2 m_{Z^0}^2} \tag{2.43}$$

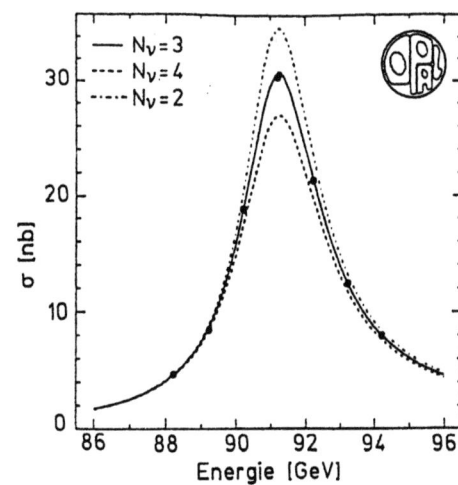

Abb. 2.18
Wirkungsquerschnitt für die Erzeugung des Z^0-Bosons aus e^+e^--Reaktionen und den Zerfall in Hadronen als Funktion der Stoßenergie (Daten von OPAL). Die Kurven wurden für verschiedene Anzahlen von Neutrinoarten berechnet (aus [Scho91]).

ist σ_0^h umgekehrt proportional zu Γ^2. Die Gesamtbreite würde sich bei der Existenz eines weiteren ν-Flavors um 7% vergrößern, d.h. das Maximum würde um 14% absinken. Abb. 2.18 demonstriert, daß nur $N_\nu = 3$ mit der Messung verträglich ist. Die Resultate von LEP ergeben (siehe z.B. [PDG94]):

$$N_\nu = 2.983 \pm 0.025 \quad \text{bzw.} \quad N_\nu = 2.97 \pm 0.17. \tag{2.44}$$

Es gibt also genau drei *leichte* Neutrinoarten. Es handelt sich dabei um ν_e, ν_μ, ν_τ. Die Existenz einer vierten Neutrinosorte mit einer Masse von weniger als 45 GeV/c^2 kann ausgeschlossen werden. Die Beschränkung auf $m_\nu c^2 < 45$ GeV liegt daran, daß im Z^0-Zerfall

$$Z^0 \to \nu\bar{\nu} \tag{2.45}$$

nur Neutrinos mit Massen kleiner als die halbe Ruhemasse des Z^0 erzeugt werden können.

Dieses Resultat ist für die folgenden Kapitel von fundamentaler Bedeutung. Nach unserem heutigen Kenntnisstand wird jedem Neutrino ein geladenes Lepton zugeordnet, d.h. man erwartet auch nur drei Leptonfamilien. Darüber hinaus leitet man aus der Symmetrie zwischen Leptonen und Quarks ab, daß es auch nur drei Quarkfamilien gibt. Die Anzahl N_ν der Neutrinoflavors spielt insbesondere auch bei der Diskussion der dunklen Materie im Universum und der primordialen Nukleosynthese eine wichtige Rolle (vgl. Kap. 3 und 9).

Wir wollen an dieser Stelle noch erwähnen, daß N_ν bei LEP nicht unbedingt ganzzahlig sein muß. Nach der bisherigen Interpretation gilt für die Zahl N_Fam der Familien

$$N_\text{Fam} = N_\nu = \frac{\Gamma_\text{inv}}{\Gamma_\nu}. \tag{2.46}$$

In Theorien, die über das Standardmodell hinausgehen, kann die Größe

$$\tilde{N} = \frac{\Gamma_\text{inv}}{\Gamma_\nu} \tag{2.47}$$

nicht automatisch mit N_ν oder N_Fam gleichgesetzt werden. Fügt man nämlich zum Standardmodell noch rechtshändige Neutrinos hinzu, die ja von links-rechts-symmetrischen Modellen gefordert werden, so gilt [Jar90a]

$$\tilde{N} \le N_\text{Fam}. \tag{2.48}$$

Nur unter der Annahme, daß das minimale Standardmodell gültig ist, kann $\tilde{N}$ als die Anzahl der Familien interpretiert werden. Andererseits folgt aus dieser Diskussion, daß ein gemessener Wert von $\tilde{N} > 3$, d.h.

$$\tilde{N} = 3 + \epsilon, \quad \epsilon > 0. \tag{2.49}$$

alle Modelle mit drei Generationen und beliebig vielen rechtshändigen Neutrinos ausschließt. Der Meßwert (2.44) ist mit der Annahme von nur drei linkshändigen Neutrinoarten verträglich.

Die LEP-Messungen am Z^0 lassen auch wichtige Aussagen zum Majoron (siehe Kap. 1 und 6) zu, des masselosen Nambu-Goldstone-Bosons, das aus einer spontanen Brechung einer globalen $(B-L)$-Symmetrie resultieren würde.

Von den verschiedenen Majoron-Modellen lassen sich Triplett- und Dublett-Majoron über die gemessene Z^0-Breite ausschließen. Der Beitrag des Triplett-Majorons zur Z^0-Breite sollte nämlich dem zweier Neutrinoflavors entsprechen [Geo81], der des Dublett-Majorons einer halben Neutrinobreite. Andererseits bleibt die Existenz eines Singulett-Majorons [Chi80], das kürzlich wachsendes Interesse im Zusammenhang mit einer Neutrinomassenhierarchie gefunden hat [Gla91], die ein eventuelles 17 keV Neutrino einschließt, oder einer Mischung von Singulett- und Dublett-Majoron möglich. Die beiden letztgenannten könnten im Doppelbetazerfall auftreten (siehe [Moh91a, Ber92b] und Kap. 6).

2.2.1.2 Weinberg-Winkel und top-Quark

LEP erlaubte auch eine präzise Messung des Weinberg-Winkels. Ein Vergleich mit anderen Daten für $\sin^2\theta_W$ lieferte darüber hinaus aufgrund der Abhängigkeit der Strahlungskorrekturen von der Masse m_t des top-Quarks indirekte obere Grenzen für m_t.

Der Weinberg-Winkel verknüpft die elektrische Ladung e und schwache Ladung g miteinander. Es gilt (s. Kap. 1.4.4)

$$\sin^2\theta_W = \left(\frac{e}{g}\right)^2 = 1 - \frac{m_W^2}{m_{Z^0}^2}, \qquad (2.50)$$

wobei m_{Z^0} inzwischen sehr genau bekannt ist (siehe (2.29)), während die Bestimmung von m_W mittels Collidern mit erheblich größeren Fehlern behaftet ist. Neben (2.50) besteht folgender Zusammenhang zwischen m_{Z^0}, der Feinstrukturkonstanten α und der Fermi-Konstanten G_F (s. (1.118))

$$m_{Z^0}^2 = \frac{\pi\alpha}{\sqrt{2}G_F} \frac{1}{\sin^2\theta_W \cos^2\theta_W}. \qquad (2.51)$$

Da α und G_F aus optischen Messungen bzw. dem Myonenzerfall sehr genau bekannt sind, kann $\sin^2\theta_W$ abgeleitet werden und schließlich mit Hilfe von (2.50) die Masse m_W bestimmt werden.

Die Gleichungen (2.50) und (2.51) gelten streng genommen nur unter Vernachlässigung der Strahlungskorrekturen, d.h. sie gelten nur für die

Feynman-Diagramme in niedrigster Ordnung (einfacher W-, Z^0- oder γ-Austausch). Aus der QED ist jedoch hinreichend bekannt, daß Effekte höherer Ordnung wie der Austausch zusätzlicher virtueller Feldquanten oder die Vakuumpolarisation eine wichtige Rolle spielen. Genannt seien als Beispiele die Lambshift in der Atomhülle oder der anomale $(g-2)$-Wert bei Elektron und Myon.

Strahlungskorrekturen können ohne prinzipielle Probleme berechnet werden. Von besonderem Interesse sind neben einem Korrekturfaktor aufgrund der starken Wechselwirkung die durch die schwache Wechselwirkung verursachten Terme. Ihre Berechnung erfordert indessen die Kenntnis aller Massen, auch die des top-Quarks (m_t) und des Higgs-Teilchens (m_H).

Solche Strahlungskorrekturen werden häufig durch die Einführung „gleitender Kopplungskonstanten" (siehe Abschn. 1.5.2), d.h. effektiver Kopplungskonstanten, die von der Wechselwirkungsenergie abhängen, berücksichtigt. Dadurch erreicht man, daß die fundamentalen Gleichungen zwischen den Kopplungskonstanten und den Beobachtungsgrößen ihre Form beibehalten.

Aus den bei LEP gemessenen Größen m_{Z^0}, Γ, Γ_{lept} und Winkelverteilungen der negativ geladenen Leptonen relativ zur Einfallsrichtung des Elektrons (Vorwarts-Rückwärts-Asymmetrie) kann jeweils ein Zusammenhang zwischen dem Weinberg-Winkel und den Strahlungskorrekturen abgeleitet werden. Andererseits lassen sich die Strahlungskorrekturen in Abhängigkeit von m_t und m_H berechnen (siehe z.B. [Alt90]).

Da m_H nur eine geringe Rolle spielt, kann $\sin^2 \theta_W$ als Funktion von m_t aufgetragen werden (siehe Abb. 2.19). Man beachte, daß bei LEP $\sin^2 \theta_W$ bei einer Energie von 90 GeV bestimmt wird. Aus (2.51) wird unter Berücksichtigung eines Korrekturterms Δr für die Strahlungskorrekturen [Sir80, Mar80c]

$$\frac{G_F(1-\Delta r)m_{Z^0}^2}{8\sqrt{2}\pi\alpha} = \frac{1}{16\sin^2\theta_W \cos^2\theta_W}\,; \tag{2.52}$$

m_{Z^0}, α und G_F sind mit großer Präzision bekannt, es bleibt daher ein funktionaler Zusammenhang zwischen $\sin^2 \theta_W$ und Δr.

Das Verhältnis m_W/m_{Z^0} ist außerdem aus Experimenten an $p\bar{p}$-Collidern (CDF, UA2) [Abe90, Ali90] und aus Neutrinostreuexperimenten (CDHS, CHARM) [Abr86, All86, CHA89] bekannt. Eine zusammengefaßte Auswertung ergab [Ama91]

$$\sin^2 \theta_W = 1 - \left(\frac{m_W}{m_{Z^0}}\right)^2 = 0.2290 \pm 0.0035\,. \tag{2.53}$$

2.2 Zur Physik an den Beschleunigern bis um die Jahrtausendwende

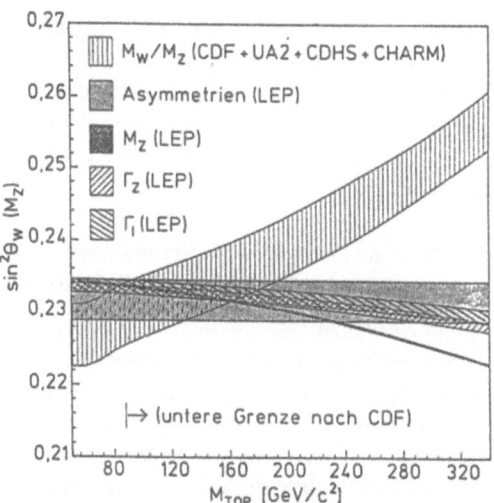

Abb. 2.19
Der Mischungswinkel $\sin^2\theta_W$ als Funktion der top-Masse m_t für eine feste Higgs-Masse von $m_H = 200$ GeV/c^2, abgeleitet aus verschiedenen Meßgrößen: CDF und UA2 $p\bar{p}$-Vernichtung, CDHS und CHARM Neutrinostreuung, LEP-Resultate über vier Experimente gemittelt (aus [Scho91]).

Mit diesem Resultat und m_{Z^0} können nach (2.52) die Strahlungskorrektur Δr und die Masse m_t abgeleitet werden. Anhand von Abb. 2.19, in der $\sin^2\theta_W$ gegen die top-Masse aufgetragen ist, läßt sich die Bestimmung von m_t veranschaulichen. In $p\bar{p}$- und Neutrinoexperimenten ist die Abhängigkeit der Strahlungskorrekturen von m_t größer als bei LEP-Experimenten. Ein Vergleich der sich ergänzenden Daten in Abb. 2.19 zeigt, daß man nur für bestimmte Bereiche von m_t ein konsistentes Bild erhält.

Aus dem Überlappungsbereich gewann man folgende Grenzen für m_t [Ama91]

$$m_t c^2 = \begin{cases} (116 \pm 38) \text{ GeV}, & m_H c^2 = 45 \text{ GeV} \\ (144 \pm 37) \text{ GeV}, & m_H c^2 = 1000 \text{ GeV} \end{cases}. \tag{2.54a}$$

Higgs-Massen kleiner als 45 GeV/c^2 sind durch die LEP-Messungen ausgeschlossen (siehe z.B. [Akr91]). Für den Weinberg-Winkel erhielt man [Ama91, Scho91]

$$\sin^2\theta_W = \begin{cases} 0.2340 \pm 0.0014, & m_H c^2 = 1 \text{ TeV} \\ 0.2331 \pm 0.0014, & m_H c^2 = 45 \text{ GeV} \end{cases}. \tag{2.54b}$$

Die neuesten Werte sind [PDG94]

$$\sin^2\theta_W(m_Z) = 0.2319 \pm 0.0005 \pm 0.0002 \tag{2.55a}$$

und

$$m_t c^2 = \left(169^{+16}_{-18}\,{}^{+17}_{-20}\right) \text{ GeV} \tag{2.55b}$$

Für eine detaillierte, aktuelle Diskussion sei auf [Lan93, PDG94] verwiesen. Nach (2.54a), (2.55b) ist man nicht mehr auf ein blindes Suchen nach dem top-Quark angewiesen. Man weiß vielmehr, in welchem Massenbereich das sechste Quark vermutlich liegen wird. Die am pp-Collider Tevatron am Fermilab gefundenen Hinweise [Abe94] auf $m_t c^2 = (174 \pm 10^{+13}_{-12})$ GeV liegen in diesem Bereich.

2.2.1.3 Hinweise auf Supersymmetrien. Weinbergwinkel, starke und elektroschwache Kopplungskonstanten

An die Ausführungen des vorigen Abschnitts zum Weinberg-Winkel läßt sich sofort eine Bemerkung im Hinblick auf die Vorhersagen von GUT-Modellen anschließen. Die neuen präzisen experimentellen Resultate für $\sin^2\theta_W$ aus LEP-Daten und aus Messungen an semileptonischen Neutrinoreaktionen stehen ähnlich wie die Lebensdauer des Nukleons im Widerspruch zu den Vorhersagen des minimalen $SU(5)$-Modells, das folgenden Wert für $\sin^2\theta_W$ vorhersagt [Lan81]:

$$\sin^2\theta_W = 0.214 \pm 0.004 \qquad (SU(5)) . \tag{2.56}$$

Dagegen sind die neuen LEP-Daten (2.55) *verträglich* mit der Vorhersage minimaler *supersymmetrischer* GUTs innerhalb von 2% [Ell90b] (siehe auch [Cos88] und [Lan93]).

LEP erlaubte aber nicht nur ein genaues Studium der elektroschwachen Wechselwirkung, sondern lieferte auch wichtige Informationen über die starke Wechselwirkung. Die QCD ist eine nicht-abelsche Eichtheorie. Die Austauschteilchen (Gluonen) tragen selbst Farbladungen und wechselwirken daher auch untereinander. Als Folge nimmt die Kopplungskonstante α_s mit steigender Wechselwirkungsenergie logarithmisch ab („asymptotische Freiheit"). Um diese Vorstellungen zu überprüfen, ist es daher äußerst wichtig, α_s und die Energieabhängigkeit möglichst genau zu messen.

Die Bestimmung von α_s erfolgt z.B. über die Gluon-Bremsstrahlung (siehe Abb. 2.20b). Beim Zerfall eines Z^0-Teilchens kann ein Quark-Antiquark-Paar erzeugt werden (Abb. 2.20a). Ein derartiges Ereignis erkennt man an zwei Hadronenjets in entgegengesetzten Richtungen. Ein Quark kann in Analogie zur Bremsstrahlung ein Gluon aussenden, das sich ebenfalls in einem Jet äußert, so daß man ein 3-Jet-Ereignis erhält (Abb. 2.20b). Die Wahrscheinlichkeit für ein solches Ereignis hängt von der Kopplungsstärke α_s ab.

Die Analyse ergibt [PDG94]

$$\alpha_s(m_{Z^0}) = 0.120 \pm 0.007 \pm 0.002 . \tag{2.57}$$

2.2 Zur Physik an den Beschleunigern bis um die Jahrtausendwende

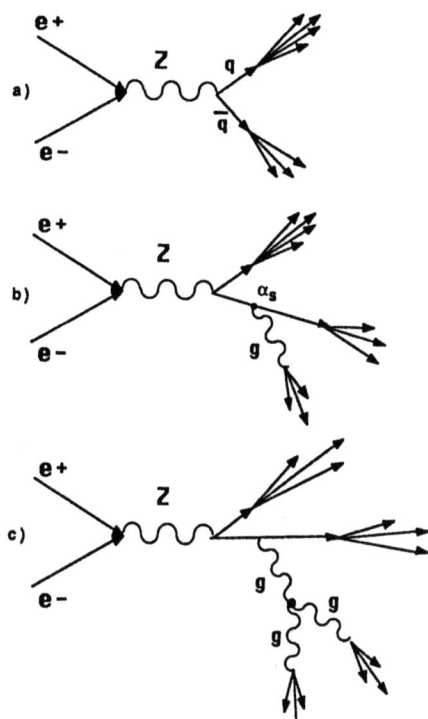

Abb. 2.20
Diagramme für den Zerfall des Z^0:
a) Zerfall in ein Quark-Antiquark-Paar, das in Jets fragmentiert;
b) Gluon-Bremsstrahlung mit einer 3-Jet-Fragmentierung;
c) Triple-Gluon-Vertex, dessen Fragmentation ein 4-Jet-Ereignis erzeugt (aus [Scho91]).

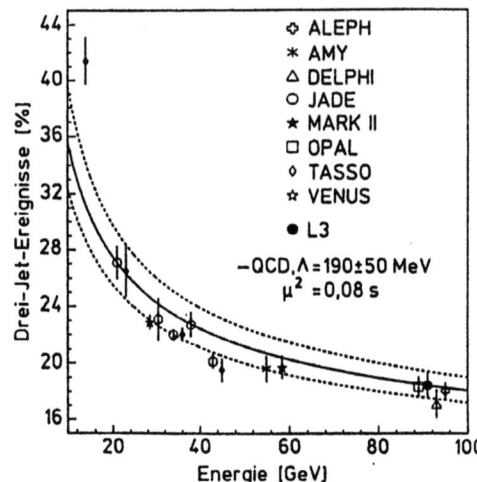

Abb. 2.21
Prozentsatz der 3-Jet-Ereignisse als Funktion der e^+e^--Stoßenergie. Dieser Prozentsatz ist proportional zu α_s (aus [Scho91]).

Dieser Wert ist konsistent mit Messungen zur tiefinelastischen Lepton-Nukleon-Streuung.

Ein Vergleich von (2.57) mit Messungen bei niedrigen Energien zeigt deutlich die Energieabhängigkeit von α_s (vgl. Abb. 2.21) [L90], die mit der Erwartung aus der QCD übereinstimmt.

Ein weiterer Hinweis darauf, daß die Farbwechselwirkung durch eine nichtabelsche Eichtheorie beschrieben wird, folgt aus der Existenz des Tripel-Gluon-Vertex (Abb. 2.20c), dessen Fragmentation zu einem Vier-Jet-Ereignis führt (siehe z.B. [DEL91]).

Eine detaillierte Analyse der LEP-Daten hat gezeigt, daß eine große Vereinheitlichung im Rahmen des minimalen *nicht*-supersymmetrischen Standardmodells der Teilchenphysik ausgeschlossen ist [Ama91, Ell90b]. Dagegen scheint eine supersymmetrische Erweiterung des Standardmodells eine Vereinheitlichung der Beschreibung der starken, schwachen und elektromagnetischen Kräfte zu ermöglichen.

Nach der Renormierungsgruppengleichung (1.128) führt der unterschiedliche Teilcheninhalt in den verschiedenen Theorien zu unterschiedlichen Abhängigkeiten der Kopplungskonstanten von der Wechselwirkungsenergie. Über die Renormierungsgruppengleichung (1.128) können die bei niedrigen Energien gewonnenen funktionalen Zusammenhänge zu höheren Energien hin extrapoliert werden.

Extrapoliert man die bei LEP gewonnenen sehr präzisen Werte für $\sin^2 \theta_W$ und α_s zu hohen Energien, so treffen sich unter Annahme eines minimalen *nicht-supersymmetrischen* Standardmodells (ein Higgs-Dublett) die drei Kurven *nicht* in einem Punkt (siehe Abb. 2.22). Dies ist neben der Diskrepanz im Zusammenhang mit der Protonlebensdauer (siehe Kap. 4) ein weiterer Hinweis, daß die Formulierung einer GUT-Theorie über den „minimalen" Rahmen hinausgehen muß.

Wie bereits erwähnt, hat die Supersymmetrie die Existenz eines fermionischen Partners zu jedem Boson und umgekehrt zur Konsequenz, wobei die Massen der neuen Teilchen unbestimmt sind. Die Suche nach supersymmetrischen Teilchen an Beschleunigern blieb bislang für Energien bis hinauf in den 100 GeV-Bereich erfolglos. Andererseits sollten einige dieser Massen nicht wesentlich oberhalb 1 TeV/c^2 liegen, um ein vernünftiges Hochenergieverhalten der Theorie zu gewährleisten (d.h. keine Verletzung der Unitaritätsgrenze).

Der Einfluß der supersymmetrischen Partner auf die Energieabhängigkeit der Kopplungskonstanten sollte dann spürbar werden, wenn die Energie oberhalb der Ruheenergie dieser neuen Elementarteilchen liegt. Es wurde

2.2 Zur Physik an den Beschleunigern bis um die Jahrtausendwende 121

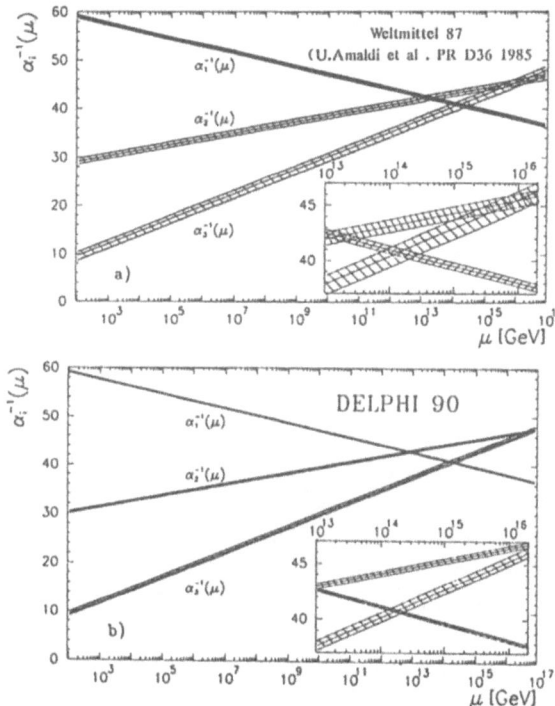

Abb. 2.22 Extrapolation der drei Kopplungskonstanten ($\alpha_1 = \frac{e^2}{4\pi}$, $\alpha_2 = \frac{g^2}{4\pi}$, $\alpha_3 = \frac{g_s^2}{4\pi}$) im minimalen Standardmodell (Mittelwerte 1987). In der unteren Abbildung sind die neuen LEP-Daten von DELPHI zugrundegelegt. Die drei Kopplungskonstanten zeigen eine Abweichung von einem einzigen Vereinigungspunkt von mehr als sieben Standardabweichungen (aus [Ama91]).

daher versucht, die vorliegenden experimentellen Daten unter der Annahme eines gemeinsamen Schnittpunktes anzupassen, wobei die Übergangsenergie E_{SUSY} ($\approx$ mittlere Masse der SUSY-Teilchen) und die Vereinigungsenergie E_{GUT} als freie Parameter gewählt wurden. Diese Analyse der LEP-Daten im Rahmen eines minimalen *supersymmetrischen* Standardmodells (zwei Higgs-dubletts) führte zu guter Übereinstimmung mit einer einzigen großen Vereinigung und ergab [Ama91] (siehe auch [Ell90b])

$$E_{\text{SUSY}} = 10^{3.0 \pm 1.0} \text{ GeV} \tag{2.58a}$$

$$E_{\text{GUT}} = 10^{16 \pm 0.3} \text{ GeV} \tag{2.58b}$$

$$\alpha_{\text{GUT}}^{-1} = 25.7 \pm 1.7, \tag{2.58c}$$

wobei α_{GUT} die Kopplungskonstante der vereinigten Kraft bezeichnet. Dies Ergebnis ist in Abb. 2.23 dargestellt. Man erkennt deutlich, daß sich die

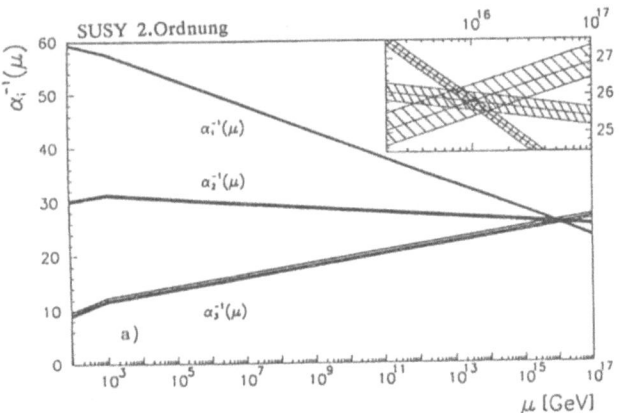

Abb. 2.23 Entwicklung der Kopplungskonstanten im minimalen SUSY-Modell. M_{SUSY} wurde durch die Forderung der Kreuzung der drei Kopplungskonstanten in einem Punkt angepaßt (siehe Text; aus [Ama91]).

Steigungen der drei Geraden bei etwa 1 TeV ändern und daß man bei ca. 10^{16} GeV einen einzigen Schnittpunkt erhält. Oberhalb dieser Energie gehen die starke und die elektroschwache Wechselwirkung in eine vereinigte Kraft über.

Aufgrund des Schwellenverhaltens ist die Masse der X- und Y-Bosonen gegeben durch

$$M_{X,Y} \simeq 0.3 M_{\text{GUT}} \simeq 3 \cdot 10^{15} \text{GeV}/c^2 \,. \tag{2.59}$$

Nach Gleichung (4.14) können wir die Lebensdauer des Protons τ_p abschätzen zu (vgl. z.B. [Ama91])

$$\tau_p \simeq \frac{M_X^4}{\alpha_{\text{GUT}}^2 m_p^5 c^2}$$

$$\simeq 10^{33.2 \pm 1.2} \text{ Jahre} \,. \tag{2.60}$$

Dieses Resultat ist mit der experimentellen unteren Grenze für τ_p von $5.9 \cdot 10^{32}$ Jahren (siehe (4.26)) gut verträglich, während das minimale $SU(5)$-Modell wegen der relativ niedrigen GUT-Skala von 10^{15} GeV Schwierigkeiten bei der Erklärung der Stabilität des Protons hat.

Man sollte beachten, daß diese Ergebnisse noch keinen Beweis für die Gültigkeit des SUSY-Modells darstellen. Die Konsistenz mit den experimentellen Daten kann aber als Hinweis auf eine „neue Physik" jenseits des Standardmodells gewertet werden.

2.3 Ausblick. Beschleuniger- und Nicht-Beschleuniger-Experimente

Wir haben versucht, in diesem Kapitel einen Eindruck von den Möglichkeiten der Teilchenphysik an Beschleunigern zu vermitteln. Die Darstellung erhebt nicht den Anspruch auf Geschlossenheit und Vollständigkeit. Viele wichtige und interessante Aspekte konnten nicht angesprochen werden.

Interessant ist, daß man nach dem im vorigen Abschnitt Gesagten neue Phänomene und neue Teilchen bereits im Energiebereich zwischen 100 GeV und wenigen TeV erwarten kann (Abb. 2.24).

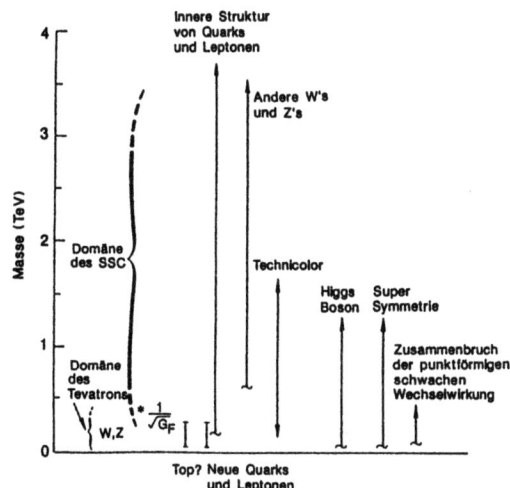

Abb. 2.24
Massenskalen, bei denen man das Auftreten neuer Phänomene erwarten kann, die mit den neuen Collidern der Untersuchung zugänglich werden (aus [Phy86]).

Im Hinblick auf die LEP-Experimente bleibt nachzutragen, daß es trotz intensiver Bemühungen nicht gelungen ist, neue Teilchen nachzuweisen. Die Existenz eines Higgs-Teilchen im Rahmen des minimalen Standardmodells kann unterhalb 48 GeV/c^2 ausgeschlossen werden [Ade91c], so daß

$$m_{\text{Higgs}} > 48 \text{ GeV}/c^2 \,. \tag{2.61}$$

Ähnliche Grenzen werden für SUSY-Teilchen ermittelt [PDG94].

Die Energie des geplanten Beschleunigers LHC wird ausreichen, um SUSY-Teilchen mit Massen bis in den TeV-Bereich zu erzeugen, einschließlich eines schweren Higgs-Bosons des SUSY-Standardmodells [Ell91a]. Zukünftige e^+e^--Linear-Collider sind ideale Maschinen zur Suche nach Higgs-Teilchen im Massenbereich bis 250 GeV/c^2. HERA wird erlauben, nach Substrukturen von Quarks und Leptonen sowie nach Leptoquarks, schweren Elektronen, Neutrinos mit Massen bis zu 250 GeV mit überragender Sensitivität zu suchen.

Daß es eine Physik jenseits des Standardmodells geben muß, erscheint unausweichlich angesichts des Lepton-Quark-Massenspektrums und des Mischungsverhaltens der Quarks sowie angesichts der Präzisionsmessungen an LEP zum Weinbergwinkel und zur Energieabhängigkeit der Kopplungskonstanten. Das Massenproblem für die Leptonen und Quarks ist vermutlich sehr eng mit der Physik jenseits des Standardmodells verknüpft (siehe z.B. [Fri92]). Die Energieskala für die neue Physik, also für das Aufbrechen des Standardmodells oder einfacher GUTs, läßt sich nicht vorhersagen. Einige Argumente weisen auf die 1 TeV-Energieskala hin, die mit LHC experimentell erreichbar würde.

Viele Folgerungen hinsichtlich der Großen Vereinigungstheorien basieren jedoch weiterhin auf Extrapolationen über viele Zehnerpotenzen hinweg zu Energien, die mit Beschleunigern in absehbarer Zukunft nicht zu erreichen sein werden.

Man benötigt daher zur Ergänzung andere Zugänge zu den extremen Energien der GUT-Modelle. Einige prominente Beispiele dafür, wie dies bereits mit heutigen Mitteln in Nichtbeschleuniger-Experimenten möglich ist (siehe Abschn. 1.7), wollen wir in den folgenden Kapiteln vorführen.

Beide Gebiete, die Teilchenphysik mit Beschleunigern und die Teilchenphysik ohne Beschleuniger sind komplementär und liefern zusammen die Mosaiksteine, die sich zu einem neuen physikalischen Weltbild zusammenfügen werden.

3 Das frühe Universum und Teilchenphysik

Die Elementarteilchenphysik beschäftigt sich mit den kleinsten Bausteinen der Materie und ihren fundamentalen Wechselwirkungen, während die Kosmologie die Entwicklung des Universums auf sehr großen Raum- und Zeitskalen betrachtet. Doch spätestens seit der Idee der Großen Vereinheitlichung wachsen die beiden so unterschiedlichen Gebiete der Physik immer näher zusammen (siehe z.B. [Oli85]). Ein wichtiger Grund dafür ist, daß in der frühen Phase der Entwicklung des Weltalls ungeheuer große Energien zur Verfügung standen, bei denen die GUT-Symmetrien verwirklicht gewesen sein könnten. Auch die primordiale Nukleosynthese, d.h. die Erzeugung leichter Kerne während einer relativ frühen Phase der Entstehung des Universums, stellt ein erfolgreiches Feld der Teilchenphysik ohne Beschleuniger dar.

Wir wollen zunächst das kosmologische Standardmodell skizzieren und seine engen Zusammenhänge mit wichtigen offenen Fragen der Teilchenphysik aufzeigen, die von der Struktur der GUTs über Erhaltungssätze für B und CP zur Neutrinomasse und zum Quark-Gluon-Plasma reichen, um nur einige zu nennen, und dann die frühe Nukleosynthese und die daraus abgeleitete Anzahl der Neutrinoflavors besprechen.

3.1 Das kosmologische Standardmodell

Die gängigen Vorstellungen über die Entwicklung des Universums werden im Urknallmodell („Big Bang"-Modell) zusammengefaßt (siehe z.B. [Wei72, Wei77, Bör88, Gro89,90,92, Kol90, Oli91, Cop95]). Danach ging das Universum aus einer singulären Konfiguration von Raum und Zeit hervor und entwickelte sich durch eine explosionsartige Expansion aus diesem Anfangszustand extrem hoher Energiedichte heraus. Trotz dieser schnellen Ausdehnung kann zu jedem Zeitpunkt ein thermisches Gleichgewicht angenommen werden, solange die Wechselwirkungsraten Γ_i der Teilchen wesentlich größer sind als die Expansionsrate H des Universums

$$\Gamma_i \gg H(t). \tag{3.1}$$

Die Expansionsrate $H(t)$ wird auch als *Hubble-Konstante* bezeichnet und gibt die relative Größenänderung des Universums pro Zeiteinheit

$$H(t) = \frac{\dot{R}(t)}{R(t)} \tag{3.2}$$

an. Der Skalenfaktor $R(t)$ ist ein Maß für die Ausdehnung des Weltalls („Radius").

Das kosmologische Standardmodell fußt im wesentlichen auf drei experimentellen Befunden, nämlich auf der aus der Rotverschiebung von Spektrallinien gemessenen Fluchtbewegung der Galaxien, der isotropen kosmischen Hintergrundstrahlung („3 K-Strahlung") und der Häufigkeit der leichten Elemente (insbesondere des Heliums) im Kosmos.

- *Rotverschiebung*

Bis in die zwanziger Jahre dieses Jahrhunderts hinein wurde von vielen Kosmologen ein stationäres Universum angenommen. Aus diesem Grund, d.h. um ein solches zu reproduzieren, führte Einstein ursprünglich die berühmte kosmologische Konstante Λ in seine Feldgleichungen ein. 1929 entdeckte der amerikanische Astronom E.P. Hubble einen linearen Zusammenhang zwischen der Rotverschiebung $\Delta\lambda/\lambda_0$ von Spektrallinien in den Spektren extragalaktischer Sternsysteme und deren Entfernung s. Die beobachtete Rotverschiebung wurde als Doppler-Effekt aufgrund einer Expansionsbewegung gedeutet. Für kleine Fluchtgeschwindigkeiten v gilt

$$v = \frac{\Delta\lambda}{\lambda_0} c = Hs, \tag{3.3}$$

wobei λ_0 die Wellenlänge des Spektralübergangs im Laborsystem und $\Delta\lambda$ die Verschiebung der Wellenlänge bedeuten ($\Delta\lambda = \lambda - \lambda_0$). Die Hubble-Konstante H besitzt heute einen Wert von [Van82, Vau86, Huc92]

$$H_0 = 100 \cdot h \cdot \frac{\text{km}}{\text{sMpc}}, \quad \text{mit } h = 0.4 \text{ bis } 1\,. \tag{3.4}$$

Das Problem bei der Bestimmung von H liegt in der unabhängigen Messung der Entfernung der Galaxien, die i.a. mit großen Fehlern behaftet ist. Die Rotverschiebung war das erste Indiz für das Urknallmodell.

- *Kosmische Hintergrundstrahlung*

Die zweite wichtige Entdeckung war die Beobachtung einer isotropen kosmischen Mikrowellenstrahlung (3K-Strahlung) durch A. Penzias und R.W. Wilson im Jahre 1965 [Pen65]. Diese sogenannte kosmische Hintergrundstrahlung wurde schon 1948 von G. Gamow und 1964 von R. Dicke vorhergesagt und gilt als wichtige Bestätigung der Urknalltheorie. Unter der Annahme eines Urknalls sollte nach ungefähr 10^5 Jahren das heiße Plasma optisch so dünn geworden sein, daß Strahlung und Materie voneinander entkoppeln

3.1 Das kosmologische Standardmodell

konnten. Dies bedeutet, daß die Temperaturen soweit gesunken waren, daß Elektronen und Kerne zu Atomen rekombinierten konnten. Die Strahlung aus der Frühphase des Kosmos sollte auch heute noch vorhanden sein, mit einer Energiedichte, die einer Temperatur von 2.7 K entspricht. Genau diese Mikrowellenstrahlung wurde von Penzias und Wilson nachgewiesen. Sie ist äußerst isotrop und besitzt eine Photonenzahldichte von rund 400/cm^3. Die Messung der kosmischen Hintergrundstrahlung durch den COBE-Satelliten (Cosmic Background Explorer) ergab ein praktisch perfektes Schwarzkörperspektrum der Temperatur 2.7 K [Mat90a]. Erst in jüngster Zeit konnten erste extrem geringe Anisotropien in der 3K-Strahlung entdeckt werden [Ben92a, Sil92, Smo92, Wri92]. Dies weist darauf hin, daß sich das Universum zur Zeit der Entkopplung der γ-Strahlung von der Materie (d.h. zur Zeit der Bildung von Atomen etwa 10^5 Jahre nach dem Urknall) sehr weitgehend in einem Zustand thermodynamischen Gleichgewichts befand. Die geringen Anisotropien können andererseits als Abbild der heute beobachteten großräumigen Struktur des Universums angesehen werden (siehe z.B. [Schr85a, Sil93]).

Den dritten Stützpfeiler der Urknallhypothese, die primordiale Nukleosynthese, werden wir ausführlich in Abschn. 3.3 behandeln.

Es sei bemerkt, daß es auch kosmologische Modelle *ohne* eine Anfangssingularität gibt, z.B. sog. Steady-State-Modelle (siehe [Hoy75]). Wir wollen jedoch im folgenden das kosmologische Standardmodell noch etwas weiter ausführen. Bis etwa zur Zeit der Rekombination von Elektronen und Kernen zu Atomen war das Universum strahlungsdominiert (Energiedichte > Materiedichte). Für ein euklidisches Universum gilt hierfür $t \sim T^{-2}$, d.h. man kann die Frühzeit gleichbedeutend in Energie- oder Zeitskalen diskutieren.

Bei der Geburt des Universums lagen für sehr kurze Zeit (bis $\approx 10^{-35}$ s) thermische Energien im Bereich der GUT-Skalen von 10^{14-16} GeV und darüber vor. Dadurch erklärt sich die enge Verknüpfung zwischen Kosmologie und GUT-Theorien. Erst die Große Vereinheitlichung ermöglicht es, die Entwicklung des Universums bis zu sehr frühen Zeiten und extrem hohen Temperaturen zurückzuverfolgen.

Die Rückextrapolation der kosmologischen Entwicklung findet im Rahmen gegenwärtiger Theorien ihr Ende bei der Planck-Zeit

$$t_{\mathrm{Pl}} = \sqrt{\frac{\hbar G}{c^5}} = 5.4 \cdot 10^{-44} \text{ s}, \tag{3.5}$$

als die Temperatur der Planck-Masse $m_{\mathrm{Pl}} \simeq 1.2 \cdot 10^{19}$ GeV/c^2 (siehe Abschn. 1.5.5, 1.5.6) entsprach. (Die Planck-Masse ist eine charakteristische Masse der Gravitation, insofern, als in Einheiten von m_{Pl} die Newtonsche Gravitationskonstante gerade eins wird. Bei Energien und Impulsüberträgen

3 Das frühe Universum und Teilchenphysik

von der Größenordnung $m_{Pl}c^2$ bzw. $m_{Pl}c$ dominiert die Gravitation, wie bereits erwähnt, alle anderen Wechselwirkungen (siehe z.B. [Oku87])). Zu diesem Zeitpunkt betrug der Durchmesser des heute beobachtbaren Universums nur wenige Mikrometer. Um Abläufe vor dieser Zeit beschreiben zu können, benötigt man eine Quantentheorie der Gravitation, die heute noch nicht zur Verfügung steht. Ein Problem besteht darin, daß die Raum-Zeit-Struktur Quantenfluktuationen unterworfen sein müßte, so daß Begriffe wie Zukunft, Vergangenheit und Kausalität ihre Bedeutung verlieren (siehe z.B. [Mis 73]). Der Zustand des Universums vor t_{Pl} läßt sich deshalb möglicherweise nicht mehr als zeitlicher Ablauf darstellen. Gegenwärtig muß der Zustand des Universums zur Zeit t_{Pl} als Anfangsbedingung hingenommen werden.

Die zur Planck-Zeit herrschende Energiedichte (siehe [Lan79c]) von

$$\rho \simeq (kT)^4 \simeq (m_{Pl}c^2)^4 \tag{3.6}$$

war so groß, daß gemäß den GUT-Modellen noch keine Symmetriebrechung vorlag. Die Teilchen waren alle masselos oder zumindest können die Massen zu diesem frühen Zeitpunkt vernachlässigt werden. Man kann daher von einem idealen Gas masseloser Teilchen im thermodynamischen Gleichgewicht ausgehen. Somit war jeder Teilchen-Freiheitsgrad gleich stark besetzt. Von einem Spin-Statistik-Faktor einmal abgesehen, waren die Anzahldichten der verschiedenen Teilchensorten alle gleich groß. Die folgende Entwicklung wurde dann durch das Wechselspiel zwischen Strahlungsdruck und Gravitation bestimmt.

Im Standardmodell nimmt man an, daß das Universum in den Raumkoordinaten isotrop und homogen ist. Die ein solches Universum in der allgemeinen Relativitätstheorie beschreibende Metrik wird Robertson-Walker-Metrik genannt. In ihr ist ein infinitesimales Linienelement ds einer Raum-Zeit-Kurve gegeben ist durch

$$ds^2 = c^2 dt^2 - R^2(t) \left[\frac{dr^2}{1-kr^2} + r^2(d\Theta^2 + \sin^2\Theta d\Phi^2) \right]. \tag{3.7}$$

Dabei sind r, Θ und Φ die Polarkoordinaten eines Raumpunktes auf der Raum-Zeit-Kurve. Durch geeignete Wahl der Koordinaten kann erreicht werden, daß der Parameter k die diskreten Werte ± 1 oder 0 annimmt, die keiner zeitlichen Änderung unterliegen. Es gilt

$$k = \begin{cases} +1 & \text{sphärische Metrik} \\ 0 & \text{euklidische Metrik} \\ -1 & \text{hyperbolische Metrik} \end{cases}. \tag{3.8}$$

3.1 Das kosmologische Standardmodell

Die Dynamik ist vollständig in dem Skalenfaktor $R(t)$ enthalten, dessen Name daher rührt, daß der räumliche Abstand zweier nahe benachbarter „fester" Raumpunkte (konstante Koordinaten (r, Θ, Φ)) zeitlich mit $R(t)$ skaliert. Die Expansionsrate des Universums wird über diesen Parameter definiert (siehe (3.2)). Im Falle sphärischer Metrik hat $R(t)$ die anschauliche Bedeutung eines „Radius" des Universums.

$R(t)$ genügt den Einstein-Friedmann-Lemaitre-Gleichungen

$$\left(\frac{\dot{R}(t)}{R(t)}\right)^2 = \frac{8\pi G}{3}\rho(t) - \frac{kc^2}{R^2(t)} + \frac{1}{3}\Lambda c^2 \tag{3.9a}$$

und

$$\frac{\ddot{R}(t)}{R(t)} = -\frac{4\pi G}{3}\left(\rho(t) + \frac{3p(t)}{c^2}\right) + \frac{1}{3}\Lambda c^2. \tag{3.9b}$$

$p(t)$ bezeichnet den Druck, $\rho(t)$ die Dichte. Λ ist die kosmologische Konstante, die im Rahmen moderner Quantenfeldtheorien als Energiedichte des Vakuums ρ_V interpretiert wird [McC51, Zel68]

$$\Lambda = \frac{8\pi G \rho_V}{c^2}. \tag{3.10}$$

In vielen Diskussionen wird Λ jedoch vernachlässigt, obwohl eine strikte Ableitung der Einsteinschen Feldgleichungen zeigt, daß diese einen Λ-Term enthalten *müssen* [Lov72, Wei72] (für eine Diskussion des Λ-Problems siehe Abschn. 3.2, 9.2.1 und [Wei89, Gro89,90, Kol90]).

Die Entwicklung des Universums kann grob in zwei Phasen unterteilt werden. In der Frühphase sind die Teilchenmassen vernachlässigbar, massive und masselose Teilchen besitzen dieselbe Zustandsgleichung. Man spricht von einem strahlungsdominierten Universum. Die spätere Entwicklungsphase des Kosmos, nachdem die thermische Energie sehr viel kleiner geworden ist ($\geq 10^6$ Jahre), wird durch kalte, druckfreie Materie bestimmt (materiedominierte Phase) (vgl. z.B. [Bör88, Gro89,90,92, Kol90]). Die wichtigsten Stationen der kosmologischen Entwicklung sind in Tab. 3.1 zusammengefaßt.

Zur Planck-Zeit t_{Pl} betrug die Temperatur etwa 10^{32} K. Dies entspricht einer mittleren Teilchenenergie

$$E \simeq kT \tag{3.11}$$

von 10^{19} GeV. Die Urkraft hat sich gerade geteilt, man unterscheidet nun die Gravitation und eine GUT-Wechselwirkung. Diese GUT-Wechselwirkung kann z.B. durch eine $SU(5)$-Symmetriegruppe (oder eine höhere Gruppe) dargestellt werden. Nach etwa 10^{-36} s erreicht die thermische Energie einen Wert von ca. 10^{15} GeV, bei welchem die GUT-Symmetrie gebrochen wird.

3 Das frühe Universum und Teilchenphysik

Tab. 3.1 GUT-Kosmologie (aus [Gro89,90]).

	Zeit t [s]	Energie $E = kT$ [GeV]	Temperatur T [K]	„Durchmesser" des Universums R [cm]
Planck-Zeit t_{Pl}	10^{-44}	10^{19}	10^{32}	10^{-3}
GUT $SU(5)$-Brechung, M_X	10^{-36}	10^{15}	10^{28}	10
$SU(2)_L \otimes U(1)$-Brechung, M_W	10^{-10}	10^2	10^{15}	10^{14}
Quark-Confinement, $p\bar{p}$-Zerstrahlung	10^{-6}	1	10^{13}	10^{16}
ν entkoppeln, e^+e^--Vernichtung	1	10^{-3}	10^{10}	10^{19}
Bildung leichter Kerne	10^2	10^{-4}	10^9	10^{20}
γ entkoppeln, Übergang des Strahlungskosmos in Materiekosmos, Bildung von Atomen, Bildung von Sternen und Galaxien	10^{12} ($\approx 10^5$ a)	10^{-9}	10^4	10^{25}
heute, t_0	$\approx 5 \cdot 10^{17}$ ($\approx 2 \cdot 10^{10}$ a)	$3 \cdot 10^{-13}$	3	10^{28}

Durch diese Symmetriebrechung erhalten die X- und Y-Bosonen, die für die Umwandlung zwischen Quarks und Leptonen verantwortlich sind, ihre Masse und frieren aus dem thermodynamischen Gleichgewicht aus, d.h. die vorhandenen X- und Y-Bosonen zerfielen z.B. über

$$X \to u+u, \quad X \to \bar{d}+e^+, \quad Y \to \bar{d}+\bar{\nu}_e, \quad Y \to \bar{u}+e^+ \quad (3.12a)$$
$$\bar{X} \to \bar{u}+\bar{u}, \quad \bar{X} \to d+e^-, \quad \bar{Y} \to d+\nu_e, \quad \bar{Y} \to u+e^- \quad (3.12b)$$

in Quarks und Leptonen. In der Zeit zwischen $t_X \approx 10^{-36}$ s und $t_W \approx 10^{-10}$ s nach dem Urknall bestand das Universum aus einer Suppe aus masselosen Leptonen, Quarks, W- und Z-Bosonen und Photonen, sowie anderen, hypothetischen Teilchen wie Higgs-Bosonen etc. plus den entsprechenden Antiteilchen. Nach 10^{-10} s war das Universum bereits auf eine Größe von 10^{14} cm gewachsen und auf eine Energie von etwa 100 GeV abgekühlt, so daß die spontane Brechung der $SU(2)_L \otimes U(1)$-Symmetrie stattfand. Die vorher erwähnten, masselosen Teilchen erhielten dadurch ihre effektiven Massen, die schweren W- und Z-Bosonen froren aus dem thermischen Gleichgewicht aus.

3.1 Das kosmologische Standardmodell

Bei $t \approx 10^{-6}$ s war die Temperatur auf $kT \approx 1$ GeV gesunken, und folglich konnte das bis dahin vorliegende Quark-Gluon-Plasma nicht mehr durch die thermische Energie aufrechterhalten werden. Es fand ein Phasenübergang von einem Quark-Gluon-Plasma zum Quark-Confinement statt, d.h. es bildeten sich Mesonen und Baryonen. Ein solches Quark-Gluon-Plasma versucht man heutzutage in Form von ultrarelativistischen Schwerionenstößen in Beschleunigerexperimenten zu verifizieren. An diesem Übergangspunkt, charakterisiert durch den Skalenfaktor Λ_{QCD} (siehe (1.131a), (4.15), (4.18)) in der Renormierungsgruppengleichung ($\Lambda \approx 300$ MeV), erhalten auch die kosmologischen Axionen ihre Masse. Da im weiteren Verlauf auch keine Hadronen mehr gebildet werden konnten, zerstrahlten die Hadronen mit ihren Antiteilchen zu Photonen. Eine kleine Asymmetrie zwischen Teilchen und Antiteilchen führte jedoch dazu, daß die Zerstrahlung nicht vollständig sein konnte. Nur der kleine Materieüberschuß bildet die heute im Universum vorhandene Materie.

Aus einem Vergleich der Zahl N_γ der Vernichtungsquanten, welche heute die 3K-Hintergrundstrahlung bilden, mit der Anzahl N_B der im heutigen Universum vorhandenen Baryonen ergibt sich, daß nur ein winziger Bruchteil von $\approx 10^{-9}$ der ursprünglich vorhandenen Nukleonen übrig geblieben ist

$$N_B/N_\gamma \approx 10^{-9\pm 1}. \tag{3.13}$$

Eine befriedigende quantitative Erklärung dieser Baryon-Antibaryon-Asymmetrie oder allgemeiner Materie-Antimaterie-Asymmetrie steht noch aus. Die allgemein herrschende Ansicht ist, daß zumindest drei Bedingungen für die Erzeugung einer solchen Asymmetrie gleichzeitig erfüllt sein müssen ([Sac67], siehe auch [Wei79, Dol81, Kol90]), sofern sie nicht von Anfang an vorlag und man von einem anfänglich symmetrischen Zustand ausgeht:

a) Sowohl C- als auch CP-Verletzung in einer der fundamentalen Wechselwirkungen (siehe Kap. 1);
b) Die Baryonenzahl B ist keine Erhaltungsgröße;
c) thermodynamisches *Nicht*gleichgewicht.

Kürzlich wurde indessen gezeigt, daß *keine* dieser drei Bedingungen wirklich *notwendig* für die Baryogenese und die Ausbildung einer Materie-Antimaterie-Asymmetrie ist (siehe [Dol92]). Es sei ferner bemerkt, daß die Baryonenzahlasymmetrie u.U. mit einer möglichen Majorana-Masse der Neutrinos verknüpft ist. Es läßt sich nämlich zeigen, daß eine im frühen Universum erzeugte Baryon-Antibaryon-Asymmetrie eben unterhalb des elektroschwachen Phasenübergangs durch den sog. *Sphaleron-Effekt* [Kuz85] ausgewaschen wird, wenn es Wechselwirkungen vom Majorana-Typ gibt, wie sie z.B. für die Erklärung kleiner Neutrinomassen im see-saw-Modell (siehe

132 3 Das frühe Universum und Teilchenphysik

Abschn. 1.6.3, 1.6.4.2) angenommen werden. Die beobachtete Baryonenasymmetrie gibt eine obere Grenze für solche Wechselwirkungen, und damit eine Grenze für Majorana-Neutrinomassen von $m_\nu \leq 50$ keV/c^2 bis hinab zu 1 eV/c^2 [Fuk90, Cam91, Gel92].

Bei einer mittleren Energie von typischerweise 1 MeV ($t \simeq 1$ s) war die Teilchendichte schließlich so weit abgefallen, daß die Expansionsrate H größer war als die Wechselwirkungsrate für Neutrinos, so daß letztere ebenfalls aus dem thermischen Gleichgewicht auskoppelten. Von einem möglichen Neutrinozerfall einmal abgesehen, änderte sich ihre Anzahl seitdem nicht mehr wesentlich. Analog zu der elektromagnetischen 3K-Hintergrundstrahlung sollte es eine *Neutrino-Hintergrundstrahlung* mit einer Temperatur von 1.9 K (für den Fall verschwindender Neutrinomasse; für $m_\nu = 30$ eV/c^2 0.005 K) geben. Wegen der sehr kleinen Wirkungsquerschnitte konnten diese Hintergrundneutrinos bislang noch nicht nachgewiesen werden (s. aber [Tup87]).

Der Beitrag der Neutrinos zur Materiedichte des Universums ist [Gel88, Kol90]

$$\frac{1}{2}\sum_i g_{\nu_i} m_{\nu_i} = 97 \text{ eV}c^{-2}(\Omega_\nu h^2), \qquad (3.14)$$

wobei die Summe über alle stabilen leichten Neutrinoarten ($m_\nu < 1$ MeV/c^2) läuft, h die Hubble-Konstante bestimmt (siehe (3.4)), Ω_ν den Beitrag der Neutrinos zur Materiedichte des Universums angibt (siehe (3.35) und Kap. 9) und g_ν den statistischen Spinfaktor bezeichnet. Um mit den beobachteten Dichten nicht in Widerspruch zu kommen ($\Omega_\nu \leq 1$), folgt daraus, daß die Summe von m_{ν_e}, m_{ν_μ} und m_{ν_τ} nicht mehr als 100 eV/c^2 betragen darf. Dies bedeutet insbesondere für m_{ν_μ} und m_{ν_τ} eine wesentlich schärfere Grenze als die aus den Laborexperimenten gewonnenen Zahlen.

Bei etwas geringeren Energien zerstrahlten Elektronen und Positronen und nach etwa 100 s bildeten sich schließlich die leichten Atomkerne D, ^{3}He, ^{4}He und ^{7}Li. Bei thermischen Energien im eV-Bereich, erreicht nach $\sim 10^5$ Jahren, entstanden atomare Systeme, da die Energie der Photonen nicht mehr ausreichte, um diese zu ionisieren. Dies führte zur Entkopplung der Photonen. Zu dieser Zeit ging das Universum auch vom strahlungs- in ein materiedominiertes über (siehe z.B. [Kol90]). Bei Temperaturen von etwa 3000 K überstieg die Gravitationsenergie die thermische Energie der Moleküle (Jeans-Kriterium), die Bildung von Sternen und Galaxien setzte ein.

Im folgenden Abschnitt seien kurz die Grenzen dieses Standardmodells angedeutet.

3.2 Inflationäre Modelle

Das oben geschilderte Standardmodell der Kosmologie ist in einigen Punkten unbefriedigend. Zwar gelang eine vernünftige Verkopplung von Kosmologie und GUT-Modellen, doch ergeben sich auch eine Reihe von ungelösten Problemen (siehe z.b. [Bör88, Gro89,90,92, Kol90]). Genannt seien das sog. *Flachheitsproblem*, das *Horizontproblem* und *magnetische Monopole* (GUT-Monopole). Letztere werden in GUT-Modellen gefordert, konnten jedoch noch nicht nachgewiesen werden (siehe Kap. 8). Darüber hinaus wird es als unbefriedigend empfunden, daß die Entwicklung des Universums bis zum heutigen Zustand sehr kritisch von den Anfangsbedingungen abhängt, die zur Planck-Zeit vorlagen. Wünschenswert wäre vielmehr ein Modell, in dem die spätere Entwicklung praktisch nicht mehr von den Anfangsbedingungen bei t_{Pl} abhinge, so daß unsere Unwissenheit über die Abläufe vor t_{Pl} nicht mehr von Bedeutung wäre.

Eine mögliche Lösung der oben angedeuteten Probleme sind inflationäre Modelle [Gut81, Alb82, Lin82, Lin84, Gro89,90,92, Kol90, Lin90, Ell94]. Das Universum durchläuft danach zu einem Zeitpunkt nach t_{Pl} eine inflationäre Phase, während derer zunächst alle vorherigen Bedingungen sozusagen egalisiert werden, und am Ende derer sich aufgrund bekannter physikalischer Gesetze die Bedingungen eingestellt haben, die zum heutigen Universum führten.

Im bisher diskutierten herkömmlichen Urknallmodell wurde die kosmologische Konstante Λ als sehr klein vernachlässigt. Der Fall $\Lambda = 0$ entspricht der Annahme, daß das Vakuum keinen Beitrag zur Energiedichte des Universums liefert. In der Quantenfeldtheorie enthält aber schon das Vakuum die verschiedensten Quantenfelder. Diese befinden sich zwar in einem Zustand niedrigster Energie, doch muß diese Energie nicht notwendigerweise gleich Null sein (vgl. die Nullpunktsenergie des harmonischen Oszillators in der Quantenmechanik).

In inflationären Modellen nimmt man $\rho_V \neq 0$ an. Wir schreiben die Einstein-Friedmann-Lemaitre-Gleichungen mit Hilfe von (3.10) in der Form

$$\left(\frac{\dot{R}(t)}{R(t)}\right)^2 = \frac{8\pi G}{3}(\rho(t) + \rho_V(t)) - \frac{kc^2}{R^2(t)}, \quad (3.15a)$$

$$\frac{\ddot{R}(t)}{R(t)} = -\frac{4\pi G}{3}\left(\rho(t) - 2\rho_V(t) + \frac{3p(t)}{c^2}\right). \quad (3.15b)$$

$\rho(t)$ setzt sich aus dem Materiedruck ρ_M und dem Strahlungsdruck ρ_S zusammen. Anhand von (3.15b) erkennt man, daß eine positive Vakuumenergiedichte ρ_V einem negativen Druck entspricht. Falls nun ρ_V über die Materie- und Krümmungsterme dominiert, d.h.

$$|\rho_V| \gg \rho, p/c^2, \quad \left|\frac{8\pi G}{3}\rho_V\right| \gg \frac{|k|c^2}{R^2(t)}, \tag{3.16}$$

so folgt

$$\frac{\dot{R}(t)}{R(t)} \simeq \sqrt{\frac{8\pi G}{3}\rho_V} = \sqrt{\frac{c^2\Lambda}{3}}. \tag{3.17}$$

Dies bedeutet

$$R(t) \simeq R(0)\exp\sqrt{\frac{8\pi G}{3}\rho_V}\,t. \tag{3.18}$$

Für $\rho_V > 0$ erhält man also ein exponentiell expandierendes Universum, ein sog. de Sitter- oder inflationäres Universum. Um eine solche exponentielle Expansion zu ermöglichen, muß die Vakuumenergiedichte für einen gewissen Zeitraum über die anderen Terme dominieren (s. (3.16)). Ein Mechanismus, der dies bewerkstelligen könnte, wäre die spontane Symmetriebrechung durch Higgs-Felder.

Während der inflationären Phase wird die Materie so extrem verdünnt, daß praktisch keine Teilchen mehr aus der Zeit vor der Inflation beobachtbar sind. Alle heute beobachtbaren Objekte stammen aus der Zeit danach. Falls z.B. magnetische Monopole vor oder in der Anfangsphase der Inflation entstanden sind, können wir diese heute nicht mehr finden. Es läßt sich ähnlich leicht zeigen, daß inflationäre Modelle auch das Horizont- und das Flachheitsproblem lösen können (siehe z.B. [Gro89,90, Kol90]). Die spätere Entwicklung des Universums erfolgt wie im Standard-Modell beschrieben. Es muß jedoch betont werden, daß die Vorstellung eines inflationären Universums bislang nur eine Hypothese darstellt.

3.3 Die primordiale Nukleosynthese

Während die kosmische Hintergrundstrahlung (3K-Strahlung) Auskunft über den Zustand des Universums etwa 10^5 Jahre nach dem Urknall liefert (siehe Kap. 9), können aus den Häufigkeiten der leichten Kerne D, ^{3,4}He und ^{7}Li Aufschlüsse über das Universum zu einem sehr viel früheren Zeitpunkt gewonnen werden. Die primordiale Nukleosynthese, d.h. die Bildung von Kernen aus freien Nukleonen, fand etwa 100 s nach dem Urknall statt. Zu diesem Zeitpunkt war die Temperatur des Universums auf etwa 10^9 K gesunken, so daß einmal gebildete Deuteronen nicht mehr durch γ-Quanten aufgebrochen werden konnten. Die vorhandenen Nukleonen verschmelzen im wesentlichen zu ^{4}He, das seitdem etwa 25% der Masse des Universums bildet.

Alle schweren Elemente im Universum mit Ausnahme von Li, Be und B, die sowohl primordial als auch durch Spallation in der kosmischen Strahlung entstehen, werden in Sternen erzeugt. Kerne bis hinauf zum Eisen können durch Fusion während der hydrostatischen Brennphasen schwerer Sterne gebildet werden [Bur57]. Der Aufbau noch schwererer Elemente erfolgt im wesentlichen über Neutroneneinfangprozesse und nachfolgende β-Zerfälle. Im β^--Zerfall entsteht ein Kern mit einer um eine Einheit höheren Ordnungszahl. Man unterscheidet in diesem Zusammenhang s- und r-Prozeß (vgl. z.B. [Bur57, Cow91, Gro89,90, Käp89, Kla91a, Mat90b]). Wir wollen uns im folgenden nur mit der frühen Synthese leichter Kerne beschäftigen.

3.3.1 Beobachtete Häufigkeiten der primordialen Elemente

Das Urknall-Modell sagt Häufigkeiten der leichten Kerne voraus, die in recht guter Übereinstimmung mit der Beobachtung sind. Dies kann als großer Erfolg gewertet werden, erstrecken sich die Häufigkeiten doch über 10 Größenordnungen. Bevor wir auf den Ablauf der primordialen Nukleosynthese eingehen, wollen wir kurz zusammenfassen, welche experimentellen Daten über die kosmischen Häufigkeiten der leichten Kerne vorliegen (siehe z.B. [Boe85, Kol90, Wal91, Cop95]).

^{4}He ist das nach Wasserstoff mit Abstand häufigste der leichten Nuklide. Der primordiale Ursprung des meisten ^{4}He zeigt sich sowohl in der großen Menge ($Y_p \approx 25\%$) als auch in seiner relativen Gleichverteiltheit über das gesamte Universum. Y_p bezeichnet üblicherweise den primordialen Massenanteil des ^{4}He an der Gesamtmasse des Kosmos. Da Helium jedoch auch später in Sternen entstanden ist, setzt sich der heutige Massenanteil Y_0 aus der primordialen Komponente Y_p und einem Beitrag ΔY aus der Sternentwicklung zusammen

$$Y_0 = Y_p + \Delta Y. \tag{3.19}$$

Da ^{4}He sehr stabil ist, definiert Y_0 auf jeden Fall eine Obergrenze für den primordialen Massenanteil.

Die ^{4}He-Häufigkeit wurde mit verschiedenen Methoden in unterschiedlichen astrophysikalischen Objekten gemessen (s. [Boe85, Ril91]). Die Ableitung der primordialen Komponente Y_p hängt allerdings von gewissen Modellannahmen ab. Trotz dieser Schwierigkeiten liefern verschiedene Beobachtungen sehr ähnliche Ergebnisse. Daß alle untersuchten Objekte einen vergleichbaren ^{4}He-Gehalt aufweisen, deutet wie bereits erwähnt auf den primordialen

Ursprung hin. [Ril91] geben etwa folgenden Mittelwert aus neueren Messungen an

$$Y_p = 0.230 \pm 0.010. \tag{3.20}$$

Die Messung des Massenanteils der anderen leichten Kerne stellt eine sehr viel schwierigere Aufgabe dar, da die Mengen wesentlich kleiner sind und daher kaum Absorptionslinien beobachtet werden können. Oft ist es sogar leichter, die entsprechenden Emissionslinien nachzuweisen, die bei Rekombinationen z.B. in HII-Regionen auftreten.

Das Deuteron ist ein im Vergleich zu ^{4}He schwach gebundener Kern, der im Sterninnern leicht zerstört wird, wenn die Temperaturen $6 \cdot 10^5$ K übersteigen. Die beobachteten D-Häufigkeiten werden daher im allgemeinen als untere Grenzen für die primordialen Häufigkeiten angesehen. Nachgewiesen wurde Deuterium bisher in unserem Sonnensystem und im interstellaren Medium. Für das Anzahlverhältnis von Deuterium zu normalem Wasserstoff findet man [Bör88, Kol90, Ril91]

$$1 \cdot 10^{-5} < (D/H)_p < 2 \cdot 10^{-4}. \tag{3.21}$$

Nur ein Bruchteil des primordialen ^{3}He wird bis heute überlebt haben, da ^{3}He in Fusionsprozessen in Sternen in ^{4}He umgewandelt wird. Andererseits wird während der Sternentwicklung Deuterium zu ^{3}He verbrannt, so daß die galaktische ^{3}He-Häufigkeit durch zwei konkurrierende Prozesse bestimmt wird. Man findet [Ril91]

$$\left(\frac{D + {}^3He}{H}\right)_p < 10^{-4}. \tag{3.22}$$

Für ^{7}Li erhält man [Boe85]

$$10^{-10} < ({}^7Li/H)_p < 8 \cdot 10^{-10}. \tag{3.23}$$

3.3.2 Der Ablauf der Nukleosynthese

Der Ablauf der primordialen Nukleosynthese wird z.B. in [Hay50, Wei72, Zel83, Bör88, Kol90, Wal91, Cop95] ausführlich beschrieben. Die Menge an Kernen, die gebildet werden kann, hängt entscheidend vom Verhältnis von Protonen zu Neutronen ab. Bei thermischen Energien $E > 1$ MeV ($T > 10^{10}$ K) befanden sich Leptonen, Hadronen und Photonen im thermodynamischen Gleichgewicht. Das Gleichgewicht zwischen Protonen und den β-instabilen Neutronen wurde durch folgende Prozesse der schwachen Wechselwirkung aufrecht erhalten

$$p + e^- \leftrightarrow n + \nu_e, \quad n + e^+ \leftrightarrow p + \bar{\nu}_e. \tag{3.24}$$

3.3 Die primordiale Nukleosynthese

Das Verhältnis von Neutronenzahl N_n zu Protonenzahl N_p im thermodynamischen Gleichgewicht bei Temperaturen $T > 10^{10}$ K ist durch den Boltzmann-Faktor

$$\frac{N_n}{N_p} \simeq \exp\left\{\frac{-(m_n - m_p)c^2}{kT}\right\} \tag{3.25}$$

gegeben, wobei $(m_n - m_p)c^2 \simeq 1.3$ MeV. Bei einer Temperatur von $T = 3 \cdot 10^{10}$ K folgt damit

$$\frac{N_n}{N_n + N_p} \simeq 0.38. \tag{3.26}$$

Als die mittlere thermische Energie unter 1 MeV fiel, entkoppelten die Neutrinos aus dem Gleichgewicht, da die schwache Wechselwirkungsrate Γ_s der Expansionsrate H des Universums nicht mehr folgen konnte. Die Reaktionen (3.24) wurden zu langsam, um das Gleichgewicht aufrecht zu erhalten. Das Verhältnis N_n/N_p fror bei der Temperatur $T_f \simeq 10^{10}$ K aus

$$\left(\frac{N_n}{N_p}\right)_f = \exp\left\{\frac{(m_p - m_n)c^2}{kT_f}\right\}. \tag{3.27}$$

Der Anteil an Neutronen verringerte sich daraufhin nur noch langsam infolge des Neutronzerfalls

$$N_n(t) = (N_n)_f e^{-t/\tau_n}, \tag{3.28}$$

wobei $t = 0$ für $T = T_f$. Beim Ausfrieren galt

$$\frac{N_n}{N_n + N_p} \simeq \frac{1}{6} \quad (T_f = 10^{10} \text{ K}). \tag{3.29}$$

Durch den β-Zerfall des Neutrons nahm dieser Wert bis zum Beginn der primordialen Nukleosynthese bei $T \simeq 10^9$ K ($E \simeq 100$ keV) auf

$$\frac{N_n}{N_n + N_p} \simeq \frac{1}{7} \quad (T = 10^9 \text{ K}) \tag{3.30}$$

ab.

Der einzige Weg, komplexe Kerne zu bilden, verläuft über ein Netzwerk von Zweikörper-Reaktionen, wobei die wichtigsten Reaktionen Deuterium benötigen

$$p + n \leftrightarrow D + \gamma, \tag{3.31a}$$
$$D + D \leftrightarrow {}^3\text{He} + n \leftrightarrow {}^3\text{H} + p, \tag{3.31b}$$
$$^3\text{H} + D \leftrightarrow {}^4\text{He} + n. \tag{3.31c}$$

Bei Temperaturen von 10^{10} K wird das entstandene Deuterium sehr schnell wieder durch Photodissoziation zerstört, da die Bindungsenergie mit ca. 2.2 MeV sehr klein ist und die Photonen etwa 10^9 mal häufiger sind als

Nukleonen. Erst wenn die D-Häufigkeit nach Reaktion (3.31a) genügend hoch ist, können schließlich auch schwerere Kerne nach (3.31b,c) aufgebaut werden. Dies ist für Temperaturen von $0.8 \cdot 10^9$ K der Fall [Bör88]. Unter diesen Bedingungen werden praktisch alle vorhandenen Neutronen über das Netzwerk (3.31) zu ^{4}He verschmolzen. Es entstehen daneben geringe Mengen D und ^{3}He. Man erwartet daher, daß der Massenanteil des primordialen ^{4}He an der gesamten baryonischen Materie

$$Y_p \simeq \frac{2N_n/N_p}{N_n/N_p + 1} \tag{3.32}$$

ungefähr 25% beträgt (mit $N_n/(N_n + N_p) = 1/7$ folgt $Y_p = 2/7$).

Da es keine stabilen Kerne mit Massenzahlen $A = 5$ und $A = 8$ gibt, werden praktisch keine schwereren Elemente gebildet. Geringe Mengen ^{7}Li und ^{7}Be entstehen über die Reaktionen

$$^4\text{He} + {}^3\text{H} \rightarrow {}^7\text{Li} + \gamma, \tag{3.33a}$$

$$^4\text{He} + {}^3\text{He} \rightarrow {}^7\text{Be} + \gamma, \tag{3.33b}$$

$$^7\text{Be} + e^- \rightarrow {}^7\text{Li} + \nu_e. \tag{3.33c}$$

Die berechneten Häufigkeiten der primordialen Elemente hängen entscheidend von der Baryonendichte im Universum ab (vgl. Abb. 3.1 und 3.2). Daher trägt man die vorhergesagten Häufigkeiten i.a. gegen die Baryonendichte ρ_B bzw. gegen

$$\eta = \frac{N_B}{N_\gamma} \tag{3.34}$$

auf. Das Verhältnis η legt fest, wann die Photodissoziation des Deuterons überwunden wird. Ein großer Wert von η bedeutet weniger Photonen, d.h. die Spaltung von D nimmt ab, die Synthese von Helium kann früher, d.h. bei höheren Temperaturen beginnen. Da dann etwas mehr Neutronen vorliegen, kann entsprechend mehr Helium gebildet werden.

Die berechneten Häufigkeiten in Abb. 3.1 und Abb. 3.2 sind weitgehend konsistent mit den beobachteten im Bereich $3 \cdot 10^{-10} < \eta < 5 \cdot 10^{-10}$ (siehe jedoch auch [Ril91]). Dies ist insofern bemerkenswert, als die Kurven für die einzelnen Nuklide sehr unterschiedlich verlaufen. Der ^{4}He-Anteil ist relativ unempfindlich auf η, während die anderen Häufigkeiten, insbesondere die von Deuterium und Lithium, stark mit η variieren. Insbesondere aus der gemessenen Deuterium-Häufigkeit erhält man daher eine Aussage über die im Universum vorhandene baryonische Dichte. Aus $3 \cdot 10^{-10} < \eta < 5 \cdot 10^{-10}$ folgt für das Verhältnis $\Omega_{0,\text{bary}}$ aller heutzutage vorhandenen baryonischen

3.3 Die primordiale Nukleosynthese

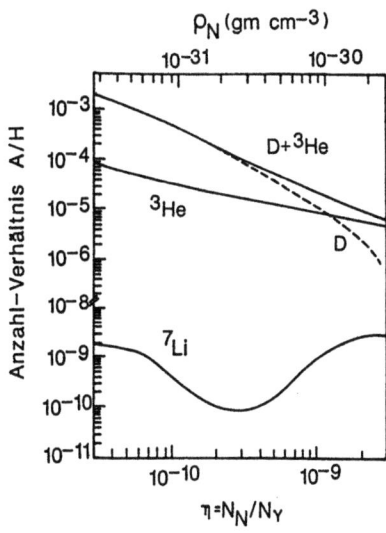

Abb. 3.1
Berechnete Elementhäufigkeiten in der Urknall-Nukleosynthese als Funktion der heutigen Baryonendichte ϱ_B (gleich der Nukleonendichte ϱ_N) (nach [Boe85]). Die Halbwertszeit des Neutrons wurde mit 10,6 min angesetzt (aus [Bör88]). Für $N_N(=N_B)$, N_γ siehe Text.

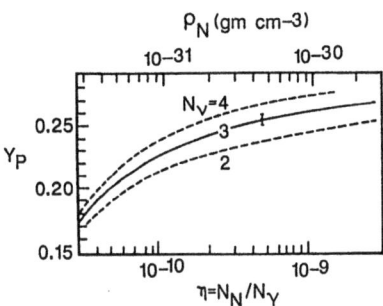

Abb. 3.2
Abhängigkeit der ^{4}He-Häufigkeit von der Anzahl N_ν der Neutrinogenerationen (aus [Bör88]). ϱ_N ist die Nukleonendichte ($\varrho_N = \varrho_B$).

Materie zu dem Wert der kritischen Dichte, die (für $\Lambda = 0$) die Grenze zwischen einem offenen und geschlossenen Universum darstellt,

$$0.01 < h^2 \Omega_{0,\text{bary}} < 0.018 \tag{3.35}$$

mit h aus (3.4) [Bör88]. Berücksichtigt man nur die aus Deuterium abgeleitete Grenze, so folgt etwa

$$\Omega_{0,\text{bary}} < 0.10 - 0.20. \tag{3.36}$$

Die primordiale Nukleosynthese legt eine Obergrenze für die im Universum existierende baryonische Materie fest. Letztere genügt nach (3.36) also nicht, um das Universum zu schließen. Dies gelingt auch nicht in Szenarien eines sog. *inhomogenen Urknalls* (siehe hierzu z.B. [Mal91, Thi91, Mal93, Oli91]), die in den letzten Jahren untersucht wurden, und die auf im Zusammenhang

140 3 Das frühe Universum und Teilchenphysik

mit dem QCD-Phasenübergang möglicherweise auftretenden Baryondichte-Inhomogenitäten basieren. Es sei aber bemerkt, daß Zulassung einer *zeitabhängigen* Gravitationskonstanten zu Werten von $\Omega = 0.1 - 1$ in der frühen Nukleosynthese führen könnte [Sta92c].

Neben η hängen die theoretischen Vorhersagen auch von der Lebensdauer des Neutrons τ_n ab. τ_n bestimmt die Rate, mit der die Reaktionen (3.24) ablaufen. Je größer die Lebensdauer ist, desto niedriger ist die Reaktionsrate der schwachen Wechselwirkung, d.h. desto früher frieren Neutrinos aus dem Gleichgewicht aus. Dies ergibt eine höhere Ausfrier-Temperatur T_f und damit auch einen größeren Wert für $(N_n/N_p)_f$, so daß in der Nukleosynthese mehr Helium gebildet werden kann. Darüber hinaus sichert eine längere Lebensdauer τ_n natürlich auch das Überleben von mehr Neutronen in der Periode zwischen Ausfrieren und Beginn der Nukleosynthese. Allerdings spielt der zuletztgenannte Effekt nur eine untergeordnete Rolle.

Der gegenwärtige Wert für die mittlere Lebensdauer des Neutrons beträgt [PDG92]

$$\tau_n = (889,1 \pm 2,1)\ \mathrm{s}\,. \tag{3.37}$$

Die bislang genaueste Messung wurde mit gespeicherten, ultrakalten Neutronen durchgeführt [Mam89]

$$\tau_n = (887,6 \pm 3,0)\ \mathrm{s}\,. \tag{3.38}$$

Der Einfluß von τ_n auf den berechneten Massenanteil von ^{4}He ist in Abb. 3.3 dargestellt.

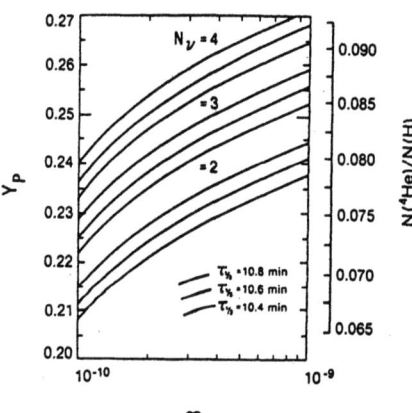

Abb. 3.3
Einfluß der Halbwertszeit des Neutrons auf den berechneten Massenanteil Y_p von ^{4}He [Yan84].

3.3.3 Die Anzahl der Neutrinoflavours

Die theoretisch berechneten ^{4}He-Häufigkeiten hängen neben η und τ_n auch von der Anzahl der leichten Neutrinoflavours ($m_\nu < 1$ MeV/c^2) ab.[1] Da man den primordialen ^{4}He-Anteil recht gut zu kennen glaubt und die Abhängigkeit von Y_p von den Parametern η und τ_n nicht sehr groß ist, kann man aus gemessenen Häufigkeiten die Zahl der Neutrinofamilien ableiten. Diese Zusammenhänge wollen wir im folgenden verdeutlichen (vgl. [Yan79a, Dol81, Oli81, Blo84, Yan84, Den90, Kol90]).

Die schwache Wechselwirkungsrate Γ_s für Prozesse, die Neutronen und Protonen ineinander verwandeln, nimmt mit fallender Temperatur ab und bei

$$\Gamma_s < H(t) \tag{3.39}$$

friert das Verhältnis N_n/N_p aus. Praktisch alle Neutronen, die zu dieser Zeit vorhanden sind, werden zu Helium verschmolzen. Die Expansionsrate bei Energien im MeV-Bereich bestimmt daher entscheidend das sich einstellende Neutron-zu-Proton-Verhältnis und damit die ^{4}He-Menge. Die Expansionsrate $H(t)$ hängt mit der Dichte $\rho(t)$ im Universum zusammen. Nach (3.15a) folgt z.B. unter der Annahme einer euklidischen Metrik ($k = 0$)

$$H(t) = \sqrt{\frac{8\pi G}{3}(\rho(t) + \rho_V(t))}. \tag{3.40}$$

Bei $kT \simeq 1$ MeV ist das Universum noch strahlungsdominiert. Die Energiedichte $\rho(t)$ wird praktisch ausschließlich durch die Beiträge der Photonen, Elektronen und leichten Neutrinos bestimmt (die Vakuumenergiedichte sei im folgenden vernachlässigt)

$$\rho(t) = \rho_\gamma + \rho_e + \rho_\nu. \tag{3.41}$$

Damit hängt die ^{4}He-Häufigkeit empfindlich von der Zahl der relativistischen Teilchensorten beim Ausfrieren ab. Eine größere Zahl von Neutrinoflavours bedeutet eine größere Expansionsrate und damit ein früheres Entkoppeln der Neutrinos. Ein früheres Ausscheiden der Neutrinos aus dem Gleichgewicht hat zur Folge, daß das Verhältnis N_n/N_p bei einer höheren Temperatur $T_{f'}$ mit $T_{f'} > T_f$ festgelegt wird. Folglich gilt

$$(N_n/N_p)_{f'} > (N_n/N_p)_f, \tag{3.42}$$

---

[1] Genauer gesagt hängt die Heliummenge von der zur Zeit der Nukleosynthese existierenden Anzahl der leichten Teilchensorten, oder genauer der relativistischen Freiheitsgrade, ab. Es könnten dabei auch bislang unbekannte, exotische Teilchen beitragen.

3 Das frühe Universum und Teilchenphysik

so daß der Anteil an primordialem Helium um so größer ist, je mehr Neutrinoflavours existieren. Hinzu kommt noch, daß eine größere Expansionsrate dazu führt, daß die Temperatur schneller abfällt. Die Nukleosynthese setzt früher ein, den Neutronen bleibt weniger Zeit zum Zerfallen.

Entsprechende Berechnungen von Y_p in Abhängigkeit von η, τ_n und der Anzahl der Neutrinoflavours N_ν wurden von mehreren Autoren durchgeführt (siehe u.a. [Blo84, Yan84]). Die Ergebnisse von [Yan84] sind in Abb. 3.2 und Abb. 3.3 wiedergegeben. Für $Y_p < 0.25$ sind im wesentlichen nur drei leichte Neutrinofamilien mit den Annahmen der primordialen Nukleosynthese verträglich. Vier Neutrinosorten können jedoch nicht vollständig ausgeschlossen werden. Denegri et al. [Den90] leiten eine Obergrenze von

$$N_\nu < 3.6 \tag{3.43}$$

mit einem Konfidenzlimit von 95% ab. Dieses Ergebnis ist in guter Übereinstimmung mit den jüngsten Resultaten von LEP (siehe Kap. 2). Man kann seit den LEP-Ergebnissen andersherum $N_\nu = 3$ als Randbedingung für Rechnungen zur primordialen Nukleosynthese heranziehen (siehe [Ril91]).

Wir wollen zum Abschluß dieses Kapitels noch erwähnen, daß die obige Argumentation nur für leichte Neutrinos mit $m_\nu < 1$ MeV/c^2 gültig ist. Schwerere Neutrinos sind bei Temperaturen von 10^{10}K nicht mehr relativistisch, ihre Häufigkeiten sind thermodynamisch unterdrückt. Selbst wenn man also bei LEP mehr als drei Familien beobachtet hätte, wäre dies nicht notwendigerweise im Widerspruch zur Kosmologie gewesen, da Neutrinos mit $m_\nu > 1$ MeV/c^2 in der Nukleosynthese praktisch keine Rolle mehr spielen, aber über die Zerfallsbreite des Z^0 leicht nachweisbar gewesen wären.

Die kosmologische Häufigkeit schwerer Neutrinos wird durch einen Boltzmann-Faktor

$$a = \exp\left(-\frac{m_\nu c^2}{kT_f}\right) \tag{3.44}$$

gegenüber der leichter Neutrinos unterdrückt. T_f bezeichnet hierin die Temperatur, bei der das schwere Neutrino entkoppelt. Der Faktor (3.44) gibt die Häufigkeit eines Neutrinos mit der Masse m_ν im Vergleich zu einem masselosen Neutrino bei T_f an.

Es läßt sich folgende Formel für den Beitrag schwerer, stabiler Neutrinos der Masse m zur Materiedichte des Universums herleiten [Kol90]:

$$\Omega_{\nu\bar{\nu}}h^2 = 3(mc^2/\text{GeV})^{-2}\left[1 + \frac{3\ln(mc^2/\text{GeV})}{15}\right], \tag{3.45}$$

3.3 Die primordiale Nukleosynthese

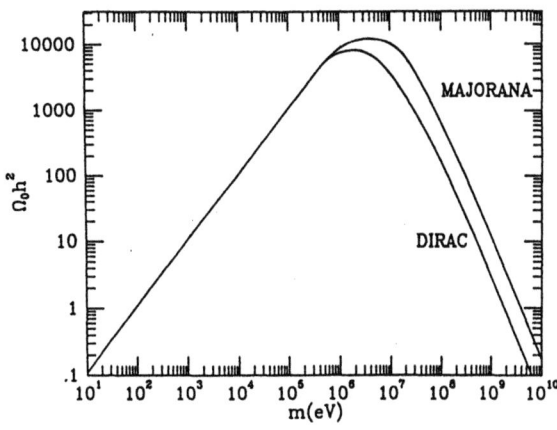

Abb. 3.4
Der Beitrag eines schweren, stabilen Neutrinos der Masse m zur Materiedichte des Universums (aus [Kol90], $\Omega_0 = \Omega_\nu$). Nur Neutrinomassen kleiner als $92h^2$ eV/c^2 oder größer als 2 GeV/c^2 (Dirac-Fall) bzw. 5 GeV/c^2 (Majorana-Fall) sind kosmologisch akzeptabel.

wobei die identische Resthäufigkeit des Antineutrinos mitberücksichtigt wurde; $\Omega_{\nu\bar{\nu}} = 2\Omega_\nu$ (siehe Abb. 3.4).

Um mit $\Omega \leq 1$ im Einklang zu bleiben, muß $m \gtrsim 2$ GeV/c^2 sein (siehe auch [Kol86b]). Dies wird oft als *Lee-Weinberg-Grenze* bezeichnet. Neutrinos mit Massen zwischen 100 eV/c^2 und 2 GeV/c^2 müssen deswegen instabil sein, so also auch das diskutierte 17 keV Neutrino (siehe Kap. 6). Massen über 2 GeV/c^2 sind aber kosmologisch wieder akzeptabel, und solch schwere Neutrinos stellen einen guten Kandidaten für dunkle Materie dar. Der Zerfall der Neutrinos unterhalb der Lee-Weinberg-Grenze kann nicht über $\nu_s \to \nu_l + \gamma$ erfolgen, da sonst der Beitrag zum kosmischen γ-Hintergrund zu stark wäre (siehe z.B. [Kol90]). Daraus ergibt sich beispielsweise die Möglichkeit eines Zerfalls unter Emission von Majoronen (siehe z.B. [Moh91a, Gel91]).

Die genannte Lee-Weinberg-Grenze gilt allerdings nur, wenn die schweren Neutrinos stabil sind. Da sehr schwere Neutrinos sehr wahrscheinlich instabil sind, müssen der Zerfallsmodus und die Lebensdauer des jeweiligen hypothetischen Neutrinos berücksichtigt werden (siehe [Tur81, Kol84b, Kol86c]). Einen detaillierten Überblick über die kosmologischen und experimentellen Grenzen für instabile Neutrinos gibt [Roo88].

Zusätzliche relativistische Teilchen sind nicht der einzige Weg, um die Expansionsrate zu verändern. Auch eine zeitlich veränderliche Gravitationskonstante hätte einen Einfluß auf die Entwicklung des Kosmos. Anhand des ^{4}He-Anteils läßt sich die zeitliche Variation von G über kosmologische Zeiträume hinweg überprüfen. Wir kommen auf diesen Sachverhalt noch einmal in Kap. 12 zurück.

4 Der Protonzerfall

4.1 Die Baryonenzahl

Die Baryonenzahl B ist eine additive Quantenzahl. Bislang konnte keine elementare Wechselwirkung mit der Größe B in Verbindung gebracht werden (vgl. dazu auch Kap. 11 über die fünfte Kraft). Diese neue Wechselwirkung müßte entweder wie die elektromagnetische Wechselwirkung eine unendliche Reichweite besitzen, oder aber sie wäre unter gewissen Voraussetzungen mit der Existenz eines neuen Teilchens, des sogenannten Majorons (siehe Abschn. 6.2.3), verknüpft. Obwohl also dem Satz von der Erhaltung der Baryonenzahl kein fundamentales Symmetrieprinzip zugrundeliegt, konnte bis heute noch kein Prozeß beobachtet werden, bei dem sich B ändern würde.

Der Zerfall von Nukleonenresonanzen, von Hyperonen und ihren Resonanzen führt nach unserem jetzigen Kenntnisstand ausnahmslos auf ein Proton oder ein Neutron, wobei letzteres dann über die schwache Wechselwirkung in ein Proton zerfällt. Es treten nur Übergänge zwischen verschiedenen Baryonen auf, eine Vernichtung oder Erzeugung *einzelner* solcher Teilchen ist nicht möglich. Ordnet man den Baryonen die Baryonenzahl $B = 1$, den Antibaryonen entsprechend $B = -1$ und allen anderen Elementarteilchen $B = 0$ zu, so läßt sich die experimentelle Beobachtung durch die Forderung nach einer Erhaltung der Summe der Baryonenzahl bei einer beliebigen Reaktion ausdrücken. Ein Beispiel für eine erlaubte Reaktion ist die $p\bar{p}$-Paarerzeugung in der e^+e^--Annihilation

$$e^+ + e^- \rightarrow p + \bar{p}. \tag{4.1}$$

Wird die Baryonenzahl von allen Wechselwirkungen exakt erhalten, so folgt, daß das Proton absolut stabil ist, da es das leichteste Baryon ist. Der nach der Erhaltung von Energie, Drehimpuls und elektrischer Ladung mögliche, hypothetische Prozeß

$$p \rightarrow e^+ + \gamma \tag{4.2}$$

wäre dann verboten. Die Stabilität des Protons stellt damit einen sehr empfindlichen Test für die exakte Erhaltung von B dar.

Im Jahre 1929 versuchte Weyl erstmals die Protonstabilität durch die Postulierung einer neuen Erhaltungsgröße zu erklären [Wey29]. Diese Idee wurde

4.1 Die Baryonenzahl

1939 von Stückelberg [Stü39] und später im Jahre 1949 von Wigner [Wig49] wieder aufgegriffen und führte schließlich auf die oben beschriebene Zuordnung der Baryonenzahl. Die Erklärung der Protonstabilität durch die Einführung einer neuen Quantenzahl ohne Stützung auf ein unterliegendes Symmetrieprinzip ist jedoch unbefriedigend, da sie gegenwärtig nur als (äußerst nützliches) Konzept zur „Buchhaltung" betrachtet werden kann.

Bereits 1967 gab Sacharov sehr allgemeine Gründe dafür an, warum man eine Instabilität des Protons erwarten sollte [Sac67]. Ausgehend von der P- und der CP-Verletzung und dem Fehlen von größeren Mengen an Antimaterie in einem expandierenden Universum folgerte er die Existenz des Nukleonzerfalls. Der Überschuß der Materie gegenüber Antimaterie im heutigen Universum steht im Widerspruch zu der allgemeinen Annahme, daß kurz nach dem Urknall eine Symmetrie zwischen Teilchen und Antiteilchen bestanden haben sollte. Um die Erzeugung eines Materieüberschusses zu erreichen, benötigt man i.a. (siehe auch Kap. 3) eine Verletzung der Baryonenzahl-Erhaltung, die CP-Verletzung und ein thermisches Nichtgleichgewicht (vgl. auch [Wei79a]):

Die elementaren Wechselwirkungen müssen CP-verletzend sein, denn dann können Prozesse, welche zu Baryonen führen, mit größerer Rate ablaufen als die entsprechenden CP-konjugierten Prozesse, welche auf Antibaryonen führen. Die Zerfälle der X- (und Y-) Bosonen (siehe Kap. 1.5.3)

$$X \xrightarrow{r} u + u, \qquad X \xrightarrow{1-r} \bar{d} + e^+, \tag{4.3a}$$

$$\bar{X} \xrightarrow{\bar{r}} \bar{u} + \bar{u}, \qquad \bar{X} \xrightarrow{1-\bar{r}} d + e^- \tag{4.3b}$$

können zu einem Überschuß von u, d und e^- über $\bar{u}$, $\bar{d}$ und e^+ führen, wenn $r > \bar{r}$ ist. Aus der CP-Invarianz würde dagegen $r = \bar{r}$ folgen. Wenn die Baryonenzahl eine erhaltene Größe ist, dann sind die Zerfälle in (4.3) nicht alle erlaubt. Dies bedeutet, die Erklärung der Materie-Antimaterie-Asymmetrie erfordert unter der Annahme eines ursprünglich symmetrischen Zustands eine B-Verletzung. Schließlich können die beiden bislang genannten Bedingungen nur im thermischen Nichtgleichgewicht zu einem Baryonenüberschuß führen. Im thermodynamischen Gleichgewicht ist keine Zeitrichtung ausgezeichnet. Selbst wenn die Reaktionsraten zur Bildung von Baryonen größer als die zur Bildung von Antibaryonen sind, so gilt dasselbe jedoch auch für die inversen Reaktionen. Im Gleichgewicht sind die Verhältnisse der Teilchenzahlen unabhängig von der Reaktionsdynamik.

Tatsächlich sagen die meisten Theorien der Großen Vereinigung einen Zerfall des Protons bzw. des gebundenen Neutrons und damit eine Verletzung der

Baryonenzahlerhaltung voraus (siehe Kap. 1). In der Entwicklung der modernen Feldtheorien bildet die Ersetzung von globalen Symmetrien durch lokale, möglicherweise spontan gebrochene Eichinvarianzen einen wesentlichen Gesichtspunkt. Die Lagrangedichte des Standardmodells der elektroschwachen Wechselwirkung erhält die Baryonenzahl B und die Leptonenzahl L separat. Die $SU(5)$-Eichtheorie dagegen verletzt die B- und die L-Erhaltung, enthält jedoch noch einen globalen Erhaltungssatz, der die Differenz von Baryonen- und Leptonenzahl betrifft (($B-L$)-Erhaltung). Letztere wird in der Erweiterung auf die $SO(10)$-Eichgruppe durch eine spontan gebrochene, lokale Eichinvarianz ersetzt [Mar80c]. Falls die der schwachen Wechselwirkung zugrunde liegenden Symmetrien aus einer Substruktur von Quarks und Leptonen herrührten (und falls die Kräfte auf diesem Substrukturniveau ähnlich den in der Kernphysik wirkenden wären, d.h. der QCD), dann würde als die natürliche Symmetrie der schwachen Wechselwirkung $SU(2)_L \otimes SU(2)_R \otimes U(1)_{B-L}$ anstelle von $SU(2)_L \otimes U(1)$ auftreten (siehe [Moh86a], S. 116 ff.).

Der Suche nach dem Protonzerfall kommt neben den im nächsten Kapitel zu besprechenden $n\bar{n}$-Oszillationen im Zusammenhang mit der Entwicklung von GUT-Modellen eine große Bedeutung zu, da beide zu den wenigen experimentell zugänglichen direkten Konsequenzen gehören.

4.2 Theoretische Vorhersagen für die Lebensdauer des Protons

Eine untere Grenze für die Lebensdauer des Protons läßt sich sofort aus der Tatsache ableiten, daß wir existieren. Diese einfache Beobachtung ergibt, daß die Lebensdauer des Protons auf jeden Fall größer als das Alter des Universums von etwa 10^{10} Jahren sein muß. Man kann diese Grenze durch folgende Überlegung noch weiter nach oben drücken. Wäre die Lebensdauer des Protons kürzer als 10^{16} Jahre, dann würden die ungefähr 10^{28} im menschlichen Körper vorhandenen Protonen mit einer mittleren Rate von 10^{12} Protonen pro Jahr zerfallen, d.h. etwa 30000 Zerfälle pro Sekunde. Diese große Anzahl zerfallender Protonen wäre jedoch lebensbedrohlich (vgl. [Bet86a, Gro89,90,92]).

Gängige GUT-Modelle sagen dagegen sehr viel kleinere Zerfallsraten vorher.

4.2.1 Der Protonzerfall im $SU(5)$-Modell

Das 1974 von Georgi und Glashow vorgeschlagene minimale $SU(5)$-Modell ist die einfachste in Frage kommende Eichtheorie, die die $SU(3)_c$- und

4.2 Theoretische Vorhersagen für die Lebensdauer des Protons

die $SU(2)_L \otimes U(1)$-Gruppe als Untergruppen einer *einfachen* Eichgruppe enthält. Die 15 elementaren linkshändigen Fermionenfelder sind in einem $\bar{5}$-Multiplett und einem Dekuplett angeordnet (1.137).

Die Gruppe $SU(5)$ besitzt 24 Generatoren (siehe Kap. 1.5), d.h. es treten 24 Eichfelder auf, die die $SU(5)$-Wechselwirkungen vermitteln. 12 dieser 24 Eichbosonen sind bereits bekannt, es handelt sich um die 8 Gluonen der Farbwechselwirkung, die $W^{\pm}$- und Z^0-Bosonen sowie das Photon. Zusätzlich werden 12 neue Eichbosonen eingeführt, die als X- und Y-Bosonen bezeichnet werden. Deren Eigenschaften wurden bereits in Kap. 1 besprochen (siehe Tab. 1.3, 1.4). Die Masse dieser Austauschteilchen entspricht etwa der Vereinigungsenergie von 10^{15} GeV.

Die wohl wichtigste niederenergetische Vorhersage des $SU(5)$-Modells ist der Nukleonzerfall. Da Leptonen und Quarks in demselben Multiplett angeordnet sind, können die X- und Y-Bosonen Übergänge zwischen beiden Teilchensorten vermitteln. Solche B-verletzenden Übergänge werden durch die Diagramme in Abb. 4.1 beschrieben. Diese Graphen können bei niederen Energien durch eine effektive 4-Fermionen-Wechselwirkung ersetzt werden [Wei79b, Wil79, Bec81]

$$\mathcal{L}_{\text{GUT}} = \frac{4}{\sqrt{2}} g_{\text{GUT}} [(\bar{u}_L^c \gamma_\mu u_L)(2\bar{e}_L^+ \gamma^\mu d_L + \bar{e}_R^+ \gamma^\mu d_R) \\ + (\bar{u}_L^c \gamma_\mu d_L)(\bar{\nu}_e \gamma^\mu d_R) + \text{h.c.}]. \tag{4.4}$$

Wie beim Übergang von der GWS-Theorie der elektroschwachen Wechselwirkung zu Fermi's Vierfermionen-Ansatz geht die Kopplungskonstante der $SU(5)$ g_5 in eine effektive Kopplungskonstante g_{GUT} über

$$\frac{g_{\text{GUT}}}{\sqrt{2}} = \frac{g_5^2}{8M_X^2} = \frac{g_5^2}{8M_Y^2}. \tag{4.5}$$

Die durch die virtuellen X- und Y-Bosonen vermittelte Wechselwirkung ist wegen der großen Masse $M_X c^2 \sim 10^{15}$ GeV sehr schwach und sehr kurzreichweitig, die Reichweite $R \sim \hbar/M_X c$ beträgt nur etwa 10^{-29} cm. Da die Ausdehnung des Nukleons mit 10^{-13} cm um 16 Zehnerpotenzen größer ist, be-

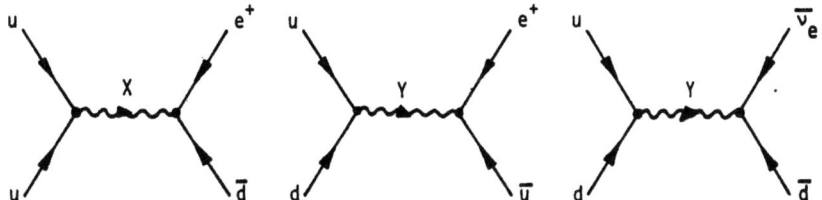

Abb. 4.1 B-verletzende Übergänge zwischen Quarks und Leptonen im $SU(5)$-Modell (aus [Bec81]).

4 Der Protonzerfall

finden sich die Quarks nur extrem selten in einem gegenseitigen Abstand, der einen Prozeß wie in Abb. 4.1 ermöglicht.

Bevor wir zu einer Abschätzung der Protonlebensdauer kommen, wollen wir kurz die verschiedenen Zerfallskanäle diskutieren. Weinberg stellte 1979 zwei allgemeine Auswahlregeln für Baryonen- und Leptonenzahl-verletzende Prozesse auf, die durch den Austausch eines sehr schweren skalaren oder vektoriellen Teilchens vermittelt werden [Wei79b]

$$\frac{\Delta L}{\Delta B} = 1, \qquad \frac{\Delta S}{\Delta B} = 0 \text{ oder } -1, \tag{4.6}$$

wobei S die Strangenessquantenzahl bezeichnet. Die erste Regel fordert, daß eines der Zerfallsprodukte des Protons ein Antilepton (e^+, μ^+, $\bar{\nu}_i$, $i = e, \mu, \tau$) sein muß. Nach der zweiten Auswahlregel entsteht entweder ein Meson mit $S = 0$ (π, η, ρ, ω) oder ein Meson mit positiver Strangeness (K^+, K^0, $K^*(892)$), so daß die möglichen Zerfallskanäle stark eingeschränkt sind. Die im $SU(5)$-Modell erlaubten Zerfallsmoden für das Proton und das Neutron sind [Moh86a]

$$\begin{aligned} p &\to e^+ \pi^0 \\ &\to e^+ \rho^0 \\ &\to e^+ \omega^0 \\ &\to e^+ \eta \\ &\to \bar{\nu} \rho^+ \\ &\to \bar{\nu} \pi^+ \\ &\to \mu^+ K^0 \\ &\to \bar{\nu}_\mu K^+ \end{aligned} \tag{4.7a}$$

und

$$\begin{aligned} n &\to \nu \omega \\ &\to \bar{\nu} \rho^0 \\ &\to \bar{\nu} \pi^0 \\ &\to e^+ \rho^- \\ &\to e^+ \pi^- \\ &\to \bar{\nu}_\mu K^0 \, . \end{aligned} \tag{4.7b}$$

Zusätzliche Symmetriebetrachtungen und Phasenraumargumente führen zu Vorhersagen für die Verzweigungsverhältnisse, die für den Zerfall des Protons in Tab. 4.1 zusammengefaßt sind [Luc86].

4.2 Theoretische Vorhersagen für die Lebensdauer des Protons

Tab. 4.1 Im $SU(5)$-Modell erwartete Verzweigungsverhältnisse für den Protonzerfall (nach [Luc86]).

Zerfallsmodus	Verzweigungsverhältnis [%]
$p \to e^+\pi^0$	31 – 46
$p \to e^+\eta$	0 – 8
$p \to e^+\rho^0$	2 – 18
$p \to e^+\omega$	15 – 29
$p \to \bar{\nu}_e \pi^+$	11 – 17
$p \to \bar{\nu}_e \rho^+$	1 – 7
$p \to \mu^+ K^0$	1 – 20
$p \to \bar{\nu}_\mu K^+$	0 – 1

Im minimalen $SU(5)$-Modell erweist sich der Zerfallskanal

$$p \to e^+\pi^0 \tag{4.8}$$

als dominant. Abb. 4.2 zeigt einige Diagramme, die zu diesem Zerfallskanal beitragen. Die Zerfallsrate kann anhand solcher Graphen leicht wie folgt abgeschätzt werden. Der führende Beitrag zur Übergangsamplitude stammt von der Propagatorfunktion des X-Bosons

$$A_p \sim \frac{1}{q^2 c^2 - M_X^2 c^4} \, . \tag{4.9}$$

Da der Impulsübertrag klein gegen die Masse der Eichbosonen ist, folgt

$$A_p \sim \frac{1}{M_X^2 c^4} \, . \tag{4.10}$$

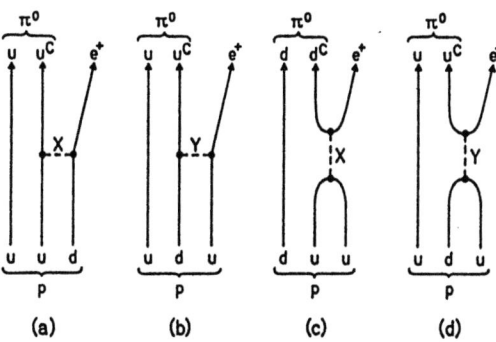

Abb. 4.2
Einige Diagramme zum Protonzerfall $p \to e^+ + \pi^0$ im $SU(5)$-Modell (aus [Gro89]).

4 Der Protonzerfall

Die X- und Y-Bosonen koppeln mit der Stärke $\sqrt{\alpha_5}$ an die Quarks und Leptonen, wobei

$$\alpha_5 = \frac{g_5^2}{4\pi\hbar c\varepsilon_0} \tag{4.11}$$

(ε_0 ist die Dielektrizitätskonstante des Vakuums). Für die Prozesse zweiter Ordnung in Abb. 4.2 folgt damit

$$A_p \sim \frac{\alpha_5}{M_X^2 c^4}. \tag{4.12}$$

Dies entspricht im wesentlichen der in (4.4) eingeführten effektiven Kopplungskonstante. Aus Dimensionsgründen ergibt sich damit folgende Abschätzung für die Zerfallsbreite

$$\Gamma_p \sim \alpha_5^2 \frac{m_p^5 c^2}{M_X^4}. \tag{4.13}$$

Als Energieskala wurde hierbei die Ruheenergie des zerfallenden Protons verwendet. Die Lebensdauer des Protons

$$\tau_p = \frac{\hbar}{\Gamma_p} = D \frac{M_X^4}{\alpha_5^2 m_p^5 c^2} \tag{4.14}$$

wächst demnach mit der vierten Potenz der Masse des Austauschteilchens. Der Faktor m_p^{-5} gibt näherungsweise die Phasenraumabhängigkeit wieder. Wegen $m_p c^2 \gg m_\pi c^2 + m_e c^2$ ist die Zerfallsenergie nahezu gleich der Ruheenergie des Protons. Der Faktor D berücksichtigt die Tatsache, daß die Quarks, zwischen denen die Bosonen ausgetauscht werden, in einem Proton gebunden sind. Diese Korrekturen sind jedoch von der Größenordnung 1, d.h. $D \approx \hbar$. Wenn α_5 und M_X bekannt sind, ergibt sich eine konkrete Vorhersage für τ_p.

Die GUT-Parameter M_X und α_5 lassen sich durch Extrapolation der $U(1)$-, $SU(2)$- und $SU(3)$-Kopplungskonstanten zu hohen Energien bis zum Vereinigungspunkt hin mit Hilfe der Renormierungsgruppengleichung ermitteln (vgl. Abschn. 1.5.2). Die Empfindlichkeit gegenüber den Details des Modells ist gering, wegen der M_X^4-Abhängigkeit von τ_p muß die Masse der X-Bosonen jedoch unter Berücksichtigung aller möglichen Korrekturen sehr genau bestimmt werden. Verschiedene Untersuchungen liefern für α_5 und M_X ähnliche Resultate [Lan81, Lan86]

4.2 Theoretische Vorhersagen für die Lebensdauer des Protons

$$\alpha_5(M_X^2) = 0.0244 \pm 0.0002 \quad (4.15a)$$

$$M_X c^2 = 1.3 \cdot 10^{14} \text{ GeV} \cdot \left[\frac{\Lambda}{100 \text{ MeV}}\right] (\pm 50\%). \quad (4.15b)$$

Λ ist der Skalenfaktor aus (1.131a). Insgesamt erhält man im $SU(5)$-Modell folgende Lebensdauer für den dominanten Zerfallskanal $p \to e^+ + \pi^0$

$$\tau_p(p \to e^+ + \pi^0) = 6.6 \cdot 10^{28 \pm 0.7} \left[\frac{M_X c^2}{1.3 \cdot 10^{14} \text{ GeV}}\right]^4 \text{ Jahre}$$

$$= 6.6 \cdot 10^{28 \pm 1.4} \left[\frac{\Lambda}{100 \text{ MeV}}\right]^4 \text{ Jahre}. \quad (4.16)$$

Mit $\Lambda = 300$ MeV ergibt sich

$$\tau_p(p \to e^+ + \pi^0) = 5.3 \cdot 10^{30 \pm 1.4} \text{ Jahre}, \quad (4.17)$$

d.h. die Lebensdauer sollte auf jeden Fall kleiner als 10^{32} Jahre sein.

4.2.2 Der Protonzerfall in supersymmetrischen GUT-Modellen

Neben dem minimalen $SU(5)$-Modell gibt es eine Vielzahl von weiteren Ansätzen für Theorien der Großen Vereinigung. Die meisten dieser Ansätze erlauben jedoch keine explizite Vorhersage der Lebensdauer des Protons. Interessant ist, daß die in Abschn. 12.2 etwas ausführlicher erläuterten Kaluza-Klein-Theorien Lebensdauern im Bereich von 10^{45} Jahren ergeben. Vorhersagen im Rahmen *nicht*-supersymmetrischer $SO(10)$-Modelle liegen im Bereich von 10^{32} bis 10^{38} Jahren [Lee95].

Im folgenden wollen wir den Protonzerfall im Rahmen von supersymmetrischen Modellen noch etwas eingehender diskutieren. Da die Lebensdauer des Protons proportional zur vierten Potenz der Masse des X-Bosons ist, hat die Erweiterung der normalen GUT-Modelle zu supersymmetrischen GUT-Modellen interessante Konsequenzen für die Stabilität des Nukleons. Die Energie der Brechung der GUT-Symmetrie kann mit Hilfe der Renormierungsgruppengleichung (siehe Abschn. 1.5.2) aus dem Niederenergieverhalten der Kopplungskonstanten extrapoliert werden. Dabei geht aber die Anzahl der beteiligten Teilchen ein. Die Einführung der Supersymmetrie, d.h. der Zuordnung eines bosonischen Partners zu jedem Fermion und umgekehrt, führt zwangsläufig zu einer Verdopplung der Zahl der elementaren Teilchen. Diese Vergrößerung des Teilchenspektrums bedingt, daß die Kopplungskonstanten erst bei einer Energie von etwa 10^{16} GeV zusammenlaufen [Lan86, Lan88]. Im minimalen SUSY-GUT-Modell gilt daher

$$M_X^{\text{SUSY}} c^2 \simeq 4.8 \cdot 10^{15} \text{ GeV} \left[\frac{\Lambda}{100 \text{ MeV}}\right]. \quad (4.18)$$

Der Zerfallskanal $p \rightarrow e^+ + \pi^0$ wird dadurch stark verlangsamt. Eine andere Folge der Supersymmetrie ist, daß in solchen Modellen nicht mehr der Zerfall in ein Positron und ein neutrales Pion, sondern vielmehr die Übergänge $p \rightarrow K^+ + \bar{\nu}_\mu$ und $n \rightarrow K^0 + \bar{\nu}_\mu$ als dominant vorhergesagt werden. Letztere sind experimentell schwerer zugänglich. Supersymmetrische $SO(10)$-Modelle mit automatischer Erhaltung der R-Parität liefern weit weniger klare Vorhersagen [Lee95a].

Die Beobachtung des Nukleonzerfalls wäre als Test der Großen Vereinigungstheorien außerordentlich wichtig, insbesondere hinsichtlich der Extrapolation der Energieskala über 13 Größenordnungen hinweg.

4.3 Experimente zum Protonzerfall

Der Grundgedanke bei der Durchführung von Experimenten zur Suche nach dem Zerfall des Nukleons ist recht einfach. Doch obwohl man weiß, wonach man in den Experimenten suchen soll, sind die theoretischen Vorhersagen äußerst schwierig zu testen. Eine Halbwertszeit von 10^{30} Jahren entspricht dem Zerfall von etwa einem Nukleon pro Tag in 1000 Tonnen Materie ($\simeq 5 \cdot 10^{32}$ Nukleonen). Eine Sensitivität auf 10^{33} Jahre erfordert bereits den Nachweis von einem Zerfall pro Jahr in 3000 t Materie. Wegen der enorm langen erwarteten Halbwertszeiten für diesen Prozeß sind Protonzerfallsexperimente nur sinnvoll, wenn viele hundert bis tausend Tonnen an Material für mehrere Jahre beobachtet werden.

Bei dem Zerfall $p \rightarrow e^+ + \pi^0$ mit dem anschließenden Zerfall des Pions in zwei γ-Quanten entstehen zwei elektromagnetische Schauer, die durch geeignete Zähler nachgewiesen werden können. Um störende Effekte durch die kosmische Untergrundstrahlung möglichst klein zu halten, werden diese Experimente tief unter der Erdoberfläche durchgeführt. Darüber hinaus ist es notwendig, die Energien und Teilchenbahnen zu vermessen, um die Zerfallskandidaten von Hintergrundereignissen zu trennen.

Es gibt im wesentlichen zwei Methoden, um nach dem Zerfall des Nukleons zu suchen:

1. Nachweis des Kerns, der dadurch entsteht, daß ein komplexer Kern ein Nukleon verliert. Diese Methode ist dann von Vorteil, wenn der Tochterkern nicht auf einem anderen Wege erzeugt werden kann.
2. Direkter Nachweis der beim Zerfall emittierten Teilchen.

4.3.1 Indirekter Nachweis

Der Vorteil des indirekten Nachweises (Methode 1) besteht darin, daß er praktisch unabhängig von dem Zerfallskanal ist. Selbst ein „spurloses" Verschwinden eines Nukleons wäre dadurch nachweisbar, daß das Nukleon ein Loch in einer besetzten Schale hinterläßt. Der Tochterkern entsteht in einem angeregten Zustand, so daß der Nukleonzerfall durch eine Kette von Zerfällen zu einem leicht identifizierbaren Tochterkern nachgewiesen werden könnte.

Das Verschwinden eines Nukleons in einem schweren Kern könnte z.B. spontane Spaltung hervorrufen, wenn die Anregungsenergie über der Schwelle für Spaltung liegt. Die Halbwertszeit von ^{232}Th gegenüber spontaner Spaltung ist größer als 10^{21} Jahre [Fle58]. Da jedes der 232 Nukleonen im Thorium-Kern eine Spontanspaltung auslösen könnte, muß die Lebensdauer des Nukleons größer als 10^{23} Jahre sein. Ein ähnliche Grenze erhält man durch die Suche nach dem freien Neutron, das nach dem Zerfall des Protons in einem Deuteriumkern übrig bleibt.

Einige Tochterkerne, die durch den Zerfall des Protons entstehen können, werden nur in geringen Mengen durch andere Prozesse erzeugt. Dies ermöglicht Experimente, die auf der radiochemischen Analyse geologischer Proben beruhen. Bestimmt man die Menge eines geeigneten Nuklids, die sich über geologische Zeiträume in Erzproben angesammelt hat, so bekommt man Aussagen über die Lebensdauer des Protons. Die Unsicherheiten dieser Methode sind dadurch bedingt, daß man die Vorgeschichte der Erzproben nur unzureichend kennt.

Beim Zerfall eines im ^{39}K gebundenen Nukleons entsteht entweder ein ^{38}K- oder ein ^{38}Ar-Kern. Mit einer Wahrscheinlichkeit von etwa 21% gehen diese unter Emission eines weiteren Nukleons in ^{37}Ar über. Da ^{37}Ar radioaktiv ist, kann die Konzentration solcher Kerne durch ihre Strahlung gemessen werden. Das größte Problem bei diesem Experiment besteht darin, eine Gesteinsprobe zu finden, die seit ihrer Entstehung nicht an die Erdoberfläche gelangt sein konnte. Aus dem Verhältnis von ^{37}Ar zu ^{39}K läßt sich die Anzahl der Nukleonen ermitteln, die während der geologischen Periode zerfallen sind (vgl. [LoS85]).

Untergrundeffekte können sehr viel besser in radiochemischen Analysen abgeschätzt werden, die unabhängig von der ungewissen geologischen Vergangenheit sind. Dazu geht man von einer reinen Probe einer geeigneten Substanz aus und versucht, die nach Ablauf einer bestimmten Zeit durch den Nukleonzerfall erzeugten Kerne chemisch nachzuweisen. In dem empfindlichsten Experiment dieser Art wurden zwei Tonnen Kaliumazetat in die

4 Der Protonzerfall

Tab. 4.2 Grenzen für die Lebensdauer τ_N des Nukleons aus indirekten Methoden (nach [Gol80]).

Methode	Grenze [Jahre]
spontane Spaltung von ^{232}Th	$\tau_N > 2 \cdot 10^{23}$
Deuteron	$\tau_N > 3 \cdot 10^{23}$
^{130}Te $\to$ ^{129}Xe	$\tau_N > 1.6 \cdot 10^{25}$
^{39}K $\to$ ^{37}Ar	$\tau_N > 2.2 \cdot 10^{26}$

Homestake-Goldmine in Süd-Dakota gebracht. Man war in der Lage, einige wenige Argonatome aus der 2 t schweren Probe zu extrahieren. Die Messungen ergaben eine ^{37}Ar-Produktion von weniger als einem Atom pro Tag, entsprechend einer Untergrenze für die Lebensdauer des Nukleons von $2.2 \cdot 10^{26}$ Jahren [Ste77].

Tab. 4.2 gibt einen Überblick über Grenzen für die Lebensdauer des Nukleons, die durch indirekte Methoden bestimmt wurden (aus [Gol80]).

4.3.2 Direkter Nachweis

Die zweite Methode ist, den Protonzerfall durch den direkten Nachweis der beim Zerfall emittierten Teilchen zu identifizieren. Solche Messungen sind jedoch im allgemeinen nicht auf alle denkbaren Zerfallskanäle empfindlich. Im Jahre 1953 führten Reines, Cowan and Goldhaber erstmals eine Suche nach dem Protonzerfall mit einem massiven Detektor durch [Rei54]. Der Detektor bestand aus einem Tank, der mit 300 Litern Szintillationsflüssigkeit zum Nachweis geladener Teilchen gefüllt war. Die Lichtblitze wurden von neunzig Photomultipliern registriert. Der gesamte Detektor wurde zur Abschirmung der kosmischen Strahlung ca. 30 m tief unter der Erdoberfläche installiert. Man ermittelte eine untere Grenze für τ_p von 10^{22} Jahren.

In den nachfolgenden Jahren wurde ein Reihe weiterer Experimente durchgeführt. Reines und Mitarbeiter konstruierten einen Detektor aus 20 t CH_2-Flüssigszintillator, der in einer südafrikanischen Goldmine in der Nähe von Johannesburg in 3200 Metern Tiefe installiert wurde [Rei74]. Der Szintillator war von ungefähr 84000 Photomultipliern umgeben. Man suchte insbesondere nach Ereignissen, bei denen ein Myon im Detektor gestoppt wird und anschließend zerfällt. Diese Myonen können z.B. aus den Zerfällen

$$p \to \mu^+ + \pi^0 \quad \text{oder} \quad p \to \nu + \pi^+, \quad \pi^+ \to \mu^+ + \nu_\mu \qquad (4.19)$$

stammen. Die Tiefe von 3200 m garantiert, daß keine Myonen mehr aus der Höhenstrahlung auf den Detektor treffen. Neutrinos durchqueren die 3200 m dicke Abschirmung jedoch praktisch ungehindert. Durch Wechselwirkungen

4.3 Experimente zum Protonzerfall

im Detektor und dem umliegenden Gestein können Myonen produziert werden. In der Meßperiode von 1965 bis 1974 wurden insgesamt 6 Myonen beobachtet. Dies entspricht dem erwarteten neutrinoinduzierten Myonenfluß in der Goldmine. Es gab also keinen Hinweis auf eine mögliche Instabilität des Protons. Aus den sechs Ereignissen kann eine untere Grenze von

$$\tau_p > 3 \cdot 10^{30} \text{ Jahre} \tag{4.20}$$

für den Zerfall des Protons in einen Endkanal, der ein Myon enthält, bestimmt werden [Lea79].

In den letzten 10 Jahren wurden mehrere Experimente aufgebaut und durchgeführt, die in zwei Klassen eingeteilt werden können, nämlich Mehrschicht-Spurendetektoren und Wasser-Cerenkov-Zähler. Diese beiden Detektortypen sollen in den folgenden Abschnitten beschrieben und gegenübergestellt werden.

4.3.2.1 Mehrschicht-Spurendetektoren

Bei Mehrschicht-Spurendetektoren handelt es sich im Prinzip um riesige Eisenkalorimeter. 3–12 mm dicke Stahl- oder Eisenplatten wechseln sich mit elektronischen Zählern ab, die dem Nachweis von durchgehenden geladenen Teilchen dienen. Als Detektoren werden Plastik-Flashrohre, Proportionalkammern, Streamer-Röhren oder Geiger-Zähler verwendet. Abb. 4.3 zeigt als Beispiel den Aufbau des bis vor kurzem in Betrieb befindlichen

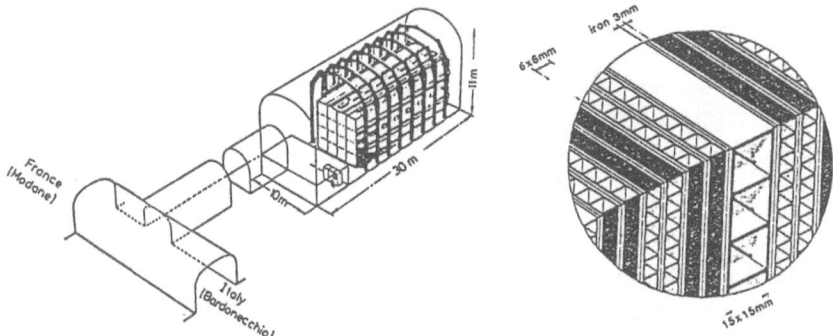

Abb. 4.3 Der Fréjus-Detektor zur Suche nach dem Protonzerfall. Der angegebene Maßstab läßt die gewaltigen Ausmaße des Detektors erkennen. Als zu untersuchendes Material wurden 750 t Eisen verwendet. Der Ausschnitt rechts zeigt die Feinstruktur des Detektors. Da die potentiellen geladenen Zerfallsprodukte in Eisen nur eine kurze Reichweite besitzen, war das Eisen in Form dünner Platten angeordnet, zwischen denen sich streifenförmige Szintillationsdetektoren befanden. Dadurch, daß diese nach je zwei Lagen um 90° verdreht waren, ließen sich die Spuren ionisierender Teilchen dreidimensional rekonstruieren (nach [Mey86]).

Fréjus-Detektors [Mey86]. Der 912 Tonnen schwere Detektor mit einer effektiven Masse von 750 t war in dem Fréjus-Straßentunnel an der französisch-italienischen Grenze untergebracht und wurde von 1550 m Gestein gegen die Höhenstrahlung abgeschirmt. Als Zähler zwischen den 3 mm dicken Eisenplatten dienten 930000 Plastik-Flashrohre und 40000 Geiger-Rohre.

Die Eisenkerne bilden bei diesen Experimenten den Vorrat an Protonen und Neutronen. Im Gegensatz zu den Cerenkov-Zählern besitzen die Spurendetektoren ein sehr gutes Auflösungsvermögen, was eine vergleichsweise gute Rekonstruktion der Teilchenbahnen ermöglicht. Vom Standpunkt der Auflösung aus sind dünne Platten vorzuziehen, allerdings verursachen diese auch größere Kosten, da mehr Teilchenzähler benötigt werden.

Vier große Mehrschicht-Spurendetektoren zur Suche nach dem Zerfall des Nukleons wurden gebaut: KGF [Kri81, Kri82], NUSEX [Bat82, Bat83], Fréjus [Bou88, Ber89, Ber91b] und Soudan II [All88, Thr93]. Die wichtigsten Daten über diese Experimente sind in Tab. 4.3 zusammengefaßt. Ein Nachteil der kalorimetrischen Meßmethode besteht darin, daß keine freien Nukleonen vorliegen, sondern die Protonen und Neutronen vielmehr in komplexen (Eisen-) Kernen gebunden sind. Dies bedingt eine im Vergleich zum Fall freier Nukleonen reduzierte Nachweisempfindlichkeit für hadronische Zerfallskanäle, da die im Zerfall entstehenden Hadronen mit einer Wahrscheinlichkeit von ca. 30% in dem Kern, in dem der Übergang stattfindet, absorbiert werden [Ric87].

Tab. 4.3 Eigenschaften der Protonzerfallsexperimente (Eisenkalorimeter)

	KGF	NUSEX	Fréjus	Soudan II
M_{tot} [t]	140	150	912	1000
M_{eff} [t]	60	113	550	600
Tiefe [m]	2300	1850	1780	760
Wasseräquivalent [m]	7600	5000	4850	1800
Vertexauflösung [cm]	10	1	0.5	~ 0.5
Ort	Kolar-Goldmine	Mont-Blanc-Tunnel	Fréjus-Tunnel	Soudan-Erzmine

Ein praktischer Vorteil der Kalorimeter ist durch den modularen Aufbau gegeben. Dieser ermöglicht insbesondere das Studium des neutrinoinduzierten Untergrundes, indem einzelne Module dem Neutrinostrahl an einem Beschleuniger ausgesetzt werden.

4.3.2.2 Wasser-Cerenkov-Zähler

Bei den Experimenten mit Cerenkov-Zählern umgibt man ein großes Volumen klaren Wassers mit Photomultipliern. Das Wasser dient hierbei als Protonenspender und gleichzeitig als Detektormaterial. Bewegt sich ein geladenes Teilchen durch ein durchsichtiges Medium mit einer Geschwindigkeit v, die größer ist als die des Lichtes in diesem Medium (c/n), so wird Cerenkov-Strahlung emittiert. Der Winkel α zwischen der Flugrichtung des geladenen Teilchens und der Emissionsrichtung der Cerenkov-Strahlung hängt von dem Verhältnis der Geschwindigkeiten ab

$$\cos\alpha = \frac{1}{\beta n}, \qquad \beta = \frac{v}{c}. \tag{4.21}$$

Cerenkov-Zähler sind allerdings nur empfindlich auf geladene Teilchen, deren Geschwindigkeiten oberhalb der Schwelle

$$\beta_T = \frac{1}{n} \tag{4.22}$$

liegen, im Fall von Wasser also bei $\beta_T = 0.75$. Für ein Teilchen, das sich nahezu mit Lichtgeschwindigkeit durch Wasser bewegt, beträgt der Cerenkov-Winkel α etwa 41°.

Die Grundinformation eines Cerenkov-Zählers besteht aus Cerenkov-Ringen für im Detektor gestoppte bzw. zerfallene Teilchen und Cerenkov-Kreisflächen für solche Teilchen, die den Detektor mit einer entsprechenden Geschwindigkeit verlassen. Die Anordnung der Photomultiplier und die zeitliche Abfolge der ansprechenden Photomultiplier ermöglichen die Rekonstruktion der Teilchenbahn und der Richtung. Die Impulshöhen sind ein Maß für den Energieverlust, den ein geladenes Teilchen im Wasser erleidet. Im Vergleich zu den Kalorimetern ist die Auflösung jedoch schlechter.

Da nur geladene Teilchen Cerenkov-Licht emittieren, können neutrale Teilchen nicht direkt nachgewiesen werden. Insbesondere Neutrinos entkommen ungehindert. Andere elektrisch neutrale Elementarteilchen können über sekundäre Zerfallsprodukte nachgewiesen werden. Neutrale Pionen z.B. zerfallen in zwei hochenergetische Photonen, die ihrerseits zwar wieder elektrisch neutral sind, aber dennoch über die Bildung vom e^+e^--Paaren beobachtbare Signale erzeugen.

Ein weiterer Vorteil der Wasser-Cerenkov-Zähler besteht darin, daß 1/5 aller Protonen in Wasser freie Protonen sind. Diese hinterlassen eine besonders deutliche Spur, da es keine Wechselwirkung mit den restlichen Nukleonen in einem Kernverband gibt und weil praktisch keine energetische Verschmierung durch den Fermiimpuls auftritt (s.u.). Darüber hinaus ist Wasser sehr

158 4 Der Protonzerfall

Tab. 4.4 Eigenschaften der Protonzerfallsexperimente (Wasser-Cerenkov-Zähler).

	Kam I (II)	IMB I, III	HPW	Superkam
M_{tot} [t]	3000	8000	680	50000
M_{eff} [t]	880 (1040)	3300	420	22000
Tiefe [m]	825	600	525	825
Wasseräquivalent [m]	2400	1600	1500	2400
Vertexauflösung [cm]	100 (20)	100		10
Ort	Kamioka-Erzmine	Thiokol-Salzbergwerk	King-Silbermine	Kamioka-Erzmine

kostengünstig, die Hauptkosten werden durch die Photomultiplier verursacht.

Bislang wurden drei große Wasser-Cerenkov-Zähler gebaut, nämlich Kamiokande I und II [Hir89], IMB I und III [Sei88] sowie HPW [Phi89]. Die Charakteristika dieser Detektoren sind in Tab. 4.4 zusammengefaßt. Abb. 4.4 zeigt den IMB-Detektor, der in der Thiokol-Salzmine bei Cleveland in Ohio in 700 m Tiefe installiert ist. Die Gesamtmasse beträgt 8000 t. Die Cerenkov-Pulse werden von 2048 Photomultipliern registriert [Sei88]. Bzgl. der Kamiokande-Detektoren siehe Abb. 4.9 bis 4.11.

4.3.2.3 Hintergrund-Ereignisse

Da die erwarteten Zerfallsraten für Protonen und gebundene Neutronen sehr klein sind, benötigt man zur Identifizierung echter Zerfallsereignisse eine sehr genaue Kenntnis der Hintergrundereignisse. Eine Quelle für Hintergrundstrahlung ist die natürliche Radioaktivität, die man nicht vollständig unterdrücken kann, da jedes Abschirmmaterial und das Detektormaterial selbst gewisse radioaktive Verunreinigungen enthalten. Die typischen Zerfallsenergien liegen jedoch im MeV-Bereich, d.h. sie betragen nur etwa 1% der beim Protonzerfall freiwerdenden Energie. Eine einfache Energiemessung ermöglicht daher eine effiziente Unterdrückung dieser Untergrundkomponente.

Sehr viel schwieriger gestaltet sich die Identifizierung von störenden Hintergrundereignissen aus der kosmischen Strahlung, die alle Energieberei-

Abb. 4.4 Der IMB-Wasser-Cerenkov-Zähler, der mit seinen 8000 t Wasser und 2048 Photomultipliern in der Morton-Thiokol-Salzmine bei Cleveland in ca. 700 m Tiefe (1580 m Wasseräquivalent) aufgebaut war. a) Prinzipzeichnung (aus [LoS85b]); b) Blick in den Detektor (Foto Joe Stancampiano und Karl Luttrell, © National Geographic Society)

4.3 Experimente zum Protonzerfall

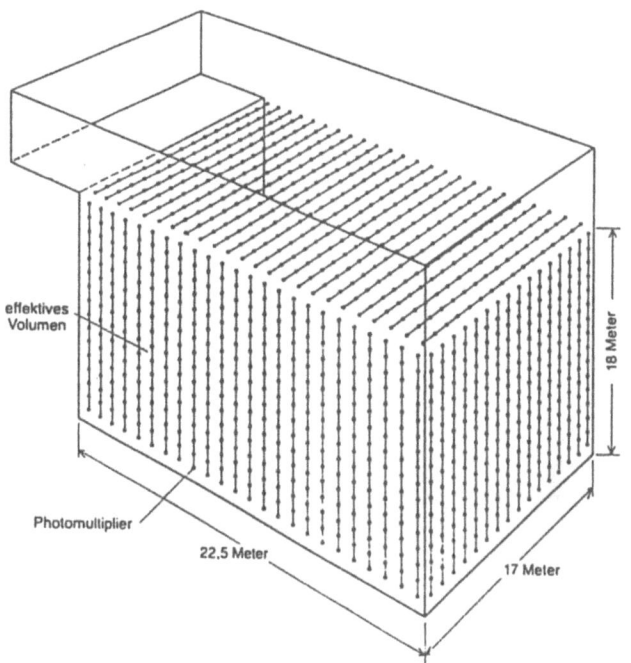

160 4 Der Protonzerfall

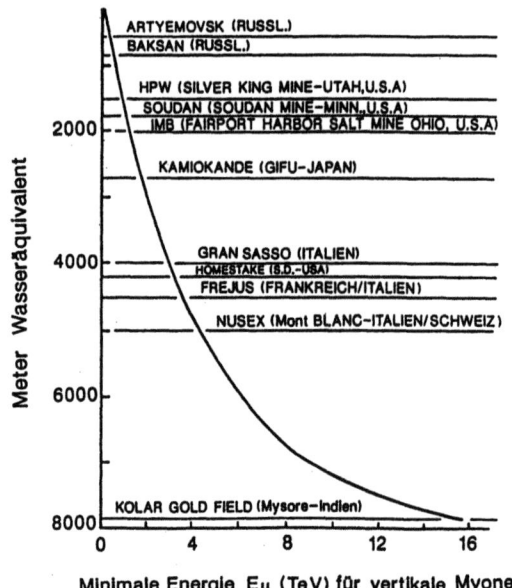

Abb. 4.5
Myonenabschirmung verschiedener Untergrundlabors (aus [Bar88a]).

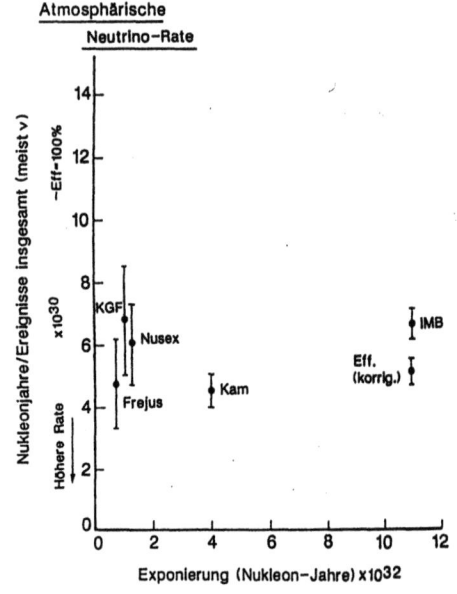

Abb. 4.6
Inverse beobachtete Neutrinorate als Funktion der Exponierung für verschiedene Protonzerfallsdetektoren (nach [LoS85a]).

4.3 Experimente zum Protonzerfall

che umfaßt und an der Erdoberfläche ein breites Teilchenspektrum umfaßt. Um den Fluß der kosmischen Strahlung zu vermindern, werden die großen Detektoren tief unter der Erdoberfläche installiert, etwa in Straßentunneln oder Bergwerken. Die einfallenden Nukleonen und Pionen können bereits durch einige wenige Meter Absorbermaterial abgeschirmt werden. Myonen verlieren dagegen beim Durchqueren von Materie nur sehr wenig Energie. Eine wirksame Abschirmung erfordert daher mehrere Tausend Meter Dicke. Hochenergetische Myonen werden selbst durch solch gewaltige Gesteinsmassen nicht vollständig zurückgehalten. Abb. 4.5 und 6.26 geben die minimale Myonenergie und den gemessenen Myonenfluß in verschiedenen Untergrundlabors wieder (vgl. [Ern84]).

Die durchdringenden Myonen können den Detektor ohne Reaktion durchfliegen, im Detektor zerfallen oder dort Reaktionen auslösen. Darüber hinaus entstehen durch Wechselwirkungen in dem umliegenden Gestein neutrale hadronische Teilchen, die praktisch unbemerkt in den Detektor gelangen und dort Reaktionen auslösen können. Dieser Myonen-induzierte Untergrund wird i.a. dadurch reduziert, daß man das empfindliche Detektorvolumen kleiner wählt als das tatsächliche Volumen. Ereignisse, die außerhalb des inneren Volumens liegen, werden verworfen, da es sich um von außen eindringende Teilchen handeln könnte. Die im empfindlichen Detektorbereich zerfallenden Myonen versucht man über die Zerfallselektronen nachzuweisen.

Begrenzt wird die Empfindlichkeit eines Protonenzerfallsexperiments durch Neutrinos mit Energien im Bereich von $0.5-2$ GeV aus dem Zerfall von kosmischen Myonen, Pionen und Kaonen in der Erdatmosphäre. Der Fluß atmosphärischer Neutrinos ist in Abb. 4.6 für verschiedene Experimente angegeben. Er liegt bei etwa 130 Neutrinos pro 1000 Tonnen und Jahr (siehe [LoS85a]). Zu den Reaktionsprodukten aus Wechselwirkungen dieser Neutrinos gehören unter anderem auch Myonen, Elektronen und Pionen, die ungefähr die gleiche Energie wie die erwarteten Nukleonzerfallsprodukte aufweisen. Um die von Neutrinos induzierten Reaktionen von echten Nukleonenzerfallskandidaten abzutrennen, muß die Geometrie der Ereignisse betrachtet werden. Wenn ein Neutrino mit einem Teilchen wechselwirkt, bewegen sich die Reaktionsprodukte in Vorwärtsrichtung. Zerfällt dagegen ein ruhendes Nukleon, so addieren sich die Impulse der emittierten Teilchen zum Gesamtimpuls Null. Dies bedeutet, daß man „echte" Ereignisse im Prinzip aufgrund der Impuls- und Energieerhaltung identifizieren kann. Für den Zerfall eines freien, ruhenden Nukleons gilt

$$\sum_i \vec{p}_i = 0 \tag{4.23a}$$

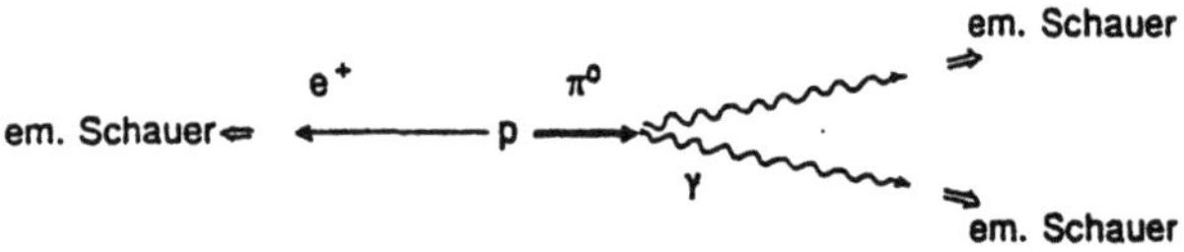

4 Der Protonzerfall

Abb. 4.7 Charakteristische Signatur des dominanten Zerfallskanals $p \to e^+ + \pi^0$ im $SU(5)$-Modell.

$$\sum_i E_i = m_N c^2, \qquad E_i = \sqrt{p_i^2 c^2 + m_i^2 c^4}, \qquad (4.23b)$$

wobei $\vec{p}_i$ und E_i den Impuls bzw. die Energie des i-ten Zerfallsproduktes und m_N die Ruhemasse des Nukleons bezeichnen.

Der im minimalen $SU(5)$-Modell als dominant vorhergesagte Zerfallskanal $p \to e^+ + \pi^0$ ergibt die in Abb. 4.7 angedeutete, charakteristische Signatur. Man erwartet im Detektor zwei elektromagnetische Schauer, die sich in praktisch entgegengesetzte Richtungen entwickeln. Dieses Beispiel zeigt, wie die Geometrie eines Ereignisses als Kriterium bei der Auswertung eingesetzt wird. Dieser Rekonstruktion werden jedoch durch die begrenzte Ortsauflösung Grenzen gesetzt.

Zerfallskanäle mit unsichtbaren Teilchen (Neutrinos) lassen sich auf diese Weise nicht erkennen. Eine weitere Problematik tritt bei im Kern gebundenen Nukleonen auf. Durch den Fermiimpuls $\vec{p}_F$ des zerfallenden Nukleons wird die Geometrie verschmiert. (4.23) geht in diesem Fall über in

$$\sum_i \vec{p}_i = \vec{p}_F, \qquad \sum_i E_i = E_N. \qquad (4.24)$$

Darüber hinaus können die hadronischen Zerfallsprodukte im Kern wechselwirken, wodurch die Detektoreffizienz verringert wird.

Für die Zerfallskanäle $p \to \bar{\nu}+$Mesonen gibt es keine solchen kinematischen Randbedingungen. Die Auslese der Kandidaten hängt stark vom jeweiligen Kanal ab. Der in SUSY-Modellen wichtige Zerfall $p \to K^+ + \bar{\nu}$ ist z.B. durch ein monoenergetisches Myon aus dem Zerfall des gestoppten Kaons ausgezeichnet.

Bei der Auswertung der Ergebnisse und der Analyse der Zerfallskanäle spielen Monte-Carlo-Simulationen eine wichtige Rolle. Die Wahrscheinlichkeit dafür, daß ein Neutrino einen Protonzerfall vortäuscht, liegt bei heutigen Detektoren in der Größenordnung von 1%, entsprechend einer simulierten Protonzerfallsrate von etwa 1 pro 1000 t und Jahr. Dies begrenzt die Empfindlichkeit der Detektoren auf Protonlebensdauern von etwa 10^{33} Jahren.

4.3.2.4 Resultate

Praktisch alle Experimente haben Ereignisse beobachtet, die allen Bedingungen für einen Nukleonenzerfall genügen. Die entsprechenden Raten sind jedoch mit der erwarteten Hintergrundrate verträglich, so daß bislang keine Evidenz für eine Instabilität des Protons besteht.

Nur die Kolar-Gruppe gibt an, tatsächlich einen Protonzerfall gesehen zu haben [Kri81, Kri82]. Aus den 6 beobachteten Ereignissen folgern die Autoren eine mittlere Lebensdauer von etwa $7 \cdot 10^{30}$ Jahren. Dieses Resultat konnte jedoch von anderen Experimenten, die sehr viel empfindlicher sind, nicht bestätigt werden.

Die gegenwärtig besten Grenzen kommen von der IMB-, Kamiokande- und insbesondere der Fréjus-Kollaboration. Aus der Anzahl der Untergrundereignisse für jeden Zerfallskanal läßt sich eine untere Grenze für die partielle Lebensdauer nach folgender Formel ableiten

$$\tau_{p/n}/B = \frac{S\epsilon N_{p/n}}{s_{90}}. \tag{4.25}$$

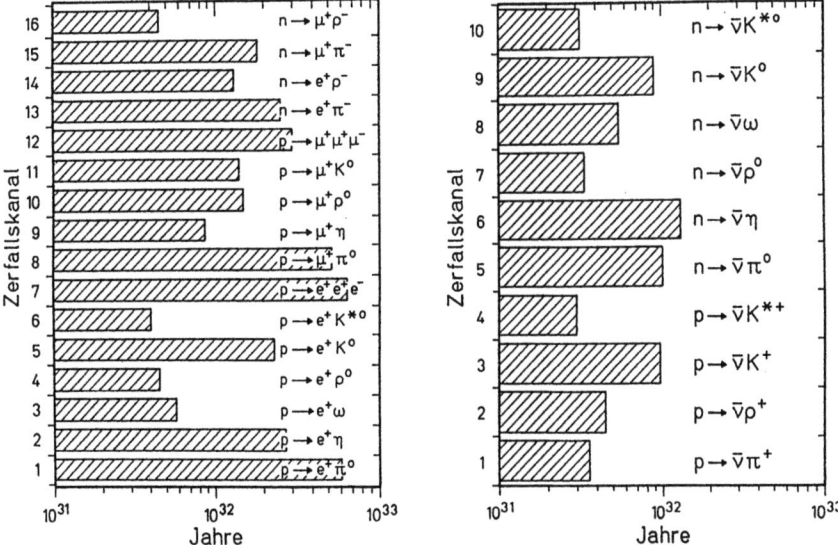

Abb. 4.8 Untere Grenzen (90% Konfidenzlevel) für die partiellen Lebensdauern verschiedener Zerfallskanäle des Nukleonzerfalls. Links: Zerfälle der Form $N \to \ell^{\pm} x$; rechts: Zerfälle der Form $N \to \bar{\nu} x$ (aus [Rau89]).

B bezeichnet das (unbekannte) Verzweigungsverhältnis für den betreffenden Zerfallskanal, $N_{p/n}$ ist die Anzahl der Protonen bzw. Neutronen pro Kilotonne Detektor. S bezeichnet die integrierte Luminosität in kt · a (Kilotonnen × Jahre). ϵ berücksichtigt die Detektoreffizienz, die durch Monte-Carlo-Simulationen berechnet wird. s_{90} gibt schließlich die obere Grenze für die Zahl der Zerfallskandidaten an (der Index 90 weist auf ein Konfidenzniveau von 90% hin).

Für eine Vielzahl von Zerfallskanälen liegen inzwischen Grenzen für die partiellen Lebensdauern vor ([Bou88, Sei88, Ber89, Hir89, Phi89, Ber91b]). Wertet man die Resultate der drei größten Experimente IMB, Kamiokande und Fréjus zusammen aus, so erhält man für den $SU(5)$-dominanten Zerfallskanal [Rau89]

$$\tau_p(p \to e^+\pi^0)/B \quad > \quad 5.9 \cdot 10^{32} \text{ Jahre} \qquad (4.26)$$

und für die in dem SUSY-$SU(5)$-Modell bevorzugten Moden

$$\tau_p(p \to K^+\bar{\nu})/B \quad > \quad 1 \cdot 10^{32} \text{ Jahre}, \qquad (4.27\text{a})$$
$$\tau_n(n \to K^0\bar{\nu})/B \quad > \quad 0.9 \cdot 10^{32} \text{ Jahre}. \qquad (4.27\text{b})$$

In Abb. 4.8 sind die unteren Grenzen für einige weitere Zerfallskanäle angegeben.

Ein Vergleich von (4.26) mit der $SU(5)$-Vorhersage zeigt, daß das minimale $SU(5)$-Modell wahrscheinlich ausgeschlossen werden kann, da mit vernünftigen Werten für den Parameter Λ eine Lebensdauer von maximal 10^{32} Jahren erwartet wird.

4.3.2.5 Zukünftige Experimente

Bislang ist es noch nicht gelungen, einen eindeutigen Nachweis für die Instabilität des Nukleons zu erbringen. Die gegenwärtigen unteren Grenzen für die Lebensdauer betragen je nach Zerfallskanal zwischen $5 \cdot 10^{31}$ und $5 \cdot 10^{32}$ Jahre. Mit den existierenden Detektoren (siehe z.B. [Lea93], IMB wurde inzwischen ebenfalls abgeschaltet) kann man nur noch geringfügige Verbesserungen erwarten, da die Sensitivität der Experimente praktisch das Niveau des durch atmosphärische Neutrinos erzeugten Untergrundes erreicht hat.

Wirkliche Fortschritte erfordern daher sehr viel größere und bessere Detektoren. Es gibt gegenwärtig keine Planung für ein Experiment, das sich ausschließlich auf die Suche nach dem Nukleonzerfall beschränkt. Einige Detektoren, die hauptsächlich dem Nachweis solarer Neutrinos oder von Neutrinos aus Supernova-Explosionen dienen sollen, sind ebenfalls in der Lage, den Nukleonzerfall nachzuweisen. Zu nennen ist hier ein neuer Wasser-Cerenkov-Zähler mit einer effektiven Masse von 22000 Tonnen (Superkamiokande in

4.3 Experimente zum Protonzerfall 165

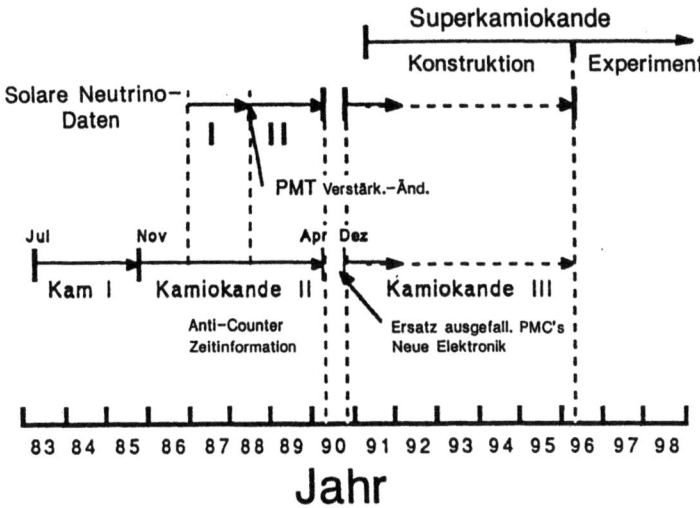

Abb. 4.9 Die Detektoren Kamiokande und Superkamiokande. Die zeitliche Entwicklung des Kamiokande-Experiments (aus [Suz92]).

Japan [Kaj89, Suz94]). Abbildung 4.9 bis 4.11 zeigen die zeitliche Entwicklung des Kamiokande-Experiments und den schematischen Aufbau von Superkamiokande, dem „großen Bruder" des Kamiokande-Detektors. Bei einer Meßzeit von 10 Jahren ohne einen gemessenen Kandidaten könnte dieses Projekt die Grenze für den Zerfall $p \to e^+\pi^0$ auf etwa $1.6 \cdot 10^{34}$ Jahre hinaufsetzen [Rau89].

Zwei weitere Experimente sind in Europa im Bau. Beides sind Vielzweckdetektoren (siehe [Bald92, Lea93]). Sie werden im Untergrundlabor des Laboratorio Nazionale del Gran Sasso, dem größten und modernsten Untergrundlabor der Welt (siehe auch Kap. 6, 7, 10), in der Nähe von Rom aufgebaut [Bel88]. Es handelt sich um den LVD-Detektor [Bar88a, Agl93] und das ICARUS-Projekt [Ben92b, Ben94], eine riesige Driftkammer (Zeitprojektionskammer, TPC), die mit etwa 4000 t flüssigem Argon gefüllt werden soll.

LVD steht für Large Volume Detector. Er besteht aus 1800 t Szintillator (2280 m³) und 1800 t Stahl. Bei einer Meßzeit von 15 Jahren erwartet man eine geringfügige Verbesserung der Grenze für den in SUSY-Modellen bevorzugten Zerfallskanal auf etwa $3 \cdot 10^{32}$ Jahre [Ber85a, Bar88a]. Der Vorteil eines Szintillationszählers gegenüber einem Wasser-Cerenkov-Zähler besteht darin, daß ein Szintillator, der mit einer schnellen Elektronik ausgerüstet ist, sowohl das K^+ als auch das μ^+ aus dem

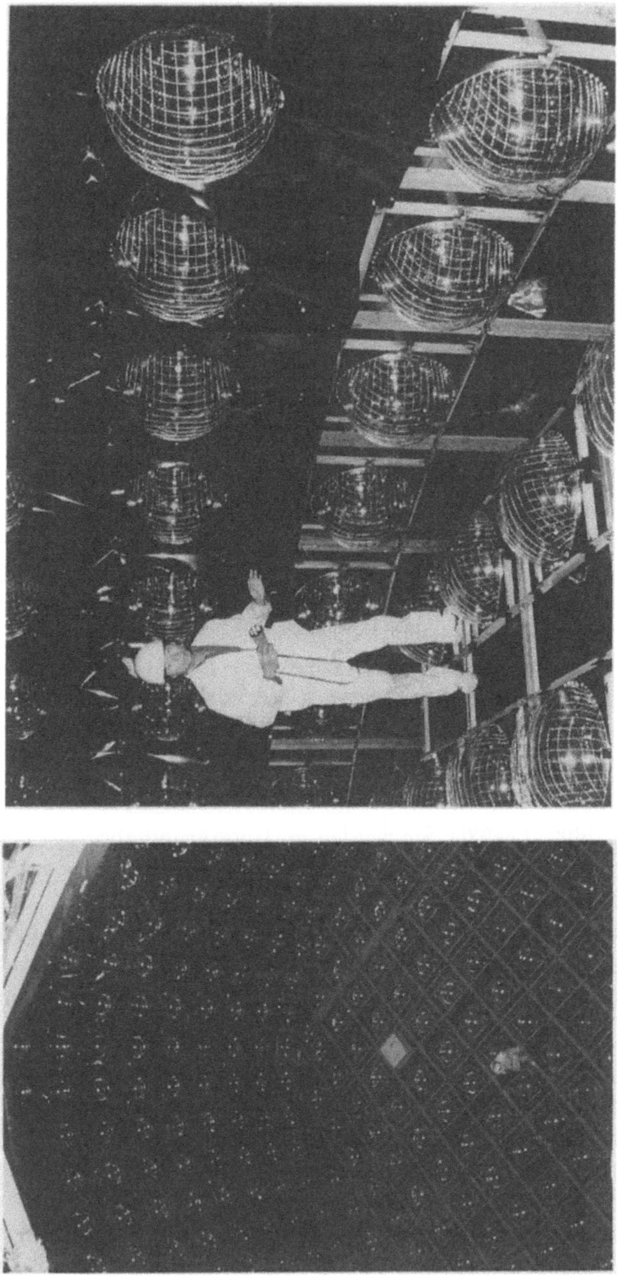

166 4 Der Protonzerfall

Abb. 4.10 Blicke in den Kamiokande-II-Detektor (von Y. Totsuka)

4.3 Experimente zum Protonzerfall

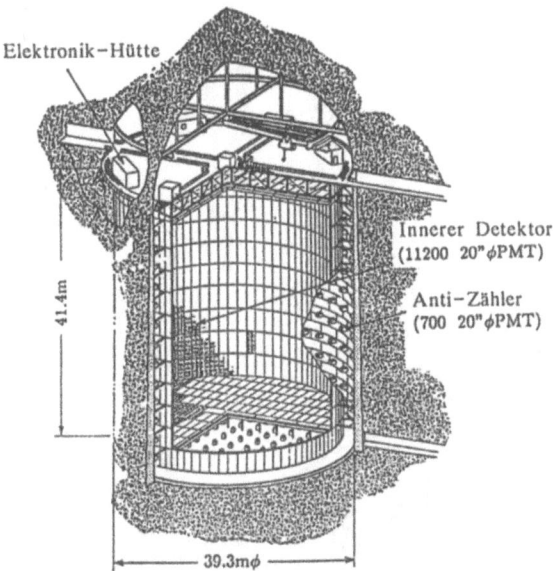

Abb. 4.11 Der schematische Aufbau von Superkamiokande. Er hat eine Höhe von 41 m, einen Durchmesser von 39 m und enthält 50.000 Tonnen Wasser (aus [Suz92, Sin91]).

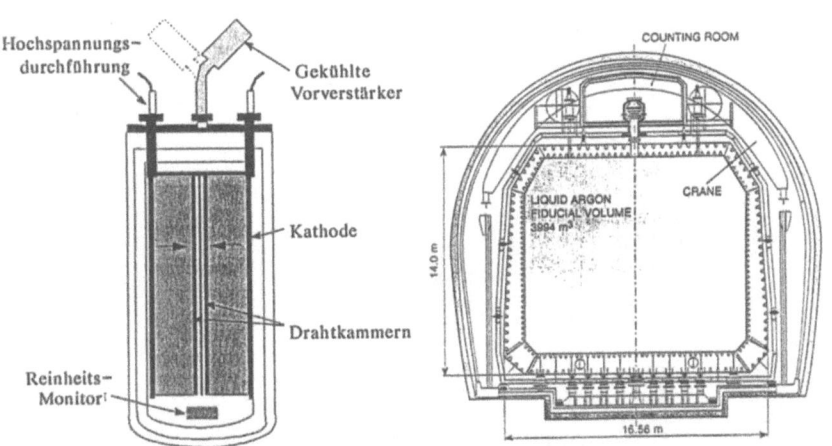

Abb. 4.12 (a) Schema des Prototyps des ICARUS-Detektors (aus [Ben93]). Das aktive Volumen der mit 3 t flüssigem Argon gefüllten TPC ist in zwei unabhängige Halbzylinder aufgeteilt. (b) Das ICARUS-Projekt im Gran Sasso (von Carlo Rubbia)

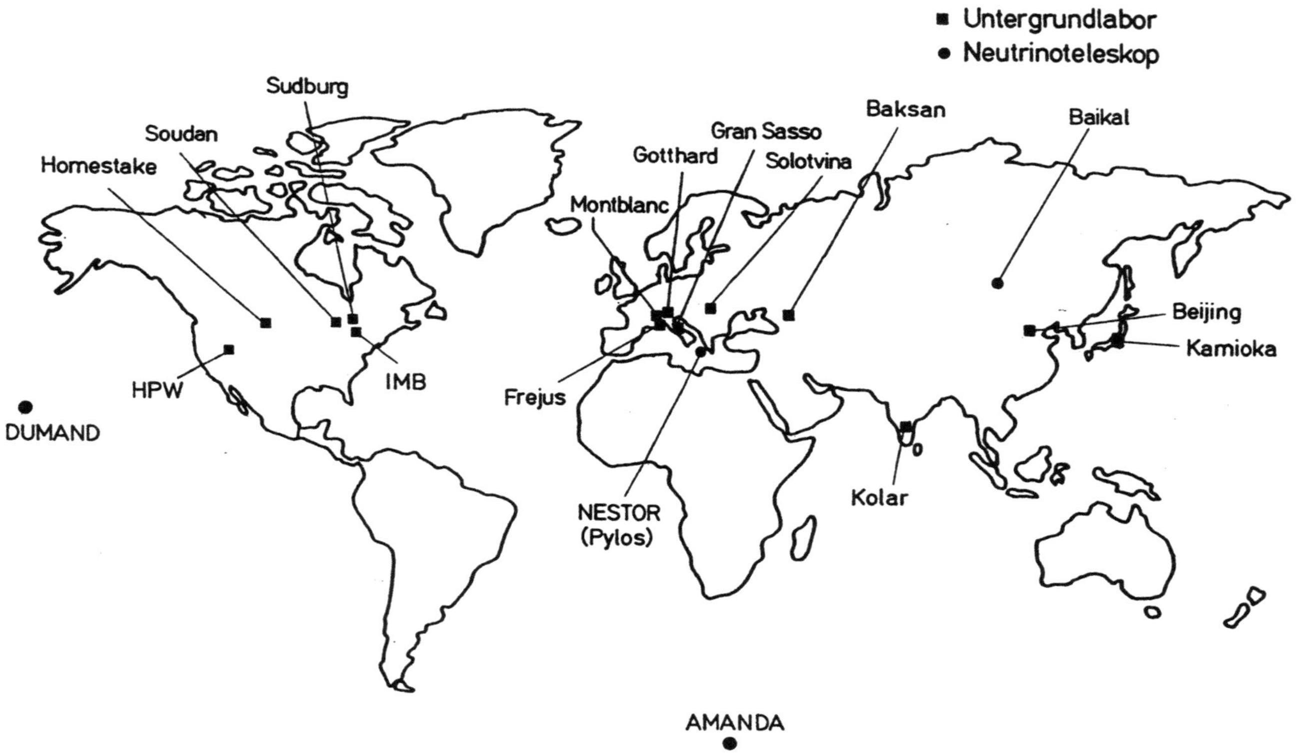

168 4 Der Protonzerfall

Abb. 4.13 Die wichtigsten Untergrundlabors der Welt.
Quadrate: Untergrundlabors. Kreise: Neutrinoteleskope in Seen, im Meer oder unter dem Eis

4.3 Experimente zum Protonzerfall

Zerfall des Kaons nachweisen kann. Das K^+ aus dem Protonzerfall $p \to K^+ \bar{\nu}$ besitzt eine kinetische Energie von 105 MeV bzw. eine totale Energie von 599 MeV und eine Geschwindigkeit von $\beta = 0.566$. Das Kaon liegt also unterhalb der Cerenkov-Schwelle von $\beta_T = 0.75$. Ein Wasser-Cerenkov-Zähler weist daher nur das Myon nach. Man kann daher nicht zwischen einem Protonzerfall oder einem Neutrino-induzierten Myon unterscheiden.

Von ICARUS hat man gegenwärtig einen Prototyp von drei Tonnen in Betrieb (Abb. 4.12a). Mit dem vollen Ausbau (Abb. 4.12b) erwartet man, Grenzen für den Protonzerfall um $(1 \text{ bis } 3) \cdot 10^{33}$ Jahre sehen zu können [Ben94].[1]

Abb 4.13 gibt eine Übersicht über die wichtigsten Untergrundlabors der Welt (vgl. Abb. 2.13). Das Bild enthält nicht nur die eigentlichen Untergrundlabors, die für die in diesem Buche behandelten Experimente von Bedeutung sind. Es schließt auch einige Orte mit Neutrinoteleskopen ein, die in Seen, im Meere oder unter dem Eis der Polarkappen aufgebaut sind. Entsprechende Experimente sind z.B. AMANDA (Antarktis), DUMAND (Hawai) u.a. Diese werden in [Arp94, Kla95] besprochen.

---

[1] ICARUS ist auch als Detektor in „long baseline" Neutrino-Experimenten vorgesehen, die einen von CERN zum Gran Sasso Labor geführten Neutrinostrahl verwenden wollen [Egg 95].

5 Neutron-Antineutron-Oszillationen, elektrisches Dipolmoment des Neutrons

Die Verfügbarkeit von kalten Neutronen an Kernreaktoren hat eine Vielzahl von Experimenten zu grundlegenden Fragen der Physik ermöglicht. Dazu gehören Präzisionsmessungen der Eigenschaften des Neutrons, insbesondere der Masse, der Ladung, der Lebensdauer und des magnetischen Moments (vgl. Tab. 5.1). Untersuchungen zum elektrischen Dipolmoment d_n des Neutrons ergeben wichtige Randbedingungen für Modelle zur CP- und T-Verletzung[1] (siehe Abschn.1.3). In Experimenten zu Neutron-Antineutron-Oszillationen sucht man nach einer Verletzung der Erhaltung der Baryonenzahl B.

Tab. 5.1 Eigenschaften des Neutrons [PDG92].

Masse m_n	939.56563±0.00028 MeV/c^2
magnetisches Moment d_m	$(-1.9130427±0.0000005)\mu_N$
Lebensdauer τ	889.1±2.1 s
Spin J^π	1/2$^+$

$\mu_N = 3.15245166(28) \cdot 10^{-14}$ MeV T^{-1} ist das Kernmagneton.

Im folgenden beschränken wir uns auf die Diskussion dieser zwei im Zusammenhang mit GUT-Modellen wichtigen Themen, dem elektrischen Dipolmoment des Neutrons und den $n\bar{n}$-Oszillationen.

5.1 Das elektrische Dipolmoment von Elementarteilchen

Das elektrische Dipolmoment eines Teilchens mit Drehimpuls J ist definiert durch

$$d = \int \rho_{JJ} z dV . \tag{5.1}$$

---

[1] C = Ladungskonjugation, P = Parität, T = Zeitumkehr.

5.1 Das elektrische Dipolmoment von Elementarteilchen

Die Koordinate z wird vom Zentrum des Teilchens aus gemessen, ρ_{JJ} gibt die elektrische Ladungsdichte im Innern des Teilchens an, wobei die Orientierung des Drehimpulses J durch $m = J$ relativ zur z-Achse gegeben ist.

Wenn das Teilchen geladen ist, bedeutet ein von Null verschiedenes d, daß der Massenschwerpunkt und der Ladungsschwerpunkt nicht zusammenfallen. Bei ungeladenen Teilchen dagegen liegt eine asymmetrische Ladungsverteilung mit verschwindender Nettoladung vor, falls $d \neq 0$. Das permanente elektrische Dipolmoment des Neutrons sowie generell jedes Elementarteilchens muß verschwinden, wenn T-Invarianz gelten soll. Dies kann leicht durch folgende Diskussion eingesehen werden [Pur50, Ram82]. Wir werden im folgenden von dem elektrischen Dipolmoment des Neutrons reden, um ein konkretes Beispiel vor Augen zu haben, die Argumentation gilt aber für beliebige Teilchen. Wegen der Neutralität des Neutrons ist dieses jedoch ein besonders geeignetes Objekt, um Effekte eines kleinen elektrischen Dipolmoments nachzuweisen. Das Dipolmoment könnte durch eine Ladungsasymmetrie hervorgerufen werden. Die Orientierung von $\vec{d}_n$ wird durch die Orientierung des Spins $\vec{\sigma} = \frac{2}{\hbar}\vec{s}$ festgelegt, da der Spin die einzige ausgezeichnete Richtung im Raum darstellt

$$\vec{d}_n \sim \vec{\sigma}. \tag{5.2}$$

Wenn man nun T-Invarianz fordert, müssen das Dipolmoment $\vec{d}_n$ und der Spin $\vec{\sigma}$ unter T in gleicher Weise das Vorzeichen ändern, wenn $d_n \neq 0$ gilt. Bei der Anwendung der Zeitumkehrtransformation ändern alle Bewegungsgrößen ihr Vorzeichen, insbesondere kehrt der Spin sein Vorzeichen um, während das elektrische Dipolmoment keinem Vorzeichenwechsel unterliegt. Damit wäre jedoch eine Zeitrichtung ausgezeichnet. Die T-Invarianz erfordert daher ein verschwindendes elektrisches Dipolmoment des Neutrons (vgl. auch Abb. 5.1).

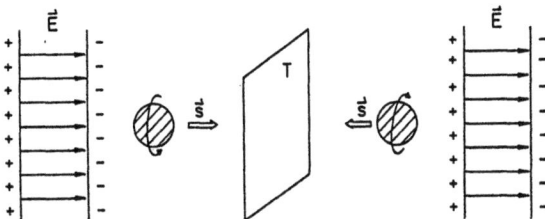

Abb. 5.1 Elektrisches Dipolmoment des Neutrons: Verhalten des elektrischen Feldes $\vec{E}$ und des Spins $\vec{s}$ unter der Zeitumkehroperation T.

Wir wollen diese Argumentation noch ein wenig vertiefen. Die Wechselwirkung eines elektrischen bzw. eines magnetischen Dipols mit dem elektromagnetischen Feld ist in der klassischen Näherung gegeben durch

magnetisch $\quad H_m = -d'_m \vec{s} \cdot \vec{B}$, (5.3a)

elektrisch $\quad H_e = -d_e \vec{s} \cdot \vec{E}$. (5.3b)

Das Verhalten der Größen $\vec{\sigma}$, $\vec{E}$ und $\vec{B}$ unter T ist in Tab. 1.5 zusammengefaßt. Man erhält

$$H_m = -d_m \vec{s} \cdot \vec{B} \xrightarrow{T} -d_m(-\vec{s}) \cdot (-\vec{B}) = H_m, \quad (5.4a)$$

$$H_e = -d_e \vec{s} \cdot \vec{E} \xrightarrow{T} -d_e(-\vec{s}) \cdot \vec{E} = -H_e. \quad (5.4b)$$

Ein nicht verschwindendes elektrisches Dipolmoment verletzt also die Zeitumkehrinvarianz (siehe Abb. 5.1). Entsprechend bewirkt die Paritätstransformation

$$H_e = -d_e \vec{s} \cdot \vec{E} \xrightarrow{P} -d_e \vec{s} \cdot (-\vec{E}) = -H_e. \quad (5.5)$$

Zusammenfassend gilt also, daß ein elektrisches Dipolmoment eines Teilchens sowohl die P- als auch die T-Invarianz verletzt. Dies mag auf den ersten Blick etwas verwundern, da Atome und Moleküle recht große elektrische Dipolmomente besitzen, während die elektromagnetische Wechselwirkung invariant unter P und T ist. Diese Dipolmomente können jedoch durch das Auftreten von entarteten Zuständen erklärt werden. Als Beispiel sei das Wasserstoffatom diskutiert (vgl. [Per82]). Der erste angeregte Zustand des H-Atoms ($n = 2$) enthält $s_{1/2}$- und $p_{1/2}$ Niveaus, die abgesehen von der Lambshift energetisch entartet sind. Die beiden Niveaus besitzen entgegengesetzte Parität. Im elektrischen Feld tritt nun eine Mischung durch den Stark-Effekt auf. Die neuen Energieeigenzustände sind Linearkombinationen der s- und p-Zustände und besitzen folglich keine definierte Parität. Damit verknüpft ist eine asymmetrische Verteilung der Elektronenladung, die ein endliches elektrisches Dipolmoment zur Folge hat.

Wenn P und T erhalten sind, könnte ein elektrisches Dipolmoment des Neutrons nur dann auftreten, wenn es einen zweiten Neutronenzustand mit entgegengesetzter Parität gäbe, der mit dem ersten energetisch entartet wäre. Es gibt jedoch keine Hinweise auf zwei verschiedene Zustände des Neutrons. Insbesondere stünde eine solche Entartung im Widerspruch zu der Tatsache, daß Neutronen dem Pauli-Prinzip genügen. Dies bedeutet, daß die Messung eines elektrischen Dipolmoments einen wichtigen Test für die Zeitumkehrinvarianz darstellt, insbesondere im Hinblick auf das superschwache Modell von Wolfenstein und auf das starke CP-Problem der QCD (siehe Abschn. 1.3 und 5.2.5).

5.1 Das elektrische Dipolmoment von Elementarteilchen

Wir wollen an dieser Stelle abschätzen, von welcher Größenordnung das elektrische Dipolmoment des Neutrons d_n sein könnte. Es gilt

$$d_n \approx \text{Ladung} \times \text{Länge} \times g, \tag{5.6}$$

wobei der Parameter g die Stärke der T-Verletzung beschreibt. Da die Parität ebenfalls verletzt ist, muß die schwache Wechselwirkung mit ins Spiel gebracht werden, so daß d_n die Fermi-Kopplungskonstante $G_F \approx 10^{-5}\hbar^3 c^{-1} m_p^{-2}$ enthält. Die typische Energie ist durch die Neutronenmasse m_n gegeben. Die energieunabhängige Kopplung lautet daher $G_F m_n^2 c^4/(\hbar c)^3 \approx 10^{-5}$. Das Neutron ist ungeladen, das Dipolmoment muß also aus einer Asymmetrie der positiven und negativen Ladungswolken resultieren. Die für das Neutron charakteristische Ausdehnung ist seine Compton-Wellenlänge

$$\lambda_n = \frac{\hbar}{m_n c} \approx 2 \cdot 10^{-14} \text{ cm}. \tag{5.7}$$

Es liegt nahe, für den Parameter g den CP-Parameter $\epsilon \approx 2 \cdot 10^{-3}$ zu verwenden, so daß gilt

$$d_n \sim \epsilon e \lambda_n G_F m_n^2 c^4/(\hbar c)^3$$
$$\sim 4 \cdot 10^{-22} \text{ ecm}. \tag{5.8}$$

Im Standardmodell erwartet man einen sehr viel kleineren Wert von etwa [Bar87b]

$$d_n \sim 10^{-32} \text{ ecm}. \tag{5.9}$$

Das Kobayashi-Maskawa-Modell sagt aus, daß die CP-Verletzung mit den schweren Quarks verknüpft ist, so daß nur Diagramme, die von zweiter Ordnung in der schwachen Wechselwirkung sind (siehe Abb. 5.2), zu dem elektrischen Dipolmoment beitragen. Dadurch kann zumindest teilweise der extrem kleine Wert in (5.9) erklärt werden.

In rechts-links-symmetrischen Modellen und in supersymmetrischen Theorien kann die T-Verletzung auch im leichten Quarksektor auftreten, so daß

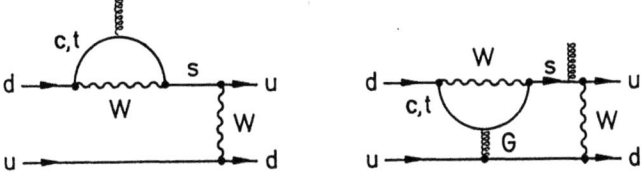

Abb. 5.2 Beiträge von Diagrammen zweiter Ordnung (Diquark-Diagramme) zum elektrischen Dipolmoment des Neutrons im Kobayashi-Maskawa-Modell (aus [Ham85a]).

Terme von erster Ordnung in der schwachen Wechselwirkung zum elektrischen Dipolmoment beitragen können. Für rechts-links-symmetrische Modelle erwartet man etwa [Moh74,86a, He89]

$$d_n \sim 10^{-26\pm1} \text{ ecm}. \tag{5.10}$$

Das phänomenologische Modell von Wolfenstein ergibt im wesentlichen ein verschwindendes Dipolmoment. Es gibt darüber hinaus auch kosmologische Argumente, die Aussagen über die *CP*-Verletzung liefern. Führt man die beobachtete Baryon-Antibaryon-Asymmetrie im Universum auf die Verletzung von CP zurück, so ergibt sich eine untere Grenze für das Dipolmoment von $3 \cdot 10^{-27}$ ecm [Ell81]. Für ausführliche Übersichten siehe [Tra90].

5.2 Experimente zur Messung des elektrischen Dipolmoments des Neutrons

5.2.1 Das Prinzip der Messungen

Das Prinzip der Experimente, die nach einem elektrischen Dipolmoment des Neutrons suchen, beruht auf dem Phänomen der magnetischen Resonanz. Man bestimmt die Präzessionsfrequenz (Larmorfrequenz) des Neutronenspins in einem schwachen Magnetfeld

$$\nu_L = -2d_m B/h, \tag{5.11}$$

wobei d_m das magnetische Moment des Neutrons bezeichnet (das Minuszeichen tritt auf, da das magnetische Moment negativ ist). Dem magnetischen Feld $\vec{B}$ wird ein starkes elektrisches Feld $\vec{E}$ einmal parallel und einmal antiparallel zu $\vec{B}$ überlagert. Wenn das Neutron ein elektrisches Dipolmoment d_n besitzt, dann tritt eine zusätzliche Präzession des Spins auf, und die Resonanzfrequenz wird leicht verschoben. Quantenmechanisch gesehen erzeugt das elektrische Feld eine Aufspaltung der $(m_s = +1/2)$- und $(m_s = -1/2)$-Zustände des Neutrons. Die Frequenzverschiebung beträgt

$$\Delta\nu_L = 2d_n E/h. \tag{5.12}$$

Wenn die Richtung des $\vec{E}$-Feldes wechselt, tritt eine Verschiebung von $2\Delta\nu_L$ auf. Die Resonanzfrequenz der Neutronen ist

$$\nu_R = -2d_m |\vec{B}|/h \mp 2d_n |\vec{E}|/h. \tag{5.13}$$

Das Minuszeichen gilt für parallele Felder, das positive Vorzeichen für antiparallele Stellung der Felder. Die Frequenzverschiebung $\Delta\nu_L$ ist extrem klein. Bei einer elektrischen Feldstärke von 25kV/cm und einem angenommenen Dipolmoment von 10^{-25} ecm beträgt sie nur $1.2 \cdot 10^{-6}$Hz.

5.2 Messung des elektrischen Dipolmoments des Neutrons 175

Man kann zwei Gruppen von Experimenten unterscheiden:

a) Messungen an einem Neutronenstrahl
b) Messungen an gespeicherten Neutronen.

Die Experimente aus beiden Gruppen verwenden sogenannte Neutronenspiegel, deren Funktionsweise im folgenden Abschnitt erläutert werden soll.

5.2.2 Der Neutronenspiegel

Der Durchgang von langsamen Neutronen durch Materie kann durch eine Welle in einem Medium mit einem Brechungsindex n beschrieben werden [Fer50, Wla59]. Wenn die Wellenlänge des Neutrons groß im Vergleich zu den interatomaren Abständen eines Festkörpers ist, dann kann die Wechselwirkung des Neutrons mit diesem Körper durch ein über das Volumen gemitteltes Neutronenpotential V beschrieben werden. Das Vorhandensein dieses Potentials führt zur Brechung der Neutronenwelle an der Grenze des Körpers. Das Medium kann durch die Angabe eines bestimmten Brechungsindexes für Neutronen charakterisiert werden. Die Größe des Brechungsindexes findet man durch Lösen der Schrödinger-Gleichung für freie Neutronen im Vakuum und für Neutronen im Medium. Unter der Voraussetzung einer kleinen Neutronenabsorption definiert man

$$n = \frac{k}{k_0} = \frac{\lambda_0}{\lambda}, \qquad (5.14)$$

wobei λ_0 die Neutronenwellenlänge im Vakuum und λ die Wellenlänge im Festkörper sind. Setzt man die Werte k und k_0 aus den entsprechenden Lösungen der Schrödinger-Gleichung ein, so folgt

$$n^2 - 1 = -N\lambda^2 \frac{a}{\pi}. \qquad (5.15)$$

a ist die kohärente Streuamplitude, der Wirkungsquerschnitt für Neutronenstreuung ist $\sigma = 4\pi a^2$. N bezeichnet die Anzahl der Kerne pro cm^3. Wegen $n^2 - 1 = (n+1)(n-1) \approx 2(n-1)$ gilt näherungsweise

$$n - 1 = -N\lambda^2 \frac{a}{2\pi}. \qquad (5.16)$$

Für thermische Neutronen gilt $\lambda \sim 10^{-8}$ cm und $a = \sqrt{\sigma/4\pi} \sim 10^{-13}$ cm. Setzt man für N etwa $6 \cdot 10^{23}$ Teilchen pro cm^3 an, so folgt

$$\tilde{\epsilon} = 1 - n \sim 10^{-6}. \qquad (5.17)$$

5 Neutron-Antineutron-Oszillationen

Der Brechungsindex ist also von der gleichen Größenordnung wie für Röntgenstrahlung. Im Unterschied zur Röntgenstrahlung, für die immer $n < 1$ gilt, kann $\tilde{\epsilon}$ für Neutronen sowohl größer als auch kleiner Null sein. Das Vorzeichen hängt vom Vorzeichen der Streulänge a ab. Für die meisten Materialien ist $a > 0$ und der Brechungsindex n folglich kleiner 1. Das Medium ist in diesen Fällen optisch dünner als das Vakuum. Beim Übergang in ein optisch weniger dichtes Medium, d.h. beim Übergang von Neutronen aus dem Vakuum in ein Material mit $n < 1$, kann Totalreflexion auftreten. Wenn der Einfallswinkel θ_1 (gemessen gegen das Lot) größer als ein bestimmter Grenzwinkel θ_c ist, können die Neutronen die Grenzschicht nicht durchqueren und werden vollständig reflektiert. Der Winkel θ_c kann aus dem Snelliusschen Brechungsgesetz bestimmt werden (Abb. 5.3), indem man für den Ausfallswinkel $\theta_2 = \pi/2$ fordert

$$\sin \theta_c = n. \tag{5.18}$$

Für $\sin \theta_c > n$ tritt offensichtlich Totalreflexion auf. Diese Bedingung kann nur für $n < 1$ erfüllt werden, also für Materialien, deren Atome eine positive Streulänge für Neutronen besitzen.

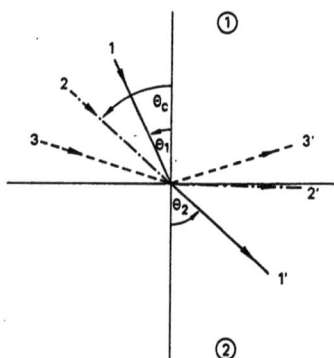

Abb. 5.3
Totalreflexion von Neutronenstrahlen. Strahl 2 fällt unter dem Grenzwinkel der Totalreflexion ein.

In der bisherigen Diskussion haben wir den Einfluß des Magnetfeldes $\vec{B}$ vernachlässigt. Der korrekte Ausdruck für den Brechungsindex lautet

$$n^2 = 1 - \frac{\lambda^2 N a}{\pi} \pm \frac{d_m B}{T}. \tag{5.19}$$

T bezeichnet die kinetische Energie des Neutrons, das Vorzeichen hängt von der relativen Orientierung von Neutronenspin und Magnetfeld ab. Kalte Neutronen mit Geschwindigkeiten von $v \approx 80$ ms^{-1} werden für Einfallswinkel $\theta > 85°$ totalreflektiert. Dies erlaubt die Konstruktion von Neutronenleitern mit einer sehr kleinen Divergenz des Neutronenstrahls. Da die

5.2 Messung des elektrischen Dipolmoments des Neutrons 177

Abweichung des Brechungsindexes von 1 mit λ^2 zunimmt, können ultrakalte Neutronen mit $v < 6$ ms^{-1} ($\lambda \sim 670$ Å) unter allen Einfallswinkeln totalreflektiert werden. Dadurch wird es möglich, solche Neutronen für Zeiten von mehr als 100 Sekunden in einer sogenannten Neutronenflasche zu speichern.

Da der Brechungsindex von der Orientierung des Neutronenspins abhängt, kann man durch eine geeignete Wahl des Materials und des Magnetfeldes erreichen, daß Neutronen mit einer bestimmten Spinorientierung totalreflektiert werden, die mit der entgegensetzten Polarisation dagegen nicht. Diese Eigenschaft wird unter anderem zur Erzeugung polarisierter Neutronen und zur Analyse des Polarisationsgrades verwendet. Bei typischen Geschwindigkeiten von $v = 100$ ms^{-1} erreicht man bei einem Einfallswinkel von 88° gegen das Lot eine Strahlpolarisation von 70%. Ultrakalte Neutronen kann man z.B. einfach dadurch polarisieren, indem man eine dünne magnetische Folie in den Strahl bringt. Eine Spinrichtung wird reflektiert und die andere durchgelassen.

5.2.3 Experimente an einem Neutronenstrahl

Die ersten Experimente zum elektrischen Dipolmoment des Neutrons wurden an Neutronenstrahlen durchgeführt. Die Apparatur ähnelt im wesentlichen der Molekülstrahlapparatur von Rabi. Ein Reaktor bildet die Quelle des Neutronenstrahls, die Polarisation der Neutronen und die nachfolgende Analyse der Spinrichtung erfolgten über die Transmission durch eine Folie aus magnetisiertem Eisen.

Ein erstes solches Experiment wurde von Smith und Mitarbeitern durchgeführt [Smi57]. Die größte Empfindlichkeit erreichten die Messungen am Forschungsreaktor des Institut Laue-Langevin (ILL) in Grenoble [Dre77, Dre78, Ram82, Ram90]. Das Prinzip dieser Messungen ist recht einfach. Die Neutronen werden vom Moderator des Reaktors über einen Neutronenleiter zum Polarisator geführt. Nach dem Durchlaufen des Spektrometers treffen die Neutronen auf einen Analysiermagneten und werden schließlich in einem Neutronendetektor nachgewiesen. Als Detektor eignet sich etwa ein mit ^{6}Li dotierter Glasszintillationszähler. Die durchgelassene Intensität I ist maximal, wenn die Neutronen keine Depolarisation erleiden.

Mit Hilfe der Transmission durch magnetisiertes Eisen wird der Strahl vom Reaktor polarisiert. Der so präparierte Strahl gelangt in ein schwaches, konstantes Magnetfeld, so daß der Spin um die Richtung des Magnetfeldes präzediert. Ein magnetisches Wechselfeld induziert Übergänge des Neutrons von einer Spinrichtung in die entgegengesetzte. Durch diese Spin-Flip-Übergänge wird der Strahl teilweise depolarisiert, die durch die

5 Neutron-Antineutron-Oszillationen

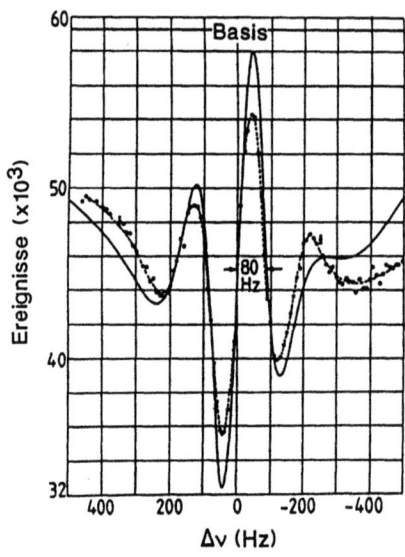

Abb. 5.4
Typische Magnetresonanzkurve mit einer Phasenverschiebung von $\pi/2$ zwischen zwei oszillierenden Feldern. Die durchgezogene Kurve zeigt die berechnete Übergangswahrscheinlichkeit für eine Maxwell-Boltzmann-Verteilung bei $T = 1$ K. Die Abweichungen der experimentellen Kurve (gestrichelt) weitab der Resonanz sind auf Abweichungen der Strahlgeschwindigkeit von der Maxwell-Boltzmann-Verteilung zurückzuführen (aus [Ram82]).

Analysierfolie durchgelassene Intensität ändert sich. Man erhält typische Resonanzkurven wie sie in Abb. 5.4 angedeutet sind.

Es werden zwei Spulen zur Erzeugung des Wechselfeldes verwendet, um Interferenzphänomene zu erzeugen. Diese führen zu mehreren Minima und Maxima in $I(\nu)$ und ergeben schmalere Halbwertsbreiten [Ram80]. Wählt man die Frequenz des oszillierenden Feldes derart, daß die Intensitätsänderung bei kleinen Frequenzverschiebungen besonders groß ist ($dI/d\nu$ sei möglichst maximal), so kann man ein mögliches elektrisches Dipolmoment dadurch nachweisen, daß man ein starkes elektrisches Feld anlegt. Bei einer festen Oszillatorfrequenz führt die Umkehrung des $\vec{E}$-Feldes zu einer Verschiebung der Präzessionsfrequenz um $\Delta\nu_L = 4d_n E/h$, die sich in einer Änderung der durch den Analysator durchgelassenen Intensität äußern sollte. Wenn die Neutronen kein elektrisches Dipolmoment besitzen, beeinflußt das elektrische Feld die Spinpräzession und die Zählrate im Detektor nicht.

Die Stärke des elektrischen Feldes in Richtung des konstanten $\vec{B}$-Feldes betrug in den empfindlichsten Messungen 100 kVcm^{-1}, das statische Magnetfeld hatte einen Wert von 17 G, die Polarisation des Neutronenstrahls erreichte 89%. Man konnte keine Abhängigkeit der Zählrate von der relativen Orientierung zwischen dem elektrischen und dem statischen magnetischen Feld nachweisen. Das Resultat der empfindlichsten Messung mit einem Neutronenstrahl lautet [Dre78]

$$d_n = +(0.4 \pm 1.5) \cdot 10^{-24} \text{ ecm}, \tag{5.20a}$$

5.2 Messung des elektrischen Dipolmoments des Neutrons 179

oder

$$|d_n| < 3 \cdot 10^{-24} \text{ ecm}. \qquad (5.20b)$$

Ein systematischer Fehler bei dieser Methode ergibt sich aus der Schwierigkeit, exakt parallele $\vec{E}$- und $\vec{B}$-Felder zu erzeugen. Ein Teilchen, das sich mit der Geschwindigkeit $\vec{v}$ durch ein elektrisches Feld bewegt, erfährt ein magnetisches Feld der Größe $\vec{E} \times \vec{v}/c$. Wenn $\vec{E}$ und $\vec{B}$ exakt parallel sind, dann steht das Feld $\vec{E} \times \vec{v}/c$ senkrecht auf $\vec{B}$ und bewirkt keine Änderung der Präzessionsfrequenz, wenn die Richtung von $\vec{E}$ geändert wird, der Betrag aber erhalten bleibt. Eine kleine Komponente $E_\perp$ senkrecht zu $\vec{B}$ induziert dagegen ein zusätzliches Magnetfeld $\Delta B = v E_\perp/c$ in Richtung von $\vec{B}$. Dieser Einfluß auf die Larmorfrequenz ist kaum von der Wechselwirkung des elektrischen Dipolmoments mit dem elektrischen Feld zu unterscheiden. Darüber hinaus ist $dI/d\nu$ proportional zu der Zeit, die die Neutronen im Wechselfeld zwischen den beiden RF-Spulen verbringen. Dies bedeutet, daß man möglichst große Abstände zwischen den Spulen und sehr langsame, kalte Neutronen benötigt.

Für ultrakalte Neutronen ($T = 0.002$ K, $v = 6$ ms^{-1}, $\lambda \sim 670$ Å) kann der Grenzwinkel für Totalreflexion $0°$ annehmen. Die Neutronen werden unter beliebigen Einfallswinkeln totalreflektiert und können in einer Flasche eingesperrt werden. Mit diesen eingesperrten Neutronen erreicht man sehr viel längere Beobachtungszeiten und gewinnt dadurch an Empfindlichkeit des Experimentes.

5.2.4 Experimente an gespeicherten Neutronen

Die heutige Generation von Experimenten zum elektrischen Dipolmoment des Neutrons verwendet ultrakalte Neutronen mit Geschwindigkeiten von etwa 5 ms^{-1}, die in einer evakuierten Flasche gespeichert werden. Diese Methode bietet im wesentlichen zwei Vorteile, nämlich eine längere Beobachtungszeit und kleinere induzierte Magnetfelder $\vec{E} \times \vec{v}/c$.

An den Forschungsreaktoren des ILL in Grenoble [Pen84, Smi90a] und des B.P. Konstantinov Instituts für Kernforschung in Leningrad [Alt81, Lob84, Alt86] wurden solche Experimente durchgeführt. Die frühen Messungen mit ultrakalten, gespeicherten Neutronen [Alt81, Lob84, Pen84] setzten eine obere Grenze für das elektrische Dipolmoment von

$$d_n < 6 \cdot 10^{-25} \text{ ecm}. \qquad (5.21)$$

Das Resultat der Leningrader Gruppe ergab erstmals Hinweise auf einen endlichen Wert [Alt86]

$$d_n = (-14 \pm 6) \cdot 10^{-26} \text{ ecm}, \qquad (5.22a)$$

180 5 Neutron-Antineutron-Oszillationen

der jedoch als obere Grenze interpretiert wurde

$$|d_n| < 26 \cdot 10^{-26} \text{ ecm } (90\%). \tag{5.22b}$$

Im folgenden beschreiben wir das bislang empfindlichste Experiment, das am ILL in Grenoble durchgeführt wurde [Tho89a, Ram90, Smi90a] (siehe Abb. 5.5). Der Aufbau gleicht im wesentlichen dem von [Pen84], allerdings konnte der Neutronenfluß um mehr als zwei Größenordnungen erhöht werden. Die Neutronen aus dem Moderator (flüssiges Deuterium) des ILL-Reaktors gelangen über einen Neutronenleiter aus Nickel auf eine Polarisationsfolie von 1 μm Dicke, die aus einer Fe-Co-Legierung besteht.

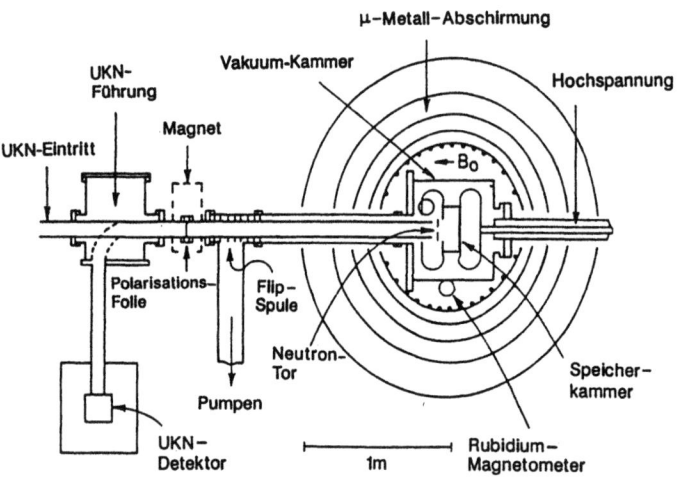

Abb. 5.5 Experimenteller Aufbau zur Messung des elektrischen Dipolmomentes des Neutrons am Institut Laue-Langevin in Grenoble. Ultrakalte Neutronen werden ca. 70 s lang in einem Magnetfeld von 1 μT und einem elektrischen Feld der Größenordnung 1 MVm^{-1} gespeichert (aus [Smi90a]).

Die polarisierten Teilchen werden schließlich in die Neutronenflasche gefüllt, die Neutronen bis zu Geschwindigkeiten von 6.9 ms^{-1} zu speichern vermag. Das fünf Liter große Speichervolumen ist von einem μ-Metallmantel zur Abschirmung des Erdmagnetfeldes umgeben (Abschirmfaktor von $\sim 10^5$). Parallel zur Flaschenachse liegt ein schwaches, statisches Magnetfeld $B_0 = 1$ μT. Die Resonanzfrequenz der Neutronen beträgt 30 Hz. Das Speichervolumen wird etwa 100 s lang gefüllt. Die Dichte der polarisierten Neutronen erreicht 10 cm^{-3}. Die Neutronenspins sind entlang dem statischen Magnetfeld $\vec{B}_0$ ausgerichtet. Nachdem die Neutronen eine isotrope Geschwindigkeitsverteilung erreicht haben, wird der Spin durch ein senkrecht zu $\vec{B}_0$ orientiertes,

5.2 Messung des elektrischen Dipolmoments des Neutrons

mit 30 Hz oszillierendes Magnetfeld in die Ebene senkrecht zu $\vec{B}_0$ gedreht. Dieser sogenannte erste Ramsey-Puls dauert etwa 4 s. Danach präzedieren die Neutronen für 70 s um das statische Feld. Im Anschluß daran wird ein zweites, ebenfalls 4 s langes Wechselfeld angelegt (zweiter Ramsey-Puls), das mit dem ersten in Phase ist. Der Spinzustand hängt davon ab, inwieweit die Spinpräzession und das oszillierende Feld außer Phase geraten sind (vgl. [Ram80]).

Wenn der Drehimpuls anfangs parallel zum statischen Magnetfeld liegt ($\phi = 0$), dann kann man ein dazu senkrechtes Wechselfeld wählen, das den Spin gerade um 90° dreht ($\phi = \pi/2$). In einem Bereich ohne Wechselfeld führt der Spin nur eine Präzessionsbewegung mit der zu B_0 gehörenden Larmorfrequenz aus. Im zweiten Wechselfeld, das genauso lange wirkt wie das erste, ergibt sich ein weiteres Drehmoment, welches den Winkel ϕ zu ändern versucht. Die Phasenkohärenz zwischen beiden oszillierenden Feldern wird im folgenden vorausgesetzt.

Wenn die Frequenz des oszillierenden Feldes exakt mit der Larmorfrequenz übereinstimmt, gibt es keine Phasenverschiebung zwischen dem Spin und dem zweiten Puls. Der in Länge und Stärke zum ersten Ramsey-Puls identische zweite Puls hat den gleichen Effekt wie der erste, er dreht den Spin um weitere 90°, so daß $\phi = \pi$. Dies entspricht einem vollständigen Spin-Flip. Wenn jedoch die Feldfrequenz und die Larmorfrequenz leicht verschieden sind, wird i.a. keine vollständige Spinumkehr erreicht. Beträgt der relative Phasenwinkel zwischen dem zweiten Puls und dem Spin gerade 180°, so dreht das Feld den Spin wieder in die ursprüngliche Lage zurück ($\phi = 0$).

Nach dem zweiten Ramsey-Impuls wird die Neutronenflasche geöffnet, und die Neutronen im richtigen Spinzustand können die als Analysator wirkende Polarisationsfolie ungehindert passieren und werden im Detektor nachgewiesen. Der Spin der übrigen Neutronen wird anschließend mit Hilfe einer Spin-Flip-Spule umgekehrt, so daß auch diese Neutronen die Folie passieren und nachgewiesen werden können. Abb. 5.6 zeigt die von [Smi90a] erhaltene Resonanzkurve.

Zur Messung des elektrischen Dipolmoments wählt man nun eine Frequenz mit maximaler Steigung in Abb. 5.6, wobei man einmal ein elektrisches Feld parallel und einmal antiparallel zu $\vec{B}_0$ anlegt. Die Stärke des elektrischen Feldes betrug in diesem Experiment bis zu 16 kVcm^{-1}. Das Umpolen des Feldes verschiebt die Resonanzfrequenz insgesamt um

$$2h\Delta_L = 4d_n E \,. \tag{5.23}$$

Das Dipolmoment d_n bestimmt sich aus der Differenz der Anzahl der Ereignisse ΔN mit parallelen und antiparallelen Feldern

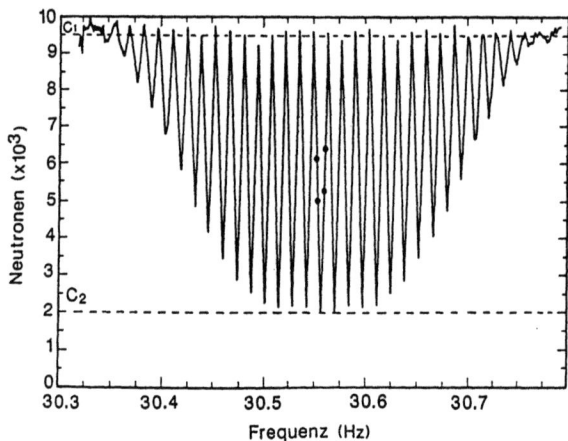

Abb. 5.6 Gemessene magnetische Resonanzkurve. Die vier markierten Punkte wurden für die Auswertung herangezogen (aus [Smi90a]).

$$d_n = \frac{h\Delta N}{4ES}, \tag{5.24}$$

wobei $S = dN/d\nu$ die Steigung der Resonanzkurve am Auswertepunkt darstellt. Das Ergebnis dieses Experimentes lautet [Smi90a]

$$d_n = -(3 \pm 5) \cdot 10^{-26} \text{ ecm}. \tag{5.25a}$$

Dieses Nullresultat impliziert eine obere Grenze von

$$|d_n| < 12 \cdot 10^{-26} \text{ ecm} \quad (95\%). \tag{5.25b}$$

Die in (5.25b) angegebene Grenze liegt im Bereich der Erwartung in rechtslinks-symmetrischen Modellen (siehe Abschn. 1.3). Eine Verbesserung der experimentellen Empfindlichkeit könnte daher wichtige Erkenntnisse über die Gültigkeit solcher Theorien liefern. Gegenwärtig wird das Experiment am ILL um eine Neutronenflasche mit einem Speichervolumen von 60 l erweitert.

5.2.5 Das θ-Problem

In Abschn.1.3.2 wurde bereits diskutiert, daß es eine in der QCD begründete Ursache für ein elektrisches Dipolmoment des Neutrons gibt (vgl. (1.64))

$$d_n \sim 4 \cdot 10^{-16} \theta \text{ ecm}. \tag{5.26}$$

Aus der gegenwärtigen experimentellen Grenze für d_n leitet man folgendes Resultat ab

$$\theta < 3 \cdot 10^{-10}. \tag{5.27}$$

5.2 Messung des elektrischen Dipolmoments des Neutrons

Der Winkel θ, der a priori beliebig sein sollte, muß also tatsächlich sehr klein sein, was jedoch nicht verständlich ist, wenn angenommen wird, daß θ eine rein zufällige Phase ist. Dieser Sachverhalt wird als das *θ-Problem* oder das *starke CP-Problem* bezeichnet. Die Auflösung dieses Rätsels liegt vermutlich außerhalb des Standardmodells (vergleiche auch Abschn. 12.2 über Kaluza-Klein-Theorien). Eine mögliche Erklärung ergibt sich aus der Einführung zusätzlicher Higgs-Felder und einer zusätzlichen chiralen Symmetrie [Pec77], die es erlaubt, den Parameter θ „wegzurotieren". Dieses Peccei-Quinn-Modell erfordert jedoch die Existenz eines neuen pseudoskalaren Teilchens, des Axions [Wei78, Wil78], welches bislang trotz intensiver Suche noch nicht nachgewiesen werden konnte [Raf90, Tur90]. Diese Axionen werden auch als mögliche Kandidaten für dunkle Materie diskutiert (siehe Kap. 9). Bezüglich weiterer Interpretationen eines elektrischen Dipolmoments des Neutrons in Nicht-Standard-Modellen siehe [Gav90].

5.2.6 Das elektrische Dipolmoment anderer Teilchen

Elektrische Dipolmomente wurden auch für andere Teilchen als das Neutron gesucht [Ram82]. Das Neutron ist jedoch wegen seiner Neutralität besonders gut für solche Messungen geeignet. Darüber hinaus ergeben theoretische Modelle für das Neutron i.a. ein größeres Dipolmoment als z.B. für das Elektron, für welches die Experimente eine ähnliche Präzision erreicht haben [Mur89]

$$d_e = (-1.5 \pm 5.5 \pm 1.5) \cdot 10^{-26} \text{ ecm}, \tag{5.28a}$$

und [Abd90]

$$d_e = (-2.7 \pm 8.3) \cdot 10^{-27} \text{ ecm}, \tag{5.28b}$$

Nach dem Kobayashi-Maskawa-Modell sollte das elektrische Dipolmoment des Elektrons nicht größer als etwa 10^{-37} ecm sein. Das jüngste in Berkeley durchgeführte Experiment [Abd90] bestimmte die Energie eines Elektrons im elektrischen Feld. Man verwendet dazu keine freien Elektronen, sondern vielmehr Valenzelektronen in schweren Atomen, in diesem speziellen Fall ^{205}Tl. Die Messungen wurden mit Hilfe einer Atomstrahlresonanzmethode mit getrennten Wechselfeldern durchgeführt. Das atomare Dipolmoment von ^{205}Tl wurde zu

$$d(^{205}\text{Tl}) = (1.6 \pm 5.0) \cdot 10^{-24} \text{ ecm} \tag{5.29a}$$

bestimmt, woraus der in (5.28b) angegebene Wert für das Elektron resultiert. Ähnlich empfindliche Resultate wurden für die elektrischen Dipolmomente von anderen schweren Atomen erzielt [Vol84, Lam87]

$$d(^{129}\text{Xe}) = -(0.3 \pm 1.1) \cdot 10^{-26} \text{ ecm}, \quad (5.29\text{b})$$

$$d(^{199}\text{Hg}) = (0.7 \pm 1.5) \cdot 10^{-26} \text{ ecm}. \quad (5.29\text{c})$$

5.3 Neutron-Antineutron-Oszillationen

5.3.1 Einleitung

Wie in Kap. 1 ausgeführt, spielen Symmetrien und Erhaltungssätze in modernen Eichtheorien eine wichtige Rolle. Die Sätze von der Erhaltung der Baryonen- bzw. der Leptonenzahl nehmen eine Sonderstellung ein, da ihnen kein bekanntes Symmetrieprinzip zugrundeliegt. Diese Erhaltungssätze können nur phänomenologisch begründet werden und sind daher vermutlich nur im Rahmen der gegenwärtigen experimentellen Grenzen gültig.

Es gibt mehrere Gründe dafür anzunehmen, daß die Baryonenzahlsymmetrie keine exakte Symmetrie ist (siehe Kap. 3). Bereits 1967 bemerkte A. Sacharov, daß der Ursprung der Materie im Urknall-Modell drei wichtige Voraussetzungen erfordert [Sac67]:

a) Verletzung der Baryonenzahlerhaltung,
b) CP-Verletzung und
c) thermisches Nichtgleichgewicht.

Darüber hinaus treten auch im Rahmen des Standardmodells Verletzungen der separaten Erhaltungssätze für B und L auf. Zwar erhält die grundlegende Lagrange-Dichte der elektroschwachen Theorie sowohl die Baryonenzahl als auch die Leptonenzahl, aber die sogenannten Dreiecksanomalien brechen die separaten B- und L-Symmetrien, während die $(B-L)$-Symmetrie erhalten bleibt. Die dadurch induzierte B-verletzende Amplitude ist jedoch äußerst klein ($\sim e^{-4\pi/\alpha_w}$, α_w ist die Kopplungskonstante der schwachen Wechselwirkung).

Tatsächlich führen praktisch alle Versuche der Formulierung einer Großen Vereinigungstheorie unausweichlich zu einer Verletzung der Leptonenzahl- und der Baryonenzahlerhaltung und ermöglichen dadurch insbesondere den Zerfall des Protons. Eine Verletzung der Baryonenzahl B könnte sich auch durch den ($\Delta B = 2$)-Prozeß der Neutron-Antineutron-Oszillation manifestieren. Man unterscheidet folgende zwei Klassen von B-verletzenden Prozessen:

a) $\Delta B = 1$ (z.B. den Nukleonenzerfall)
b) $\Delta B = 2$ (z.B. $n\bar{n}$-Oszillationen)

5.3 Neutron-Antineutron-Oszillationen

Im minimalen $SU(5)$-Modell, in dem die Baryonen- und Leptonenzahlen keine Erhaltungsgrößen mehr sind, bleibt die Differenz $(B-L)$ erhalten, so daß der Protonzerfall erlaubt ist ($\Delta B = \Delta L = 1$), der Prozeß der $n\bar{n}$-Oszillation wegen $\Delta B = 2$ und $\Delta L = 0$ jedoch verboten ist. Die Untersuchungen zum Zerfall des Nukleons und Präzisionsmessungen des Weinberg-Winkels sowie einige weitere Punkte (siehe Kap. 2.2.1) legen jedoch eine Erweiterung des minimalen $SU(5)$-Modells nahe. In rechts-links-symmetrischen GUT-Modellen wie dem $SO(10)$-Modell sind Prozesse mit $\Delta B = 2$ und $\Delta L = 0$ erlaubt. In dem Pati-Salam-Modell mit einer $SU(4)_{ec} \otimes SU(2)_L \otimes SU(2)_R$-Symmetrie, die durch geeignete Symmetriebrechung aus der $SO(10)$-Gruppe hervorgeht, sollten diese Prozesse sogar sehr viel häufiger sein als der Nukleonzerfall [Moh80]. Die Gruppe $SU(4)_{ec}$ beinhaltet die $U(1)_{B-L} \otimes SU(3)_c$ als Untergruppe. $B - L$ spielt die Rolle einer vierten Farbe. Die $SU(4)_{ec}$-Transformationen umfassen eine Erweiterung der starken Farbwechselwirkung um diese vierte Farbe („extended colour", siehe [Moh86a]).

Der Nukleonzerfall wurde in Kap. 4 diskutiert. Der durch die $SU(3)_c \otimes SU(2)_L \otimes U(1)_Y$-Symmetrie festgelegte Hamiltonoperator zur Beschreibung von ($\Delta B = 1$)-Prozessen lautet schematisch [Moh89]

$$H_{\Delta B=1} \sim \frac{1}{M_X^2} uude^-, \qquad (5.30)$$

wobei die Masse der X-Bosonen von der Größenordnung 10^{15} GeV$/c^2$ ist. $n\bar{n}$-Oszillationen werden dagegen durch einen Hamiltonoperator mit folgender Struktur beschrieben

$$H_{\Delta B=2} \sim \frac{1}{M_I^5} uddudd. \qquad (5.31)$$

Dieser Operator induziert nicht nur $n\bar{n}$-Oszillationen, sondern er ist auch für die Kerninstabilität durch Zerfälle der Form

$$p + n \to \text{Pionen} \qquad (5.32)$$

verantwortlich. Die experimentelle Grenze für die Lebensdauer gegenüber diesen nichtleptonischen Zerfällen beträgt etwa 10^{31} Jahre. Dies ergibt eine Massenskala von

$$M_I \sim M_X^{2/5} \sim 10^6 \text{ GeV}/c^2. \qquad (5.33)$$

Im Gegensatz zum Zerfall des Protons mit einer sehr großen Massenskala im Bereich der GUT-Skala liefern also Untersuchungen von ($\Delta B = 2$)-Prozessen Aussagen über neue Physik jenseits des Standardmodells im Bereich einer intermediären Massenskala.

Die Vorhersagen der verschiedenen Vereinigungstheorien ergeben für die Energieskala von $M_I \sim 10^2 - 10^3$ TeV$/c^2$ Oszillationsperioden von $\tau_{n\bar{n}} \sim$

$10^6 - 10^{10}$ s. Oberhalb dieser Energie erwartet man die Existenz einer lokalen $(B-L)$-Symmetrie. Eine ausführliche Diskussion von $(\Delta B = 2)$-Übergängen im Rahmen von GUT-Modellen findet man in [Moh89]. Die Tab. 5.2 faßt die Vorhersagen verschiedener Modelle zusammen.

Tab. 5.2 GUT-Vorhersagen für die Periode $\tau_{n\bar{n}}$ der $n\bar{n}$-Oszillationen (aus [Moh89]).

GUT-Modell	$\tau_{n\bar{n}} = 10^6 - 10^{10}$ s
Standardmodell	nein
$SU(5)$	nein
$SU(2)_L \otimes SU_R \otimes SU(4)_{ec}$	ja
$SO(10)$	ja
E_6	nein
SUSY-$SU(3)_c \otimes SU(2)_L \otimes U(1)_Y$	ja*)
SUSY-rechts-links-symm. mit E_6-Typ-Spektrum	ja

*) aber zu schnell ohne Feinabstimmung der Parameter

Historisch gesehen wurden die $n\bar{n}$-Oszillationen erstmals von Kuzmin im Jahre 1970 diskutiert [Kuz70]. Es gibt zwei experimentelle Ansätze zur Suche nach $n\bar{n}$-Übergängen:

• Experimente an freien Neutronen: Ein Strahl kalter Neutronen aus einem Reaktor wird auf ein Target gelenkt. Die entlang der Flugstrecke gebildeten Antineutronen annihilieren mit Neutronen oder Protonen im Target zu mehreren Pionen.

• Experimente an gebundenen Neutronen: Untergrundexperimente zur Suche nach dem Zerfall des Nukleons, wie sie in Kap. 4 beschrieben werden, sind ebenfalls sensitiv auf $n\bar{n}$-Oszillationen. Wenn ein im Kern gebundenes Neutron in ein Antineutron übergeht, so annihiliert letzteres mit einem anderen gebundenen Nukleon wieder zu mehreren Pionen. Die einzige Untergrundquelle in diesen Experimenten sind Wechselwirkungen von atmosphärischen Neutrinos im Detektor.

Bevor wir auf die Beschreibung der Experimente eingehen, soll im nächsten Abschnitt die Phänomenologie der Neutron-Antineutron-Oszillationen näher behandelt werden.

5.3.2 Die Phänomenologie der $n\bar{n}$-Oszillationen

Wie wir gesehen haben, können im Rahmen von Theorien der Großen Vereinigung $(\Delta B = 2)$-Übergänge in Kernen auftreten, insbesondere auch Prozesse der Form $n + p \to$ Pionen. Nach dieser Hypothese tritt eine Mi-

5.3 Neutron-Antineutron-Oszillationen

schung zwischen Neutronen- und Antineutronenzuständen auf, die durch eine Massenaufspaltung

$$\delta mc^2 = \langle \bar{n}|H_{n\bar{n}}|n\rangle \tag{5.34}$$

charakterisiert ist. Die $n\bar{n}$-Oszillationen können phänomenologisch durch folgenden effektiven Hamilton-Operator beschrieben werden

$$H_{n\bar{n}} = \delta mc^2 \int d^3x (\bar{\psi}_n^c \psi_n + \bar{\psi}_n \psi_n^c). \tag{5.35}$$

Die Quarkzustände aus (5.31) wurden durch das Neutronenfeld ersetzt (n = udd). Die Beschreibung dieses Phänomens entspricht vollständig den Strangeness-Oszillationen ($\Delta S = 2$) im $K^0\overline{K^0}$-System (siehe Kap. 1.3.1).

Aufgrund der Zustandsmischung wird die zeitliche Entwicklung dieses Zweizustandssystems durch folgende Gleichungen beschrieben

$$i\hbar \frac{\partial}{\partial t}|n\rangle = m_n c^2 |n\rangle + \delta mc^2 |\bar{n}\rangle, \tag{5.36a}$$

$$i\hbar \frac{\partial}{\partial t}|\bar{n}\rangle = m_{\bar{n}} c^2 |\bar{n}\rangle + \delta mc^2 |n\rangle. \tag{5.36b}$$

In etwas abgekürzter Schreibweise lautet dieses Gleichungssystem

$$i\hbar \frac{\partial}{\partial t}\psi = \mathcal{M}\psi \tag{5.37}$$

mit

$$\psi = \begin{pmatrix} |n\rangle \\ |\bar{n}\rangle \end{pmatrix}, \quad \mathcal{M} = \begin{pmatrix} m_n c^2 & \delta mc^2 \\ \delta mc^2 & m_{\bar{n}} c^2 \end{pmatrix}. \tag{5.38}$$

Die Außerdiagonalelemente vom $\mathcal{M}$ bezeichnen die Übergangsenergie zwischen Neutronen und Antineutronen. Wegen des CPT-Theorems müssen die Diagonalelemente gleich sein ($m_n = m_{\bar{n}} = m$). In der weiteren Diskussion setzen wir darüber hinaus CP-Invarianz voraus, so daß die Außerdiagonalelemente ebenfalls als gleich betrachtet werden können.

Die Eigenzustände der Matrix $\mathcal{M}$ sind

$$|n_{1/2}\rangle = \frac{1}{\sqrt{2}}(|n\rangle \pm |\bar{n}\rangle) \tag{5.39a}$$

mit den Masseneigenwerten

$$m_{1/2} = m \pm \delta m. \tag{5.39b}$$

5 Neutron-Antineutron-Oszillationen

Im wechselwirkungsfreien Raum wird die zeitliche Entwicklung der Eigenzustände wie folgt beschrieben

$$|n_1(t)\rangle = |n_1(0)\rangle e^{-i\frac{m_1 c^2}{\hbar}t} e^{-\frac{\Gamma}{2\hbar}t}, \tag{5.40a}$$

$$|n_2(t)\rangle = |n_2(0)\rangle e^{-i\frac{m_2 c^2}{\hbar}t} e^{-\frac{\Gamma}{2\hbar}t}. \tag{5.40b}$$

Der Exponentialfaktor $\exp(-\Gamma t/2\hbar)$ beschreibt den β-Zerfall des Neutrons. Es wurde angenommen, daß die Zerfallsbreite

$$\Gamma = \frac{\hbar}{\tau_n} \tag{5.41}$$

in beiden Fällen gleich ist. Die in (5.40) angegebene Form gilt genau genommen für das Ruhesystem, in dem die Energie der Ruhemasse $m_{1/2}c^2$ entspricht. Die Zeitkonstante τ_n ist in diesem Fall die echte Lebensdauer des Neutrons. Die Zustände $|n(t)\rangle$ und $|\bar{n}(t)\rangle$ lauten

$$|n(t)\rangle = \frac{1}{\sqrt{2}}(|n_1(t)\rangle + |n_2(t)\rangle), \tag{5.42a}$$

$$|\bar{n}(t)\rangle = \frac{1}{\sqrt{2}}(|n_1(t)\rangle - |n_2(t)\rangle). \tag{5.42b}$$

Zur Zeit $t = 0$ liege nun ein reiner Neutronenstrahl aus einem Reaktor vor, so daß $|n_1(0)\rangle = |n_2(0)\rangle = 1/\sqrt{2}$ gilt. Nach der Zeit t lautet die Amplitude des Neutronenstrahls

$$|n(t)\rangle = \frac{1}{2}e^{-\frac{\Gamma}{2\hbar}t}\left(e^{-i\frac{m_1 c^2}{\hbar}t} + e^{-i\frac{m_2 c^2}{\hbar}t}\right). \tag{5.43}$$

Die Wahrscheinlichkeit dafür, ein ursprüngliches Neutron nach der Zeit t wieder als Neutron zu finden, beträgt demnach

$$\begin{aligned}P_{nn}(t) &= \langle n(t)|n(t)\rangle \\ &= \frac{1}{4}e^{-\frac{\Gamma}{\hbar}t}\left(2 + e^{-i\frac{(m_1-m_2)c^2}{\hbar}t} + e^{i\frac{(m_1-m_2)c^2}{\hbar}t}\right) \\ &= \frac{1}{2}e^{-\frac{\Gamma}{\hbar}t}(1 + \cos(2\delta mc^2 t/\hbar)). \end{aligned} \tag{5.44}$$

Die Wahrscheinlichkeit dafür, daß ein Neutron nach der Zeit t als Antineutron nachgewiesen wird, ist

$$\begin{aligned}P_{n\bar{n}}(t) &= e^{-\frac{\Gamma}{\hbar}t} - P_{nn}(t) \\ &= \frac{1}{2}e^{-\frac{\Gamma}{\hbar}t}(1 - \cos(2\delta mc^2 t/\hbar)) \\ &= e^{-\frac{\Gamma}{\hbar}t}\sin^2(\delta mc^2 t/\hbar). \end{aligned} \tag{5.45}$$

5.3 Neutron-Antineutron-Oszillationen

Ähnlich wie im Fall des $K^0\overline{K^0}$-Systems führt die Zustandsmischung zu zeitlichen Zustandsoszillationen und damit zu Übergängen zwischen Neutronen und Antineutronen. Die Oszillationsperiode ist

$$\tau_{n\bar{n}} = \frac{\hbar}{\delta m c^2}. \tag{5.46}$$

Die Anzahl $\bar{N}$ von Antineutronen, die aus einem Strahl aus ursprünglich N Neutronen hervorgeht, beträgt

$$\bar{N} = N e^{-\frac{\Gamma}{\hbar}t} \sin^2\left(\frac{t}{\tau_{n\bar{n}}}\right) \tag{5.47a}$$

$$\approx N e^{-\frac{\Gamma}{\hbar}t} \left(\frac{t}{\tau_{n\bar{n}}}\right)^2. \tag{5.47b}$$

Die Näherung in (5.47b) ist gültig, da die Beobachtungszeit auf jeden Fall durch die Lebensdauer des freien Neutrons ($\tau_n \sim 10^3$ s) begrenzt wird und man sehr viel größere Oszillationsperioden erwartet, so daß $t \ll \tau_{n\bar{n}}$ in sehr guter Näherung erfüllt ist. Man erkennt sofort, daß Experimente zur Suche nach $n\bar{n}$-Oszillationen sehr große Neutronenflüsse erfordern. Bei einer Oszillationszeit von 10^7 s benötigt man etwa 10^{16} Neutronen, um einen Neutron-Antineutron-Übergang in 0.1 s zu erzeugen.

In der Natur gibt es keine wirklich freien Neutronen, es liegen immer Wechselwirkungen mit äußeren Feldern wie dem Erdmagnetfeld vor. In einem Magnetfeld sind Neutronen und Antineutronen nicht mehr energetisch entartet, da ihre magnetischen Momente unterschiedliche Vorzeichen besitzen, was zu einer Aufspaltung zwischen n- und $\bar{n}$-Zuständen führt. Im Erdmagnetfeld beträgt die Verschiebung der Energieniveaus $\Delta E = \pm 2 d_m B_0 \simeq 10^{-12}$ eV. Dies führt zu einer starken Unterdrückung von $n\bar{n}$-Oszillationen, da z.B. eine Oszillationszeit von 10^7 s einer Übergangsenergie von nur $\delta m c^2 \sim 10^{-22}$ eV [Moh89] entspricht. Im folgenden müssen wir uns daher mit $n\bar{n}$-Oszillationen in äußeren Feldern befassen.

Die Bewegungsgleichung in einem äußeren Feld hat dieselbe Form wie (5.37), nur die Matrix $\mathcal{M}$ besitzt eine andere Struktur

$$\mathcal{M} = \begin{pmatrix} M_1 c^2 & \delta m c^2 \\ \delta m c^2 & M_2 c^2 \end{pmatrix}. \tag{5.48}$$

Die aus dem CPT-Theorem abgeleitete Forderung nach der Gleichheit der Diagonalelemente verliert ihre Gültigkeit, da die Wechselwirkung mit den äußeren Feldern die Entartung zwischen Neutronen und Antineutronen aufhebt. Die effektiven n- und $\bar{n}$-Massen lauten

$$M_1 c^2 = m_n c^2 + V_n, \tag{5.49a}$$
$$M_2 c^2 = m_n c^2 + V_{\bar{n}}. \tag{5.49b}$$

5 Neutron-Antineutron-Oszillationen

m_n bezeichnet die (Anti-)Neutronenmasse, V_n und $V_{\bar{n}}$ sind die äußeren Potentiale für Neutronen bzw. Antineutronen. Diese können durch äußere elektromagnetische Felder oder durch das Kernpotential für gebundene Neutronen hervorgerufen werden. Im Falle von in Kernen gebundenen Neutronen unterscheiden sich V_n und $V_{\bar{n}}$ sehr stark

$$V_n = U, \qquad V_{\bar{n}} = \bar{U} - iW. \tag{5.50}$$

Das Potential für gebundene Neutronen ist komplex („optisches Potential", s. z.B. [Mar70]), da Antineutronen in Kernen annihilieren können. Dieser Prozeß wird durch die imaginäre Komponente beschrieben.

Die Eigenzustände können jetzt wie folgt geschrieben werden

$$|n_1\rangle = |n\rangle \cos\theta + |\bar{n}\rangle \sin\theta, \tag{5.51a}$$
$$|n_2\rangle = -|n\rangle \sin\theta + |\bar{n}\rangle \cos\theta, \tag{5.51b}$$

die Masseneigenwerte sind

$$m_{1/2}c^2 = \frac{1}{2}(M_1 - M_2)c^2 \pm \sqrt{\delta m^2 c^4 + \Delta E^2}, \tag{5.52}$$

wobei

$$\tan 2\theta = \frac{\delta m c^2}{\Delta E}, \qquad \Delta E = \frac{1}{2}(V_n - V_{\bar{n}}). \tag{5.53}$$

Die zeitliche Entwicklung des Neutronenzustands wird durch die Gleichung

$$|n(t)\rangle = |n_1(0)\rangle e^{-i\frac{m_1 c^2}{\hbar}} \cos\theta + |n_2(0)\rangle e^{-i\frac{m_2 c^2}{\hbar}} \sin\theta \tag{5.54}$$

beschrieben. Wir haben hierbei den Exponentialfaktor für den β-Zerfall des Neutrons vernachlässigt. Beginnt man nun zum Zeitpunkt $t = 0$ mit einem reinen n-Strahl, so beträgt die Übergangswahrscheinlichkeit nach einer Zeit t

$$P_{n\bar{n}}(t) = \left(\frac{\delta m}{\Delta M}\right)^2 \sin^2(\Delta M c^2 t/\hbar). \tag{5.55}$$

Die Wahrscheinlichkeit oszilliert mit der Amplitude

$$A = \left(\frac{\delta m}{\Delta M}\right)^2 \tag{5.56}$$

und der Periode

$$\tilde{\tau}_{n\bar{n}} = \frac{\hbar}{\Delta M c^2}, \tag{5.57}$$

wobei

$$\Delta M c^2 = \frac{1}{2}(m_1 - m_2)c^2 = \sqrt{\delta m^2 c^4 + \Delta E^2}. \tag{5.58}$$

5.3 Neutron-Antineutron-Oszillationen

Im Fall von freien Neutronen verschwindet ΔE und (5.55) geht über in (5.45). Man erkennt deutlich, daß $n\bar{n}$-Oszillationen stark unterdrückt sind, wenn ΔM groß gegen δm wird.

5.3.3 Experimente zu $n\bar{n}$-Oszillationen

Wie in der Einleitung bereits erwähnt wurde, gibt es zwei Methoden, um nach $n\bar{n}$-Übergängen zu suchen. Ein Ansatz verwendet in Kernen gebundene, der andere freie Neutronen.

5.3.3.1 Experimente mit gebundenen Neutronen

Untergrunddetektoren zur Suche nach dem Nukleonenzerfall sind ebenfalls empfindlich auf $n\bar{n}$-Oszillationen [Dov83]. Wenn sich ein im Kern gebundenes Neutron in ein Antineutron verwandelt, so annihiliert letzteres mit einem anderen Nukleon desselben Kerns

$$(A, Z) \to (A - 1, Z, \bar{n}) \to (A - 2, Z) + \text{Pionen} \,. \tag{5.59}$$

Dabei entstehen typischerweise fünf Pionen mit einer Gesamtenergie von etwa 2 GeV. Die $n\bar{n}$-Annihilation kann also über folgende Reaktionen nachgewiesen werden

$$\bar{n} + n \to \text{Pionen} \to \text{Myonen} \,, \tag{5.60a}$$

$$\bar{n} + p \to \text{Pionen} + \text{Myonen} \,. \tag{5.60b}$$

Nach solchen Ereignissen wurde mit Hilfe des Wasser-Cerenkovzählers der Kamiokande-Kollaboration [Tak86] (^{16}O) und mit dem Fréjus-Detektor aus Eisen [Ber90a] (^{56}Fe) gesucht.

Das Problem dieser Methode liegt darin begründet, daß die Energieverschiebung ΔE wegen des Kernpotentials sehr große Werte von ca. $\Delta E = $ 100 - 500 MeV [Moh89] annimmt, und die Oszillationen dadurch sehr stark unterdrückt sind. Mit $\delta mc^2 \approx 10^{-22}$ eV ergibt sich die Amplitude der Oszillationen zu

$$A = \left(\frac{\delta m}{\Delta M}\right)^2 \sim \left(\frac{\delta mc^2}{\Delta E}\right)^2 \sim 10^{-60} \,. \tag{5.61}$$

Unter der Annahme $\Delta E \cdot t \gg \hbar$ oszilliert die Funktion $\sin(\Delta Mc^2 t/\hbar)$ sehr schnell. Die mittlere Wahrscheinlichkeit dafür, ein Antineutron zu finden, beträgt daher

$$\langle P_{n\bar{n}}\rangle = \frac{1}{2}\left(\frac{\delta mc^2}{\Delta E}\right)^2 \,. \tag{5.62}$$

Man erhält eine zeitlich konstante Annihilationsrate

$$T_{n\bar{n}}^{-1} \sim \delta m^2 \,. \tag{5.63}$$

192 5 Neutron-Antineutron-Oszillationen

Ein Vergleich mit (5.46) ergibt

$$\tau_{n\bar{n}} = \sqrt{T_R T_{n\bar{n}}}\,. \tag{5.64}$$

T_R ist eine typische kernphysikalische Periode, d.h. von der Größenordnung 10^{-23} s.

Die Messung der Kernstabilität erlaubt daher im Prinzip eine Bestimmung der $n\bar{n}$-Oszillationszeit. Gewisse Unsicherheiten entstehen dadurch, daß der Parameter T_R in einer Kernstrukturrechnung bestimmt werden muß.

Bislang konnten noch keine Annihilationsereignisse nachgewiesen werden. Die Kamiokande-Kollaboration [Tak86] gibt für die Lebensdauer des Neutrons in ^{16}O eine Grenze von

$$T_{n\bar{n}}(^{16}\text{O}) > 4.3 \cdot 10^{31} \text{ a} \quad (90\% \text{ c.l.}) \tag{5.65}$$

an, was einer unteren Grenze für die Oszillationsperiode von

$$\tau_{n\bar{n}} > 1.2 \cdot 10^8 \text{ s} \tag{5.66}$$

entspricht.

Messungen mit dem Fréjus-Eisen-Detektor [Ber90a] ergeben für die Lebensdauer des Neutrons in ^{56}Fe

$$T_{n\bar{n}}(^{56}\text{Fe}) > 6.5 \cdot 10^{31} \text{ a} \quad (90\% \text{ c.l.})\,, \tag{5.67}$$

woraus sich folgende Grenze für $\tau_{n\bar{n}}$ ergibt

$$\tau_{n\bar{n}} > 1.2 \cdot 10^8 \text{ s}\,. \tag{5.68}$$

Eine neuere Berechnung der Größe T_R für die relevanten Nuklide unter Verwendung eines realistischen Kernpotentials, des Paris-Potentials, ergibt mit den experimentellen Lebensdauergrenzen folgende Resultate [Alb91]

$$\tau_{n\bar{n}}(^{16}\text{O}) > (0.7-0.9) \cdot 10^8 \text{ s}\,, \tag{5.69a}$$
$$\tau_{n\bar{n}}(^{56}\text{Fe}) > (0.8-1.0) \cdot 10^8 \text{ s}\,. \tag{5.69b}$$

Die in Zukunft mit neuen Untergrunddetektoren erreichbaren Grenzen sind nur wenig besser als die der jetzigen Experimente. Von dem Superkamiokande-Experiment, mit einem 32000 Tonnen schweren Wasser-Cerenkov-Zähler (s. Kap. 4), erwartet man eine Sensitivität auf Kernstabilitäten von $T_{n\bar{n}} \sim 4 \cdot 10^{32}$ Jahren, was einer Oszillationszeit von $2-3 \cdot 10^8$ s entspricht [Alb91]. Das geplante ICARUS-Projekt (s. Kap. 4) erreicht eine vergleichbare Empfindlichkeit [Alb91].

5.3.3.2 Experimente mit freien Neutronen

Experimente mit freien Neutronen erlauben eine direkte Messung der Größe $\tau_{n\bar{n}}$. Die Interpretation ist unabhängig von Kernstrukturrechnungen. Wie bereits erwähnt, gibt es in der Natur keine exakt freien Neutronen, da immer externe Felder wie das Erdmagnetfeld vorhanden sind. Dies führt i.a. dazu, daß ΔM sehr viel größer als δm ist und die Oszillationen folglich unterdrückt sind. Nach (5.55) muß man dafür sorgen, daß die Energielücke zwischen n- und $\bar{n}$-Zuständen $2\Delta E$ möglichst klein wird.

Neutronen verhalten sich praktisch wie freie Neutronen, wenn die Bedingung

$$\Delta M c^2 t \ll \hbar \tag{5.70}$$

erfüllt ist („quasifreie Neutronen" [Moh80]), denn dann folgt aus (5.55) für $t \ll \tau_{n\bar{n}}$ wieder (5.47b) für freie Neutronen, d.h. $P_{n\bar{n}}(t)$ wächst quadratisch mit der Zeit t. In Experimenten mit Neutronenstrahlen wird die Energieaufspaltung zwischen n- und $\bar{n}$-Zuständen durch die Wechselwirkung der magnetischen Momente mit dem Erdmagnetfeld $B_0 \approx 40~\mu$T bestimmt

$$\Delta E \approx 10^{-12}~\text{eV}. \tag{5.71}$$

Dies hätte eine Unterdrückung der Oszillationsamplitude um einen Faktor $(\delta m c^2/\Delta E)^2 \simeq 10^{-20}$ zur Folge. Wählt man die Beobachtungszeit jedoch kurz genug, so kann die Bedingung (5.70) erfüllt werden, und die Zahl der Antineutronen wird unabhängig von der Stärke der magnetischen Wechselwirkung. Um die Voraussetzung für quasifreie Neutronen bei möglichst großen Beobachtungszeiten zu erreichen, muß das Erdmagnetfeld gut abgeschirmt werden. Die Wechselwirkungsenergie mit dem Restfeld $\tilde{B}_0$ muß klein gegen die Energieunschärfe des Systems sein

$$2 d_m \tilde{B}_0 \ll \hbar/t. \tag{5.72}$$

Bei gegebenem Restfeld muß die Flugzeit entsprechend dieser Forderung eingestellt werden (zur Diskussion der quasifreien Bedingung vgl. [Bit85]).

Experimente zur Suche nach $n\bar{n}$-Oszillationen müssen folgenden wichtigen Anforderungen genügen: Erstens ist eine gute Abschirmung der äußeren Störfelder notwendig, um die quasifreie Bedingung zu gewährleisten. Die übrigen Forderungen können leicht anhand von (5.47b) abgeleitet werden. Man benötigt einerseits einen sehr großen Neutronenfluß und andererseits eine lange Flugzeit t (unter Einhaltung von (5.70)). Lange Flugzeiten gewinnt man durch eine lange Flugstrecke L und die Verwendung kalter Neutronen mit kleinen Geschwindigkeiten ($t = v/L$).

Das Prinzip einer solchen Messung ist recht einfach. Ein Strahl kalter, quasifreier Neutronen aus einem Reaktor durchläuft eine gegen äußere Felder

194 5 Neutron-Antineutron-Oszillationen

abgeschirmte Strecke L und trifft danach auf eine Folie aus Kohlenstoff. Die während der Flugzeit t gebildeten Antineutronen zerstrahlen im Target unter Bildung von Pionen, die in einem Detektor nachgewiesen werden. Die Neutronen durchfliegen die Folie im wesentlichen ungehindert. Ein typisches $\bar{n}$-Signal besteht aus fünf Pionen mit einer Gesamtenergie von ~ 2 GeV und einem verschwindenden Gesamtimpuls. Der Detektor muß gegen die Höhenstrahlung abgeschirmt werden. Gegenüber den Experimenten mit gebundenen Neutronen hat man jedoch den Vorteil, daß der Untergrund direkt gemessen werden kann, indem man durch Anlegen eines zusätzlichen Magnetfeldes die Oszillationen unterdrückt und nur noch Untergrundereignisse nachweist [Dub88].

Das erste Experiment zu freien $n\bar{n}$-Oszillationen wurde in den Jahren 1982/ 1983 von einer CERN-ILL-Padua-Rutherford-Sussex-Kollaboration am Forschungsreaktor des ILL in Grenoble durchgeführt [Fid85]. Die wichtigsten Parameter dieser Messung waren:

- Neutronenfluß: $1.5 \cdot 10^9$ s^{-1}
- mittlere Neutronengeschwindigkeit: $v = 161$ ms^{-1} (entsprechend einer kinetischen Energie von $1.4 \cdot 10^{-4}$ eV)
- Flugstrecke im Vakuum: $L = 2.7$ m
- Flugzeit: $t = 26$ ms

Als Ergebnis wurde folgende Grenze angegeben

$$\tau_{n\bar{n}} > 1 \cdot 10^6 \text{ s} \quad (90\% \text{ c.l.}). \tag{5.73}$$

Ein weiteres Experiment wurde am italienischen 250kW-Triga-Mark-II-Reaktor in Pavia durchgeführt [Bre89], die entsprechenden Parameter lauten:

- Neutronenfluß: $3.2 \cdot 10^{10}$ s^{-1}
- mittlere Neutronengeschwindigkeit: $v = 2200$ ms^{-1}
- Flugstrecke im Vakuum: $L = 17.6$ m
- Flugzeit: $t = 8$ ms

Die erzielte Grenze für die Oszillationszeit beträgt

$$\tau_{n\bar{n}} > 4.7 \cdot 10^5 \text{ s} \quad (90\% \text{ c.l.}). \tag{5.74}$$

Im folgenden werden wir ein neues am ILL laufendes Experiment etwas ausführlicher diskutieren. Ziel dieses Experiments ist, die untere Grenze für die Periode in den Bereich von 10^8 s heraufzusetzten [Dub88, Pug89, Bal90]. Als Neutronenquelle dient der 57 MW-Hochflußreaktor des ILL. Abb. 5.7 zeigt eine Skizze des experimentellen Aufbaus.

Die in flüssigem Deuterium ($T = 27$ K) moderierten Reaktorneutronen gelangen durch einen 60 m langen Neutronenleiter (H 53) zu dem eigentlichen Experiment. Der Neutronenleiter besteht aus einem mit Nickel bedampften

5.3 Neutron-Antineutron-Oszillationen

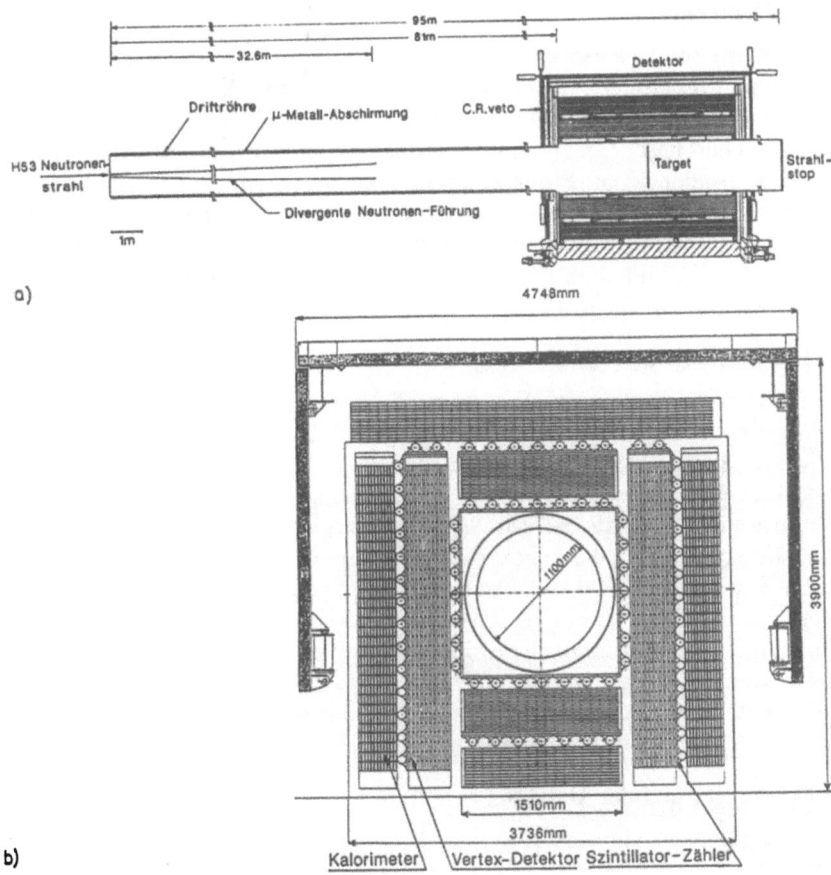

Abb. 5.7 Experimenteller Aufbau des Experiments zu $n\bar{n}$-Oszillationen an freien Neutronen am ILL in Grenoble (aus [Bal90]).
a) zeigt die Anordnung des Neutronenleiters, des Targets und des Detektorsystems; b) zeigt einen Querschnitt durch den Detektor.

Glasrohr, an dessen Wänden die Neutronen totalreflektiert werden. Eine leichte Krümmung verhindert das Durchtreten von γ-Quanten und schnellen Neutronen direkt aus dem Reaktor. Die Neutronenintensität betrug etwa $2 \cdot 10^{11}$ s^{-1} bei einer mittleren Wellenlänge von 6.5 Å entsprechend einer kinetischen Energie von $2 \cdot 10^{-3}$ eV oder einer mittleren Geschwindigkeit von 600 ms^{-1}. Die eigentliche Meßapparatur besteht aus einem evakuierten Driftgefäß, der magnetischen Abschirmung und dem Detektorsystem.

5 Neutron-Antineutron-Oszillationen

- **Die Driftröhre**

Am Ausgang des Neutronenleiters H 53 treten die Neutronen in die 94.5 m lange, evakuierte Driftröhre ein. Das Rohr besteht aus der 81m langen Flugstrecke und einem weiteren Teil, das das von Detektoren umgebene Target beherbergt. Der gesamte Aufbau ist auf einen Restdruck von $2 \cdot 10^{-3}$ Pa evakuiert, um Stöße zwischen den Neutronen und Gasmolekülen zu unterdrücken, da diese die Wahrscheinlichkeit für einen $n\bar{n}$-Übergang verringern würden. In der großen Röhre befindet sich ein 32 m langer, sich nach vorne hin öffnender Neutronenleiter („Neutronentrompete"), der der Fokussierung des Strahls dient.

- **Die magnetische Abschirmung**

Wie bereits diskutiert wurde, müssen die Neutronen sehr gut gegen äußere Magnetfelder abgeschirmt sein, um die quasifreie Bedingung im Bereich der Flugstrecke zu gewährleisten. Dazu wurde innerhalb der Driftröhre ein zweites Rohr aus μ-Metall als passive Abschirmung der transversalen Komponente des Erdmagnetfeldes installiert, wodurch letztere sehr gut abgeschirmt ist. Die Reduzierung der longitudinalen Komponente erfolgte aktiv mit Hilfe einer Spule, deren Feld das Erdmagnetfeld entlang der Röhrenachse kompensiert. Die Spule ist um die μ-Metallabschirmung gewickelt [Bit85]. Durch diese Maßnahmen konnte das Erdmagnetfeld von 40 μT auf einen Wert von $\tilde{B}_0 < 10$ nT reduziert werden. Die äußere Störenergie ΔE betrug daher für alle Neutronen weniger als 10^{-15} eV. Bei einer Flugzeit von 0.1 s ist daher die Bedingung für quasifreie Neutronen erfüllt.

- **Das Target und der Detektor**

Als Target dient eine 200 μm dicke Folie aus Kohlenstoff. Antineutronen, die während der Flugzeit von 0.1 s gebildet werden, annihilieren mit einer sehr großen Wahrscheinlichkeit ($> 99\%$), während die Folie für die Neutronen praktisch transparent ist (Transmission $> 95\%$). Der Bereich um das Target ist mit ^{6}LiF ausgekleidet, um gestreute Neutronen zu absorbieren. 10.8 m nach dem Target wird der durchgehende Neutronenstrahl ebenfalls in ^{6}LiF abgestoppt. ^{6}LiF wird gewählt, da diese Substanz Neutronen ohne die Erzeugung von γ-Quanten absorbiert.

Der Detektor zum Nachweis der Annihilationspionen ist in vier Quadranten unterteilt und umgibt das Target mit einem Raumwinkel von $\Omega = 0.94 \cdot 4\pi$ sterad. Zum Nachweis der Spuren geladener Teilchen dienen Streamerröhren, die in 10 Ebenen angelegt sind. Vor und hinter diesen Streamerebenen befinden sich Szintillationszähler, die als Trigger arbeiten. Mit ihnen können die Flugzeit und die Teilchenrichtung (von innen nach außen oder umgekehrt)

5.3 Neutron-Antineutron-Oszillationen

gemessen werden. Der innere Detektor ist schließlich von einem Kalorimeter zum Nachweis von γ-Quanten aus dem Zerfall des π^0 umgeben. Darüber hinaus erlaubt das Kalorimeter eine Messung der Gesamtenergie und des Impulses der Ereignisse. Der gesamte Detektor ist von einem Vetosystem aus Szintillationszählern zur Erkennung geladener Teilchen aus der Höhenstrahlung umgeben. Die neutrale Komponente der Höhenstrahlung wird durch eine 10 cm dicke Bleischicht abgeschirmt.

Nach einer Meßzeit von $6.11 \cdot 10^5$ s konnte kein Ereignis gefunden werden, das auf einen $n\bar{n}$-Übergang hinweisen würde. Dies ergab eine untere Grenze für die Oszillationsperiode [Bal90] von

$$\tau_{n\bar{n}} > 10^7 \text{ s} \quad (90\% \text{ c.l.}). \tag{5.75}$$

Für die Übergangsenergie leitet sich daraus folgender Wert ab

$$\delta mc^2 < 6 \cdot 10^{-29} \text{ MeV}. \tag{5.76}$$

Nach einer Meßzeit von $2.5 \cdot 10^7$ s erhielt man [Bald94]

$$\tau_{n\bar{n}} \geq 0.86 \cdot 10^8 \text{ s} \quad (90\% \text{ c.l.}). \tag{5.77}$$

Diese Grenze entspricht der aus der Kernstabilität gewonnenen, hat aber den Vorteil, unabhängig von theoretischen Unsicherheiten in den Kernmodellen zu sein.

Ein weiteres Experiment zu $n\bar{n}$-Oszillationen ist an der Moskauer Mesonenfabrik geplant. Man strebt eine Sensitivität von $\tau_{n\bar{n}} \sim 10^{10}$ s [Ilj83] an.

6 Experimente zur Bestimmung der Neutrinomasse

Seit der Zeit von Pauli und Fermi haben Neutrinos eine zentrale Rolle für unser Verständnis der schwachen Wechselwirkung gespielt. Heute spielen sie eine entsprechende Schlüsselrolle im Rahmen der Großen Vereinigungstheorien, für die ihre Natur (Dirac- oder Majorana-Teilchen), ihre Masse und ihr magnetisches Moment wichtige Randbedingungen darstellen. Die Einbettung massiver Neutrinos im Rahmen von GUT-Modellen wurde bereits in Kap. 1 besprochen (siehe auch [Gro89,90, Moh91a]). Auf der anderen Seite sind Neutrinos die wichtigsten Kandidaten für nichtbaryonische dunkle Materie im Universum, und ihre Masse könnte dessen großräumige Struktur und Evolution bestimmen. Neutrinos sind ferner die einzigen direkten Sonden der Prozesse in den Zentralbereichen kollabierender Sterne, und ihre Eigenschaften werden als eine mögliche Teillösung eines eventuellen solaren Neutrinorätsels diskutiert. In diesem und auch im nächsten Kapitel wollen wir uns mit den Möglichkeiten der experimentellen Bestimmung einer möglichen Neutrinomasse befassen. Dabei finden verschiedene Methoden Anwendung. Abb. 6.1 gibt eine Übersicht.

Die einzige Methode, die eine direkte Bestimmung der Neutrinomasse ohne

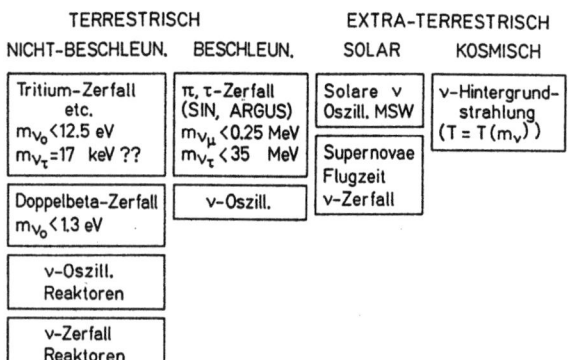

Abb. 6.1 Übersicht über experimentelle Methoden zur Bestimmung der Neutrinomasse.

zusätzliche Annahmen ermöglicht, besteht in rein kinematischen Betrachtungen von Prozessen der schwachen Wechselwirkung. Dazu gehören der Kernbetazerfall (Tritium) sowie der π- und der τ-Zerfall. Auch die innere Bremsstrahlung beim Elektroneinfang ermöglicht Aussagen über Neutrinoeigenschaften. Ein weiterer kinematischer Ansatz sind Laufzeitmessungen an Neutrinos aus der Supernova SN1987A.

Andere nichtkinematische Methoden, um Aussagen über die Neutrinomasse zu gewinnen, erfordern zusätzlich zu einer endlichen Masse m_ν die Verletzung der Leptonenzahlerhaltung. Zu dieser zweiten Gruppe von Experimenten gehören Untersuchungen des neutrinolosen Doppelbetazerfalls. Darüber hinaus sind Neutrinooszillationen (siehe Kap. 7) empfindlich auf Massendifferenzen zwischen verschiedenen Neutrino-Massemeigenzuständen. Schließlich besteht noch die Möglichkeit eines Neutrinozerfalls, wenn diese Teilchen eine Masse besitzen und die Masseneigenzustände nicht identisch sind mit den Wechselwirkungseigenzuständen. Im Prinzip ließe sich auch aus einer - noch ausstehenden - Beobachtung der aus dem Urknall herrührenden Neutrino-Hintergrundstrahlung (genauer ihrer Temperatur, siehe Kap. 3) Information über die ν-Masse gewinnen.

6.1 Die direkte Bestimmung der Neutrinomasse in Zerfallsexperimenten

Eine der wichtigsten Methoden zur Bestimmung der Neutrinomasse besteht in der Untersuchung des Energiespektrums von Kernbetazerfällen. Von besonderer Bedeutung ist der niederenergetische Betazerfall des Tritiums, der sehr empfindliche Aussagen über die Masse des Elektron-Antineutrinos erlaubt. Die Massengrenzen von μ- und τ-Neutrinos werden im allgemeinen aus der Kinematik von Pionen- und Tauzerfällen ermittelt.

6.1.1 Der Kernbetazerfall und die Masse des Elektronneutrinos

Im Kernbetazerfall wird im wesentlichen das Massenspektrum des an das Elektron koppelnden Neutrinozustandes untersucht. Durch eine endliche Ruhemasse des Neutrinos wird das Energiespektrum der im β-Zerfall emittierten Elektronen bzw. Positronen modifiziert. Um diesen Effekt zu verstehen, wollen wir uns zunächst kurz mit dem β-Zerfall beschäftigen. Wir nehmen dabei zur Vereinfachung an, daß der Wechselwirkungseigenzustand im wesentlichen durch den Masseneigenzustand gegeben ist. Die Neutrinomasse m_ν ist also durch die Masse m_1 des dominanten Masseneigenzustandes $|\nu_1\rangle$ gegeben (siehe hierzu Abschn. 6.1.2 und Kap. 7).

6.1.1.1 Einleitung

Unter dem Begriff β-Zerfall werden alle Kernzerfälle zusammengefaßt, bei denen sich die Kernladungszahl Z bei konstanter Massenzahl A um eine Einheit ändert. Es handelt sich um die folgenden schwachen Zerfallsprozesse (siehe Abb. 6.2)

$$^A_Z X_N \to \, ^A_{Z+1} X_{N-1} + e^- + \bar{\nu}_e \quad \beta^- \text{-Zerfall}, \tag{6.1a}$$

$$^A_Z X_N \to \, ^A_{Z-1} X_{N+1} + e^+ + \nu_e \quad \beta^+ \text{-Zerfall}, \tag{6.1b}$$

$$e^- + \, ^A_Z X_N \to \, ^A_{Z-1} X_{N+1} + \nu_e \quad \text{Elektroneinfang}. \tag{6.1c}$$

Eng verknüpft mit diesen Übergängen sind die Neutrino-Einfangreaktionen

$$\bar{\nu}_e + \, ^A_Z X_N \to \, ^A_{Z-1} X_{N+1} + e^+, \tag{6.2a}$$

$$\nu_e + \, ^A_Z X_N \to \, ^A_{Z+1} X_{N-1} + e^-. \tag{6.2b}$$

Läßt man Effekte der Kernstruktur zunächst außer acht, so handelt es sich bei den Zerfallsprozessen (6.1a) bis (6.1c) um folgende fundamentale Übergänge (auf Nukleonenebene; für eine Diskussion auf Quarkebene siehe z.B. [Gro89,90])

$$n \to p + e^- + \bar{\nu}_e, \tag{6.3a}$$

$$p \to n + e^+ + \nu_e, \tag{6.3b}$$

$$e^- + p \to n + \nu_e. \tag{6.3c}$$

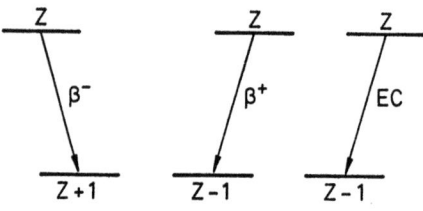

Abb. 6.2
β-Zerfall und Elektroneinfang durch die schwache Wechselwirkung.

Ein β-Übergang ist nur dann möglich, wenn die Bindungsenergie des Tochterkerns größer ist als die des Anfangszustandes. Die energetischen Verhältnisse sind für β^--, β^+-Zerfall und Elektroneinfang unterschiedlich. Bei der folgenden Betrachtung der Energiebilanzen beachte man, daß $m(Z,A)$ die Masse des neutralen Atoms und nicht die des Kerns bezeichnet. Wir werden eine mögliche Ruhemasse des Neutrinos zunächst unberücksichtigt lassen.

6.1 Bestimmung der Neutrinomasse in Zerfallsexperimenten

β^--Zerfall

Die Zerfallsenergie Q_{β^-} im β^--Zerfall lautet

$$Q_{\beta^-} = \left[m(Z,A) - Zm_e\right]c^2 - \left[(m(Z+1,A) - (Z+1)m_e) + m_e\right]c^2$$
$$= \left[m(Z,A) - m(Z+1,A)\right]c^2. \tag{6.4}$$

Der sogenannte Q-Wert entspricht im β^--Zerfall also gerade der Massendifferenz zwischen Mutter- und Tochteratom.

β^+-Zerfall

Für den β^+-Zerfall gilt entsprechend

$$Q_{\beta^+} = \left[m(Z,A) - Zm_e\right]c^2 - \left[(m(Z-1,A) - (Z-1)m_e) + m_e\right]c^2$$
$$= \left[m(Z,A) - m(Z-1,A) - 2m_e\right]c^2. \tag{6.5}$$

Da wir Atommassen verwenden, muß also noch die Ruheenergie von zwei Elektronen aufgebracht werden.

Elektroneinfang

Für den Elektroneinfang erhalten wir

$$Q_{EC} = \left[m(Z,A) - Zm_e\right]c^2 + m_e c^2 - \left[m(Z-1,A) - (Z-1)m_e\right]c^2$$
$$= \left[m(Z,A) - m(Z-1,A)\right]c^2. \tag{6.6}$$

Damit ein β-Übergang stattfinden kann, muß der entsprechende Q-Wert die Bedingung

$$Q_i > 0, \quad i = \beta^-, \beta^+, EC \tag{6.7}$$

erfüllen. Man erkennt, daß der Elektroneinfang gegenüber dem β^+-Zerfall energetisch begünstigt ist

$$Q_{\beta^+} = Q_{EC} - 2m_e c^2. \tag{6.8}$$

Damit eine Positronemission stattfinden kann, muß die Massendifferenz zwischen Mutter- und Tochteratom wenigstens $2m_e c^2$ betragen. Da sowohl der β^+-Zerfall als auch der Elektroneinfang auf denselben Tochterkern führen, tritt der Elektroneinfang stets als Konkurrenzprozeß zum β^+-Übergang auf. Wenn die Massendifferenz Q_{EC} zwischen 0 und $2m_e c^2$ liegt, findet ausschließlich der Elektroneinfang statt.

202 6 Experimente zur Bestimmung der Neutrinomasse

In vielen Fällen führt der β-Zerfall nicht direkt auf den Grundzustand, sondern auf einen angeregten Zustand des Tochterkerns. Dieser angeregte Kern gibt seine Energie gewöhnlich durch Emission von γ-Quanten oder Konversionselektronen ab. Wenn die Anregungsenergie oberhalb der Neutronenseparationsenergie bzw. der Spaltbarriere liegt, findet man darüber hinaus β-verzögerte Neutronenemission (entsprechendes gilt für die Protonen) bzw. β-verzögerte Spaltung. Diese β-verzögerten Prozesse (siehe [Kla83, Kla86, Hir92b, Sta92a]) sind in der Reaktorphysik und bei der Synthese von schweren Elementen im Universum („r-Prozeß") von großer Bedeutung (siehe z.B. [Gro89,90]). Da sie jedoch erst weitab der β-Stabilitätslinie auftreten, spielen sie für die folgenden Betrachtungen keine Rolle.

6.1.1.2 Das Energiespektrum des Betazerfalls

Da es sich bei $\beta^{\pm}$-Übergängen um Mehrkörperzerfälle handelt, zeigt das Energiespektrum der β-Teilchen (Elektronen oder Positronen) einen kontinuierlichen Verlauf (siehe Abb. 6.3). Diesem β-Kontinuum sind noch diskrete Linien überlagert, die von Auger-Elektronen und Konversionselektronen herrühren.

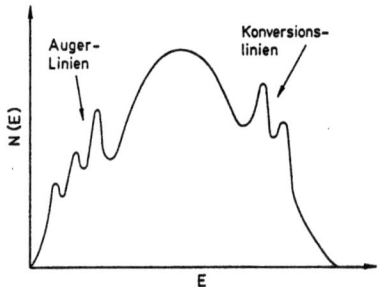

Abb. 6.3
Kontinuierliches Spektrum des β-Zerfalls mit überlagerten diskreten Linien von Auger- und Konversionselektronen.

Wir wollen im folgenden eine einfache Ableitung der Form des β-Spektrums von sogenannten erlaubten Übergängen geben. Da die schwache Wechselwirkung sehr schwach ist, berechnet sich die β-Übergangswahrscheinlichkeit pro Zeiteinheit von einem Zustand $|i\rangle$ in den Zustand $|f\rangle$ mit Hilfe der zeitabhängigen Störungsrechnung in erster Ordnung (Fermi's Goldene Regel [Lan79b])

$$\frac{dW}{dt} = \frac{2\pi}{\hbar}|\langle f|H_\beta|i\rangle|^2 \frac{dn}{dE_0}. \tag{6.9}$$

Der Ausdruck $\langle f|H_\beta|i\rangle$ bezeichnet das Matrixelement des Hamiltonoperators der schwachen Wechselwirkung zwischen dem Anfangszustand $|i\rangle$ und dem Endzustand $|f\rangle$. Diese Größe ist zunächst unbekannt. Experimente

6.1 Bestimmung der Neutrinomasse in Zerfallsexperimenten

zeigen jedoch, daß die *Form* der meisten β-Spektren nur durch den Faktor dn/dE_0 bestimmt wird, der die Dichte der möglichen Endzustände pro Energieintervall dE_0 angibt. Das Matrixelement $\langle f|H_\beta|i\rangle$, das genauer in Abschn. 6.1.1.3 diskutiert wird, kann oft in guter Näherung als energieunabhängig behandelt werden. Die Form der Elektronenspektren wird dann nur durch den Phasenraumfaktor bestimmt.

Wird der Endzustand bei der Berechnung von dn/dE_0 dadurch charakterisiert, daß ein Elektron (Positron) einen Impuls zwischen p und $p+dp$ besitzt, so ist die in (6.9) angegebene Übergangswahrscheinlichkeit gleich der Wahrscheinlichkeit $N(p)dp$ dafür, daß pro Zeiteinheit ein β-Teilchen emittiert wird, dessen Impuls gerade in dem angegebenen Intervall liegt

$$N(p)dp = \frac{2\pi}{\hbar}|\langle f|H_\beta|i\rangle|^2 \frac{dn}{dE_0}. \tag{6.10}$$

$N(p)dp$ ist das β-(Impuls-)Spektrum.

Wir benötigen die Zahl der Zustände innerhalb eines bestimmten Volumens des Phasenraumes. Unter dem Phasenraum versteht man im allgemeinen das Produkt aus Orts- und Impulsraum. Aufgrund der Heisenbergschen Unschärferelation beträgt die minimale Phasenfläche, auf die ein Elektronenzustand eingeengt werden kann

$$\Delta x \Delta p_x \simeq h. \tag{6.11}$$

Für einen sechsdimensionalen Phasenraum ($\Delta x \Delta y \Delta z \Delta p_x \Delta p_y \Delta p_z$) gilt daher, daß es in einem Phasenraumvolumen der Größe h^3 jeweils nur einen Zustand geben kann. In einem System mit unabhängigen Teilchen des Spins j kann jeder dieser Zustände nach dem Pauli-Prinzip mit höchstens $\zeta_j = (2j+1)$ Teilchen besetzt werden.

Betrachten wir nun das im β-Zerfall emittierte Elektron, das innerhalb eines räumlichen Volumens V lokalisiert sei. Der Betrag des Impulses liegt nach unserer Vorgabe im Intervall zwischen p_e und $p_e + dp_e$. Im Impulsraum wird diese Impulsunschärfe durch eine Kugelschale mit dem Volumen

$$d^3p_e = 4\pi p_e^2 dp_e \tag{6.12}$$

dargestellt. Da die „Einheitszelle" im Phasenraum das Volumen h^3 besitzt, beträgt die Zahl der in dem Volumen Vd^3p_e des Phasenraumes möglichen Zustände des Elektrons

$$dn_e = \frac{V 4\pi p_e^2 dp_e}{h^3}. \tag{6.13a}$$

Für das Neutrino gilt ein entsprechender Ausdruck (solange keine Verwechslung zwischen Neutrino und Antineutrino zu befürchten ist, werden wir der Einfachheit halber von einem Neutrino sprechen)

$$dn_\nu = \frac{V 4\pi p_\nu^2 dp_\nu}{h^3}. \tag{6.13b}$$

Da es sich bei einem β-Übergang um einen Dreiteilchenzerfall handelt, sind die Impulse des Elektrons und des Neutrinos nicht direkt korreliert. Die Wahrscheinlichkeit dafür, daß ein Elektron in das Impulsintervall $[p_e, p_e + dp_e]$ und das Neutrino gleichzeitig in das Intervall $[p_\nu, p_\nu + dp_\nu]$ emittiert wird, ist daher gleich dem Produkt der Einzelwahrscheinlichkeiten. Wir erhalten folglich

$$dn = dn_e dn_\nu. \tag{6.14}$$

Die Dichte der Endzustände bezogen auf das Energieintervall dE_0 schreibt sich nun wie folgt

$$\frac{dn}{dE_0} = \frac{16\pi^2 V^2}{h^6} p_e^2 p_\nu^2 \frac{dp_e dp_\nu}{dE_0}. \tag{6.15}$$

Wir haben hierbei die Spinfaktoren ζ_s für das Elektron und das Neutrino unterdrückt. Die Spins der beiden Leptonen sind nicht unabhängig voneinander. Je nach Drehimpuls von Mutter- und Tochterkern sind die Leptonenspins in verschiedener Weise gekoppelt. Besitzen beide Kerne beispielsweise den Drehimpuls Null, dann stehen der Spin des Elektrons und der des Neutrinos aus Gründen der Drehimpulserhaltung antiparallel. Man erhält folglich nur einen Faktor 2 anstatt eines Faktors 4 für unkorrelierte Fermionen (vgl. [May84]). Die Drehimpulskopplung wird später bei der Berechnung der Kernmatrixelemente berücksichtigt.

Seien T und $\vec{P}$ die Energie und der Impuls des nach dem β-Übergang zurückbleibenden Kerns. Aus der Energie- und Impulserhaltung folgt sofort (vgl. Abb. 6.4)

$$\vec{P} + \vec{p}_\nu + \vec{p}_e = 0, \tag{6.16a}$$
$$T + E_\nu + E_e = E_0. \tag{6.16b}$$

E_0 bezeichnet hier den Q-Wert der Reaktion, d.h. $E_0 = Q_{\beta^-}$ oder $E_0 = Q_{\beta^+}$. Da die Masse des Kerns sehr groß im Vergleich zu den Leptonenmassen ist, kann die auf den Kern übertragene Rückstoßenergie vernachlässigt werden

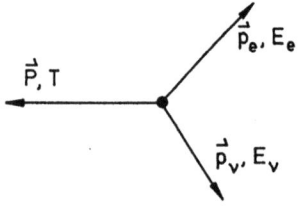

Abb. 6.4

Impulsbilanz nach dem β-Zerfall eines Kerns ($\vec{P}$ = Impuls des Kerns nach dem β-Übergang, $\vec{p}_e$, $\vec{p}_\nu$ = Elektron- bzw. Neutrinoimpuls.

6.1 Bestimmung der Neutrinomasse in Zerfallsexperimenten

($T \approx 0$), so daß sich die gesamte zur Verfügung stehende Zerfallsenergie E_0 auf die kinetischen Energien des Elektrons und des Neutrinos verteilt

$$E_e + E_\nu = E_0. \tag{6.17}$$

Setzen wir die Ruhemasse des Neutrinos zunächst gleich Null, so gilt

$$p_\nu = \frac{E_\nu}{c} = \frac{E_0 - E_e}{c}. \tag{6.18}$$

Daraus folgt für eine feste Energie des Elektrons

$$\frac{dp_\nu}{dE_0} = \frac{1}{c}. \tag{6.19}$$

Mit (6.18) und (6.19) geht (6.15) schließlich über in

$$\frac{dn}{dE_0} = \frac{V^2}{c^3 \hbar^6 4\pi^4} p_e^2 (E_0 - E_e)^2 dp_e. \tag{6.20}$$

Damit schreiben wir für das β-Spektrum

$$N(p_e)dp_e = \frac{V^2}{2\pi^3 c^3 \hbar^7} |\langle f|H_\beta|i\rangle|^2 p_e^2 (E_0 - E_e)^2 dp_e. \tag{6.21}$$

6.1.1.3 Die Kernmatrixelemente für den β-Zerfall

Wir wollen in diesem Abschnitt kurz das Matrixelement des Hamiltonoperators der schwachen Wechselwirkung

$$\langle f|H_\beta|i\rangle = \int dV \psi_f^* H_\beta \psi_i \tag{6.22}$$

diskutieren. Die Wellenfunktion des Anfangszustandes ψ_i ist durch die Wellenfunktion ϕ_i der Nukleonen des Ausgangskerns bestimmt, während die Wellenfunktion ψ_f durch die Wellenfunktion ϕ_f der Nukleonen im Tochterkern und die Wellenfunktion des Elektron-Neutrino-Feldes $\phi_e \phi_\nu$ gebildet wird. Da die Elektronen im β-Zerfall relativistische Teilchen sind, erfordert die Berechnung des Matrixelementes (6.22) genau genommen die Lösung der Dirac-Gleichung. Diesen Weg wollen wir im Rahmen dieser Einführung nicht weiter verfolgen (siehe dafür z.B. [Gro89,90]). Wir können aber trotzdem einige Überlegungen zur Struktur dieser Größe anstellen.

Die Wechselwirkung zwischen dem Kern und den Leptonen ist sehr schwach, so daß sich die Leptonenwellenfunktionen in guter Näherung als ebene Wellen beschreiben lassen (Normierung auf das Volumen V)

$$\phi_e(\vec{r}) = \frac{1}{\sqrt{V}} e^{i\vec{k}_e \cdot \vec{r}}, \tag{6.23a}$$

$$\phi_\nu(\vec{r}) = \frac{1}{\sqrt{V}} e^{i\vec{k}_\nu \cdot \vec{r}}. \tag{6.23b}$$

6 Experimente zur Bestimmung der Neutrinomasse

Die Deformation der Elektronenwellenfunktion durch die Coulombwechselwirkung mit dem Kern sei zunächst vernachlässigt. Eine Reihenentwicklung von (6.23) um den Nullpunkt $\vec{r} = 0$ ergibt

$$\phi_j(\vec{r}) = \frac{1}{\sqrt{V}}(1 + i\vec{k}_j \cdot \vec{r} + \ldots), \quad j = e, \nu. \tag{6.24}$$

Der Kernradius R kann durch

$$R = R_0 A^{1/3}, \quad R_0 \simeq 1.2 \text{ fm}, \tag{6.25}$$

abgeschätzt werden. Die de Broglie-Wellenlänge $\bar{\lambda}$ des Elektrons mit einer typischen Energie von 2 MeV beträgt

$$\bar{\lambda} = \frac{\hbar}{p} \simeq \frac{\hbar c}{E} = \frac{197 \text{ MeVfm}}{2 \text{ MeV}} \approx 10^{-11} \text{ cm}. \tag{6.26}$$

Der Wellenvektor $k = 1/\bar{\lambda}$ ist also von der Größenordnung 10^{-2} fm^{-1}, während die Kernradien im Bereich von wenigen fm liegen, so daß das Produkt kr klein gegen 1 ist. Wir können die Entwicklung (6.24) daher in guter Näherung nach dem ersten Glied abbrechen lassen und erhalten

$$\phi_j(\vec{r}) \simeq \frac{1}{\sqrt{V}}, \quad j = e, \nu. \tag{6.27}$$

Die Leptonenwellenfunktionen sind über das Kernvolumen praktisch konstant. Der Ausdruck $|\langle f|H_\beta|i\rangle|^2$ wird also einen Faktor $|\phi_e(0)|^2|\phi_\nu(0)|^2 \simeq 1/V^2$ enthalten, der die Wahrscheinlichkeit dafür angibt, die beiden Leptonen bei ihrer Entstehung am Ort des Kernes vorzufinden. Führen wir noch eine Kopplungskonstante g als Maß für die Stärke der Wechselwirkung ein, so folgt

$$|\langle f|H_\beta|i\rangle|^2 = g^2|\phi_\nu(0)|^2|\phi_e(0)|^2|M_{fi}|^2$$
$$\simeq \frac{g^2}{V^2}|M_{fi}|^2, \tag{6.28}$$

wobei

$$M_{fi} = \int dV \phi_f^* \mathcal{O} \phi_i \tag{6.29}$$

als Kernmatrixelement bezeichnet wird. Es beschreibt die Übergangswahrscheinlichkeit zwischen dem Anfangszustand des Kern ϕ_i und dem Endzustand ϕ_f. $\mathcal{O}$ steht für den entsprechenden Übergangsoperator.

Für sogenannte *erlaubte* β-Zerfälle, bei denen die emittierten Leptonen keinen Bahndrehimpuls ($l = 0$) davontragen, wird das Matrixelement M_{fi} im wesentlichen durch die Kernstruktur bestimmt. Darüber hinaus ist M_{fi} unter dieser Voraussetzung energieunabhängig, so daß die Form des Energiespektrums allein durch den Phasenraumfaktor dn/dE_0 festgelegt wird. Es

6.1 Bestimmung der Neutrinomasse in Zerfallsexperimenten

gibt natürlich auch sogenannte *verbotene* Übergänge mit $l \neq 0$, die wir jedoch nicht diskutieren wollen. Wir verweisen z.B. auf [Wu66, Gro89,90].

Man unterscheidet zwei Arten von erlaubten β-Übergängen, je nachdem, ob die beiden Leptonen in einem Spin-Singulett- oder Spin-Triplettzustand emittiert werden (vgl. dazu Abb. 6.5). Beide Zerfallsarten sind mit unterschiedlichen Kernmatrixelementen verbunden.

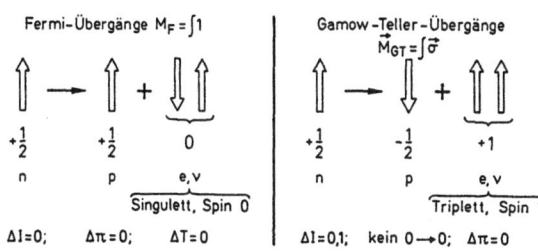

Abb. 6.5
Auswahlregeln beim β-Zerfall. Je nach Kopplung der Leptonenspins unterscheidet man zwischen Fermi- und Gamow-Teller-Übergängen. Die Pfeile bedeuten die z-Komponente des Spins.

Fermi-Übergänge

Wenn die Spins der beiden Leptonen (e^- und $\bar{\nu}_e$ oder e^+ und ν_e) antiparallel stehen, d.h. zum Gesamtspin 0 gekoppelt sind (Singulett-Zustand), spricht man von einem Fermi-Zerfall. Der Übergangsoperator entspricht gerade dem Isospinleiteroperator τ^- (τ^+), der ein Neutron (Proton) in ein Proton (Neutron) umwandelt, ohne den Bewegungszustand zu ändern. Wir schreiben also für den Übergangsoperator des Fermi-β^--Zerfalls

$$\mathcal{O}_F = T^- = \sum_{i=1}^{A} \tau^-(i), \qquad (6.30)$$

wobei wir noch über alle Nukleonen des Kerns summiert haben. Das dazugehörige Fermi-Kernmatrixelement M_F verschwindet, sofern die Kernwellenfunktionen nicht demselben Isospin-Multiplett angehören. Dies liegt daran, daß der Leiteroperator in (6.30) nur die z-Komponente des Isospins, nicht aber den Isospin T selbst ändert.[1] Dies führt uns auf folgende Bedingung für Fermi-Zerfälle

$$\Delta T = 0. \qquad (6.31a)$$

---

[1] dies ist vollständig analog zum Verhalten der Drehimpulsleiteroperatoren in der Quantenmechanik

Da der Fermi-Operator (6.30) weder den Spin J noch die Parität π einer Wellenfunktion zu ändern vermag, ergeben sich zwei weitere Auswahlregeln

$$\Delta J = 0, \tag{6.31b}$$
$$\Delta \pi = 0. \tag{6.31c}$$

Gamow-Teller-Übergänge

Sind die Leptonenspins dagegen zum Gesamtspin 1 gekoppelt (Triplett-Zustand), so spricht man von Gamow-Teller-Zerfällen. Der Übergangsoperator enthält neben dem Isospinoperator noch einen Spinoperator, der den Spinflip eines Nukleons beschreibt

$$\mathcal{O}_{GT} = \sum_{i=1}^{A} \vec{\sigma}(i)\tau^{-}(i). \tag{6.32}$$

Der Operator $\vec{\sigma} = (\sigma_1, \sigma_2, \sigma_3)$ ist durch die Paulischen Spinmatrizen

$$\sigma_1 = \begin{pmatrix} 0 & 1 \\ 1 & 0 \end{pmatrix}, \quad \sigma_2 = \begin{pmatrix} 0 & -i \\ i & 0 \end{pmatrix}, \quad \sigma_3 = \begin{pmatrix} 1 & 0 \\ 0 & -1 \end{pmatrix} \tag{6.33}$$

definiert. Die entsprechenden Auswahlregeln für Isospin, Spin und Parität in Gamow-Teller-Übergängen lauten

$$\Delta T = 0, 1, \tag{6.34a}$$
$$\Delta J = 0, 1; \quad \text{kein} \quad 0 \to 0, \tag{6.34b}$$
$$\Delta \pi = 0. \tag{6.34c}$$

Da der Operator $\vec{\sigma}$ die z-Komponente des Spins ändert, bleibt der Drehimpuls nur erhalten, wenn die Leptonen den Gesamtspin 1 tragen. Der Fall $\Delta J = 0$ ist erlaubt, da ein Triplettzustand mit der z-Komponente 0 existiert. Allerdings sind keine $0 \to 0$-Übergänge erlaubt. Für Details der expliziten Berechnung der Kernmatrixelemente und der zu berücksichtigenden Kernstruktureffekte verweisen wir z.B. auf [Gro89,90].

Wir haben gesehen, daß das Kernmatrixelement (6.29) für erlaubte Übergänge aus zwei Beiträgen zusammengesetzt ist, d.h.

$$g^2|M_{fi}|^2 = g_V^2|M_F|^2 + g_A^2|M_{GT}|^2, \tag{6.35}$$

wobei wir den unterschiedlichen Kopplungstärken von Fermi- und Gamow-Teller-Zerfällen durch die Einführung der Vektor- und Axialvektorkopplungskonstanten g_V und g_A Rechnung getragen haben. g_V wird häufig auch mit G_β bezeichnet. Es gilt

$$g_V = G_\beta = G_F \cos\theta_C, \tag{6.36}$$

wobei G_F die universelle Kopplungskonstante der schwachen Wechselwirkung bezeichnet (Fermi-yy Kopplungskonstante). Letztere bestimmt z.B.

6.1 Bestimmung der Neutrinomasse in Zerfallsexperimenten

die Zerfallsrate des Myons. θ_C ist der Cabibbo-Winkel ($\cos\theta_C = 0.98$). Der Faktor $\cos\theta_C$ in (6.36a) beschreibt die Modifikation der im Kern wirksamen Kopplungskonstanten durch die Mischung von d- und s-Quarkzuständen zu einem d'-Zustand (siehe Kap. 1.2.4 und 1.3.2 sowie z.B. [Gro89,90]). Experimentell findet man [PDG90]

$$\frac{g_A}{g_V} = -1.261 \pm 0.004, \quad \text{und} \tag{6.37a}$$

$$\frac{G_F}{(\hbar c)^3} = 1.6637(2) \cdot 10^{-5} \text{ GeV}^{-2} = 1.02684 \cdot 10^{-5} m_p^{-2}. \tag{6.37b}$$

Bevor wir das Impulsspektrum der β-Teilchen endgültig hinschreiben können, fehlt uns noch eine Korrektur aufgrund der Coulombwechselwirkung zwischen Kern und emittiertem Elektron.

6.1.1.4 Die Fermifunktion

Infolge der Coulombwechselwirkung zwischen den emittierten β-Teilchen und der Kernladung sowie den Hüllenelektronen wird das Spektrum verzerrt. Das Coulombfeld des Kerns bewirkt eine Beschleunigung der emittierten Positronen und eine Abbremsung der Elektronen.

Die Zerfallswahrscheinlichkeit $N(p_e)dp_e$ ist proportional zu $p_e^2 dp_e$. Dabei muß der Impuls als der asymptotische Impuls des Elektrons in großer Entfernung vom Kern verstanden werden. Maßgebend für die Zustandsdichte in dem statistischen Faktor (6.15) ist jedoch der Zustand des β-Teilchens unmittelbar nach der Entstehung am Kernort. Da ein Elektron der Coulombanziehung unterliegt, muß das Elektron im β^--Zerfall mit einer größeren Energie als der asymptotischen Energie E_e emittiert werden. Daraus resultiert ein gegenüber $4\pi p_e^2 dp_e$ vergrößerter Phasenraum. Die Coulombwechselwirkung führt also zu einer Vergrößerung des für die Zerfallswahrscheinlichkeit maßgeblichen statistischen Faktors für β^--Zerfall und ganz analog zu einer Verkleinerung des entsprechenden kinematischen Faktors für den β^+-Zerfall.

Es sei darauf hingewiesen, daß die obere Grenze des Spektrums E_0 durch die Coulombwechselwirkung nicht beeinflußt wird, da die Coulombenergie bereits in den Bindungsenergien der Kerne berücksichtigt ist, aus denen sich die Zerfallsenergie E_0 berechnet (vgl. (6.4) und (6.5)).

Die Störung durch die Coulomb-Wechselwirkung läßt sich durch eine Deformation der Wellenfunktion des β-Teilchens $\phi_e(\vec{r})$ beschreiben. In das Matrixelement $|\langle f|H_\beta|i\rangle|^2$ geht die Wellenfunktion des Elektrons am Kernort $|\phi_e(0)|^2$ ein. Wir können dem Einfluß des Coulombfeldes durch folgende Korrektur Rechnung tragen

6 Experimente zur Bestimmung der Neutrinomasse

$$F(Z, E_e) = \frac{|\phi_e(0)_{\text{Coul}}|^2}{|\phi_e(0)|^2} \,. \tag{6.38}$$

$\phi_e(0)_{\text{Coul}}$ bezeichnet die unter Berücksichtigung der Coulombkraft für einen ausgedehnten Kern berechnete Elektronenwellenfunktion am Ort des Kerns. Dieser Korrekturfaktor $F(Z, E_e)$ wird *Fermifunktion* genannt. Weitere kleinere Störungen ergeben sich aus der Abschirmung des Coulombfeldes durch die Hüllenelektronen. Die Fermifunktion muß eigentlich relativistisch berechnet werden (siehe Gro89,90]). Wir wollen hier aber nur die nichtrelativistische Näherung angeben, da hierfür ein analytischer Ausdruck existiert

$$F(Z, E_e) = \frac{x}{1 - e^{-x}} \tag{6.39a}$$

mit

$$x = \pm \frac{2\pi Z\alpha}{\beta} \quad \text{für } \beta^{\mp}\text{-Zerfall} \,. \tag{6.39b}$$

Wir können nun unter Verwendung von (6.21), (6.28) und (6.38) das β-Spektrum in seiner endgültigen Fassung angeben

$$N(p_e)dp_e = B^2 F(Z, E_e) p_e^2 (E_0 - E_e)^2 dp_e \tag{6.40a}$$

mit

$$B^2 = \frac{1}{2\pi^3 c^3 \hbar^7} \left(g_V^2 |M_F|^2 + g_A^2 |M_{GT}|^2 \right) \,. \tag{6.40b}$$

Wir wollen noch kurz anmerken, daß die Zerfallskonstante λ für den β-Übergang mit Hilfe dieses Ausdrucks leicht berechnet werden kann

$$\lambda = \frac{\ln 2}{t_{1/2}} = \int_0^{p_0} N(p_e) dp_e \,. \tag{6.41a}$$

Dieser Ausdruck läßt sich vereinfachen, wenn wir Energien und Impulse in den natürlichen Einheiten $m_e c^2$ und $m_e c$ messen. Mit

$$\eta = \frac{p_e}{mc}, \quad \epsilon = \frac{W_e}{m_e c^2} = \frac{E_e + m_e c^2}{m_e c^2} \,. \tag{6.41b}$$

folgt unter Verwendung von $\eta d\eta = \epsilon d\epsilon$

$$\begin{aligned}N(\epsilon)d\epsilon &= B^2 m_e^5 c^7 F(Z,\epsilon)\epsilon\sqrt{\epsilon^2 - 1}(\epsilon_0 - \epsilon)^2 d\epsilon \\ &= \frac{m_e^5 c^4}{2\pi^3 \hbar^7}(g_V^2|M_{\text{F}}|^2 + g_A^2|M_{\text{GT}}|^2)F(Z,\epsilon)\epsilon\sqrt{\epsilon^2-1}(\epsilon_0-\epsilon)^2 d\epsilon \,.\end{aligned} \tag{6.41c}$$

6.1 Bestimmung der Neutrinomasse in Zerfallsexperimenten

Damit folgt

$$\lambda = \int_1^{\epsilon_0} N(\epsilon) d\epsilon$$
$$= (g_V^2 |M_F|^2 + g_A^2 |M_{GT}|^2) \cdot f(Z, \epsilon_0), \qquad (6.41d)$$

wobei

$$f(Z, \epsilon_0) = \int_1^{\epsilon_0} F(Z, \epsilon) \epsilon \sqrt{\epsilon^2 - 1} (\epsilon_0 - \epsilon)^2 d\epsilon \qquad (6.41e)$$

als *Fermi-Integral* bezeichnet wird. Werte für f findet man tabelliert in [Gov71].

Aus (6.41a) erhalten wir

$$f \cdot t_{1/2} = \frac{D}{g_V^2 |M_F|^2 + g_A^2 |M_{GT}|^2} \qquad (6.41f)$$

mit

$$D = \frac{2\pi^3 \hbar^7}{m_e^5 c^4 \ln 2}.$$

$t_{1/2}$ ist hierin die *partielle* Halbwertszeit für einen Übergang in ein bestimmtes angeregtes Niveau E_f des Tochterkerns. Die *totale* Halbwertszeit $T_{1/2}$ für erlaubten β-Zerfall in den Tochterkern ergibt sich durch Summation über alle im β-Zerfall bevölkerten Endzustände E_f ($\frac{\ln 2}{T_{1/2}} = \lambda_{\text{tot}} = \sum_i \lambda_i$)

$$T_{1/2} = \sum_{E_f \leq E_0} \frac{g_V^2 |M_F(E_f)|^2 + g_A^2 |M_{GT}(E_f)|^2}{D} f(Z, E_0 - E_f), \quad (6.41g)$$

wobei $E_0 - E_f$ die maximale kinetische Energie des Elektrons beim Übergang in den angeregten Zustand E_f des Tochterkerns darstellt.

6.1.1.5 Das Kurie-Diagramm

Das Elektronenspektrum (6.40a) wird üblicherweise in einem sogenannten Kurie-Diagramm dargestellt, das man erhält, wenn man den Ausdruck $\sqrt{\frac{N(p)}{p^2 F(Z,E)}}$ gegen die Energie der β-Teilchen aufträgt. Es gilt

$$\sqrt{\frac{N(p_e)}{p_e^2 F(Z, E_e)}} = B(E_0 - E_e), \qquad (6.42)$$

6 Experimente zur Bestimmung der Neutrinomasse

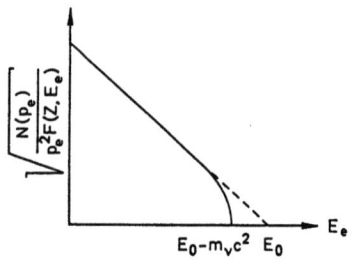

Abb. 6.6
Kurie-Diagramm eines erlaubten β-Übergangs. Die gestrichelte Linie gilt für den Fall eines masselosen Neutrinos, die durchgezogene für ein Neutrino mit Ruhemasse m_ν.

wobei B für erlaubte Übergänge eine energieunabhängige Konstante ist. Die graphische Darstellung ergibt also eine Gerade, die die Energieachse bei der Endpunktsenergie E_0 schneidet (siehe Abb. 6.6).

Korrekturen durch eine Neutrinomasse lassen sich durch Abweichungen vom linearen Zusammenhang sehr genau untersuchen. Die Form des Spektrums wurde bislang unter der Annahme $m_\nu = 0$ berechnet. Bei einer endlichen Ruhemasse erwartet man eine Beeinflussung des Spektrums im Bereich $E_\nu \simeq m_\nu c^2$, also am oberen Ende des Elektronenspektrums, da wir eine kleine Neutrinomasse $m_\nu \ll m_e$ erwarten. Insbesondere wird der Endpunkt des β-Spektrums E_{max}, d.h. die maximale kinetische Energie, die ein Elektron erhalten kann, um die Ruheenergie des Neutrinos verschoben

$$E_{max} = E_0 - m_\nu c^2 \,. \tag{6.43}$$

Das Kurie-Diagramm weicht in der Nähe des Endpunktes von der Geraden ab (siehe Abb. 6.6). Diese Verformung des Spektrums können wir leicht verstehen, wenn wir bei der Berechnung des Phasenraumfaktors (6.15) die Ruhemasse des Neutrinos explizit in dem relativistischen Ausdruck für die Neutrinoenergie berücksichtigen. Man beachte, daß E_ν und E_e nur die kinetische Energie des Neutrinos bzw. des Elektrons bezeichnen. Die Zerfallsenergie muß nun zusätzlich die Ruheenergie des Neutrinos aufbringen

$$E_0 = E_e + E_\nu + m_\nu c^2 \,. \tag{6.44}$$

Für die kinetische Energie des Neutrinos folgt aus der relativistischen Beziehung für die Gesamtenergie

$$E_\nu = \sqrt{p_\nu^2 c^2 + m_\nu^2 c^4} - m_\nu c^2 \,. \tag{6.45}$$

Wir erhalten daraus

$$p_\nu = \frac{1}{c}\sqrt{E_\nu(E_\nu + 2m_\nu c^2)} \,. \tag{6.46}$$

Das Einsetzen von E_ν gemäß (6.44) liefert

$$p_\nu = \frac{1}{c}\sqrt{(E_0 - E_e - m_\nu c^2)^2 + 2m_\nu c^2(E_0 - E_e - m_\nu c^2)} \,. \tag{6.47}$$

6.1 Bestimmung der Neutrinomasse in Zerfallsexperimenten

Damit berechnet sich $p_\nu^2 \dfrac{dp_\nu}{dE_0}$ zu

$$p_\nu^2 \frac{dp_\nu}{dE_0} = \frac{p_\nu}{c^2}(E_0 - E_e)$$

$$= \frac{1}{c^3}(E_0 - E_e)^2 \sqrt{1 - \left(\frac{m_\nu c^2}{E_0 - E_e}\right)^2}. \qquad (6.48)$$

Das β-Spektrum lautet dann unter Verwendung von (6.10) und (6.15)

$$N(p_e)dp_e = B^2 F(Z, E_e) p_e^2 (E_0 - E_e)^2 \sqrt{1 - \left(\frac{m_\nu c^2}{E_0 - E_e}\right)^2} \, dp_e. \qquad (6.49)$$

Für den Kurie-Plot erhalten wir anstelle von (6.42)

$$\sqrt{\frac{N(p_e)}{p_e^2 F(Z, E_e)}} = B(E_0 - E_e) \left[1 - \left(\frac{m_\nu c^2}{E_0 - E_e}\right)^2\right]^{1/4}. \qquad (6.50)$$

Aus der Analyse experimenteller Zerfallsspektren lassen sich also Aussagen über die Neutrinomasse gewinnen. Ein mögliches Indiz wäre die kleinere Maximalenergie $E_{\max}$ des Elektrons bei endlicher Neutrinomasse. Man müßte dazu jedoch die aus dem Kurieplot bestimmte Endpunktsenergie mit der von $E_{\max}$ unabhängig bestimmten Zerfallsenergie vergleichen. Eine solche Messung der Zerfallsenergie ist gegenwärtig nicht mit ausreichender Genauigkeit möglich. Gesucht wird daher vielmehr nach der Formänderung des Spektrums im Endpunktsbereich. Eine Abwärtskrümmung im Kurie-Diagramm würde auf $m_\nu \neq 0$ hindeuten.

Eine Bestimmung der Neutrinomasse auf diesem Weg erfordert die sorgfältige Aufnahme des Kurie-Diagramms am obersten Ende des Spektrums, wo die Elektronenzählrate besonders klein ist. Die Impulsmessung der β-Teilchen erfolgt üblicherweise mit Hilfe eines Magnetspektrometers, dessen Impulsauflösung Δp die kleinste noch meßbare Neutrinomasse festlegt. Da die Auflösung im allgemeinen proportional zum Impuls selbst ist

$$\Delta p \sim p, \qquad (6.51)$$

untersucht man β-Emitter mit einem möglichst kleinen Q-Wert E_0.

6.1.1.6 Die Tritiumexperimente

Ein besonders intensiv untersuchter Übergang ist der β-Zerfall von Tritium

$$^3_1\text{H} \rightarrow ^3_2\text{He} + e^- + \bar{\nu}_e \,. \tag{6.52}$$

Es handelt sich um einen erlaubten β-Übergang mit einer extrem kleinen Zerfallsenergie von nur $E_0 = (18.594 \pm 0.008)$ keV [Wap85]. Wegen der kleinen Kernladungszahl Z ist darüber hinaus die Verzerrung der Elektronenwellenfunktion gering, so daß dieser Zerfall sehr gut geeignet ist, um nach Abweichungen im Elektronenspektrum zu suchen. Aus (6.50) folgt, daß die Deformation des Kurieplots um so deutlicher sein sollte, je größer das Verhältnis $m_\nu c^2/E_0$ ist.

Die Durchführung derartiger Experimente erfordert sehr großes experimentelles Geschick. Die Zählrate der Elektronen im Endbereich des Spektrums ist ja extrem klein und geht asymptotisch in den Untergrund über. In den letzten 20 eV des Tritiumspektrums liegt nur noch ein Bruchteil von etwa 10^{-9} der Gesamtintensität. Wegen der relativ langen Halbwertszeit des Tritiums von 12.33(6) Jahren sind die Zählraten sehr niedrig, so daß man experimentelle Anordnungen mit einer hohen Ausbeute (hohen Luminosität) und geringer Untergrundrate benötigt. Des weiteren fordert man, daß die Auflösung des Spektrometers vergleichbar mit der zu bestimmenden Masse ist.

Wegen der Kleinheit der gesuchten Deformation des Spektrums müssen Effekte infolge des Energieverlusts der Elektronen in dem Tritiumpräparat und der Apparatur berücksichtigt werden. Insbesondere der Tritiumquelle kommt dabei eine entscheidende Bedeutung zu. Um den Energieverlust möglichst gering zu halten, wählt man ein extrem dünnes Zerfallspräparat.

Ein weiterer Effekt betrifft die atomaren Zustände des im β-Zerfall bevölkerten ^{3}He$^+$-Ions. In einem freien He$^+$-Ion wird der 1s-Grundzustand nur in etwa 70% aller β-Übergänge erreicht, während rund 25% der Zerfälle den ersten angeregten 2s-Zustand (40.5 eV) bevölkern, was zu einer Linienverbreiterung führt. Das im letzten Abschnitt abgeleitete β-Spektrum gilt genau genommen nur für ein freies Tritiumatom. Bei Verwendung von molekularem Tritium müssen Molekülbindungsenergien berücksichtigt werden. Durch den Einbau von Tritium in Trägersubstanzen kann die Situation aufgrund von Gitterschwingungen etc. noch unüberschaubarer werden (vgl. z.B. [Boe87]). Das gemessene Spektrum entsteht letztlich durch eine Faltung des theoretischen Spektrums mit der Auflösefunktion des Spektrometers. Letztere spaltet sich auf in die geometrische Auflösungsfunktion und die Energieverlustfunktion der Quelle.

6.1 Bestimmung der Neutrinomasse in Zerfallsexperimenten

Tab. 6.1 Ergebnisse aus Experimenten zum Tritiumzerfall.

m_ν [eV/c^2]	Konfidenzlevel [%]	Ref.
< 250	/	[Lan52]
< 86	90	[Röd72]
< 60	90	[Ber72]
14 bis 46	99	[Lub80]
< 65	95	[Sim81]
< 50	90	[Der83]
20 bis 45	/	[Bor85]
< 18	95	[Fri86]
17 bis 40	/	[Bor87]
< 32	95	[Kaw87]
< 27	95	[Wil87]
< 29	95	[Kaw88]
< 15.4	95	[Fri91]
< 13	95	[Kaw91]
< 9.3	95	[Rob91]
< 7.2	95	[Bac93]

Wegen der Bedeutung der Neutrinomasse wurden mehrere Experimente zum Tritiumzerfall durchgeführt. Tab. 6.1 gibt eine Zusammenfassung der Ergebnisse. Wir wollen im folgenden einige dieser Experimente kurz besprechen.

In einem klassischen Experiment studierte Bergkvist das Tritiumspektrum mit Hilfe eines doppelfokussierenden Magnetspektrometers [Ber72] mit einer geometrischen Auflösung von $\Delta E = 40$ eV ($\Delta p/p = 0.11\%$). Als Quelle diente eine 0.2 mm dicke Aluminiumfolie, in die Tritiummoleküle ($^3H_2$) implantiert worden waren. Der mittlere Energieverlust in der Quelle betrug 20 eV, so daß sich eine Gesamtauflösung von 55 eV ergab. Die Messungen lieferten eine obere Grenze für die Neutrinomasse von [Ber72]

$$m_\nu c^2 < 60 \text{ eV}. \tag{6.53}$$

Erste Hinweise auf eine endliche Ruhemasse des Elektron(anti)neutrinos kamen aus Messungen, die am Institut für Theoretische und Experimentelle Physik (ITEP) in Moskau an einem eisenfreien, toroidalen Magnetspektrometer durchgeführt wurden [Lub80, Bor85, Bor87]. Die Energieauflösung am Endpunkt des β-Spektrums betrug 45 eV [Lub80]. Als Tritiumquelle verwendeten die Moskauer Physiker mit Tritium dotiertes (18%) Valin ($C_5H_{11}NO_2$). Diese tritiumhaltige Aminosäure wurde beidseitig auf eine dünne Aluminiumfolie aufgedampft (2 μgcm^{-2} Valin). Die Analyse der Daten ließ auf eine endliche Masse schließen. Das Ergebnis dieser Gruppe lautet [Bor87]

$$17 \text{ eV} < m_\nu c^2 < 40 \text{ eV}. \tag{6.54}$$

Es gibt jedoch starke Zweifel an der Richtigkeit dieses Ergebnisses (vgl. z.B. [Ber85c]). Eines der größten Probleme bei der Auswertung betrifft die Auflösefunktion, deren Bestimmung für die komplizierte Valinquelle mit großen Unsicherheiten behaftet ist. Inzwischen existieren mehrere Messungen, die im Widerspruch zum Ergebnis der ITEP-Gruppe stehen (Tabelle 6.1).

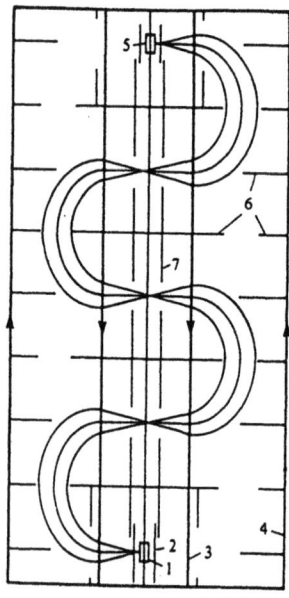

Abb. 6.7
Schema des Züricher Magnetspektrometers (aus [Boe92]). 1: Quelle, 2: Gitter, 3,4: Spulen, 5:Detektor, 6,7: Blenden.

Am Physik-Institut der Universität Zürich wurde ein Experiment mit einem ähnlichen Magnetspektrometer durchgeführt [Fri86]. Abb. 6.7 zeigt den schematischen Aufbau. Zwischen der zylinderförmigen Quelle und dem Gitter liegt eine Hochspannung an, die die Elektronen vor dem Eintritt in den Analysiermagneten abbremst, um nach (6.51) die Auflösung zu verbessern. Die Elektronen durchlaufen 4mal ein Magnetfeld von wenigen Gauß, das von 36 rechteckigen Stromschleifen erzeugt wird. Danach gelangen sie in einen Detektor, an dem eine Hochspannung anliegt, so daß die Elektronen vor dem Nachweis wieder beschleunigt werden. Ein wesentlicher Unterschied

6.1 Bestimmung der Neutrinomasse in Zerfallsexperimenten

zwischen dem Zürich- und dem Moskau-Experiment betrifft die Tritiumquelle. Fritschi und Mitarbeiter [Fri86] implantierten molekulares Tritium ($^3H_2$) in einen Kohlenstoffilm, der auf einer Aluminiumfolie aufgetragen war. Die Implantationstechnik soll im Gegensatz zu der aufgedampften Valinquelle, die zur Inselbildung neigt, für eine homogene Verteilung des Tritiums sorgen. Darüber hinaus sorgt die Kohlenstoffschicht über C-H-Bindungen für eine stabile Bindung.

Das Ergebnis der Messung in Zürich ist in Abb. 6.8 gezeigt. Die Daten sind mit einer verschwindenden Neutrinomasse verträglich, eine Masse von 35 eV/c^2 kann weitgehend ausgeschlossen werden. Als obere Grenze für die Neutrinomasse folgt aus der Analyse der Daten [Fri86]

$$m_\nu < 18 \text{ eV}/c^2 \quad (95\% \text{ c.l.}). \tag{6.55a}$$

Dieser Wert ist nur noch in einem engen Bereich mit (6.54) vereinbar. Inzwischen konnte die Züricher Gruppe ihr Ergebnis noch verbessern [Fri91]

$$m_\nu < 15.4 \text{ eV}/c^2 \quad (95\% \text{ c.l.}). \tag{6.55b}$$

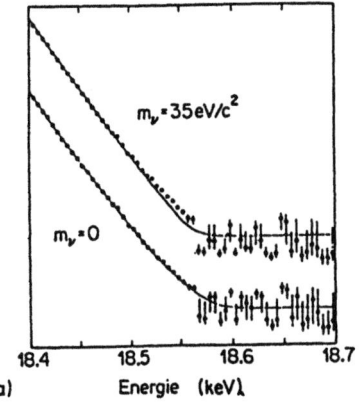
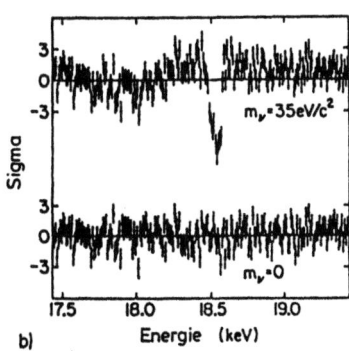

Abb. 6.8 a) Elektronenspektrum des Tritium-Zerfalls aus der Messung am Zürich-Spektrometer (aus [Fri86]). Die an die Meßpunkte angepaßten durchgezogenen Kurven entsprechen einer Neutrinomasse von 0 bzw. 35 eV/c^2. b) Differenz zwischen der angepaßten Funktion in a) und den Daten dividiert durch die Standardabweichung für $m_\nu = 0$ und $m_\nu = 35$ eV/c^2 (aus [Fri86]).

Da der Bestimmung der Spektrometerauflösung und der Energieverlustfunktion bei Verwendung von mit Tritium dotierten Festkörperquellen eine zentrale Rolle zukommt, entwickelte eine japanische Forschergruppe eine

Methode, um die sogenannten Antwortfunktionen experimentell zu ermitteln [Kaw87, Kaw91]. Dies erreicht man durch Vergleich der Tritiumquelle mit einer Referenzquelle mit der gleichen chemischen Struktur. Als β-Quelle diente das Cadmiumsalz einer mit Tritium dotierten organischen Säure ($C_{20}H_{40}O_2$). Die Referenzquelle bestand aus dem gleichen Salz, wobei jedoch die Tritiumatome durch normale Wasserstoffatome (^{1}H) und das natürliche Cadmium durch das radioaktive Isotop ^{109}Cd ersetzt wurden. Über das Spektrum der beobachteten monoenergetischen KL_2L_3-Augerelektronen aus dem ^{109}Cd-Zerfall, die eine Energie in der Nähe von $E_0(^3$H$)$ besitzen, läßt sich die Antwortfunktion abschätzen. Das neueste Ergebnis aus diesen Untersuchungen lautet [Kaw91]

$$m_\nu < 13 \text{ eV}/c^2 \quad (95\% \text{ c.l.}). \tag{6.56}$$

Eine noch etwas schärfere Grenze für die Masse des Elektronantineutrinos ergaben Messungen am Los Alamos National Laboratory [Wil87, Rob91]. Dieser Gruppe gelang es, eine Quelle aus gasförmigem, molekularen Tritium zu bauen, was einen wesentlichen Schritt in Richtung der Reduktion systematischer Fehler aufgrund des Energieverlusts in der Quelle bedeutet. Darüber hinaus sind die im β^--Zerfall erreichten Endzustände in ^{3}He für das freie ^{3}H$_2$-Molekül genauer bekannt. Während die ersten Messungen noch eine Grenze von 27 eV/c^2 ergaben, konnte durch einige Verbesserungen an der experimentellen Anordnung, z.B. die Ersetzung der Proportionalzähler durch Silizium-Halbleiterdetektoren, eine obere Grenze für die Neutrinomasse von [Rob91]

$$m_\nu < 9.3 \text{ eV}/c^2 \quad (95\% \text{ c.l.}) \tag{6.57}$$

gesetzt werden. Abb. 6.9 zeigt eine Anpassung an die Daten für $m_\nu = 0$ und $m_\nu = 30$ eV/c^2.

Eine Mainzer Forschergruppe arbeitet derzeit mit einem neuen β-Spektrometertyp. Dieses Mainzer Solenoid-Retardierungs-Spektrometer stellt im Prinzip ein elektrostatisches Filter mit sehr hoher Auflösung dar, als Quelle finden 13 Monolagen von aufgefrorenem ^{3}H$_2$ Verwendung [Bac91, Pic92]. Dieses Spektrometer liefert gegenwärtig die schärfste Grenze [Bac92, Wei93]:

$$m_\nu < 7.2 \text{ eV}/c^2 \quad (95\% \text{ c.l.}) \tag{6.58}$$

Alle neueren Resultate stehen damit im Widerspruch zu der ITEP-Messung. Es ist also bislang noch nicht gelungen, in den Tritiumexperimenten eine endliche Masse des Neutrinos nachzuweisen. Für eine vergleichende Diskussion der verschiedenen Tritium-Experimente siehe z.B. [Kün94].

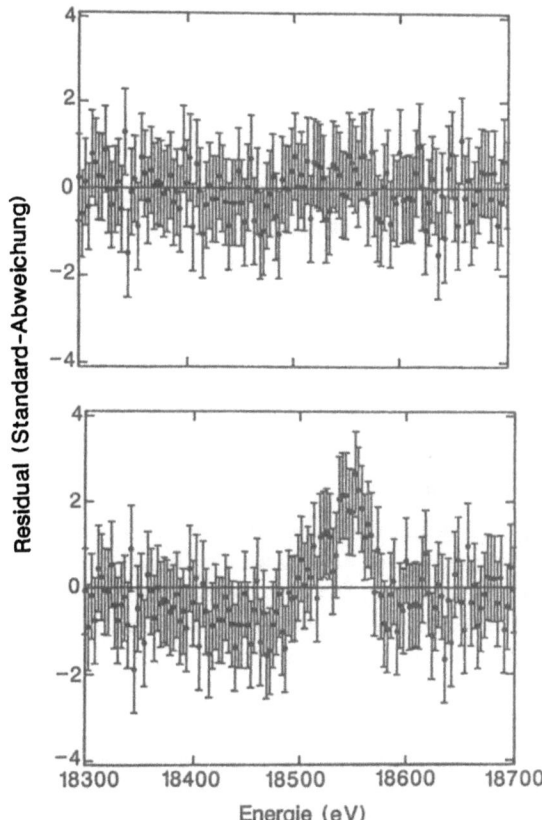

Abb. 6.9
Ergebnis des Los Alamos Experiments zum β-Zerfall freien molekularen Tritiums. Gezeigt ist die Abweichung zwischen Meßdaten und angepaßten Kurven mit $m_\nu = 0$ (oben) und $m_\nu = 30\,\text{eV}/c^2$ (unten) (aus [Rob91]).

6.1.1.7 Die innere Bremsstrahlung

In den bislang beschriebenen Tritiumexperimenten wird genau genommen die Masse des im β^--Zerfall des Tritiums emittierten Antineutrinos $\overline{\nu}_e$ untersucht. Nach dem CPT-Theorem besitzen Teilchen und Antiteilchen die gleiche Masse, so daß die oben genannten Massengrenzen direkt auf das Neutrino ν_e übertragbar sind (wir haben zur Vereinfachung immer m_ν geschrieben). Die Gültigkeit des CPT-Theorems konnte anhand der Massendifferenz zwischen K^0 und $\overline{K}^0$ mit einer Genauigkeit von $< 4 \cdot 10^{-18}$ überprüft werden [PDG90]. Dennoch wäre es interessant, eine unabhängige Messung der Masse des Elektronneutrinos durchzuführen.

Erfolgversprechend schienen zunächst in dieser Hinsicht Untersuchungen zum Elektroneinfang unter Verwendung des Phänomens der inneren Bremsstrahlung zu sein

$$(Z, A) + e^- \rightarrow (Z - 1, A) + \nu_e + \gamma. \tag{6.59}$$

Die innere Bremsstrahlung tritt sowohl bei $\beta^\pm$-Übergängen als auch beim Elektroneinfang auf. Es handelt sich um kontinuierliche Bremsstrahlung, die dadurch entsteht, daß sich das geladene β-Teilchen mit großer Beschleunigung von der Kernladung löst, bzw. im Elektroneinfang durch die plötzliche Verlagerung der Elektronladung in den Kern. Obwohl die Intensität dieser Strahlung im Elektroneinfang kleiner ist als in β-Übergängen, kommt der Vorteil zum Tragen, daß das Bremsstrahlungsspektrum nicht von äußerer Bremsstrahlung überlagert wird, da keine Ladungen emittiert werden und folglich auch nicht an Nachbarkernen abgelenkt (beschleunigt) werden können.

Ähnlich wie im oben beschriebenen Kernbetazerfall führt eine endliche Neutrinomasse zu einer Deformation des Bremsstrahlungsspektrums in der Nähe des Endpunktes. Diese Art von Experimenten wurde erstmals von De Rujula [Ruj81] diskutiert. Messungen wurden an ^{193}Pt [Jon83] und an ^{163}Ho [Yas83, Yas86, Spr87] durchgeführt. Die daraus abgeleiteten Grenzen für die Masse des Elektronneutrinos sind in Tab. 6.2 angegeben. Im Vergleich zu den

Tab. 6.2 Ergebnisse aus Experimenten zur inneren Bremsstrahlung.

m_ν [eV/c^2]	Kern	Ref.
< 1250	^{163}Ho	[Yas83]
< 1300	^{163}Ho	[Jon83]
< 500	^{193}Pt	[Jon83]
< 550	^{163}Ho	[Yas86]
< 225	^{163}Ho	[Spr87]

oben angegebenen Werten aus dem Tritiumzerfall sind diese Resultate ein wenig enttäuschend. Das verwendete Meßverfahren besitzt eine Reihe von Schwächen, die die Empfindlichkeit beeinträchtigen. Dazu zählen die geringe Ausbeute an innerer Bremsstrahlung und die mangelnde Energieauflösung der erhältlichen γ-Detektoren. Springer et al. [Spr87] konnten zeigen, daß Effekte der Atomhülle die Sensitivität auf die angegebenen 225 eV begrenzten. Die erzielte Genauigkeit erlaubt daher keinen interessanten Vergleich mit den Ergebnissen aus dem Tritiumzerfall.

6.1.2 Das 17-keV-Neutrino

In Abschnitt 6.1.1 haben wir eine mögliche Mischung der verschiedenen Masseneigenzustände des Neutrinos vernachlässigt. Genau genommen betreffen die angegebenen Grenzen für die Neutrinomasse m_ν nur die Masse m_1 des dominanten Masseneigenzustandes $|\nu_1\rangle$.

Wir befassen uns nun mit dem Fall, daß das Elektronneutrino $|\nu_e\rangle$ ein Mischungszustand aus verschiedenen Masseneigenzuständen $|\nu_\alpha\rangle$ ist. Wir schreiben daher (vgl. Kap. 7 über Neutrinooszillationen)

$$|\nu_e\rangle = \sum_\alpha U_{e\alpha} |\nu_\alpha\rangle. \tag{6.60}$$

Der β-Zerfall kann als Zerfall in verschiedene Endkanäle betrachtet werden, die durch die entsprechenden Zustände $|\nu_\alpha\rangle$ definiert sind. Die Zerfallswahrscheinlichkeit in den Kanal α ist folglich durch das Betragsquadrat der Mischungsamplitude $|U_{e\alpha}|^2$ und den Phasenraumfaktor (6.49) gegeben. Das Elektronenspektrum stellt sich als Überlagerung aller Einzelspektren, die energetisch zugänglich sind ($m_\alpha c^2 \leq E_0$), dar

$$N(p_e) = \sum_\alpha |U_{e\alpha}|^2 N(p_e, m_\alpha), \tag{6.61}$$

wobei m_α die Masse des Eigenzustandes bezeichnet und $N(p_e, m_\alpha)$ durch (6.49) mit $m_\nu = m_\alpha$ gegeben ist.

Beschränken wir uns auf ein Zweineutrino-System ($m_2 > m_1$)

$$|\nu_e\rangle = |\nu_1\rangle \cos\theta + |\nu_2\rangle \sin\theta, \tag{6.62}$$

so schreibt sich (6.61) wie folgt

$$N(p_e) = N(p_e, m_1) \cos^2\theta + N(p_e, m_2) \sin^2\theta. \tag{6.63}$$

An der Schwellenenergie für die Emission des schwereren Neutrinomasseneigenzustandes wird das Energiespektrum der β-Teilchen eine zusätzliche Deformation aufweisen [Shr80, McK80, Shr81].

Aus der Diskussion in Abschnitt 6.1.1 können wir schließen, daß der erste Masseneigenzustand eine sehr kleine Masse besitzt ($m_1 c^2 < 10$ eV). Vernachlässigen wir m_1 ($E_0 - E_e \gg m_1 c^2$), so ergibt sich für Energien unterhalb der Schwelle für die Emission eines $|\nu_2\rangle$

$$N(p_e) = B^2 F(Z, E_e) p_e^2 (E_0 - E_e)^2 \cos^2\theta$$
$$\text{für } (E_0 - E_e) < m_2 c^2. \tag{6.64a}$$

222 6 Experimente zur Bestimmung der Neutrinomasse

Im anderen Fall gilt

$$N(p_e) = B^2 F(Z, E_e) p_e^2 (E_0 - E_e)^2 \cos^2 \theta$$
$$+ B^2 F(Z, E_e) p_e^2 (E_0 - E_e) \sqrt{(E_0 - E_e)^2 - m_2^2 c^4} \sin^2 \theta$$
$$\text{für } (E_0 - E_e) > m_2 c^2. \quad (6.64b)$$

Der Kurieplot setzt sich aus zwei Anteilen zusammen, wie in Abb. 6.10 schematisch angedeutet ist. Bei Elektronenenergien E_e, die klein gegenüber $E_0 - m_2 c^2$ sind, ist der Kurieplot

$$K = \sqrt{\frac{N(p_e)}{p_e^2 F(Z, E_e)}} \quad (6.65)$$

linear. Erst wenn die Energie E_e in den Bereich von $E_0 - m_2 c^2$ gelangt, knickt die Gerade ab. Der Betrag der Steigung nimmt zu, bis die Kurve senkrecht auf der Energieachse steht. Bei größeren Elektronenenergien ist die Schwelle für die Emission des schweren Neutrinos unterschritten, und wir erhalten den aus Abb. 6.6 bekannten Verlauf.

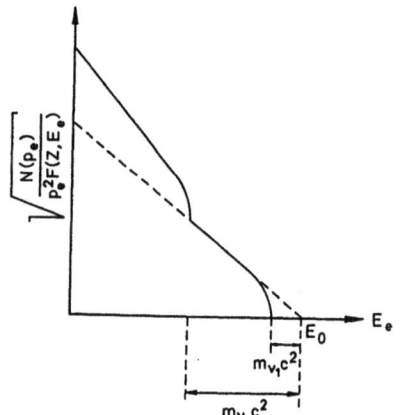

Abb. 6.10
Kurie-Plot für zwei Masseneigenzustände m_{ν_1} und m_{ν_2}.

Der Energiebereich, über den der Kurieplot diese Nichtlinearität (diesen „Knick") aufweist, ist sehr klein. Er hängt mit dem Mischungswinkel θ und der Masse m_2 über die Beziehung

$$\frac{\Delta K}{K} \simeq \frac{\tan^2 \theta}{2} \left(1 - \frac{m_2^2 c^4}{(E_0 - E_e)^2}\right)^{1/2},$$
$$\text{für } E_0 - E_e > m_2 c^2, \quad (6.66a)$$

$$\frac{\Delta K}{K} = 0, \text{ für } E_0 - E_e \leq m_2 c^2 \quad (6.66b)$$

6.1 Bestimmung der Neutrinomasse in Zerfallsexperimenten 223

zusammen. ΔK gibt dabei die Abweichung des Kurieplots von einer Geraden an. Die Lage des Abknickens bestimmt also m_2, während die Größe des Knicks ein direktes Maß für $\sin^2 \theta$ darstellt.

Basierend auf diesen Betrachtungen wurden mehrere Experimente zur Neutrinomischung im Massenbereich von 100 eV/c^2 bis hinauf zu 500 keV/c^2 durchgeführt (siehe z.B. [Sim81, Sch83]). Hinweise auf einen Effekt, der mit der Existenz eines schweren Neutrinos verknüpft ist, wurden erstmals im Jahre 1985 von Messungen, die an Tritium durchgeführt wurden, berichtet [Sim85]. Simpson verwendete einen Lithium-gedrifteten Siliziumzähler (Si(Li)), in den Tritium implantiert worden war, als β-Kalorimeter. Er beobachtete den Zerfall über einen Zeitraum von 4 Jahren. Die Erhöhung der Zählrate gegenüber (6.42) im Anfangsbereich des Elektronenspektrums (vgl. Abb. 6.11a) wurde als Folge der Emission eines schweren Neutrinozustandes mit der Masse

$$m_2 = 17.1 \text{ keV}/c^2 \tag{6.67a}$$

und einem Mischungskoeffizienten

$$\sin^2 \theta \simeq 0.03 \tag{6.67b}$$

interpretiert.

Die Behauptung eines so schweren Neutrinozustandes (17 keV entspricht immerhin etwa 1/30 der Ruhemasse des Elektrons) war für viele eine große Überraschung und initiierte eine Reihe von Messungen mit Halbleiterzählern und Magnetspektrometern zur Überprüfung dieses Resultats unter Verwendung der β-Emitter ^{35}S [Alt85, Apa85, Dat85, Mar85, Ohi85] und ^{63}Ni [Het87]. Keines dieser Experimente konnte jedoch die Existenz eines 17-keV-Neutrinos mit einer derart großen Kopplung an das Elektron bestätigen (vgl. dazu jedoch auch [Sim86]). Hetherington und Mitarbeiter studierten den Zerfall

$$^{63}\text{Ni} \rightarrow {}^{63}\text{Cu} + e^- + \bar{\nu}_e \,. \tag{6.68}$$

Der Q-Wert von 67 keV ist kleiner als der Endpunkt des ^{35}S-Spektrums (167 keV) und bietet daher eine bessere Auflösung des Spektrometers. Andererseits liegt der Q-Wert aber hoch genug, um die dem Tritium eigenen Probleme zu vermeiden, daß die gesuchte Neutrinomasse $m_2 c^2$ nur wenig kleiner als die Endpunktsenergie selbst ist. Für Neutrinos mit einer Ruheenergie von 17 keV wurde eine obere Grenze für den Mischungsparameter von 0.3% angegeben [Het87].

Das Tritiumexperiment wurde mit einer verbesserten Apparatur wiederholt [Him89]. Insbesondere ersetzte man den Si(Li)-Detektor durch einen hochreinen Germaniumkristall, in den das Tritium implantiert wurde. Die

224 6 Experimente zur Bestimmung der Neutrinomasse

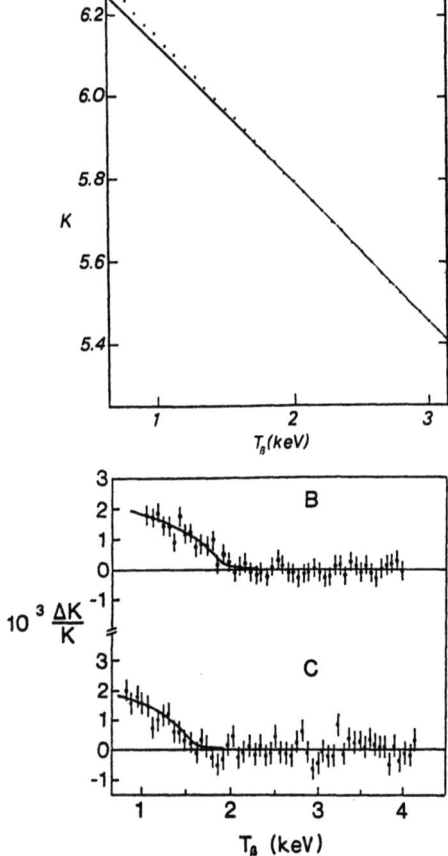

Abb. 6.11
a) Kurie-Plot des Tritiumzerfalls aus der Messung von [Sim85] mit einem Halbleiterzähler; b) Abweichung $\Delta K/K$ des Kurie-Plots von einer Geraden im Anfangsbereich des β-Spektrums von Tritium (aus [Him89]).

Messung bestätigte im wesentlichen das bereits 1985 gewonnene Resultat, indessen mit einem kleineren Mischungsparameter (siehe Abb. 6.11b)

$$\sin^2 \theta = 0.006 - 0.016 \,. \tag{6.69}$$

Darüber hinaus wurde auch das β-Spektrum von ^{35}S

$$^{35}\text{S} \rightarrow \, ^{35}\text{Cl} + e^- + \overline{\nu}_e, \quad E_0 = 167 \text{ keV}, \quad T_{1/2} = 87,5 \text{ d} \tag{6.70}$$

mit Hilfe eines fensterlosen Si(Li)-Detektors untersucht. Als Quelle dienten hierbei Mylarsubstrate mit einer Dicke von 10 μm, an die der Schwefel chemisch adsorbiert war. Darüber lag ein dünner Aluminium- oder Goldfilm, so daß die Quelle während der Messung geerdet werden konnte. Die Daten zeigten erneut eine Schwellenanomalie bei einer Energie $E_0 - 17$ keV, die mit

6.1 Bestimmung der Neutrinomasse in Zerfallsexperimenten

der Emission eines Neutrinos der Masse

$$m_2 = (16.9 \pm 0.4) \text{ keV}/c^2 \tag{6.71a}$$

und einem Mischungsparameter

$$\sin^2\theta = (0.0073 \pm 0.0009 \pm 0.0006) \tag{6.71b}$$

konsistent ist [Sim89].

Später wurden mehrere weitere experimentelle Resultate vorgelegt. Hime und Jelly führten in Oxford ein neues Experiment zum β-Spektrum von ^{35}S durch [Him91]. Auch sie verwendeten einen Si(Li)-Detektor mit offenen ^{35}S-Quellen ähnlich wie [Sim89], jedoch in einer verbesserten geometrischen Anordnung. Die Ergebnisse bestätigten wiederum die früheren Messungen mit einem positiven Resultat:

$$m_2 = (17.0 \pm 0.4) \text{ keV}/c^2, \tag{6.72a}$$
$$\sin^2\theta = 0.0084 \pm 0.0006 \pm 0.0005. \tag{6.72b}$$

Weitere Evidenz für das Auftreten eines schweren Neutrinos im β-Zerfall kamen von Untersuchungen des Spektrums von ^{14}C ($E_0 = 156$ keV), das in einem Germaniumkristall eingebettet war. Dieses in Berkeley durchgeführte Experiment ergab [Sur91]

$$m_2 = (17 \pm 2) \text{ keV}/c^2, \tag{6.73a}$$
$$\sin^2\theta = (0.0140 \pm 0.0045 \pm 0.0014). \tag{6.73b}$$

Zwei weitere Bestätigungen erfuhr die 17-keV-Neutrino-Hypothese durch Untersuchungen der Gammaspektren der internen Bremsstrahlung von ^{55}Fe [Nor91] und ^{71}Ge [Zli91]. Die Messung an ^{71}Ge ergab

$$m_2 = (16.2^{+1.3}_{-1.1}) \text{ keV}/c^2, \tag{6.74a}$$
$$\sin^2\theta = 0.016 \pm 0.0079. \tag{6.74b}$$

Man präparierte sich dafür eine ^{71}Ge-Quelle ($T_{1/2} = 11.2$ d) mit einer Aktivität von 10 mCi über eine (n,γ)-Reaktion aus natürlichem Germanium. Verunreinigungen durch andere Radioisotope konnten durch radiochemische Verfahren auf weniger als 10^{-7} der ^{71}Ge-Aktivität reduziert werden. Die γ-Strahlung wurde mit einem Germaniumhalbleiterzähler aufgenommen.

Eines der neueren Experimente konnte die obigen Resultate allerdings nicht bestätigen. Es handelt sich um eine Untersuchung des ^{35}S-Spektrums, die am eisenfreien, doppeltfokussierenden Magnetspektrometer des California Institute of Technology (Caltech) in Pasadena durchgeführt wurde [Bec91, Che92]. Ein 17-keV-Neutrino mit einer Beimischung von 0.8% wird mit mehr als 99%iger Sicherheit ausgeschlossen. Auffälligerweise stammt das einzige neuere negative Resultat von einer Messung an einem Magnetspektrometer, während alle positiven Hinweise mit Hilfe von Halbleiterdetektoren gefunden wurden. Auch vier der sechs in den Jahren 1985 bis 1987 durchgeführten Experimente, die das Simpsonsche Neutrino nicht bestätigen konnten, verwendeten Magnetspektrometer.

Es wurde die Vermutung geäußert, daß die in den Silizium- und Germaniumdetektoren gefundene Deformation des Spektrums möglicherweise auf einen unerwarteten Effekt der Festkörperphysik zurückzuführen sein könnte und nicht mit dem Neutrino selbst verbunden ist. Die Verwendung von Gasdetektoren könnte eventuell klären, ob Effekte des Festkörpers für das beobachtete Signal verantwortlich sind. Andererseits muß jedoch auch bemerkt werden, daß die Analyse von Spektrometerdaten entscheidend von der Kenntnis der Antwortfunktion abhängt. Die Auswertung der Rohdaten erfordert mehrere durch das Meßinstrument bedingte Korrekturfaktoren, die die Sensitivität auf ein schweres Neutrino stark reduzieren könnten.

Eine möglichen Abschluß scheint die Aufregung um das 17-keV-Neutrino durch die kürzliche Bekanntgabe [Him92] gefunden zu haben, daß sich der beobachtete positive Effekt auf Streuung an dem verwendeten Blendensystem zurückführen läßt. Diese Deutung wird in einer kürzlichen Heidelberger Arbeit überzeugend bestätigt [Abe93]. Die obige Diskussion betrachte man als Beispiel für die Irrwege, die die Forschung auf ihrem Wege gelegentlich zu gehen hat[2].

Die mögliche Existenz eines schweren Neutrinos hätte weitreichende Konsequenzen für die moderne Physik, insbesondere im Hinblick auf die Struktur von Theorien der Großen Vereinheitlichung (siehe z.B. [Cal91a, Gel91]). Natürlich ergäben sich auch Auswirkungen auf das Problem der dunklen Materie und die Urknall-Theorie. Wir werden auf solche Implikationen eines schweren Neutrinos noch einmal zurückkommen (Kap. 6.2.6), nachdem wir die Massen der beiden anderen Neutrinoflavors und die Grenzen aus Untersuchungen des neutrinolosen Doppelbetazerfalls besprochen haben.

6.1.3 Die Massen von Myon- und Tauneutrino

Aussagen über die Massen von Myon- und Tauneutrino gewinnt man aus Beschleunigerexperimenten, indem man in enger Analogie zum Betazerfall die Zerfälle von Pionen und Tauonen untersucht. Die Neutrinomasse folgt aus den Massen und den gemessenen Impulsen der anderen am Zerfall beteiligten Teilchen. Obwohl es sich hierbei um Beschleunigerexperimente handelt, wollen wir sie der Vollständigkeit wegen kurz diskutieren.

---

[2] Für populäre Zusammenfassungen zum 17-keV-Neutrino siehe [Sch91, Sel91, Zub93]

6.1 Bestimmung der Neutrinomasse in Zerfallsexperimenten

Zur Bestimmung der Masse des ν_μ wurde insbesondere der schwache semileptonische Zerfall des Pions

$$\pi^+ \to \mu^+ + \nu_\mu \tag{6.75}$$

wegen seiner einfachen Kinematik untersucht. Betrachten wir ein ruhendes Pion. Die in der Reaktion (6.75) entstehenden Myonen und Neutrinos sind monochromatisch. Aus der Impuls- und Energieerhaltung folgt

$$m_{\nu_\mu}^2 c^4 = m_\pi^2 c^4 + m_\mu^2 c^4 - 2 m_\pi c^2 \sqrt{p_\mu^2 c^2 + m_\mu^2 c^4}. \tag{6.76}$$

m_π und m_μ sind die Massen des Pions und des Myons. Aus der Messung des Myonenimpulses folgt damit eine Aussage über m_{ν_μ}. Die Unsicherheiten in den Massen der beiden geladenen Teilchen sowie die Genauigkeit der Impulsmessung beschränken die Empfindlichkeit dieser Methode.

Die bislang genaueste Analyse des Zerfalls des positiv geladenen Pions wurde am Paul-Scherrer-Institut in Villigen in der Schweiz durchgeführt [Abe84]. Der am Protonenzyklotron erzeugte π^+-Strahl wurde in einem Szintillationszähler gestoppt. Die Messung des Impulses der emittierten Myonen erfolgte mittels eines Magnetspektrometers. Es ergab sich eine obere Grenze für die Ruhemasse des ν_μ von [Abe84]

$$m_{\nu_\mu} < 250 \text{ keV}/c^2 \quad (90\%). \tag{6.77a}$$

Unter Verwendung einer neueren und genaueren Messung der Pionenmasse [Jec86] folgt aus den gemessenen Impulsen

$$m_{\nu_\mu} < 270 \text{ keV}/c^2 \quad (90\%). \tag{6.77b}$$

Die schärfste Grenze für die Masse des ν_τ kommt aus Untersuchungen des τ-Zerfalls am Elektron-Positron-Speicherring DORIS bei DESY in Hamburg durch die ARGUS-Kollaboration [Alb88, Alb92]. Die $\tau^\pm$ entstehen in e^+e^--Kollisionen

$$e^+ + e^- \to \tau^+ + \tau^-. \tag{6.78}$$

Folgende Zerfallskanäle wurden von der ARGUS-Gruppe untersucht

$$\tau^\pm \to \pi^\pm + \pi^+ + \pi^- + \nu_\tau, \tag{6.79a}$$
$$\tau^\pm \to \pi^\pm + 2\pi^+ + 2\pi^- + \nu_\tau. \tag{6.79b}$$

Der Zerfall in fünf Pionen ergab bei nur zwölf nachgewiesenen Ereignissen die Grenze [Alb88]

$$m_{\nu_\tau} < 35 \text{ MeV}/c^2 \quad (95\%). \tag{6.80a}$$

Das neuere Experiment [Alb92] ergibt

$$m_{\nu_\tau} < 31 \text{ MeV}/c^2 \quad (95\%). \tag{6.80b}$$

Da kosmologische Argumente den Massenbereich $0.5 < m_{\nu_\tau} < 35$ MeV ausschließen [Tur92, Dol93], läßt sich damit die erheblich schärfere Grenze

$$m_{\nu_\tau} < 0.5 \text{ MeV}/c^2 \tag{6.80c}$$

angeben. Für die beiden Flavours ν_μ und ν_τ liegen also weniger scharfe Grenzen vor als für das Elektronneutrino ν_e.

6.2 Der Doppelbetazerfall

6.2.1 Einleitung

Unter dem doppelten Betazerfall versteht man Übergänge, bei denen sich die Kernladung um zwei Einheiten ändert. Es handelt sich um einen der seltensten Zerfallsprozesse in der Natur mit einer Halbwertszeit von typischerweise 10^{20} Jahren und mehr.

In Abschn. 6.1 haben wir den einfachen Kernbetazerfall diskutiert, der im Rahmen der „klassischen" Theorie der schwachen Wechselwirkung als Effekt erster Ordnung auftritt (der Ableitung des β-Spektrums liegt Fermi's Goldene Regel zugrunde, die aus der Störungstheorie erster Ordnung folgt). In der modernen elektroschwachen Theorie (GWS-Theorie) wird die punktförmige Strom-Strom-Wechselwirkung durch eine Boson-Austauschwechselwirkung ersetzt, so daß der einfache β-Zerfall als ein Effekt zweiter Ordnung beschrieben wird. Der $\beta\beta$-Zerfall stellt entsprechend einen Prozeß zweiter Ordnung, bzw. vierter Ordnung im GWS-Modell, dar.

Da die Kopplungskonstante der schwachen Wechselwirkung klein ist, und es sich beim $\beta\beta$-Zerfall um einen Prozeß höherer Ordnung handelt, kann er im allgemeinen nur dann beobachtet werden, wenn der betreffende Kern gegenüber einfachen β-Übergängen stabil ist, entweder aus energetischen Gründen oder aufgrund einer starken Unterdrückung durch eine große Drehimpulsdifferenz zwischen Mutter- und Tochterzustand. In schweren Kernen tritt zusätzlich der α-Zerfall als Konkurrenzprozeß auf.

Ob ein Kern gegenüber schwachen Zerfallsprozessen stabil ist oder nicht, hängt von der Atommasse $m(Z, A)$ ab (vgl. Gleichung (6.4)-(6.6)). Die funktionale Abhängigkeit der Atommasse von der Kernladungszahl Z und der Massenzahl A kann in guter Näherung durch die semiempirische Massen-

6.2 Der Doppelbetazerfall

formel nach von Weizsäcker [Wei35] beschrieben werden (m_H bezeichnet die Masse des Wasserstoffatoms):

$$m(Z,A) = Zm_H + (A-Z)m_n - a_V A + a_S A^{2/3} + a_C Z^2 A^{-1/3}$$
$$+ a_A \frac{(2Z-A)^2}{A} + \delta_P. \qquad (6.81)$$

Den Hauptbeitrag zur Bindungsenergie liefert die Volumenenergie ($\sim a_V A$), die proportional zur Zahl der gebundenen Nukleonen ist. Dies entspricht dem Sättigungscharakter der Kernkräfte, d.h. der Tatsache, daß die Bindungsenergie pro Nukleon über einen weiten Bereich der Nuklidkarte näherungsweise eine Konstante darstellt ($B/A = 7.5$ - 8.5 MeV für $A > 30$). Da die Nukleonen an der Oberfläche weniger stark gebunden sind als diejenigen im Inneren, gibt es einen zur Oberfläche $4\pi R^2$ proportionalen Korrekturterm, die Oberflächenenergie ($a_S A^{2/3}$). Darüber hinaus wird die Bindungsenergie durch die Coulombabstoßung zwischen den Protonen vermindert (Coulombenergie $\sim Z^2 A^{-1/3}$). Der zu $(2Z-A)^2 A^{-1}$ proportionale Term berücksichtigt die Asymmetrie zwischen Protonen- und Neutronenzahl. Durch einen Neutronenüberschuß tritt gegenüber einem symmetrischen Kern eine Verringerung der Bindungsenergie ein. Der letzte Term δ_P beschreibt den für die folgende Diskussion wichtigen Effekt der Paarungsenergie. Aus der Betrachtung z.B. von Separationsenergien weiß man, daß gepaarte Nukleonen besonders stark gebunden sind. Empirisch findet man (siehe z.B. [Boh75])

$$\delta_P = \begin{cases} -a_p A^{-1/2} & \text{für gg-Kerne} \\ 0 & \text{für gu- und ug-Kerne} \\ +a_p A^{-1/2} & \text{für uu-Kerne} \end{cases} \qquad (6.82)$$

mit $a_p \approx 12$ MeV (gu-Kerne sind solche mit gerader Zahl von Protonen und ungerader Anzahl von Neutronen, etc.).

Beim β- und $\beta\beta$-Zerfall bleibt die Massenzahl A erhalten. Wir interessieren uns daher insbesondere für das Verhalten von sogenannten Isobaren, d.h. Nukliden mit gleichem A aber verschiedenem Z. Aus (6.81) entnehmen wir, daß die Atommasse $m(Z,A)$ quadratisch in Z ist

$$m(Z, A = \text{const.}) \sim \text{const.} + \alpha Z + \beta Z^2 + \delta_P. \qquad (6.83)$$

Um die Atommasse bei konstantem A als Funktion von Z aufzutragen, müssen zwei Fälle unterschieden werden. Für ungerades A (ug- und gu-Kerne) verschwindet die Paarungsenergie δ_P, man erhält eine Parabel (Abb. 6.12a). Jeder Kern wandelt sich in das jeweils benachbarte, energetisch tieferliegende Isobar um, so daß man bei Kernen mit ungerader Massenzahl nur ein stabiles Isobar erwartet. Dessen Kernladungszahl Z_0 ergibt sich einfach durch Berechnung des Minimums von (6.81).

230 6 Experimente zur Bestimmung der Neutrinomasse

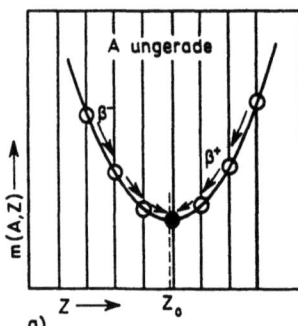
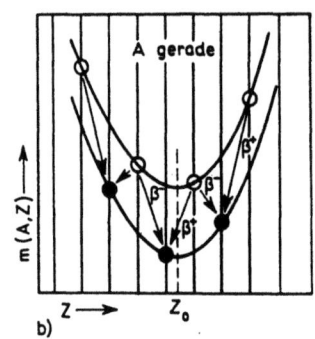

Abb. 6.12 Energieverhältnisse bei Kernen mit gleicher Massenzahl A. Stabile Kerne sind durch gefüllte Kreise gekennzeichnet (aus [May84]; a) Kerne mit ungerader Massenzahl A; b) Kerne mit gerader Massenzahl A.

Bei geradzahligem A ergeben sich aufgrund der Paarungsenergie zwei getrennte Parabeln im Abstand von $2\delta_P$, je nachdem, ob ein gg-Kern oder ein uu-Kern vorliegt (siehe Abb. 6.12b). Durch einen β-Zerfall entsteht aus einem gg-Kern ein uu-Kern und umgekehrt. Die Zerfallsschritte oszillieren daher zwischen den beiden Parabeln hin und her, sofern dies energetisch erlaubt ist. Die Zerfallsketten enden auf der unteren Kurve. Man sollte daher erwarten, daß es keine stabilen uu-Kerne gibt. Tatsächlich kennt man auch nur vier stabile uu-Kerne ($^2_1$H, $^6_3$Li, $^{10}_5$B, $^{14}_7$N). Diese sind sehr leicht und fallen nicht in den Gültigkeitsbereich des der Massenformel (6.81) zugrundeliegenden Tröpfchenmodells.

Dagegen können zu vorgegebenem geradzahligen A mehrere β-stabile Isobare existieren, da die auf der unteren Parabel liegenden, benachbarten gg-Kerne um zwei Ladungseinheiten voneinander getrennt sind und sich daher nicht durch β-Zerfall ineinander umwandeln können. Da diese β-stabilen Kerne jedoch i.a. nicht die gleiche Masse besitzen, vermag der schwerere über einen Prozeß zweiter Ordnung in den leichteren zu zerfallen. Dieser Prozeß wird als Doppelbetazerfall bezeichnet. Anschaulich kann man ihn sich als gleichzeitigen β-Zerfall zweier Neutronen bzw. zweier Protonen desselben Kerns vorstellen.

Praktisch alle potentiellen Doppelbeta-Emitter sind folglich gg-Kerne, welche infolge der Paarwechselwirkung gegenüber den uu-Nachbarkernen energetisch niedrigere Grundzustände aufweisen. Eine der wenigen Ausnahmen bildet ^{48}Ca, wo der einfache Betazerfall energetisch zwar erlaubt (Q_{β^-} = (278 ± 5) keV), aber aufgrund einer großen Drehimpulsdifferenz ($0^+ \rightarrow 6^+$) stark unterdrückt ist. Da der Grundzustand eines gg-Kerns den Spin 0 und positive Parität besitzt, handelt es sich im $\beta\beta$-Zerfall um ($0^+ \rightarrow 0^+$)-

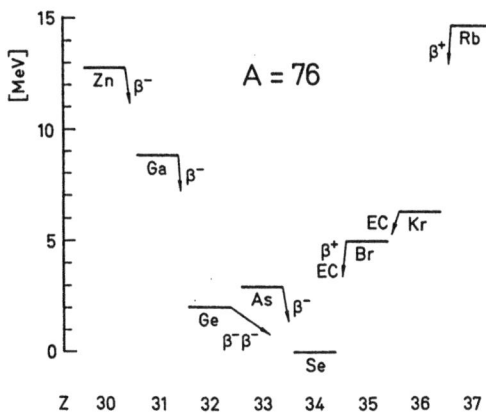

Abb. 6.13
Massenspektrum der $(A = 76)$-Isobare.

Übergänge. In einigen Fällen ist auch die Anregung des ersten angeregten 2^+-Zustandes und einiger weiterer angeregter Zustände im Tochterkern energetisch möglich.

Anhand des Massenspektrums der $(A = 76)$-Isobare in Abb. 6.13 erkennt man, daß für ^{76}Ge sowohl der β^-- als auch der β^+/EC-Zerfall energetisch verboten sind. Der $\beta^-\beta^-$-Zerfall zu ^{76}Se ist der einzige erlaubte Zerfallsmodus. Es gibt insgesamt rund 36 potentielle $\beta^-\beta^-$-Emitter (siehe [Gro89,90, Sta90a]).

6.2.2 Die verschiedenen Zerfallsmodi

Wir wollen zuerst den Doppelbetazerfall vom $\beta^-\beta^-$-Typ betrachten. Man unterscheidet zunächst die zwei Zerfallsmodi (Abb. 6.14):

$$(Z, A) \rightarrow (Z + 2, A) + 2e^- + 2\bar{\nu}_e \quad (2\nu\beta\beta), \quad (6.84a)$$

$$(Z, A) \rightarrow (Z + 2, A) + 2e^- \quad (0\nu\beta\beta). \quad (6.84b)$$

Beim Prozeß (6.84a) werden neben zwei Elektronen auch zwei Antineutrinos emittiert. Die Leptonenzahl bleibt erhalten ($\Delta L = 0$). Dieser Zerfallsmodus wird als $2\nu\beta\beta$-Zerfall bezeichnet. Er ähnelt im wesentlichen zwei aufeinanderfolgenden einfachen β-Übergängen, wobei die Zwischenzustände virtuell sind (Abb. 6.15). Dieser Prozeß ist im Standardmodell der elektroschwachen Wechselwirkung erlaubt, unabhängig von der Natur des Neutrinos. Der $2\nu\beta\beta$-Zerfall wurde erstmals von Maria Goeppert-Mayer auf Anregung von E. Wigner diskutiert [Goe35]. Sie berechnete eine Halbwertszeit von etwa 10^{17} Jahren.

Während die Existenz des Doppelbetazerfalls auf indirekte Weise in geochemischen Experimenten schon vor längerer Zeit bestätigt werden konnte

232   6 Experimente zur Bestimmung der Neutrinomasse

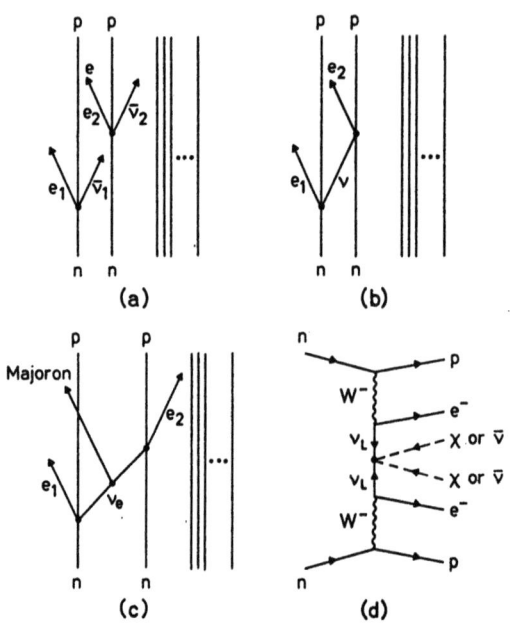

Abb. 6.14
Feynman-Graphen für den $2\nu\beta\beta$-Zerfall (a), den $0\nu\beta\beta$-Zerfall (b), und den Majoron- bzw. 2-Majoron-begleiteten Zerfall, $0\nu\chi\beta\beta$ bzw. $0\nu2\chi\beta\beta$ (c), (d).

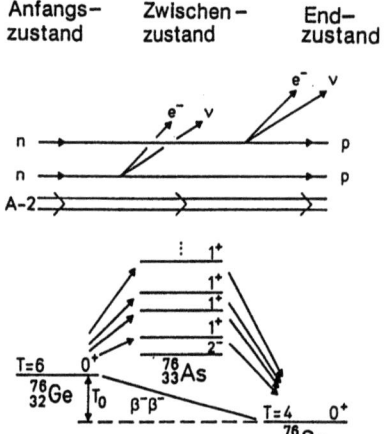

Abb. 6.15
Illustration des 2ν-Modus des Doppelbetazerfalls.

[Kir67], gelang der direkte Nachweis des $2\nu\beta\beta$-Zerfalls in Zählerexperimenten erst in den letzten Jahren (vgl. Abschn. 6.2.5.3.1). Da es sich um einen Vierkörper-Zerfall handelt, besitzen die emittierten Elektronen ein kontinuierliches Energiespektrum (Abb. 6.16). Energetisch gesehen ist der Prozeß (6.84a) möglich, wenn die Atommassen folgender Bedingung genügen

6.2 Der Doppelbetazerfall

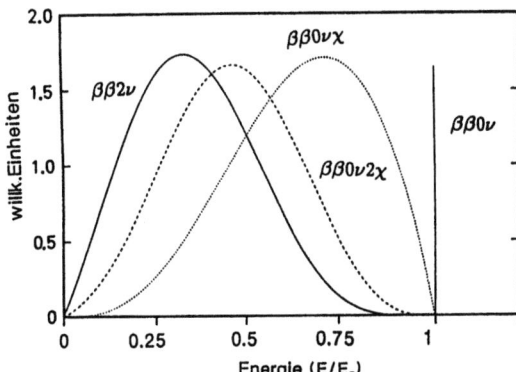

Abb. 6.16
Kinetische Summenenergie der beiden emittierten Elektronen für verschiedene Zerfallsmodi ($2\nu\beta\beta$, $0\nu\beta\beta$, $0\nu\chi\beta\beta$ und $0\nu2\chi\beta\beta$); $E_0 = Q_{\beta\beta}$.

$$m(Z, A) > m(Z + 2, A). \tag{6.85}$$

Darüber hinaus fordert man aus praktischen Gründen

$$m(Z, A) < m(Z + 1, A). \tag{6.86}$$

Weitaus interessanter ist der von Furry [Fur39] erstmals vorgeschlagene neutrinolose doppelte Betazerfall ($0\nu\beta\beta$) (6.84b). Dieser stellt eine Verletzung der Leptonenzahlerhaltung dar ($\Delta L = 2$) und ist im Standardmodell verboten. Bei diesem Prozeß würde ein virtuelles Neutrino zwischen zwei Neutronen desselben Atomkerns ausgetauscht. Das am ersten Vertex emittierte Antineutrino müßte am zweiten Vertex absorbiert werden (Abb. 6.17). Wir betrachten dazu die Sequenz

$$n \to p + e^- + \overline{\nu}_e$$
$$\nu_e + n \to p + e^-. \tag{6.87}$$

Da ein Neutron nur ein Neutrino absorbieren kann, wird sofort deutlich, daß der $0\nu\beta\beta$-Zerfall für ein Dirac-Neutrino, für das Teilchen und Antiteilchen verschieden sind, prinzipiell nicht möglich ist.[3] Aber auch für ein masseloses Majorana-Neutrino ist dieser Zweistufenprozeß verboten. Wir wollen die Voraussetzungen für (6.84b) im folgenden etwas ausführlicher diskutieren.

Der neutrinolose doppelte Betazerfall kann nur auftreten, wenn zwei Bedingungen erfüllt sind: Erstens muß das Neutrino ein Majorana-Teilchen sein. Dies bedeutet, daß Neutrino und Antineutrino identische Teilchen sind, oder

---

[3] Am zweiten Vertex könnte ein Antineutrino von einem Proton absorbiert werden, was aber zu einer Positronenemission führen würde. Dadurch gelangt man nicht zu dem Kern (Z+2,A).

6 Experimente zur Bestimmung der Neutrinomasse

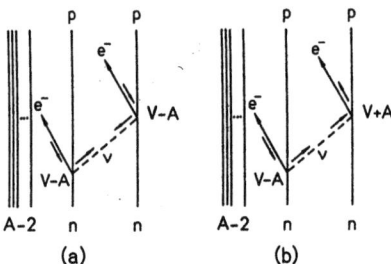

Abb. 6.17
Diagramme für den 0ν-Modus im Zwei-Nukleonen-Mechanismus. Die Pfeile bezeichnen die dominante Komponente der Helizität.

genauer, daß das entsprechende Feld zu sich selbst ladungskonjugiert ist $(\nu = \nu^c)$.[4]

Zweitens ist erforderlich, daß das Neutrino eine von Null verschiedene Ruhemasse besitzt und/oder daß eine rechtshändige Komponente des schwachen leptonischen Stroms existiert. Die zweite Bedingung ist aus Gründen der Helizität notwendig (vgl. dazu Abb. 6.17). Bei rein linkshändiger $(V - A)$-Wechselwirkung ist der am ersten Vertex emittierte (masselose) Neutrinozustand rein rechtshändig, während nur ein linkshändiges Neutrino absorbiert werden kann. Besitzt das Neutrino jedoch eine endliche Ruhemasse, so ist die Helizität keine gute Quantenzahl mehr. Ein massives Teilchen bewegt sich grundsätzlich mit einer Geschwindigkeit, die kleiner ist als die Vakuumlichtgeschwindigkeit, so daß man immer ein Bezugssystem finden kann, von dem aus gesehen das massive Neutrino seine Bewegungsrichtung umkehrt. Da der Spinvektor dadurch unbeeinflußt bleibt, ändert sich die Projektion des Spins auf die Impulsrichtung, die Helizität ist nicht erhalten.

Die einen Neutrino-Masseneigenzustand beschreibende Wellenfunktion (Spinor) besitzt neben dem dominanten linkshändigen Anteil auch eine rechtshändige Beimischung, die proportional zu m_ν/E ist. Dadurch ist die notwendige Helizitätsanpassung gewährleistet. Man erhält also eine durch die Majorana-Masse induzierte $0\nu\beta\beta$-Zerfallsamplitude proportional zu m_ν. Ein rechtshändiges Neutrino kann am zweiten Vertex absorbiert werden, wenn eine rechtshändige Komponente $(V + A)$ in den geladenen schwachen Strömen existiert.

Die beiden Möglichkeiten der Helizitätsanpassung können jedoch in GUT-Modellen („Grand Unified Theories") nicht unabhängig voneinander betrachtet werden. Solange die schwache Wechselwirkung durch eine Eichtheorie beschrieben wird, bedeutet die experimentelle Beobachtung des neutrinolosen doppelten Betazerfalls *auf jeden Fall*, daß das Neutrino ein *massives*

---

[4]Man beachte, daß die Dirac- und die Majorana-Beschreibung für masselose Teilchen nur unterschieden werden können, wenn die schwache Wechselwirkung eine rechtshändige Komponente besitzt [Gro89,90, Kay89].

6.2 Der Doppelbetazerfall

Majorana-Teilchen ist [Sch82, Tak84, Moh91a], unabhängig von der Existenz oder Nichtexistenz rechtshändiger Ströme. Eine sehr anschauliche Ableitung dieses Zusammenhangs findet man in dem Buch von [Kay89].

Der $0\nu\beta\beta$-Zerfall ist ein Zweikörper-Zerfall. Die beiden Elektronen im Endzustand teilen sich die gesamte zur Verfügung stehende Zerfallsenergie. Im Summenenergiespektrum erhält man daher einen Peak bei $Q_{\beta\beta}$, wodurch dieser Prozeß leicht von dem 2ν-Modus unterschieden werden kann (siehe Abb. 6.16).

Im $2\nu\beta\beta$-Zerfall wird die kinetische Energie auf zwei Elektronen und zwei Antineutrinos verteilt. Im neutrinolosen $\beta\beta$-Zerfall treten nur zwei Elektronen im Endzustand auf, so daß der Phasenraum um etwa einen Faktor 10^6 größer als für den 2ν-Zerfall ist, da die Anzahl der verfügbaren Endzustände um diesen Faktor größer ist (vgl. z.B. [Fae88]). Die beim 0ν-Modus ausgetauschten virtuellen Neutrinos sind räumlich auf das Kernvolumen beschränkt, woraus eine große Impulsunschärfe resultiert. Den Neutrinos steht daher der Energiebereich von 0 bis ~ 100 MeV zur Verfügung, während die Emission reeller Neutrinos durch den $Q_{\beta\beta}$-Wert von wenigen MeV begrenzt ist.

Wir wollen an dieser Stelle noch anmerken, daß der Nachweis eines $(0_i^+ \to 2_f^+)$-Übergangs des 0ν-Modus zum ersten angeregten 2^+-Zustand im Tochterkern die wichtige Aussage ermöglichen würde, daß eine rechtshändige Beimischung zur schwachen Wechselwirkung existiert. Aus Gründen der Drehimpuls- und Paritätserhaltung verschwindet der Beitrag durch den Massenmechanismus für diesen Übergang in erster Näherung (vgl. z.B. [Tom88]). Man erwartet wegen der kleineren Zerfallsenergie zwar längere Halbwertszeiten verglichen mit den Grundzustandsübergängen, andererseits kann der zusätzliche Nachweis des γ-Quants eine beträchtliche Reduktion des Untergrundes bewirken.

In der Literatur werden weitere Zerfallsmodi diskutiert, z.B. der neutrinolose $\beta\beta$-Zerfall mit der Emission eines oder zweier Majorons (χ) (siehe Abb. 6.14, 6.16) [Moh88a,91a]

$$(Z, A) \to (Z+2, A) + 2e^- + \chi \tag{6.88}$$

$$(Z, A) \to (Z+2, A) + 2e^- + \chi + \chi. \tag{6.89}$$

Die Einführung eines Majorana-Massenterms bedeutet eine Brechung der $(B-L)$-Symmetrie bei niedrigen Energien. Hierzu gibt es drei verschiedene Möglichkeiten (siehe Abschn. 6.2.3). Eine davon, die spontane Brechung einer globalen $(B-L)$-Symmetrie, ist mit der Existenz eines masselosen, skalaren Goldstone-Bosons verbunden, das in diesem Falle Majoron genannt wird (siehe weiter Abschn. 6.2.3 und 6.2.4.3).

Beim *doppelten Betazerfall vom* β^+-*Typ* gibt es für jeden der beiden Zerfallsmodi verschiedene Zerfallsmöglichkeiten, da neben der Positronemission auch der Elektroneinfang möglich ist:

$$(Z,A) \rightarrow (Z-2,A) + 2e^+ \; (+2\nu_e), \qquad (6.90a)$$

$$e_b^- + (Z,A) \rightarrow (Z-2,A) + e^+ \; (+2\nu_e), \qquad (6.90b)$$

$$e_b^- + e_b^- + (Z,A) \rightarrow (Z-2,A) + 2\nu_e, \qquad (6.90\text{cI})$$

$$e_b^- + e_b^- + (Z,A) \rightarrow (Z-2,A)^* \rightarrow (Z-2,A) + \gamma + 2\text{X}. \qquad (6.90\text{cII})$$

In der Reaktion (6.90cII) entsteht der Tochterkern $(Z-2,A)$ in einem angeregten Zustand. Man findet daher zusätzlich zu den beiden Röntgenquanten (oder Auger-Elektronen) aus der Hülle ein γ-Quant aus dem Kern. Der Elektroneinfang ist gegenüber der Emission eines Positrons energetisch begünstigt (siehe (6.8)). Die Massendifferenz zwischen den Atomen (Z,A) und $(Z-2,A)$ entspricht dem Q-Wert für den doppelten Elektroneinfang (Q_0). Der Q-Wert für die Emission von zwei Positronen $(Q_{\beta^+\beta^+})$ ist um $4m_e c^2$ kleiner als Q_0, da sowohl die Massen der beiden emittierten Positronen als auch die der beiden überschüssigen Hüllenelektronen aufgebracht werden müssen[5]. Entsprechend lautet der Q-Wert für den Zerfall (6.90b) $Q_0 - 2m_e c^2$. Der $\beta^+\beta^+$-Zerfall wird daher immer von β^+/EC- und EC/EC-Zerfällen begleitet. Es gibt nur sieben Nuklide, für die die Emission von zwei Positronen energetisch erlaubt ist (siehe [Sta91, Hir94]).

6.2.3 Der doppelte Betazerfall im Rahmen der Großen Vereinigungstheorien[6]

In der GWS-Theorie der elektroschwachen Wechselwirkung wird die elektromagnetische mit der schwachen Wechselwirkung im Rahmen einer Eichtheorie, basierend auf der Eichgruppe $SU(2)_L \times U(1)$, verkoppelt. Dieses Modell vermag die experimentellen Daten hervorragend zu beschreiben. Es enthält keine rechtshändigen Neutrinos, die linkshändigen Neutrinos sind masselos. Die GWS-Theorie beinhaltet jedoch mehrere freie Parameter, darunter den Weinberg-Winkel und die Fermionenmassen. Darüber hinaus kann die Forderung nach getrennter Erhaltung der Baryonenzahl B und der Leptonenzahl L nicht als fundamental betrachtet werden, da ihr kein Symmetrieprinzip zugrunde liegt.

---

[5] Das Atom (Z,A) besitzt Z Hüllenelektronen, während in der Atommasse für (Z-2,A) nur (Z-2) Hüllenelektronen berücksichtigt werden

[6] Für eine ausführlichere Diskussion sei auf [Gro89,90, Lan88, Moh86a, Val93] und insbesondere [Moh91a,94, Bur94, Lee94, Val94, Bam94] verwiesen

6.2 Der Doppelbetazerfall

In Großen Vereinigungstheorien (GUT's) wird versucht, die bekannten Naturkräfte einheitlich zu beschreiben. Das einfachste GUT-Modell, das minimale $SU(5)$-Modell von Georgi und Glashow [Geo74], enthält nur ein unabhängiges Neutrinofeld, das linkshändig ist (1.137). Eine Dirac-Masse ist wegen des Fehlens eines rechtshändigen Neutrinos ausgeschlossen, eine Majorana-Masse tritt wegen der exakten $(B-L)$-Symmetrie ebenfalls nicht auf, so daß der $0\nu\beta\beta$-Zerfall verboten ist. Ein Vergleich zwischen gemessenen und vorhergesagten Lebensdauern des Protons (vgl. Kap. 4) und andere Hinweise (siehe Kap. 2) legen jedoch eine Erweiterung der $SU(5)$-Gruppe nahe.

Eine beliebte dieser Erweiterungen, die $SO(10)$-Darstellung [Fri75], enthält sowohl links- als auch rechtshändige Neutrinos (Abb. 1.8). Sie ist das einfachste links-rechts-symmetrische GUT-Modell. Die Links-Rechts-Symmetrie wird bei kleinen Energien gebrochen. Die linkshändigen ($W_L^\pm$, Z_L^0) und rechtshändigen Vektorbosonen ($W_R^\pm$, Z_R^0) erhalten durch Symmetriebrechung verschiedene Massen, wobei die rechtshändigen Vektorbosonen erheblich schwerer als die linkshändigen sein müssen, da man bis heute keine rechtshändige schwache Wechselwirkung gefunden hat ($m_{W_R} > 1.6$ TeV$/c^2$ [Moh88b,c]). In vielen auf der $SO(10)$-Gruppe aufbauenden Modellen sind die Neutrinos Majorana-Teilchen. Da die $(B-L)$-Symmetrie nicht notwendig erhalten ist, können Majorana-Massenterme auftreten.

Wenn die Neutrinos Masse tragen, können Mischungen auftreten, da die Masseneigenzustände $\nu_{iL/R}$ mit den Massen m_i nicht identisch mit den Eigenzuständen $\nu_{eL/R}$ der schwachen Wechselwirkung zu sein brauchen

$$\nu_{eL} = \sum_i U_{ei}\nu_{iL}, \qquad \nu_{eR} = \sum_i V_{ei}\nu_{iR}. \tag{6.91a}$$

Die Indizes L und R bezeichnen links- bzw. rechtshändige Teilchen. Wenn mehr als ein Neutrino-Masseneigenzustand an das Elektron koppelt, führt dies zu Interferenzeffekten im $0\nu\beta\beta$-Zerfall. Beobachtet wird dann eine *effektive Masse*

$$\langle m_\nu \rangle = \sum_j m_j U_{ej}^2 \tag{6.91b}$$

(siehe Abschn. 6.2.4.2, 6.2.5.4 und 6.2.6). I.a. ist in nicht zu „pathologischen" GUT-Modellen indessen $\langle m_{\nu_e} \rangle = m_{\nu_e}$ (siehe Tab. 1.8). Der Hamilton-Operator der schwachen Wechselwirkung enthält neben linkshändigen leptonischen (l) und hadronischen ($\mathcal{L}$) Strömen auch rechtshändige leptonische (r) und hadronische ($\mathcal{R}$) Ströme

$$H_W \sim (\mathcal{L} \cdot l + \kappa \mathcal{R} \cdot l + \eta \mathcal{L} \cdot r + \lambda \mathcal{R} \cdot r), \tag{6.92}$$

wobei $\eta, \kappa, \lambda \ll 1$. Die Masseneigenzustände der Vektorbosonen $W_{1/2}^\pm$ (mit den Massen M_1 und M_2) sind Mischungen der links- und rechtshändigen Eichbosonen

$$W_1^\pm = W_L^\pm \cos\theta + W_R^\pm \sin\theta, \tag{6.93a}$$
$$W_2^\pm = -W_L^\pm \sin\theta + W_R^\pm \cos\theta, \tag{6.93b}$$

wobei $\theta \ll 1$ und $M_2 \gg M_1$. Die Parameter η, κ und λ im Hamilton-Operator, die im GWS-Modell verschwinden, können in links-rechts-symmetrischen GUT-Modellen durch den Mischungswinkel θ und die Massen M_1 und M_2 der schweren Vektorbosonen ausgedrückt werden

$$\eta = \kappa \approx \tan\theta, \quad \lambda \approx (M_1/M_2)^2 + \tan^2\theta \tag{6.94}$$

(siehe auch Abschn. 6.2.4.2). Die Vorhersagen der verschiedenen GUT-Modelle für die Majorana-Masse des Neutrinos reichen von 10^{-11} eV/c^2 bis ca. 1 eV/c^2 [Lan88] (vgl. Tab. 1.8 in Abschn. 1.6). Der neutrinolose $\beta\beta$-Zerfall erlaubt gegenwärtig den empfindlichsten Test für den Majorana-Charakter der Neutrinos und gibt die schärfsten Grenzen sowohl für die Neutrino-Masse als auch die rechtshändigen Mischungsparameter [Doi85, Mut88a,89b, Tom91, Suh93, Kla93a-e].[7] Die Bedeutung dieser Möglichkeit für das Verständnis des frühen Universums wurde in Kap. 3 diskutiert.

Die Erzeugung von Majorana-Neutrinomassen ist verbunden mit einer Verletzung der Leptonenzahl um zwei Einheiten. Da in allgemeinen Eichtheorien die einzige eichanomaliefreie Kombination von Quantenzahlen $(B - L)$ ist, erfordert dies auch eine Brechung der $(B - L)$-Symmetrie [Moh88b,c,91a]. Um diese zu bewerkstelligen, gibt es drei verschiedene Möglichkeiten:

1. Explizite $(B - L)$-Brechung, d.h. die Lagrangedichte enthält Terme, die $(B - L)$ brechen
2. Spontane Brechung einer lokalen $(B - L)$-Symmetrie
3. Spontane Brechung einer globalen $(B - L)$-Symmetrie.

Die letzte Möglichkeit ist mit der Existenz eines masselosen, skalaren Goldstone-Bosons verbunden, des Majorons. Je nach Modell gibt es Singulett- [Chi80], Dublett- [Aul83] und Triplett-Majorons [Gel81]. Das Singulett-Majoron entsteht bei der Erweiterung des Standardmodells um rechtshändige Neutrinos und ein weiteres Higgs-Singulett mit der Leptonenzahl $L = 2$. Dieses bekommt bei der spontanen Symmetriebrechung einen Vakuumerwartungswert von v_{BL}. Das Majoron koppelt an das Neutrino mit einer Stärke

---

[7] Für letztere wurde eine scharfe Grenze auch aus der Analyse von Daten der Supernova SN87A abgeleitet [Moh91b]

6.2 Der Doppelbetazerfall

von $\approx (m_{\nu L})/(v_{BL})$. Die Kopplung an die geladenen Fermionen geschieht in erster Ordnung Störungstheorie über W- und Z-Bosonenaustausch und ergibt Kopplungsstärken der Ordnung $\approx G_F/\pi m_f m_\nu$, wobei m_f die entsprechenden Fermionenmassen bedeutet. Die Kopplungen liegen in der Größenordnung von 10^{-16}, welche das Singulett-Majoron schwer nachweisbar machen. Im Modell des Triplett-Majorons wird das Standardmodell dahingehend erweitert, daß ein neues Higgs-Triplett mit der Hyperladung $Y = 2$ und der Leptonenzahl $L = 2$ eingeführt wird. Im Gegensatz zum Singulett-Modell ist hier nun eine Yukawa-Kopplung der Art $\nu_L^T \nu_L \Delta_L^0$ möglich. Die globale $(B - L)$-Symmetrie wird hier spontan gebrochen durch den Erwartungswert $\langle \Delta_L^0 \rangle = v_T$, welcher zu einer Neutrinomasse von $m_\nu = h v_T$ führt. Hierbei kennzeichnet h die Yukawa-Kopplung. Singulett- und Triplett-Majoron können gemäß Abb. 6.14 emittiert werden.

Eine weitere Zerfallsmöglichkeit eröffnet sich in supersymmetrischen Modellen mit R-Paritätsverletzung. Hier kann die Leptonenzahl spontan gebrochen werden, indem man dem Sneutrino, dem supersymmetrischen Partner des Neutrino, einen nichtverschwindenden Vakuumerwartungswert und eine Leptonenzahl $L = 1$ zuordnet. Dieses Modell führt zum Dublett-Majoron, und gemäß Abb. 6.14, 6.16 auf einen Doppelbeta-Zerfallsmodus mit Emission von zwei Majoronen [Moh88a,91a]. Aufgrund dieses Zerfallskanals ist es u.U. möglich, Rückschlüsse auf die Zinomasse zu ziehen (siehe Abschn. 6.2.4.3).

Die Kopplung des Triplett- bzw. Dublett-Majorons an das Z^0-Boson liefert jedoch einen Beitrag zur Zerfallsbreite des Z^0, der dem von zwei (bzw.1/2) zusätzlichen masselosen Neutrino-Flavors entspricht [Geo81, Bar82, Des87]. Die kürzliche genaue Messung der Z^0-Breite am LEP (siehe Kap. 2, für eine Übersicht vgl. z.B. [Jar90, Ste91]) legt die Anzahl der leichten Neutrino-Flavours indessen auf 3 fest, so daß sowohl Triplett- als auch Dublett-Majoron ausgeschlossen sind. Das Singulett-Majoron (ebenso eine Mischung aus Singulett und Dublett) entkommt diesem Nachweis jedoch, da es nur äußerst schwach an Materie koppelt. Eine kleine Eichkopplung schließt jedoch eine signifikante Yukawa-Kopplung an Neutrinos nicht aus, wie kürzlich von [Ber92b] diskutiert wurde. Singulett- und Dublett-Majoron könnten also sehr wohl noch zum $\beta\beta$-Zerfall beitragen [Moh91a].

Das Modell von Singulett-Majorons hat kürzlich besonderes Interesse im Zusammenhang mit Versuchen erfahren, ein 17-keV-Neutrino in Neutrino-Massenhierarchien einzubauen [Gla91]. Eine kurze Übersicht zum Majoron findet sich bei [Kla92b]. Für die Diskussion anderer Klassen von Majoron-Modellen sei auf [Bur93, Car93, Bur94, Bam95] verwiesen.

240 6 Experimente zur Bestimmung der Neutrinomasse

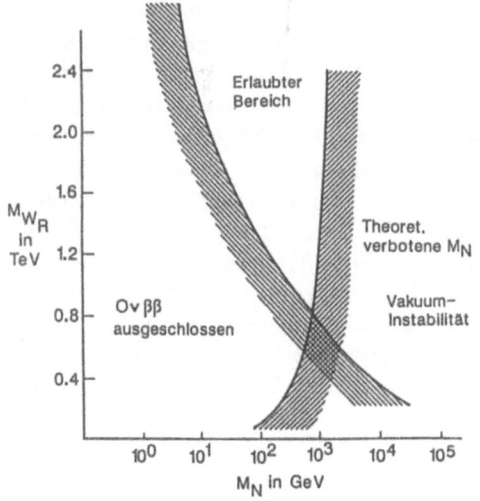

Abb. 6.18
Erlaubte Werte der Parameter M_{W_R} und M_N links-rechts-symmetrischer Modelle. Die Bereiche unterhalb der Kurven sind durch $0\nu\beta\beta$-Zerfall bzw. Instabilität des Vakuums ausgeschlossen (aus [Moh86c, Moh91a]).

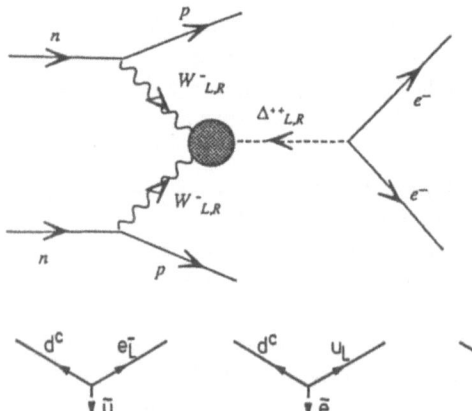

Abb. 6.19
Beitrag zum $0\nu\beta\beta$-Zerfall, induziert durch ein doppelt geladenes Higgs-Boson (aus [Moh91a]).

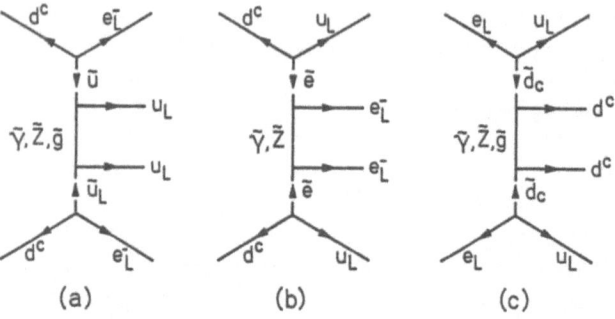

Abb. 6.20 Beiträge zum $0\nu\beta\beta$-Zerfall in einigen SUSY-Modellen durch Photino-, Gluino- oder Zino-Austausch (aus [Moh86b]).

Außer zu den Massen M_{W_R} der rechtshändigen W-Bosonen links-rechtssymmetrischer Modelle liefert der $\beta\beta$-Zerfall Informationen über die Masse M_N des in solchen Modellen auftretenden (super-)schweren Neutrinos (siehe Abschn. 1.6.4). Abb. 6.18 zeigt den aus dem $0\nu\beta\beta$-Zerfall extrahierten Zusammenhang zwischen M_{W_R} und M_N, zusammen mit einer theoretischen oberen Grenze für M_N aus Betrachtungen zur Stabilität des Vakuums (aus Moh86c,91a]). Wenn man schwere Neutrinos mit einer Substruktur zuläßt, lassen sich aus dem $0\nu\beta\beta$-Zerfall auch Grenzen zur Energieskala von Compositeness-Modellen ableiten [Pan94, Bar81, Tak95], die schärfer sind als die aus Beschleunigerexperimenten. Auch $0\nu\beta\beta$-Amplituden über einen Higgsteilchen-Austausch könnten nicht-vernachlässigbare Beiträge liefern [Moh81, Moh91a]. Abb. 6.19 zeigt einen Beitrag eines doppeltgeladenen Higgs-Bosons. Solche Higgs-Bosonen, die an zwei W_L-Bosonen und zwei Elektronen koppeln, treten in zahlreichen GUT-Modellen auf.

Ein Beitrag zum $0\nu\beta\beta$-Zerfall ist in einigen supersymmetrischen Theorien mit R-Paritätsbrechung auch über Photino-, Gluino- oder Zino-Austausch möglich [Moh86b,91a, Ver87, Hir95]. Einige Feynman-Graphen zeigt Abb. 6.20. Es lassen sich damit aus $\beta\beta$-Experimenten z.B. Squarkmassen als Funktion der Gauginomasse ableiten. Die aus dem $0\nu\beta\beta$-Zerfall ableitbaren Grenzen für den Parameterraum R-paritätsverletzender SUSY-Modelle erweisen sich als schärfer als die aus Experimenten an Beschleunigern erzielbaren [Hir95] (s. Kap. 6.2.5.4). Auch wenn die Neutrinomasse zu klein wäre, um im $0\nu\beta\beta$-Zerfall beobachtbar zu sein, würden solche Experimente also eine empfindliche Sonde von Physik jenseits des Standardmodells bleiben. Tab. 6.3 listet einige der durch den Doppelbetazerfall eröffneten Zugänge zu Fragen der Teilchenphysik auf.

6.2.4 Die Doppelbeta-Zerfallsraten

Wir wollen uns im folgenden auf die Diskussion von $(0_i^+ \rightarrow 0_f^+)$-Übergängen zwischen den Grundzuständen beschränken, da diese sehr viel wahrscheinlicher sind als die zum Teil energetisch erlaubten Übergänge zum ersten angeregten 2^+-Zustand im Tochterkern oder höher angeregten Zuständen. Der $\beta\beta$-Zerfall ist ein Prozeß zweiter Ordnung in der schwachen Wechselwirkung. Die mathematische Beschreibung erfolgt mit Hilfe der Störungstheorie. Die Übergangsamplitude S_{fi} („Streumatrix") zwischen den Zuständen $|i\rangle$ und $|f\rangle$ wird in der zeitabhängigen Störungsrechnung durch eine unendliche Reihe dargestellt [Nac86]

Tab. 6.3 $\beta\beta$-Zerfall und Teilchenphysik.

	Observable	Einschränkungen
0ν:	via ν-Austausch: Neutrinomasse leichtes Neutrino ($\geq 0,1$ eV) schweres Neutrino (GeV)	Jenseits des Standardmodells und $SU(5)$ frühes Universum, Materie-Antimaterie-Symmetrie, Dunkle Materie, L-R-symmetr. Modelle (z.B. $SO(10)$) seesaw-Mechanismen, Compositeness
	via rechtshändige schwache Ströme	$V+A$-Wechselwirkung, $W_R^\pm$-Massen
	via Photino-, Gluino-, Zino- (Gaugino-) Austausch	SUSY-Modelle: Grenzen für Parameterraum jenseits Reichweite von Beschl.: R-paritätsbrechende WW, Squark und Slepton-Massen
$0\nu\chi$:	Existenz des Majorons	Mechanismus der $(B-L)$-Brechung • explizit • spont. Brechung der lokalen/globalen $(B-L)$-Symmetrie
$0\nu\chi\chi$:	Majoronmodell	SUSY-Modelle, Zinomasse

6.2 Der Doppelbetazerfall

$$S_{fi} = \sum_{n=1}^{\infty} \frac{(-i)^n}{n!} \langle f | \int_{-\infty}^{+\infty} d^4x_1 d^4x_2 \ldots d^4x_n \mathcal{T}[H_\beta(x_1), H_\beta(x_2), \ldots, H_\beta(x_n)] |i\rangle$$

(6.95)

$$= \delta_{if} - i\langle f| \int_{-\infty}^{+\infty} d^4x H_\beta(x)|i\rangle - \frac{1}{2}\langle f| \int_{-\infty}^{+\infty} \int_{-\infty}^{+\infty} d^4x_1 d^4x_2 \mathcal{T}[H_\beta(x_1), H_\beta(x_2)] |i\rangle + \ldots$$

H_β bezeichnet den Hamilton-Operator der schwachen Wechselwirkung und $\mathcal{T}$ bedeutet das zeitgeordnete Produkt

$$\mathcal{T}[H(x_1), H(x_2)] = \begin{cases} H(x_1)H(x_2) & \text{für } t_1 \geq t_2 \\ H(x_2)H(x_1) & \text{für } t_1 < t_2 \end{cases}. \quad (6.96)$$

Der in H_β lineare Term beschreibt den einfachen β-Zerfall. Der Doppelbetazerfall wird durch den dritten Term in (6.95) induziert. Wir wollen diesen formalen Weg im Rahmen dieser Darstellung nicht weiter verfolgen und verweisen z.B. auf [Gro89,90,92].

Typische $\beta\beta$-Zerfallsraten lassen sich mit einer sehr einfachen Überlegung abschätzen [Wu66]. Nach (6.41) gilt für den einfachen Betazerfall

$$\lambda_\beta = B^2 \int_0^{E_0} F(Z, E_e) p_e^2 (E_0 - E_e)^2 dp_e. \quad (6.97)$$

Für große Zerfallsenergien E_0 folgt mit $E_e \simeq p_e c$ und der Vernachlässigung der Verzerrung durch das Coulombfeld ($F = 1$)

$$\lambda_\beta \simeq \frac{B^2}{c^3} \int_0^{E_0} E_e^2 (E_0 - E_e)^2 dE_e$$

$$= \frac{B^2}{c^3} \frac{E_0^5}{30}. \quad (6.98)$$

Drücken wir E_0 durch die Größe $\epsilon_0 = E_0/m_e c^2$ aus, so folgt

$$\lambda_\beta \simeq \frac{B^2}{c^3} \frac{\epsilon_0^5 m_e^5 c^{10}}{30}. \quad (6.99)$$

Beschränken wir uns ausschließlich auf Gamow-Teller-Übergänge, dann erhalten wir aus (6.40b) mit $M_F = 0$

$$\lambda_\beta \simeq \frac{m_e^5 c^4}{2\pi^3 \hbar^7} \frac{\epsilon_0^5}{30} g_A^2 |M_{\text{GT}}|^2 \simeq \frac{m_e c^2}{\hbar} \frac{G^2}{2\pi^3} |M_{\text{GT}}|^2 \frac{\epsilon_0^5}{30}, \quad (6.100)$$

6 Experimente zur Bestimmung der Neutrinomasse

Tab. 6.4 Grobe Abschätzungen der Halbwertszeiten für den $2\nu\beta\beta$-Zerfall (nach (6.103)).

Nuklid	$Q_{\beta\beta}$ [MeV]	ϵ_0 [$m_e c^2$]	$T_{1/2}^{\beta\beta}$ [a]
^{76}Ge	2.04	3.99	$2.9 \cdot 10^{21}$
^{82}Se	3.01	5.89	$6.0 \cdot 10^{19}$
^{100}Mo	3.03	5.93	$5.6 \cdot 10^{19}$
^{130}Te	2.53	4.95	$3.4 \cdot 10^{20}$
^{238}U	1.15	2.25	$9.0 \cdot 10^{23}$

wobei

$$G = \frac{g_A}{m_e c^2} \left(\frac{m_e c}{\hbar}\right)^3. \tag{6.101}$$

Die Zerfallsrate für den Doppelbetazerfall (genauer den $2\nu\beta\beta$-Zerfall) in Einheiten der charakteristischen Rate $m_e c^2/\hbar$ folgt einfach aus dem Quadrat der Rate für den einfachen Betazerfall

$$\lambda_{\beta\beta} \sim \frac{m_e c^2}{\hbar} \left(\frac{G^2 |M_{\mathrm{GT}}|^2}{2\pi^3}\right)^2 \left(\frac{\epsilon_0^5}{30}\right)^2. \tag{6.102}$$

Für typische Werte $G^2|M_{\mathrm{GT}}|^2/2\pi^3 \sim 3 \cdot 10^{-27}$, wie man sie aus einfachen β-Zerfällen leichter Kerne gewinnt [Wu66], folgt

$$T_{1/2}^{\beta\beta} = \frac{\ln 2}{\lambda_{\beta\beta}} \sim 3 \cdot 10^{27} \epsilon_0^{-10} \text{ Jahre}. \tag{6.103}$$

Tab. 6.4 enthält einige Beispiele für aus dieser Abschätzung gewonnene Halbwertszeiten.

6.2.4.1 Die Zerfallsrate für den $2\nu\beta\beta$-Zerfall

Der 2ν-Modus des $\beta\beta$-Zerfalls setzt sich aus zwei aufeinanderfolgenden GT-Übergängen zusammen. Da es sich bei allen potentiellen $\beta\beta$-Emittern um gg-Kerne mit Grundzustandsspin 0^+ handelt, können die virtuellen Zwischenzustände nach den Auswahlregeln für Gamow-Teller-Zerfälle nur 1^+-Zustände sein. Darüber hinaus verhindert die Isospinauswahlregel $\Delta T = 0$ das Auftreten von Fermi-Übergängen, da sich die Isospins von Mutter- und Tochterkern im $\beta\beta$-Zerfall um zwei Einheiten unterscheiden. Als einfache Regel gilt: Der Grundzustand eines Kerns besitzt den Isospin $T = |T_z|$, wobei die z-Komponente T_z gerade durch den halben Neutronenüberschuß definiert ist

$$T_z = \frac{N - Z}{2}. \tag{6.104}$$

6.2 Der Doppelbetazerfall

Da die zur Verfügung stehende Zerfallsenergie $Q_{\beta\beta}$ klein ist ($\mathcal{O}(1\ \mathrm{MeV})$) und auf vier Leptonen verteilt wird, kann man annehmen, daß die Elektronen und Antineutrinos als s-Wellen emittiert werden. Höhere Partialwellen, Nukleonen-Rückstoßterme und Beiträge von rechtshändigen Strömen können in guter Näherung vernachlässigt werden (vgl. z.B. [Doi85]).

Wir können bei der Berechnung der Zerfallsrate ähnlich vorgehen wie bei der Behandlung des einfachen Betazerfalls in Abschn. 6.1, wobei der Ausdruck 1. Ordnung (Fermi's Goldene Regel) durch den entsprechenden Term zweiter Ordnung zu ersetzen ist. Wir geben dazu ohne Herleitung ein Ergebnis der zeitabhängigen Störungstheorie an (vgl. z.B. [Gre79]). Die Übergangswahrscheinlichkeit pro Zeit für einen Übergang vom Zustand $|i\rangle$ in den Zustand $|f\rangle$ lautet

$$\left(\frac{dW}{dt}\right)_{i \to f} = \frac{2\pi}{\hbar} |M_{fi}|^2 \delta(E_f - E_i). \tag{6.105}$$

Die δ-Funktion ersetzt im Fall definierter Niveaus die Dichte der Endzustände in (6.9). Sie drückt in diesem Fall gerade die Energieerhaltung aus. Das Matrixelement M_{fi} hat die Form

$$M_{fi} = \langle f|H_W|i\rangle + \sum_m \frac{\langle f|H_W|m\rangle\langle m|H_W|i\rangle}{E_i - E_m}$$

$$+ \sum_{m,n} \frac{\langle f|H_W|m\rangle\langle m|H_W|n\rangle\langle n|H_W|i\rangle}{(E_i - E_m)(E_i - E_n)} + \ldots \tag{6.106}$$

Die Zustände $|m\rangle$, $|n\rangle$ sind Zwischenzustände, über die der Übergang laufen kann. H_W ist der dazugehörige Wechselwirkungs-Hamiltonoperator. Für den Doppelbetazerfall erhalten wir demnach

$$d\lambda_{2\nu} = \frac{2\pi}{\hbar} \left| \sum_m \frac{\langle f|H_\beta|m\rangle\langle m|H_\beta|i\rangle}{E_i - E_m} \right|^2 \delta(E_i - E_f). \tag{6.107}$$

Im Gegensatz zu Abschn. 6.1 seien die in diesem Kapitel angegebenen Energien totale Energien. Die Energie E_m des Zwischenzustandes setzt sich aus der Energie E_{N_m} des Zwischenkerns und der Energie der beiden Leptonen zusammen. Da wir jedoch nicht unterscheiden können, welche Elektron-Neutrino-Kombination im ersten gedachten Zerfallsschritt und welche im zweiten auftritt, muß die Summe in (6.107) alle Zwischenzustände mit den Energien

$$E_m = E_{N_m} + E_{e_1} + E_{\nu_1}, \quad E_m = E_{N_m} + E_{e_2} + E_{\nu_2},$$
$$E_m = E_{N_m} + E_{e_1} + E_{\nu_2}, \quad E_m = E_{N_m} + E_{e_2} + E_{\nu_1} \tag{6.108}$$

246 6 Experimente zur Bestimmung der Neutrinomasse

umfassen. Wir wollen die explizite Herleitung (siehe [Gro89,90,92]) nicht durchführen, sondern geben nur das Ergebnis für die Zerfallsrate des 2ν-Modus an (in Einheiten $\hbar = c = 1$) (vgl. [Boe87, Gro89,90,92], siehe auch [Kon66])

$$\lambda_{2\nu} = \frac{g_A^4}{32\pi^7} \int_{m_e}^{Q_{\beta\beta}+m_e} F(Z, E_{e_1}) p_{e_1} E_{e_1} dE_{e_1} \int_{m_e}^{Q_{\beta\beta}+2m_e-E_{e_1}} F(Z, E_{e_2}) p_{e_2} E_{e_2} dE_{e_2} \int_0^{Q_{\beta\beta}+2m_e-E_{e_1}-E_{e_2}} E_{\nu_1}^2 E_{\nu_2}^2 dE_{\nu_1} \sum_{a,a'} A_{aa'}. \tag{6.109}$$

$Q_{\beta\beta}$ bezeichnet den Q-Wert des Übergangs, d.h. $Q_{\beta\beta}$ gibt die zur Verfügung stehende kinetische Energie der Leptonen an, die sich aus der Differenz der Atommassen berechnet. Es gilt

$$Q_{\beta\beta} = E_{e_1} + E_{e_2} - 2m_e + E_{\nu_1} + E_{\nu_2}. \tag{6.110}$$

$p_e = \sqrt{E_e^2 - m_e^2}$ bezeichnet den Impuls der Elektronen und $F(Z, E)$ die Fermifunktion. E_e und E_ν sind die Leptonenenergien. Der Cabibbo-Winkel θ_c, der eine Mischung in dem Quarksektor beschreibt, hat den Wert $\cos\theta_c = 0.9744 \pm 0.0010$ [Sir87]. Die Größe $A_{aa'}$ enthält die Gamow-Teller-Kernmatrixelemente und die typischen Energienenner aus der Störungsrechnung

$$A_{aa'} = \langle 0_f^+ \| t_- \sigma \| 1_a^+ \rangle \langle 1_a^+ \| t_- \sigma \| 0_i^+ \rangle \langle 0_f^+ \| t_- \sigma \| 1_{a'}^+ \rangle \langle 1_{a'}^+ \| t_- \sigma \| 0_i^+ \rangle$$
$$\times \frac{1}{3}(K_a K_{a'} + L_a L_{a'} + \frac{1}{2} K_a L_{a'} + \frac{1}{2} L_a K_{a'}) \tag{6.111}$$

mit

$$K_a = \frac{1}{E_a + E_{e_1} + E_{\nu_1} - E_i} + \frac{1}{E_a + E_{e_2} + E_{\nu_2} - E_i}, \tag{6.112a}$$

$$L_a = \frac{1}{E_a + E_{e_1} + E_{\nu_2} - E_i} + \frac{1}{E_a + E_{e_2} + E_{\nu_1} - E_i}. \tag{6.112b}$$

E_a steht zur Abkürzung für E_{N_a}. Üblicherweise trennt man den kernphysikalischen Anteil von den kinematischen Faktoren, indem man die Summe der Leptonenenergien $E_e + E_\nu$ im Nenner von (6.112) durch die Hälfte der zur Verfügung stehenden Energie $Q_{\beta\beta}/2 + m_e$ ersetzt. Die Halbwertszeit läßt sich dann ausdrücken durch

$$T_{1/2}^{2\nu} = \left[G^{2\nu} |M_{GT}^{2\nu}|^2 \right]^{-1}. \tag{6.113}$$

$G^{2\nu}$ ist ein Phasenraumintegral $G^{2\nu} \sim Q_{\beta\beta}^{11}$, $M_{GT}^{2\nu}$ bezeichnet das Kernmatrixelement

$$M_{GT}^{2\nu} = \sum_a \frac{\langle 0_f^+ \| t_- \sigma \| 1_a^+ \rangle \langle 1_a^+ \| t_- \sigma \| 0_i^+ \rangle}{E_a + Q_{\beta\beta}/2 + m_e - E_i}. \tag{6.114}$$

6.2 Der Doppelbetazerfall

In früheren Rechnungen wurde häufig eine weitere Näherung eingeführt. Ersetzt man die Energien der virtuellen Zwischenzustände E_a durch eine mittlere Energie $\langle E_a \rangle$, so kann die Summe über die Zwischenzustände mit Hilfe von $\sum_a |1_a^+\rangle\langle 1_a^+| = 1$ ausgeführt werden („closure approximation"). Diese Näherung besitzt den Vorteil, daß nur die Wellenfunktionen von Ausgangs- und Endzustand benötigt werden. Die aufwendige Berechnung der Zwischenzustände wird vermieden. Da jedoch Interferenzen zwischen den einzelnen Summanden des Matrixelements $M_{GT}^{2\nu}$ in (6.114) wichtig sind, ist es erforderlich, die Amplituden jeweils mit der richtigen Energie E_a zu wichten. Die „closure"-Näherung ergibt daher keine zuverlässigen Ergebnisse für den 2ν-Modus. Eine sehr viel erfolgreichere Methode, die explizite Berechnung des Spektrums der Zwischenzustände zu umgehen, ist die sogenannte „operator expansion" Methode [Wu91,92, Hir94a].

6.2.4.2 Die Zerfallsrate für den $0\nu\beta\beta$-Zerfall

Wie bereits diskutiert wurde, ist der $0\nu\beta\beta$-Zerfall nur möglich, wenn das Neutrino ein Majorana-Teilchen ist und wenn entweder die Masse des Neutrinos von Null verschieden ist oder der schwache geladene Strom eine rechtshändige Beimischung enthält.[8] Die beiden letztgenannten Möglichkeiten sind mit unterschiedlichen Kernstrukturmatrixelementen verknüpft [Doi85, Mut88a, Tom91]. Für die Berechnung der $0\nu\beta\beta$-Zerfallsraten geht man im allgemeinen Fall von folgender Hamiltondichte [Doi83, Tom86] (vgl. auch (6.92)), die sowohl links- als auch rechtshändige Ströme enthält,

$$H_W = \frac{G_F \cos\theta_c}{\sqrt{2}} \left(j_{L\mu} J_L^{\mu\dagger} + \kappa j_{L\mu} J_R^{\mu\dagger} + \eta j_{R\mu} J_L^{\mu\dagger} + \lambda j_{R\mu} J_R^{\mu\dagger} \right) + \text{h.c.} \quad (6.115)$$

Die links- und rechtshändigen leptonischen Ströme sind

$$j_L^\mu = \bar{e}\gamma^\mu(1-\gamma^5)\nu_{eL}, \qquad j_R^\mu = \bar{e}\gamma^\mu(1+\gamma^5)\nu_{eR}. \quad (6.116)$$

Die Elektronneutrinos sind Superpositionen aus Masseneigenzuständen (s. (6.91)). Die hadronischen Ströme $J_{L/R}^\mu$ könnten analog durch die Quarks ausgedrückt werden. Häufig werden jedoch Nukleonenströme in einer nichtrelativistischen Näherung verwendet. In dieser sogenannten „Impulsnäherung" (impulse approximation) wird angenommen, daß sich die Nukleonen im Kern wie freie Nukleonen verhalten.

---

[8] Im Rahmen von Eichtheorien können die beiden letzteren Bedingungen (wie bereits in Kap. 6.2.2 erwähnt) nicht als unabhängig betrachtet werden. Dort ist eine rechtshändige Komponente nur in Verbindung mit einer gleichzeitigen Majoranamasse wirksam (siehe auch [Moh86a, Ros88]).

6 Experimente zur Bestimmung der Neutrinomasse

Die Zerfallsamplitude des 0ν-Modus wird in zweiter Ordnung Störungstheorie berechnet. Die Übergangswahrscheinlichkeit für den neutrinolosen doppelten Betazerfall erhält man als Quadrat einer Amplitude mit Beiträgen proportional zur Neutrinomasse und zu den Parametern der rechtshändigen leptonischen Beimischungen zur schwachen Wechselwirkung. Die inverse Halbwertszeit für $(0_i^+ \to 0_f^+)$-Übergänge ist durch den Ausdruck [Doi85, Mut88a]

$$\left[T_{1/2}^{0\nu}(0_i^+ \to 0_f^+)\right]^{-1} = C_{mm}\left(\frac{\langle m_\nu \rangle}{m_e}\right)^2 + C_{\eta\eta}\langle\eta\rangle^2 + C_{\lambda\lambda}\langle\lambda\rangle^2$$

$$+ C_{m\eta}\frac{\langle m_\nu \rangle}{m_e}\langle\eta\rangle + C_{m\lambda}\frac{\langle m_\nu \rangle}{m_e}\langle\lambda\rangle + C_{\eta\lambda}\langle\eta\rangle\langle\lambda\rangle \quad (6.117)$$

gegeben. Dabei wurde die CP-Erhaltung vorausgesetzt. Die effektiven Werte der Neutrinomasse und der rechtshändigen Parameter sind definiert durch

$$\langle m_\nu \rangle = \sum_j{}' m_j U_{ej}^2, \quad \langle \eta \rangle = \eta \sum_j{}' U_{ej} V_{ej},$$

$$\langle \lambda \rangle = \lambda \sum_j{}' U_{ej} V_{ej}. \quad (6.118)$$

Die Summe $\sum_j'$ erstreckt sich über leichte Neutrino-Zustände mit $m_j < 10$ MeV/c^2. Für schwerere Neutrinos kann der Einfluß der Masse m_j auf das Neutrino-Potential nicht mehr vernachlässigt werden, so daß die Matrixelemente massenabhängig werden (siehe [Mut88a,89b]).[9] Aus der Annahme der CP-Erhaltung folgt, daß η und λ reell sind. U_{ej} und V_{ej} sind beide entweder reell oder rein imaginär, je nach dem CP-Eigenwert des Majorana-Masseneigenzustandes [Kay84]. Folglich können alle drei Parameter $\langle m_\nu \rangle$, $\langle \eta \rangle$ und $\langle \lambda \rangle$, die die Verletzung der Leptonenzahl charakterisieren, im folgenden als reell angenommen werden. Das Verhältnis $R = \langle \lambda \rangle / \langle \eta \rangle$, das *unabhängig* von den Amplituden V_{ej} ist, ist unter gewissen Annahmen (siehe [Suh93]) eine einfache Funktion von $K = (M_{W_L}/M_{W_R})^2$, wobei M_{W_L}, M_{W_R} die Massen links- bzw. rechtshändiger W-Bosonen sind, und dem Mischungswinkel θ zwischen links- und rechtshändigen W-Bosonen (siehe (6.93a,b)).

Die Koeffizienten C_{xy} setzen sich aus Kernmatrixelementen und Phasenraumintegralen zusammen. Für eine ausführliche Diskussion dieser Größen verweisen wir z.B. auf [Mut88a,89b, Tom91]. Bei Vernachlässigung der rechtshändigen Ströme ($\lambda = \eta = 0$) tritt nur der Koeffizient C_{mm} auf. Dieser ist explizit gegeben durch

---

[9] Die effektive Masse wird dann $\langle m_\nu \rangle = \sum_j m_j U_{ej}^2 R(m_j)$, wobei für schwere Neutrinos mit Massen m_ν oberhalb 1 GeV $R(m_\nu)$ proportional m_ν^{-2} abnimmt. Es gilt $R(m_\nu) = 3, 2 \cdot (10^8 \text{ eV}/m_\nu)^2$ mit m_ν in eV, nahezu unabhängig vom jeweiligen $\beta\beta$-Emitter

6.2 Der Doppelbetazerfall

$$C_{mm} = (M_{GT} - M_F)^2 G_1 \,. \tag{6.119}$$

Das Phasenraumintegral G_1 lautet

$$G_1 \sim \int_{m_e}^{Q_{\beta\beta}+m_e} F(Z, E_{e_1}) p_{e_1} E_{e_1} F(Z, E_{e_2}) p_{e_2} E_{e_2} dE_{e_1} \,, \tag{6.120}$$

wobei $Q_{\beta\beta} = E_{e_1} + E_{e_2} - 2m_e$. G_1 läßt sich leicht mit Hilfe der folgenden Näherung für die Fermifunktion

$$F(Z, E) = \frac{E}{p} \frac{2\pi Z \alpha}{1 - e^{-2\pi Z \alpha}} \tag{6.121}$$

berechnen, die sich aus (6.39) unter Verwendung von $\beta = p/E$ ergibt. Es folgt

$$G_1 \sim \left[\frac{Q_{\beta\beta}^5}{30} - \frac{2Q_{\beta\beta}^2}{3} + Q_{\beta\beta} - \frac{2}{5} \right] \,. \tag{6.122}$$

Dies ist zu vergleichen mit der $Q_{\beta\beta}^{11}$-Abhängigkeit des Phasenraumfaktors für den 2ν-Modus.

Die Gamow-Teller- und Fermi-Matrixelemente in (6.119) lauten

$$M_{\text{GT}} = \sum_{m,n} \langle 0_f^+ \| t_{-m} t_{-n} \sigma_m \cdot \sigma_n H(r) \| 0_i^+ \rangle \,, \tag{6.123}$$

$$M_{\text{F}} = \sum_{m,n} \langle 0_f^+ \| t_{-m} t_{-n} H(r) \| 0_i^+ \rangle \left(\frac{g_V}{g_A} \right)^2 \tag{6.124}$$

mit $r = |\vec{r}_m - \vec{r}_n|$. Neben den bekannten Übergangsoperatoren tritt in diesen Ausdrücken das Neutrino-Potential $H(r)$ auf, daß den Austausch des virtuellen Neutrinos beschreibt. Für leichte Neutrinos ($m_j < 10$ MeV/c^2) verhält sich $H(r)$ wie ein $1/r$-Potential. Für schwere Neutrinos gleicht $H(r)$ einem Yukawa-Potential $H(r) \sim e^{-mr}/r$ (siehe z.B. [Gro86c]). Aufgrund des Einflusses des Propagators treten im Gegensatz zum 2ν-Modus auch Fermi-Übergänge auf.

Die Matrixelemente M_{GT} und M_{F} folgen aus dem Massenterm, wobei beide Elektronen als s-Wellen emittiert werden. Anders als im $2\nu\beta\beta$-Zerfall sind die zerfallenden Nukleonen im $0\nu\beta\beta$-Zerfall räumlich korreliert, der Übergang wird um so wahrscheinlicher, je näher die beiden Nukleonen beieinander sind. Dies bedeutet, daß langreichweitige Korrelationen nur einen geringen Einfluß besitzen. Der 0ν-Modus wird im wesentlichen durch kurzreichweitige Korrelationen wie die Paarkraft bestimmt. Bei sehr kleinen Abständen $r < 1$ fm macht sich die endliche Ausdehnung der bisher als

250 6 Experimente zur Bestimmung der Neutrinomasse

punktförmig angenommenen Nukleonen und deren kurzreichweitige gegenseitige Abstoßung bemerkbar. Diese Effekte müssen in Kernstrukturrechnungen berücksichtigt werden.

6.2.4.3 Die Zerfallsraten für den Majoron-begleiteten $0\nu\beta\beta$-Zerfall ($0\nu\chi$- und $0\nu\chi\chi$-Zerfall)

Die Halbwertszeit für den $0\nu\chi$-Zerfall ist gegeben durch [Doi88]

$$T_{1/2}^{-1} = |M_{\mathrm{GT}} - M_{\mathrm{F}}|^2 F^{0\nu\chi} |\langle g_{\nu\chi}\rangle|^2 \,. \tag{6.125}$$

Hierbei ist die Neutrino-Majoron-Kopplungskonstante $\langle g_{\nu\chi}\rangle$ gegeben durch

$$\langle g_{\nu\chi}\rangle = \sum_{i,j} g_{\nu\chi} U_{ei} U_{ej} \,, \tag{6.126}$$

und $F^{0\nu\chi}$ bezeichnet den Phasenraum (für letzteren siehe [Doi88]). Bei Vernachlässigung des Austausches schwerer Neutrinos sind die Kernmatrixelemente dieselben wie für den 0ν-Zerfall (siehe vorigen Abschnitt).

Die Halbwertszeit des $0\nu\chi\chi$-Zerfalls läßt sich angeben zu [Moh91a]

$$T_{1/2}^{-1} = (f_{\chi\chi} - m_e)^2 |M_{\mathrm{GT}} - M_{\mathrm{F}}|^2 F^{0\nu\chi\chi} \,. \tag{6.127a}$$

Die Kopplungskonstante $f_{\chi\chi}$ ist hierbei verknüpft mit der Masse des Zino (des SUSY-Partners des Z^0-Bosons) gemäß

$$f_{\chi\chi} = \frac{g^2}{4 M_{\tilde{Z}} \cos\theta_W} \,. \tag{6.127b}$$

Die Kernmatrixelemente entsprechen wieder denen des 0ν-Zerfalls. Die Phasenraumfaktoren $F^{0\nu\chi\chi}$ sind für verschiedene $\beta\beta$-Emitter in [Moh88a] gegeben.

6.2.4.4 Die Zerfallsraten für durch SUSY-Teilchen induzierten $0\nu\beta\beta$-Zerfall

Für die SUSY-Feynman-Graphen wie in Abb. 6.20 leitet man ab [Hir95]

$$\left[T_{1/2}^{0\nu}(0^+ \to 0^+)\right]^{-1} \sim G_{01} \left\{\frac{\lambda'^2_{111}}{m_{\tilde{q},\tilde{e}}^4 \, m_{\tilde{g}\chi}} M\right\}^2 \tag{6.128}$$

Hierbei ist G_{01} ein Phasenraumfaktor, $m_{\tilde{q},\tilde{e},\tilde{g},\chi}$ sind die Massen der involvierten SUSY-Teilchen: Squarks, Selektronen, Gluinos und Neutralinos. λ'_{111} ist die Stärke einer R-paritätsbrechenden Wechselwirkung. M ist ein Kernmatrixelement. Die Untersuchung des $0\nu\beta\beta$-Zerfalls erlaubt daher, den SUSY-Parameterraum einzuschränken (siehe Abschn. 6.2.5.4).

6.2.4.5 Effekte der Kernstruktur auf die Matrixelemente des $\beta\beta$-Zerfalls

Der neutrinolose doppelte Betazerfall erlaubt im Rahmen moderner Theorien sehr empfindliche Aussagen über den Majorana-Charakter der Neutrinos, über die Neutrinomasse und die rechtshändigen Beimischungen in den geladenen schwachen Strömen, sowie auch über Parameter exotischerer Modelle (siehe 6.2.3 und 6.2.4.3). Um jedoch aus beobachteten $0\nu\beta\beta$-Halbwertszeiten auf die Parameter $\langle m_\nu \rangle$, $\langle \eta \rangle$ und $\langle \lambda \rangle$, oder Neutrino-Majoron-Kopplungskonstanten etc. schließen zu können, müssen nach (6.118), (6.125) und (6.127) die entsprechenden Kernmatrixelemente theoretisch berechnet werden. Die Aussagekraft von Experimenten zum $0\nu\beta\beta$-Zerfall hängt daher entscheidend von der Verläßlichkeit der Kernstrukturrechnungen ab.

Neben der Bestimmung der $0\nu\beta\beta$-Matrixelemente ist auch die Berechnung des $2\nu\beta\beta$-Zerfalls von Interesse. Dieser wird durch die konventionelle Theorie der schwachen Wechselwirkung beschrieben. Die $2\nu\beta\beta$-Halbwertszeiten hängen nach (6.113) direkt mit den Kernmatrixelementen zusammen, es treten keine freien Parameter seitens der Teilchenphysik auf. Der Vergleich zwischen experimentell gemessenen und vorhergesagten $2\nu\beta\beta$-Zerfallsraten stellt folglich einen direkten und empfindlichen Test für die verschiedenen Kernstrukturmodelle dar.

Lange Zeit bestand das Problem, daß die vorhergesagten Übergangswahrscheinlichkeiten für den 2ν-Modus im Vergleich zu den experimentellen Werten um einen Faktor 50 bis 100 zu groß waren. Untersuchungen der Abhängigkeit der Zerfallsamplituden von der Komplexität der Grundzustandswellenfunktion zeigten, daß die detaillierte Kenntnis der Wellenfunktion des Grundzustands eine entscheidende Rolle spielt [Kla84, Gro85b,c, 86c]. Trotz dieser Erkenntnis war es zunächst nicht möglich, die experimentell beobachtete Unterdrückung der Matrixelemente vollständig zu erklären. Ein Durchbruch gelang erst durch Rechnungen im sog. QRPA-Modell (Quasiteilchen-Random-Phase-Näherung) unter Berücksichtigung der bis dahin vernachlässigten Teilchen-Teilchen-Wechselwirkung. Für Details verweisen wir den interessierten Leser auf die Originalliteratur [Vog86, Civ87, Eng88, Mut88b,89a,b, Sta90a,b, Wu91, Hir93a,b,94,94a].

Im $2\nu\beta\beta$-Zerfall treten nur virtuelle 1^+-Zustände im Zwischenkern auf, die ausschließlich über Gamow-Teller-Übergänge erreicht werden. Vogel und Zirnbauer [Vog86] zeigten mit einer schematischen Kraft (δ-Kraft), daß es möglich ist, unter Anpassung zweier Parameter eine Reduktion des $2\nu\beta\beta$-Zerfalls zu erreichen. Dieser Unterdrückungsmechanismus konnte in Rechnungen mit einer realistischen Restwechselwirkung, die aus dem

Bonn-Potential bzw. dem Paris-Potential abgeleitet wurde, bestätigt werden [Civ87, Mut88b,89a,b, Sta90a,b]. Allerdings hängen die Ergebnisse für den 2ν-Modus sehr empfindlich von der Stärke der Teilchen-Teilchen-Wechselwirkung ab, die nur ungenau bekannt ist. Eine vollständige Berechnung der $2\nu\beta\beta$- und $0\nu\beta\beta$-Halbwertszeiten aller potentiellen Doppelbetaemitter mit $A \geq 70$ findet man in [Gro86c, Sta90a, Hir94a]. Die Ergebnisse von [Sta90a] sind in Tab. 6.5 wiedergegeben. Im Vergleich zu früheren Rechnungen [Hax82, Gro86c] sind diese Halbwertszeiten systematisch länger.

Die berechneten $2\nu\beta\beta$-Halbwertszeiten sind mit den experimentell bekannten Daten verträglich (vgl. Abb. 6.21). Durch die Berücksichtigung der sogenannten Teilchen-Teilchen-Komponente der Kernwechselwirkung ist es weitgehend gelungen, die gemessenen Halbwertszeiten zu reproduzieren. Ein weiterer Fortschritt bei der Berechnung des 2ν-Modus wurde kürzlich

Tab. 6.5 Berechnete $2\nu\beta\beta$- und $0\nu\beta\beta$ Halbwertszeiten für alle $\beta\beta$-Emitter mit $A \geq 70$ (aus [Sta90a]). $\overline{T}^{2\nu}_{1/2}$ ist eine über den physikalisch sinnvollen Bereich des Parameters g_{pp} (siehe [Sta90a]) gemittelte Halbwertszeit. Dies ist im QRPA-Modell notwendig, da die Übergangsamplituden in diesem Parameterbereich i.a. einen Nulldurchgang aufweisen.

Nuklid	$\overline{T}^{2\nu}_{1/2}$ [a]	$T^{0\nu}_{1/2}\langle m_\nu\rangle^2$ [a·eV^2]	Nuklid	$\overline{T}^{2\nu}_{1/2}$ [a]	$T^{0\nu}_{1/2}\langle m_\nu\rangle^2$ [a·eV^2]
^{70}Zn	$3.99 \cdot 10^{22}$	$9.83 \cdot 10^{25}$	^{134}Xe	$6.09 \cdot 10^{24}$	$1.69 \cdot 10^{25}$
^{76}Ge	$2.99 \cdot 10^{21}$	$2.33 \cdot 10^{24}$	^{136}Xe	$4.64 \cdot 10^{21}$	$2.21 \cdot 10^{24}$
^{80}Se	$1.18 \cdot 10^{30}$	$1.14 \cdot 10^{27}$	^{142}Ce	$1.58 \cdot 10^{21}$	$2.77 \cdot 10^{24}$
^{82}Se	$1.09 \cdot 10^{20}$	$6.03 \cdot 10^{23}$	^{146}Nd	/	$4.36 \cdot 10^{26}$
^{86}Kr	$6.93 \cdot 10^{23}$	$2.78 \cdot 10^{25}$	^{148}Nd	$5.17 \cdot 10^{19}$	$1.36 \cdot 10^{24}$
^{94}Zr	$6.93 \cdot 10^{22}$	$3.97 \cdot 10^{25}$	^{150}Nd	$7.37 \cdot 10^{18}$	$3.37 \cdot 10^{22}$
^{96}Zr	$1.08 \cdot 10^{19}$	$5.30 \cdot 10^{23}$	^{154}Sm	$1.80 \cdot 10^{21}$	$1.39 \cdot 10^{24}$
^{98}Mo	$2.96 \cdot 10^{30}$	$1.05 \cdot 10^{27}$	^{160}Gd	$4.21 \cdot 10^{20}$	$8.56 \cdot 10^{23}$
^{100}Mo	$1.13 \cdot 10^{18}$	$1.27 \cdot 10^{24}$	^{170}Er	$2.68 \cdot 10^{25}$	$1.37 \cdot 10^{25}$
^{104}Ru	$6.29 \cdot 10^{21}$	$4.24 \cdot 10^{24}$	^{176}Yb	$9.83 \cdot 10^{21}$	$1.36 \cdot 10^{24}$
^{110}Pd	$1.16 \cdot 10^{19}$	$1.96 \cdot 10^{24}$	^{186}W	$1.07 \cdot 10^{25}$	$6.35 \cdot 10^{24}$
^{114}Cd	$1.78 \cdot 10^{24}$	$5.07 \cdot 10^{25}$	^{192}Os	$1.94 \cdot 10^{25}$	$4.08 \cdot 10^{24}$
^{116}Cd	$6.31 \cdot 10^{19}$	$4.87 \cdot 10^{23}$	^{198}Pt	$3.53 \cdot 10^{23}$	$4.70 \cdot 10^{23}$
^{122}Sn	$5.44 \cdot 10^{27}$	$1.27 \cdot 10^{26}$	^{204}Hg	$1.87 \cdot 10^{27}$	$8.22 \cdot 10^{24}$
^{124}Sn	$5.25 \cdot 10^{21}$	$1.36 \cdot 10^{24}$	^{232}Th	$1.60 \cdot 10^{23}$	$3.07 \cdot 10^{23}$
^{128}Te	$2.63 \cdot 10^{24}$	$7.77 \cdot 10^{24}$	^{238}U	$1.53 \cdot 10^{23}$	$2.60 \cdot 10^{23}$
^{130}Te	$1.84 \cdot 10^{21}$	$4.89 \cdot 10^{23}$	^{244}Pu	$6.54 \cdot 10^{22}$	$5.72 \cdot 10^{23}$

6.2 Der Doppelbetazerfall 253

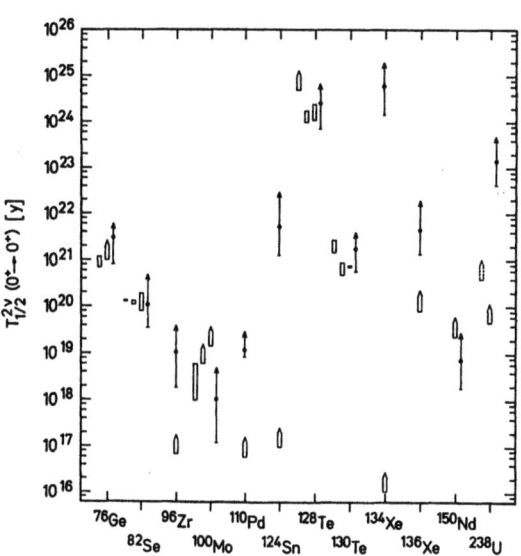

Abb. 6.21
Vergleich von mit der QRPA unter Einschluß von Teilchen-Teilchen-Kräften (beschrieben durch g_{pp}) berechneten $2\nu\beta\beta$-Halbwertszeiten (dünne Pfeile) mit experimentellen Werten (dicke Pfeile bzw. Balken). Die Pfeile beginnen bei der unteren Grenze für $T_{1/2}$, der Kreis bezeichnet den Mittelwert über den 1σ-Bereich von g_{pp}. Der Pfeil nach oben deutet an, daß die obere Grenze in der Berechnung unendlich ist (aus [Mut88a, Gro89,90]).

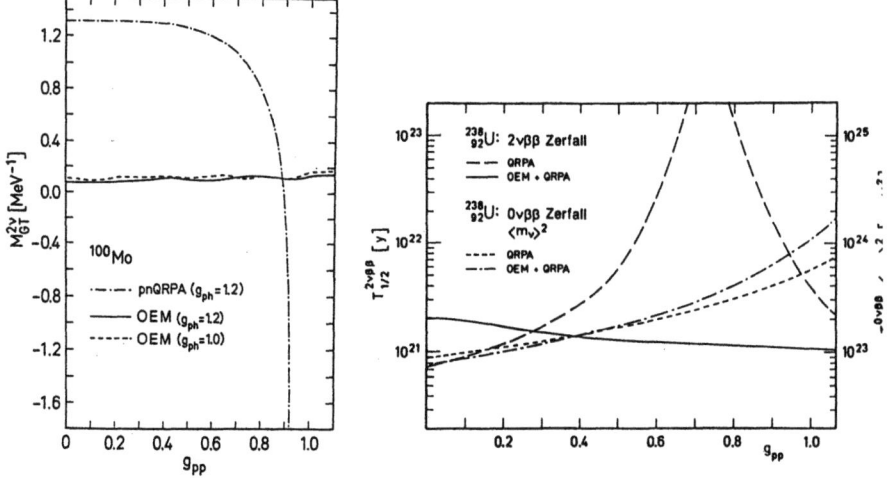

Abb. 6.22 Berechnete Matrixelemente bzw. Halbwertszeiten für 2ν- und $0\nu\beta\beta$-Zerfall von ^{100}Mo (a) und ^{238}U (b), als Funktion der Stärke der Teilchen-Teilchen-Kräfte (g_{pp}) in verschiedenen theoretischen Modellen (QRPA und OEM) [Hir93b, 94a]. Ersichtlich vermeidet das hier verwendete OEM-Modell die starke Abhängigkeit von g_{pp}.

254 6 Experimente zur Bestimmung der Neutrinomasse

durch die Anwendung einer neuen Methode erzielt. Diese „operator expansion"-Methode (OEM) vermag die Abhängigkeit der Matrixelemente von der Stärke der Teilchen-Teilchen-Kraft entscheidend zu verringern [Wu91,92, Hir93b, 94a] (siehe Abb. 6.22).

Im 0ν-Modus müssen aufgrund des Einflusses des Neutrino-Potentials auch virtuelle Zwischenzustände mit $J^\pi \neq 1^+$ berücksichtigt werden (siehe Abb. 6.23 und z.B. [Mut89b]). Das Neutrino-Potential hat zur Folge, daß langreichweitige Nukleon-Nukleon-Korrelationen im $0\nu\beta\beta$-Zerfall nahezu wirkungslos bleiben. Im Gegensatz zum 2ν-Modus werden daher die Kernmatrixelemente nur sehr wenig reduziert, wenn man zusätzlich zur Paarkraft noch weitere langreichweitige Komponenten der Kernwechselwirkung berücksichtigt [Kla84, Gro85b]. Aufgrund der Teilchen-Teilchen-Wechselwirkung tritt eine weitere, im Vergleich zum $2\nu\beta\beta$-Zerfall jedoch nur geringfügige Reduktion auf [Tom87, Mut89b, Sta90a, Sta90b].

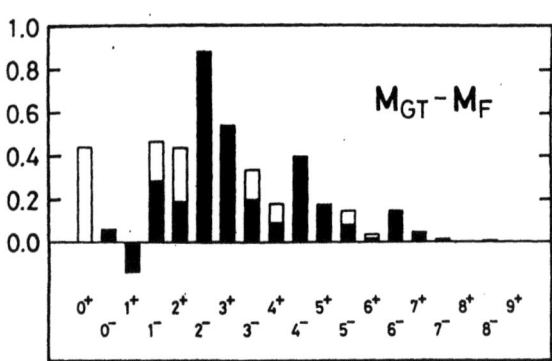

Abb. 6.23
Zerlegung des Kernmatrixelements $M_{GT} - M_F$ (siehe (6.123), (6.124)) in Beiträge der intermediären Zustände mit Spin und Parität J^π für den $0\nu\beta\beta$-Zerfall von ^{76}Ge. Offene bzw. ausgefüllte Histogramme bezeichnen die Beiträge von $-M_F$ bzw. M_{GT} (aus [Mut89b]).

Die Kernmatrixelemente für den 0ν-Modus hängen daher im Gegensatz zu denen des 2ν-Modus nur sehr geringfügig von den Details der Kernwellenfunktionen ab, die für das Verständnis des $2\nu\beta\beta$-Zerfalls von entscheidender Bedeutung sind.

Genauer sieht man das wie folgt: Für leichte Neutrinos gilt für das Neutrino-Potential $H(r) \sim 1/r$. Anhand der Entwicklung

$$\frac{1}{|\mathbf{r}_m - \mathbf{r}_n|} = \sum_{l=0}^{\infty} \frac{r_<^l}{r_>^{l+1}} P_l(\cos\alpha) \tag{6.129}$$

erkennt man, daß nicht nur 1^+-Zustände im Zwischenkern bevölkert werden, sondern verschiedene Multipolaritäten J^π zur Übergangsamplitude beitragen (siehe (6.123), (6.124) und Abb. 6.23) ($r_<$ bzw. $r_>$ bezeichnet den jeweils kleineren bzw.

6.2 Der Doppelbetazerfall

größeren Abstand r_m, r_n). Als Folge der Natur der Nukleon-Nukleon-Wechselwirkung ist der Einfluß der Teilchen-Teilchen-Kraft für 1^+-Zwischenzustände besonders groß, d.h. gerade die 1^+-Komponente ist mit besonders großen Unsicherheiten behaftet. Der Effekt der Teilchen-Teilchen-Kraft auf die Übergangswahrscheinlichkeiten hängt nämlich von der Multipolarität ab. Es ist bekannt, daß die Teilchen-Teilchen-Wechselwirkung im 1^+-Kanal stark anziehend wirkt. Dies erkennt man daran, daß in uu-Kernen energetisch niedrig liegende 1^+-Zustände beobachtet werden. Für die höheren Multipole ist die Teilchen-Teilchen-Kraft weniger stark anziehend oder leicht abstoßend. Daraus erklärt sich, daß die 1^+-Komponente besonders empfindlich auf die Einführung dieser Wechselwirkungskomponente reagiert. Da $2\nu\beta\beta$-Übergänge ausschließlich über virtuelle 1^+-Zustände verlaufen, wird die Schlüsselrolle für den 2ν-Modus erkennbar.

Die unter Vernachlässigung der rechtshändigen Ströme berechneten Produkte aus den $0\nu\beta\beta$-Halbwertszeiten und der effektiven Neutrinomasse (siehe (6.117) und (6.118))

$$T^{0\nu}_{1/2}\langle m_\nu \rangle^2 = \frac{m_e^2}{(M_{\mathrm{GT}} - M_{\mathrm{F}})^2 G_1} \tag{6.130}$$

sind in der letzten Spalte von Tab. 6.5 angegeben (aus [Sta90a]). G_1 ist das in (6.120) definierte Phasenraumintegral. Die relativ gute Übereinstimmung zwischen Theorie und Experiment beim neutrinobegleiteten Doppelbetazerfall und dem β^+-Zerfall protonenreicher Kerne, in denen derselbe Unterdrückungsmechanismus wirksam ist [Suh88, Sta90c, Hir93a], sowie weitere Untersuchungen der Abhängigkeit von der Wahl des Nukleon-

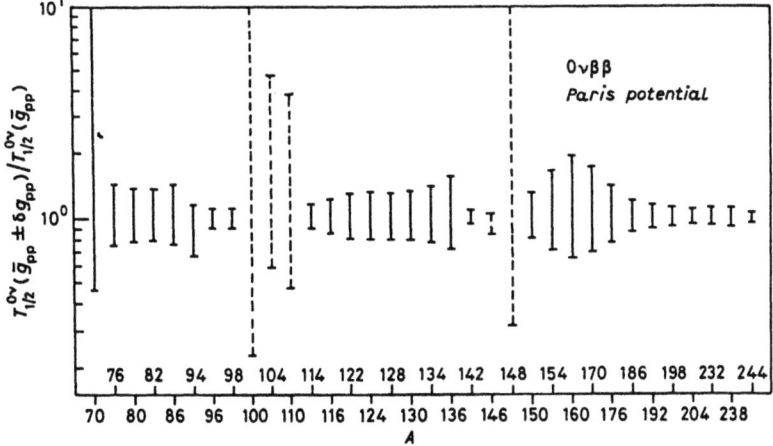

Abb. 6.24 Die Unsicherheit von mittels der QRPA berechneten $0\nu\beta\beta$-Halbwertszeiten, resultierend aus der begrenzten Kenntnis der Teilchen-Teilchen-Kraft (g_{pp}) für potentielle Doppelbeta-Emitter (aus [Sta90a]).

Nukleon-Potentials und von Renormierungseffekten [Sta90b,92b], lassen erwarten, daß man in der Lage ist, die wichtigen Kernmatrixelemente für den 0ν-Modus zuverlässig (innerhalb eines Faktors $\sim 2-3$) zu berechnen, so daß eine zuverlässige Bestimmung der (effektiven) Neutrinomasse und der rechtshändigen Kopplungskonstanten aus diesem Prozeß möglich sind. Abb. 6.24 zeigt die abgeschätzten Unsicherheiten theoretisch berechneter Halbwertszeiten für den $0\nu\beta\beta$-Zerfall.

Tab. 6.6 Berechnete $2\nu\beta\beta$- und $0\nu\beta\beta$-Halbwertszeiten für $\beta^+\beta^+$-Emitter (aus [Sta91]). Bzgl. $\overline{T}_{1/2}^{2\nu}$ siehe Tab. 6.5.

Nuklid	$Q_{\beta^+\beta^+}$ [MeV]	$\overline{T}_{1/2}^{2\nu}$ [a]	$T_{1/2}^{0\nu}\langle m_\nu\rangle^2 [a \cdot eV^2]$
^{78}Kr	0.833	$1.93 \cdot 10^{26}$	$9.32 \cdot 10^{27}$
^{96}Ru	0.677	$5.31 \cdot 10^{26}$	$4.86 \cdot 10^{28}$
^{106}Cd	0.734	$4.94 \cdot 10^{25}$	$3.20 \cdot 10^{28}$
^{124}Xe	0.822	$8.17 \cdot 10^{25}$	$6.58 \cdot 10^{27}$
^{130}Ba	0.538	$1.37 \cdot 10^{29}$	$2.03 \cdot 10^{29}$
^{136}Ce	0.365	$4.51 \cdot 10^{31}$	$5.17 \cdot 10^{30}$
^{148}Gd	1.024	$5.81 \cdot 10^{26}$	$1.63 \cdot 10^{28}$

Die Matrixelemente und die daraus abgeleiteten Halbwertszeiten für beide Zerfallsmodi des $\beta^+\beta^+$-Zerfalls wurden kürzlich ebenfalls berechnet [Sta91, Hir94]. Tab. 6.6 faßt die Ergebnisse von [Sta91] für die sieben potentiellen Doppelbetaemitter zusammen. Die Zerfallsraten sind im Vergleich zu denen des $\beta^-\beta^-$-Zerfalls meist (Ausnahmen sind $2\nu\beta^+$EC- und 2νECEC-Zerfälle [Hir94]) stark unterdrückt. Dies liegt hauptsächlich an der Coulombbarriere für die Positronemission und an den kleinen Q-Werten für diese Zerfälle. Bzgl. der potentiellen besonderen Bedeutung des β^+EC-Zerfalls bei einer Bestimmung der Neutrinomasse durch $0\nu\beta\beta$-Zerfall siehe Kap. 6.2.5.5.

6.2.5 Experimente zum Doppelbetazerfall

Einige der gegenwärtig am intensivsten untersuchten $\beta^-\beta^-$-Emitter sind in Abb. 6.25 gezeigt. Wegen der extrem langen Halbwertszeiten von typischerweise 10^{20} Jahren und länger ist der Nachweis des Doppelbetazerfalls mit sehr großen experimentellen Schwierigkeiten verbunden. Insbesondere der Untergrund von der kosmischen Strahlung und radioaktive Verunreinigungen in den Versuchsaufbauten stellen ein ernstes Problem dar. Die meisten Experimente werden daher in Untergrundlaboratorien durchgeführt, um den Myonenfluß aus der kosmischen Strahlung zu reduzieren (Abb. 6.26, siehe

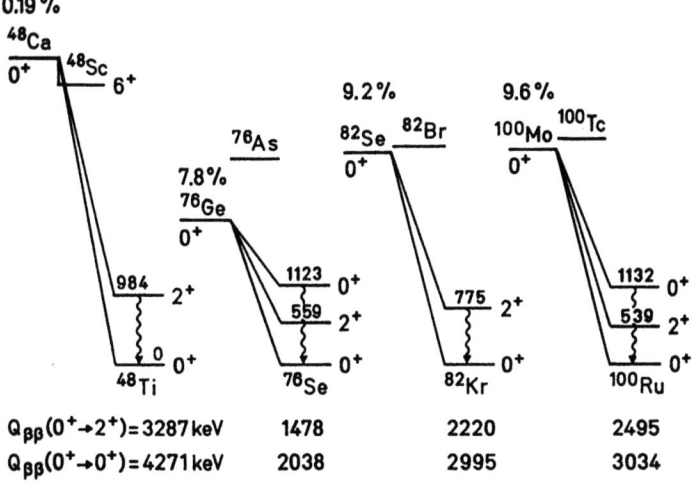

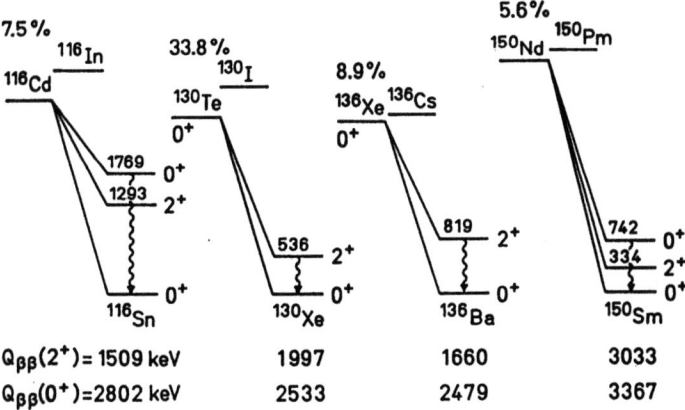

Abb. 6.25 Einige der gegenwärtig am meisten untersuchten $\beta\beta$-Emitter.

auch Abb. 4.5). Tab. 6.7 gibt die Bedingungen von Myonen- und Neutronenfluß für einige der wichtigsten Labors.

Darüber hinaus ist es nur begrenzt möglich, große Mengen an Quellenmaterial zu untersuchen, da man im wesentlichen auf die in den Tab. 6.5 und 6.6 angegebenen Nuklide angewiesen ist (^{48}Ca ist noch ein weiterer wichtiger Kandidat). Während man etwa bei der Untersuchung des Protonzerfalls günstige Materialien wie Wasser auswählen kann, um riesige Experimente mit mehreren tausend Tonnen an Quellenmaterial aufzubauen, sind Doppelbetaexperimente bislang i.a. auf Mengen von maximal einigen Kilogramm

6 Experimente zur Bestimmung der Neutrinomasse

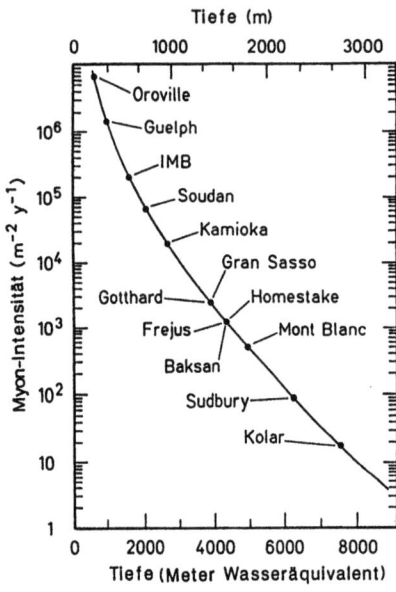

Abb. 6.26 Einige der wichtigsten Untergrundlabors, in denen $\beta\beta$-Experimente durchgeführt werden, und ihre Tiefe (in m Wasseräquivalent), sowie die jeweilige Abschwächung des Myonenflusses aus der kosmischen Strahlung.

Tab. 6.7 μ- und n-Fluß (ohne Abschirmung) einiger Untergrundlaboratorien (nach Yu. Zdesenko).

Labor	Tiefe [m.w.e.]	μ-Fluß $m^{-2} \cdot d^{-1}$	n-Fluß $cm^{-2} \cdot s^{-1}$
Mont Blanc	5000	0.7	$2.2 \cdot 10^{-5}$
Gran Sasso	3500	16	$5.3 \cdot 10^{-6}$
Frejus	4000	8	$< 3 \cdot 10^{-5}$
Broken Hill-Silbermine	3300	(20)	/
Solotvina-Salzmine	1000	$1.5 \cdot 10^3$	$< 2.7 \cdot 10^{-6}$
Baksan	660	$7 \cdot 10^3$	$3 \cdot 10^{-5}$
Windsor-Salzmine	650 (350m)	$(7 \cdot 10^3)$	/

beschränkt. Außerdem ist die Zerfallsenergie mit wenigen MeV sehr viel kleiner als beim Protonzerfall, so daß die Selbstabsorption in der Quelle eine wesentlich größere Rolle spielt.

Der doppelte Betazerfall wurde erstmals indirekt mit geochemischen Methoden nachgewiesen [Kir67,86c, Man86, Ber92a]. Diese auf die Selen- und Tellurisotope ^{82}Se und ^{128,130}Te beschränkten Experimente erlauben jedoch keine Unterscheidung zwischen den verschiedenen Zerfallsarten (2ν, 0ν). 1987 gelang schließlich erstmals der direkte Nachweis des $2\nu\beta\beta$-Zerfalls von ^{82}Se in einem Zählerexperiment [Ell87]. Die gemessene Zerfallsrate stimmt

6.2 Der Doppelbetazerfall

gut mit der geochemisch bestimmten überein. Inzwischen wurden auch die $2\nu\beta\beta$-Zerfälle von ^{76}Ge [Mil90, Vas90, Avi91, Bal94] und ^{100}Mo [Eji91] beobachtet.

Während die Existenz des 2ν-Modus experimentell gesichert ist, konnte der neutrinolose doppelte Betazerfall noch nicht nachgewiesen werden. Es können bislang nur untere Grenzen für die Halbwertszeit angegeben werden. Die Abb. 6.27 sowie Tab. 6.8 geben Übersichten über bislang gemessene $0\nu\beta\beta$ und $2\nu\beta\beta$ Halbwertszeiten bzw. Grenzen für diese.

Wir wollen im folgenden experimentelle Methoden zum Nachweis dieser seltenen Prozesse diskutieren. Wie bereits erwähnt, unterscheidet man im

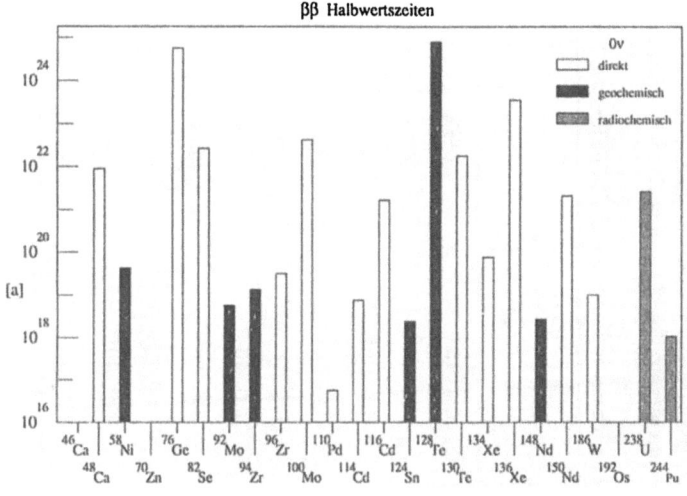

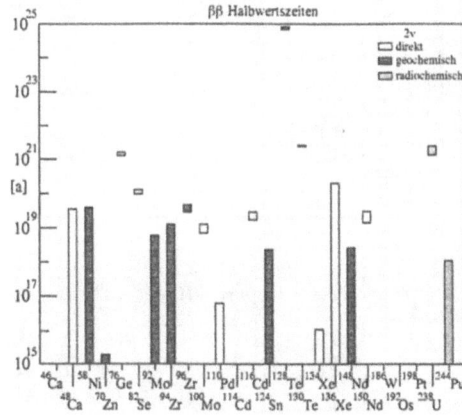

Abb. 6.27
Gemessene 0ν- und $2\nu\beta\beta$-Halbwertszeiten bzw. -grenzen nach [Kla93b, 94, Moe95]

260 6 Experimente zur Bestimmung der Neutrinomasse

Tab. 6.8 Halbwertszeiten aus verschiedenen Experimenten und die daraus berechneten oberen Grenzen für $\langle m_\nu \rangle$ (zur Berechnung wurden die Matrixelemente aus [Sta90a] ohne Berücksichtigung einer rechtshändigen schwachen Wechselwirkung benutzt). Die mit ** indizierten Angaben bezeichnen radiochemische Experimente, * geochemische.

Zerfall	$T^{0\nu}_{1/2}$ [a]		$T^{2\nu}_{1/2}$ [a]		$\langle m_\nu \rangle$ [eV]		Ref.
$^{46}_{20}\text{Ca} \to {}^{46}_{22}\text{Ti}$			$> 5.4 \cdot 10^{12}$ **	(68%)			[Frem50]
$^{48}_{20}\text{Ca} \to {}^{48}_{22}\text{Ti}$	$> 9.5 \cdot 10^{21}$	(76%)	$> 3.6 \cdot 10^{19}$	(80%)	< 12.8‡	(76%)	[Key91,Bar70]
$^{70}_{30}\text{Zn} \to {}^{70}_{32}\text{Ge}$			$> 2.0 \cdot 10^{15}$ **	(68%)			[Frem50]
$^{76}_{32}\text{Ge} \to {}^{76}_{34}\text{Se}$	$> 5.6 \cdot 10^{24}$	(90%)	$(1.42 \pm 0.03 \pm 0.13) \cdot 10^{21}$	(90%)	< 0.65	(90%)	[Bal95, Kla94]
$^{82}_{34}\text{Se} \to {}^{82}_{36}\text{Kr}$	$> 1.1 \cdot 10^{22}$	(68%)	$(1.1^{+0.8}_{-0.3}) \cdot 10^{20}$	(68%)	< 7.4	(68%)	[Ell87]
$^{94}_{40}\text{Zr} \to {}^{94}_{42}\text{Mo}$	$> 1.5 \cdot 10^{16}$	(68%)	$> 6.0 \cdot 10^{15}$	(68%)			[Bar90d]
$^{96}_{40}\text{Zr} \to {}^{96}_{42}\text{Mo}$	$> 2.6 \cdot 10^{19}$	(68%)	$> 1.0 \cdot 10^{17}$	(68%)	< 143	(68%)	[Zde81,Bar90d]
$^{100}_{42}\text{Mo} \to {}^{100}_{44}\text{Ru}$	$> 4.4 \cdot 10^{22}$	(68%)	$(1.15^{+0.54}_{-0.28}) \cdot 10^{19}$	(90%)	< 5.4	(68%)	[Als93,Eji91,Das95]
$^{110}_{46}\text{Pd} \to {}^{110}_{48}\text{Cd}$	$> 6.0 \cdot 10^{16}$	(68%)	$> 6.0 \cdot 10^{16}$	(68%)			[Bar87c]
			$> 6.0 \cdot 10^{17}$ **	(68%)			[Win52]

‡ berechnet unter Benutzung von [Mut91]

6.2 Der Doppelbetazerfall 261

Tab. 6.8 (Fortsetzung)

Zerfall	$T_{1/2}^{0\nu}$ [a]		$T_{1/2}^{2\nu}$ [a]		$\langle m_\nu \rangle$ [eV]		Ref.
$^{114}_{48}\mathrm{Cd} \rightarrow {}^{114}_{50}\mathrm{Sn}$	$> 4.2 \cdot 10^{19}$	(90%)	$> 4.4 \cdot 10^{16}$	(90%)			[Dan92]
$^{116}_{48}\mathrm{Cd} \rightarrow {}^{116}_{50}\mathrm{Sn}$	$> 2.9 \cdot 10^{22}$	(90%)	$(2.7^{+0.5}_{-0.4}{}^{+0.9}_{-0.6}) \cdot 10^{19}$	(90%)	< 4.1	(90%)	[Dan95,Arn95]
$^{128}_{52}\mathrm{Te} \rightarrow {}^{128}_{54}\mathrm{Xe}$	$> 1.3 \cdot 10^{19}$	(90%)	$(7.7 \pm 0.4) \cdot 10^{24*}$	(68%)	$< 1.1^a$	(68%)	[Mit88,Ber92a,93]
$^{130}_{52}\mathrm{Te} \rightarrow {}^{130}_{54}\mathrm{Xe}$	$> 1.8 \cdot 10^{22}$	(90%)	$(2.7 \pm 0.1) \cdot 10^{21*}$	(68%)	< 5.2	(90%)	[Ale94,Ber92a]
$^{134}_{54}\mathrm{Xe} \rightarrow {}^{134}_{56}\mathrm{Ba}$	$> 8.2 \cdot 10^{19}$	(68%)	$> 1.1 \cdot 10^{16}$	(68%)	< 454	(68%)	[Art92]
$^{136}_{54}\mathrm{Xe} \rightarrow {}^{136}_{56}\mathrm{Ba}$	$> 3.4 \cdot 10^{23}$	(90%)	$> 2.1 \cdot 10^{20}$	(90%)	< 2.6	(90%)	[Vui93]
$^{150}_{60}\mathrm{Nd} \rightarrow {}^{150}_{62}\mathrm{Sm}$	$> 2.1 \cdot 10^{21}$	(90%)	$(1.8^{+0.66}_{-0.39} + 0,19) \cdot 10^{19}$	(90%)	< 4.1	(90%)	[Moe95,Art95]
$^{186}_{74}\mathrm{W} \rightarrow {}^{186}_{76}\mathrm{Os}$	$> 2.3 \cdot 10^{20}$	(68%)	$> 6.1 \cdot 10^{16}$	(99%)	< 167	(68%)	[Dan92]
$^{192}_{76}\mathrm{Os} \rightarrow {}^{192}_{78}\mathrm{Pt}$			$> 1.3 \cdot 10^{13}$ **	(68%)			[Frem50]
$^{198}_{78}\mathrm{Pt} \rightarrow {}^{198}_{80}\mathrm{Hg}$			$> 5.7 \cdot 10^{14}$ **	(68%)			[Frem50]
$^{238}_{92}\mathrm{U} \rightarrow {}^{238}_{94}\mathrm{Pu}$			$(2.0^{+0.6}_{-0.6}) \cdot 10^{21}$ **	(68%)	$< 11.4^a$		[Tur91]
$^{244}_{94}\mathrm{Pu} \rightarrow {}^{244}_{96}\mathrm{Cm}$			$> 1.1 \cdot 10^{18}$ **	(68%)			[Moo92]

a) aus dem geochemischen bzw. radiochemischen Experiment berechnet

6 Experimente zur Bestimmung der Neutrinomasse

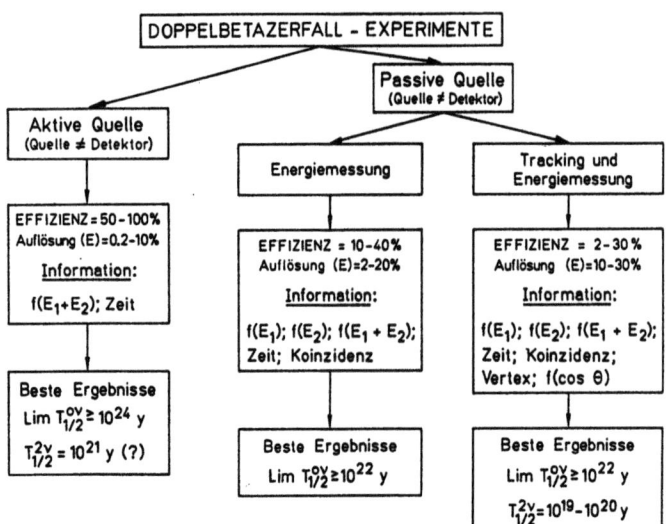

Abb. 6.28 Klassifikation von „direkten" $\beta\beta$-Experimenten (aus [Kla92a,94,Zde93]). Daneben gibt es geochemische und radiochemische Experimente (s. Text).

wesentlichen geochemische und radiochemische Verfahren und Methoden zur direkten Beobachtung des Zerfalls in einem geeigneten Detektor. Unter letzteren wiederum unterscheidet man Experimente mit aktiver (Quelle=Detektor) bzw. passiver Quelle (Quelle$\neq$Detektor), letztere lassen sich wiederum aufspalten in solche, die nur die Energie, bzw. Energie und die Spuren der Elektronen nachweisen (Abb. 6.28). Die zweite Klasse von Experimenten liefert zwar die vollständigere Information über die $\beta\beta$-Ereignisse via Messung von Koinzidenzen, Spuren und Vertizes der Elektronen und ihrer Energieverteilung, andererseits ist offensichtlich (Abb. 6.27), daß die größte Nachweisempfindlichkeit für $0\nu\beta\beta$-Zerfall in den Experimenten mit aktiven Quellen erreicht wird, insbesondere mit angereichertem ^{76}Ge [Bal92, Kla92a, Kla94] und ^{136}Xe [Won91, Vui92, Vui93]. (Nur das geochemische Experiment mit ^{128}Te erreicht eine ähnliche Grenze). Der Hauptgrund ist, daß große Quellenstärken in Verbindung mit sehr hoher Auflösung eingesetzt werden können. Die beste $0\nu\beta\beta$-Halbwertszeitgrenze liegt bei über $5.6 \cdot 10^{24}$ Jahren. Andererseits sind passive Quellen vielversprechender für den Nachweis des 2ν-Zerfalls.

Andere Kriterien für die „Qualität" eines $\beta\beta$-Emitters sind

- ein kleines Produkt $T_{1/2}^{0\nu}\langle m_\nu\rangle^2$, d.h. ein großes Matrixelement $M^{0\nu}$ bzw. ein großer Phasenraum.

6.2 Der Doppelbetazerfall

Tab. 6.9 Einige $\beta\beta$-Emitter mit ihren $Q_{\beta\beta}$-Werten und 0ν-Matrixelementen (letztere aus [Sta90a]).

Element	Energie $Q_{\beta\beta}$ [MeV]	$T_{1/2}^{0\nu} \cdot \langle m_\nu \rangle^2$ [a·eV^2]
^{76}Ge	2.04	$2.3 \cdot 10^{24}$
^{82}Se	3.0	$6 \cdot 10^{23}$
^{96}Zr	3.3	$5.3 \cdot 10^{23}$
^{100}Mo	3.03	$1.3 \cdot 10^{24}$
^{116}Cd	2.8	$4.9 \cdot 10^{23}$
^{130}Te	2.53	$4.9 \cdot 10^{23}$
^{136}Xe	2.48	$2.2 \cdot 10^{24}$
^{150}Nd	3.37	$3.4 \cdot 10^{22}$

- ein Q_β-Wert oberhalb der Energiegrenze der natürlichen Radioaktivität (2.614 MeV).

Tab. 6.9 vergleicht einige wichtige $\beta\beta$-Emitter hinsichtlich dieser Kriterien. Beachtenswert sind die relativ kleinen Unterschiede in den Matrixelementen (nur ^{150}Nd bildet eine Ausnahme, die zur Ausnutzung herausfordert, s. z.B. [Moe95]). Abb. 6.29 zeigt die gegenwärtige Situation und die Perspektiven der aussichtsreichsten $\beta\beta$-Experimente bzgl. ihrer Empfindlichkeit

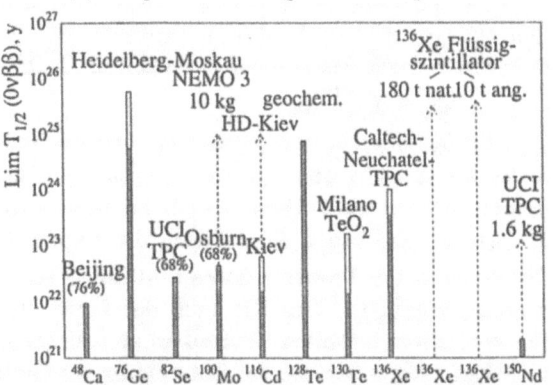

Abb. 6.29 Gegenwärtige Situation (ohne geochemische Experimente) und Perspektiven der aussichtsreichsten $\beta\beta$-Experimente bzgl. der erreichbaren Halbwertszeiten. Für die entsprechenden Neutrinomassen siehe Abb. 6.40. Nur für die hier gezeigten Isotope wurden Halbwertszeitgrenzen oberhalb 10^{21} a erreicht. Schraffierte Balken entsprechen dem Status von 1994, offene Balken und gestrichelte Linien sichern bzw. weniger sicheren Extrapolationen oder Möglichkeiten für das Jahr 2000 oder später (nach [Zde93, Kla94]). Bzgl. NEMO, flüss. ^{136}Xe und ^{150}Nd siehe [Lal94, Rag94, Moe93b,95].

(siehe auch Abb. 6.32, 6.40). Neuere Übersichten und Details zu den Experimenten zum Doppelbetazerfall findet man z.b. in [Arp94, Avi88,89, Cal89, Moe91a,93a-c,94,95, Kla92a,93a-d,94,95a, Rag94].

6.2.5.1 Geochemische Experimente

Der erste experimentelle Hinweis auf den Doppelbetazerfall kam von geochemischen Experimenten. Man beobachtete eine Anreicherung des im $\beta\beta$-Zerfall erzeugten Tochterkerns in sehr alten Mineralien, die einen großen Gehalt an der Muttersubstanz aufweisen.

Die geochemische Methode basiert auf der Tatsache, daß sich die Zerfallsprodukte von potentiellen $\beta\beta$-Emittern, die in dem Mineral vorhanden sind, über einen sehr langen Zeitraum angesammelt haben, so daß man eine Anreicherung gegenüber der normalen Häufigkeit dieses Nuklides erhält. Wegen der extrem langen Sammelzeit („Meßzeit") sind solche geochemischen Experimente sehr sensitiv. Aus dem Alter T der Gesteinsprobe und den gemessenen Häufigkeiten der Muttersubstanz $N(Z,A)$ und der Tochtersubstanz $N(Z \pm 2, A)$ folgt über das exponentielle Zerfallsgesetz die Zerfallsrate

$$\lambda_{\beta\beta} \simeq \frac{N(Z \pm 2, A)}{N(Z, A)} \cdot \frac{1}{T}. \tag{6.131}$$

Ein großer Nachteil besteht darin, daß nur das Zerfallsprodukt nachgewiesen wird und nicht die Art seiner Entstehung. Es ist daher unmöglich, zwischen dem 2ν- und dem 0ν-Modus zu unterscheiden. $\lambda_{\beta\beta}$ gibt nur die totale Zerfallsrate, d.h. die Summe der Zerfallsraten beider Zerfallsmodi an

$$\lambda_{\beta\beta} = \lambda_{2\nu} + \lambda_{0\nu}. \tag{6.132}$$

Dies bedeutet auch, daß die Empfindlichkeit solcher Experimente für den $0\nu\beta\beta$-Zerfall nicht über die Halbwertszeit für den $2\nu\beta\beta$-Zerfall hinaus gesteigert werden kann. Dasselbe gilt für radiochemische Experimente (s.u.). In diesem Sinne haben diese Typen von Experimenten keine Zukunft.

Die verwendeten Proben müssen bestimmte geologische und chemische Bedingungen erfüllen. Das Erz muß das betrachtete Nuklid in einer hohen Konzentration enthalten. Außerdem muß sichergestellt sein, daß das Tochternuklid nicht schon bei der Entstehung des Gesteins in signifikanten Mengen unabhängig vom Doppelbetazerfall vorhanden war, und daß sich die Konzentration des Zerfallsproduktes nur durch den $\beta\beta$-Zerfall und nicht durch andere äußere Einflüsse wie das Entweichen flüchtiger Zerfallsprodukte verändert hat. Eine weitere Bedingung betrifft das Alter der Probe, das aufgrund der geologischen Umgebung zuverlässig bestimmbar sein muß. Aufgrund dieser Anforderungen ist die geochemische Methode im wesentlichen auf Selen- und Tellurerze beschränkt. In beiden Fällen handelt es sich

6.2 Der Doppelbetazerfall

bei den Tochtersubstanzen um flüchtige, chemisch inerte Edelgase (^{82}Se → ^{82}Kr, ^{128,130}Te → ^{128,130}Xe). Deren Konzentration wurde bei der Kristallisation der Mineralien stark reduziert, so daß die Anfangshäufigkeiten sehr gering sind. Wegen der großen Sensitivität, die bei massenspektrometrischen Untersuchungen von Edelgasen erzielt werden kann, ist es möglich, einen winzigen Überschuß an Tochterkernen nachzuweisen, der sich über geologische Zeiträume aufgebaut hat [Kir83b].

Das erste geochemische Experiment wurde bereits 1949 von Inghram und Reynolds durchgeführt [Ing49,50]. Die Analyse eines 1.5 Milliarden Jahre alten Tellurerzes ergab einen anomalen Gehalt an ^{130}Xe. Die entsprechende $\beta\beta$-Halbwertszeit wurde zu $1.4 \cdot 10^{21}$ Jahren bestimmt [Ing50].

Den ersten überzeugenden Nachweis der Existenz des Doppelbetazerfalls erbrachten dann Kirsten und Mitarbeiter durch Untersuchungen an Selen- und Tellurproben [Kir67,68,83,86c]. Die aus geochemischen Experimenten abgeleiteten totalen $\beta\beta$-Halbwertszeiten sind in Tab. 6.10 zusammengefaßt (für eine Übersicht siehe auch [Man91b]). Die Halbwertszeiten für ^{82}Se stimmen innerhalb der Fehlergrenzen überein und wurden kürzlich durch ein direktes Zählerexperiment bestätigt. Die Widersprüchlichkeiten der Ergebnisse für ^{128}Te konnten kürzlich aufgeklärt werden [Ber92a].

Tab. 6.10 Doppelbetahalbwertszeiten aus geochemischen Experimenten an Selen- und Tellurerzen.

$\beta\beta$-Emitter	$T_{1/2}^{\beta\beta}$ [a]	[Ref.]
^{82}Se	$(1.30 \pm 0.05) \cdot 10^{20}$	[Kir86c]
	$(1.00 \pm 0.40) \cdot 10^{20}$	[Man86]
	$(1.2 \pm 0.1) \cdot 10^{20}$	[Lin88]
^{128}Te	$> 5 \cdot 10^{24}$	[Kir86c]
	$(7.7 \pm 0.4) \cdot 10^{24}$	[Ber92a]
^{130}Te	$1.4 \cdot 10^{21}$	[Ing50]
	$(1.5 - 2.75) \cdot 10^{21}$	[Kir86c]
	$(2.7 \pm 0.1) \cdot 10^{21}$	[Ber92a]

Obwohl die geochemischen Experimente keine direkte Aussage über den Zerfallsmodus erlauben, läßt sich mit Hilfe eines Phasenraumarguments aus dem Verhältnis der Zerfallsraten für die beiden Tellurisotope schließen, daß die beobachtete Halbwertszeit von ^{130}Te von dem 2ν-Modus bestimmt wird [Pon68, Mut88a,b]. Diese Argumentation beruht auf der Tatsache, daß die $0\nu\beta\beta$-Zerfallsraten schwächer von der Zerfallsenergie abhängen als die entsprechenden $2\nu\beta\beta$-Zerfallsraten, was man deutlich an der Energieabhängigkeit des Phasenraumfaktors ($G^{2\nu} \sim Q_{\beta\beta}^{11}$, $G_1^{0\nu} \sim Q_{\beta\beta}^5$) erkennt. Da man in geochemischen Experimenten die Zerfallsraten für 0ν- und 2ν-Zerfälle nur über indirekte Argumente trennen kann, erhält man aus diesen bezüglich des 0ν-Modus eine modellunabhängige Aussage nur in Form einer Obergrenze für die 0ν-Zerfallsrate. Es ist praktisch unmöglich, eine gesicherte positive Evidenz für den *neutrinolosen* doppelten Betazerfall abzuleiten.

6.2.5.2 Radiochemische Experimente

Ähnlich wie in geochemischen Experimenten sucht man in radiochemischen Experimenten nach einer Anreicherung der Tochterkerne in einer Probe. Die radiochemische Technik nutzt jedoch den Vorteil radioaktiver Tochternuklide, die in sehr viel kleineren Mengen nachweisbar sind als stabile Edelgase. Man benötigt daher keine geologischen Integrationszeiten mehr, die Messungen können auf sehr viel kürzeren Zeitskalen durchgeführt werden. Nach der Reinigung einer möglichst großen Menge der zu untersuchenden Substanz werden die Zerfallsprodukte über mehrere Jahre hinweg akkumuliert und über ihren eigenen radioaktiven Zerfall nachgewiesen. Diese Methode ist unabhängig von Unsicherheiten bzgl. des Alters der Erzprobe, der ursprünglichen Konzentration des Tochternuklids und möglichen Diffusionseffekten der Edelgase über geologische Zeiträume.

Zwei typische Kandidaten für radiochemische Experimente zum Doppelbetazerfall sind ^{232}Th und ^{238}U

$$^{232}\text{Th} \xrightarrow{\beta\beta} {}^{232}\text{U} \quad (Q_{\beta\beta} = 0.85 \text{ MeV}), \tag{6.133a}$$

$$^{238}\text{U} \xrightarrow{\beta\beta} {}^{238}\text{Pu} \quad (Q_{\beta\beta} = 1.15 \text{ MeV}). \tag{6.133b}$$

Beide Tochterkerne sind α-Emitter mit α-Halbwertszeiten von 70 Jahren (^{232}U) bzw. 87.7 Jahren (^{238}Pu). Ein erstes Experiment dieses Typs wurde bereits 1950 durchgeführt [Lev50]. Betrachten wir den Fall von ^{238}U etwas genauer.

^{238}U zerfällt mit einer Halbwertszeit von $4.5 \cdot 10^9$ Jahren über α-Zerfall und mit winziger Wahrscheinlichkeit auch über spontane Spaltung. Allerdings ist der β-Zerfall zum Nachbarkern ^{238}Np energetisch verboten. Der Doppelbetazerfall führt auf ^{238}Pu, welches wiederum über α-Zerfall ($T_{1/2} = 87.74(9)$ Jahre) und spontane Spaltung (Verzweigungsverhältnis $1.84(5) \cdot 10^{-9}$) weiter zerfällt. Der α-Zerfall von ^{238}Pu hat aufgrund der großen kinetischen Energie der α-Teilchen von rund 5.5 MeV eine eindeutige Signatur. Zum

Nachweis dieses Zerfalls benötigt man α-Detektoren mit extrem niedrigen Untergrund.

Levine et al. [Lev50] führten eine entsprechende Untersuchung durch, indem sie das Plutonium aus einer sechs Jahre alten UO_3-Probe extrahierten. Sie konnten keine 5.5 MeV-α-Teilchen nachweisen. Es ergab sich eine untere Grenze für die $\beta\beta$-Halbwertszeit von ^{238}U von

$$T_{1/2}^{\beta\beta} > 6 \cdot 10^{18} \text{ Jahren}. \tag{6.134}$$

Neuere Messungen von Turkevich et al. [Tur91] ergaben

$$T_{1/2}^{\beta\beta} = (2.0 \pm 0.6) \cdot 10^{21} \text{ Jahren}. \tag{6.135}$$

Dieses Ergebnis ist in guter Übereinstimmung mit der theoretischen Erwartung für den $2\nu\beta\beta$-Zerfall von ^{238}U [Wu92, Kla93b,d, Kla94, Hir94a] von (siehe Abb. 6.22b)

$$T_{1/2}^{\beta\beta} = 0.9 \cdot 10^{21} \text{ Jahren}, \tag{6.136}$$

so daß die weitreichenden Schlüsse, die von [Tur91] aus diesem Ergebnis gezogen wurden, nicht gerechtfertigt erscheinen.

6.2.5.3 Zähler-Experimente

Der Hauptvorteil der Zähler-Experimente gegenüber den geo- und radiochemischen Methoden liegt in der direkten Identifikation des Zerfallsmodus. Die Unterscheidung zwischen 2ν- und 0ν-Zerfall kann über das Summenenergiespektrum der zwei emittierten Elektronen (Positronen) erfolgen (vgl. Abb. 6.16). Das $2\nu\beta\beta$-Spektrum ist kontinuierlich, da die Energie auf ingesamt vier Leptonen verteilt wird. Für den $0\nu\beta\beta$-Zerfall erwartet man eine scharfe Linie am oberen Ende des Summenenergiespektrums bei der maximalen Zerfallsenergie, da die Summe der kinetischen Energien beider Elektronen gerade dem Q-Wert des Übergangs entspricht. Das Spektrum des Zerfalls mit der Emission eines oder zwei Majorons würde sich ebenfalls vom Spektrum des $2\nu\beta\beta$-Zerfalls und von dem des 0ν-Modus unterscheiden, wie in Abb. 6.16 gezeigt.

Das erste Zählerexperiment zum Doppelbetazerfall wurde bereits 1948 von Fireman durchgeführt [Fir48,49]. Die Beobachtung von zwei koinzidenten Elektronen in einer ^{124}Sn-Probe führte auf eine Halbwertszeit von $(4-9)\cdot 10^{15}$ Jahre [Fir49], die dem 0ν-Modus zugeordnet wurde. Spätere, empfindlichere Messungen ergaben jedoch, daß das registrierte Signal von radioaktiven Verunreinigungen herrührte [Fir52].

Wir wollen im folgenden die wichtigsten experimentellen Methoden kurz beschreiben.

6.2.5.3.1 Ionisationskammer-Experimente

Bei dieser Methode werden die Proben in einen Gasdetektor eingebracht und der Zerfall dort beobachtet. Der große Vorteil besteht in der Möglichkeit, die Spuren der beiden Betateilchen aufzuzeichnen. Dadurch ergibt sich eine sehr effektive Unterdrückung von Untergrundereignissen. Darüber hinaus ist man in der Lage, die Winkelverteilung der Elektronen und die Verteilung der Einzel- und Summenenergien anzugeben, so daß der Doppelbetazerfall eine eindeutige Signatur aufweist.

Begrenzt wird diese Technik durch eine relativ schlechte Energieauflösung von etwa 10% und eine kleine Nachweiswahrscheinlichkeit. Des weiteren werden dünne Quellen benötigt, um den Energieverlust der Betateilchen in der Quelle zu minimieren. Daher können i.a. nur geringe Substanzmengen untersucht werden.

Die erste direkte Beobachtung eines $\beta\beta$-Ereignisses gelang erst kürzlich mit Hilfe einer Zeitprojektionskammer (TPC = „time projection chamber") [Ell87] (vgl. Abb. 6.30). Eine Probenfolie mit 14 g isotopenangereichertem Selen (^{82}Se-Gehalt: 97%) befindet sich in der Mitte der Kammer, die mit Hilfe von Blei und Vetozählern gegen die kosmische Strahlung abgeschirmt ist. Die aus der Folie emittierten $\beta\beta$-Elektronen hinterlassen in der mit Gas (93% Helium, 7% Propan (C_3H_8)) gefüllten Kammer eine Ionisationsspur, die durch ein äußeres Magnetfeld gekrümmt ist. Die freigesetzten Elektro-

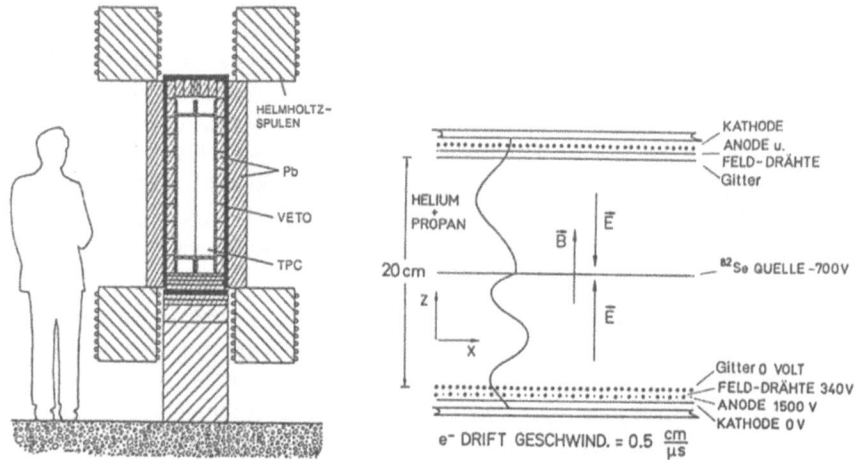

Abb. 6.30 Schematischer Aufbau des $\beta\beta$-Experimentes der Universität von Irvine (Kalifornien) [Ell87]. Im rechten Teil ist eine Seitenansicht der Zeitprojektionskammer gezeigt (aus [Avi88]).

nen wandern im elektrischen Feld zu den Drahtzählern an den Längsseiten und werden dort registriert.

Die Energie und der Startpunkt der Elektrontrajektorie können somit gemessen werden. Die zeitliche und örtliche Koinzidenz von zwei Elektronen ist eine Bedingung für ein echtes Doppelbetaereignis. Weitere Auswahlkriterien betreffen die Energien der Elektronen.

Nach einer Meßzeit von 7960 Stunden blieben nach Berücksichtigung aller Untergrundquellen noch 36 Ereignisse, die dem $2\nu\beta\beta$-Zerfall von ^{82}Se zugeordnet wurden. Die daraus abgeleitete Halbwertszeit beträgt [Ell87]

$$T_{1/2}^{2\nu}(^{82}\text{Se}) = \left(1.1^{+0.8}_{-0.3}\right) \cdot 10^{20} \text{ Jahre} . \tag{6.137}$$

(Frühere Messungen mit derselben Methode hatten eine etwa 10 mal kürzere Halbwertszeit ergeben [Moe80]). Dieser Wert stimmt gut mit den Resultaten der geochemischen Experimente überein. Die Grenze für den 0ν-Modus beläuft sich auf [Ell86]

$$T_{1/2}^{0\nu}(^{82}\text{Se}) > 1.1 \cdot 10^{22} \text{ Jahre} . \tag{6.138}$$

Der geochemisch nachgewiesene Übergang ist folglich im wesentlichen auf den 2ν-Modus zurückzuführen.

Derselbe Detektor wurde auch mit einer ^{100}Mo-Quelle betrieben. Als Ergebnis erhielt man [Ell91b]

$$T_{1/2}^{2\nu}(^{100}\text{Mo}) = \left(1.16^{+0.34}_{-0.08}\right) \cdot 10^{19} \text{ Jahre} . \tag{6.139a}$$

Eine japanische Gruppe aus Osaka untersuchte ebenfalls den Zerfall von ^{100}Mo mit dem ELEGANTS V-Detektor (<u>E</u>lectron <u>Ga</u>mma-ray <u>N</u>eutrino <u>S</u>pectrometer V), der aus einer Kombination von Driftkammern, Plastikszintillatoren und NaI-Zählern aufgebaut und in der Kamioka-Mine (2700 m Wasseräquivalent) installiert ist. Als Quelle diente eine Folie aus angereichertem Molybdän (Anreicherungsgrad von ^{100}Mo: 94.5%). Die Resultate lauten [Eji91] (siehe aber (6.157)):

$$T_{1/2}^{2\nu}(^{100}\text{Mo}) = \left(1.15^{+0.30}_{-0.20}\right) \cdot 10^{19} \text{ Jahre} , \tag{6.139b}$$

$$T_{1/2}^{0\nu}(^{100}\text{Mo}) > 4.7 \cdot 10^{21} \text{ Jahre} . \tag{6.139c}$$

Eine sowjetische Gruppe gibt für den $2\nu\beta\beta$-Zerfall von ^{100}Mo eine etwas kürzere Halbwertszeit an [Kli89]

$$T_{1/2}^{2\nu}(^{100}\text{Mo}) = \left(3.3^{+2.0}_{-1.0}\right) \cdot 10^{18} \text{ Jahre} . \tag{6.140}$$

6 Experimente zur Bestimmung der Neutrinomasse

Erwähnt werden soll noch, daß solche Experimente auch die Möglichkeit bieten, andere Substanzen wie ^{96}Zr, ^{130}Te oder ^{150}Nd zu untersuchen. Eine besonders interessante Variante der Gasdetektoren besteht in der Verwendung von Xenon als Füll- und Zählgas in Proportionalzählern, Zeitprojektionskammern und Driftkammern. Natürliches Xenon enthält die beiden $\beta\beta$-Kandidaten ^{134}Xe ($Q_{\beta\beta} = 0.84$ MeV, natürliche Isotopenhäufigkeit: 10.4%) und ^{136}Xe ($Q_{\beta\beta} = 2.48$ MeV, nat. Isotopenhäufigkeit: 8.9%) und kann daher gleichzeitig als Quelle und als Detektor dienen. Die Idee, die Quelle als Detektor zu verwenden, wurde erstmals 1960 für die Untersuchung von ^{136}Xe vorgeschlagen [Ant60].

Die Energieauflösung ist um rund eine Größenordnung schlechter als in den noch zu besprechenden Germanium-Halbleiterzählern, dafür besitzt ^{136}Xe den Vorteil eines etwas größeren $Q_{\beta\beta}$-Wertes (siehe Tab. 6.9). Darüber hinaus kann Xenon relativ leicht und kostengünstig in Ultrazentrifugen angereichert werden, so daß Experimente mit großen Quellenstärken möglich sind. Der $\beta\beta$-Zerfall von ^{136}Xe wurde mit Szintillationszählern [Bar86c] und Ionisationskammern [Bar89c] untersucht. Eine Forschergruppe aus Mailand installierte im Gran-Sasso-Untergrundlabor einen vielzelligen Proportionalzähler mit einem aktiven Volumen von 79.4 l zur Untersuchung des Doppelbetazerfalls dieses Nuklids. Es wurden sowohl Proben mit natürlicher Isotopenzusammensetzung als auch Proben mit einem ^{136}Xe-Gehalt von 64% untersucht [Bel89, Bel91b]. Die endgültige Auswertung der Daten ergab für den $\beta\beta$-Zerfall folgende Grenze [Bel91b]

$$T_{1/2}^{2\nu}(^{136}\text{Xe}) > 1.6 \cdot 10^{20} \text{ Jahre} \quad (95\% \text{ c.l.}). \tag{6.141}$$

Für den 0ν-Modus konnten mit Hilfe von Monte-Carlo-Simulationen der Winkelverteilungen der emittierten Elektronen getrennte Grenzen für den durch den Massenmechanismus und den durch rechtshändige Ströme induzierten Zerfall angegeben werden

$$T_{1/2}^{0\nu}(^{136}\text{Xe}) > 1.2 \cdot 10^{22} \text{ Jahre} \quad (95\% \text{ c.l.}) \quad (\text{Massenmech.}), \tag{6.142}$$

$$T_{1/2}^{0\nu}(^{136}\text{Xe}) > 1.0 \cdot 10^{22} \text{ Jahre} \quad (95\% \text{ c.l.}) \quad (\text{rechtsh. Ströme}). \tag{6.143}$$

Für den 0ν-Zerfall in den ersten angeregten 2^+-Zustand von ^{136}Ba mit einer Anregungsenergie von 818 keV lieferte die Messung

$$T_{1/2}^{0\nu}(^{136}\text{Xe}; 2^+) > 3.3 \cdot 10^{21} \text{ Jahre} \quad (95\% \text{ c.l.}). \tag{6.144}$$

Im schweizerischen Gotthard-Untergrundlabor (3000 m Wasseräquivalent Abschirmdicke) wurde eine Zeitprojektionskammer mit einem aktiven Volumen von 180 l zur Untersuchung des $\beta\beta$-Zerfalls von ^{136}Xe aufgebaut [Won91, Tre91, Vui93]. Die Kammer wurde bei einem Druck von 5 atm mit

6.2 Der Doppelbetazerfall

einem Anreicherungsgrad von 62.5% betrieben. Nach einer Meßzeit von 6830 Stunden konnte kein Anzeichen für einen neutrinolosen Doppelbetazerfall gefunden werden. Die Grenzen für den $(0^+ \to 0^+)$-Übergang lauten [Vui93]

$$T_{1/2}^{0\nu}(^{136}\text{Xe}) > 3.4 \cdot 10^{23} \text{ Jahre} \quad (90\% \text{ c.l.}) \quad (\text{Massenmech.}), \quad (6.145)$$

$$T_{1/2}^{0\nu}(^{136}\text{Xe}) > 2.6 \cdot 10^{23} \text{ Jahre} \quad (90\% \text{ c.l.}) \quad (\text{rechtsh. Ströme}), \quad (6.146)$$

Ein neuer Vorschlag zum Nachweis des $\beta\beta$-Zerfalls von ^{136}Xe nutzt das Auftreten des Tochterkerns als zusätzliche Signatur. Zwar ist der meist stabile Tochterkern im allgemeinen sehr schwer nachzuweisen, doch kann man seine atomphysikalischen Eigenschaften ausnutzen. Insbesondere das im Doppelbetazerfall des ^{136}Xe entstehende ionisierte ^{136}Ba könnte über seine Laserfluoreszenz nachgewiesen werden. Der koinzidente Nachweis des Tochternuklids und der β-Teilchen würde den Untergrund praktisch vollständig beseitigen [Moe91b].

Größere Driftkammern mit hochangereichertem Xenon sind auch im russischen Untergrundlabor in Baksan in Planung (siehe z.B. [Kir88a]).

6.2.5.3.2 Halbleiter-Experimente

Halbleiterdetektoren sind aufgrund ihrer hervorragenden Energieauflösung ausgezeichnet zum Studium des $0\nu\beta\beta$-Zerfalls geeignet, der sich in einer scharfen Linie im Summenenergiespektrum äußert. Ein besonders glücklicher Umstand liegt bei dem $\beta\beta$-Kandidaten ^{76}Ge vor. Dieses Germaniumisotop kommt mit einer Häufigkeit von 7.8% in natürlichem Germanium vor, aus welchem hochauflösende Detektoren hergestellt werden. Germanium kann daher gleichzeitig als Quelle und als Detektor dienen, so daß das Problem der Selbstabsorption entfällt.

Mit dieser 1967 von einer Mailänder Gruppe eingeführten Technik [Fio67] kann eine große Anzahl von ^{76}Ge-Kernen mit ausgezeichneter Effizienz untersucht werden. Die Auflösung im Bereich der Zerfallsenergie von 2.04 MeV beträgt typischerweise 3 keV.

Für den Nachweis des 2ν-Modus kommt die extrem gute Energieauflösung weniger zur Wirkung. Trotzdem konnte inzwischen der neutrinobegleitete Doppelbetazerfall von ^{76}Ge nachgewiesen werden [Mil90, Vas90, Avi91, Bal94, Kla93a-d, Kla94].

Eine russisch-armenische Gruppe verwendete drei Ge(Li)-Detektoren von jeweils etwa 0.5 kg Masse, die in einem Kryostatsystem aus Titan (die Ge-Kristalle müssen mit flüssigem Stickstoff gekühlt werden) untergebracht und von einem NaI-Schild umgeben waren. Zwei der Kristalle waren mit dem $\beta\beta$-Emitter-Isotop ^{76}Ge auf 85% angereichert, wodurch die Quellenstärke

6 Experimente zur Bestimmung der Neutrinomasse

entscheidend erhöht wird. Die Bedeutung der Anreicherung werden wir im Zusammenhang mit dem 0ν-Modus noch diskutieren (s.u.). Die Apparatur wurde in einer Salzmine in Erewan in 645 m Tiefe betrieben. Zur Auswertung der Daten wurde das Differenzspektrum zwischen dem natürlichen und den angereicherten Detektoren, die ein Vielfaches der ^{76}Ge-$\beta\beta$-Aktivität enthalten, gebildet, um auf diese Weise den Untergrund abzuziehen. Das so erhaltene Spektrum ähnelte dem erwarteten $2\nu\beta\beta$-Spektrum. Die Halbwertszeit wurde mit

$$T^{2\nu}_{1/2}(^{76}\text{Ge}) = (9 \pm 1) \cdot 10^{20} \text{ Jahre} \quad (68\% \text{ c.l.}) \quad (6.147)$$

angegeben [Vas90].

Eine amerikanische Kollaboration (PNL-USC) untersuchte den Doppelbetazerfall von Germanium mit zwei natürlichen Detektoren in der Homestake-Goldmine. Nach eine Reihe von Untergrundkorrekturen erhielten sie ebenfalls positive Evidenz für den $2\nu\beta\beta$-Zerfall von ^{76}Ge mit einer Halbwertszeit von [Mil90]

$$T^{2\nu}_{1/2}(^{76}\text{Ge}) = (1.12^{+0.48}_{-0.26}) \cdot 10^{21} \text{ Jahre} \quad (95\% \text{ c.l.}). \quad (6.148)$$

Eine gemeinsame Messung beider Gruppen [Avi91] verwendete einen sowjetischen angereicherten Ge-Kristall (Anreicherungsgrad: 85%) von 0.25 kg, der in den Kryostaten der PNL-USC-Kollaboration eingesetzt wurde. Zunächst ließ man 60 Tage verstreichen, um den Zerfall von möglichen kurzlebigen kosmogenen Radionukliden zu erlauben. Die Auswertung erfolgte unter der Annahme, daß es nur $2\nu\beta\beta$-Zerfall und ein Bremsstrahlungskontinuum enthält. Die beste Anpassung an das theoretische $2\nu\beta\beta$-Spektrum ergab

$$T^{2\nu}_{1/2}(^{76}\text{Ge}) = (9.2^{+0.7}_{-0.4}) \cdot 10^{20} \text{ Jahre} \quad (95\% \text{ c.l.}). \quad (6.149)$$

Das aussagekräftigste Ergebnis schließlich ergab die jüngste Messung der Heidelberg-Moskau-Kollaboration [Bal94, Kla93a-d,94] mit den ersten $\sim$4 kg ihrer insgesamt 11.5 kg an zu 86% in ^{76}Ge angereicherten Detektoren (s.u.):

$$T^{2\nu}_{1/2}(^{76}\text{Ge}) = (1.42 \pm 0.03(\text{stat.}) \pm 0.13(\text{syst.})) \cdot 10^{21} \text{ a} \quad (90\% \text{ c.l.}). \quad (6.150)$$

Das gemessene Spektrum zeigt Abb. 6.31. Dieses Ergebnis dürfte die erste *unzweifelhafte* Evidenz für diesen nuklearen Zerfallsmodus darstellen.

Im Anschluß an die Pionierarbeiten von Fiorini et al. [Fio67] wurde eine Vielzahl von Experimenten zur Suche nach der $0\nu\beta\beta$-Linie bei 2.04 MeV im Summenspektrum der Germaniumdetektoren durchgeführt (vgl. z.B. [Bel83, Lec83, Sim84, Avi87, Cal87, Eji87, Fis89, Cal90, Bal92,94a, Bec93], eine

6.2 Der Doppelbetazerfall 273

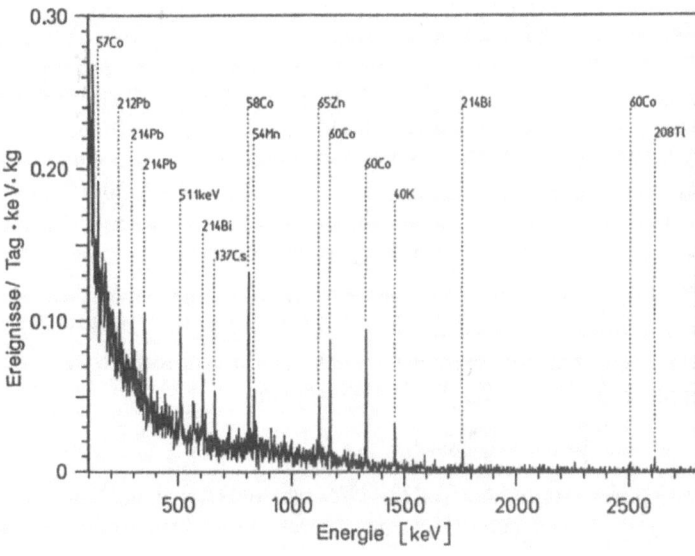

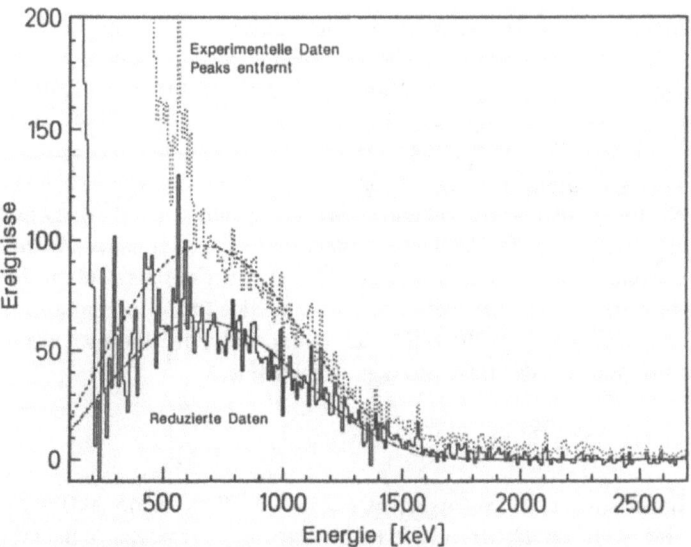

Abb. 6.31 (a) Gemessenes Spektrum im Heidelberg-Moskau-$\beta\beta$-Experiment nach 1,68 kg·a; (b) Das aus (a) nach Abzug des Untergrundes erhaltene $2\nu\beta\beta$-Spektrum (durchgezogenes Histogramm). Die gestrichelten Kurven stellen mit Halbwertszeiten von $T_{1/2}^{2\nu} = 0,92 \cdot 10^{21}$ und $T_{1/2}^{2\nu} = 1,42 \cdot 10^{21}$ a berechnete $2\nu\beta\beta$-Spektren dar (aus [Bal94, Bec93, Kla93c-d, Kla94]).

6 Experimente zur Bestimmung der Neutrinomasse

Übersicht findet man in [Moe91a,93a,b,95, Kla92a,93b-d, Kla94]). Eine entscheidende Schwierigkeit stellt die Unterdrückung von Untergrundereignissen dar, da die erwartete Linie noch im Energiebereich der natürlichen Radioaktivität liegt. Zusätzlich zur Installierung in unterirdischen Labors werden daher massive, passive Abschirmungen z.B. aus Kupfer und Blei und teilweise aktive Abschirmungen aus umgebenden Vetozählern (oftmals NaI-Zählern) eingesetzt. Darüber hinaus muß an die Reinheit der zum Detektorbau verwendeten Materialien hinsichtlich radioaktiver Verunreinigungen eine extrem hohe Anforderung gestellt werden.

Eine wichtige Untergrundquelle in Experimenten mit natürlichem Germanium stellt der Elektron-Einfang von ^{68}Ge ($Q_{EC} = 2.9$ MeV, $T_{1/2} = 270.8$ d) dar. ^{68}Ge entsteht kosmogen als Aktivierungsprodukt von ^{70}Ge (nat. Isotopenhäufigkeit: 20.5%) über die Reaktion

$$^{70}\text{Ge}(n, 3n)^{68}\text{Ge}. \tag{6.151}$$

Dies bedeutet, daß ein Teil des Untergrundes aus dem Detektorkristall selbst kommt. Dieser Anteil läßt sich durch Abreicherung an ^{70}Ge (automatisch verknüpft mit der Anreicherung von ^{76}Ge) reduzieren.

Entscheidende Fortschritte bei der Untersuchung des 0ν-Modus erwartet man von einer neuen Generation von Experimenten mit isotopenangereichertem Germanium oder anderen angereicherten aktiven Quellen. Eine starke Anreicherung des Detektormaterials mit ^{76}Ge-Kernen erhöht die Quellenstärke, ohne gleichzeitig die Empfindlichkeit gegenüber der Untergrundstrahlung zu steigern. Letzteres wäre eine unweigerliche Folge der Verwendung einer entsprechend größeren Menge an natürlichem Germanium. Die Bedeutung des Anreicherungsgrades für die Sensitivität der Experimente wollen wir anhand des folgenden Ausdrucks diskutieren, der näherungsweise die Grenze für die Halbwertszeit des 0ν-Modus angibt, die man aus den Meßdaten extrahieren kann, wenn nach der Meßzeit t (in Jahren) keine Linie bei der richtigen Energie sichtbar ist

$$T_{1/2}^{0\nu}(^{76}\text{Ge}) > (4.18 \cdot 10^{24} \text{ kg}^{-1}) a \sqrt{\frac{Mt}{B\Delta E}}. \tag{6.152}$$

Hierin sind a die Isotopenhäufigkeit von ^{76}Ge, M die aktive Masse des Detektors in kg, B der mittlere Untergrund im Bereich der erwarteten Linie gemessen in Ereignissen pro keV, Jahr und Kilogramm Detektor und ΔE die Energieauflösung in keV.

Anhand von (6.152) erkennt man, daß der Anreicherungsgrad a die effektivste Erhöhung der Sensitivität ermöglicht, da er der einzige Parameter ist, der

6.2 Der Doppelbetazerfall

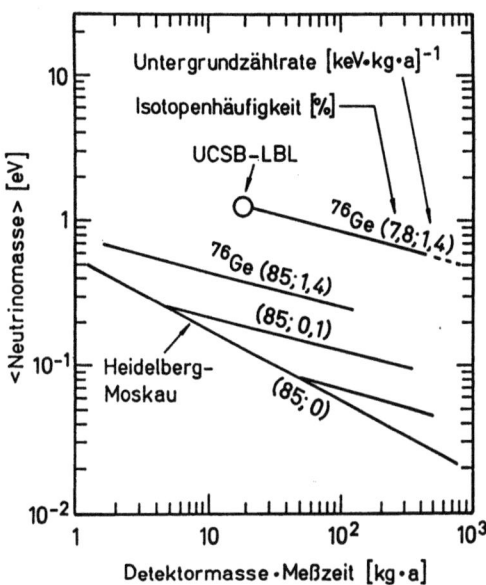

Abb. 6.32 Bereiche einer effektiven Neutrinomasse $\langle m_{\nu_e} \rangle$, die mit Ge-Detektoren unterschiedlicher Anreicherung in ^{76}Ge untersuchbar sind, als Funktion des Produktes Detektormasse mal Meßzeit (kg·a) (aus [Moe91b, Kla91,94]).

nicht unter der Wurzel erscheint. Ein Experiment mit 10 kg an zu 86% angereichertem ^{76}Ge (dies entspricht dem Heidelberg-Moskau-Experiment, s.u.) entspricht in der Empfindlichkeit einem „natürlichen" Ge-Experiment von mindestens 1.2 t (in den empfindlichsten Experimenten mit natürlichem Ge wurden bisher ca. 8 kg an Material eingesetzt). Die Neutrinomasse ließe sich hiermit in 5 Jahren Messung bis hinab zu ca. 0.2 eV untersuchen (Abb. 6.32 sowie 6.29). Wir hatten bereits erwähnt, daß die Untergrundreduzierung wegen der winzigen $\beta\beta$-Zerfallsrate die wohl größte experimentelle Herausforderung darstellt. Die niedrigste bisher erreichte Untergrundrate in Experimenten dieser Art liegt im Bereich $B \sim 0.1$ bis 0.2 Ereignisse/keV·a·kg [Kla94, Mai94].

Das derzeit vielversprechendste Germaniumexperiment zum Nachweis des $0\nu\beta\beta$-Zerfalls wird gegenwärtig von einer Heidelberg-Moskau-Kollaboration im Gran Sasso-Untergrundlabor bei Rom (siehe auch Kap. 4) durchgeführt [Bal92,93,94,94a Bec93,94, Kla87,89,91a-f,92a,93a-d, Kla94, Mai94, Pet94] (Abb. 6.33 bis 6.35). Es stehen insgesamt 19.2 kg an angereichertem Germanium mit einem ^{76}Ge-Gehalt von 86% zur Verfügung.

276 6 Experimente zur Bestimmung der Neutrinomasse

Abb. 6.33 Zum Heidelberg-Moskau-Doppelbeta-Experiment im Gran-Sasso-Untergrundlabor bei Rom. Einfahrt in den 11,4 km langen Straßentunnel (Foto: W. Filser).

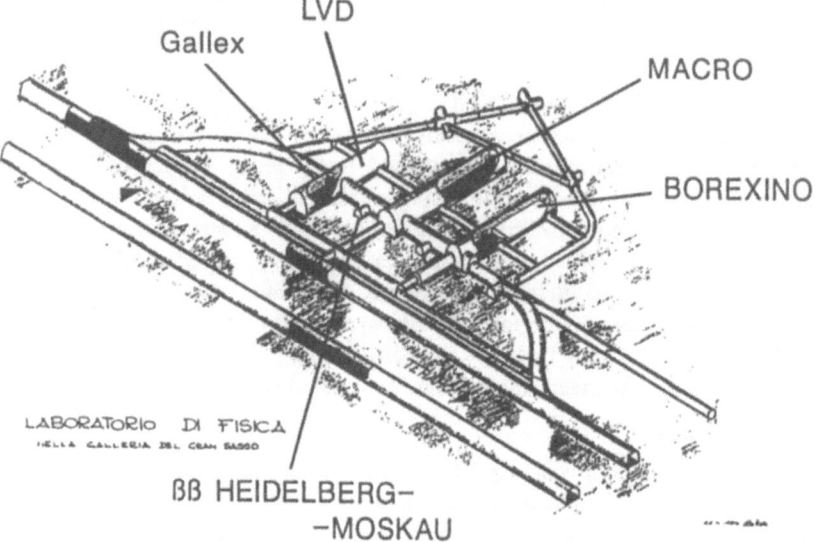

Abb. 6.34 Von der linken Röhre des Straßentunnels zweigt man in die drei großen Hallen des Gran-Sasso-Labors ab. Das Heidelberg-Moskau-Doppelbeta-Experiment liegt zwischen den Hallen A und B, die die Großexperimente Gallex (siehe Kap. 7) und LVD (siehe Kap. 4) bzw. MACRO (siehe Kap. 8) beherbergen. In Halle C entsteht Borexino (siehe Kap. 7).

6.2 Der Doppelbetazerfall 277

Abb. 6.35 Das vom italienischen Nationalinstitut für Kernphysik (INFN) errichtete Experimentiergebäude des Heidelberg-Moskau-Experiments. Im unteren Stockwerk befinden sich die Detektoren, im oberen Computer und Datenverarbeitung. Im Vordergrund ist ein Flüssigstickstofftank zu sehen. Das große Tor im Hintergrund führt zu Halle A (aus [Kla91f], Foto: H.V. Klapdor-Kleingrothaus).

Seit Juli 1990 wurden bis Anfang 1995 fünf hochreine, angereicherte ^{76}Ge-Detektoren von insgesamt ca. 11.5 kg Masse im Gran-Sasso-Labor installiert und damit Messungen durchgeführt (Abb. 6.36). Zur Abschirmung sind die Detektoren von insgesamt 15 Tonnen Blei, Elektrolytkupfer und Silizium in Halbleiterreinheit umgeben.

Abb. 6.37 zeigt das aufgenommene Summenenergiespektrum nach 10.23 kg·Jahren Meßzeit. Im Bereich des $0\nu\beta\beta$-Zerfalls konnte bislang keine Linie nachgewiesen werden. Der Untergrund im Bereich der $0\nu\beta\beta$-Linie bei 2038.6 keV liegt bei 0.2 Ereignissen/keV·kg·a.

Als untere Grenze für die Halbwertszeit ergibt sich [Bal95]

$$T_{1/2}^{0\nu}(^{76}\text{Ge}) > 5.6 \cdot 10^{24} \text{ Jahre} \quad (90\% \text{ c.l.}). \tag{6.153}$$

Dies bedeutet, daß die in jahrelangen Messungen mit rund acht Kilogramm natürlichen Germaniums erhaltene Sensitivität der UCSB-LBL-Gruppe [Cal90] weit überschritten wurde. Ebenso ergibt dieses Experiment bereits jetzt eine der schärfsten Grenzen für die Halbwertszeit Majoron-begleiteter

278 6 Experimente zur Bestimmung der Neutrinomasse

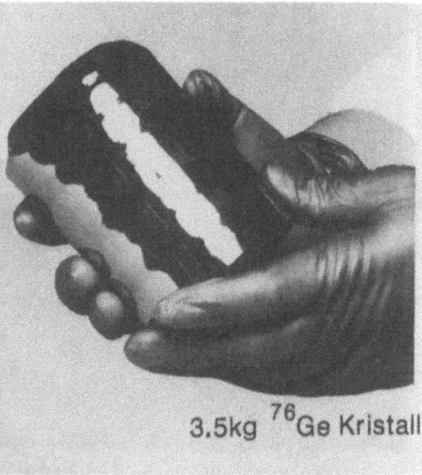

Abb. 6.36 (a) Der erste der fünf weltweit ersten angereicherten „High-Purity" ^{76}Ge-Detektoren des Heidelberg-Moskau-$\beta\beta$-Experiments in seiner Abschirmung (extrem-low-level Blei und Elektrolytkupfer) im Gran-Sasso; (b) ein angereicherter 3,5 kg ^{76}Ge-Kristall vor Umbau zu einem 2,9 kg Detektor.

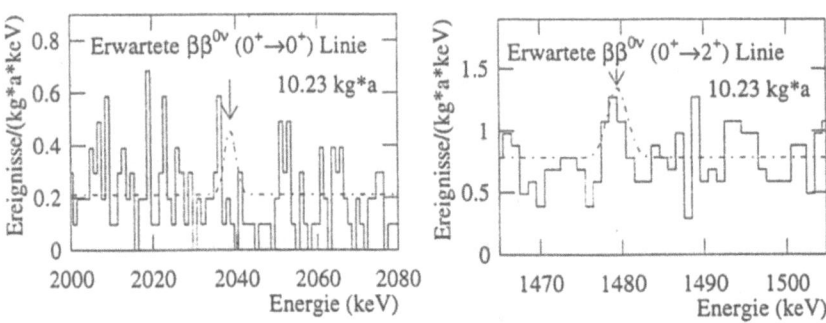

Abb. 6.37 Spektrum des Heidelberg-Moskau-$\beta\beta$-Experiments nach 10.23 kg·a Meßzeit im Bereich der Übergangsenergien zum Grundzustand bzw. ersten angeregten 2^+-Zustand in ^{76}Se. Die durchgezogenen Linien sind mit 90% c.l. ausgeschlossen (aus [Bal95, Hel95]).

6.2 Der Doppelbetazerfall

$0\nu\beta\beta$-Zerfallsmoden sowie auch die schärfste Laborgrenze für den Elektronenzerfall.

Nach 615 kg·d ergab sich [Bec93]

$$T_{1/2}^{0\nu\chi}(^{76}\text{Ge}) > 1.66 \cdot 10^{22} \text{ Jahre} \quad (90\% \text{ c.l.}), \tag{6.154}$$

(Abb. 6.38) und hieraus eine der schärfsten Grenzen für die Majoron-Neutrino-Kopplungskonstante (siehe Abschn. 6.2.4.3 und 6.2.5.4).

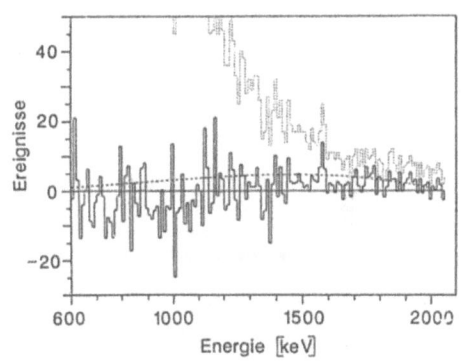

Abb. 6.38 Aus dem durchgezogenen Histogramm in Abb. 6.31b nach Abzug des 2ν-Spektrums mit $T_{1/2}^{2\nu} = 1,42 \cdot 10^{21}$ a erhaltenes Restspektrum (Histogramm) und ein berechnetes $0\nu\chi\beta\beta$-Spektrum mit $T_{1/2}^{0\nu\chi} = 1,66 \cdot 10^{22}$ a (aus [Bec93]). Das gestrichelte Histogramm zeigt das unkorrigierte Spektrum (lediglich γ-Linien entfernt).

Für den Prozeß

$$e^- \to \gamma + \nu_e \tag{6.155a}$$

ergab sich [Bal93]

$$\tau_e > 1.63 \cdot 10^{25} \text{ Jahre} \quad (68\% \text{ c.l.}). \tag{6.155b}$$

In der Hauptphase des Experimentes, die mit ca. 12 kg an angereicherten Detektoren bis ca. zum Jahre 2000 dauern dürfte, soll der 0ν-Modus bis in den Bereich jenseits von 10^{25} Jahren untersucht werden.

Auch der $0\nu\beta\beta$-Zerfall von ^{76}Ge zum ersten angeregten Zustand in Selen bei 559 keV (sowie der Zerfall zu weiteren angeregten Zuständen [Bec92a]) wurde untersucht. Die gemessene untere Grenze für die Halbwertszeit beträgt [Hel95]

$$T_{1/2}^{0\nu}(^{76}\text{Ge}; 2^+) > 9,6 \cdot 10^{23} \text{ Jahre} \quad (90\% \text{ c.l.}). \tag{6.156}$$

280 6 Experimente zur Bestimmung der Neutrinomasse

Damit kann das von einer französischen Gruppe beobachtete Koinzidenzsignal zwischen einem Ge-Detektor und einem umgebenden Detektor zum Nachweis des beim Übergang in den Grundzustand emittierten γ-Quants nicht als Doppelbetazerfall interpretiert werden, da eine solche Interpretation eine Halbwertszeit von $\sim 1 \cdot 10^{22}$ a [Bus90] ergeben würde.

Man kann Halbleiterzähler natürlich auch verwenden, um externe Proben zu untersuchen. Man kann damit Isotope auswählen, die einen größeren Q-Wert besitzen als ^{76}Ge, um den Vorteil einer größeren Zerfallsrate und eines geringeren Untergrundes auszunutzen. Ein Beispiel eines solchen Aufbaus bildet ein Sandwichdetektor aus Siliziumzählern, zwischen denen Molybdänfolien eingebettet sind (siehe z.B. [Avi88, Oka88, Als89,93]). Er liefert gegenwärtig die schärfste Grenze für den $0\nu\beta\beta$-Zerfall von ^{100}Mo [Als93]

$$T^{0\nu}_{1/2} > 4.4 \cdot 10^{22} \text{ Jahre} \qquad (68\% \text{ c.l.}) \qquad (6.157)$$

6.2.5.3.3 Szintillationszähler

Der 1960 vorgeschlagene Ansatz, die Quelle gleichzeitig als Detektor zu verwenden [Ant60], wurde erstmals in Brookhaven zur Untersuchung des $\beta\beta$-Zerfalls von ^{48}Ca realisiert [Mat66]. ^{48}Ca besitzt den Vorteil eines sehr großen $Q_{\beta\beta}$-Wertes von 4.271 MeV. Allerdings ist dieses Isotop sehr selten (0.187%). Bei diesem Experiment wurde die Tatsache ausgenutzt, daß Kalzium in Form von CaF_2 als Szintillationskristall geeignet ist.

Die Energieauflösung solcher Szintillationsdetektoren ist geringer als die von Halbleiterzählern. Darüber hinaus stellen die Photomultiplier häufig eine Untergrundquelle dar. Das ursprüngliche Experiment von 1966 hatte eine Quellenstärke von 11.4 g ^{48}Ca. Eine neue Messung mit 37.4 kg CaF_2-Szintillationskristallen ($\hat{=}$ 43 g ^{48}Ca) wurde in einem 512 m tiefen Kohlenschacht in der Nähe von Beijing (China) durchgeführt. Die erhaltene Grenze für den 0ν-Modus lautet [You91]

$$T^{0\nu}_{1/2}(^{48}\text{Ca}) > 9.5 \cdot 10^{21} \text{ Jahre} \quad (76\%). \qquad (6.158)$$

In ähnlicher Weise kann ^{116}Cd ($Q_{\beta\beta} = 2.81$ MeV) in Szintillatormaterial ($CdWO_4$) eingebaut werden. In der Solotvina-Salzmine (Ukraine) werden gegenwärtig drei angereicherte $^{116}CdWO_4$-Detektoren (angereichert in ^{116}Cd zu 83%) betrieben. Aus solchen Messungen folgt [Dan89,95, Zde91]

$$T^{0\nu}_{1/2}(^{116}\text{Cd}) > 2.9 \cdot 10^{22} \text{ Jahre}. \qquad (6.159)$$

6.2.5.3.4 Kryodetektoren

Kryodetektoren werden bei sehr niedrigen Temperaturen betrieben und messen die gesamte im Material deponierte Energie, so daß sowohl ionisierende als auch nicht-ionisierende Ereignisse nachweisbar sind. Diese Kalorimeter besitzen im Prinzip eine sehr gute Energieauflösung.

Einige der potentiellen $\beta\beta$-Kandidaten zeigen das Phänomen der Supraleitung, allerdings erst bei extrem niedrigen Temperaturen. So besitzen Zirkonium, Molybdän und Cadmium Sprungtemperaturen T_c von unter 1 K. Für Zinn beträgt T_c immerhin etwa 3.7 K. Ein möglicher Detektor bestünde z.B. aus einer Vielzahl von kleinen Kügelchen mit typischen Durchmessern im μm-Bereich aus einer dieser Substanzen in einem überhitzten supraleitenden Zustand. Die durch den Zerfall in den Kügelchen deponierte Energie reicht aus, um einen Übergang vom supraleitenden in den normalleitenden Zustand zu induzieren. Dieser Phasenübergang kann über den Josephson-Effekt oder durch die Änderung des Magnetflusses nachgewiesen werden [Pre90,93].

Andere thermische Tieftemperatur-Detektoren, sog. Bolometer, wurden ebenfalls zur Suche nach dem $\beta\beta$-Zerfall vorgeschlagen [Fio84, Fio91]. Man verwendet dazu einen reinen diamagnetischen oder dielektrischen Kristall. Bei tiefen Temperaturen wird die Wärmekapazität nach Debye durch

$$C(T) \sim \left(\frac{T}{\Theta_D}\right)^3 \qquad (6.160a)$$

beschrieben, wobei Θ_D die Debye-Temperatur bezeichnet. Für $T \to 0$ wird die Wärmekapazität so klein, daß selbst die im Doppelbetazerfall freiwerdende Energie einen meßbaren Temperaturanstieg

$$\Delta T \sim \frac{E}{C(T)} \qquad (6.160b)$$

verursacht, wobei E die im Kristall deponierte Energie bezeichnet. Erste kleine Bolometer konnten bereits erfolgreich getestet werden. Im Gran-Sasso-Labor werden gegenwärtig vier 334 g schwere TeO_2-Kristalle bei 10 mK als Bolometer betrieben, um nach dem Zerfall von ^{130}Te zu suchen [Fio91b, Giu91, Ale94].

6.2.5.4 Grenzen für die Neutrinomasse und die rechtshändigen Kopplungskonstanten, effektive Neutrinomassen, Majoron-Kopplungskonstanten und SUSY-Parameter

Neutrinomasse und rechtshändige Ströme. Der allgemeine Zusammenhang zwischen der Rate des neutrinolosen $\beta\beta$-Zerfalls und den $(B-L)$-verletzenden Parametern $\langle m_\nu \rangle$, $\langle \eta \rangle$ und $\langle \lambda \rangle$ ist durch (6.117) gegeben. Bisher konnte der 0ν-Modus experimentell noch nicht beobachtet werden, es existieren nur obere Grenzen für die Zerfallsraten $\omega_{0\nu}$. Daraus lassen sich auf einfache Weise obere Grenzen für die Masse und die rechtshändigen Parameter abschätzen, indem man jeweils die beiden anderen Parameter in (6.117) gleich Null setzt (Projektion auf eine Achse → $\langle m_\nu \rangle^*, \langle \eta \rangle^*, \langle \lambda \rangle^*$ in Tab. 6.11).

Für eine genauere Analyse muß jedoch berücksichtigt werden, daß die theoretische Übergangswahrscheinlichkeit eine quadratische Form im Parameterraum der Neutrinomasse und der beiden rechtshändigen Kopplungskonstanten ist. Die Ungleichung $\omega_{0\nu} < \omega_{\text{beob.}}^{\text{Grenz.}}$ spannt in diesem dreidimensionalen Raum ein Ellipsoid der erlaubten Neutrinomassen und Rechtshändigkeiten auf. Die größtmöglichen $\langle m_\nu \rangle$ treten z.b. bei von Null verschiedenen Werten von $\langle \lambda \rangle$ und $\langle \eta \rangle$ auf (siehe Abb. 6.39).

Tab. 6.8, 6.11 und Abb. 6.40 fassen die Grenzen zusammen, die mit den Matrixelementen aus [Mut89b, Sta90a] erhalten wurden. Die bislang schärfsten Grenzen für die effektive Neutrinomasse folgen aus den Messungen zum $\beta\beta$-Zerfall von ^{76}Ge und ^{128}Te. Durch Experimente mit Germaniumdetektoren aus angereichertem Germanium können diese jedoch bald verbessert werden (siehe Abb. 6.32, 6.40). Die resultierenden Grenzen für die rechtshändigen

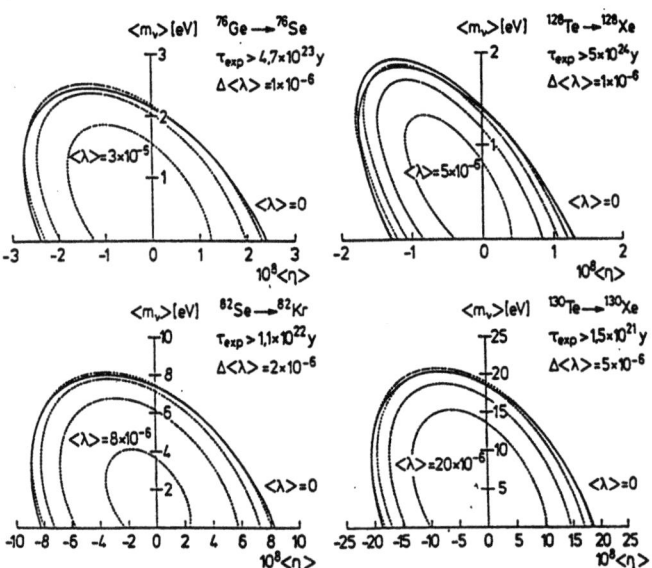

Abb. 6.39 Erlaubte Bereiche (innerhalb der Ellipsen) für die Parameter $\langle m_\nu \rangle$ und $\langle \eta \rangle$ für einige festgehaltene Werte von $\langle \lambda \rangle$ am Beispiel einiger $\beta\beta$-Emitter (aus [Tom87]).

Tab. 6.11 Obergrenzen für die effektive Neutrinomasse und die rechtshändigen Kopplungskonstanten, extrahiert aus den unten angegebenen experimentellen Grenzen für die $0\nu\beta\beta$-Halbwertszeit a) Projektion auf die Achse ($\langle m_\nu \rangle$)*, $\langle \eta \rangle^*$, $\langle \lambda \rangle^*$), b) Auswertung der quadratischen Form ($\langle m_\nu \rangle$, $\langle \eta \rangle$, $\langle \lambda \rangle$).

	^{76}Ge	^{82}Se	^{96}Zr	^{100}Mo	^{114}Cd	^{116}Cd
$|\langle m_\nu \rangle^*|[\text{eV}/c^2]$	0.7	7.4	195	5.4	2252	4.1
$|\langle \eta \rangle^*|[10^{-8}]$	0.6	7.7	220	2.5	2900	5.4
$|\langle \lambda \rangle^*|[10^{-6}]$	1.1	9.5	210	4.7	20000	5.1
$|\langle m_\nu \rangle|[\text{eV}/c^2]$	0.8	8.1	213	5.9	3818	4.6
$|\langle \eta \rangle|[10^{-8}]$	0.7	8.4	230	2.8	4800	6.0
$|\langle \lambda \rangle|[10^{-6}]$	1.2	9.6	220	4.7	20000	5.2
$T_{1/2}^{0\nu}$ [a]	$> 5.6 \cdot 10^{24}$	$> 1.1 \cdot 10^{22}$	$> 1.4 \cdot 10^{19}$	$> 4.4 \cdot 10^{22}$	$> 1 \cdot 10^{19}$	$> 2.9 \cdot 10^{22}$
Ref.	[Bal95, Kla94]	[Ell86,92]	[Bar89d]	[Als93]	[Bar89d]	[Dan95]

	^{128}Te	^{130}Te	^{134}Xe	^{136}Xe	^{150}Nd	^{238}U
$|\langle m_\nu \rangle^*|[\text{eV}/c^2]$	1.0	5.2	454	2.6	4.1	11.4
$|\langle \eta \rangle^*|[10^{-8}]$	0.9	5.0	370	1.9	4.2	16
$|\langle \lambda \rangle^*|[10^{-6}]$	4.2	7.3	2300	3.8	4.3	44
$|\langle m_\nu \rangle|[\text{eV}/c^2]$	1.4	5.8	656	2.8	4.4	15.1
$|\langle \eta \rangle|[10^{-8}]$	1.3	5.5	530	2.1	4.4	21
$|\langle \lambda \rangle|[10^{-6}]$	4.3	7.4	2300	3.8	4.4	44
$T_{1/2}^{0\nu}$ [a]	$> 7.7 \cdot 10^{24}$	$> 1.8 \cdot 10^{22}$	$> 8.2 \cdot 10^{19}$	$> 3.4 \cdot 10^{23}$ [a]	$> 2.1 \cdot 10^{21}$	$> 2 \cdot 10^{21}$
Ref.	[Ber92a,93]	[Ale94]	[Bar89c]	[Vui93]	[Kli86,Moe95]	[Tur91]

a) [Vui93] geben zwei Halbwertszeiten an. Mit Hilfe einer Monte Carlo-Simulation unterscheiden sie zwischen dem Massenmechanismus und dem Beitrag durch rechtshändige Ströme

284 6 Experimente zur Bestimmung der Neutrinomasse

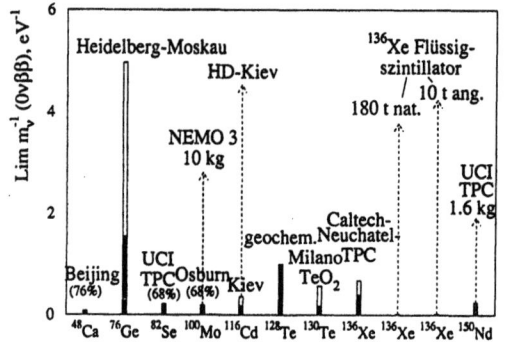

Abb. 6.40
Grenzen effektiver Neutrinomassen aus $0\nu\beta\beta$-Experimenten (nach [Kla94]). Schraffierte Balken: Status von 1994. Offene Balken und gestrichelte Linien: Sichere bzw. weniger sichere Extrapolation für das Jahr 2000 und danach. Die gezeigten Massengrenzen entsprechen den Halbwertszeitgrenzen aus Abb. 6.29.

Ströme sind um mehrere Größenordnungen kleiner als diejenigen aus Winkelkorrelationsmessungen im einfachen Betazerfall, aus dem μ-Zerfall oder dem K-Zerfall (vgl. [Doi85]). Man sollte jedoch beachten, daß der $\beta\beta$-Zerfall unmittelbar nur Aussagen über die *effektiven* Werte $\langle m \rangle$, $\langle \lambda \rangle$, $\langle \eta \rangle$ erlaubt (siehe aber Abschn. 6.2.4.2 und [Suh93]). Die Extraktion der Grenzen aus den Messungen des $0\nu\beta\beta$-Zerfalls wurde durch entscheidende Fortschritte auf dem Gebiet der Kernstrukturphysik möglich, die es erlauben, die Kernmatrixelemente mit ausreichender Zuverlässigkeit zu bestimmen, wie in Abschn. 6.2.4.5 diskutiert. Die in Tab. 6.8, 6.11 angegebenen Werte sind nur unter der Voraussetzung gültig, daß Neutrinos Majorana-Teilchen sind (siehe Abschn. 1.6 und 6.2.3).

Effektive Neutrinomasse. Im folgenden wollen wir kurz auf die Bedeutung der aus dem $0\nu\beta\beta$-Zerfall gewonnenen *effektiven* Neutrinomasse

$$\langle m_\nu \rangle = |\sum_j m_j U_{ej}^2| \tag{6.161}$$

eingehen (siehe Abschn. 6.2.3, 6.2.6 und 6.2.4.2). Diese ist nicht direkt mit der Masse aus dem einfachen Betazerfall des Tritiums oder aus Laufzeitmessungen an dem Neutrinopuls der Supernova 1987A vergleichbar. Die verschiedenen Experimente messen unterschiedliche Größen.

Wenn das Elektron-Neutrino ein Dirac-Teilchen ist, so besitzen die aus dem $\beta\beta$-Zerfall gewonnenen Massengrenzen keine Gültigkeit, da prinzipiell nur Majorana-Neutrinos den $0\nu\beta\beta$-Zerfall induzieren können. Majorana-Neutrinos können indessen Massen m_j besitzen, die über den angegebenen Grenzen für die effektive Masse liegen. Im Gegensatz zu den Neutrino-Oszillationen (siehe Kap. 7) geht in die Definition (6.161) nicht nur das Betragsquadrat der Mischungsparameter U_{ej} ein, sondern auch die Phase. Es besteht daher die Möglichkeit einer destruktiven Interferenz, so daß

6.2 Der Doppelbetazerfall

$\langle m_\nu \rangle < m_j$ für alle Masseneigenzustände ν_j erlaubt ist [Wol81]. Die $0\nu\beta\beta$-Amplitude kann sehr klein werden, auch wenn die „echten" Massen der Neutrinos (die Masseneigenwerte) vergleichsweise groß sind. Die möglichen Mischungswinkel und Massendifferenzen $\Delta m^2 = (m_j^2 - m_k^2)$ werden jedoch durch Oszillationsexperimente stark eingeschränkt (vgl. auch Abschn. 6.2.6). Für den dominanten Masseneigenzustand ν_1 des Elektronneutrinos folgt, daß eine Masse wesentlich größer als $m_1 \simeq 1$ eV$/c^2$ zwar möglich ist, aber nicht als sehr wahrscheinlich betrachtet werden kann (siehe z.B. [Gro86c, 89,90]).

Schwere und superschwere Neutrinos. Die Beobachtung des neutrinolosen doppelten Betazerfalls würde einen weiteren interessanten Schluß zulassen. Im allgemeinen wird angenommen, daß der $0\nu\beta\beta$-Zerfall über die Emission zweier W-Bosonen verläuft. Diese tauschen einen Neutrino-Masseneigenzustand ν_j aus und erzeugen dadurch die beiden auslaufenden Elektronen (Abb. 6.41). Die W-Bosonen können dabei i.a. an die Leptonen via links- oder rechtshändige Ströme koppeln. Unter der zusätzlichen Annahme, daß die effektive Stärke einer rechtshändigen Wechselwirkung G_r nicht größer als G_F ist, ergibt sich in vielen Eichtheorien eine *untere* Grenze für die Masse des schwersten Neutrinos [Kay89]. Wenn die Massen der ausgetauschten Neutrinos klein gegenüber den typischen Impulsen sind ($m_j < 10$ MeV$/c^2$), so ist die effektive Masse durch (6.161) definiert. U_{ej}^2 kann durch $|L_{ej}|^2$ und einen Phasenfaktor ξ_j ersetzt werden. Aus der Unitarität folgt sofort, daß $m_H \geq \langle m_\nu \rangle$, wobei m_H die schwerste Masse der $\{m_j\}$ ist. Auch bei Berücksichtigung der rechtshändigen Ströme impliziert die Beobachtung des $0\nu\beta\beta$-Zerfalls eine untere Grenze für die Masse des schwersten Neutrinos. Für ^{76}Ge erhält man etwa [Kay89]

$$m_H > 1 \text{ eVc}^{-2} \left[\frac{10^{24}a}{T_{1/2}^{0\nu}}\right]^{1/2}. \qquad (6.162)$$

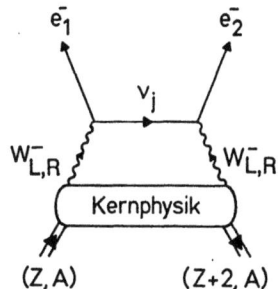

Abb. 6.41
Neutrinoaustausch-Diagramm für $0\nu\beta\beta$-Zerfall unter Zulassung der Existenz rechtshändiger W-Bosonen. Indizes a,b bezeichnen die Händigkeit.

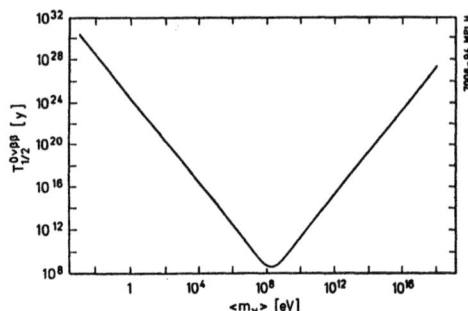

Abb. 6.42 Berechnete Halbwertzeit für den $0\nu\beta\beta$-Zerfall des ^{76}Ge als Funktion der Neutrinomasse und die resultierenden Grenzen für die Massen leichter und schwerer Neutrinos aus dem Heidelberg-Moskau-$\beta\beta$-Experiment (aus [Bal95])

Wenn wir die Abhängigkeit der Kernmatrixelemente in (6.117) von der Masse der Neutrinos berücksichtigen, so läßt sich gemäß Abschn. 6.2.4.2 und [Mut89b] eine untere Größe für die Masse eines superschweren Neutrinos $\langle m_{ss}\rangle$ angeben (siehe Abschn. 1.6.3). Die Situtation ist für ^{76}Ge in Abb. 6.42 gezeigt. Aus der Halbwertszeitgrenze des Heidelberg-Moskau-Experiments für den $0\nu\beta\beta$-Zerfall ergibt sich [Bal95]

$$\langle m_{ss}\rangle > 5.1 \cdot 10^7 \text{ GeV} \tag{6.163}$$

Abschließend läßt sich sagen, daß die Nichtbeobachtung des neutrinolosen Doppelbetazerfalls auf einem bestimmten Niveau der Meßempfindlichkeit keine Obergrenze für die Neutrinomasse selbst ergibt, sondern nur für die effektive Neutrinomasse, daß aber die Beobachtung des $0\nu\beta\beta$-Zerfalls eine untere Grenze für die Masse des schwersten Masseneigenzustandes festlegt. Wir wollen aber auch nochmals darauf hinweisen, daß in den meisten GUT-Modellen diese effektive Neutrinomasse mit der „wahren" Neutrinomasse übereinstimmt [Lan88] (siehe auch Tab. 1.8; für Gegenbeispiele siehe z.B. [Cha82]).

Grenzen für SUSY-Modell-Parameter. Durch Austausch von SUSY-Teilchen induzierter $0\nu\beta\beta$-Zerfall (Abb 6.20) hat dieselbe experimentelle Signatur wie durch Neutrinoaustausch induzierter $0\nu\beta\beta$-Zerfall. Daher erlaubt eine experimentelle $0\nu\beta\beta$-Halbwertszeitgrenze die Einschränkung des Parameterraums von SUSY-Modellen (siehe (6.128)).

Wenn wir z.B. Gluinoaustausch betrachten, so läßt sich aus der Untergrenze für die $0\nu\beta\beta$-Halbwertszeit aus dem Heidelberg-Moskau-Experiment die folgende Grenze für die Stärke einer die R-Parität brechenden Wechselwirkung λ'_{111} ableiten [Hir95]

$$\lambda'_{111} \leq 3.9 \cdot 10^{-4} \left(\frac{m_{\tilde{q}}}{100\text{GeV}}\right)^2 \left(\frac{m_{\tilde{g}}}{100\text{GeV}}\right)^{1/2} \qquad (6.164)$$

Abb. 6.43 zeigt das Ergebnis für zwei Werte der Gluino-Masse $m_{\tilde{g}} = 100\,\text{GeV}$ und 1 TeV (die letztere stellt eine natürliche obere Grenze in SUSY-Modellen dar).

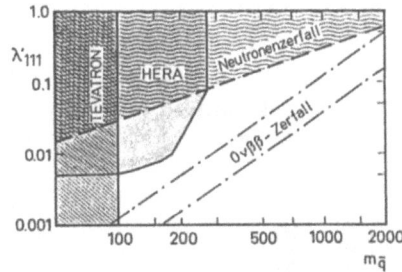

Abb. 6.43 Grenzen für die Stärke einer die R-Parität verletzenden Wechselwirkung λ'_{111} aus Niederenergie-Experimenten und Hochenergie-Kollidern. λ'_{111} ist als Funktion der Squarkmasse gezeigt. Bereiche links der Kurven sind ausgeschlossen. Die vertikale Linie bezeichnet die untere Grenze für Squarkmassen vom Tevatron [Roi92], die dicke Linie entspricht der in zukünftigen HERA-Experimenten erreichbaren Grenze [But93]. Die gestrichelte Linie ist das beste gegenwärtige Limit aus Niederenergie-Experimenten [Bar89]. Die strichpunktierten Linien bezeichnen die Grenzen aus $0\nu\beta\beta$-Zerfall (dem Heidelberg-Moskau-Experiment); die obere bzw. untere Linie entspricht einer Masse des Gluinos von 1 TeV bzw. 100 GeV

Zum Vergleich sind ebenfalls die schärfsten Grenzen aus Niederenergie- und Kollider-Experimenten gezeigt: aus dem Neutronzerfall [Bar89], aus Tevatron-Dilepton-Daten [Roi92] und aus zukünftigen HERA-Experimenten [But93, Dre94, Ahm94]. Für die Berechnung der letzteren muß man die Voraussetzung machen, daß das Squark in ein leichteres supersymmetrisches Teilchen (Photino) zerfallen kann, d.h. daß die Photinomasse kleiner ist als die Squarkmasse.

Neutrinoloser Doppelbetazerfall liefert also die schärfsten Grenzen für R-Parität verletzende SUSY-Modelle.

Majoron-Neutrino-Kopplung. Schließlich seien in Tab. 6.12 die in verschiedenen $0\nu\beta\beta$-Experimenten bestimmten Grenzen für die Majoron-Neutrino-Kopplung $\langle g_{\nu\chi} \rangle$ zusammengefaßt. Das Heidelberg-Moskau-Experiment [Bec93] schließt kürzlich diskutierte Hinweise (z.B. [Moe92,93c]) auf einen $0\nu\chi$-Zerfall aus.

Tab. 6.12 Halbwertszeitgrenzen für den $0\nu\chi$-Zerfall und die entsprechenden Grenzen für die Neutrino-Majoron-Kopplungskonstante für verschiedene Isotope.

Isotop	Experiment	$T_{1/2}(10^{21}\text{a})$		$10^4 \langle g_{\nu\chi} \rangle$	Ref.
^{76}Ge	MPIK–KIAE	16,6	(90%)	1,8	[Bec93]
^{76}Ge	ITEP	10	(68%)	2,2	[Vas90]
^{76}Ge	UCSB–LBL	1,4	(90%)	5,8	[Cal87]
^{76}Ge	PNL–USC	6,0		2,8	[Mil90]
^{76}Ge	Cal.PSI–Neu.	1,0	(90%)	6,9	[Fis89]
^{100}Mo	LBL–MHC–UNM	0,33	(90%)	6,2	[Als88,93]
^{136}Xe	ITEP	0,19	(68%)	12,5	[Bar90c]
^{136}Xe	Cal.–PSI–Neu.	4,9	(90%)	2,4	[Vui93]
^{82}Se	UCI	1,6	(68%)	2,0	[Ell87]
^{150}Nd	INR	0,17	(90%)	1,2	[Art95]
^{150}Nd	UCI	0,53	(90%)	0,7	[Moe94a]
^{48}Ca	ITEP	0,72		5,1	[Bar89d]
^{128}Te[a]	Wash. Univ.–Tata	7700		0,3	[Ber92a]

[a] Geochemisches Experiment.

6.2.5.5 Experimente zum $\beta^+\beta^+$-Zerfall

Der Schwerpunkt der experimentellen und theoretischen Arbeiten zum Doppelbetazerfall liegt eindeutig auf dem $\beta^-\beta^-$-Zerfall. Vom experimentellen Standpunkt bieten die Zweipositronen-Emission (6.90a) und die Elektron-Positron-Konversion (6.90b) jedoch den Vorteil einer klaren Signatur aufgrund der emittierten Positronen. Tritt z.B. ein $\beta^+\beta^+$-Ereignis in einer dicken Materialprobe auf, so werden die Positronen in der Probe gestoppt und annihilieren dort. Die vier emittierten koinzidenten 511 keV-γ-Quanten würden einen eindeutigen Nachweis eines echten Ereignisses erlauben. Dieser Effekt könnte zumindest teilweise die kinematische Unterdrückung durch die Coulombbarriere und die niedrigen Q-Werte wieder ausgleichen.

Die jüngsten Messungen von $\beta^+\beta^+$-Halbwertszeiten

$$T_{1/2}^{(2\nu+0\nu)}(^{96}\text{Ru}) > 3.1 \cdot 10^{16} \text{ Jahre [Nor85]}, \quad (6.165\text{a})$$

$$T_{1/2}^{(2\nu+0\nu)}(^{106}\text{Cd}) > 2.6 \cdot 10^{17} \text{ Jahre [Nor84]}, \quad (6.165\text{b})$$

$$T_{1/2}^{2\nu}(^{124}\text{Xe}) > 2 \cdot 10^{14} \text{ Jahre [Bar89c]}, \quad (6.165\text{c})$$

$$T_{1/2}^{0\nu}(^{124}\text{Xe}) > 4.2 \cdot 10^{17} \text{ Jahre [Bar89c]} \quad (6.165\text{d})$$

liegen jedoch noch weit unterhalb der theoretischen Vorhersagen in Tab. 6.6. Die daraus abgeleiteten Grenzen für die Neutrinomasse (siehe Tab. 6.13) sind sehr viel weniger einschränkend als die aus Untersuchungen des $\beta^-\beta^-$-Zerfalls gewonnenen. Es erscheint sehr unwahrscheinlich, daß die Empfindlichkeit heutiger Detektoren den Nachweis einer Zweipositronen-Emission erlauben wird [Sta91].

Tab. 6.13 Obergrenzen für die effektive Neutrinomasse aus $\beta^+\beta^+$-Experimenten.

Übergang	$\langle m_\nu \rangle$ [eV/c^2]	Ref.
^{96}Ru $\to$ ^{96}Mo	$< 1.3 \cdot 10^6$	[Nor85]
^{106}Cd $\to$ ^{106}Pd	$< 3.5 \cdot 10^5$	[Nor84]
^{124}Xe $\to$ ^{124}Te	$< 1.3 \cdot 10^5$	[Bar89c]

Günstiger liegt der Fall für die Elektron-Positron-Konversion, da der Q-Wert um rund 1 MeV größer ist und immer noch eine klare Signatur durch das emittierte Positron vorliegt. Erwartete Halbwertszeiten für $2\nu\beta^+$-EC-Zerfall liegen z.T. mehr als vier Größenordnungen unter den Werten für $2\nu\beta^+\beta^+$-Zerfall (siehe Tab. 6.6) [Hir94].

Besondere Bedeutung würde ein β^+-EC-Experiment jedoch dann erlangen, wenn ein $0\nu\beta^-\beta^-$-Zerfall gefunden wäre, da es die zusätzliche Information aus dem $0\nu\beta^+$-EC-Zerfall erlauben würde, entweder auf eine *untere* Grenze für die Neutrinomasse oder auf die Existenz rechtshändiger schwacher Ströme zu schließen. Dieser Zusammenhang wurde von Hirsch et al. [Hir94] erkannt, auf die wir für eine ausführliche Diskussion verweisen.

6.2.6 Die Neutrinomischung im $0\nu\beta\beta$-Zerfall

Wir haben im vorherigen Abschnitt schon kurz die Bedeutung der effektiven Neutrinomasse im Doppelbetazerfall angesprochen. Wir wollen diese Diskussion im folgenden noch etwas vertiefen und in einen größeren Rahmen stellen.

Es konnte inzwischen eine Vielzahl von unterschiedlichsten Messungen der Eigenschaften des Neutrinos durchgeführt werden (siehe dieses und das folgende Kapitel). Es stellt sich nun die Frage, inwieweit die daraus abgeleiteten Resultate miteinander verträglich sind bzw. welche Schlußfolgerungen und Eingrenzungen im Rahmen bestehender Modelle bereits möglich geworden sind. Insbesondere seit der Diskussion eines massiven Neutrinos der Masse 17 keV/c^2 entstanden mehrere Arbeiten, die versuchten, die angesammelten experimentellen Daten in einen gemeinsamen Rahmen zu stellen und zu

6 Experimente zur Bestimmung der Neutrinomasse

interpretieren (siehe z.B. [Bab91b, Ben91, Bil91, Cal91a, Gla91, Him91b, Kol91, Kra91, Man91a]). Es werden mehrere Interpretationen und Erweiterungen des Standardmodells diskutiert. Wir können die interessanten Implikationen der verschiedenen experimentellen Resultate hier nicht im Detail wiedergeben, sondern beschränken uns darauf, einige der Querverbindungen anzudeuten.

Setzen wir die Existenz eines Masseneigenzustandes mit einer Masse von 17 keV/c^2 und einer Beimischung von etwa 1% zum Elektronneutrino einmal voraus, so ergibt sich aus der Nichtbeobachtung des $0\nu\beta\beta$-Zerfalls bereits ein scheinbarer Widerspruch. Die effektive Neutrinomasse $\langle m_\nu \rangle$ ist definiert durch (6.161)

$$\langle m_\nu \rangle = |\sum_j{}' m_j U_{ej}^2| = |\sum_j{}' m_j |L_{ej}|^2 \xi_j|, \qquad (6.166)$$

wobei der Phasenfaktor ξ_j die Werte ± 1 annimmt. Dies entspricht dem Fall mit CP-Erhaltung. Mit $m_1 < 10$ eV/c^2, $m_2 \simeq 17$ keV/c^2 und $U_{e2}^2 = 1\%$ folgt eine effektive Masse von $\langle m_\nu \rangle \simeq 170$ eV/c^2. Dabei haben wir weitere Neutrinozustände mit $i > 2$ zunächst vernachlässigt. Aus Abschnitt 6.2.5.4 (vgl. insbesondere Tab. 6.11) wissen wir aber, daß die experimentelle Obergrenze für $\langle m_\nu \rangle$ bereits zwei Größenordnungen kleiner ist.

Eine mögliche Interpretation wäre, daß ein 17-keV-Neutrino ein Dirac-Teilchen wäre und somit nicht zum Doppelbetazerfall beitragen kann, da (6.166) nur für Majorana-Neutrinos gültig ist. Eine alternative Interpretation schreibt dem 17-keV-Neutrino einen Majorana-Charakter zu und fordert gleichzeitig die Existenz wenigstens eines weiteren schweren Majorana-Neutrinos mit einem geeigneten Phasenfaktor ξ_j, derart, daß eine destruktive Interferenz in (6.166) für die kleine effektive Masse verantwortlich ist. Wir wollen an dieser Stelle noch erwähnen, daß der einfache β-Zerfall selbst unabhängig vom Charakter des ν_e ist und keine weiteren Schlußfolgerungen hinsichtlich der Unterscheidung beider Möglichkeiten erlaubt.

Weitere Einschränkungen werden durch die Berücksichtigung von Oszillationsexperimenten möglich. Betrachten wir den Fall einer Zweineutrino-Mischung (ν_2 sei das 17-keV-Neutrino und ν_1 die dominante Komponente des Elektronneutrinos), so gilt

$$\Delta m_{12}^2 = (17 \text{ keV}/c^2)^2 \qquad (6.167\text{a})$$

und

$$\sin^2 2\Theta_{12} = 4\sin^2\Theta_{12}\cos^2\Theta_{12}$$
$$\simeq 4\sin^2\Theta_{12}$$
$$= 4|U_{e2}|^2 \simeq 0.04. \qquad (6.167\text{b})$$

6.2 Der Doppelbetazerfall

Aus Messungen zu ν_e-ν_μ-Oszillationen folgt für große Massenparameter Δm_{12}^2 (siehe [Ahr85] und Tab. 7.5)

$$\sin^2 2\Theta_{12} < 3.4 \cdot 10^{-3}. \tag{6.167c}$$

Eine ν_e-ν_μ-Mischung im Tritiumzerfall wird also ausgeschlossen. Das schwere ν_2 kann also nicht die dominante Komponente des ν_μ sein. Die Interpretation als Tauneutrino ist jedoch erlaubt. Eine allgemeinere Behandlung erfordert die Betrachtung von drei Familien mit $m_1 \approx 0$, $m_2 \simeq 17$ keV/c^2 und $m_3 = ?$ (siehe z.B. [Cal91a]).

Die Möglichkeit, ein 17-keV-Neutrino durch Annahme eines Dirac-Charakters mit Experimenten zum $0\nu\beta\beta$-Zerfall in Einklang zu bringen, liefert indessen kosmologische Probleme. Stabile Neutrinos mit einer so großen Masse kommen mit der Kosmologie in Konflikt, da sie die im Kosmos vorhandene Massendichte zu stark erhöhen würden. Das ν_2 müßte daher schnell genug wieder zerfallen. Wenn die Zerfallsprodukte nur der schwachen Wechselwirkung unterliegen, erfordert die Kosmologie eine Lebensdauer von $\tau < 10^{14}$ s [Kol90]. In Abschn. 6.4 wird der Zerfall schwerer Neutrinos behandelt. Die dort für konventionelle Dirac-Neutrinos angegebenen Zerfallsraten sind viel zu klein, um mit der obigen kosmologischen Forderung im Einklang zu sein. Glashow zeigte, daß eine einfache Erweiterung des in Abschn. 6.2.4 diskutierten Majoron-Modells von [Chi81] zu der erforderlichen kurzen Lebensdauer des ν_2 führen kann [Gla91]. In diesem Modell treten in der Massenmatrix sowohl Dirac- als auch Majorana-Terme auf. Die Dirac-Massen werden durch die Kopplung an das „gewöhnliche" Higgs-Dublett erzeugt, während die Majorana-Beiträge von der die $(B-L)$-Symmetrie brechenden Kopplung herrühren.

Das erweiterte Neutrino-Spektrum besteht in diesem Ansatz aus zwei leichten Majorana-Neutrinos mit Massen von rund 10^{-3} eV/c^2 und zwei sehr schweren Majorana-Neutrinos mit so großen Massen, daß sie in gegenwärtigen Experimenten keine Rolle spielen. Zwei weitere Neutrinozustände sind praktisch entartet und bilden die beiden chiralen Komponenten eines 17-keV-Dirac-Neutrinos, das vermutlich als Tauneutrino zu interpretieren wäre. Der Zerfall des 17-keV-Neutrinos würde in eines der leichten Neutrinos (ν_e oder ν_μ) und ein masseloses Majoron erfolgen.

Die Dirac-Hypothese erscheint jedoch aufgrund der Beobachtung von Elektronneutrinos aus der SN1987A unwahrscheinlich. Auch die Ergebnisse der Gallex-Kollaboration zum solaren Neutrinofluß [Ans92] zeigen keinen Hinweis auf ein magnetisches Moment des Neutrinos, und favorisieren damit ein Majorana-Neutrino (siehe Kap. 7). Ein in der Supernova produziertes schweres Neutrino würde an Nukleonen oder Elektronen gestreut werden.

Als massives Dirac-Neutrino hätte es ein zur Masse proportionales magnetisches Moment, so daß das ursprünglich linkshändige Neutrino schließlich durch einen Spin-Flip in einen rechtshändigen Zustand übergehen würde. Ein rechtshändiges Neutrino nimmt nicht mehr an der schwachen Wechselwirkung teil (*steriles* Neutrino) und verläßt ungehindert das Innere der Supernova. Linkshändige Neutrinos werden dagegen aufgrund ihrer Wechselwirkung für eine gewisse Zeit in der Supernova eingeschlossen.

Die emittierten sterilen Neutrinos hätten eine zusätzliche Kühlung der Supernova zur Folge. Dadurch würde die gesamte in Form von Elektronneutrinos emittierte Energie vermindert und die Länge des nachgewiesenen Neutrinopulses verkürzt werden [Gan90, Gri90]. Die Zeitspanne für den IMB-Detektor sollte nur noch 1.4 s und für Kamiokande nur noch 3.3 s betragen. Tatsächlich wurden Neutrinos aber in einem Zeitintervall von 6 s bzw. 12 s registriert. Da Majorana-Neutrinos kein magnetisches Moment besitzen können, entfällt das oben diskutierte Problem einer Konversion in ein steriles Neutrinos und die damit verbundene zu starke Kühlung der Supernova. Diese Argumentation begünstigt daher die Majorana-Hypothese (mit einem weiteren schweren Neutrinozustand). Um die „Überschließung" des Universums zu verhindern, muß wieder ein Neutrinozerfall wie oben diskutiert angenommen werden. Eine ausführliche Diskussion in diesem Sinne findet man z.B. in [Cal91a] (siehe auch [Zub93]). Die Autoren kommen zu dem Schluß, daß, wenn ein 17-keV-Neutrino tatsächlich physikalische Realität sein sollte, die gegenwärtigen Grenzen aus Labormessungen sowie astrophysikalischen und kosmologischen Beobachtungen folgendes Bild ergeben [Cal91a]:

1. Das 17-keV-Neutrino (ν_2) ist ein Majorana-Teilchen und die dominante Komponente des ν_τ.

2. Das ν_2 bildet nicht die dunkle Materie des Universums.

3. Das ν_μ ist ein massives Majorana-Teilchen mit einer Masse von 17-keV/c^2 oder einer Masse im Bereich von 170 – 270 keV/c^2 mit einem entgegengesetzten CP-Eigenwert zu ν_2, um den neutrinolosen Doppelbetazerfall zu unterdrücken.

4. Die MSW-Lösung (siehe Kap. 7) des solaren Neutrinoproblems erfordert die Umwandlung (Oszillation) von ν_e in ein leichtes, steriles Neutrino, das ein $SU(2)$-Singulett bildet.

Wenn auch die obige Diskussion durch die experimentelle Entwicklung zum 17-keV-Neutrino teilweise an Aktualität verloren hat, so bleibt sie doch lehrreich und gibt Einblick in die typischen Argumentationsweisen.

6.3 Die Supernova SN1987A

Eine weitere spektakuläre Möglichkeit, Neutrinoeigenschaften zu bestimmen, besteht in der Messung von Laufzeitunterschieden von Neutrinos mit verschiedenen Energien aus Supernovaexplosionen. Aus den grundlegenden Beziehungen $E = mc^2$ und $p = mv$ folgt für die relativistische Geschwindigkeit eines Teilchens

$$v = \frac{pc^2}{E}. \tag{6.168}$$

Die Laufzeit eines Neutrinos zwischen dem Zeitpunkt t_{em} der Emission und dem Zeitpunkt t_{obs} des Nachweises ergibt sich in Abhängigkeit von der Neutrinomasse m_ν und der Neutrinoenergie E_ν zu

$$t_{obs} - t_{em} = \frac{l}{v} = \frac{lE_\nu}{p_\nu c^2} = t_0 \frac{1}{\sqrt{1 - \left(\frac{m_\nu c^2}{E_\nu}\right)^2}} \simeq t_0 \left(1 + \frac{m_\nu^2 c^4}{2E_\nu^2}\right). \tag{6.169}$$

l bezeichnet hierin die Laufstrecke, und $t_0 = l/c$ ist entsprechende Laufzeit des Lichtes.

Sofern also Neutrinos mit unterschiedlichen Energien emittiert werden, ergeben sich bei endlicher Ruhemasse Unterschiede in der Laufzeit. Nehmen wir weiterhin zunächst an, daß alle Neutrinos gleichzeitig emittiert werden, und seien E_{min} und E_{max} die minimale und die maximale Energie ihres Energiespektrums, so werden Neutrinos in dem Detektor über einen Zeitraum von

$$\Delta T = t_0 m_\nu^2 c^4 \left(\frac{1}{2E_{min}^2} - \frac{1}{2E_{max}^2}\right) \tag{6.170}$$

beobachtet. Aus dem Zeitintervall ΔT und den Energien läßt sich aus (6.170) die Neutrinomasse ableiten (siehe Abb. 6.44).

Erfolgt die Emission innerhalb eines Zeitintervalls Δt, so schwächen sich mögliche Aussagen über die Neutrinomasse ab. Das minimale bzw. maximale Zeitintervall, innerhalb dessen Neutrinos auf den Detektor auftreffen können, lautet nun

$$\Delta T(\Delta t) = t_0 m_\nu^2 c^4 \left(\frac{1}{2E_{min}^2} - \frac{1}{2E_{max}^2}\right) \pm \Delta t, \tag{6.171}$$

wobei die obere Grenze der Situation entspricht, daß das Neutrino mit der größten Energie als erstes und das mit der kleinsten Energie zuletzt emittiert wird (siehe Abb. 6.44 und z.B. [Gro89,90]).

Bei einer Supernova-Explosion werden innerhalb sehr kurzer Zeit (wenige Sekunden) riesige Mengen von Neutrinos freigesetzt. Man nimmt heute an,

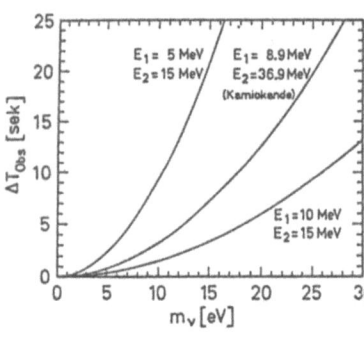
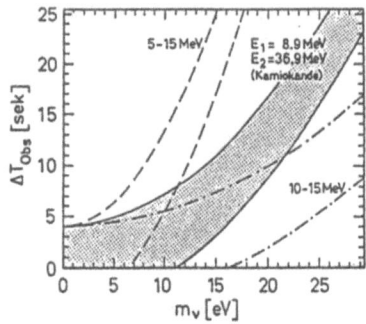

Abb. 6.44 Zur Supernova 1987a: (a) Neutrinomasse als Funktion des Zeitintervalls ΔT zwischen der Beobachtung *gleichzeitig* emittierter Neutrinos unterschiedlicher Energien E_1 und E_2 auf der Erde. Innerhalb von $\Delta T = 12,439$ s ($1,915$ s) wurden im Kamiokande-Experiment 11 (8) Neutrinos mit Energien zwischen 8,9 und 36,9 MeV beobachtet; (b) Neutrinomasse als Funktion von ΔT bei Annahme von Emission der Neutrinos innerhalb eines Zeitintervalls $\Delta t = 4$ s. Entsprechend (6.171) hat man jetzt pro Wert von ΔT einen *Bereich* von möglichen m_ν zwischen zwei jeweils zusammengehörigen Kurven. Für $\Delta T = 1,915$ s ergibt sich z.B. $m_\nu < 13,5$ eV (aus [Gro89,90]).

daß Sterne mit Massen größer als etwa acht Sonnenmassen am Ende ihrer Entwicklung in Supernova-Explosionen (vom Typ II) unter Bildung von Neutronensternen oder gar schwarzen Löchern enden.

Der Gravitationskollaps eines massiven Sterns steht am Ende der verschiedenen hydrostatischen Brennphasen, in denen sukzessive immer schwerere Kerne bis Eisen gebildet werden. Übersteigt die Masse des Eisenkerns die sogenannte Chandrasekhar-Grenze [Cha39], so kann der Druck des relativistisch entarteten Elektronengases der Schwerkraft nicht mehr standhalten. Der Core des Sterns wird instabil, es setzt ein dynamischer Kollaps ein. Die insgesamt während des Gravitationskollaps freigesetzte Energie entspricht der Gravitationsenergie eines Neutronensterns vom Radius R

$$E \simeq \frac{GM^2}{R} \qquad (6.172)$$

und beläuft sich auf rund $3 \cdot 10^{46}$ J. Der Hauptteil dieser gewaltigen Energiemenge wird durch Neutrinos fortgetragen.

Ausgelöst wird der Gravitationskollaps durch die Photodisintegration von Kernen der Eisengruppe und das Einsetzen des Elektroneinfangs an freien Protonen und Kernen, wodurch ein erster kurzer Neutrinopuls von etwa 10 ms Dauer entsteht. Dieser Puls enthält ca. 5% aller abgestrahlten Neutrinos

6.3 Die Supernova SN1987A

und setzt sich nach (6.1c) hauptsächlich aus Elektronneutrinos (ν_e) zusammen. Während der Kühlphase des Sterncores entstehen durch thermische Prozesse wie die Paarerzeugung

$$e^+ + e^- \rightarrow \nu_i + \bar{\nu}_i, \quad i = e, \mu, \tau \tag{6.173}$$

Neutrinos aller Flavors (die ν_μ- und ν_τ-Produktion verläuft dabei nur über neutrale schwache Ströme (Z^0-Austausch)). Man erhält grob gesprochen eine statistische Mischung aller drei Neutrinoflavors mit den entsprechenden Teilchen und Antiteilchen. Die typische Energie beträgt rund 10 MeV. Abb. 6.45 zeigt die Neutrinoluminosität eines Hauptreihensterns mit der Masse $M = 25 M_\odot$. Der Prozeß (6.173) besitzt während des Kollaps praktisch keine Bedeutung [Bru85]. Man erwartet daher einen kurzen, scharfen ν_e-Puls aus dem Elektroneinfang im kollabierenden Core, gefolgt von der durch die Diffusionszeit bestimmten Emission des Hauptteils des Neutrinoflusses aus der Paarerzeugungsreaktion im strahlenden Core.

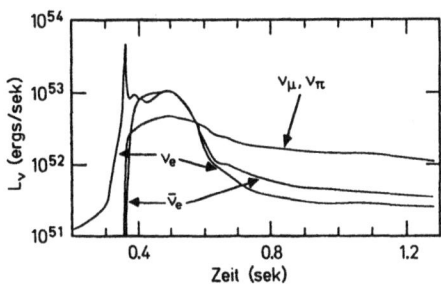

Abb. 6.45
Luminosität eines $2 M_\odot$ „Fe"-Core's eines $\approx 25 M_\odot$ Hauptreihensterns als Funktion der Zeit nach Einsatz des Kollapses für die verschiedenen Neutrino-Flavors (aus [Bru87]).

Am 23. Februar 1987 konnte bekanntlich eine Supernova-Explosion in einer der Messung zugänglichen Entfernung beobachtet werden (SN1987A). Dieses seltene Ereignis fand in der Großen Magellanschen Wolke in etwa 170000 Lichtjahren Entfernung statt. Nach den spektralen Eigenschaften handelt es sich um eine Supernova vom Typ II. Das Neutrinosignal wurde bereits vor dem Sichtbarwerden der Explosion von verschiedenen Neutrinodetektoren[10] in Japan (Kamiokande [Hir87]), in den USA (IMB [Bio87]), in Frankreich (Mont Blanc [Agl87]) und in der UdSSR (Baksan [Ale88]) gesehen (siehe auch [Kos92]). Damit wurden erstmals zweifelsfrei Neutrinos nachgewiesen, die ihren Ursprung nicht in unserem Sonnensystem haben.

---

[10] Diese Detektoren wurden zum Teil zur Suche nach dem Zerfall des Protons verwendet und sind daher bereits in Kap. 4 beschrieben worden. Der Ursprung der Mont Blanc-Signale ist allerdings umstritten

6 Experimente zur Bestimmung der Neutrinomasse

Da der Wirkungsquerschnitt für die Reaktion

$$\nu_e + e^- \to \nu_e + e^- \tag{6.174}$$

im Energiebereich von 10 MeV um etwa zwei Größenordnungen kleiner ist als der für die Reaktion

$$\bar{\nu}_e + p \to e^+ + n, \tag{6.175}$$

sind die Wasser-Cerenkovzähler und Szintillationsdetektoren im wesentlichen empfindlich auf $\bar{\nu}_e$, so daß wahrscheinlich keine ν_e aus dem ersten kurzen Puls gesehen wurden [Bru87, Sat87]. Nach (6.173) bilden die $\bar{\nu}_e$ etwa 1/6 des gesamten Neutrinoflusses aus einer Supernova.

Tab. 6.14 faßt die von den Wasser-Cerenkovzählern (Kamiokande II und IMB) und den Szintillationsdetektoren (Mont Blanc und Baksan) registrierten Neutrinoereignisse und deren Energien zusammen. Es fällt insbesondere auf, daß das Neutrinosignal im Mont-Blanc-Detektor zeitlich fast fünf Stunden vor den anderen Ereignissen liegt. Dies macht seine Interpretation als SN-Neutrinosignal zweifelhaft. Der Mont-Blanc-Detektor und der Baksan-Detektor ergaben jeweils fünf Neutrinos über einen Zeitraum von 7 s bzw. 9,1 s. IMB konnte acht Ereignisse innerhalb von 6 s nachweisen. Die meisten Ereignisse, nämlich elf mit Energien oberhalb einer Schwelle von 7,5 MeV innerhalb von 12 s, wurden vom Kamiokande II-Detektor registriert. Es fällt jedoch auf, daß die letzten drei dieser elf Ereignisse zeitlich sehr spät liegen, d.h. acht Neutrinos wurden innerhalb von 1.915 s gesehen.

Aufgrund ihrer Winkelverteilung könnten die beiden ersten der Kamiokande-Ereignisse möglicherweise auch auf die Neutrino-Elektron-Streuung anstatt auf (6.175) zurückzuführen sein [Hir87]. Nimmt man neun Antineutrino-Ereignisse an, so folgt aus der Empfindlichkeit des Cerenkovzählers und dem Wirkungsquerschnitt für die Reaktion (6.175) ein integraler $\bar{\nu}_e$-Fluß von $1.0 \cdot 10^{10}$ cm^{-2}. Bei einer mittleren Neutrinoenergie von 15 MeV ergibt dies für die Supernova SN1987A eine Energieabgabe von $8 \cdot 10^{45}$ J in Form von Elektron-Antineutrinos [Hir87]. Die IMB-Daten ergeben für monoenergetische 32 MeV-$\bar{\nu}_e$ einen $\bar{\nu}_e$-Fluß von $8 \cdot 10^8$ cm^{-2}. Daraus berechnet sich die $\bar{\nu}_e$-Luminosität der SN1987A zu $1 \cdot 10^{45}$ J [Bio87].

Bei der Analyse der Daten stellt sich natürlich die entscheidende Frage, ob die zeitliche Streuung der Ereignisse mit der Zeitskala der Neutrinoemission durch die Supernova oder durch die Dispersion aufgrund einer endlichen Neutrinomasse hervorgerufen wird. Leider ergeben sich bei der Interpretation der Daten Schwierigkeiten aus den ungenauen Zeitmessungen und den unterschiedlichen Energieschwellen der verschiedenen Detektoren.

6.3 Die Supernova SN1987A

Tab. 6.14 Tabelle der von den vier Neutrinodetektoren Kamikande II [Hir87], IMB [Bio87], Mont Blanc [Agl87] und Baksan [Ale88] registrierten Neutrinoereignisse. T bezeichnet den Zeitpunkt des Ereignisses, E gibt die im Detektor sichtbare Energie des Elektrons (Positrons) an.

Detektor Nr.		T [UT]	E [MeV]	Detektor Nr.		T [UT]	E [MeV]
Kamioka	1	7 : 35 : 35.000	20 ± 2.9	Baksan	1	7 : 36 : 11.818	12 ± 2.4
	2	7 : 35 : 35.107	13.5 ± 3.2		2	7 : 36 : 12.253	18 ± 3.6
	3	7 : 35 : 35.303	7.5 ± 2.0		3	7 : 36 : 13.528	23.3 ± 4.7
	4	7 : 35 : 35.324	9.2 ± 2.7		4	7 : 36 : 19.505	17 ± 3.4
	5	7 : 35 : 35.507	12.8 ± 2.9		5	7 : 36 : 20.917	20.1 ± 4.0
	(6)	7 : 35 : 35.686	6.3 ± 1.7	Mt. Blanc	1	2 : 52 : 36.79	7 ± 1.4
	7	7 : 35 : 36.541	35.4 ± 8.0		2	2 : 52 : 40.65	8 ± 1.6
	8	7 : 35 : 36.728	21.0 ± 4.2		3	2 : 52 : 41.01	11 ± 2.2
	9	7 : 35 : 36.915	19.8 ± 3.2		4	2 : 52 : 42.70	7 ± 1.4
	10	7 : 35 : 44.219	8.6 ± 2.7		5	2 : 52 : 43.80	9 ± 1.8
	11	7 : 35 : 45.433	13.0 ± 2.6				
	12	7 : 35 : 47.439	8.9 ± 1.9				
IMB	1	7 : 35 : 41.37	38 ± 9.5				
	2	7 : 35 : 41.79	37 ± 9.3				
	3	7 : 35 : 42.02	40 ± 10				
	4	7 : 35 : 42.52	35 ± 8.8				
	5	7 : 35 : 42.94	29 ± 7.3				
	6	7 : 35 : 44.06	37 ± 9.3				
	7	7 : 35 : 46.38	20 ± 5.0				
	8	7 : 35 : 46.96	24 ± 6.0				

Eine Vielzahl von Autoren veröffentlichte Analysen der in Tab. 6.14 aufgelisteten Daten im Hinblick auf die Neutrinomasse. Dabei gehen jedoch mehr oder weniger begründete Modellannahmen ein. Wir wollen uns beispielhaft die Daten der Kamiokande-Kollaboration etwas näher anschauen. Es wurden elf Ereignisse oberhalb einer Schwellenenergie von 7.5 MeV nachgewiesen. Die Neutrinoenergie berechnet sich aus der in Tab. 6.14 angegebenen Elektronenenergie E_e nach

$$E_{\bar{\nu}_e} = E_e + m_e c^2 + (m_n - m_p)c^2 = E_e + 1.3 \text{ MeV}. \tag{6.176}$$

In einem Zeitintervall von $\Delta T = 12.439$ s wurden folglich elf Ereignisse mit einer minimalen Energie $E_{min} = 8.8$ MeV und einer maximalen Energie $E_{max} = 36.7$ MeV registriert. Nehmen wir zunächst an, daß alle Neutrinos gleichzeitig emittiert wurden ($\Delta t = 0$), so folgt aus (6.170) und der Entfernung von 170000 Lichtjahren ($t_0 \simeq 5.3 \cdot 10^{12}$ s) für die Neutrinomasse

$$m_\nu = 19.6 \text{ eV}/c^2. \qquad (6.177\text{a})$$

Unter Vernachlässigung der letzten drei Ereignisse ergibt sich mit $\Delta T = 1.915$ s eine Masse von

$$m_\nu = 7.7 \text{ eV}/c^2. \qquad (6.177\text{b})$$

Die Emissionszeiten Δt der Neutrinos aus einer Supernova variieren nach gängigen Modellvorstellungen in einem Bereich von einigen Sekunden, wodurch die möglichen Aussagen hinsichtlich der Neutrinomasse erheblich abgeschwächt werden. Unter der Annahme von $\Delta t = 4$ s folgt aus den Kamiokande-Daten (vgl. [Gro89,90]) nur eine obere Grenze für die Neutrinomasse (siehe Abb. 6.44)

$$m_\nu < 22.6 \text{ eV}/c^2 \quad (\Delta T = 12.439 \text{ s}), \qquad (6.178\text{a})$$
$$m_\nu < 13.5 \text{ eV}/c^2 \quad (\Delta T = 1.915 \text{ s}). \qquad (6.178\text{b})$$

Von den vielen veröffentlichten Massengrenzen aus der Beobachtung der Supernova-Neutrinos seien hier nur $m_\nu c^2 < 27$ eV [Arn87] und $m_\nu c^2 < 11$ eV [Bah87] genannt. Kolb und Mitarbeiter [Kol87] erhielten in einer ausführlichen Analyse unter Berücksichtigung von Modellabhängigkeiten eine Obergrenze von

$$m_\nu < 20 \text{ eV}/c^2. \qquad (6.179)$$

Eine weitergehende, zuverlässige Aussage erscheint danach kaum möglich zu sein. Dennoch ist es bemerkenswert, daß die Empfindlichkeit dieser Laufzeitmethode auf die Neutrinomasse trotz der wenigen registrierten Ereignisse doch sehr nahe an die der Tritiumexperimente heranreicht.

Für weitere Details zur Physik der SN1987A verweisen wir z.B. auf [Tri88, Sch90b].

6.4 Der Neutrinozerfall

Wenn Neutrinos eine endliche Ruhemasse besitzen und die Masseneigenzustände nicht identisch mit den Wechselwirkungszuständen sind, dann besteht die Möglichkeit eines Neutrinozerfalls. Ein schwerer Neutrinozustand, der der Neutrinowellenfunktion beigemischt ist, wird in jeder Neutrinoquelle erzeugt, sofern die kinematischen Bedingungen erfüllt sind. Im Kernbetazerfall gilt z.B. für das Verzweigungsverhältnis für die Emission eines schweren Neutrinos ν_2 mit einer Energie E_{ν_2} (vgl. (6.49) und (6.61))

6.4 Der Neutrinozerfall

$$B(E_{\nu_2}) = |U_{e2}|^2 \sqrt{1 - \frac{m_2^2 c^4}{(E_{\nu_2} + m_2 c^2)^2}} \Theta(E_{\nu_2}). \qquad (6.180)$$

U_{e2} bezeichnet den Mischungswinkel. Die Θ-Funktion (Sprungfunktion) berücksichtigt die Tatsache, daß ein Neutrinozustand der Masse m_2 nur dann emittiert werden kann, wenn genügend Energie zur Verfügung steht.

Man kann sich je nach den energetischen Verhältnissen verschiedene Zerfallskanäle denken. Zum Beispiel sind folgende Übergänge möglich (siehe Abb. 6.46, 6.47):

$$\nu_2 \to \nu_1 + l_i^- + l_j^+, \quad l_{i,j} = e, \mu, \ldots$$
$$\text{für } m_2 > m_1 + m_{l_i} + m_{l_j}, \qquad (6.181a)$$
$$\nu_2 \to \nu_1 + \nu_1 + \bar{\nu}_1 \quad \text{für } m_2 > 3 m_1, \qquad (6.181b)$$
$$\nu_2 \to \nu_1 + \gamma \quad \text{für } m_2 > m_1. \qquad (6.181c)$$

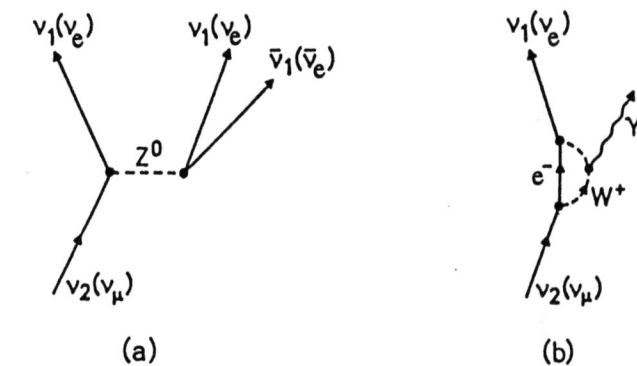

Abb. 6.46 Graphen des Neutrinozerfalls: (a) $\nu_2 \to \nu_1 + \nu_1 + \overline{\nu_1}$; (b) $\nu_2 \to \nu_1 + \gamma$.

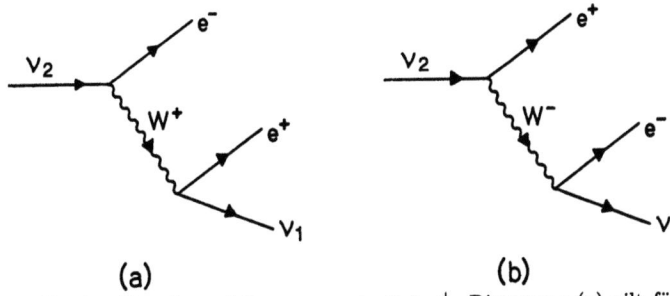

Abb. 6.47 Graphen für den Neutrinozerfall $\nu_2 \to \nu_1 + e^- + e^+$. Diagramm (a) gilt für Dirac-Neutrinos. Im Falle von Majorana-Neutrinos sind die Graphen (a) und (b) zu addieren (nach [Boe92]).

Betrachten wir den Zerfall eines schweren Neutrinos in ein Elektron-Positron-Paar und ein leichtes Neutrino

$$\nu_2 \to \nu_1 + e^- + e^+ . \tag{6.182}$$

Für $m_2 \gg 2m_e$ gilt für die inverse Lebensdauer des schweren Neutrinos in seinem Ruhesystem [Shr81]

$$\frac{1}{\tau} = \frac{G_F^2 m_2^5 c^4}{192\pi^3 \hbar^7} |U_{e2}|^2 . \tag{6.183}$$

Dieser Ausdruck ist vollständig analog zur Zerfallsrate des Myons für den Prozeß $\mu^- \to e^- + \bar{\nu}_e + \nu_\mu$. Die Feynmangraphen, die den Zerfall (6.182) beschreiben, sind in Abb. 6.47 wiedergegeben. Wenn das schwere Neutrino ein Dirac-Teilchen ist, dann muß nur das in Abb. 6.47a gezeigte Diagramm berücksichtigt werden, während im Falle eines Majorana-Teilchens beide Graphen zu addieren sind. Da das Neutrino ν_1 im Prozeß a) linkshändig, im Prozeß b) jedoch rechtshändig ist, interferieren die Terme nicht, so daß die Zerfallsrate für Dirac- und Majorana-Neutrinos identisch ist (vgl. auch [Boe87,92]). Allerdings könnte die Winkelverteilung des Elektrons eine Unterscheidung zwischen Dirac- und Majorana-Charakter erlauben [Li82].

Nach (6.58) und (6.77b) liegen die Massen der dominanten Masseneigenzustände des ν_e und des ν_μ bereits unterhalb der Schwelle für den Zerfall in ein e^+e^--Paar. Während es schwierig erscheint, die obere Massengrenze für das ν_τ mit Hilfe von direkten, kinematischen Messungen weiter herunterzudrücken, bietet die Suche nach dem Zerfall z.B. des ν_τ eine einzigartige Möglichkeit, dessen Masse auch im Bereich weit unterhalb von 31 MeV/c^2 zu testen.

An Hochenergiebeschleunigern wurde nach dem Zerfall von Neutrinos in geladene Leptonen von verschiedenen Gruppen gesucht (siehe z.B. [Ber86] und die in [Fei88a] genannten Referenzen). Die Ergebnisse dieser Messungen für die Mischungsparameter $|U_{e2}|^2$ und $|U_{\mu 2}|^2$ als Funktion der Masse der schweren Neutrinokomponente sind in Abb. 6.48 gezeigt.

Bekanntlich stellt (siehe Kap. 7) ein Reaktor eine intensive Antineutrinoquelle mit $\bar{\nu}_e$-Energien bis etwa 8 MeV dar. Daher eignen sich Reaktoren für Experimente zum Neutrinozerfall in e^+e^--Paare im Energiebereich[11]

$$1 \text{ MeV} \leq m_2 c^2 \leq 8 \text{ MeV} . \tag{6.184}$$

---

[11] die Schwelle für den Zerfall (6.182) liegt bei 1 MeV.

6.4 Der Neutrinozerfall   301

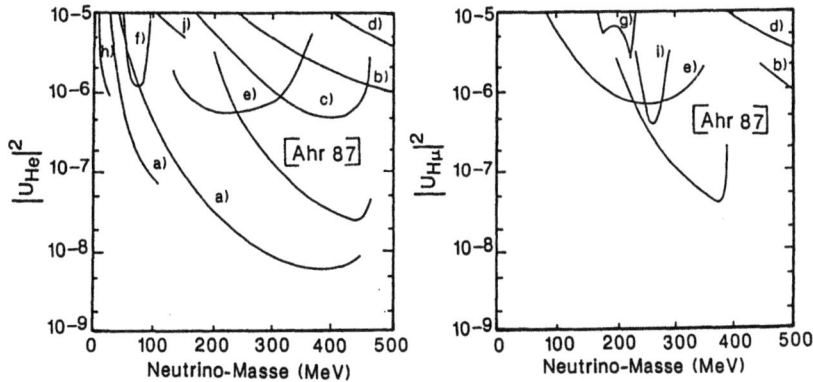

Abb. 6.48 Grenzen (90% Konfidenzlevel) für die Mischungsmatrixelemente $|U_{e2}|^2 = |U_{He}|^2$ und $|U_{\mu 2}|^2 = |U_{H\mu}|^2$ als Funktion der Masse der schweren Neutrinokomponente aus Beschleuniger-Experimenten. Ausgeschlossen sind die Bereiche oberhalb der Kurven (nach [Ahr87], aus [Fei88a]).

Der Formalismus für den Zerfall von Reaktorneutrinos ist ausführlich in [Vog84] dargestellt. Ein entsprechendes Experiment wurde am schweizerischen Leistungsreaktor in Gösgen durchgeführt [Obe87]. Die durch den möglichen Zerfall des Neutrinos ν_2 erzeugten Elektron-Positron-Paare werden dadurch identifiziert, daß man die Zählraten während des Reaktorbetriebs mit den Zählraten bei abgeschaltetem Reaktor vergleicht. Als Detektor dienten 375 Liter Flüssigszintillator. Die aus dieser Messung abgeleiteten Grenzen sind in Abb. 6.49 in der $|U_{e2}|^2$-m_2-Ebene dargestellt.

Für schwere Neutrinos mit Massen unterhalb der Schwelle von 1 MeV/c^2 ist der Zerfall in ein leichtes Neutrino und ein γ-Quant der wohl einzige direkt

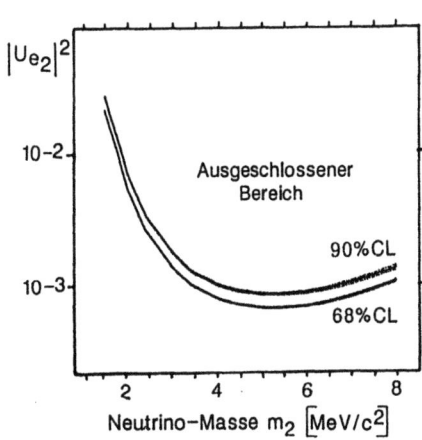

Abb. 6.49
Aus der Messung am Gösgen-Reaktor [Obe87] zum Zerfall von $\bar{\nu}_e$ in e^+e^--Paare abgeleitete Grenzen für $|U_{e2}|^2$ als Funktion der Masse m_2 (aus [Fei88a]).

beobachtbare Prozeß. Untere Grenzen für die Lebensdauer wurden ebenfalls in dem oben erwähnten Reaktorexperiment abgeleitet [Obe87]. Sehr empfindliche Aussagen folgen aus der Beobachtung des Neutrinoflusses von der Supernova SN1987A und des während dieser Zeit von dem Solar-Maximum-Mission-Satelliten aufgenommenen γ-Flusses (siehe [Obe88]). Im Energieintervall 4.1 MeV$< E_\gamma <$ 6.4 MeV wurde kein signifikanter Anstieg der γ-Rate beobachtet. Aus diesen Daten leitet sich folgende Grenze für die Stabilität des Elektron-Antineutrinos ab [Fei88b]

$$\frac{\tau_{\bar{\nu}_e}}{m_{\bar{\nu}_e}c^2} > 8.3 \cdot 10^{14} \text{ s/eV}. \tag{6.185}$$

Zwar wurden hier auf der Erde keine Supernova-Neutrinos der anderen Flavors nachgewiesen, dennoch kann für den jeweils dominanten Masseneigenzustand ν_α folgende Grenze berechnet werden

$$\frac{\tau_{\nu_\alpha}}{m_{\nu_\alpha}c^2} > 3.3 \cdot 10^{14} \text{ s/eV}. \tag{6.186}$$

Bislang ist es also noch nicht gelungen, einen Neutrinozerfall experimentell nachzuweisen. Natürlich hätte ein solcher Prozeß unter Umständen schwerwiegende kosmologische Konsequenzen, auf die wir an dieser Stelle jedoch nicht näher eingehen wollen. Wir verweisen z.B. auf [Gel88, Gro89,90,92, Kol90].

7 Neutrinooszillationen

7.1 Einleitung und Phänomenologie der Neutrinooszillationen

In Kapitel 1 und 6 wurde bereits angedeutet, daß das Neutrino eine Sonderstellung unter den bekannten Elementarteilchen einnimmt (siehe auch [Lan88, Gro89,90, Moh91a]). Von besonderem Interesse sind experimentelle Fragestellungen nach der Neutrinomasse und der Neutrinomischung. Eng damit verknüpft ist die Frage nach der Erhaltung der Leptonenzahl. Wenn die verschiedenen Neutrino-Flavors aufgrund von Massentermen in der Lagrangedichte miteinander mischen, dann können die auf den Flavor bezogenen Leptonenzahlen L_i ($i = e, \mu, \tau$) nicht erhalten sein, da eine Mischung die Umwandlung der verschiedenen Neutrinos ineinander erlaubt. Sind die Neutrinos Dirac-Teilchen, so besteht die Möglichkeit, daß die totale Leptonenzahl $L = \sum_i L_i$ erhalten bleibt. Für Majorana-Teilchen wäre auch dies nicht mehr möglich, da in diesem Fall Teilchen und Antiteilchen identisch sind und die übliche Zuordnung dieser additiven Quantenzahl nicht mehr sinnvoll ist.

Eine wichtige experimentelle Möglichkeit zur Bestimmung von Eigenschaften des Neutrinos, insbesondere seiner Masse und der Mischungsparameter, besteht in der Suche nach Neutrinooszillationen. Dieses Phänomen wurde erstmals von Pontecorvo vorgeschlagen [Pon57,58] und wird als Lösung des sogenannten solaren Neutrinoproblems diskutiert (s.u.).

Unter Neutrinooszillationen versteht man die Umwandlung eines Neutrinos eines bestimmten Flavors in ein Neutrino eines anderen Flavors (vgl. Abb. 7.1). Denkbar wären auch Neutrino-Antineutrinooszillationen. Wir

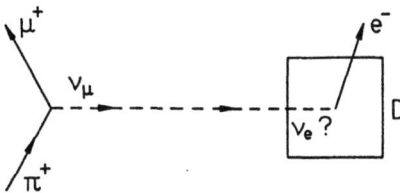

Abb. 7.1
Das Prinzip von Neutrino-Oszillationsexperimenten (aus [Kay89]). D steht für Detektor.

wollen uns im folgenden jedoch zunächst auf die Diskussion von Flavoroszillationen beschränken. Dieses Phänomen bedeutet, daß man z.b. etwa ausgehend von einem reinen ν_μ-Strahl nach einer Flugstrecke x eine von Null verschiedene Wahrscheinlichkeit dafür findet, ein ν_e nachzuweisen.

Gegenwärtig sind drei verschiedene Neutrinosorten bekannt, nämlich ν_e, ν_μ und ν_τ (wobei die Existenz des letzteren bislang nur auf indirektem Wege belegt ist). Diese Flavors sind Eigenzustände der schwachen Wechselwirkung, über die die Neutrinos erzeugt werden und über die z.B. die folgenden Zerfälle ablaufen:

$$\pi^+ \to \mu^+ + \nu_\mu, \tag{7.1a}$$
$$\pi^+ \to e^+ + \nu_e, \tag{7.1b}$$
$$\tau^+ \to e^+ + \nu_e + \bar{\nu}_\tau. \tag{7.1c}$$

Es läßt sich eine Leptonenzahl L_i ($i = e, \mu, \tau, \ldots$) einführen, die die Werte $+1$ für ein Teilchen und -1 für ein Antiteilchen annehmen kann. Diese Leptonenzahl ist definiert als der Eigenwert des Leptonenzahloperators $\mathcal{L}_i$

$$\mathcal{L}_i|\nu_j\rangle = \delta_{ij}|\nu_j\rangle \tag{7.2a}$$
$$\mathcal{L}_i|\bar{\nu}_j\rangle = -\delta_{ij}|\bar{\nu}_j\rangle. \tag{7.2b}$$

Die experimentelle Erfahrung lehrt, daß diese Leptonenzahl in guter Näherung eine Erhaltungsgröße ist. Da diesem Erhaltungssatz jedoch keine bekannte Symmetrie der Lagrangedichte zugrundeliegt, handelt es sich vermutlich nicht um ein fundamentales physikalisches Gesetz.

Das Auftreten von Neutrinooszillationen

$$\nu_i \leftrightarrow \nu_j, \quad i \neq j \tag{7.3}$$

würde den Satz von der Erhaltung der Leptonenzahl verletzen, allerdings bliebe die totale Leptonenzahl L erhalten, wie folgendes Beispiel zeigt:

$$\nu_\mu \to \nu_e \tag{7.4}$$
$$\delta L_\mu = -1, \quad \delta L_e = +1$$
$$\Rightarrow \delta L = \delta L_\mu + \delta L_e = 0.$$

Neutrinooszillationen sind nur möglich, wenn wenigstens ein Neutrino eine von Null verschiedene Ruhemasse besitzt. Falls die Eigenzustände $|\nu_i\rangle$ des Leptonenzahloperators bzw. des Hamiltonoperators der schwachen Wechselwirkung keine Eigenzustände des Massenoperators sind, tritt eine Neutrinomischung auf. Dieses Phänomen ist vom Quarksektor her bekannt. Die Quarkzustände $|s\rangle$ und $|d\rangle$ sind keine Eigenzustände zur schwachen Wechselwirkung, sondern um den Cabibbo-Winkel θ_C gegen diese gedreht (siehe Kap. 1.3.2).

7.2 Der Formalismus

7.2.1 Die Massenmatrix und die Teilchenmischung

In diesem Abschnitt soll am Beispiel von zwei Leptonengenerationen (e, μ) veranschaulicht werden, wie die Neutrinomischung durch die Massenmatrix zustande kommt. Ordnet man den Neutrinos eine Ruhemasse zu, so enthält die Lagrangedichte einen Neutrinomassenterm $\mathcal{L}_m$. Wir nehmen zur Vereinfachung an, daß Neutrinos Dirac-Teilchen sind und daß CP erhalten ist. Der allgemeinste Massenterm lautet unter diesen Voraussetzungen

$$-\mathcal{L}_m = \bar{\nu}\mathcal{M}_\nu \nu \tag{7.5a}$$

mit

$$\nu = \begin{pmatrix} \nu_e \\ \nu_\mu \end{pmatrix} \tag{7.5b}$$

und

$$\mathcal{M}_\nu = \begin{pmatrix} m_{\nu_e \nu_e} c^2 & m_{\nu_e \nu_\mu} c^2 \\ m_{\nu_e \nu_\mu} c^2 & m_{\nu_\mu \nu_\mu} c^2 \end{pmatrix}. \tag{7.5c}$$

Um die Gleichungen übersichtlich zu gestalten, werden wir im folgenden nicht das SI-Einheitensystem verwenden, sondern die in der Fachliteratur oft übliche Notation $\hbar = c = 1$ benutzen. In der Basis der Wechselwirkungseigenzustände (ν_e, ν_μ) besitzt die Lagrangedichte $\mathcal{L}_m$ im allgemeinen nicht verschwindende Außerdiagonalelemente. Aufgrund ihrer Symmetrie kann die Massenmatrix jedoch diagonalisiert werden. Dies erreicht man durch die folgende unitäre Transformation

$$\nu = U^\dagger \nu', \tag{7.6a}$$

d.h. in unserem speziellen Fall

$$\begin{pmatrix} \nu_e \\ \nu_\mu \end{pmatrix} = \begin{pmatrix} \cos\theta & \sin\theta \\ -\sin\theta & \cos\theta \end{pmatrix} \begin{pmatrix} \nu_1 \\ \nu_2 \end{pmatrix}. \tag{7.6b}$$

Da die physikalischen Eigenschaften unabhängig von der gewählten Basis sind, gilt

$$\bar{\nu}\mathcal{M}_\nu \nu = \bar{\nu}'\mathcal{M}_\nu^{\text{Diag}} \nu' \tag{7.7a}$$

mit

$$\mathcal{M}_\nu^{\text{Diag}} = \begin{pmatrix} m_1 & 0 \\ 0 & m_2 \end{pmatrix}. \tag{7.7b}$$

Daraus ergibt sich

$$\mathcal{M}_\nu^{\text{Diag}} = U \mathcal{M}_\nu U^\dagger \tag{7.8}$$

7 Neutrinooszillationen

Für die Masseneigenwerte m_1 und m_2 findet man

$$m_{1/2} = \frac{1}{2}\left[m_{\nu_e\nu_e} + m_{\nu_\mu\nu_\mu} \pm \sqrt{(m_{\nu_e\nu_e} - m_{\nu_\mu\nu_\mu})^2 + 4m_{\nu_e\nu_\mu}^2}\right]. \quad (7.9)$$

Der Mischungswinkel lautet

$$\tan 2\theta = \frac{2m_{\nu_e\nu_\mu}}{m_{\nu_\mu\nu_\mu} - m_{\nu_e\nu_e}}. \quad (7.10)$$

Die Teilchen ν_1 und ν_2 besitzen die Massen m_1 bzw. m_2. Die Matrixelemente von $\mathcal{M}_\nu$ können durch die Eigenwerte m_1 und m_2 und den Winkel θ ausgedrückt werden

$$m_{\nu_e\nu_e} \equiv m_{\nu_e} = m_1 \cos^2\theta + m_2 \sin^2\theta, \quad (7.11\text{a})$$
$$m_{\nu_\mu\nu_\mu} \equiv m_{\nu_\mu} = m_1 \sin^2\theta + m_2 \cos^2\theta, \quad (7.11\text{b})$$
$$m_{\nu_e\nu_\mu} = (m_2 - m_1)\sin\theta\cos\theta. \quad (7.11\text{c})$$

Um einen Neutrinozustand im Hilbertraum darzustellen, benötigt man eine Basis. Die Wechselwirkungseigenzustände $|\nu_i\rangle$ zum Leptonenzahloperator $\mathcal{L}_i$ bilden eine mögliches System von Basisvektoren. Da die Leptonenzahl eine Observable ist, handelt es sich bei $\mathcal{L}_i$ um einen selbstadjungierten Operator, so daß die $|\nu_i\rangle$ eine Orthonormalbasis bilden

$$\langle \nu_i | \nu_j \rangle = \delta_{ij}. \quad (7.12)$$

In dem Beispiel zu Beginn dieses Abschnitts haben wir bereits eine weitere Basis definiert, in der der Massenoperator diagonal ist

$$\mathcal{M}_\nu |\nu_\alpha\rangle = m_\alpha |\nu_\alpha\rangle, \qquad \alpha = 1, 2, 3, \ldots \quad (7.13)$$

wobei die Parameter m_α die jeweiligen Teilchenmassen bezeichnen. Die $|\nu_\alpha\rangle$ werden im allgemeinen als Masseneigenzustände bezeichnet. Die zeitliche Entwicklung dieser Zustände im freien Raum ohne Wechselwirkung ist nach der Dirac-Gleichung gegeben durch

$$|\nu_\alpha(t)\rangle = |\nu_\alpha\rangle e^{i(\vec{p}_\alpha\vec{x} - E_\alpha t)}, \quad (7.14)$$

wobei

$$E_\alpha = \sqrt{p_\alpha^2 + m_\alpha^2}. \quad (7.15)$$

7.2.2 Flavoroszillationen

Wir nehmen im folgenden an (siehe hierzu die ausführliche Beschreibung in [Gro89,90,92]), daß die Neutrinos entweder reinen Dirac- oder reinen Majoranacharakter besitzen, was für Flavoroszillationen zu keinen meßbaren Unterscheidungen führt (vgl. [Boe92]). Darüber hinaus setzen wir im folgenden stabile, ultrarelativistische Neutrinos voraus, die sich im Vakuum befinden. Für instabile Neutrinos müßte in (7.14) noch die Zerfallsbreite durch einen Faktor $\exp(-\Gamma t/2\hbar)$ berücksichtigt werden. Das wichtige Phänomen der Neutrinooszillationen in Materie wird in Abschn. 7.3.5 behandelt.

Wenn Neutrinos eine Masse besitzen, dann sind Massen- und Flavoreigenzustände im allgemeinen nicht identisch, wie wir in Abschn. 7.2.1 gesehen haben. Diese Nichtidentität setzt voraus, daß die Eigenwerte von $\mathcal{M}_\nu$ nicht alle entartet sind. Denn ansonsten wäre $\mathcal{M}_\nu$ nur ein Vielfaches des Einheitsoperators, d.h. die Eigenzustände zum Massenoperator wären gleichzeitig auch Eigenzustände des Leptonenzahloperators.

Die Flavoreigenzustände $|\nu_i\rangle$ enthalten demnach mehrere Massenkomponenten $|\nu_\alpha\rangle$. Wenn die Massendifferenzen $m_\alpha - m_\beta$ klein genug sind (d.h. genau genommen kleiner als die Auflösung des Experiments, so daß ν_α und ν_β nicht unterscheidbar sind [Nus76, Kay81]), so können die $|\nu_i\rangle$ durch eine kohärente, quantenmechanische Überlagerung aus Masseneigenzuständen beschrieben werden

$$|\nu_i\rangle = \sum_\alpha U_{i\alpha} |\nu_\alpha\rangle. \qquad (7.16)$$

U bezeichnet eine unitäre Mischungsmatrix. Die Unitarität folgt aus der Tatsache, daß U zwei Orthonormalbasen miteinander verbindet

$$U^\dagger = U^{-1}, \quad \text{bzw.} \quad \sum_i U_{\alpha i} U^\dagger_{i\beta} = \delta_{\alpha\beta}. \qquad (7.17)$$

Im Falle von CP-Erhaltung ist U orthogonal und alle Elemente $U_{\alpha i}$ sind reell.

Im folgenden sei $|\nu(\vec{x},t)\rangle$ die Neutrino-Wellenfunktion. $|\nu_l\rangle$ bezeichnet den von Orts- und Zeitkoordinaten unabhängigen Flavoreigenzustand. Betrachten wir nun den Fall, daß von einer Quelle zur Zeit $t = 0$ (am Ort $\vec{x}$) Neutrinos eines bestimmten Flavors l mit fester Energie E und festem Impuls $\vec{p}$ emittiert werden[1]. Der erzeugte Neutrinozustand stellt zu diesem

---

[1] Laut Definition werden Neutrinos immer mit einem definierten Flavor produziert.

Zeitpunkt eine Überlagerung von ebenen Wellen zu den verschiedenen Massenkomponenten dar

$$|\nu(\vec{x},0)\rangle = |\nu_l\rangle = \sum_\alpha U_{l\alpha}|\nu_\alpha(\vec{x},0)\rangle$$
$$= \sum_\alpha U_{l\alpha} e^{i\vec{p}_\alpha \vec{x}}|\nu_\alpha\rangle. \quad (7.18)$$

Zu einem späteren Zeitpunkt t gilt

$$|\nu(\vec{x},t)\rangle = \sum_\alpha U_{l\alpha} e^{i\vec{p}_\alpha \vec{x}} e^{-iE_\alpha t}|\nu_\alpha\rangle. \quad (7.19)$$

Da wir ultrarelativistische Neutrinos betrachten, gilt folgende Näherung

$$E_\alpha = \sqrt{m_\alpha^2 + p_\alpha^2}$$
$$\simeq p_\alpha \left(1 + \frac{m_\alpha^2}{2p_\alpha^2}\right)$$
$$= p_\alpha + \frac{m_\alpha^2}{2p_\alpha}. \quad (7.20)$$

Wenn für alle Masseneigenzustände $m_\alpha \ll p_\alpha$ erfüllt ist, dann bewegt sich das Neutrino praktisch mit Lichtgeschwindigkeit, d.h. nach der Zeit t befindet es sich am Ort $x = t$. Damit ergibt sich für Punkte entlang der Impulsrichtung $\vec{p}$

$$|\nu(\vec{x},t)\rangle = \sum_\alpha U_{l\alpha} e^{i\vec{p}_\alpha \vec{x}} e^{-i(p_\alpha + \frac{m_\alpha^2}{2p_\alpha})t}|\nu_\alpha\rangle$$
$$= \sum_\alpha U_{l\alpha} e^{-i\frac{m_\alpha^2}{2p_\alpha}t}|\nu_\alpha\rangle. \quad (7.21)$$

Man kann die Masseneigenzustände $|\nu_\alpha\rangle$ wieder durch Wechselwirkungseigenzustände ausdrücken

$$|\nu_\alpha\rangle = \sum_k U_{k\alpha}^* |\nu_k\rangle. \quad (7.22)$$

Einsetzen in (7.21) ergibt

$$|\nu(\vec{x},t)\rangle = \sum_k \left[\sum_\alpha U_{k\alpha}^* U_{l\alpha} e^{-i\frac{m_\alpha^2}{2p_\alpha}t}\right]|\nu_k\rangle. \quad (7.23)$$

Man erkennt, daß die Wellenfunktion $\nu(\vec{x},t)$, die zum Zeitpunkt $t = 0$ ein Neutrino des Flavors l beschreibt, nun eine Überlagerung aus allen Flavors darstellt.

7.2 Der Formalismus

Wir wollen nun die Wahrscheinlichkeit dafür berechnen, daß ein Übergang von ν_l nach ν_k stattfindet ($k \neq l$). Für die Wahrscheinlichkeitsamplitude gilt

$$A_{l \to k}(t) = \langle \nu_k | \nu(\vec{x}, t) \rangle \qquad (7.24\text{a})$$

$$= \sum_{k'} \sum_{\alpha} U_{k'\alpha}^* U_{l\alpha} e^{-i\frac{m_\alpha^2}{2p_\alpha}t} \langle \nu_k | \nu_{k'} \rangle$$

$$= \sum_{\alpha} U_{k\alpha}^* U_{l\alpha} e^{-i\frac{m_\alpha^2}{2p_\alpha}t}. \qquad (7.24\text{b})$$

Für Antineutrinos erhält man eine analoge Beziehung

$$A_{\bar{l} \to \bar{k}}(t) = \sum_{\alpha} U_{k\alpha} U_{l\alpha}^* e^{-i\frac{m_\alpha^2}{2p_\alpha}t}. \qquad (7.24\text{c})$$

Unter der Annahme der CP-Erhaltung folgt

$$A_{l \to k}(t) = A_{\bar{l} \to \bar{k}}(t), \qquad (7.25)$$

da die Matrizen U reell sind. Die Wahrscheinlichkeit dafür, daß sich das Neutrino nach der Zeit t im Zustand $|\nu_k\rangle$ befindet, ist durch das Betragsquadrat der Amplitude (7.24b) gegeben

$$P_{l \to k}(t) = |A_{l \to k}(t)|^2 = \sum_{\alpha} \sum_{\beta} U_{k\alpha}^* U_{l\alpha} U_{k\beta} U_{l\beta}^* e^{-i\left(\frac{m_\alpha^2}{2p_\alpha} - \frac{m_\beta^2}{2p_\beta}\right)t}. \qquad (7.26)$$

Wegen der Annahme $m_\alpha \ll p_\alpha$ gilt $p_\alpha = p_\beta \equiv p$. (7.26) geht damit über in

$$P_{l \to k}(t) = \sum_{\alpha} \sum_{\beta} U_{l\alpha} U_{l\beta}^* U_{k\alpha}^* U_{k\beta} e^{-i\frac{\Delta m_{\alpha\beta}^2}{2p}t}, \qquad (7.27\text{a})$$

wobei

$$\Delta m_{\alpha\beta}^2 = m_\alpha^2 - m_\beta^2. \qquad (7.27\text{b})$$

Zur besseren Übersicht kann (7.27a) auch wie folgt geschrieben werden

$$P_{l \to k}(t) = \sum_{\alpha} |U_{l\alpha}|^2 |U_{k\alpha}|^2 + \sum_{\alpha \neq \beta} U_{l\alpha} U_{l\beta}^* U_{k\alpha}^* U_{k\beta} e^{-i\frac{\Delta m_{\alpha\beta}^2}{2p}t}. \qquad (7.28)$$

Der Diagonalterm hängt nicht von der Zeit ab, er stellt eine durchschnittliche Übergangswahrscheinlichkeit dar, die von dem zeitabhängigen, zweiten Term moduliert wird. Die Wahrscheinlichkeit dafür, daß kein Übergang in einen von l verschiedenen Flavor stattfindet, lautet

$$P_{l \to l}(t) = 1 - \sum_{l \neq k} P_{l \to k}(t). \qquad (7.29)$$

(7.28) zeigt ein sehr schönes Oszillationsverhalten als Funktion der Zeit bzw. des Ortes (wegen $v \approx c = 1$ gilt $x = t$). Man erkennt dies besonders deutlich, wenn man eine Zerlegung nach Imaginär- und Realteilen durchführt

$$P_{l \to k}(t) = \sum_\alpha |U_{l\alpha}|^2 |U_{k\alpha}|^2$$

$$+ \sum_{\alpha \neq \beta} \text{Re}(U_{l\alpha} U^*_{l\beta} U^*_{k\alpha} U_{k\beta}) \cos(\frac{\Delta m^2_{\alpha\beta}}{2p} t)$$

$$+ \sum_{\alpha \neq \beta} \text{Im}(U_{l\alpha} U^*_{l\beta} U^*_{k\alpha} U_{k\beta}) \sin(\frac{\Delta m^2_{\alpha\beta}}{2p} t). \tag{7.30}$$

Bei CP-Erhaltung verschwindet der letzte Term in (7.30). Die Wahrscheinlichkeit $P_{l \to k}(x)$ variiert periodisch mit der Zeit bzw. der Entfernung x von der Quelle. Die Periodizität wird durch die Oszillationslänge

$$L_{\alpha\beta} = \frac{4\pi p}{\Delta m^2_{\alpha\beta}} = \frac{4\pi E}{\Delta m^2_{\alpha\beta}} \tag{7.31}$$

charakterisiert. Man beachte, daß für ein ultrarelativistisches Teilchen $p = E$ gilt. Diese Oszillationen sind ein Interferenzeffekt, der letztlich auf den nichtdiagonalen Massenterm in (7.5c) zurückgeht. Wenn alle Massen identisch sind, insbesondere wenn alle Massen verschwinden, dann treten keine Oszillationen auf ($L_{\alpha\beta} \to \infty$). Wenn sich das Neutrino zur Zeit $t = 0$ bereits in einem Masseneigenzustand befindet ($|\nu_l\rangle = |\nu_\alpha\rangle$), dann findet ebenfalls keine Oszillation in einen von l verschiedenen Flavor statt. Es zeigt sich hier noch einmal, daß das Auftreten von Neutrinooszillationen sowohl eine Masse als auch eine Neutrinomischung erfordert.

7.2.3 Zeitliche Mittelwerte

Bislang sind wir implizit von einer punktförmigen Neutrinoquelle ausgegangen, wobei das Neutrino zur Zeit $t = 0$ am Ort $\vec{x}$ emittiert werden sollte. Im allgemeinen stammen die Neutrinos in Experimenten jedoch aus ausgedehnten Quellen (z.B. einem Reaktor oder der Sonne), so daß eine Bestimmung der exakten Flugzeit zwischen Entstehungsort und Quelle nicht möglich ist. Aus einer Messung der Flüsse der verschiedenen Neutrinoflavors erhält man daher nur Aussagen über zeitliche Mittelwerte der Übergangswahrscheinlichkeiten

$$\langle P_{l \to k}(t) \rangle_T = \frac{1}{T} \int\limits_0^T P_{l \to k}(t) dt \tag{7.32a}$$

$$= \sum_\alpha |U_{l\alpha}|^2 |U_{k\alpha}|^2$$

$$+ \frac{1}{T} \int_0^T \sum_{\alpha \neq \beta} U_{l\alpha} U_{l\beta}^* U_{k\alpha}^* U_{k\beta} e^{-i\frac{\Delta m_{\alpha\beta}^2}{2p}t} dt \,. \tag{7.32b}$$

Da das Integral in (7.32b) beschränkt ist, kann der zweite Term in der Summe für große T gegenüber dem ersten vernachlässigt werden. Für $T \to \infty$ folgt daher

$$\langle P_{l \to k}(t) \rangle_T = \sum_\alpha |U_{l\alpha}|^2 |U_{k\alpha}|^2 \,. \tag{7.33}$$

Die Übergangswahrscheinlichkeit hängt in diesem Fall nicht mehr von der Massendifferenz, sondern nur noch von der Mischungsmatrix ab. Ein Experiment, das nur zeitliche Mittelwerte zu messen vermag, ist daher nur auf die Mischungsmatrix empfindlich.

7.2.4 Neutrinooszillationen und die Prinzipien der Quantenmechanik

Oszillationen zwischen verschiedenen beobachtbaren Zuständen bilden eine grundlegende Eigenschaft eines quantenmechanischen Systems. In der Teilchenphysik trifft man bei den neutralen Kaonen auf ein analoges Phänomen. Die folgende Diskussion orientiert sich an den entsprechenden Kapiteln in [Boe92] und [Kay89].

Um möglichst konkret zu bleiben, führen wir ein einfaches Gedankenexperiment durch, bei dem der Übergang von Myonneutrinos in Elektronneutrinos untersucht wird (vgl. Abb. 7.1). Da man dabei nach dem Auftreten eines vorher nicht vorhandenen Flavors sucht, nennt man ein solches Experiment auch „appearance"-Experiment. Die ν_μ sollen aus der Reaktion

$$\pi^+ \to \mu^+ + \nu_\mu \tag{7.34}$$

stammen. Man stellt nun einen auf Elektronneutrinos empfindlichen Detektor in verschiedenen Abständen von der Zerfallsregion auf. Zusätzlich seien Detektoren zur Bestimmung der Energien und Impulse des Pions und des Myons vorhanden. Aufgrund der Kinematik ist es daher im Prinzip möglich, die Energie und den Impuls und damit auch die Masse des emittierten Neutrinos zu bestimmen. Nimmt man nun an, daß das im Zerfall (7.34) erzeugte Myonneutrino eine Überlagerung von zwei Masseneigenzuständen mit den

Massen m_1 und m_2 darstellt, so besteht die Wellenfunktion aus zwei Komponenten mit verschiedenen Energien und Impulsen, wobei

$$E_1 - E_2 = \frac{m_1^2 - m_2^2}{2E_\pi}, \tag{7.35a}$$

$$p_1 - p_2 = \frac{m_1^2 - m_2^2}{p_1 + p_2} \cdot \frac{2E_\pi - E_1 - E_2}{2E_\pi}. \tag{7.35b}$$

E_π bezeichnet die Energie des zerfallenden Pions.

Die Phasendifferenz zwischen beiden Komponenten der Neutrinowellenfunktion beträgt demnach

$$\Phi(x,t) = (E_1 - E_2)t - (p_1 - p_2)x$$
$$= \frac{m_1^2 - m_2^2}{E_1 + E_2}t + (p_1 - p_2)\left[\frac{p_1 + p_2}{E_1 + E_2}t - x\right]. \tag{7.36}$$

Der erste Term führt gerade auf die Definition der Oszillationslänge (vgl. (7.31))

$$L_{12} = 2\pi \frac{E_1 + E_2}{|m_1^2 - m_2^2|} \simeq 2\pi \frac{2\overline{E}}{|m_1^2 - m_2^2|}. \tag{7.37}$$

Der zweite Term wird in der Regel vernachlässigt, was für hochrelativistische Neutrinos in sehr guter Näherung gerechtfertigt ist. Er verschwindet für

$$x = v_0 t = \frac{p_1 + p_2}{E_1 + E_2}t, \tag{7.38}$$

wobei v_0 die mittlere Geschwindigkeit der zwei Komponenten bezeichnet. In diesem Fall bleibt die Kohärenz der beiden Komponenten der Neutrinowellenfunktion bestehen und das Oszillationsphänomen kann auftreten.

Man kann auch die Frage nach der Kohärenzlänge stellen, d.h. in welcher Entfernung von der Quelle noch Kohärenz vorliegt. Die Impulsbreite der Neutrinoquelle betrage $\delta p = \frac{1}{\delta x}$, wobei δx ein Maß für die Ausdehnung der Quelle ist. Die Unschärfe der Phase ergibt sich mit Hilfe von (7.36) und mit $\Delta m_{12}^2 = |m_1^2 - m_2^2|$ zu

$$\delta\Phi(x) \simeq \frac{\Delta m_{12}^2}{2p^2}\delta p x. \tag{7.39}$$

Die Kohärenz ist für $\delta\Phi < 1$ gewährleistet. Definiert man die Entfernung x als Kohärenzlänge L_{Koh}, bei der gerade $\delta\Phi(x) = 1$ gilt, so ergibt sich für die maximale Anzahl der beobachtbaren Oszillationen

$$N = \frac{L_{\text{Koh}}}{L_{12}} \simeq \frac{p}{\delta p} = p\delta x. \tag{7.40}$$

7.2 Der Formalismus

In üblichen experimentellen Anordnungen ist N eine sehr große Zahl. Im allgemeinen werden die Oszillationen jedoch früher verschwinden als (7.40) erwarten läßt, da bei den Messungen keine idealen Bedingungen vorliegen (vgl. [Boe87]).

Wir kommen an dieser Stelle noch einmal auf das eingangs erwähnte Gedankenexperiment zurück. Angenommen, wir weisen das Auftreten von Oszillationen nach, indem wir in unserem Detektor Elektronen sehen, die durch eine Wechselwirkung mit einem ν_e erzeugt wurden. Die Übergangswahrscheinlichkeit $P_{\nu_\mu \to \nu_e}(t)$ sei durch (7.28) beschrieben. Würde man jeweils den Impuls und die Energie der Myonen und Pionen sehr genau messen, so könnte man entscheiden, welcher der Neutrinomasseneigenzustände tatsächlich emittiert wurde (dies ist gegenwärtig experimentell nicht möglich). Die Neutrinowellenfunktion wäre dann keine Überlagerung von Masseneigenzuständen mehr, vielmehr wäre nun eine bestimmte Komponente herausgegriffen worden. In diesem Fall könnten jedoch auch keine Oszillationen mehr auftreten, da diese ja gerade auf der Interferenz zwischen verschiedenen Masseneigenzuständen beruhen.

Aufgrund der Heisenbergschen Unschärferelation bedeutet andererseits eine sehr genaue Bestimmung des Pionenimpulses, daß die Information über den Ort des Zerfalls weitgehend verloren geht. Berechnet man gemäß der Kinematik die Energie und den Impuls des emittierten Neutrinos, so ist die Masse gegeben durch

$$m_\nu^2 = E_\nu^2 - p_\nu^2. \tag{7.41}$$

Der Fehler berechnet sich für unkorrelierte p_ν und E_ν nach

$$\Delta(m_\nu^2) = \sqrt{(2E_\nu)^2 (\Delta E_\nu)^2 + (2p_\nu)^2 (\Delta p_\nu)^2}. \tag{7.42}$$

Nur wenn $\Delta(m_\nu^2)$ kleiner als $|m_1^2 - m_2^2|$ ist, kann experimentell zwischen den beiden Masseneigenzuständen unterschieden werden, d.h. die Beziehung

$$2 p_\nu \Delta p_\nu < |m_1^2 - m_2^2| \tag{7.43}$$

muß auf jeden Fall erfüllt sein. Die Unschärfe in der Position der Quelle beträgt daher (abgesehen von konstanten Faktoren)

$$\delta x > L_{12}, \tag{7.44}$$

ist also größer als die Oszillationslänge. Damit werden die Oszillationen verschmiert. Wenn man den emittierten Masseneigenzustand bestimmt, ist es unmöglich, den Emissionsort genau genug zu bestimmen, um Oszillationen zu sehen. Eine angemessenere Behandlung dieser Problematik unter Verwendung von Wellenpaketen führt zu denselben Resultaten [Kay81].

7.2.5 Mischung von zwei Neutrinoflavors

Bei der Analyse von experimentellen Daten beschränkt man sich oft auf die Annahme einer Zweizustands-Mischung, im allgemeinen die $\nu_e\nu_\mu$-Mischung. Die Mischungsmatrix U reduziert sich auf eine unitäre 2×2-Matrix der Form (vgl. (7.6b))

$$U = \begin{pmatrix} \cos\theta & e^{i\phi}\sin\theta \\ -e^{-i\phi}\sin\theta & \cos\theta \end{pmatrix}. \tag{7.45}$$

Die Phase $e^{\pm i\phi}$ ist für die CP-Verletzung verantwortlich. Dieser Phasenfaktor spielt für das Phänomen der Neutrinooszillationen keine Rolle, wohl aber bei der Diskussion des doppelten Betazerfalls (siehe Kap. 6). Im folgenden sei die CP-Erhaltung vorausgesetzt, d.h. der Phasenfaktor kann nur die Werte 1 oder i annehmen [Wol81]. Der Ausdruck (7.45) geht dann über in (7.6b).

In der Massenbasis lauten die Zustände ν_e und ν_μ explizit

$$|\nu_e\rangle = \cos\theta|\nu_1\rangle + \sin\theta|\nu_2\rangle, \tag{7.46a}$$
$$|\nu_\mu\rangle = -\sin\theta|\nu_1\rangle + \cos\theta|\nu_2\rangle. \tag{7.46b}$$

Der Mischungswinkel ist auf das Intervall $0 \leq \theta \leq \pi/4$ beschränkt. Bislang wurden die Übergangswahrscheinlichkeiten immer als Funktion der Zeit t ausgedrückt. In den Experimenten kennt man in der Regel jedoch nicht die Flugzeit des Neutrinos, sondern nur den Abstand des Detektors von der Quelle. Da die Neutrinos praktisch mit Lichtgeschwindigkeit fliegen ($v = c = 1$), können die Formeln mit Hilfe von $x = t$ leicht umgeschrieben werden. Aus (7.30) folgt für die Wahrscheinlichkeit dafür, ein bei $x = 0$ als ν_e emittiertes Neutrino mit der Energie E_ν im Abstand x als ν_μ anzutreffen

$$\begin{aligned} P_{\nu_e\to\nu_\mu}(x) &= 2\cos^2\theta\sin^2\theta - 2\sin^2\theta\cos^2\theta\cos\frac{\Delta m^2}{2p_\nu}x \\ &= \frac{1}{2}\sin^2(2\theta)\left(1 - \cos\frac{\Delta m^2}{2p_\nu}x\right) \\ &= \frac{1}{2}\sin^2(2\theta)\left(1 - \cos\frac{2\pi x}{L}\right) \\ &= \sin^2(2\theta)\sin^2\frac{\pi x}{L} \end{aligned} \tag{7.47}$$

mit $\Delta m^2 = |m_1^2 - m_2^2|$ und der Oszillationslänge

$$L = \frac{4\pi p_\nu}{\Delta m^2} = \frac{4\pi E_\nu}{\Delta m^2}, \tag{7.48}$$

die durch $\frac{\Delta m^2}{2E_\nu}L = 2\pi$ definiert ist. Entsprechend gilt

$$P_{\nu_e \to \nu_e}(x) = 1 - \sin^2(2\theta) \sin^2 \frac{\pi x}{L}. \tag{7.49}$$

Die Wahrscheinlichkeiten oszillieren mit der charakteristischen Länge L (siehe Abb. 7.2). Die Amplitude der Oszillationen hängt vom Mischungswinkel θ ab und wird für $\theta = 45°$ am größten (maximale Mischung), wobei das Elektronneutrino an den Punkten $x = L(n + 1/2)$ mit ganzzahligem n vollständig in ein Myonneutrino umgewandelt ist.

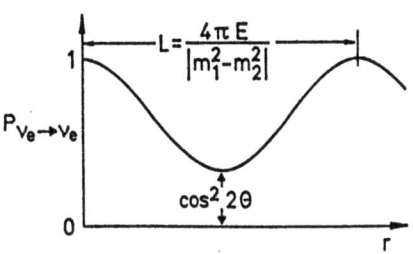

Abb. 7.2
Neutrino-Oszillation im $\nu_e - \nu_\mu$-System. Die Wahrscheinlichkeit, daß ein bei $r = 0$ emittiertes Elektron-Neutrino im Abstand r wieder als Elektron-Neutrino angetroffen wird, oszilliert mit der charakteristischen Länge $L = 4\pi E/|m_1^2 - m_2^2|$ (aus [Gro89,90]).

Die Suche nach Neutrinooszillationen bildet eine der wichtigsten Möglichkeiten zur experimentellen Bestimmung einer von Null verschiedenen Neutrinomasse. Genau genommen können jedoch nur Massen*differenzen* gemessen werden, da nur die Größe Δm^2 als Parameter eingeht. Wir wollen noch bemerken, daß man im Fall von $\theta \neq 0$ streng genommen nicht mehr von einer Masse des ν_e oder des ν_μ sprechen darf, da diese Zustände keine definierte Masse besitzen. Wenn der Mischungswinkel sehr klein ist, besteht jedoch eine große Überlappung zwischen Flavor- und Masseneigenzuständen (d.h. z.B. $|\nu_e\rangle \approx |\nu_1\rangle$), so daß man mit einer gewissen Berechtigung von der „Masse" des ν_e sprechen kann.

Bevor wir auf die experimentellen Methoden eingehen, soll noch kurz betrachtet werden, unter welchen Bedingungen Neutrinooszillationen überhaupt beobachtet werden können. Der Nachweis kann auf zwei Wegen erfolgen. Entweder weist man die oszillierenden $\sin^2$-Terme in der Neutrinointensität nach, oder man findet eine konstante Übergangswahrscheinlichkeit $P_{\nu_e \to \nu_\mu} \neq 0$ bzw. $P_{\nu_e \to \nu_e} \neq 1$.

Wenn der Abstand x des Detektors von der Quelle sehr viel kleiner als die Oszillationslänge L ist, dann wird das Neutrino in seinem ursprünglichen Flavor verbleiben

$$P_{\nu_e \to \nu_e}(x) \simeq 1, \quad \text{für} \quad x \ll L. \tag{7.50}$$

Bei zu großem x werden die Oszillationen aufgrund der Impulsunschärfe ausgewaschen, man findet

$$P_{\nu_e \to \nu_\mu}(x) \to \frac{1}{2}\sin^2(2\theta), \quad \text{für} \quad x \gg L. \tag{7.51}$$

Es ist dann zwar nach wie vor möglich, ein ν_μ-Neutrino in einem ν_e-Strahl zu finden, allerdings variiert die Wahrscheinlichkeit nicht mehr als Funktion des Abstandes.

Aus diesen Überlegungen läßt sich schließen, daß man ein oszillierendes Verhalten nur findet, wenn der Abstand zwischen der Quelle und dem Detektor von der Größenordnung der Oszillationslänge L ist. Außerdem müssen die Dimensionen von Quelle und Detektor ebenfalls kleiner als L sein, sonst kann man wiederum nur die Mittelwerte

$$\langle P_{\nu_e \to \nu_\mu}(t) \rangle_T = \frac{1}{2}\sin^2(2\theta) \tag{7.52}$$

nachweisen.

Wir wollen an dieser Stelle kurz auf die Unterscheidung von Dirac- und Majorana-Neutrinos im Zusammenhang mit Neutrinooszillationen eingehen. Bislang haben wir Flavoroszillationen besprochen, wobei die individuellen Leptonenzahlen (L_e, L_μ, L_τ) im Gegensatz zur totalen Leptonenzahl nicht mehr erhalten sind. Oszillationen treten nur zwischen Zuständen gleicher Helizität auf. In diesem Fall ist keine Unterscheidung zwischen Dirac- und Majorana-Teilchen möglich. Flavoroszillationen sind jedoch nicht die allgemeinsten möglichen Oszillationen. Im allgemeinen Fall sind auch Übergänge zwischen Zuständen entgegengesetzter Helizität möglich, d.h. $\nu \to \bar{\nu}$, wobei die Leptonenzahl um zwei Einheiten geändert wird ($|\Delta L| = 2$). Ein Neutrinostrahl ν_i kann im Abstand x von der Quelle mit einer gewissen Wahrscheinlichkeit ein positiv geladenes Antilepton $\bar{l}_i^+$ erzeugen. Bei rein linkshändiger schwacher Wechselwirkung enthält die entsprechende Amplitude jedoch einen Unterdrückungsfaktor der Form m_ν/E [Bah78]. In der Gegenwart von rechtshändigen geladenen Strömen tritt dieser Helizitätsfaktor nicht auf. Für eine weitere Diskussion verweisen wir z.B. auf [Boe87,92, Gro89,90].

7.3 Experimente zu Neutrinooszillationen

7.3.1 Die Empfindlichkeit verschiedener experimenteller Anordnungen

Um die Empfindlichkeitsbereiche verschiedener Experimente abzuschätzen, setzen wir in die Oszillationslänge die numerischen Werte von $\hbar$ und c ein und erhalten

7.3 Experimente zu Neutrinooszillationen

$$L(E) = \frac{4\pi E}{\Delta m^2} = 2.5 \frac{E[\text{MeV}]}{\Delta m^2[\text{eV}^2]} [\text{m}] \, . \quad (7.53)$$

In der Praxis stehen Reaktoren, die Sonne und Hoch- bzw. Niederenergiebeschleuniger als Neutrinoquellen zur Verfügung. Die Tab. 7.1 gibt eine Übersicht über die zugehörigen Oszillationslängen bei vorgegebener Massendifferenz. Solare Neutrinos sind in ihrer Energie vergleichbar mit Reaktorneutrinos.

Tab. 7.1 Neutrinoquellen und typische Energien sowie die bei vorgegebenen Massenparametern resultierenden Oszillationslängen.

Quelle	Energie	$\Delta m^2 = 1\text{eV}^2$	$\Delta m^2 = 10^{-6}\text{eV}^2$	$\Delta m^2 = 10^{-11}\text{eV}^2$
		L	L	L
CERN SPS	100 GeV	250 km	$2,5 \cdot 10^8$ km	$2,5 \cdot 10^{13}$ km
CERN PS, BNL AGS	5 GeV	12.5 km	$1,25 \cdot 10^7$ km	$1,25 \cdot 10^{12}$ km
LAMPF	30 MeV	75 m	75000 km	$7,5 \cdot 10^9$ km
Reaktor	4 MeV	10 m	10000 km	10^9 km
Sonne	$0,2 \sim 10$ MeV			$1,5 \cdot 10^8$ km

Die hier genannten Neutrinoquellen liefern im allgemeinen keinen monoenergetischen Neutrinostrahl. Abb. 7.3 zeigt gemessene Antineutrinospektren für die thermische Spaltung von ^{235}U bzw. ^{239}Pu [Fei82, Sch85a], d.h. typische Spektren, wie sie in Kernreaktoren auftreten. Da die Oszillationslänge energieabhängig ist, wäre bei dem Neutrinonachweis eine Energiemessung wünschenswert, da man ansonsten nur die über die Energie gemittelte Übergangswahrscheinlichkeit zu messen vermag. Ähnlich wie im Fall der zeitlichen Mittelwerte geht dabei wieder die Information über die Massendifferenz verloren.

Da man für den Nachweis von Neutrinooszillationen einen Abstand x zwischen Quelle und Detektor benötigt, der nicht zu klein gegenüber der Oszillationslänge ist, sind Niederenergieexperimente bei kleinen Massendifferenzen sehr viel empfindlicher als Messungen an Hochenergiebeschleunigern, wie man anhand von Tab. 7.1 erkennt. Das Oszillationsverhalten wird durch das Verhältnis von x zur Neutrinoenergie bestimmt. Abb. 7.4 illustriert die Bereiche, die in den Experimenten zugänglich sind. Die verschiedenen Methoden ergänzen sich hinsichtlich ihrer Empfindlichkeit (siehe auch Abb. 7.5).

318 7 Neutrinooszillationen

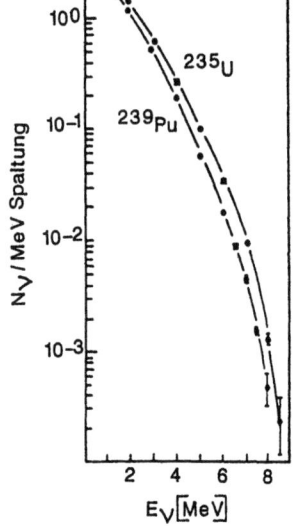

Abb. 7.3
Experimentelle Neutrinospektren von ^{235}U und ^{239}Pu aus den Experimenten von [Fei82] und [Sch85a] (aus [Fei88a]).

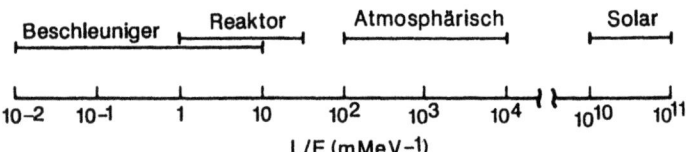

Abb. 7.4 Übersicht über den in verschiedenen Experimenten zugänglichen Parameterbereich L/E (nach [Boe92]).

Man unterscheidet prinzipiell zwei Arten von Experimenten:

• Experimente, die nach dem Auftreten eines ursprünglich nicht im Neutrinostrahl vorhandenen Neutrinoflavors suchen („appearance"-Experimente) und

• Experimente, die nach der Abnahme des Flusses eines im Strahl ursprünglich vorhandenen Flavors suchen (sog. „disappearance"-Experimente).

In „appearance"-Experimenten beginnt man mit einem Strahl, der idealerweise ausschließlich Neutrinos des Flavors l enthält (bzw. einen bekannten Anteil anderer Flavors) und sucht nach dem Auftreten eines Flavors l' im Abstand x von der Quelle. Hierfür werden Neutrinoenergien benötigt, die ausreichen, um das Neutrino mit dem Flavor l' im Detektor nachzuweisen (z.B. mittels der Reaktion (7.56)). Der Vorteil dieses Typs von Messungen besteht in der sehr hohen Empfindlichkeit auf kleine Mischungswinkel, da bereits der Nachweis von wenigen Neutrinos des „falschen" Flavors genügt. Gemessen wird in der Regel immer nur ein bestimmter Kanal (z.B. $\nu_\mu \to \nu_e$). Die zweite Methode ist weniger empfindlich auf die Mischungsamplituden. Die Sensitivität wird begrenzt durch Unsicherheiten im Neutrinofluß, in den Neutrinospektren und der Nachweiswahrscheinlichkeit der Detektoren. Andererseits erlauben „disappearance"-Experimente den Nachweis von Übergängen in alle möglichen Endkanäle, eventuell auch in sogenannte sterile Neutrinos (siehe Abschn. 6.2.6), d.h. Neutrinos, die in der Natur nicht beobachtet werden (z.b. rechtshändige Neutrinos und linkshändige Antineutrinos), deren Existenz jedoch von einigen Theorien gefordert wird. Darüber hinaus sind solche Messungen bei Verwendung von niederenergetischen Neutrinos sehr empfindlich auf kleine Massenparameter $\Delta m^2_{\alpha\beta}$. Abb. 7.5 faßt die Empfindlichkeit der verschiedenen Experimente hinsichtlich der Masse und des Mischungswinkels zusammen.

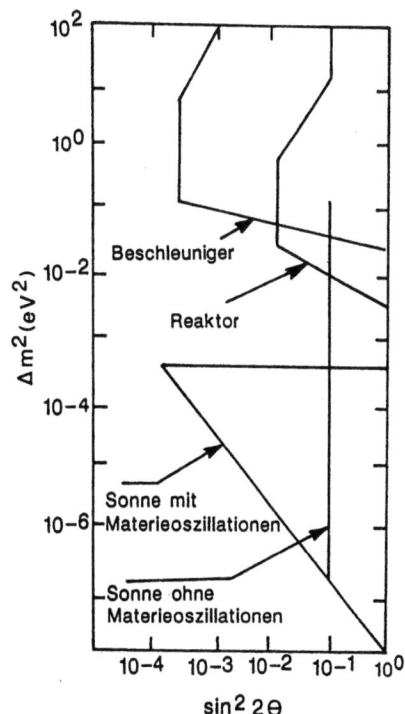

Abb. 7.5
Sensitivität verschiedener Experimente zu Neutrinooszillationen in der $\Delta m^2 - \sin^2 2\theta$-Ebene (schematisch). Der rechts der jeweiligen Kurve liegende Bereich ist experimentell zugänglich (aus [Fei88a]).

7.3.2 Reaktorexperimente

Mit Hilfe von Kernreaktoren wurde eine Reihe von Experimenten mit niederenergetischen Antineutrinostrahlen durchgeführt. Dabei wurde der „disappearance"-Kanal $\bar{\nu}_e \to \nu_x$ untersucht, wobei der Antineutrinofluß über typische Abstandsbereiche von 10 - 100 m bestimmt wurde. Wegen der niedrigen Neutrinoenergie sind diese Messungen insbesondere im Hinblick auf die Bestimmung von kleinen Massenparametern von großem Interesse. Da nur die Abnahme des $\bar{\nu}_e$-Flusses, nicht aber das Auftreten eines $\bar{\nu}_\mu$-Flusses experimentell zugänglich ist, sind Reaktorexperimente wenig geeignet bei kleinen Mischungswinkeln.

Kernreaktoren stellen die intensivste terrestrische $\bar{\nu}_e$-Quelle dar. Im Mittel entstehen pro Spaltvorgang 6 Antineutrinos durch den β-Zerfall der instabilen Spaltprodukte. Die Energiefreisetzung pro Spaltung eines ^{235}U-Kerns beträgt rund 200 MeV. Dies ergibt eine Antineutrinoproduktion von $1.9 \cdot 10^{20}$ pro Sekunde und GW thermischer Leistung. Dieser Fluß wird isotrop in den vollen Raumwinkel emittiert. Das typische Energiespektrum der Neutrinos ist in Abb. 7.3 gezeigt. Es erstreckt sich bis hinauf zu etwa 10 MeV, der Fluß fällt jedoch zu großen Energien hin praktisch exponentiell ab. Aus Abb. 7.4 liest man ab, daß Reaktorexperimente mit Neutrinoenergien im Bereich von 2 - 10 MeV mit typischen Entfernungen zwischen Quelle und Detektor von 10 bis 100 m in der Lage sind, Massenparameter der Größenordnung 0.02 eV^2 bis 10 eV^2 nachzuweisen.

Da die Spaltprodukte sehr neutronenreich sind, finden praktisch nur β^--Übergänge statt, die zu einer Emission von Antineutrinos führen. Wegen der niedrigen β-Zerfallsenergien werden nur $\bar{\nu}_e$, und keine anderen Flavors, produziert. Der Anteil an ν_e aus β^+-Zerfällen und Elektroneinfängen der seltenen neutronenarmen Kerne beträgt in Abhängigkeit von der Energie nur etwa 10^{-5} bis 10^{-8} [Sch84]. Ein Kernreaktor stellt somit eine sehr reine $\bar{\nu}_e$-Quelle dar.

Auf eine Schwierigkeit bei der Auswertung und Interpretation der Meßergebnisse mit Reaktorneutrinos sei an dieser Stelle hingewiesen. Die Bestimmung der Oszillationsparameter Δm^2 und $\sin^2 2\theta$ setzt nämlich die Kenntnis der Spaltausbeuten und des aus den Beiträgen aller Spaltprodukte zusammengesetzten Neutrinospektrums voraus. Um die damit verknüpften Unsicherheiten zu reduzieren, können die in verschiedenen Entfernungen gemessenen Spektren miteinander verglichen werden.

Es wurden mehrere Experimente zur Suche nach Neutrinooszillationen an verschiedenen Reaktoren durchgeführt. Tab. 7.2 gibt einen Überblick über die bisherigen Messungen.

7.3 Experimente zu Neutrinooszillationen

Tab. 7.2 Liste bislang durchgeführter Reaktorexperimente.

Reaktor	therm. Leistung [MW]	Abstand [m]	Referenz
ILL-Grenoble (F)	57	8.75	[Kwo81]
Bugey (F)	2800	13.6, 18.3	[Cav84]
Rovno (UdSSR)	1400	18.0, 25.0	[Afo85]
Savannah River (USA)	2300	18.5, 23.8	[Bau86]
Gösgen (Ch)	2800	37.9, 45.9, 64.7	[Zac86]
Krasnojarsk (UdSSR)	?	57.0, 57.6, 231.4	[Vid94]
Bugey III (F)	2800	15, 40, 95	[Dec95]

Am 57-MW-Forschungsreaktor des „Institut Laue-Langevin" in Grenoble suchte man besonders nach Oszillationen mit großen Massendifferenzen. Wegen der damit verbundenen kleinen Oszillationslänge ist der Grenobler Forschungsreaktor aufgrund des im Vergleich zu einem üblichen Leistungsreaktor sehr kleinen Reaktorkerns besonders gut geeignet, trotz der niedrigeren Neutrinoproduktion. Als Kernbrennstoff diente angereichertes Uran mit einem Anreicherungsgrad von 97% für das Isotop ^{235}U. Der Neutrinodetektor wurde in 8.76 Metern Entfernung von der „punktförmigen" Neutrinoquelle installiert. Der $\bar{\nu}_e$-Fluß betrug dort $9.8 \cdot 10^{11}$ cm^{-2}s^{-1}. Es wurden 4890 ± 180 Neutrinoereignisse registriert (mit einer Zählrate von 1.58 pro Stunde). Man fand keine Hinweise auf das Auftreten von Neutrinooszillationen in dem untersuchten Parameterbereich [Kwo81].

Ein Experiment an dem französischen Druckwasserreaktor in Bugey mit einer thermischen Leistung von 2800 MW ergab dagegen zunächst Anzeichen für Neutrinooszillationen [Cav84]. Der Nachweis der Antineutrinos erfolgte in Entfernungen von 13.6 m und 18.3 m vom Reaktorkern. Der Fluß im Detektor bei 13.6 m betrug $2 \cdot 10^{13}$ cm^{-2}s^{-1}. Während die Einzelspektren an beiden Positionen mit der Erwartung ohne Oszillation verträglich waren, zeigte das Verhältnis beider Spektren deutliche Anzeichen des gesuchten Effektes. Die beste Anpassung an die Daten ergab sich mit $\Delta m^2 = 0.2$ eV^2, $\sin^2 2\theta = 0.25$. Dieses (inzwischen zurückgenommene (s. [Pes88])) Resultat konnte jedoch in anderen Experimenten nicht bestätigt werden und steht im Widerspruch zu neueren Messungen (s.u.).

Weitere Experimente am sowjetischen Reaktorblock in Rovno [Afo83, Afo85] und am Reaktor in Savannah River in den USA [Bau86, Sob86] ergaben ebenfalls keine Hinweise für das Auftreten von Neutrinooszillationen. Im folgenden wollen wir stellvertretend für alle anderen das bis vor kurzem empfindlichste Reaktorexperiment, das am schweizer Leistungsreaktor in Gösgen durchgeführt wurde, etwas ausführlicher beschreiben (siehe [Vui82, Gab84, Zac85,86a-c]).

Der Druckwasserreaktor in Gösgen besitzt eine thermische Leistung von 2800 MW, entsprechend einem Antineutrinofluß von etwa $5 \cdot 10^{20}$ pro Sekunde. Man beachte, daß diese Neutrinos etwa 140 MW unwiederbringlich davontragen. Die Betriebsdauer dieses Reaktors beträgt etwa 11 Monate, im darauffolgenden Monat wird ein Drittel aller Brennstäbe ersetzt, bevor der Reaktor wieder in Betrieb genommen wird.

Das Gösgener Experiment beruht auf der Messung des Energiespektrums und des Flusses der Antineutrinos in drei verschiedenen Abständen vom Reaktorkern (37.9 m, 45.9 m, 64.7 m). An jeder dieser Positionen wurden etwa 10000 Antineutrinos registriert. Wegen der im Vergleich zu den anderen Experimenten großen Flugstrecke der Antineutrinos zwischen Quelle und Detektor ist insbesondere die Messung sehr kleiner Massenparameter möglich. Um den Einfluß der unterschiedlichen Zusammensetzungen des Kernbrennstoffs möglichst klein zu halten, wurden die Einzelmessungen während äquivalenter Perioden des Reaktorzyklus durchgeführt.

Falls es Neutrinooszillationen gibt, erwartet man eine Deformation der gemessenen Antineutrinospektren als Funktion des Abstandes (siehe Abb. 7.6). Während ein monochromatischer Neutrinostrahl eines definierten Flavors längs seiner Ausbreitungsrichtung einer Intensitätsmodulation unterliegt, wird ein kontinuierliches Energiespektrum bei festem Abstand von der Quelle entsprechend der Energieabhängigkeit des Ausdrucks

$$P_{\nu_e \to \nu_\mu} = \sin^2 2\theta \cdot \sin^2 \frac{\Delta m^2 x}{4 E_\nu} \qquad (7.54)$$

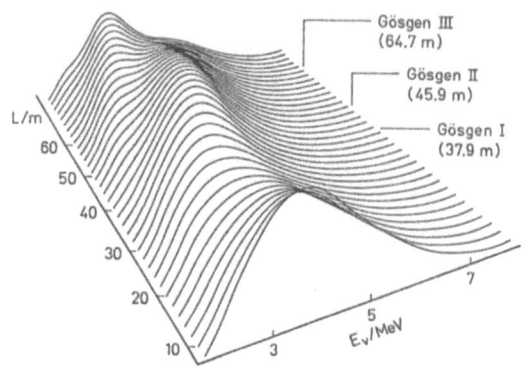

Abb. 7.6
Modulation des Neutrinospektrums als Funktion des Abstands vom Reaktor-Core bei Anwesenheit von Neutrinooszillationen, hier am Beispiel der Oszillationsparameter $\Delta m^2 = 0,2$ eV^2 und $\sin^2 2\theta = 0,4$ (aus [Zac86b]).

7.3 Experimente zu Neutrinooszillationen

deformiert. Die Maxima der Übergangswahrscheinlichkeit liegen bei

$$\frac{\Delta m^2 x}{4E_\nu} = (2n-1)\frac{\pi}{2}, \quad n \in N, \tag{7.55}$$

d.h. sie liegen auf Geradenscharen $x \sim E_\nu$. Anhand solcher gemessenen Spektren ist eine Analyse nach verbotenen und erlaubten Parameterkombinationen möglich. Eine wesentlich restriktivere Auswertung der Daten erreicht man jedoch bei der Kenntnis des absoluten spektralen $\bar{\nu}_e$-Flusses der Quelle. Der Grund dafür liegt darin, daß sich Neutrinooszillationen mit kleiner Oszillationslänge aufgrund der Ausdehnung der Quelle und der begrenzten Energieauflösung des Detektors nur in einer Flußminderung des nachweisbaren Flavors äußern.

Wir wollen uns daher an dieser Stelle kurz mit dem Neutrinospektrum eines Reaktors beschäftigen. In einem Druckwasserreaktor wie dem Gösgener Leistungsreaktor setzt sich die Gesamtleistung aus Beiträgen von vier spaltbaren Isotopen zusammen, nämlich ^{235}U, ^{238}U, ^{239}Pu und ^{241}Pu. Zu Beginn eines Reaktorzyklus (Gösgen) führt die Zusammensetzung des Spaltmaterials zu folgenden prozentualen Anteilen an der Gesamtzahl der Spaltungen: ^{235}U (69%), ^{238}U (7%), ^{239}Pu (21%) und ^{241}Pu (3%). Andere spaltbare Isotope wie ^{236}U und ^{240,242}Pu tragen nur geringfügig ($< 0.1\%$) zum Neutrinospektrum bei und können vernachlässigt werden.

Zu beachten ist, daß sich der relative Anteil der spaltfähigen Isotope an der Gesamtspaltrate aufgrund des Abbrands der Uranisotope und des Erbrütens von Plutonium mit der Betriebszeit ändert (siehe Abb. 7.7). Da sich sowohl die Anzahl der pro Spaltung im Mittel freigesetzten Neutrinos als auch deren Energieverteilung für die verschiedenen Isotope unterscheiden, muß die Zeitabhängigkeit des zusammengesetzten Spektrums über den Meßzeitraum explizit berücksichtigt werden. Die Berechnung des theoretisch erwarteten Neutrinospektrums setzt daher sowohl die Kenntnis der Betriebsparameter des Reaktors als auch die der Einzelspektren voraus. Abb. 7.8 zeigt die Unterschiede der Reaktorneutrinospektren für verschiedene Kernzusammensetzungen. Tabelle 7.3 gibt die über die Betriebszeit gemittelten Beiträge der einzelnen Isotope zur Reaktorleistung für verschiedene Experimente wieder.

Die Neutrinospektren von ^{235}U, ^{239}Pu und ^{241}Pu sind mittlerweile aus β-spektroskopischen Messungen der Energieverteilungen der gleichzeitig emittierten Elektronen weitgehend bekannt, obwohl es immer noch Inkonsistenzen im hochenergetischen Bereich gibt [Fei82, Sch85a,86, Key85]. Für den Beitrag der durch schnelle Neutronen induzierten Spaltung von ^{238}U ist man dagegen noch auf theoretische Abschätzungen angewiesen (siehe z.B. [Kla81,82a,b, Vog81]).

324 7 Neutrinooszillationen

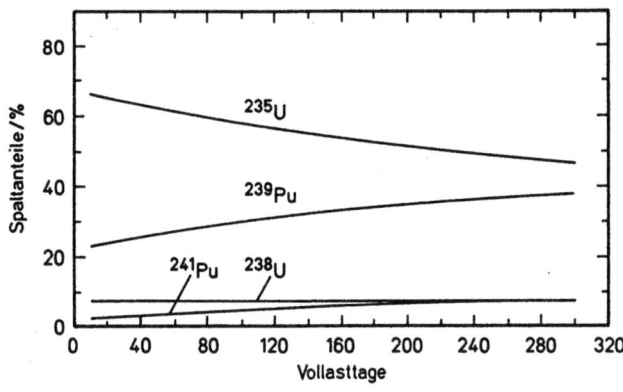

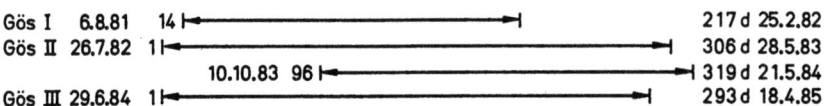

Abb. 7.7 Relative Anteile der vier relevanten Nuklide ^{235}U, ^{238}U, ^{239}Pu und ^{241}Pu an der Gesamtzahl der Spaltvorgänge als Funktion des Kernabbrandes in Vollasttagen des Reaktors. Im unteren Teil der Abbildung sind die Meßperioden und der jeweilige Meßbeginn der Experimente I–III des Gösgen-Experimentes angedeutet (aus [Zac86a, b]).

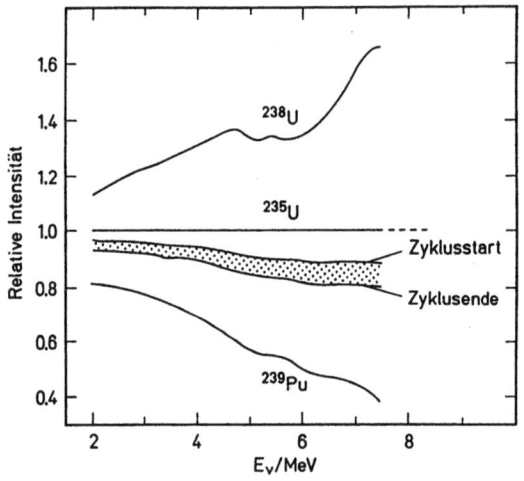

Abb. 7.8
Unterschiede der Neutrinospektren aus verschiedenen Spaltmaterialien relativ zu reinem ^{235}U. Die beiden Kurven Zyklusstart und Zyklusende demonstrieren die zeitliche Entwicklung eines Reaktorneutrinospektrums während eines vollen Reaktorzyklus für einen gemischten Reaktorkern aus ^{235}U, ^{239}Pu, ^{238}U und ^{241}Pu, wie er an einem typischen Leistungsreaktor vorliegt (aus [Zac86b]).

7.3 Experimente zu Neutrinooszillationen

Tab. 7.3 Über die Betriebszeit gemittelte Beiträge der einzelnen Isotope zur Reaktorleistung.

Isotop	^{235}U	^{238}U	^{239}Pu	^{241}Pu
Energie/Spaltung [MeV]	201.7 ± 0.6	205.0 ± 0.9	210 ± 0.9	212.4 ± 1.0
Gösgen 37.9 m	61.9%	6.7%	27.2%	4.2%
Gösgen 45.9 m	58.4%	6.8%	29.8%	5.0%
Gösgen 64.7 m	54.3%	7.0%	32.9%	5.8%
Rovno 18 m	60.6%	7.4%	27.7%	4.3%
Bugey 13.6 m	62.1%	7.6%	26.4%	3.9%
Bugey 18.3 m	47.9%	8.2%	36.9%	7.0%

Der Neutrinonachweis bei solchen Reaktorexperimenten beruht auf der Reaktion

$$\bar{\nu}_e + p \to e^+ + n. \tag{7.56}$$

Aufgrund der niedrigen Neutrinoenergien können entsprechende Reaktionen der anderen Flavors in dem Detektor nicht stattfinden, da die Schwellenenergien viel zu hoch liegen (Tab. 7.4). Die Anwesenheit von Neutrinooszillationen kann sich daher nur in einem Defizit der gemessenen $\bar{\nu}_e$-Rate oder einer Deformation des Spektrums äußern.

Tab. 7.4 Energieschwellen für die Reaktionen des Typs $\bar{\nu}_l + p \to n + l^+$.

Reaktion	Schwellenenergie [MeV]
$\bar{\nu}_e + p \to n + e^+$	1.804
$\bar{\nu}_\mu + p \to n + \mu^+$	100
$\bar{\nu}_\tau + p \to n + \tau^+$	3600

Das Neutrino-Detektorsystem befindet sich zur Abschirmung der kosmischen Strahlung in einem Betonbunker. Der Neutrinodetektor besteht aus zwei Systemen, die in einem Würfel der Kantenlänge von rund 1 m angeordnet sind (vgl. Abb. 7.9) und einen separaten Nachweis der beiden Reaktionsprodukte erlauben. Die insgesamt 30 Flüssigszintillatorzellen dienen der Energiebestimmung der Positronen aus der Reaktion (7.56), außerdem bilden sie das Target für die Antineutrinos. Als Szintillatorflüssigkeit wurden 377 Liter Mineralöl verwendet. Dieses bietet den Antineutrinos ein Target von $2.4 \cdot 10^{28}$ Protonen. An beiden Enden der Zellen sitzen Photomultiplier zum Nachweis des Szintillationslichtes, dessen Intensität bei vollständiger Absorption des Positrons proportional zu dessen kinetischer Energie ist. Aus der Positronenenergie E_{e^+} läßt sich unmittelbar das Antineutrinospektrum ermitteln,

7 Neutrinooszillationen

Nachweisprinzip   **Detektoraufbau**

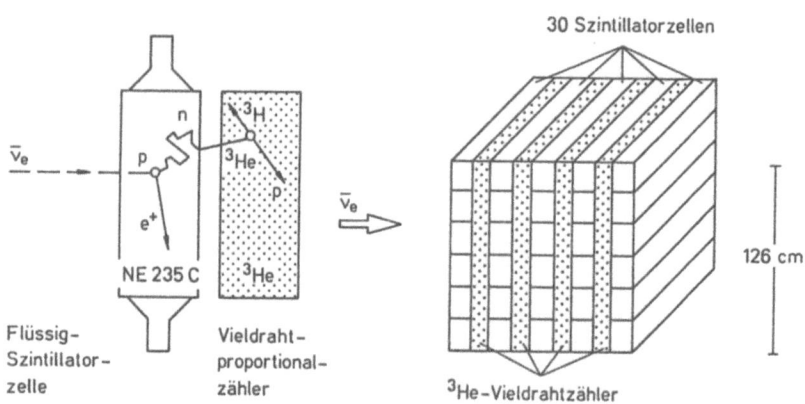

Abb. 7.9 Der Neutrinodetektor im Gösgen-Experiment. Er besteht aus zwei verschiedenen Detektortypen zum separaten Nachweis der Endprodukte der Reaktion $\overline{\nu}_e + p \to n + e^+$. Positronen werden im Szintillationszähler registriert, der auch die Protonen für die Neutrinoreaktion liefert. Die gleichzeitig produzierten Neutronen werden in einem ^{3}He-Vieldrahtzähler unter Bildung eines Tritiumkerns und eines Protons nachgewiesen (aus [Zac86b]).

da sich E_{e^+} nur um die Schwellenenergie von 1.804 MeV von der Energie $E_{\overline{\nu}}$ des einfallenden Neutrinos unterscheidet

$$E_{\overline{\nu}} = E_{e^+} + 1.804 \text{ MeV} + \mathcal{O}(E_{\overline{\nu}}/M_n). \tag{7.57}$$

Das Neutron nimmt wegen der vergleichsweise großen Masse M_n nur einen geringen Bruchteil der Energie auf. Jeweils sechs dieser Zellen sind aufeinander gestapelt und in fünf Ebenen abwechselnd mit vier Neutronenzählern angeordnet.

Der Nachweis der Neutronen erfolgt in zwei Schritten. Die Neutronen mit einer Energie von wenigen keV werden durch Stöße mit den Protonen des Szintillators innerhalb von etwa 10 μs auf thermische Energien (∼ 10 meV) abgebremst und diffundieren in einen der benachbarten ^{3}He-Vieldrahtproportionalzähler (typische Diffusionszeiten sind von der Größenordnung 100 μs). Dort werden sie über die Reaktion

$$n + {}^3\text{He} \to p + {}^3\text{H} + 765 \text{ keV} \tag{7.58}$$

nachgewiesen. Der Wirkungsquerschnitt für diese (n,p)-Reaktion beträgt rund 5500 b. Die beiden geladenen Reaktionsprodukte, das Proton und das Triton, erzeugen schließlich eine Ionisation in der Vieldrahtkammer. Ein $\overline{\nu}$-induziertes Ereignis äußert sich durch das Signal eines Positrons in einer Szintillationszelle gefolgt von einem durch die Diffusionszeit verzögerten Signal in einem der benachbarten ^{3}He-Zähler. Zusätzlich kann man zur Unterdrückung des Untergrundes noch räumliche Koinzidenz von Positron und Neutron verlangen, da beide Ereignisse höchstens durch eine der Neutronendiffusionszeit entsprechende Strecke ($\sim$ 24 cm) voneinander getrennt sein dürfen.

Der durch kosmische Strahlung induzierte Untergrund stellt bei derartigen Experimenten eine der größten Schwierigkeiten dar. Der Betonbunker dient im wesentlichen der Abschwächung der nukleonischen Komponente. Eine 15 cm dicke Stahlabschirmung unterdrückt die aus dem Beton kommende γ-Strahlung von ^{40}K. Eine Wasserschicht von 20 cm Dicke bremst schnelle Neutronen ab, eine sich anschließende Borkarbidplatte (0.5 cm) absorbiert die thermischen Neutronen[2].

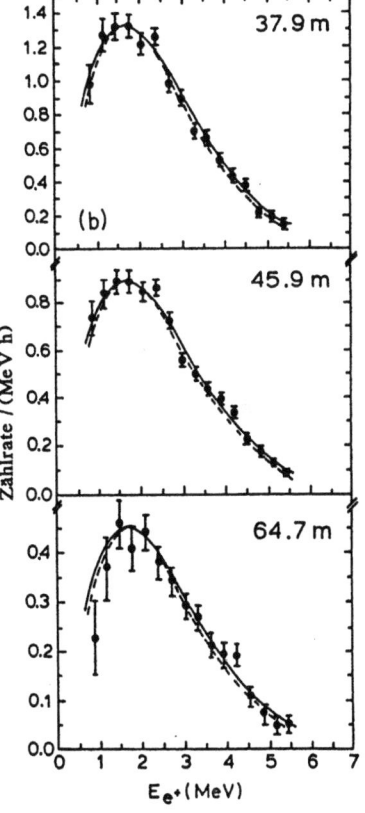

Abb. 7.10
Gemessene Positronenspektren nach Abzug des Untergrundes im Vergleich mit vorhergesagten Spektren. Die eingezeichneten Fehlerbalken sind statistischer Natur. Die durchgezogenen Linien sind die unter Verwendung des gefitteten Antineutrinospektrums berechneten Positronenspektren (d.h. unabhängig von zusätzlichen Annahmen über die Form des Reaktorneutrinospektrums), die gestrichelte Vorhersage wurde unter Verwendung theoretischer Rechnungen zum Reaktorneutrinospektrum abgeleitet, beide unter der Annahme, daß keine Oszillationen auftreten (aus [Zac86a]).

---

[2] Der Reaktor selbst stellt wegen seiner starken Abschirmung keine Untergrundquelle dar.

7 Neutrinooszillationen

Darüber hinaus wurde der Detektor von einem System aus Flüssigszintillatoren als Vetozähler umgeben, um den Myonenuntergrund zu reduzieren. Der durch kosmische Myonen in der Abschirmung induzierte Neutronenuntergrund wird jedoch durch das Vetosystem nicht erkannt. Neutronen können im Detektor an Protonen streuen und ein Neutrinoereignis vortäuschen. Während das Rückstoßproton ein Signal im Szintillator erzeugt, wird das abgebremste Neutron in einem ^{3}He-Zähler nachgewiesen. e^+- und p-induzierte Signale können jedoch aufgrund der unterschiedlichen Ionisationsdichten anhand der Pulsform unterschieden werden. Der verbleibende Untergrund wurde bei abgeschaltetem Reaktor während des jährlichen Brennstabwechsels gemessen.

In Abb. 7.10 sind die aufgenommenen Positronenspektren nach Abzug des Untergrundes dargestellt. Die Meßwerte können nun entweder unter Verwendung von gemessenen und berechneten Reaktorspektren oder aber unabhängig von den Reaktorspektren ausgewertet werden. Beide Analysen ergaben keinen Hinweis auf die Existenz von Neutrinooszillationen.

Eine Oszillationshypothese wird durch den Massenparameter Δm^2 und den Mischungsparameter $\sin^2 2\theta$ gekennzeichnet. Ergebnisse von Oszillationsexperimenten (ohne positives Resultat) werden daher in Form von Ausschließungsgebieten in einer von diesen beiden Parametern aufgespannten Ebene dargestellt. Abb. 7.11 zeigt die im Gösgener Experiment erhaltenen

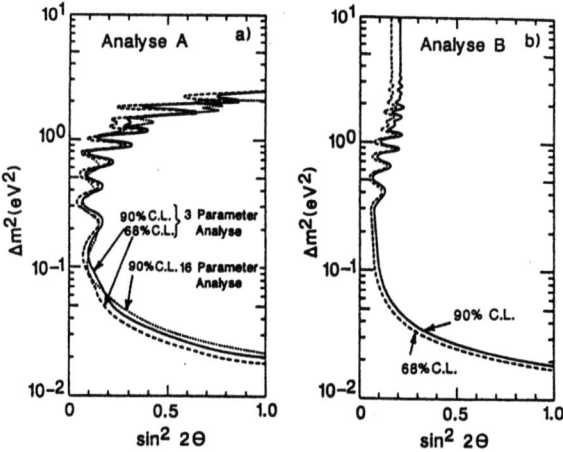

Abb. 7.11 Ausschließungsbereich für die Oszillationsparameter Δm^2 und $\sin^2 2\theta$ aus dem Gösgen-Experiment [Zac86]. Die rechts der Konturlinien liegenden Parameterkombinationen sind durch das Experiment ausgeschlossen. (a) Die Analyse A beruht ausschließlich auf Daten des Reaktorexperimentes; (b) Die Analyse B verwendet zusätzliche Informationen über Neutrinospektren eines Reaktors.

7.3 Experimente zu Neutrinooszillationen

Resultate. Die Kontourlinien gehen durch die Wertepaare, die mit 90%-iger Sicherheit ausgeschlossen werden können. Das Gebiet rechts davon ist der ausgeschlossene Bereich, die links der Kurven liegenden Parameterkombinationen sind noch erlaubt. Abb. 7.11a beruht auf der Relativanalyse der Daten für die verschiedenen Detektorabstände ohne Verwendung des Neutrino-Quellenspektrums. Der Verzicht auf die zusätzliche Information über den absoluten Reaktorneutrinofluß und die Beschränkung auf die spektrale Information der drei Messungen ergibt zwar einen kleineren Ausschließungsbereich, dafür ist die Auswertung weitgehend unabhängig von Unsicherheiten des erwarteten Spektrums oder der Nachweiswahrscheinlichkeit der Detektoren. Abb. 7.11b folgt aus denselben Meßwerten unter Heranziehung eines theoretischen Neutrinospektrums für den Reaktor-Core.

Oszillationen mit sehr kleinen Mischungs- und/oder Massenparametern sind nach diesen Ergebnissen noch möglich. Bei einem Massenparameter von $\Delta m^2 < 0.01$ eV^2 sind die Oszillationen auch bei maximaler Mischung zu langsam, um einen merklichen Effekt in der Intensität zu verursachen. Im Bereich großer Δm^2 verläuft die Grenze des Ausschließungsbereichs mit theoretischem Spektrum entlang einer Geraden $\sin^2(2\theta)$ = const., da aufgrund der begrenzten Energieauflösung des Detektors die Modulation der Intensität ausgewaschen wird. Übergänge zu anderen Neutrinoflavors können sich dann nur noch durch eine integrale Flußverminderung, die ausschließlich durch $\sin^2(2\theta)$ bestimmt wird, äußern. Bei der Messung von Mittelwerten gehen die Informationen über die Masse verloren, wie wir bereits erwähnt haben.

Abb. 7.12 zeigt Ausschlußdiagramme in der (Δm^2-$\sin^2 2\theta$)-Ebene für die neueren Reaktorexperimente (aus [Dec95]). Für ältere Experimente siehe [Zac86c, Gro89,90]. Das Bugey III-Experiment schließt den Bereich mögli-

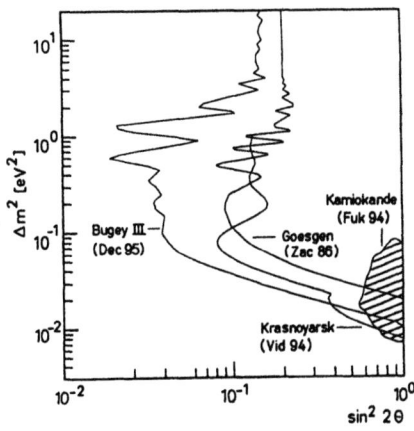

Abb. 7.12
Ausschluß-Diagramme in der (Δm^2-$\sin^2 2\theta$)-Ebene für die neueren Reaktorexperimente (nach [Dec95]). Jeweils die Bereiche rechts von den einzelnen Kurven sind mit einer Konfidenz von > 90% ausgeschlossen. Schraffiert gezeigt ist der nach dem Kamioka-Experiment [Fuk94] erlaubte Bereich für ν_e-ν_μ-Oszillationen (s. Kap. 7.3.9).

cher ν_e-ν_μ-Oszillationen, der aus dem Kamioka-Experiment an atmosphärischen Neutrinos geschlossen wurde [Hir92a, Fuk94], weitgehend aus (s. auch Kap. 7.3.9).

Es gibt noch eine weitere Methode, um mit Hilfe von Reaktorneutrinos das Phänomen der Neutrinooszillationen zu untersuchen. Werden Deuteriumkerne dem $\bar\nu_e$-Fluß eines Kernreaktors ausgesetzt, so sind zwei Prozesse möglich

$$\bar\nu_e + d \to n + n + e^- \quad \text{„charged current (cc)"}, \quad (7.59a)$$

$$\bar\nu_e + d \to n + p + \bar\nu_e \quad \text{„neutral current (nc)"}. \quad (7.59b)$$

Die Reaktion (7.59a) entspricht dem Antineutrino-Einfang eines Protons (7.56) und ist empfindlich auf Oszillationen. Die Schwellenenergie liegt jedoch um die Bindungsenergie des Deuterons von 2.226 MeV höher als für Reaktion (7.56), d.h. $E_s = 4.03$ MeV. Der durch Z^0-Austausch vermittelte Prozeß (7.59b) läuft für alle Neutrinoflavors mit gleicher Wahrscheinlichkeit ab und ist folglich unempfindlich auf Oszillationen. Die Schwelle entspricht in diesem Fall gerade der Bindungsenergie des Deuterons.

Für Reaktorneutrinos erwartet man einen über das Energiespektrum gemittelten Wirkungsquerschnitt für (7.59) von [Boe87,92]

$$\bar\sigma_{\bar\nu}(cc) = 1.2 \cdot 10^{-44} \text{ cm}^2/\text{Spaltung}, \quad (7.60a)$$

$$\bar\sigma_{\bar\nu}(nc) = 2.9 \cdot 10^{-44} \text{ cm}^2/\text{Spaltung}. \quad (7.60b)$$

Die Antineutrino-Deuterium-Streuung wurde am Reaktor in Savannah River untersucht [Pas79, Rei80,83]. Ein Vergleich zwischen dem für den Fall nicht-existierender Oszillationen erwarteten Verhältnis von „cc"- zu „nc"-Reaktionen und dem gemessenen Verhältnis ergab einen Wert von [Rei83]

$$R = 0.74 \pm 0.23. \quad (7.61)$$

Dieses Ergebnis ist im Rahmen einer Standardabweichung mit 1 verträglich. Neuere Messungen am russischen Reaktor in Rovno sind in sehr guter Übereinstimmung mit der theoretischen Vorhersage [Fay91] von R für den Fall nicht-existierender Oszillationen. Zum Abschluß sei bemerkt, daß es Pläne für neue Reaktorexperimente (San Onofre und Chooz) gibt, die Empfindlichkeiten bis hinab zu $\Delta m^2 \approx 10^{-3}\text{eV}^2$ und $\sin^2 2\theta \approx 0.1$ anstreben (siehe z.B. [Che94]).

7.3.3 Beschleunigerexperimente

Das vorliegende Buch behandelt schwerpunktmäßig die Teilchenphysik ohne Beschleuniger. Wir wollen an dieser Stelle trotzdem einige kurze Bemerkungen zu Oszillationsexperimenten an Hochenergiebeschleunigern machen, auch als Beispiel dafür, wie Teilchenphysik mit und ohne Beschleuniger einander zweckmäßig ergänzen können.

7.3 Experimente zu Neutrinooszillationen

An Hochenergiebeschleunigern stehen intensive ν_μ- und $\bar\nu_\mu$-Strahlen zur Verfügung. Diese entstehen hauptsächlich aus den Zerfällen von Pionen und Kaonen

$$\pi^+ \to \mu^+ + \nu_\mu, \qquad K^+ \to \mu^+ + \nu_\mu, \qquad (7.62\text{a})$$

$$\pi^- \to \mu^- + \bar\nu_\mu, \qquad K^- \to \mu^- + \bar\nu_\mu, \qquad (7.62\text{b})$$

wobei die Lebensdauern $\tau_\pi = 2.6 \cdot 10^{-8}$ s und $\tau_K = 1.2 \cdot 10^{-8}$ s betragen. Mit Hilfe dieser Strahlen lassen sich „appearance"-Experimente durchführen, bei welchen man nach dem Auftreten neuer Neutrinoflavors sucht. Wenn die Energie des Primärstrahls über der Schwelle für μ- bzw. τ-Produktion liegt, können Übergänge von ν_e nach ν_μ oder ν_τ mit sehr großer Empfindlichkeit auf den Mischungswinkel untersucht werden. Anders als in „disappearance"-Experimenten ist dazu keine sehr genaue Kenntnis des Quellenspektrums erforderlich.

Der typische Aufbau eines Beschleunigerexperiments ist in Abb. 7.13 gezeigt. Ein Protonenstrahl aus einem Hochenergiebeschleuniger trifft auf ein Target. Als Reaktionsprodukte findet man vorwiegend Pionen und Kaonen. Diese werden anschließend fokussiert und gelangen in einen evakuierten Zerfallskanal. Dort zerfallen die Mesonen im wesentlichen gemäß (7.62). Da die Mesonen hochrelativistisch sind, überträgt sich die Fokussierung auf die emittierten Neutrinos. Die außerdem entstehenden Myonen werden in dem Myonenschild aus Eisen und Beton gestoppt und zerfallen dort über

$$\mu^+ \to e^+ + \nu_e + \bar\nu_\mu, \qquad \mu^- \to e^- + \bar\nu_e + \nu_\mu. \qquad (7.63)$$

Die Lebensdauer für diesen Prozeß beträgt $\tau_\mu = 2.2 \cdot 10^{-6}$ s. Da die Geschwindigkeit der zerfallenden Myonen sehr klein ist, werden die Neutrinos aus (7.63) praktisch isotrop in den Raum emittiert. Die Verunreinigung des Strahls durch ν_e bzw. $\bar\nu_e$ aus (7.63) wird dadurch stark reduziert. Die Strahlreinheit wird im wesentlichen durch folgende Prozesse begrenzt

$$K^+ \to e^+ + \nu_e + \pi^0 \qquad (B = (4.82 \pm 0.06)\%), \qquad (7.64\text{a})$$

$$\pi^+ \to e^+ + \nu_e \qquad (B = (1.218 \pm 0.014) \cdot 10^{-4}), \qquad (7.64\text{b})$$

die mit den angegebenen Verzweigungsverhältnissen B [PDG90] auftreten.

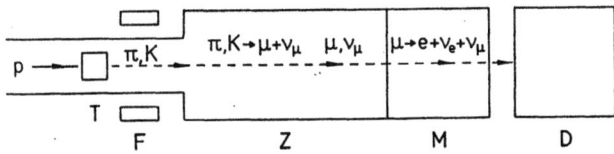

Abb. 7.13 Typischer Aufbau eines Beschleunigerexperiments zu Neutrinooszillationen: T = Target, F = Fokussierung, Z = Zerfallstunnel, M = Myonschild, D = Detektor.

7 Neutrinooszillationen

Bei Hochenergiebeschleunigern überwiegt der Zerfall (7.64a) (sog. K_{e3}-Zerfall). Bleibt man mit der Protonenenergie unterhalb der Produktionsschwelle für K-Mesonen, so ist eine sehr viel größere Strahlreinheit erreichbar. Dies wird an Niederenergiebeschleunigern wie am LAMPF in Los Alamos (Los Alamos Meson Physics Facility) mit einer Protonenenergie von 800 MeV ausgenutzt (siehe [Wil80, Nem81, Wan84, Dom87]). Die Auswahl zwischen myonischen Neutrinos und Antineutrinos erfolgt über eine Ladungstrennung der Mesonen vor dem Eintritt in die Zerfallsröhre.

Eine weitere experimentelle Möglichkeit besteht in sog. „beam dump"-Experimenten. Dazu werden hochenergetische Protonen ($\sim$ 400 GeV) bei CERN oder am Fermilab in einem dicken Target (dem „beam dump") gestoppt. Die Sekundärteilchen aus den Proton-Nukleon-Stößen, darunter auch Hadronen mit Charm, können prompt in geladene Leptonen und hochenergetische Neutrinos übergehen. Dabei entstehen durch den semileptonischen Zerfall der sehr kurzlebigen Hadronen mit Charm (D^0, $\overline{D^0}$, $\Lambda_c, \ldots$) auch elektronische Neutrinos bzw. Antineutrinos. Ein Beispiel ist der Zerfall des D^0 ($c\bar{u}$) mit einer Ruhemasse von (1864.5 ± 0.5) MeV und einer mittleren Lebensdauer von $\tau_D = (4.20 \pm 0.08) \cdot 10^{-13}$ s

$$D^0 \to K^- + e^+ + \nu_e \qquad (B = (3.4 \pm 0.4)\%). \tag{7.65}$$

Tab. 7.5 Ergebnisse der Oszillationsexperimente an Beschleunigern

Kanal	Experiment	$(\Delta m^2)^*$ [eV^2]	$(\sin^2 2\theta)^{**}$
$\nu_\mu \to \nu_e$ ‡	COL-BNL [Bak84]	< 0.6	< $6 \cdot 10^{-3}$
	BNL-E734 [Ahr85]	< 0.43	< $3.4 \cdot 10^{-3}$
	BEBC [Ang86]	< 0.09	< $1.3 \cdot 10^{-2}$
	PS191[Ber86]†	= 5	= 0.03 ± 0.01
	LAMPF-E764 [Dom87]	< 0.67	< $8 \cdot 10^{-3}$
$\bar{\nu}_\mu \to \bar{\nu}_e$ ‡	FNAL [Tay83]	< 2.4	< $1.3 \cdot 10^{-2}$
$\nu_\mu \to \nu_\tau$	FNAL [Ush81]	< 3	< $1.33 \cdot 10^{-2}$
	FNAL-E531 [Gau86]	< 0.9	< $4 \cdot 10^{-3}$
$\bar{\nu}_\mu \to \bar{\nu}_\tau$	FNAL [Asr81]	< 2.2	< $4.4 \cdot 10^{-2}$
$\nu_e \to \nu_\tau$	COL-BNL [Bak84]	< 8	< 0.6
	FNAL-E531 [Gau86]	< 9	< 0.12

* für maximale Mischung ($\sin^2 2\theta = 1$),   ** für große Δm^2,   † konsistent mit [Ast89]
‡ Das Experiment BNL-E776 [Bor92] ergibt $(\Delta m^2)^* \leq 0.075\,\text{eV}^2$, $\sin^2 2\theta^{**} \leq 0.003$.

7.3 Experimente zu Neutrinooszillationen

Auch ν_τ und $\bar{\nu}_\tau$ können über semileptonische Prozesse wie

$$D_s \to \tau + \nu_\tau \tag{7.66}$$

produziert werden.

Aufgrund der hohen Energien ist der Phasenraum für die Zerfälle in Myonen bzw. Elektronen im wesentlich gleich groß, man erwartet daher etwa eine gleiche Anzahl von ν_e und ν_μ bzw. $\bar{\nu}_e$ und $\bar{\nu}_\mu$ in solchen „beam dump"-Experimenten. Die Neutrino-Komponenten aus den Zerfällen der Pionen und Kaonen sind ebenfalls vorhanden. Wegen der langen Lebensdauer der leichten Mesonen verlieren diese durch die Wechselwirkung im Target einen Großteil ihrer Energie bevor der Zerfall stattfindet, so das die entsprechenden Neutrinos eine vergleichsweise geringe Energie (< 1 GeV) besitzen und leicht von den hochenergetischen, prompten Neutrinos unterschieden werden können.

In „beam dump"-Experimenten mißt man das Verhältnis der ν_e-Rate zur

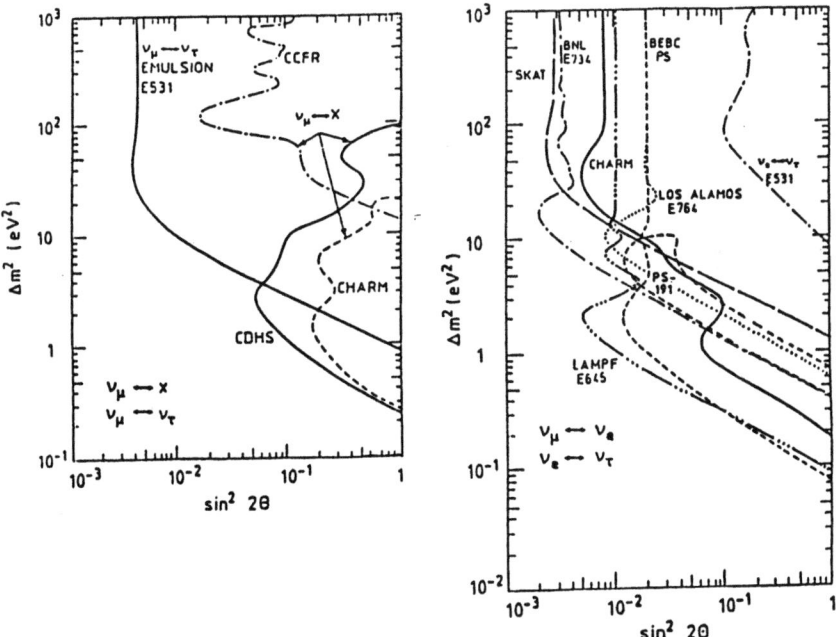

Abb. 7.14 Ausschließungsbereiche für Oszillationsparameter aus verschiedenen Beschleunigerexperimenten (aus [Pes88]); links: ν_μ-Disappearance-Experimente und der ($\nu_\mu \leftrightarrow \nu_\tau$)-Kanal; rechts: ($\nu_\mu \leftrightarrow \nu_e$)- und ($\nu_e \leftrightarrow \nu_\tau$)-Kanäle. Für neuere Ergebnisse zu $\nu_e \leftrightarrow \nu_\mu$-Oszillationen siehe [Bor92].

ν_μ-Rate im Abstand x vom Detektor, wobei angenommen wird, daß dieses Verhältnis bei der Erzeugung gerade eins betrug.

Tab. 7.5 gibt einen Überblick über verschiedene „appearance"-Experimente an Beschleunigern. Eine Zusammenstellung und kurze Beschreibung findet man z.B. bei [Pes88, Win95]. Diese Messungen setzen ebenfalls sehr restriktive Grenzen für mögliche Oszillationsparameter (siehe Abb. 7.14). Ein am Protonensynchrotron des CERN (Protonenenergie 600 MeV) durchgeführtes Experiment (Experiment PS191) ergab eine zu große Anzahl von Elektronereignissen in der Reaktion mit einem ν_μ-Strahl, was als Neutrinooszillation mit den Parametern $\Delta m^2 = 5$ eV^2, $\sin^2 2\theta = 0.03 \pm 0.01$ interpretiert wurde [Ber86]. Dieses Resultat steht jedoch im Widerspruch zur Messung E734 am AGS-Beschleuniger am Brookhaven National Laboratory (BNL) [Ahr85].

Das CERN-PS191-Experiment wurde mit einer verbesserten Apparatur und einer größeren Strahlintensität am BNL wiederholt. Es ergab sich wieder ein Überschuß an Elektronneutrinos, der mit dem ursprünglichen Resultat verträglich ist [Ast89], aber die statistische Signifikanz ist viel zu gering, um das Ergebnis eindeutig als Neutrinooszillationen zu interpretieren. Mögliche andere Erklärungen für den ν_e-Überschuß werden z.B. in [Ast89] diskutiert. Die neuen Experimente CHORUS und NOMAD sollen nach ν_μ-ν_τ-Oszillationen bei erheblich kleineren Mischungswinkeln als in bisherigen Experimenten (Abb. 7.14) suchen (siehe [Win95,Lee95a]). Sie sind vor allem durch eine eventuelle MSW-Lösung des solaren Neutrinoproblems motiviert (s. Abschn. 7.3.8.1.1).

Zusammenfassend läßt sich also sagen, daß in den Reaktor- und Beschleunigerexperimenten bislang noch kein eindeutiger Nachweis für das Auftreten von Neutrinooszillationen gefunden wurde.

7.3.4 Experimente mit solaren Neutrinos

Die Sonne bildet eine weitere äußerst interessante Neutrinoquelle. Wegen der großen Entfernung zwischen Sonne und Erde eignen sich solare Neutrinos zur Untersuchung von Oszillationen mit Massenparametern Δm^2 bis hinab in den Bereich von 10^{-12} eV^2 (Tab. 7.1). Daneben liefern die durch thermonukleare Reaktionen im Sonneninneren erzeugten Neutrinos wichtige Informationen über die Sonne selbst, insbesondere über den Kern. Photonen benötigen aufgrund vielfältiger Streu- und Absorptionsprozesse etwa 10^4 Jahre, bis sie die Oberfläche erreicht haben. Infolgedessen beobachten wir auf der Erde nur solche Photonen, die praktisch an der Oberfläche emittiert oder letztmals gestreut werden. Sie geben daher nur Auskunft über die Leuchtkraft und die chemische Zusammensetzung in der Hülle der Sonne. Neutrinos dagegen unterliegen nur der schwachen Wechselwirkung und verlassen die Sonne nach ihrer Entstehung praktisch ungehindert. Ihre Beobachtung bietet eine einzigartige Möglichkeit, Informationen über das Innere der Sonne und insbesondere die an der Energieerzeugung beteiligten Prozesse zu gewinnen. Seit ca. 1965 werden Experimente zum Nachweis des Flusses solarer Neutrinos auf der Erde durchgeführt.

Im nächsten Abschnitt wollen wir uns kurz mit der Energieerzeugung und der Neutrinoproduktion in der Sonne beschäftigen, wobei wir uns auf das sogenannte Standard-Sonnenmodell beschränken.

7.3.4.1 Energieerzeugung und Neutrinoproduktion in der Sonne

Das Standard-Sonnenmodell (SSM) [Bah82,88,89,92, Ber93, Tur88,93,a,b] leitet sich aus der Annahme ab, daß der Aufbau und die zeitliche Entwicklung eines Sterns durch dessen Masse und chemische Zusammensetzung eindeutig festgelegt sind. Die chemische Zusammensetzung wird gewöhnlich in Massenprozenten angegeben (X für Wasserstoff, Y für Helium und Z für die sog. Metalle, d.h. alle Elemente schwerer als Helium). Die Grundgedanken dieses Modells, die sich bis zu Eddington zurückverfolgen lassen [Edd26], können wie folgt zusammengefaßt werden:

- Hydrostatisches Gleichgewicht: An jedem Ort des Sterns halten sich der Druckgradient und der Gravitationsdruck die Waage. In den meisten Sternen wird der Druck im wesentlichen durch den Gasdruck bestimmt, nur in sehr heißen und massiven Objekten muß der Strahlungsdruck berücksichtigt werden.
- Die Verknüpfung zwischen Druck, Dichte und Temperatur erfolgt über die Zustandsgleichung für das ideale Gas.
- Es herrscht thermisches Gleichgewicht, d.h. die Energieerzeugung ist gleich der Abstrahlung
- Der Energietransport im Sterninnern erfolgt hauptsächlich durch Strahlung. In den äußeren Zonen spielt die Konvektion eine Rolle.

Tab. 7.6 Eigenschaften der Sonne nach dem Standard-Sonnenmodell [Bah88].

	$t = 4.6 \cdot 10^9$ a (heute)	$t = 0$
Luminosität $L_\odot$	$\equiv 1$	0.71
Radius $R_\odot$	696000 km	605500 km
Oberflächentemp. T_S	5773 K	5665 K
Zentraltemperatur T_c	$15.6 \cdot 10^6$ K	/
Zentraldichte	148 gcm^{-3}	/
X(H)	34.1%	71%
Y(He)	63.9%	27.1%
Z	1.96%	1.96%

7 Neutrinooszillationen

- Die Energieerzeugung erfolgt durch Fusionsprozesse. Die infolge ständig ablaufender thermonuklearer Reaktionen freiwerdende Energie wirkt der wachsenden Kompression durch die Gravitation entgegen, so daß sich ein Gleichgewicht zwischen erzeugter und abgestrahlter Energie bei bestimmten Werten für die Dichte und die Temperatur einstellt. Es wird angenommen, daß die Sonne kurz nach ihrer Entstehung homogen aufgebaut war, d.h., die heutzutage in der Sonnenatmosphäre gefundene chemische Zusammensetzung sollte den Elementhäufigkeiten der Sonne bei ihrer Geburt vor ca. 4.6 Milliarden Jahren entsprechen. Die Prinzipien dieses Modells sind recht plausibel, für Details der Berechnung verweisen wir auf die Spezialliteratur [Bah82,88,89,92, Tur93a,b]. Tab. 7.6 faßt die wichtigsten Eigenschaften der Sonne nach dem Standardsonnenmodell zusammen.

Die von der Sonnenoberfläche abgestrahlte Energie entsteht im Sonneninnern durch die Fusion leichter Atomkerne. Bei einer Zentraldichte von 148 gcm^{-3} und einer Temperatur von $15.6 \cdot 10^6$ K liegen die leichten Atome vollständig ionisiert vor, sie bilden ein Plasma. Relativ kalte Sterne wie unsere Sonne beziehen ihre Energie hauptsächlich aus dem sogenannten *pp*-Zyklus, während der CNO-Zyklus (auch Bethe-Weizsäcker-Zyklus) eine untergeordnete Rolle spielt (siehe Abb. 7.15 bis 7.17).

Ausgangspunkt des *pp*-Zyklus sind Wasserstoffkerne, die schrittweise über Deuteriumkerne zu ^{4}He verschmolzen werden. Die bei weitem wichtigste Reaktion lautet[3]

$$p + p \to d + e^+ + \nu_e + 0.42 \text{ MeV}. \tag{7.67}$$

Da das Diproton nicht stabil ist, erfolgt der Übergang in das Deuteron über einen β-Zerfallsprozeß. Es handelt sich also um einen Prozeß der schwachen Wechselwirkung, der auf einer Zeitskala von rund 10^{10} Jahren abläuft. Die Reaktion (7.67) bestimmt daher den zeitlichen Verlauf der sich anschließenden (schnelleren) Fusionsprozesse. Dieser *pp*-Prozeß erzeugt Neutrinos mit einem kontinuierlichen Spektrum bis zu 0.42 MeV.

Die mittlere Lebensdauer eines Protons in der Sonne von 10^{10} Jahren erklärt die seit Milliarden Jahren fast gleichmäßige Energieabgabe der Sonne. Trotz dieser extrem geringen Reaktionsrate (10^{-10} a^{-1} entsprechen einem Wirkungsquerschnitt von etwa 10^{-23} b bei 1 MeV) laufen rund 10^9 Reaktionen pro Sekunde und cm^3 ab, da die Dichte der Protonen ca. 10^{26} cm^{-3} beträgt. Neben der mit einem Verzweigungsverhältnis von 99.6% dominanten Reaktion (7.67) führt auch

$$p + p + e^- \to d + \nu_e + 1.44 \text{ MeV} \quad (0.4\%) \tag{7.68a}$$

---

[3] die folgenden Energieangaben beziehen sich auf Kernmassen.

7.3 Experimente zu Neutrinooszillationen

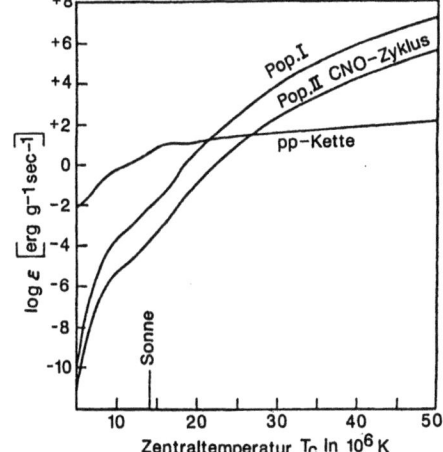

Abb. 7.15
Energieentwicklung ε für Sterne verschiedener Zentraltemperaturen. Die Zentraldichte wurde einheitlich zu $\varrho_c = 100$ g/cm^3 angesetzt. In kühleren Sternen überwiegt die pp-Kette, in heißeren der CNO-Zyklus (aus [Uns81]).

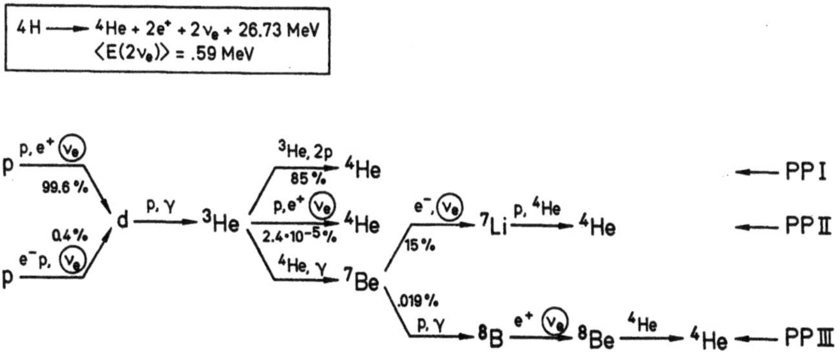

$$4H \longrightarrow {}^4He + 2e^+ + 2\nu_e + 26.73 \text{ MeV}$$
$$\langle E(2\nu_e)\rangle = .59 \text{ MeV}$$

Abb. 7.16 Der pp-Zyklus.

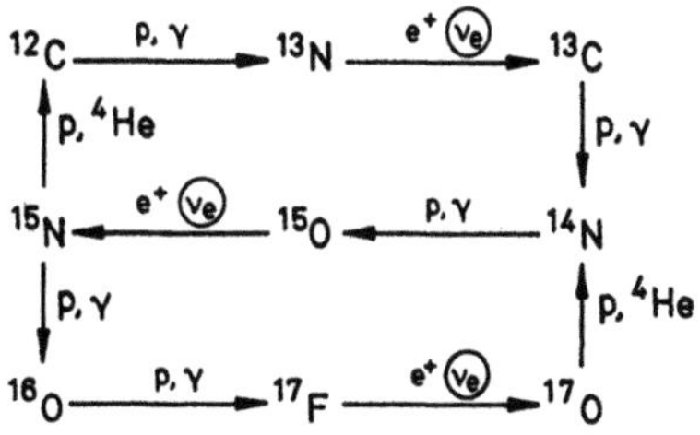

Abb. 7.17 Der CNO-Zyklus.

auf Deuterium, wobei Neutrinos mit der festen Energie von 1.44 MeV emittiert werden. Das gebildete Deuterium verschmilzt praktisch sofort zu ^{3}He

$$d + p \to {}^3\text{He} + \gamma + 5.49 \text{ MeV}. \tag{7.68b}$$

Das entstandene ^{3}He durchläuft weitere Reaktionsschritte unter Bildung des besonders stabilen ^{4}He:

I) $\quad {}^3\text{He} + {}^3\text{He} \to {}^4\text{He} + 2p + 12.86 \text{ MeV} \quad (85\%),$ \hfill (7.69)

II) $\quad {}^3\text{He} + p \to {}^4\text{He} + e^+ + \nu_e + 18.77 \text{ MeV} \quad (2.4 \cdot 10^{-5}\%),$ \hfill (7.70)

IIIa) $\quad {}^3\text{He} + {}^4\text{He} \to {}^7\text{Be} + \gamma + 1.59 \text{ MeV}.$ \hfill (7.71a)

Das ^{7}Be wandelt sich über zwei verschiedene Wege schließlich ebenfalls in ^{4}He um

IIIb1) $\quad {}^7\text{Be} + e^- \to {}^7\text{Li} + \nu_e + 0.8617 \text{ MeV} \quad (15\%),$

$\qquad \qquad {}^7\text{Li} + p \to {}^4\text{He} + {}^4\text{He} + 17.35 \text{ MeV},$ \hfill (7.71b)

oder

IIIb2) $\quad {}^7\text{Be} + p \to {}^8\text{B} + \gamma + 0.14 \text{ MeV} \quad (0.019\%),$

$\qquad \qquad {}^8\text{B} \to {}^8\text{Be} + e^+ + \nu_e + 14.6 \text{ MeV},$

$\qquad \qquad {}^8\text{Be} \to {}^4\text{He} + {}^4\text{He} + 3 \text{ MeV}.$ \hfill (7.71c)

Der pp-Zyklus ist in Abb. 7.16 graphisch dargestellt. Der Nettoeffekt besteht in der Umwandlung von vier Protonen in ein α-Teilchen

$$2e^- + 4p \to {}^4\text{He} + 2\nu_e + 26.7 \text{ MeV} \tag{7.72}$$

Der Energiegewinn beträgt 26.7 MeV, die im Mittel von den Neutrinos davongetragene Energie beläuft sich auf wenige Prozent ($\langle E(2\nu)\rangle \sim 0.6$ MeV). Man kann anhand von (7.72) den erwarteten Neutrinofluß abschätzen. Pro 13 MeV in der Sonne erzeugte thermische Energie entsteht im Mittel ein Neutrino. Geht man von der Annahme des Standardsonnenmodells aus, daß sich die Sonne bereits seit langer Zeit im thermischen Gleichgewicht befindet, so ist die Energieproduktion gleich der abgestrahlten Energie. Die Solarkonstante, d.h. der Energiefluß, der die Erde erreicht, beträgt etwa $S = 0.13$ Jcm^{-2}s$^{-1} \approx 8 \cdot 10^{11}$ MeVcm^{-2}s^{-1}. Der Neutrinofluß berechnet sich daher zu

$$\Phi_\nu = \frac{S}{13 \text{ MeV}} \sim 6 \cdot 10^{10} \text{ cm}^{-2}\text{s}^{-1}. \tag{7.73}$$

Neben dem pp-Zyklus trägt der CNO- (oder Bethe-Weizsäcker-) Zyklus mit etwa 1.6% zur Energieproduktion in der Sonne bei. Er spielt bei den niedrigen Temperaturen unserer Sonne eine untergeordnete Rolle, bildet aber in schwereren, heißen Sternen die wichtigste Energiequelle (siehe Abb. 7.15). Bei dem CNO-Zyklus dient ^{12}C als Katalysator für die Verbrennung von Wasserstoff zu Helium (Abb. 7.17).

7.3 Experimente zu Neutrinooszillationen

In beiden Zyklen treten verschiedene Reaktionen unter Emission von Neutrinos mit teilweise kontinuierlichen und teilweise diskreten Energieverteilungen auf. Diese seien im folgenden noch einmal zusammengefaßt. Die wichtigsten ν-erzeugenden Reaktionen der pp-Kette sind

$$\begin{aligned} p + p &\to d + e^+ + \nu_e & (E_\nu &\leq 0.420 \text{ MeV}), \\ p + e^- + p &\to d + \nu_e & (E_\nu &= 1.442 \text{ MeV}), \\ {}^3\text{He} + p &\to {}^4\text{He} + e^+ + \nu_e & (E_\nu &\leq 18.77 \text{ MeV}), \\ {}^7\text{Be} + e^- &\to {}^7\text{Li} + \nu_e & (E_\nu &= 0.862 \text{ MeV } (90\%), 0.384 \text{ MeV } (10\%)), \\ {}^8\text{B} &\to {}^7\text{Be}^* + e^+ + \nu_e & (E_\nu &\leq 14.6 \text{ MeV}). \end{aligned} \qquad (7.74)$$

Die im CNO-Zyklus wichtigen Reaktionen im Hinblick auf die Produktion solarer Neutrinos sind

$$\begin{aligned} {}^{13}\text{N} &\to {}^{13}\text{C} + e^+ + \nu_e & (E_\nu &\leq 1.199 \text{ MeV}), \\ {}^{15}\text{O} &\to {}^{15}\text{N} + e^+ + \nu_e & (E_\nu &\leq 1.732 \text{ MeV}), \\ {}^{17}\text{F} &\to {}^{17}\text{O} + e^+ + \nu_e & (E_\nu &\leq 1.740 \text{ MeV}). \end{aligned} \qquad (7.75)$$

Die Messung des Flusses der ^{17}F-Neutrinos wäre von besonderem Interesse, da er ein Maß für den Sauerstoffgehalt des Sonneninnern darstellt. Allerdings sind die Reaktionen (7.75) aufgrund der geringen Reaktionsraten nur schwer nachweisbar.

Der grundlegende Prozeß (7.67) erzeugt die meisten Neutrinos, allerdings mit relativ niedrigen Energien, während die hochenergetischen ^{8}B-Neutrinos nur in einem seltenen Nebenzweig des pp-Zyklus gebildet werden. Die berechneten Flüsse solarer Neutrinos auf der Erde sind in Tab. 7.7 zusammengefaßt.

Die Wirkungsquerschnitte für die einzelnen Reaktionen in der Sonne sind energieabhängig, so daß die Produktionsraten von der im Sonneninnern herrschenden Temperatur bestimmt werden. Der Fluß der pp-Neutrinos ist durch die gut vermessene Leuchtkraft der Sonne weitgehend festgelegt, die

Tab. 7.7 SSM-Vorhersagen für den Fluß solarer Neutrinos auf der Erde [Bah88, Bah89].

Quelle	Φ_ν [10^{10} cm^{-2}s^{-1}]
pp	$6.0 \pm 2\%$
pep	$0.014 \pm 5\%$
^{7}Be	$0.47 \pm 0.15\%$
^{8}B	$5.8 \cdot 10^{-4} \pm 37\%$
^{13}N	$0.06 \pm 50\%$
^{15}O	$0.05 \pm 58\%$
^{17}F	$5.2 \cdot 10^{-4} \pm 46\%$

340 7 Neutrinooszillationen

Abhängigkeit der Produktionsrate von der Zentraltemperatur der Sonne ist mit $\sim T^4$ relativ schwach. Die ^{8}B-Neutrinos kommen aus einem für die Energieproduktion weniger wichtigen Nebenzweig. Für die Bildung des ^{8}B werden mehrere Fusionsprozesse durchlaufen, wobei auch Kerne mit höherer Kernladung ($Z \geq 2$) beteiligt sind. Daher hängt die Produktionsrate dieser Neutrinos sehr empfindlich von der Temperatur ab ($\sim T^{19}$). Eine Messung

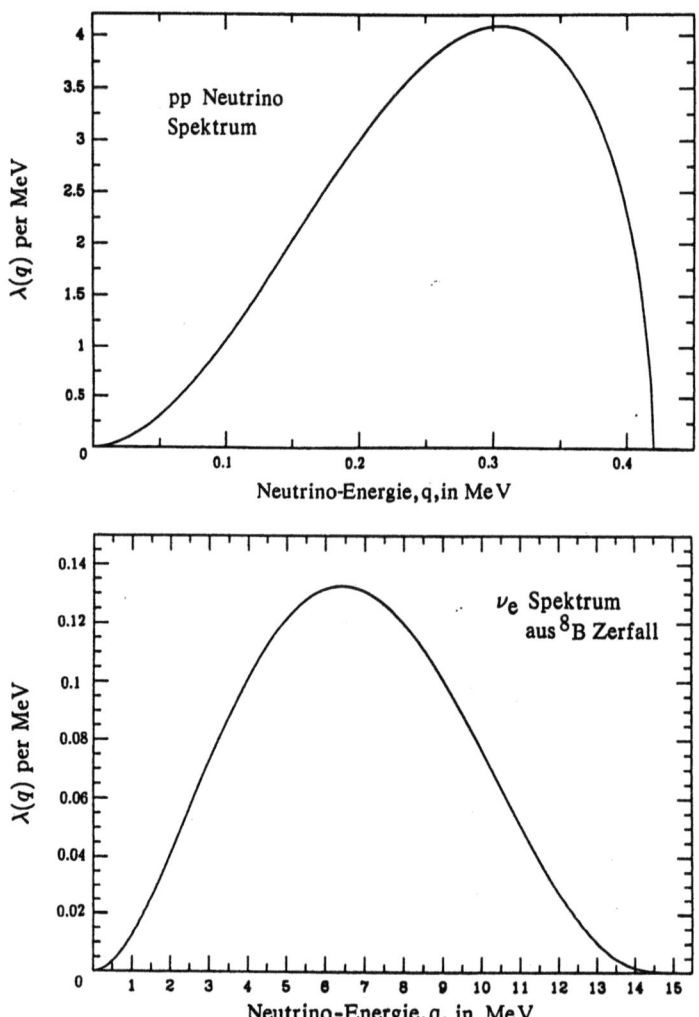

Abb. 7.18 Energiespektren der solaren pp- und ^{8}B-Neutrinos (aus [Bah89]).

7.3 Experimente zu Neutrinooszillationen

der relativen Häufigkeiten der einzelnen Neutrinokomponenten wäre daher ein empfindliches Thermometer für das Sterninnere.

An dieser Stelle sei bemerkt, daß die Aussage, der pp-Neutrino-Fluß sei unabhängig vom Sonnenmodell, nur bedingt richtig ist, da z.b. bei einer etwas höheren Temperatur der Hauptteil der Neutrinos nicht mehr aus dem pp-Zyklus, sondern vielmehr aus dem CNO-Zyklus stammen würde (vgl. die Diskussion in [Bah89]).

Neben dem absoluten Fluß der Neutrinos ist auch die Kenntnis des Neutrinospektrums, d.h. der Fluß in Abhängigkeit von der Energie, von großem Interesse, da verschiedene Energiebereiche des Spektrums verschiedenen Neutrinoquellen (Erzeugungsreaktionen) entsprechen. Wegen ihrer unterschiedlichen Energieschwellen sind verschiedene Detektoren i.a. auf unterschiedliche Energiebereiche und somit auf unterschiedliche Neutrinoquellen empfindlich. Abb. 7.18 zeigt die kontinuierlichen Neutrinospektren der beiden wichtigen Reaktionen $pp \to de^+\nu_e$ und $^8B \to {}^8Be^*e^+\nu_e$. Das sich aus dem SSM ergebende solare Neutrinospektrum ist in Abb. 7.19 gezeigt.

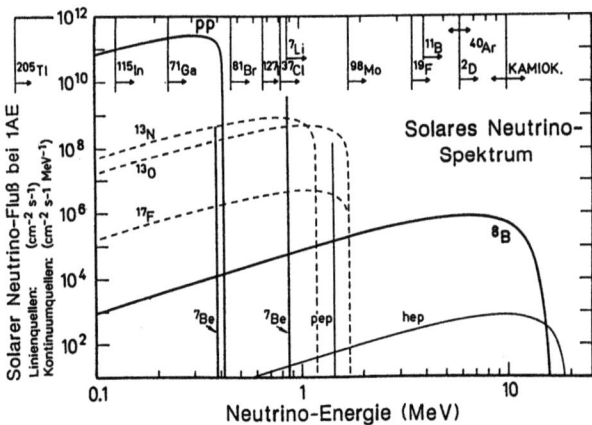

Abb. 7.19 Das solare Neutrinospektrum nach dem Standard-Sonnenmodell. Eingezeichnet sind die Ansprechbereiche verschiedener Detektoren (nach [Ham93, Ham94].

7.3.4.2 Der Nachweis solarer Neutrinos, das Chlor- und das Kamioka-Experiment

Ein idealer Detektor für Sonnenneutrinos sollte in der Lage sein, den Zeitpunkt der Wechselwirkung sowie die Energie und die Flugrichtung des einfallenden Neutrinos zu bestimmen. Diese Anforderungen können jedoch nur bedingt erfüllt werden.

7 Neutrinooszillationen

Eine Möglichkeit, Neutrinos auf der Erde nachzuweisen, besteht in der Verwendung radiochemischer Detektoren. Diese beruhen auf dem Einfang von Neutrinos in einzelnen Atomkernen eines geeigneten Elements. Die dadurch gebildeten radioaktiven Tochterkerne werden über ihren Zerfall nachgewiesen. Das Detektormaterial wird zu diesem Zweck für eine gewisse Zeit, die von der Halbwertszeit des Reaktionsproduktes abhängt, dem solaren Neutrinofluß ausgesetzt. Die Meßperiode wird durch die Einstellung des Gleichgewichts zwischen Produktion und Zerfall des Radioisotops bestimmt. Die wenigen durch Neutrinoeinfang umgewandelten Kerne müssen anschließend aus einem sehr großen Reservoir an Targetkernen extrahiert und nachgewiesen werden.

Bei diesem Detektortyp werden also keine Einzelereignisse nachgewiesen, sondern es wird über die Exponierungszeit aufsummiert. Darüber hinaus können nur Neutrinos, deren Energie oberhalb einer bestimmten Schwelle liegt, registriert werden. Das gemessene Signal ist ein Maß für das über den gesamten Energiebereich von der Schwelle ab integrierte Neutrinospektrum gewichtet mit dem energieabhängigen Wirkungsquerschnitt für den Einfang im Targetkern.

Das seit 1968 laufende berühmte Chlor-Experiment von R. Davis [Dav68, 84,87a,88,94] verwendet einen solchen radiochemischen Detektor. Der Nachweis der Neutrinos erfolgt über den Neutrino-Einfang in ^{37}Cl-Kernen unter Bildung des radioaktiven ^{37}Ar

$$^{37}\text{Cl} + \nu_e \rightarrow {}^{37}\text{Ar} + e^-, \qquad E_s = 814 \text{ keV}. \tag{7.76}$$

Diese Reaktion besitzt eine Schwellenenergie von 814 keV. Dies bedeutet, daß nur Neutrinos mit relativ hohen Energien nachgewiesen werden können, insbesondere spricht der Chlordetektor nicht auf die *pp*-Neutrinos an (siehe Abb. 7.19). Das gebildete Argon ist radioaktiv. ^{37}Ar zerfällt mit einer Halbwertszeit von 35.04 Tagen über Elektroneinfang zurück zu ^{37}Cl. Dieser Übergang läßt sich mit Hilfe der 2.82 keV Auger-Elektronen nachweisen, die dem Elektroneinfang folgen. Aus der Menge des erzeugten Argon bestimmt sich dann der Neutrinofluß, dem das Target ausgesetzt war.

Der Detektor besteht aus einem großen Tank mit 380000 Litern Perchlorethylen (C_2Cl_4). Dies entspricht einem Gewicht von 615 t. Der Tank wurde in der Homestake-Goldmine in Lead (South Dakota) in einer Tiefe von ca. 1400 m unter der Erdoberfläche installiert (Abb. 7.20). Die Abschirmdicke entspricht der von 4100 m Wasser. Das Nuklid ^{37}Cl kommt in der natürlichen Isotopenverteilung zu 24.23% vor. Der Tank enthält damit $2.2 \cdot 10^{30}$ ^{37}Cl-Kerne als Target für die Neutrinos ($\hat{=}133$ Tonnen).

Abb. 7.20
Der Detektor des Chlor-Experiments von Davis zum Nachweis solarer Neutrinos in der ca. 1400 m tiefen Homestake-Mine in Lead, South-Dakota, USA, ca. 1967. Gezeigt ist der mit 380000 Litern Perchlorethylen gefüllte Tank. Oben zu sehen ist R. Davis (Foto: Brookhaven National Laboratory).

Chlor wurde verwendet, da die Kombination der chemischen und physikalischen Eigenschaften gut geeignet ist, einen großen radiochemischen Neutrinodetektor zu bauen. Die Schwellenenergie liegt relativ niedrig, und der Übergang zum Grundzustand des ^{37}Ar besitzt einen günstigen Wirkungsquerschnitt, d.h. der $ft_{1/2}$-Wert ist klein ($\log ft = 5$). Darüber hinaus sind auch Übergänge in angeregte Zustände, insbesondere in den isobaren Analogzustand des ^{37}Cl-Grundzustands in ^{37}Ar, möglich, was die Rate noch einmal erheblich erhöht.

Des weiteren ist Chlor vergleichsweise billig, so daß man einen Detektor mit der Masse von einigen 100 Tonnen bauen konnte (die Flüssigkeit Perchlorethylen findet in der chemischen Reinigung Verwendung). Das Reaktionsprodukt ^{37}Ar ist ein Edelgas und somit chemisch inert, so daß es leicht ausgespült werden kann. Der durch Neutrino-Einfang entstandene Kern ^{37}Ar besitzt eine Rückstoßenergie, die ausreicht, um den Molekülverband zu verlassen. Argon geht in Lösung, ohne jedoch komplexe chemische Verbindungen einzugehen, so daß die wenigen Atome durch Spülen mit Helium ausgetrieben werden können. Ein weiterer wichtiger Punkt ist, daß die Halbwertszeit des ^{37}Ar mit 35 Tagen in einem vernünftigen Bereich liegt.

Nach jeweils einigen Monaten - entsprechend einer Exponierungszeit von wenigen Halbwertszeiten - wird das Argon ausgespült und dann in einem

Proportionalzähler nachgewiesen. Der Elektroneinfang führt zu einem angeregten ^{37}Cl-Atom, das entweder Röntgenstrahlung oder Auger-Elektronen emittiert. In ca. 90% aller Zerfälle werden Elektronen aus der K-Schale mit einer Energie von 2.82 keV frei, die im Detektor gezählt werden. Da pro Meßlauf nur wenige Zerfälle zu erwarten sind, müssen sehr hohe Anforderungen an die Extraktions- und Nachweistechniken gestellt werden. Darüber hinaus gilt es, den Untergrund soweit wie möglich zu reduzieren. Zu diesem Zweck werden neben den üblichen Abschirmmaßnahmen und einem NaI-Vetozähler die Anstiegszeiten der Impulse in Zählrohren gemessen. Für experimentelle Details verweisen wir auf die entspechende Speziallliteratur [Dav68, Dav84, Row85, Bah89].

Welche Neutrino-Einfangraten erwartet man nach dem Standard-Sonnenmodell für den Chlordetektor? Um dies zu beantworten, benötigt man neben dem oben diskutierten solaren Neutrinospektrum auch die energieabhängigen Wirkungsquerschnitte für die Reaktion (7.76). Für die Übergänge zwischen den Grundzuständen kann das Matrixelement aus dem ft-Wert des β-Zerfalls des Tochterkerns bestimmt werden. Daneben gibt es jedoch auch Beiträge von angeregten Zuständen, wodurch gewisse Unsicherheiten entstehen. Diese Matrixelemente können aus Messungen von (p,n)-Reaktionen gewonnen werden, bzw. müssen in Kernstrukturrechnungen bestimmt werden (theoretische Ansätze zur Berechnung der Wirkungsquerschnitte findet man z.B. in [Gro86a,89,90, Sta89]). Im Fall von ^{37}Cl führt dies zu keinen wesentlichen Unsicherheiten in den Vorhersagen, da die entsprechenden Matrixelemente aus dem β^+-Zerfall des ^{37}Ca abgeleitet werden können [Sex74]. Größere Unsicherheiten stammen in diesem Falle sicherlich aus der in die Berechnung eingehenden Opazität der Sonne [Ber93]. Das Standardmodell ergibt für den Chlordetektor eine Einfangrate von

$$\sum_i \Phi_i \sigma_i = (7.9 \pm 2.6) \text{ SNU} \qquad \text{[Bah92]} \qquad (7.77\text{a})$$
$$= (6.4 \pm 1.4) \text{ SNU} \qquad \text{[Tur93b]} \qquad (7.77\text{b})$$
$$= (7.43 \pm 2.7) \text{ SNU} \qquad \text{[Ber93]}. \qquad (7.77\text{c})$$

Da die erwarteten Raten sehr gering sind, hat man die sogenannte Sonnenneutrinoeinheit SNU (solar neutrino unit) eingeführt. 1 SNU bedeutet einen Neutrinoeinfang pro 10^{36} Targetatomen und Sekunde. Die nach den einzelnen Neutrinoquellen aufgeschlüsselten Einfangraten sind in Tab. 7.8 angegeben.

Das Chlorexperiment ist hauptsächlich auf ^{8}B-Neutrinos empfindlich, die mit etwa 77% zur Ereignisrate beitragen. Dies liegt im wesentlichen daran, daß die Energie der ^{8}B-Neutrinos ausreicht, um den isobaren Analogzustand

7.3 Experimente zu Neutrinooszillationen

Tab. 7.8 SSM-Vorhersagen für die Einfangraten im Chlordetektor [Bah88].

Quelle	$\Phi_i\sigma_i$ [SNU]
pp	0
pep	0.2
^{3}He p	0.03
^{7}Be	1.1
^{8}B	6.1
^{13}N	0.1
^{15}O	0.3
^{17}F	0.003
$\sum_i$	7.9

in ^{37}Ar ($\sim$ 5 MeV) anzuregen. Die ^{7}Be-Neutrinos liefern einen weiteren Beitrag von 14%.

In den Jahren von 1970–1984 wurden 61 Meßläufe durchgeführt [Row85] (siehe auch [Bah89]). Die Produktionsrate betrug 0.462 ± 0.040 ^{37}Ar-Atome pro Tag. Der durch kosmische Strahlung hervorgerufene Untergrund ergab sich zu (0.08 ± 0.03) pro Tag. Aus der Anzahl der ^{37}Cl-Atome im Tank folgt, daß eine Produktionsrate von einem Atom pro Tag gerade 5.35 SNU entspricht. Daraus ergibt sich eine gemessene Einfangrate von

$$\sum_i \Phi_i \sigma_i = (2.1 \pm 0.3) \text{ SNU} \quad (3\sigma) \quad (1970-1984). \tag{7.78}$$

Die Diskrepanz zwischen dieser Messung und der Erwartung nach dem Standardmodell wird im allgemeinen als das Sonnenneutrinoproblem bezeichnet. Man sollte indessen nicht aus den Augen verlieren, daß die vorhergesagten Einfangraten eine beträchtliche zeitliche Entwicklung durchgemacht haben (siehe Abb. 7.21).

Während des Jahres 1985 wurden die Messungen unterbrochen und im Oktober 1986 wieder aufgenommen. Die ersten 10 neuen Meßläufe (#90 - 99, Okt. 1986 - April 1988) ergaben überraschenderweise eine mittlere Einfangrate von [Bah89]

$$\sum_i \Phi_i \sigma_i = (3.6 \pm 0.7) \text{ SNU} \quad (1986 - 1988), \tag{7.79}$$

die um zwei Standardabweichungen über der mittleren Rate bis 1984 liegt. Zu bemerken ist, daß die neuen Messungen in einem Zeitraum mit geringer Sonnenaktivität durchgeführt wurden. Der Mittelwert über alle Daten bis April 1988 beträgt

346   7 Neutrinooszillationen

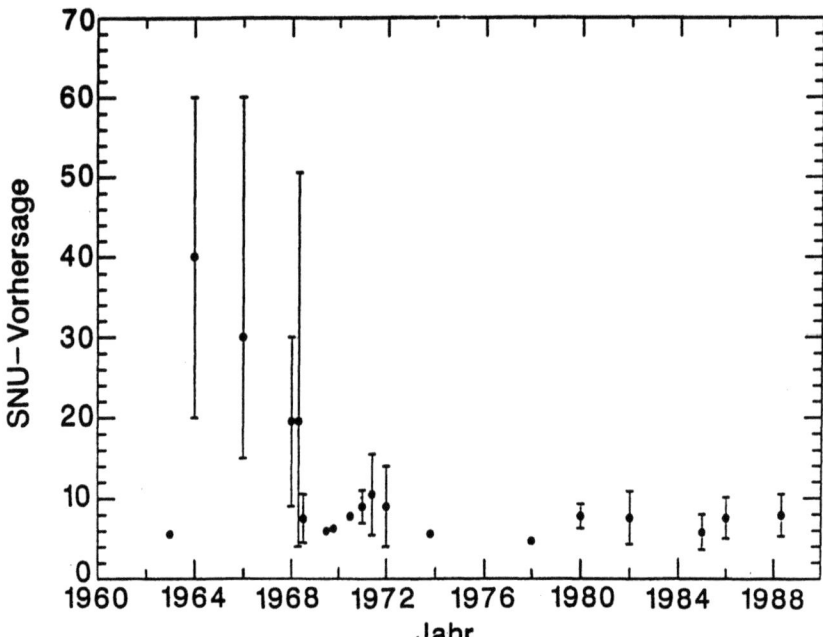

Abb. 7.21 Variation des vorhergesagten Wertes des Neutrinoflusses von der Sonne aus dem Zerfall von ^{8}B in den letzten 30 Jahren (Fehlerbalken entsprechen 1σ) (aus [Bah89, Dav92b]).

$$\sum_i \Phi_i \sigma_i = (2.2 \pm 0.3) \text{ SNU} \quad (1970 - 1988). \tag{7.80}$$

Die Messungen wurden weiter fortgeführt [Dav94,94a]. Abb. 7.22 zeigt die ^{37}Ar-Produktionsrate über die Meßperiode vom März 1970 bis April 1988. Die Auswertung der Daten ist in Tab. 7.9 zusammengefaßt.

Tab. 7.9 Zusammenfassung der Produktionsraten von ^{37}Ar im Davis-Experiment. Angegeben ist zusätzlich das Ergebnis über den Zeitraum, in welchem auch der Kamiokande-II-Detektor Daten aufgenommen hat (aus [Bei91]). Die Raten sind in Atomen pro Tag und 615 t C_2Cl_4 angegeben.

Beobachtungszeitraum	März 1970 bis April 1989	August 1986 bis April 1989
^{37}Ar-Rate	0.518 ± 0.036	0.87 ± 0.13
Untergrund	0.08 ± 0.03	0.08 ± 0.03
korr. ^{37}Ar-Rate	0.438 ± 0.047	0.79 ± 0.13
^{37}Ar-Rate [SNU]	2.33 ± 0.25	4.2 ± 0.7

7.3 Experimente zu Neutrinooszillationen

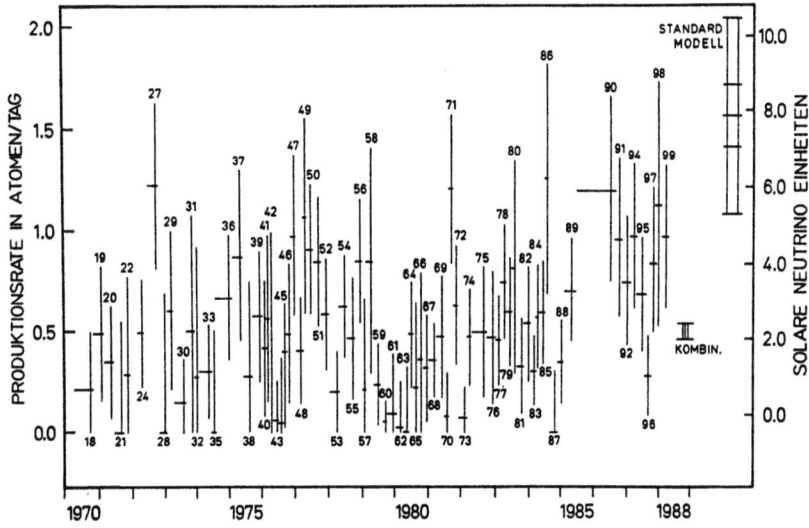

Abb. 7.22 Ereignisrate des Homestake-^{37}Cl-Detektors seit 1970 (aus [Dav88]). Für weitere Daten siehe [Dav94,94a].

Die Daten in Abb. 7.22 sind mit der Annahme eines zeitunabhängigen Flusses verträglich. Andererseits fällt auf, daß die Raten in den Meßperioden 1979–1980 und 1988–1989 systematisch kleiner sind als der Mittelwert, während die jeweils vorangehenden Perioden relativ große Neutrinoflüsse ergaben. Es wurde daher eine Antikorrelation dieser zeitlichen Variation mit dem 11-jährigen Zyklus der Sonnenaktivität diskutiert (siehe Abb. 7.32, für eine mögliche Deutung siehe Abschn. 7.3.6). Andererseits wurde betont [Baz84, Ale87, Dav87a, Dav94,94a], daß einige der Meßperioden mit besonders hohem Neutrinofluß (Runs 27, 51, 71, 86, 117) zeitlich mit dem Auftreten besonders großer Sonnenflecken zusammenfallen (siehe Abb. 2 in [Dav87a]). Neutrinos könnten während der Sonnenflecken durch pp-Wechselwirkungen der in den Sonnenflecken bis zu > 10 GeV beschleunigten Protonen in den äußeren Bereichen der Sonne und den Zerfall hierdurch erzeugter Pionen und Myonen, oder von thermonuklearen Reaktionen in inneren Regionen der Sonne, deren externe Phänomene möglicherweise die Sonnenflecken wären, erzeugt werden (für eine Diskussion und Versuche, diese Hypothesen durch andere Untergrund-Detektoren zu testen, siehe [Ale87, Agl91, Kri94]).

Bevor wir auf mögliche Erklärungsversuche für das durch das Davis-Experiment aufgeworfene solare Neutrinoproblem kommen, wollen wir noch ein weiteres Experiment besprechen, das das Neutrinodefizit bestätigt hat, nämlich den ursprünglich zum Nachweis des Protonzerfalls konstruierten Wasser-Cerenkovzähler der Kamiokande-Kollaboration [Hir87,90a,b, Kos92]. Im Gegensatz zu radiochemischen Detektoren handelt es sich hierbei um ein Echtzeitexperiment. Der Neutrinonachweis beruht auf der Neutrino-Elektron-Streuung

$$\nu + e^- \to \nu + e^- \tag{7.81}$$

in Wasser als Target- und Detektormaterial. Die Rückstoßelektronen werden über das von ihnen hervorgerufene Cerenkov-Licht mit Photomultipliern nachgewiesen. Der Kamiokande-Detektor wurde in Kap. 4 beschrieben, daher seien hier nur die wichtigsten Daten zusammengefaßt. Er besteht aus 3000 t Wasser, von denen nur die inneren 680 t als empfindliches Volumen zur Messung verwendet werden (Zahl der Elektronen = $2.27 \cdot 10^{32}$). Die übrige Wassermenge dient der Unterdrückung des Untergrundes. Der riesige Stahltank ist in 1000 m Tiefe (2700 m Wasseräquivalent) in der Kamioka-Mine 300 km westlich von Tokio installiert.

Neutrino-Elektron-Streuexperimente haben gegenüber den radiochemischen Detektoren mehrere experimentelle Vorteile:

- Es ist eine Richtungsbestimmung möglich. Die Rückstoßelektronen werden bevorzugt in Vorwärtsrichtung, d.h. in Flugrichtung der Neutrinos gestreut. Aus der Rekonstruktion der Elektronenspur kann folglich bestimmt werden, ob die Neutrinos aus der Richtung der Sonne kommen.
- Streuexperimente liefern die Ankunftzeit von Einzelereignissen. Es wird nicht über eine längere Exponierungszeit integriert, so daß zeitliche Schwankungen des Neutrinoflusses untersucht werden können.
- Während radiochemische Detektoren nur ν_e nachweisen können, erfaßt der νe^--Streuprozeß alle Flavors. Allerdings sind die Wirkungsquerschnitte für ν_x, $x \neq e$, sehr viel kleiner als für ν_e. Dies liegt daran, daß bei der $\nu_e e$-Streuung sowohl der Z^0- als auch $W^\pm$-Austausch eine Rolle spielen, während nur der Z^0-Term zu $\nu_\mu e$ bzw. $\nu_\tau e$ beiträgt (siehe Abb. 7.24a). Der differentielle Wirkungsquerschnitt für die Erzeugung eines Rückstoßelektrons mit der kinetischen Energie T durch die Streuung mit einem Neutrino der Energie E_ν lautet [t'Ho71]

$$\frac{d\sigma}{dT} = \sigma_e \left[g_L^2 + g_R^2 \left(1 - \frac{T}{E_\nu}\right)^2 - g_L g_R \left(\frac{m_e c^2 T}{E_\nu^2}\right) \right], \tag{7.82}$$

wobei

$$\sigma = \frac{2G_F^2 m_e}{\pi \hbar^4}. \tag{7.83}$$

7.3 Experimente zu Neutrinooszillationen

Nach dem Standardmodell lauten die Kopplungskonstanten

$$g_R = \sin^2 \theta_W, \qquad (7.84a)$$

$$g_L = \sin^2 \theta_W \pm \frac{1}{2}, \qquad (7.84b)$$

wobei das positive Vorzeichen für das Elektronneutrino und das negative Vorzeichen für Myon- und Tauneutrino gilt. Die totalen Wirkungsquerschnitte $\sigma_{\nu_e e}$, $\sigma_{\nu_\mu e}$, ... erhält man durch Integration über das Energiespektrum der solaren Neutrinos. Ein Vergleich zwischen Absorptions- und Streuexperimenten könnte im Prinzip Aussagen über den Flavor der einlaufenden Neutrinos ermöglichen.

• Die Energieverteilung der Elektronen spiegelt zu einem gewissen Grade das Energiespektrum der Neutrinos wider.

Ein großer Nachteil der Cerenkov-Zähler besteht in der hohen Energieschwelle. Diese ist nötig, da die Untergrundrate bei niedrigen Energien zu groß ist. Die Schwelle beträgt typischerweise 8 MeV. Dies bedeutet, daß auch der Kamiokande-Detektor im wesentlichen nur auf den Fluß der ^{8}B-Neutrinos

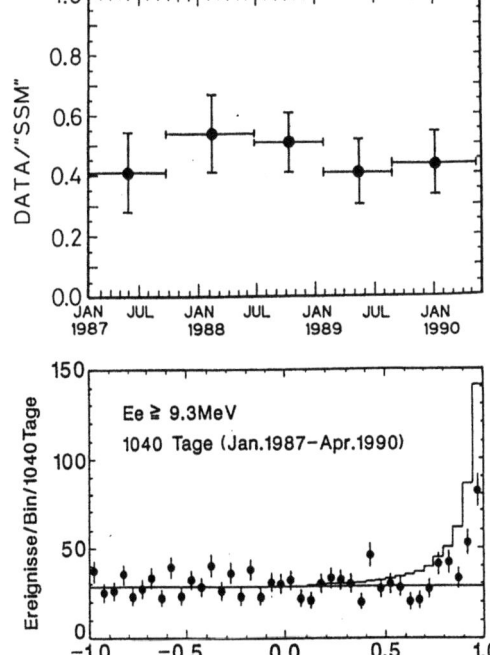

Abb. 7.23
(a) Zeitliche Variation des ^{8}B-Neutrino-Signals im Detektor Kamiokande II. Die Meßwerte sind normiert auf das Standard-Sonnenmodell (SSM). Für die beiden ersten Meßpunkte gilt eine Schwelle von $E_e \geq 9{,}3$ MeV, für die drei weiteren dagegen $E_e \geq 7{,}5$ MeV; (b) Winkelverteilung der Ereignisse im Kamiokande II-Detektor bzgl. der Sonnenrichtung (aus [Hir90a]).

empfindlich ist. Bei dieser Schwellenenergie beträgt das Verhältnis von $\sigma_{\nu_e e}$ zu $\sigma_{\nu_\mu e}$ etwa 6 − 7.

Der nach dem Standardmodell erwartete ^{8}B-Neutrino-Fluß beträgt auf der Erdoberfläche $\Phi(^8B) = 6.0 \cdot 10^6$ cm^{-2}s^{-1}. Die nach 1040 Tagen Meßzeit erhaltenen Daten sind in Abb. 7.23a dargestellt (450 Tage mit einer Schwellenenergie $E_s = 9.3$ MeV und 590 Tage mit $E_s = 7.5$ MeV) [Hir90a]. Der gemessene Fluß normiert auf die Erwartung aus dem SSM beträgt über die Periode von Januar 1987 bis April 1990

$$\frac{\Phi(^8B)}{\Phi(^8B)_{SSM}} = 0.46 \pm 0.05(\text{stat}) \pm 0.06(\text{syst}) \,. \tag{7.85}$$

Diese Daten scheinen ebenfalls eine Abweichung von der Erwartung aus dem SSM zu zeigen und bestätigen qualitativ das im Chlorexperiment gefundene Defizit an Sonnenneutrinos. Allerdings muß betont werden, daß beide Experimente im wesentlichen nur die hochenergetischen ^{8}B-Neutrinos messen, die aus einem seltenen Nebenzweig des pp-Zyklus stammen.

Da die Richtung der Neutrinos mit der der im Cerenkov-Zähler registrierten Elektronen korreliert ist, war es möglich, die Winkelverteilung der Ereignisse bezüglich der Sonnenrichtung zu vermessen (siehe Abb. 7.23b). Das eingezeichnete Histogramm gibt die nach dem SSM erwartete Verteilung an. Der Anstieg in Vorwärtsrichtung ist ein Hinweis darauf, daß tatsächlich die Sonne die Quelle der Neutrinos ist.

Abb. 7.23a zeigt keine statistisch signifikante zeitliche Variation des Flusses über einen Zeitraum von etwa drei Jahren, obwohl sich die Sonnenaktivität in dieser Periode um etwa eine Größenordnung verändert hat.

7.3.4.3 Erklärungsversuche für das Sonnenneutrinoproblem

Das durch das Chlorexperiment aufgeworfene und durch Kamiokande bestätigte Defizit an solaren Neutrinos hat über viele Jahre hinweg Astro-, Kern- und Teilchenphysiker beschäftigt. Es gibt im wesentlichen zwei Ansätze, um dieses Problem zu lösen. Entweder ist das Sonnenmodell in der einen oder anderen Weise falsch (⇒ Nichtstandard-Sonnenmodelle), oder aber unsere Kenntnis der Eigenschaften des Neutrinos ist noch unvollständig (⇒ MSW-Effekt, magnetisches Moment des Neutrinos).

Nichtstandard-Sonnenmodelle

Solange die solaren pp-Neutrinos, die den größten Teil des solaren ν-Flusses darstellen, und im wesentlichen an die bekannte Leuchtkraft der Sonne gekoppelt sind, nicht nachgewiesen waren, hatte man keine sichere Grundlage, auf der das SSM fußen konnte. Es wurde daher versucht, das SSM derart

7.3 Experimente zu Neutrinooszillationen

zu ändern, daß der ^{8}B-Fluß reduziert wird. Wie in Abschn. 7.3.4.1 bereits diskutiert wurde, hängt gerade der Fluß der ^{8}B-Neutrinos sehr empfindlich von der Zentraltemperatur der Sonne ab. Eine Absenkung von nur 6% von 15.6 auf 14.6 Millionen Grad würde bereits genügen, um die gefundene Diskrepanz zu erklären. Den meisten Nichtstandard-Sonnenmodellen liegt daher eine Reduktion der Zentraltemperatur zugrunde, wobei jedoch die Leuchtkraft der Sonne als Randbedingung eingeht [Bah71,82b, Boy85, Fau85, Sch85b]. Weitere scharfe Randbedingungen für Nichtstandardmodelle kommen aus der Helioseismologie [Bah88,93, Els90, Lei85, Tur93a,b, Chr94].

Es gibt viele Ansätze, wie eine Temperaturreduktion erreicht werden könnte. Wir wollen diese hier nicht im einzelnen diskutieren, sondern nur eine Auswahl der vielen Ideen aufzählen (vgl. z.B. [Kir86]). Hohe magnetische Felder oder der Zentrifugaldruck durch einen schnell rotierenden Sonnenkern könnten den thermischen Druck reduzieren, der zum Ausgleich der Gravitationskraft notwendig ist. Ein anderer Vorschlag besteht in einem Abbau des zentralen Temperaturgradienten durch turbulente Mischungen oder eine Verringerung der Opazität. Letzteres wäre durch einen geringeren Metallgehalt z im Sonneninnern zu erreichen. Dadurch würden die Absorption der Photonen und folglich auch der Temperaturgradient verringert, was schließlich eine kleinere Zentraltemperatur zur Folge hätte (siehe z.B. [Ber93]).

Auch die Existenz neuer Teilchen, der sog. Kosmionen (solare WIMP's (weakly interacting massive particles)) wurde diskutiert. Im Zentrum der Sonne eingefangene Kosmionen könnten den Strahlungstransport beeinflussen, indem sie Energie aus dem Kern abtransportieren und dadurch wieder die Temperatur senken (siehe z.B. [Fau85, Spe85, Gil86, Gri87, Pri88]). Zur Erklärung des solaren Neutrinoproblems benötigt man Teilchenmassen von ca. 2 bis 10 GeV. Die erforderliche Dichte beträgt etwa das 10^{-11}-fache der Protonendichte. Diese neuen, exotischen Teilchen würden auch zu dem vieldiskutierten Problem der dunklen Materie beitragen (siehe Kap. 9). Neuere Experimente [Cal91c] konnten indessen diese Teilchen und damit diese Lösung ausschließen (siehe auch Kap. 9).

Die hier genannten Vorschläge stellen nur eine Auswahl dar. Eine ausführlichere Diskussion findet man in [Bah89]. Man beachte, daß die meisten Konzepte nur den ^{8}B-Neutrinofluß betreffen, während der pp-Neutrinofluß praktisch unverändert bleibt. Eine ganz andere Lösung des Problems geht auf die Teilchenphysik zurück.

7.3.5 Der Mikheyev-Smirnov-Wolfenstein-Effekt

7.3.5.1 Vakuum-Oszillationen

Die in Abschn. 7.2 diskutierten Neutrinooszillationen im Vakuum wären eine mögliche Erklärung für das Sonnenneutrinoproblem, d.h. die Tatsache, daß man nur etwa ein Drittel bis die Hälfte des nach dem Standardsonnenmodell erwarteten ^{8}B-Neutrinoflusses beobachtet. Unter der Annahme, daß Neutrinos eine Masse besitzen und es eine Mischung zwischen verschiedenen Flavorzuständen gibt, könnten sich die in der Sonne produzierten Elektronneutrinos unterwegs in Myon- oder Tauneutrinos umwandeln. Bei vollständiger Vermischung wäre daher auf der Erde nur noch ein Drittel des ursprünglichen ν_e-Flusses beobachtbar. Je ein weiteres Drittel käme als Myon- bzw. als Tauneutrino zur Erde, die im Chlordetektor jedoch nicht nachgewiesen werden können.

Die Wahrscheinlichkeit für einen Übergang vom Zustand $|\nu_e\rangle$ nach $|\nu_k\rangle$ ist durch (7.27a) gegeben. Die Mittelung über die Neutrinoenergie führt bei typischen Sonnenneutrinoexperimenten dazu, daß sich die oszillierenden Terme für $\alpha \neq \beta$ gerade herausheben [Bah69], wenn der Abstand zwischen Sonne und Erde sehr viel größer als die Oszillationslänge ist. Die Wahrscheinlichkeit dafür, daß ein ν_e nach einer Zeit t (bzw. nach einer Flugstrecke $x \approx t$) im ursprünglichen Zustand verbleibt, ist bei Vernachlässigung des oszillierenden Terms gegeben durch

$$P_{e \to e}(t) = \sum_{\alpha} |U_{e\alpha}|^4. \tag{7.86}$$

Geht man nun von der als sehr wahrscheinlich geltenden Hypothese aus, daß es einen Masseneigenzustand $|\nu_1\rangle$ gibt, der den dominanten Anteil des Elektronneutrinos bildet, so hätte man $U_{e1} \approx 1$. Die Wahrscheinlichkeit dafür, daß ein Elektronneutrino keinen Übergang macht, wäre damit praktisch gleich eins, so daß Vakuumoszillationen als Erklärung für das solare Neutrinoproblem für sehr unwahrscheinlich gehalten werden. Allerdings können sie nicht ausgeschlossen werden [Bar90a, Ack91].

Wir wollen im folgenden betrachten, welcher Reduktionsfaktor durch Vakuumoszillationen überhaupt möglich ist. Wir gehen von N Masseneigenzuständen aus, so daß

$$P_{e \to e}(t) = \sum_{\alpha=1}^{N} |U_{e\alpha}|^4. \tag{7.87}$$

Da die Gesamtwahrscheinlichkeit erhalten ist, muß die Matrix U folgende Randbedingung erfüllen

7.3 Experimente zu Neutrinooszillationen

$$\sum_{\alpha=1}^{N} |U_{e\alpha}|^2 = 1. \tag{7.88}$$

Gesucht wird nun der kleinste Wert von (7.87) unter Berücksichtigung der erhaltenen Gesamtwahrscheinlichkeit. Dazu sucht man das Minimum der Funktion

$$F = \sum_{\alpha=1}^{N} |U_{e\alpha}|^4 + \lambda \left[\sum_{\alpha=1}^{N} |U_{e\alpha}|^2 - 1 \right], \tag{7.89}$$

in der die Zusatzbedingung (7.88) über den Lagrangemultiplikator λ berücksichtigt wurde. Aus der Forderung

$$\frac{\partial F}{\partial U_{e\alpha}} = 0 \tag{7.90}$$

folgt

$$|U_{e\alpha}|^2 = -\frac{\lambda}{2} \qquad \alpha = 1, 2, \ldots, N. \tag{7.91}$$

Wenn alle Masseneigenzustände mit gleicher Amplitude zu dem Zustand $|\nu_e\rangle$ beitragen, dann hat der Fluß der Elektronneutrinos seinen geringsten Wert (diese Situation wird als maximale Mischung bezeichnet). Wegen (7.88) folgt insbesondere

$$|U_{e\alpha}|^2 = \frac{1}{N}. \tag{7.92}$$

Wir erhalten also schließlich das Ergebnis

$$[P_{e\to e}]_{\min} = \left[\sum_{\alpha=1}^{N} |U_{e\alpha}|^4 \right]_{\min} = N \cdot \frac{1}{N^2} = \frac{1}{N}. \tag{7.93}$$

Bei N Neutrinoflavors kann der Fluß der Elektronneutrinos höchstens um einen Faktor N reduziert werden. Gehen wir von drei leichten Flavors aus, so wäre bei maximaler Mischung eine Verminderung des solaren Neutrinoflusses um einen Faktor drei denkbar.

Das Sonnenneutrinoproblem könnte also durch Neutrinooszillationen im Vakuum erklärt werden, wenn die Mischung nur ausreichend groß ist. Allerdings erscheint eine große Mischung als eher unwahrscheinlich (aber nicht unmöglich). Dies folgt aus einem Vergleich mit dem Quarksektor, wo der analoge Cabibbo-Winkel mit $\theta_c \approx 13°$ recht klein ist. Wir können zusammenfassen, daß die Erklärung des Sonnenneutrinoproblems durch Vakuumoszillationen maximale Mischung zwischen drei Neutrinoeigenzuständen für alle $\Delta m_{\alpha\beta}^2 > 3 \cdot 10^{-11}$ eV^2 erfordern würde.

7.3.5.2 Der MSW-Effekt – Oszillationen in Materie

Basierend auf grundlegenden Überlegungen von Wolfenstein [Wol78,79a] wiesen Mikheyev und Smirnow darauf hin, daß die Anwesenheit von Materie das Phänomen der Neutrinooszillationen entscheidend beeinflussen kann [Mik86a-c].

Wolfenstein erkannte, daß Materie die Ausbreitung von Neutrinos aufgrund der kohärenten, elastischen Vorwärtsstreuung beeinflußt. Bislang haben wir Oszillationen und Neutrinopropagation nur im Vakuum betrachtet. Dort gilt für die Ausbreitung eines relativistischen Neutrinos der Masse m (vgl. (7.14) und (7.20))

$$\nu(x,t) = \nu(0)e^{i(px-Et)}$$
$$\simeq \nu(0)e^{-it\frac{m^2}{2p}}. \tag{7.94}$$

In Materie wird die Phase in (7.94) von ipx in $ipxn$ geändert, wobei n den Brechungsindex bezeichnet. Aufgrund der schwachen Wechselwirkung weicht n von dem Vakuumwert $n_0 = 1$ ab. Der klassische Ausdruck für den Index n lautet [Wol78]

$$n_i = 1 + \frac{2\pi N}{p^2} f_i(0). \tag{7.95}$$

N ist die Dichte der Streuzentren, p der Neutrinoimpuls und $f(0)$ die Streuamplitude für Vorwärtsstreuung. Der Index i soll die verschiedenen Flavorzustände unterscheiden. Wenn der Brechungsindex für alle i gleich wäre, würde sich an dem bislang diskutierten Bild der Neutrinooszillationen nichts ändern, da die Phase aller Komponenten in gleicher Weise modifiziert würde. Nur eine relative Änderung der Phasen untereinander hätte physikalische Konsequenzen. Wolfenstein zeigte nun, daß Materie die Ausbreitung der einzelnen Neutrinoflavors unterschiedlich beeinflußt und somit eine relative Phasenverschiebung bewirkt, was äquivalent zu einer Änderung der Massenmatrix (siehe Abschn. 7.2.1) ist.

Der physikalische Grund dafür ist sehr leicht einzusehen. Materie besteht aus Quarks und Elektronen. Der Beitrag der Quarks zur Streuamplitude $f(0)$ ist für alle Neutrinoflavors gleich, sofern es keine die Flavorquantenzahl ändernden schwachen neutralen Ströme gibt ($f_e^q(0) = f_\mu^q(0)$). Der Neutrino-Quark-Streuprozeß verläuft ausschließlich über den Z^0-Austausch (Abb. 7.24a). Dieser Beitrag hat nur eine unwesentliche, weil für alle Neutrinos gleiche, Änderung der Amplitude (7.94) zur Folge und hat keinerlei Bedeutung für die folgende Diskussion.

Unterschiede treten allerdings bei der Streuung an Elektronen auf. Während der neutrale schwache Strom für alle Neutrinoflavors wieder identische

7.3 Experimente zu Neutrinooszillationen

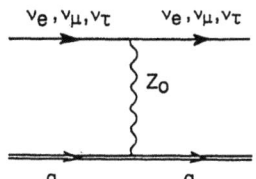

Abb. 7.24a
Feynman-Diagramm für die Neutrino-Quark-Streuung.

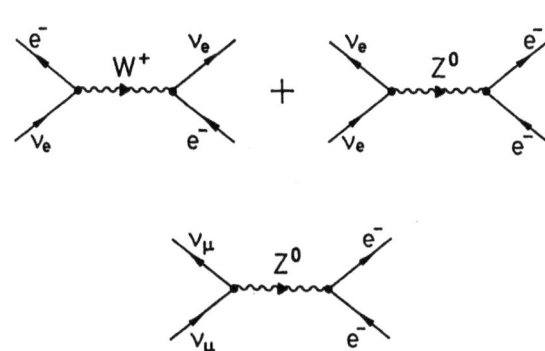

Abb. 7.24b,c Diagramme für die $\nu_e e^-$-Streuung sowie für die $\nu_\mu e^-$-Streuung.

Streuamplituden liefert, ergeben sich Unterschiede für den geladenen schwachen Strom. Die Situation ist in Abb. 7.24b,c veranschaulicht. Der Prozeß $\nu_e e^- \to \nu_e e^-$ kann außer durch Z^0-Austausch auch über den $W^\pm$-Austausch erfolgen. Ein ν_e emittiert ein Elektron und ein positiv geladenes Vektorboson, welches am zweiten Vertex von einem Elektron unter Bildung eines ν_e absorbiert wird. Für Neutrinos der anderen Flavors gibt es keine entsprechenden Feynman-Graphen.

Die Wechselwirkung über die geladenen schwachen Ströme bewirkt daher einen Unterschied in der Propagation zwischen ν_e und $\nu_{\mu/\tau}$. Die Berechnung des Feynman-Graphen ergibt [Wol78] (gegenüber der Originalarbeit von [Wol78] tritt in der Formel ein Faktor $-\sqrt{2}$ [Lew80, Lan83] auf)

$$\Delta f(0) = f_e(0) - f_i(0) = -\sqrt{2}\frac{G_F p}{2\pi}. \tag{7.96}$$

Für $\bar{\nu}_e$ muß das Vorzeichen geändert werden.

Wir wollen den Einfluß des zusätzlichen Terms in Abb. 7.24b nun etwas genauer untersuchen und gehen dazu auf die in Abschn. 7.2.1 eingeführte Massenmatrix zurück. Wir beschränken uns im folgenden auf zwei Neutrinoflavors (ν_e, ν_μ), um die grundlegenden Gedankengänge zu verfolgen. Eine einfache Darstellung des MSW-Effekts wurde von Bethe [Bet86b] gegeben. Diese soll im folgenden besprochen werden, bevor wir einen etwas formaleren Zugang diskutieren.

7 Neutrinooszillationen

Man geht davon aus, daß Neutrinos eine Masse besitzen und die Massenmatrix $\mathcal{M}_0$ in der Basis der Flavoreigenzustände nicht diagonal ist (der Index 0 steht für das Vakuum). Der Zusammenhang zwischen den Flavor- und Masseneigenzuständen lautet nach (7.6b)

$$\begin{pmatrix} \nu_e \\ \nu_\mu \end{pmatrix} = \begin{pmatrix} \cos\theta & \sin\theta \\ -\sin\theta & \cos\theta \end{pmatrix} \begin{pmatrix} \nu_1 \\ \nu_2 \end{pmatrix} = U^\dagger \begin{pmatrix} \nu_1 \\ \nu_2 \end{pmatrix}. \tag{7.97}$$

Wenn die Massenmatrix $\mathcal{M}_0$ die Eigenwerte m_1 für ν_1 und m_2 für ν_2 besitzt, so gilt in der Basis (ν_1, ν_2) für die Matrix der Massenquadrate

$$(\nu_1^\dagger, \nu_2^\dagger) \begin{pmatrix} m_1^2 & 0 \\ 0 & m_2^2 \end{pmatrix} \begin{pmatrix} \nu_1 \\ \nu_2 \end{pmatrix} = (\nu_e^\dagger, \nu_\mu^\dagger) U^\dagger \begin{pmatrix} m_1^2 & 0 \\ 0 & m_2^2 \end{pmatrix} U \begin{pmatrix} \nu_e \\ \nu_\mu \end{pmatrix}. \tag{7.98}$$

Wir wollen dies noch etwas weiter umformen

$$\begin{aligned} U^\dagger \begin{pmatrix} m_1^2 & 0 \\ 0 & m_2^2 \end{pmatrix} U &= \frac{1}{2}(m_1^2 + m_2^2) U^\dagger \begin{pmatrix} 1 & 0 \\ 0 & 1 \end{pmatrix} U \\ &\quad + \frac{1}{2}(m_1^2 - m_2^2) U^\dagger \begin{pmatrix} 1 & 0 \\ 0 & -1 \end{pmatrix} U \\ &= \frac{1}{2}(m_1^2 + m_2^2) \begin{pmatrix} 1 & 0 \\ 0 & 1 \end{pmatrix} \\ &\quad + \frac{1}{2}(m_1^2 - m_2^2) \begin{pmatrix} \cos^2\theta - \sin^2\theta & -2\sin\theta\cos\theta \\ -2\sin\theta\cos\theta & -\cos^2\theta + \sin^2\theta \end{pmatrix} \\ &= \frac{1}{2}(m_1^2 + m_2^2) \begin{pmatrix} 1 & 0 \\ 0 & 1 \end{pmatrix} \\ &\quad + \frac{1}{2}(m_2^2 - m_1^2) \begin{pmatrix} -\cos 2\theta & \sin 2\theta \\ \sin 2\theta & \cos 2\theta \end{pmatrix}. \end{aligned} \tag{7.99}$$

Wir erhalten somit im Vakuum

$$\begin{aligned} \mathcal{M}_0^2 &= \frac{1}{2}(m_1^2 + m_2^2) \begin{pmatrix} 1 & 0 \\ 0 & 1 \end{pmatrix} \\ &\quad + \frac{1}{2}(m_2^2 - m_1^2) \begin{pmatrix} -\cos 2\theta & \sin 2\theta \\ \sin 2\theta & \cos 2\theta \end{pmatrix}. \end{aligned} \tag{7.100}$$

Die Wechselwirkung der Elektronneutrinos mit den Elektronen der Materie über den $W^\pm$-Austausch führt nun zu einer Änderung der quadratischen Massenmatrix zu

$$\mathcal{M}^2 = \mathcal{M}_0^2 + \mathcal{M}_{\text{Mat}}^2. \tag{7.101}$$

Die Wechselwirkung wird durch den Hamiltonoperator

$$H_{WW} = \frac{G_F}{\sqrt{2}} [\bar{e}\gamma_\mu(1-\gamma_5)\nu_e][\bar{\nu}_e\gamma^\mu(1-\gamma_5)e] \tag{7.102}$$

7.3 Experimente zu Neutrinooszillationen

beschrieben. Dieser kann durch eine Fierz-Transformation (siehe [Gre86b]) in folgende Form gebracht werden

$$H_{WW} = \frac{G_F}{\sqrt{2}}[\bar{\nu}_e\gamma_\mu(1-\gamma_5)\nu_e][\bar{e}\gamma^\mu(1-\gamma_5)e]. \qquad (7.103)$$

G_F bezeichnet die Fermi-Kopplungskonstante der schwachen Wechselwirkung. Die Energie eines Neutrinos der Masse m mit dem Impuls $p \gg m$ enthält neben (7.20) einen weiteren Beitrag durch H_{WW}. Die effektive Energie in Materie lautet

$$E_{\text{eff}} = p + \frac{m^2}{2p} + \langle e\nu|H_{WW}|e\nu\rangle. \qquad (7.104)$$

Wir wollen nun die Viererstromdichte

$$j^\mu = \bar{e}\gamma^\mu(1-\gamma_5)e \qquad (7.105)$$

der Elektronen im Ruhesystem der Sonne auswerten. Wegen der statistischen Elektronenverteilung verschwindet die Stromdichte und nur die ($\mu = 0$)-Komponente trägt bei, d.h.

$$j^\mu = N_e\delta^{\mu 0}, \qquad (7.106)$$

wobei N_e für die mittlere Anzahl der Elektronen pro Volumeneinheit steht. Für linkshändige Neutrinos ν_L können wir wegen $\nu_L = (1/2)(1-\gamma_5)\nu$ die Matrix $(1-\gamma_5)$ durch einen Faktor 2 ersetzen und erhalten

$$H_{WW} = \sqrt{2}G_F N_e \bar{\nu}_e \gamma_0 \nu_e. \qquad (7.107)$$

Die Elektronen liefern für die Elektronneutrinos ein zusätzliches Potential

$$V = \sqrt{2}G_F N_e. \qquad (7.108)$$

Der Zusammenhang zwischen dem Impuls und der Energie des Neutrinos in Materie kann daher wie folgt geschrieben werden

$$p^2 + m^2 = (E-V)^2 \simeq E^2 - 2EV, \qquad (7.109)$$

wobei der quadratische Term V^2 vernachlässigt wurde. Das Potential V ist äquivalent zu einer Änderung des Massenquadrates m^2 zu

$$m^2 \longrightarrow m^2 + A \qquad (7.110)$$

mit

$$A = 2EV = 2\sqrt{2}G_F N_e E. \qquad (7.111)$$

7 Neutrinooszillationen

Die Matrix der Massenquadrate von ν_e und ν_μ in Materie lautet daher

$$\mathcal{M}^2 = \mathcal{M}_0^2 + \begin{pmatrix} A & 0 \\ 0 & 0 \end{pmatrix}$$

$$= \frac{1}{2}(m_1^2 + m_2^2 + A)\begin{pmatrix} 1 & 0 \\ 0 & 1 \end{pmatrix}$$

$$+ \frac{1}{2}\begin{pmatrix} A - \Delta\cos 2\theta & \Delta\sin 2\theta \\ \Delta\sin 2\theta & -A + \Delta\cos 2\theta \end{pmatrix}, \qquad (7.112)$$

wobei $\Delta = m_2^2 - m_1^2$. Die Eigenwerte von $\mathcal{M}^2$ lauten

$$m_{\nu_{1,2}}^2 = \frac{1}{2}(m_1^2 + m_2^2 + A) \pm \frac{1}{2}\sqrt{(\Delta\cos 2\theta - A)^2 + \Delta^2\sin^2 2\theta}. \qquad (7.113)$$

Die Masse hängt also von A, d.h. von der Elektronendichte, ab (siehe Abb. 7.25). Für $\Delta = m_2^2 - m_1^2 > 0$ besitzt die Aufspaltung der Massenquadrate ein Minimum als Funktion von A, da A und $\cos 2\theta$ positiv sind.

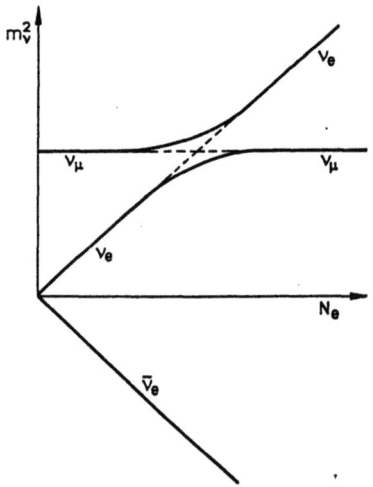

Abb. 7.25
Die Abhängigkeit der Massen von ν_e, ν_μ und $\overline{\nu_e}$ von der Elektronendichte N_e der umgebenden Materie (nach [Bet86b]).

Falls ν_e und ν_μ nicht miteinander mischen ($\theta = 0$), liegen die Eigenwerte auf den gestrichelten Kurven. Für $A = \Delta$ kreuzen sich beide Niveaus. Wenn der Mischungswinkel nicht verschwindet, dann folgen die Eigenwerte den durchgezogenen Kurven. Bei kleiner Materiedichte hat das Elektronneutrino die kleinere Masse. Wenn A den Wert

$$A_0 = 2\sqrt{2}G_F N_e E_0 = \Delta\cos 2\theta \qquad (7.114)$$

7.3 Experimente zu Neutrinooszillationen

erreicht, dann ist die Aufspaltung minimal. Die beiden Kurven würden sich für verschwindende $\Delta \sin 2\theta$ kreuzen. Wenn die Dichte weiter anwächst, dann besitzt das Elektronneutrino eine größere Masse als das Myonneutrino.

Die Erklärung des Sonnenneutrinoproblems läuft nun wie folgt. Im Sonneninnern werde bei ausreichend hoher Elektronendichte ($A > \Delta \cos 2\theta$) ein Elektronneutrino erzeugt. Dieses liegt auf der oberen Kurve in Abb. 7.27. Wenn das ν_e nach außen läuft, nimmt die Elektronendichte ab und erreicht schließlich die Resonanzdichte (7.114). Falls sich die Materiedichte nur langsam verändert („adiabatische Näherung"), dann läuft das Neutrino entlang der durchgezogenen Linie und verläßt die Sonne schließlich als Myonneutrino, welches im Chlordetektor nicht nachgewiesen werden kann. In dieser adiabatischen Näherung wird der Zustandsvektor aus der Richtung des $|\nu_e\rangle$ in die Richtung des $|\nu_\mu\rangle$ gedreht. Aufgrund der langsamen Dichteänderung verbleibt das Neutrino in dem Zustand mit der größeren Masse. Wenn Myonneutrinos schwerer als Elektronneutrinos sind, werden am Sonnenrand folglich im wesentlichen nur Myonneutrinos erscheinen.

Gleichung (7.114) definiert die Bedingung für eine resonante Umwandlung von ν_e nach ν_μ. Die Resonanzbedingung wird für jede Neutrinoenergie von einer ganz bestimmten Elektronendichte erfüllt. Durch die Dichte im Zentrum der Sonne N_e^c wird eine Grenzenergie E_c definiert

$$E_c = \frac{(m_2^2 - m_1^2)}{2\sqrt{2} G_F N_e^c} \, . \tag{7.115}$$

Alle Neutrinos mit Energien $E > E_c$ durchlaufen die Resonanz und erscheinen als Myonneutrino, während Elektronneutrinos mit $E < E_c$ die Resonanzbedingung nicht erreichen können und die Sonne ungeändert verlassen und nachgewiesen werden können. Wendet man den MSW-Effekt auf das Chlorexperiment an, so folgt aus einer Abschätzung der Größenordnung von N_e^c ein Massenparameter von $m_2^2 - m_1^2 \simeq 6 \cdot 10^{-5}$ eV^2, d.h. $m_2 \simeq 0.008$ eV bei $m_1 \ll m_2$ [Bet86b]. Eine solche Sensitivität ist in Laborexperimenten sehr schwer zu erreichen.

Wir wollen das Phänomen der Neutrinooszillationen in Materie noch etwas vertiefen, da es sich um eine sehr elegante Lösung des solaren Neutrinoproblems handelt. Eine Phasenänderung der Neutrinowellenfunktion kann zwei Ursachen haben:

1. Massendifferenz zwischen ν_1 und ν_2
2. unterschiedliche Wechselwirkung von ν_e und ν_μ

360 7 Neutrinooszillationen

Beide Einflüsse können durch Differentialgleichungen beschrieben werden [Wol78,79, Mik88]. In Abschn. 7.2 haben wir gesehen, daß die zeitliche Entwicklung eines Masseneigenzustandes $|\nu_\alpha\rangle$ im Vakuum durch folgenden Ausdruck beschrieben wird

$$|\nu_\alpha(t)\rangle = |\nu_\alpha\rangle e^{i\frac{m_\alpha^2}{2p}t}. \tag{7.116}$$

Im Vakuum entwickeln sich Zustände mit definierten Massen unabhängig voneinander, die Bewegungsgleichung (Schrödingergleichung) lautet

$$i\frac{d}{dt}\nu_\alpha = E_\alpha \nu_\alpha = (p_\alpha + \frac{m_\alpha^2}{2p_\alpha})\nu_\alpha. \tag{7.117}$$

Wegen $p \simeq p_\alpha$ beeinflußt der in p_α lineare Term die Phase aller $|\nu_\alpha\rangle$ in gleicher Weise und spielt daher für die folgende Diskussion keine Rolle. Die Bewegungsgleichung lautet daher

$$i\frac{d}{dt}\begin{pmatrix} \nu_1 \\ \nu_2 \end{pmatrix} = \begin{pmatrix} \frac{m_1^2}{2p} & 0 \\ 0 & \frac{m_2^2}{2p} \end{pmatrix}\begin{pmatrix} \nu_1 \\ \nu_2 \end{pmatrix}. \tag{7.118}$$

Gleichung (7.116) ist eine Lösung dieser Schrödingergleichung, wie man leicht durch Einsetzen verifiziert. Die entsprechenden Ausdrücke für die Flavoreigenzustände gewinnt man durch die Transformation (7.97) (vergleiche die Ableitung in (7.98) - (7.100))

$$i\frac{d}{dt}\begin{pmatrix} \nu_e \\ \nu_\mu \end{pmatrix} = \tilde{H}_f \begin{pmatrix} \nu_e \\ \nu_\mu \end{pmatrix} \tag{7.119a}$$

mit

$$\tilde{H}_f = H_f + H_1, \tag{7.119b}$$

wobei

$$H_f = \frac{m_2^2 - m_1^2}{4p}\begin{pmatrix} -\cos 2\theta & \sin 2\theta \\ \sin 2\theta & \cos 2\theta \end{pmatrix}, \tag{7.119c}$$

$$H_1 = \frac{m_1^2 + m_2^2}{4p}\begin{pmatrix} 1 & 0 \\ 0 & 1 \end{pmatrix}. \tag{7.119d}$$

Der Term H_1 ist gerade ein Vielfaches der Einheitsmatrix. Diese Konstante ändert die Phase der Zustände ν_e und ν_μ wieder in gleicher Weise und wird daher bei der Ableitung der Wahrscheinlichkeitsamplituden für Neutrinooszillationen nicht berücksichtigt. Man setzt i.a.

$$\tilde{H}_f \equiv H_f. \tag{7.120}$$

Wir werden den Term H_1 jedoch vorübergehend noch beibehalten.

Der Einfluß der Materie äußert sich in einem zusätzlichen Potential $V = \sqrt{2}G_F N_e$ für die Elektronneutrinos. Mit den Abkürzungen

$$a = \frac{m_1^2 + m_2^2}{4p}, \quad b = \frac{m_2^2 - m_1^2}{4p} \tag{7.121a}$$

schreiben wir die Schrödingergleichung in Materie in der Form

$$i\frac{d}{dt}\begin{pmatrix} \nu_e \\ \nu_\mu \end{pmatrix} = \left[\begin{pmatrix} a+V & 0 \\ 0 & a \end{pmatrix} + \begin{pmatrix} -b\cos 2\theta + V & b\sin 2\theta \\ b\sin 2\theta & b\cos 2\theta \end{pmatrix}\right]\begin{pmatrix} \nu_e \\ \nu_\mu \end{pmatrix}. \tag{7.121b}$$

Die Umrechnung auf das System der Masseneigenzustände mit Hilfe von Transformation (7.97) ergibt

$$i\frac{d}{dt}\begin{pmatrix} \nu_1 \\ \nu_2 \end{pmatrix} = \begin{pmatrix} \frac{m_1^2}{2p} + \sqrt{2}G_F N_e \cos^2\theta & \sqrt{2}G_F N_e \sin\theta\cos\theta \\ \sqrt{2}G_F N_e \sin\theta\cos\theta & \frac{m_2^2}{2p} + \sqrt{2}G_F N_e \sin^2\theta \end{pmatrix}\begin{pmatrix} \nu_1 \\ \nu_2 \end{pmatrix}. \tag{7.122}$$

Die Terme, die die Elektronendichte N_e enthalten, berücksichtigen die Vorwärtsstreuung der ν_e in vier Kanälen [Ric87]

$$\nu_1 e^- \to \nu_1 e^- \quad (\sim G_F \cos^2\theta), \tag{7.123a}$$

$$\nu_1 e^- \to \nu_2 e^- \quad (\sim G_F \sin\theta\cos\theta), \tag{7.123b}$$

$$\nu_2 e^- \to \nu_1 e^- \quad (\sim G_F \sin\theta\cos\theta), \tag{7.123c}$$

$$\nu_2 e^- \to \nu_2 e^- \quad (\sim G_F \sin^2\theta). \tag{7.123d}$$

Der neue Hamiltonoperator (7.122) kann mit Hilfe der üblichen Methoden der Quantenmechanik in Diagonalform gebracht werden. Die Eigenzustände für die Ausbreitung in Materie sind dichteabhängig und unterscheiden sich von denen im Vakuum (ν_1, ν_2)

$$|\nu_{1m}\rangle = |\nu_e\rangle \cos\theta_m - |\nu_\mu\rangle \sin\theta_m$$
$$= |\nu_1\rangle \cos(\theta_m - \theta) - |\nu_2\rangle \sin(\theta_m - \theta), \tag{7.124a}$$

$$|\nu_{2m}\rangle = |\nu_e\rangle \sin\theta_m + |\nu_\mu\rangle \cos\theta_m$$
$$= |\nu_1\rangle \sin(\theta_m - \theta) + |\nu_2\rangle \cos(\theta_m - \theta). \tag{7.124b}$$

Der neue Mischungswinkel θ_m hängt über folgende Relation mit dem Vakuummischungswinkel zusammen

$$\tan 2\theta_m = \frac{\sin 2\theta}{\cos 2\theta + \frac{L}{L_e}}. \tag{7.125}$$

L ist die in (7.48) definierte Vakuumoszillationslänge. Die sogenannte Neutrino-Elektron-Wechselwirkungslänge L_e ist gegeben durch

$$L_e = \frac{2\pi}{\sqrt{2}G_F N_e}.\tag{7.126}$$

Die effektive Oszillationslänge in Materie beträgt

$$L_m = L\frac{\sin 2\theta_m}{\sin 2\theta}$$

$$= L\left[1 + \left(\frac{L}{L_e}\right)^2 + \frac{2L}{L_e}\cos 2\theta\right]^{-1/2}.\tag{7.127}$$

Wenn die Elektronendichte N_e verschwindet, dann gilt $\theta_m = \theta$, und $\nu_{\alpha m}$ geht in den Masseneigenzustand ν_α im Vakuum über. Bei unendlicher Dichte N_e liegt dagegen der Fall

$$\theta_m = \begin{cases} 0 & \text{falls } m_1 > m_2 \\ \frac{\pi}{2} & \text{falls } m_2 > m_1 \end{cases}\tag{7.128}$$

vor. Bei unendlicher Dichte sind die Materieeigenzustände durch die Flavoreigenzustände gegeben. Die Eigenwerte des Hamiltonoperators sind in Abb. 7.26 als Funktion der Elektronendichte gezeigt (für $m_2 > m_1$). Bei großen Dichten ($\theta_m \simeq \pi/2$) ist nach (7.124) das Elektronneutrino der Zustand mit der größeren Masse ($|\nu_e\rangle \simeq |\nu_{2m}\rangle$).

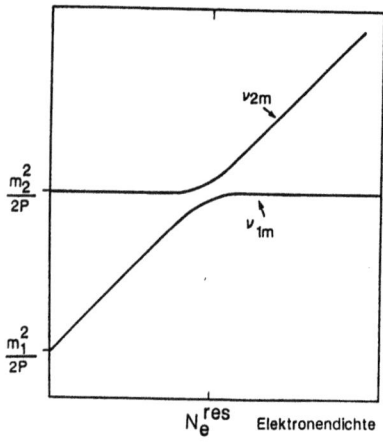

Abb. 7.26
Die Eigenwerte der Matrix in Gleichung (7.122) als Funktion der Elektronendichte. Die Kurven wurden für den Fall $m_2 > m_1$ und $\sin\theta \ll 1$ berechnet. Die obere Kurve entspricht dem Eigenwert von $|\nu_{2m}\rangle$, die untere dem von $|\nu_{1m}\rangle$ (aus [Ric87]).

Unter der Annahme einer konstanten Dichte N_e kann (7.122) leicht gelöst werden. Die Wahrscheinlichkeit $P_{\nu_e \to \nu_e}$ dafür, daß ein Elektronneutrino nach Durchlaufen der Strecke x in Materie unverändert vorgefunden wird, beträgt

$$P_{\nu_e \to \nu_e}(x) = 1 - \frac{1}{2}\sin^2 2\theta_m\left(1 - \cos\frac{2\pi x}{L_m}\right)$$

$$= 1 - \sin^2 2\theta_m \sin^2\frac{\pi x}{L_m}.\tag{7.129a}$$

Entsprechend folgt

$$P_{\nu_e \to \nu_\mu}(x) = \sin^2 2\theta_m \sin^2 \frac{\pi x}{L_m}. \qquad (7.129b)$$

Materieoszillationen stellen kein neues physikalisches Phänomen dar, sondern sind eng an die Vakuumoszillationen gekoppelt. Sie können nur auftreten, wenn Neutrinos eine Masse besitzen und mischen (dies würde sich ändern, wenn es die Flavorquantenzahl ändernde neutrale schwache Ströme gäbe, die jedoch im Standardmodell der elektroschwachen Theorie nicht enthalten sind und experimentell bislang nicht gefunden werden konnten). (7.129) geht für $N_e \to 0$ in den Ausdruck (7.47) über.

Mikheyev und Smirnow [Mik86a,b] stellten ein interessantes Resonanzphänomen fest, das für $m_2 > m_1$ auftreten kann. Der resonante Charakter der Materieoszillationen wird anhand von (7.125) deutlich. Wir wollen im folgenden drei Spezialfälle betrachten:

- $\dfrac{|L|}{L_e} \ll \cos 2\theta$

Dieser Fall entspricht nach (7.126) einer kleinen Elektronendichte. Die Materie hat nur einen geringen Einfluß auf das Oszillationsphänomen

$$P_{\nu_e \to \nu_\mu}(x) = \sin^2 2\theta \sin^2 \frac{\pi x}{L}. \qquad (7.130)$$

- $\dfrac{|L|}{L_e} \gg \cos 2\theta$

Dies entspricht dem Fall sehr hoher Elektronendichte. Wir erhalten $\theta_m \approx \pi/2$. Bemerkenswert ist, daß die Massenhierarchie vertauscht ist, das im Vakuum leichtere Elektronneutrino entspricht nun dem schwereren Masseneigenzustand ($\nu_e = \nu_{2m}$ und $\nu_\mu = -\nu_{1m}$). Im Grenzfall unendlicher Elektronendichte oszillieren Neutrinos nicht mehr:

$$P_{\nu_e \to \nu_\mu}(x) = \left(\frac{L_e}{L}\right)^2 \sin^2 2\theta \sin^2 \frac{\pi x}{L_e}. \qquad (7.131)$$

- $\left|\dfrac{L}{L_e}\right| \approx \cos 2\theta$

In diesem Fall können die Oszillationen resonant verstärkt werden. Mit $\theta_m = \pi/4$ folgt

$$P_{\nu_e \to \nu_\mu}(x) = \sin^2(\pi x \sin 2\theta / L). \qquad (7.132)$$

Dieses Resonanzverhalten soll im weiteren ausführlicher diskutiert werden.

Anhand von (7.125) erkennt man, daß der Mischungswinkel maximal wird ($\theta_m = \pi/4$), wenn die Elektronendichte der Resonanzbedingung

$$\frac{L}{L_e} = -\cos 2\theta \qquad (7.133)$$

genügt. Diese Bedingung kann bei $m_2 < m_1$ für Elektronneutrinos nicht erfüllt werden, da die Oszillationslänge L positiv ist. Man würde dann das Auftreten der Resonanz für $\bar{\nu}_e$ erwarten. Wir beschränken uns im folgenden auf den (natürlichen) Fall $m_2 > m_1$.

Auch bei sehr kleinen Vakuummischungswinkeln θ kann der Parameter θ_m in Materie den Wert $\pi/4$ annehmen („maximale Mischung"), wenn die Elektronendichte nur der Bedingung

$$N_e^{res} = \frac{(m_2^2 - m_1^2)\cos 2\theta}{2\sqrt{2}G_F E} \qquad \text{(MSW-Resonanzdichte)} \qquad (7.134)$$

genügt. Bei dieser Resonanzdichte werden die beiden Diagonalelemente der Massenmatrix gleich groß. Die Mischung zwischen Elektron- und Myonneutrino wird verstärkt, so daß die Größe des Vakuummischungswinkels nicht mehr von Bedeutung ist. Die Oszillationsamplitude $\sin^2 2\theta_m$ in Abhängigkeit von der Elektronendichte ergibt eine typische Resonanzkurve (Abb. 7.27). Bei einer bestimmten Dichte N_e^{res} nimmt die Amplitude ihren maximalen Wert an. Die Resonanzdichte ist von der Energie der Neutrinos abhängig.

Um den MSW-Effekt auf das solare Neutrinoproblem anzuwenden, muß noch berücksichtigt werden, daß die Dichte entlang der Neutrinoflugbahn keine Konstante ist, sondern von einem großen Wert am Ort der Erzeugung zum

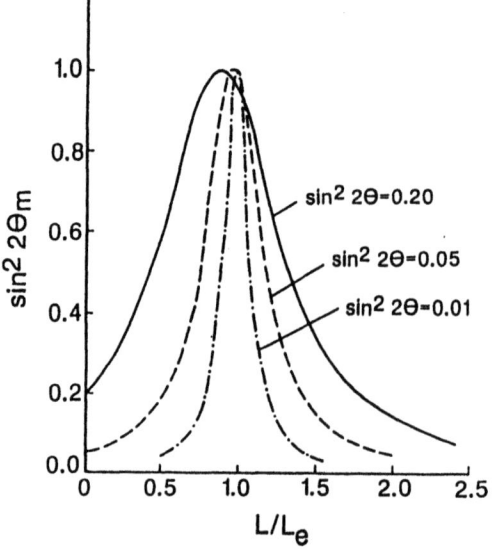

Abb. 7.27
Abhängigkeit des effektiven Mischungswinkels θ_m in Materie vom Verhältnis L/L_e. Die Kurven sind für verschiedene Vakuummischungswinkel θ berechnet (aus [Boe92]).

Sonnenrand hin auf Null abfällt. Dies bedeutet, daß die Resonanzbedingung für einen weiten Bereich von Werten für $E/(m_2^2 - m_1^2)$ erfüllt werden kann. Von einer gewissen Grenzenergie an treffen die Neutrinos auf ihrem Weg vom Zentrum zum äußeren Rand auf einen Bereich, in dem die Elektronendichte gerade die Bedingung (7.133) bzw. (7.134) erfüllt, so daß eine beachtliche Umwandlung $\nu_e \to \nu_\mu$ stattfinden kann. Ein Elektronneutrino vermag immer dann die Resonanz zu durchlaufen, wenn seine Energie denjenigen Wert überschreitet, der bei der Dichte des Sonnenzentrums zur Erfüllung der Resonanzbedingung nötig wäre, d.h.

$$E_{\min} = \frac{(m_2^2 - m_1^2)\cos 2\theta}{2\sqrt{2} G_F N_e(0)} . \tag{7.135}$$

Das Einsetzen von Zahlenwerten ergibt

$$E_{\min} = 6.6 \cos 2\theta \frac{\Delta m^2}{10^{-4} \text{ eV}^2} \text{ [MeV]} . \tag{7.136}$$

Dies bedeutet, daß ein großer Teil der ^{8}B-Neutrinos einen Resonanzbereich durchläuft, wenn $\Delta m^2 < 10^{-4}$ eV^2.

Bei variabler Dichte N_e wird der Neutrinozustand an jedem Punkt der Bahn als Linearkombination der lokalen Eigenzustände $|\nu_{1m}\rangle$ und $|\nu_{2m}\rangle$ geschrieben

$$|\nu_e(t)\rangle = a(t)|\nu_{1m}\rangle + b(t)|\nu_{2m}\rangle . \tag{7.137}$$

Das Elektronneutrino sei zur Zeit $t = 0$ erzeugt worden, so daß

$$a(0) = \cos\theta_m, \qquad b(0) = \sin\theta_m , \tag{7.138}$$

wobei θ_m den Mischungswinkel am Ort der Erzeugung bezeichnet. Die Parameter $a(t)$ und $b(t)$ sind Lösungen der Schrödingergleichung (7.122). Das Neutrino verläßt die Sonne schließlich als eine bestimmte Kombination von $|\nu_e\rangle$ und $|\nu_\mu\rangle$. Besonders einfach wird die Beschreibung im Fall der adiabatischen Näherung. Aus dem Adiabatentheorem der Quantenmechanik [Mes76,86] folgt, daß sich bei einer langsamen Variation des Hamiltonoperators die Basiszustände ändern, daß aber keine Übergänge zwischen den einzelnen Zuständen induziert werden. Das System verbleibt in dem ursprünglichen (zeitabhängigen) Eigenzustand. Die Beträge der Koeffizienten $a(t)$ und $b(t)$ sind somit zeitunabhängig

$$|a(t)| = |a(0)|, \qquad |b(t)| = |b(0)| . \tag{7.139}$$

7 Neutrinooszillationen

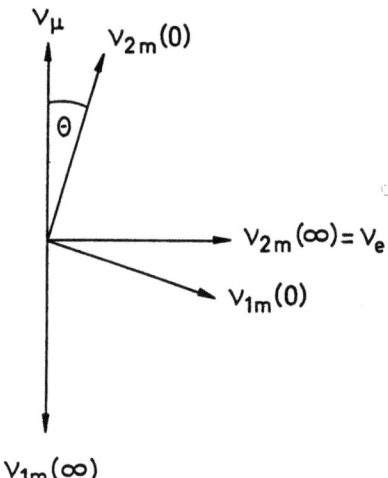

Abb. 7.28
Veranschaulichung des MSW-Effekts in der adiabatischen Näherung (siehe Text).

Eine langsame Variation der Dichte liegt dann vor, wenn N_e über eine effektive Oszillationslänge L_m als nahezu konstant betrachtet werden kann.

Der MSW-Effekt läßt sich im Fall der adiabatischen Näherung etwa wie folgt verstehen (vgl. Abb. 7.28). Wir setzen im folgenden $m_2 > m_1$ voraus. Im Innern der Sonne werden Elektronneutrinos ν_e erzeugt. Bei den großen Dichten dominiert der Effekt der Vorwärtsstreuung über die Massenaufspaltung der Masseneigenzustände. Das Elektronneutrino verhält sich im wesentlichen wie der schwerere effektive Masseneigenzustand ν_{2m}, im Grenzfall $N_e \to \infty$ gilt $|\nu_e\rangle = |\nu_{2m}(\infty)\rangle$. Auf seinem Weg nach außen gelangt das Neutrino in Bereiche mit kleinerer Elektronendichte. Die Vektoren $|\nu_{1m}\rangle$ und $|\nu_{2m}\rangle$ werden relativ zu den Zuständen $|\nu_e\rangle$ und $|\nu_\mu\rangle$ gedreht, da der Mischungswinkel θ_m von N_e abhängt. In unserem Fall wird der Neutrinozustand in Richtung von ν_μ gedreht. Nach dem Adiabatentheorem verbleibt das Neutrino in dem Zustand $|\nu_{2m}\rangle$, nur dessen relative Orientierung ändert sich. Bei einer mittleren Dichte nimmt der Mischungswinkel den Wert $\theta_m = \pi/4$ an, d.h. der Resonanzfall tritt ein. Wenn das Vakuum erreicht ist, dann ist das ursprünglich als ν_e erzeugte Neutrino identisch mit dem Masseneigenzustand $\nu_{2m}(0)$. Der entscheidende Punkt ist, daß das im wesentlichen im Zustand $|\nu_{2m}\rangle$ erzeugte Elektronneutrino in diesem zeitlich veränderlichen Zustand verbleibt und die Sonne praktisch als Myonneutrino verläßt.

Da sich das Neutrino nach dem Verlassen der Sonne in einem Masseneigenzustand befindet, treten keine weiteren Oszillationen auf. Die Wahrscheinlichkeit, es auf der Erde als Myonneutrino nachzuweisen, ist gegeben durch

7.3 Experimente zu Neutrinooszillationen

die Projektion von $|\nu_{2m}(0)\rangle$ auf $|\nu_\mu\rangle$, d.h. wir erhalten

$$P(\nu_\mu) = \cos^2\theta, \quad (7.140a)$$
$$P(\nu_e) = \sin^2\theta. \quad (7.140b)$$

Der MSW-Effekt vermag also sehr elegant zu erklären, warum das ursprüngliche Elektronneutrino mit großer Wahrscheinlichkeit als Myonneutrino auf der Erde ankommt, auch wenn der Mischungswinkel im Vakuum θ sehr klein ist. Man muß jedoch beachten, daß diese Umwandlung energieabhängig ist. Die Energie muß groß genug sein, um die Resonanzbedingung zu erfüllen. Wir wollen noch bemerken, daß Oszillationen in Materie im Gegensatz zu denen im Vakuum explizit vom Vorzeichen von Δm^2 und $\Delta f_e(0)$ abhängen. Würde man etwa durch Verwendung von $\bar{\nu}_e$ das Vorzeichen der Wechselwirkung ($\Delta f_e(0)$) umkehren, oder wäre der dominante Masseneigenzustand des ν_e im Vakuum der schwerere ($m_1 > m_2$), so würde keine Resonanz auftreten. Es gäbe keine Verminderung des solaren Neutrinoflusses.

Wir haben den Effekt in der adiabatischen Näherung beschrieben. Wenn die Änderung der Elektronendichte über eine Oszillationslänge nicht mehr vernachlässigt werden kann, wird die Situation sehr viel komplizierter. Man muß in diesem Fall die Wahrscheinlichkeit dafür berechnen, daß ein Sprung von einem adiabatischen Masseneigenzustand zu einem anderen erfolgt. Wir wollen dies hier nicht weiter verfolgen und verweisen auf die spezielle Literatur [Bil87, Mik88, Bah89]. Theoretische Betrachtungen zum MSW-Effekt in einem nicht homogenen Medium findet man z.B. auch in [Hal86].

Der MSW-Effekt kann als Erklärung des Sonnenneutrinoproblems für den Parameterbereich $\Delta m^2 = 10^{-4} - 10^{-8}$ eV^2 und $\sin^2\theta > 10^{-4}$ herangezogen werden. Diese Lösung ist besonders attraktiv, zumal sich solch kleine Massen und Mischungswinkel auf sehr natürliche Weise über den „see-saw"-Mechanismus (siehe Kap. 1) in das Standardmodell der elektroschwachen Theorie einbauen lassen (vgl. [Lan81]).

Aus den Ergebnissen des Chlor- bzw. des Kamiokande-Experiments kann unter der Annahme des MSW-Effekts auf die zulässigen Parameterkombinationen in der Δm^2-$\sin^2 2\theta$-Ebene geschlossen werden, falls man die Gültigkeit des Standardsonnenmodells voraussetzt (Abb. 7.29). Kürzlich zeigten Bahcall und Bethe, daß die nichtadiabatische Lösung der MSW-Gleichungen mit der Parameterkombination

$$\sin^2\theta \Delta m^2 \approx 10^{-8} \text{ eV}^2 \quad (7.141)$$

die Daten des Chlorexperiments und die der Kamiokande-Kollaboration in konsistenter Weise zu beschreiben vermag [Bah90]. Dies würde bedeuten,

368 7 Neutrinooszillationen

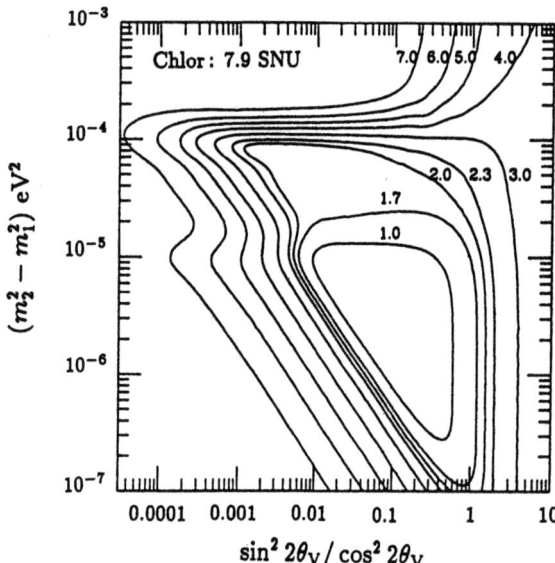

Abb. 7.29 MSW-Diagramm für das Chlorexperiment. Jede Konturlinie ist durch den entsprechenden Wert des Neutrinoflusses in SNU markiert (aus [Bah89]). θ_V ist hier der Vakuumsmischungswinkel θ.

daß die weiter unten zu besprechenden Galliumdetektoren rund eine Größenordnung weniger Neutrinos nachweisen sollten, als nach dem Standardsonnenmodell erwartet wird (siehe dazu aber auch [Bal91], die zeigen, daß die vorgeschlagene Lösung nur eine von mehreren möglichen ist).

Der MSW-Effekt führt zu einem interessanten, auf der Erde beobachtbaren Regenerationseffekt ähnlich dem Phänomen im K^0-System [Bou86, Cri86, Mik86c, Bal87, Bal88]. Elektronneutrinos, die beim Durchfliegen der Sonne in Myonneutrinos umgewandelt wurden, können beim Durchqueren der Erde teilweise wieder in Elektronneutrinos zurückverwandelt werden, da auch in der Erde eine von Null verschiedene Elektronendichte vorliegt. Folglich sollte man einen *Tag-Nacht-Effekt* beobachten. Bei Nacht müssen die Sonnenneutrinos die Erde durchfliegen, so daß ähnlich wie in der Sonne ein resonanter Übergang auftreten kann, der zu einer Rückgewinnung von Elektronneutrinos führen würde. Eine solche Tag-Nacht-Modulation des solaren Neutrinoflusses kann jedoch nicht mit radiochemischen Detektoren nachgewiesen werden, da diese den Fluß über mehrere Wochen aufintegrieren. Tag-Nacht-Modulationen sollten allerdings mit Hilfe des Kamiokande-Cerenkovzählers nachweisbar sein. Die Analyse der 1040 Meßtage ergab innerhalb der statistischen Fehler keine Anzeichen für eine zeitliche Variation [Hir91]. Insbe-

7.3 Experimente zu Neutrinooszillationen

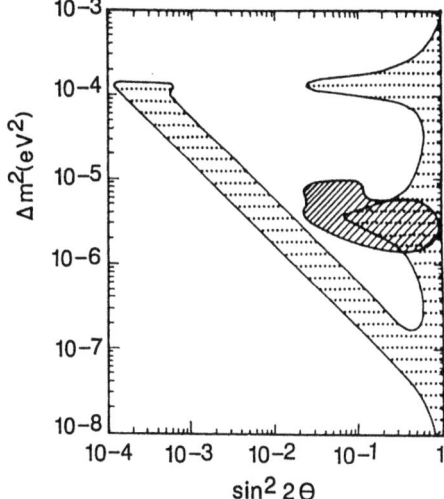

Abb. 7.30
Der gestrichelte Bereich in der $\Delta m^2 - \sin^2 2\theta$-Ebene wird durch das Fehlen eines Tag-Nacht-Effekts ausgeschlossen (Konfidenzlevel von 90%). Das gepunktete Gebiet entspricht dem erlaubten Parameterbereich gemäß der Messung des totalen Neutrinoflusses und des Energiespektrums der Rückstoßelektronen durch Kamiokande II (aus [Hir91]).

sondere konnte dadurch der Bereich der erlaubten Parameter in der MSW-Δm^2-$\sin^2 2\theta$-Ebene weiter eingeschränkt werden (vgl. Abb. 7.30).

Die Erde produziert neben einer Tag-Nacht- auch eine jahreszeitliche Modulation, da die mittlere Materiedicke, die ein Neutrino durchdringen muß, wegen der relativen Orientierung von Erde und Sonne von der Jahreszeit abhängig ist. Man erwartet daher Maxima des ν_e-Flusses im Frühjahr und im Herbst. Diese Schwankungen sollten auch mit einem radiochemischen Detektor nachweisbar sein. Abb. 7.31 zeigt die Daten aus dem Chlorexperiment. Eine Analyse ergibt jedoch kein eindeutiges Resultat. Die eingezeichneten Kurven entsprechen verschiedenen Parameterkombinationen. Die Daten von Kamiokande II zeigen keine signifikante tages- oder jahreszeitliche Abhängigkeit [Hir91].

Wir haben uns bei der Beschreibung des MSW-Effekts auf den Fall von zwei Flavors beschränkt. Der allgemeinere Fall mit 3 Neutrinoflavors wird in [Kuo86, Pet87, Mik88b] diskutiert. Man erhält drei Niveaukreuzungen. Ähnlich wie im diskutierten Fall verläßt das Neutrino die Sonne im schwersten Masseneigenzustand, wenn die Dichte am Entstehungsort groß genug ist, und der Impuls in einem bestimmten Intervall liegt. Für kleinere Neutrinoimpulse verläßt das Neutrino die Sonne im Masseneigenzustand zur zweitschwersten Masse. Unterhalb einer bestimmten Schwelle befindet sich das Neutrino schließlich im niedrigsten Masseneigenzustand.

Zum Abschluß des Kapitels über den MSW-Effekt sei erwähnt, daß [Ber91a] kürzlich einen möglichen Zusammenhang zwischen dem starken CP-Problem

370 7 Neutrinooszillationen

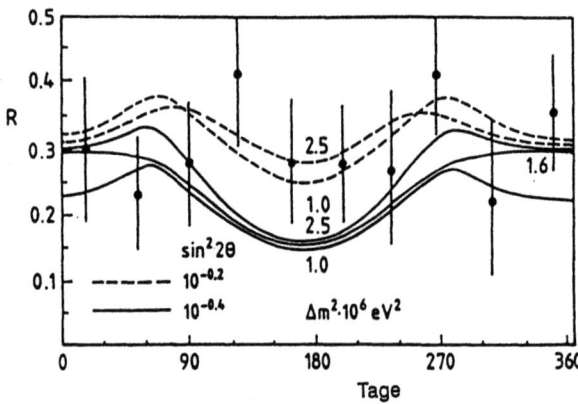

Abb. 7.31 Jahreszeitliche Schwankungen der ^{37}Ar-Produktion im Chlordetektor. Die eingezeichneten Kurven entprechen verschiedenen Parameterkombinationen (aus [Mik88]).

(siehe Kap. 1) und dem Sonnenneutrinoproblem aufdeckten. Die Autoren schlugen eine Lösung des starken CP-Problems über den Peccei-Quinn-Mechanismus vor, die automatisch - ohne Verwendung des „see-saw"-Mechanismus - zu einer kleinen Majorana-Masse des Neutrinos führt ($< 10^{-1}$ eV). Diese Masse fällt gerade in den Bereich, der zur Erklärung des solaren Neutrinorätsels über den MSW-Effekt erforderlich ist. Das notwendigerweise bei der Brechung der eingeführten chiralen U(1)-Symmetrie erzeugte Axion koppelt nur schwach an Neutrinos.

7.3.6 Das magnetische Moment des Neutrinos

Die Daten des Chlorexperiments scheinen eine weitere interessante Charakteristik aufzuweisen. Trägt man den zeitlich variierenden Fluß zusammen mit dem 11-jährlichen Sonnenzyklus auf, so scheinen der Neutrinofluß und die Sonnenaktivität (Anzahl der Sonnenflecken) gerade antikorreliert zu sein [Row85, Dav88,94,94a Bah89] (siehe Abb. 7.32). Bemerkenswert ist, daß die Einfangrate in der Periode um 1980 praktisch auf den Untergrundwert abgesunken war. Eine Diskussion der statistischen Signifikanz dieser scheinbaren Antikorrelation findet man in [Dav87b, Bah89]. Wie bereits erwähnt, gibt die Kamiokande-Messung keinen Hinweis auf eine zeitliche Abhängigkeit des Flusses.

Nimmt man diese Antikorrelation jedoch ernst, so steht man vor dem Problem, daß die bisherigen Vorschläge zur Lösung des Sonnenneutrinoproblems keinen Zusammenhang zwischen der Sonnenaktivität und dem Neutrinofluß erkennen lassen. Eine mögliche Erklärung geht auf ein magnetisches Moment

7.3 Experimente zu Neutrinooszillationen

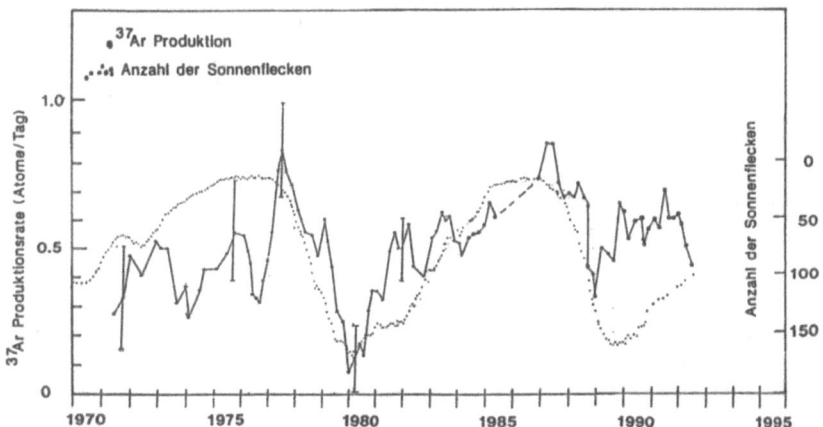

Abb. 7.32 Zur Korrelation zwischen der Neutrinorate des Chlordetektors und der Sonnenaktivität. Die punktierte Kurve stellt die Sonnenaktivität (Anzahl der Sonnenflecken pro Monat) dar (inverse Skala), die schwarzen Punkte (durchgezogene Kurve) den beobachteten Neutrinofluß, gemittelt über jeweils fünf Meßperioden (aus [Dav94,94a]).

des Neutrinos zurück [Cis71]. Okun wies später darauf hin, daß ein magnetisches und ein elektrisches Dipolmoment für ein relativistisches, leichtes Neutrino praktisch ununterscheidbar sind [Oku86]. Im Falle eines großen magnetischen (und/oder elektrischen) Dipolmomentes des Neutrinos könnte der Neutrinospin durch die Wechselwirkung mit dem solaren Magnetfeld umgeklappt werden („spin-flip"). Dieser Effekt würde ein linkshändiges in ein rechtshändiges Elektronneutrino verwandeln, welches in den Detektoren nicht nachgewiesen werden kann, da rechtshändige Neutrinos nicht an der schwachen Wechselwirkung teilnehmen (*sterile Neutrinos*) [Oku86, Vol86]. Der Fluß der Neutrinos, die keiner Spinumkehr unterworfen sind, hängt vom magnetischen Moment μ_m, von der Stärke des Magnetfeldes und von dessen Ausdehnung ab. Man erhält

$$\Phi_B(E) = \Phi_0(E) \cos^2\left(\mu_m \int B_\perp dl\right), \tag{7.142}$$

wobei $B_\perp$ die Komponente des B-Feldes senkrecht zur Ausbreitungsrichtung des Neutrinos bezeichnet. $\Phi_0(E)$ ist der Fluß der in der Sonne produzierten linkshändigen Neutrinos. Spin-Oszillationen zwischen nicht-entarteten Masseneigenzuständen spielen dann eine wichtige Rolle, wenn die magnetische Energie größer ist als die Massendifferenz

$$|\mu_m B_\perp| > |\Delta m^2|. \tag{7.143}$$

Daraus läßt sich ableiten, daß man ein magnetisches Moment im Bereich von

$$\mu_m = (10^{-11} - 10^{-10})\mu_B, \qquad \mu_B = \frac{e}{2m_e} \qquad (7.144)$$

benötigt, um eine genügend große Wahrscheinlichkeit für einen Spinflip zu erhalten. In diesem Szenario wäre es darüber hinaus auch möglich, eine Antikorrelation mit der Sonnenaktivität zu erklären.
Die Sonnenaktivität und das solare Magnetfeld hängen eng miteinander zusammen. Eine erhöhte Anzahl von Sonnenflecken bedeutet ein größeres Magnetfeld und damit eine größere Umwandlungswahrscheinlichkeit in sterile, rechtshändige Neutrinos. Bei maximaler Sonnenaktivität würde man daher einen minimalen Neutrinofluß auf der Erde messen. Darüber hinaus könnte man eine halbjährliche Variation erwarten, die jedoch von Kamiokande ebenfalls nicht gesehen werden konnte [Hir91].
Gewöhnlich geht man davon aus, daß Neutrinos nicht an der elektromagnetischen Wechselwirkung teilnehmen. Majorana-Neutrinos können können keine elektrischen oder magnetischen Dipolmomente besitzen, wie wir in Kap. 1 gesehen haben,

$$\mu_m = 0, \qquad \mu_e = 0 \qquad \text{(Majorana-Neutrinos)}. \qquad (7.145a)$$

An dieser Stelle sei erwähnt, daß genau genommen nur das diagonale magnetische Moment verschwindet, daß aber durchaus von Null verschiedene Außerdiagonalelemente auftreten können, die Übergänge zwischen den unterschiedlichen Flavors beschreiben.
Für Dirac-Neutrinos erwartet man dagegen ein (diagonales) magnetisches Moment, das proportional zur Masse ist [Lee77, Fuj80, Liu87]

$$\mu_m \sim 10^{-19} \frac{m_\nu}{1 \text{ eV}} \mu_B \qquad \text{(Dirac-Neutrinos)}. \qquad (7.145b)$$

Dieses magnetische Moment ist rund 8 Größenordnungen kleiner als das zur Erklärung des Sonnenneutrinoproblems benötigte. Es gibt jedoch auch Modelle, die ein μ_m im Bereich von 10^{-10} - $10^{-11}\mu_B$ ergeben (siehe z.B. [Vol86, Fuk87, Ste88]).
Die gegenwärtigen experimentellen Grenzen für das magnetische Moment sind noch weit von dem in (7.145b) angegebenen Wert entfernt. Aus Untersuchungen von $\bar{\nu}_e$-Streuexperimenten an Reaktoren kann eine Grenze von

$$\mu_m < 2 \cdot 10^{-10} \mu_B \qquad (7.146)$$

abgeleitet werden [Lim88]. Astrophysikalische Beobachtungen sind restriktiver, wenn auch unsicherer, und ergeben [Mar86]

$$\mu_m < 10^{-10} \mu_B. \qquad (7.147)$$

Aus Beobachtungen der Supernova SN1987A läßt sich ein Wert von

$$\mu_m < 10^{-12} \mu_B \quad (7.148)$$

ableiten [Bar88b, Gol88a, Lat88]. Dabei muß allerdings vorausgesetzt werden, daß die Dynamik des Sternkollaps gut genug verstanden ist.
Eine Labormessung des magnetischen Moments wäre am überzeugendsten. Mögliche Wege wären [Cli87]:

- Abweichungen von der Standardmodellvorhersage in hochenergetischen $\nu_e e^-$- und $\bar{\nu}_e e^-$-Streuexperimenten.
- Direkter Nachweis der $\nu_e e^-$-Streuung durch das magnetische Moment bei kleinen Energien. Da der Wirkungsquerschnitt für eine Wechselwirkung über das magnetische Moment mit $\ln E_\nu$ und der für schwache Wechselwirkung im Energiebereich von wenigen MeV und kleiner wie E_ν^2 anwachsen, besteht prinzipiell die Möglichkeit, bei sehr niedrigen Energien das magnetische Moment des Neutrinos zu beobachten.
- Beobachtung der kohärenten Wechselwirkung von Neutrinos in Materie über das magnetische Moment.

Ähnlich wie beim MSW-Effekt kann die Wahrscheinlichkeit für eine Spinumkehr durch die Wechselwirkung in Materie noch verstärkt werden (siehe z.B. [Akh88, Lim88]).

7.3.7 Der Neutrinozerfall

Prinzipiell käme auch eine Instabilität des Elektronneutrinos als Erklärung für das Sonnenneutrinoproblem in Frage. Allerdings erwartet man auf der Zeitskala von wenigen hundert Sekunden entsprechend der Laufzeit der Neutrinos von der Sonne bis zur Erde keine signifikante Flußabschwächung durch einen Zerfall (vgl. die Diskussion in Kap. 6).

7.3.8 Neuere Experimente zum Nachweis solarer Neutrinos

Zur Klärung der Frage, welche Ursache dem solaren Neutrinoproblem zugrundeliegt, werden weitere Messungen benötigt. Gegenwärtig sind eine Reihe von Experimenten im Aufbau, in Vorbereitung oder gerade angelaufen. Eine Übersicht findet man in [Kir88a,88b, Man88, Bah89, Bei91, Bor91, Sin91, Arp94, McD94]. Wir wollen hier nur drei weitere Experimente vorstellen, von denen zwei, die Gallium-Experimente Gallex und Sage, soeben erste Ergebnisse geliefert haben, und eines, das Sudbury-Neutrino-Observatorium (SNO), im Aufbau ist. Für weitere Projekte wie Superkamiokande (siehe auch Kap. 4, Abb. 4.11), Borexino und andere verweisen wir auf [Suz92, Gia94, McD94, Suz94].

7.3.8.1 Die Gallium-Experimente

Die Verwendung von Gallium als Detektormaterial für solare Neutrinos wurde erstmals von Kuzmin vorgeschlagen [Kuz66]. Neutrinos werden mittels der Reaktion

$$^{71}\text{Ga} + \nu_e \rightarrow {}^{71}\text{Ge} + e^- \qquad (7.149)$$

nachgewiesen.

Das Isotop ^{71}Ga kommt zu 39.9% in der natürlichen Isotopenmischung vor. Das Tochternuklid ^{71}Ge ist radioaktiv und zerfällt über Elektroneinfang ($T_{1/2} = 11.4$ Tage) zurück zu Gallium. Dieser Zerfall wird über die dabei emittierten Auger-Elektronen (L-Peak: 1.2 keV, K-Peak: 10.4 keV) registriert. Es handelt sich um ein radiochemisches Experiment. Der entscheidende Vorteil gegenüber dem Chlorexperiment liegt in der geringen Energieschwelle für Neutrinos von nur $E_s = 0.233$ MeV, so daß ein Galliumdetektor für den Hauptteil des solaren Neutrinoflusses sensitiv ist (siehe Abb. 7.19). Insbesondere wird es dadurch erstmals möglich, den Fluß der pp-Neutrinos zu messen. Dies ist für eine Entscheidung zwischen verschiedenen Erklärungsversuchen für das Neutrinodefizit von großer Bedeutung, da die Erzeugungsrate der pp-Neutrinos nur geringfügig von der Zentraltemperatur der Sonne abhängt und durch eine Absenkung der Temperatur nicht in dem Maße reduziert werden kann wie die der ^{8}B-Neutrinos.

Wäre der im Galliumdetektor gefundene Neutrinofluß ebenfalls stark unterdrückt, so wäre dies ein Hinweis auf die Existenz von Neutrinooszillationen mit großer Mischung bzw. des MSW-Effekts. Ein MSW-Diagramm für den ^{71}Ga-Detektor ist in Abb. 7.33 gezeigt. Wegen der extrem schwachen Wechselwirkung der Neutrinos in Materie sind große Mengen an Gallium erforderlich. Man erwartet in 30 t nur einen Einfang pro Tag. Die größten experimentellen Probleme betreffen daher die Unterdrückung des Untergrundes und die Extraktion der wenigen in der Exponierungszeit gebildeten Germaniumisotope.

Für ein aussagekräftiges Resultat benötigt man eine genaue Kenntnis des Neutrinoeinfangquerschnitts für die Reaktion (7.149). Der Einfang der niederenergetischen pp-Neutrinos führt hauptsächlich zum Grundzustand in ^{71}Ga. Das entsprechende Matrixelement ist aus dem β^+-Zerfall von ^{71}Ge bekannt. Dagegen wird die Einfangrate bei höheren Energien entscheidend durch die Verteilung der Gamow-Teller-Stärke in ^{71}Ge bestimmt. Diese kann aus (p,n)-Reaktionen [Kro85] oder in Kernstrukturrechnungen [Gro86a, Kla86a, Sta89] bestimmt werden. Nach dem Standardsonnenmodell erwartet man für den ^{71}Ga-Detektor die in Tab. 7.10 angegebenen Einfangraten.

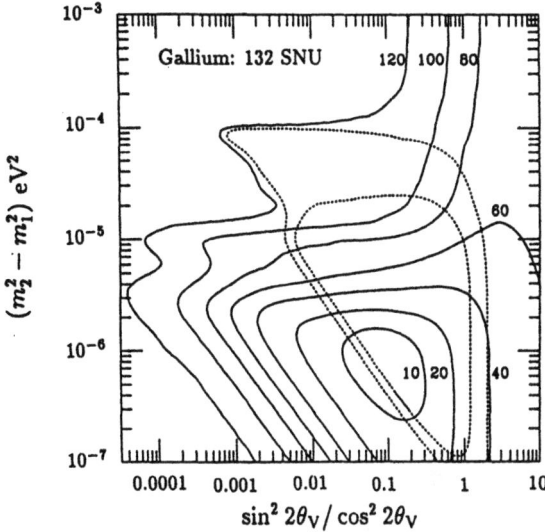

Abb. 7.33 MSW-Diagramm für ^{71}Ga-Experimente. Die Konturlinien sind für verschiedene SNU-Werte berechnet. Das Band zwischen den gepunkteten Linien wird durch die Unter- und Obergrenzen des Chlorexperiments $((2,1 \pm 0,3)$ SNU) definiert (aus [Bah89]).

Die gesamte erwartete Einfangrate von

$$\sum_i \Phi_i \sigma_i = 132^{+20}_{-17} \text{ SNU} \tag{7.150}$$

liegt sehr viel höher als im Chlorexperiment.

Zwei Galliumexperimente wurden konstruiert und haben ihren Meßbetrieb aufgenommen. Es handelt sich um das Gallex-Experiment [Kir84,86b, Ham85,86a,86b,88a,88b, Ans92,93] und das Sage-Experiment [Bar85, Aba88, Aba91, Ano92]. Beide werden ausführlich in [Bah89] beschrieben.

7.3.8.1.1 Gallex

Gallex (<u>Gall</u>ium-<u>Ex</u>periment) wurde von einer im wesentlichen europäischen Kollaboration aufgebaut. Der Detektor ist im Untergrundlabor des LNGS (Laboratorio Nazionale del Gran Sasso [Bel91]) im Gran-Sasso-Tunnel in den Abruzzen 150 km östlich von Rom installiert (Abb. 7.34). Die Abschirmdicke der ca. 1400 m Gestein entspricht der von rund 3400 m Wasser.

Die Gallex-Kollaboration verwendet 30 t Gallium ($\hat{=} 1.03 \cdot 10^{29}$ ^{71}Ga-Atome) in Form einer 8-normalen wäßrigen Galliumchloridlösung ($GaCl_3$). Diese Lösung besitzt ein Gewicht von 105 t. Das Reaktionsprodukt ^{71}Ge bildet

376   7 Neutrinooszillationen

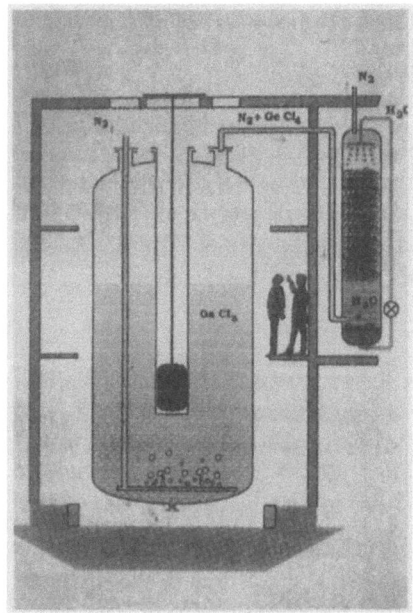

Abb. 7.34
Das Gallex-Experiment in Halle A des Gran-Sasso-Untergrundlabors (siehe Abb. 6.33). (a) Vorn das Hauptgebäude mit den Galliumtanks und den Extraktionseinrichtungen, hinten das Zählrohrgebäude; (b) Schnittbild durch den Gallex-Tank (aus [Kir93]).

7.3 Experimente zu Neutrinooszillationen

das leicht flüchtige Germaniumtetrachlorid (GeCl$_4$), welches nach der Exponierungszeit mit Hilfe von Stickstoff aus dem Tank herausgespült wird. Das extrahierte GeCl$_4$ wird chemisch in das Gas GeH$_4$ umgewandelt. Letzteres wird schließlich zusammen mit Xenon als Zählgas in einen kleinen Proportionalzähler gegeben, in welchem die Anzahl der Germaniumatome über deren radioaktiven Zerfall nachgewiesen wird.

Die Ergebnisse nach ca. einem Jahr Messung (siehe Abb. 7.35) ergaben einen Fluß von [Ham93]

$$\sum_i \Phi_i \sigma_i = 83 \pm 19(\text{stat.}) \pm 8(\text{syst.}) \text{ SNU} \quad (1\sigma) \tag{7.151a}$$

Das Gesamtergebnis nach zwei weiteren Jahren Messung ist [Ans93,94]

$$\sum_i \Phi_i \sigma_i = 79 \pm 10(\text{stat.}) \pm 6(\text{syst.}) \text{ SNU} \quad (1\sigma). \tag{7.151b}$$

Dies dürfte die erste Beobachtung solarer pp-Neutrinos bedeuten. Das Resultat ist konsistent mit dem Auftreten des vollen erwarteten pp-Flusses (Tab. 7.10), zusammen mit einem reduzierten Fluß an ^{8}B und ^{7}Be Neutrinos gemäß den Beobachtungen in den Homestake- und Kamiokande-Experimenten. Es liegt nur 2 Standardabweichungen unterhalb der Vorhersagen des Standardsonnenmodells (124–132 SNU). Ein Schluß auf Neutrinooszillationen ist daher nicht zwingend. Eine Interpretation im Rahmen des MSW-Mechanismus würde andererseits, zusammen mit dem Chlor- und dem Kamiokande-Experiment, die Parameter Δm^2 und $\sin^2 2\theta$ auf zwei enge Bereiche um $\Delta m^2 = 6 \cdot 10^{-6}$ eV^2, $\sin^2 2\theta = 7 \cdot 10^{-3}$ und $\Delta m^2 = 8 \cdot 10^{-6}$ eV^2, $\sin^2 2\theta = 0.6$ einschränken (Abb. 7.36). Die erste dieser Lösungen könnte,

Tab. 7.10 Einfangraten für den Galliumdetektor nach dem Standard-Sonnenmodell [Bah88].

Quelle	Einfangrate [SNU]
pp	70.8
pep	3.0
^{3}He p	0.06
^{7}Be	34.3
^{8}B	14.0
^{13}N	3.8
^{15}O	6.1
^{17}F	0.06
$\sum$	132

378 7 Neutrinooszillationen

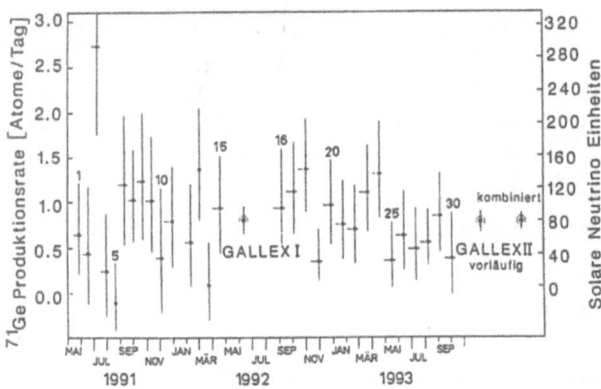

Abb. 7.35 Endergebnis aller 15 solaren Neutrinomessungen von Gallex I (Balken links von Mai 1992) und Ergebnis der ersten 15 Gallex-II-Messungen (Balken rechts von August 1992). Die linke Ordinate gibt die Produktionsrate des gemessenen ^{71}Ge an, die rechte die solare Nettoproduktionsrate (in SNU) nach Abzug von Beiträgen aus Nebenreaktionen. Fehlerbalken entsprechen $\pm 1\sigma$. Der mit „kombiniert" bezeichnete Punkt entspricht dem „globalen" Mittelwert der Maximum-Likelihood-Analyse aller 30 Messungen. Waagrechte Balken zeigen die Dauer der einzelnen Messungen (aus [Ans94]).

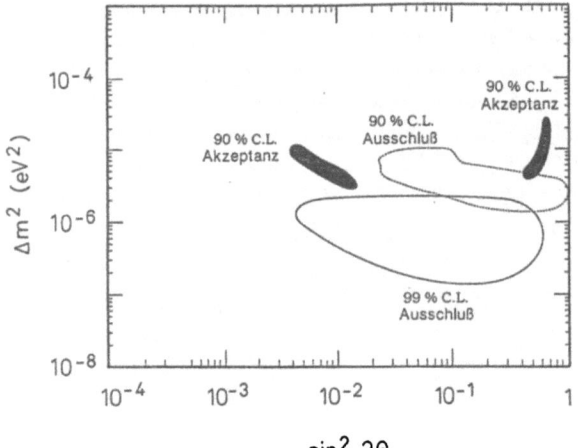

Abb. 7.36 Δm^2 gegen $\sin^2 2\theta$ Diagramm für solare Neutrino-Experimente. Parameter innerhalb der schwarzen Gebiete ermöglichen es, die Ergebnisse der ^{37}Cl-, Kamiokande- und Gallex-Experimente mit dem Standard-Sonnenmodell (innerhalb 90% CL.) in Einklang zu bringen. Werte innerhalb der punktierten Linie werden durch das Kamiokande-Experiment durch Untersuchung von Tag-Nacht-Effekten mit 90% CL. ausgeschlossen werden. Werte innerhalb der durchgezogenen Linie werden zu 99% CL. durch das Gallex-I-Experiment ausgeschlossen (aus [Ans92]).

7.3 Experimente zu Neutrinooszillationen   379

unter der *Annahme* einer Massenhierarchie der Neutrinos und eines see-saw-Modells, zu $m_{\nu_\mu} \sim 3\,\text{meV}$ und $m_{\nu_\tau} \sim 10\,\text{eV}$ führen, was das ν_τ zu einem Kandidaten für dunkle Materie machen würde (s. Kap 9). Dies ist eine der Hauptmotivationen für die Oszillationsexperimente CHORUS und NOMAD (s. Kap. 7.3.3) und [Win95]). Es wurde jedoch bereits betont (Kap. 1.6.4.2), daß es auch andere attraktive Modelle neben dem see-saw-Mechanismus gibt, z.B. [Lee94, Moh94, Pet94], die mit *entarteten* ν-Massen um 1 bis 2 eV eine Lösung des solaren Neutrinoproblems erlauben.

Der von [Fri88] vorgeschlagene Mechanismus für Neutrinozerfall würde einen Wert unterhalb 45 SNU erwarten lassen.

Das Gallex-Ergebnis deutet ebenfalls nicht auf magnetische Wechselwirkungen des Neutrinos mit dem solaren Magnetfeld hin, wie etwa einen Spin-flip durch eine Wechselwirkung mit einem magnetischen Moment (im Falle eines Dirac-Neutrinos) oder einen Spin-flip + eine Flavoränderung im Falle einer magnetischen Dipolwechselwirkung (im Falle eines Majorana-Neutrinos). Nach den beiden in [Bab91a, Ono91] beschriebenen Szenarien sollte das Ergebnis des Gallium-Detektors zwischen 75 und 80 SNU im Minimum und etwa 25 SNU nahe dem Maximum des Sonnenflecken-Zyklus schwanken. Der letztere Wert ist mit dem gemessenen Wert kaum vereinbar.

7.3.8.1.2 Sage

Das andere Galliumexperiment Sage (Soviet-American Gallium Experiment) wird im Baksan-Neutrino-Observatorium im Nordkaukasus durchgeführt (Abschirmdicke: 4700 m Wasseräquivalent) (Abb. 7.37). Der Detektor umfaßt in der Endphase 57 t metallisches Gallium. Metallisches Gallium bietet den Vorteil eines kleinen Detektorvolumens, was zu einer Verringerung des Untergrundes beiträgt. Ein großer Nachteil ist, daß die Extraktion des Germaniums schwieriger ist als aus einer Lösung.

Gallium besitzt einen Schmelzpunkt von 30 °C. Zur Extraktion des Germaniums wird flüssiges Galliummetall mit verdünnter Salzsäure (HCl) vermischt. Danach wird Wasserstoffperoxid (H_2O_2) zugesetzt und kräftig gerührt. Das gebildete GeH_4 geht im Gegensatz zu Gallium in Lösung. Die Lösung wird destilliert und anschließend mit konzentrierter Salzsäure versetzt, so daß sich Germaniumtetrachlorid bildet. Die weitere Extraktion und der Nachweis verlaufen analog zum Gallex-Experiment.

Die ersten – wenn auch recht vorläufigen – Daten des Sage-Detektors erregten großes Aufsehen [Bei91, Gav91, Aba91] (siehe auch [Sch90a]). Die registrierte Ereignisrate war konsistent mit dem erwarteten Untergrund.

380   7 Neutrinooszillationen

Abb. 7.37 Das Sage-Experiment im Baksan-Neutrino-Observatorium (Kaukasus). Zu sehen sind die zehn sog. „Reaktoren". In acht von ihnen sind insgesamt 57 t an metallischem Gallium untergebracht (Photo: Tom Bowles, Los Alamos; mit Genehmigung der SAGE-Kollaboration).

Darüber hinaus sollte der Zerfall des ^{71}Ge eine exponentielle Abhängigkeit entsprechend einer Halbwertszeit von 11 Tagen ergeben, während Untergrundereignisse praktisch gleichverteilt sein sollten. Die Sage-Daten enthielten keine Komponente, die einem radioaktiven Zerfall mit einer Halbwertszeit von 11 Tagen zugeordnet werden konnte. Als Ergebnis wurde zunächst eine Ereignisrate

$$\sum_i \Phi_i \sigma_i = 20^{+15}_{-20}(\text{stat.}) \pm 32(\text{sys.}) \text{ SNU}, \qquad (7.152a)$$

bzw. eine obere Grenze von

$$\sum_i \Phi_i \sigma_i < 79 \text{ SNU} \quad (90\% \text{ c.l.}). \qquad (7.152b)$$

angegeben [Aba91, Ano92]. Inzwischen liegt die angegebene Ereignisrate bei [Gav94]

$$\sum_i \Phi_i \sigma_i = 70 \pm 19 \text{ (stat.)} \pm 10 \text{ (syst.) SNU} \quad (90\% \text{ c.l.}). \qquad (7.152c)$$

Interessant mag in diesem Zusammenhang sein, daß die nicht-adiabatische MSW-Lösung von Bahcall und Bethe für die Galliumdetektoren einen stark reduzierten Fluß vorhersagt, man sollte nur etwa 5 SNU erwarten [Bah90]. Dies liegt daran, daß die meisten der niederenergetischen Elektronneutrinos in ν_x mit $x \neq e$ umgewandelt werden. Einen geringfügig größeren Wert erhält man, wenn die Regeneration von Elektronneutrinos durch Oszillationen im Vakuum und beim Durchgang der Neutrinos durch die Erde während der Nachtzeit berücksichtigt werden. Baltz und Weneser [Bal91] wiesen jedoch darauf hin, daß [Bah90] nur die minimale Lösung herausgegriffen haben. Eine genauere Betrachtung des MSW-Effekts unter Verwendung der Chlor- und Kamiokande-Daten erlaubt Einfangraten im Galliumdetektor von etwa 8–90 SNU [Bal91].

7.3.8.2 Das Sudbury-Neutrino-Observatorium (SNO)

Das Sudbury-Experiment [Ewa87, Aar87, Sin87, Bei91, McD94] verwendet einen Echtzeit-Cerenkov-Zähler, der etwa Ende 1996 mit der Datenaufnahme beginnen soll. Der Detektor besteht aus 1000 t hochreinem schweren Wasser (D_2O) in einem transparenten Acryltank, der von 9600 Photomultipliern umgeben ist. Um den Acryltank herum befinden sich nochmals 7300 t Wasser (H_2O). Dieser Detektor wird in 2070 m Tiefe (5900 m Wasseräquivalent) in der Creighton-Mine bei Sudbury (Ontario) in Canada aufgebaut (Abb. 7.38). Die Myonenintensität ist um einen Faktor 200 kleiner als in der Kamioka-Mine in Japan. Die wichtigsten Daten des Experiments sind in Tab. 7.11 zusammengefaßt.

Tab. 7.11 Der SNO-Detektor

Ort	Creighton
Tiefe	2070 m
Wasseräquivalent	5900 m
Detektormaterial	1 kt D_2O
Schwelle	$\sim$ 5 MeV
Zahl der D-Atome	$6.02 \cdot 10^{31}$

Zum Nachweis der Neutrinos sollen folgende drei Reaktionen verwendet werden:

$$\nu_e + d \rightarrow p + p + e^-, \tag{7.153a}$$
$$\nu_x + e^- \rightarrow \nu_x + e^-, \tag{7.153b}$$
$$\nu_x + d \rightarrow \nu_x + p + n. \tag{7.153c}$$

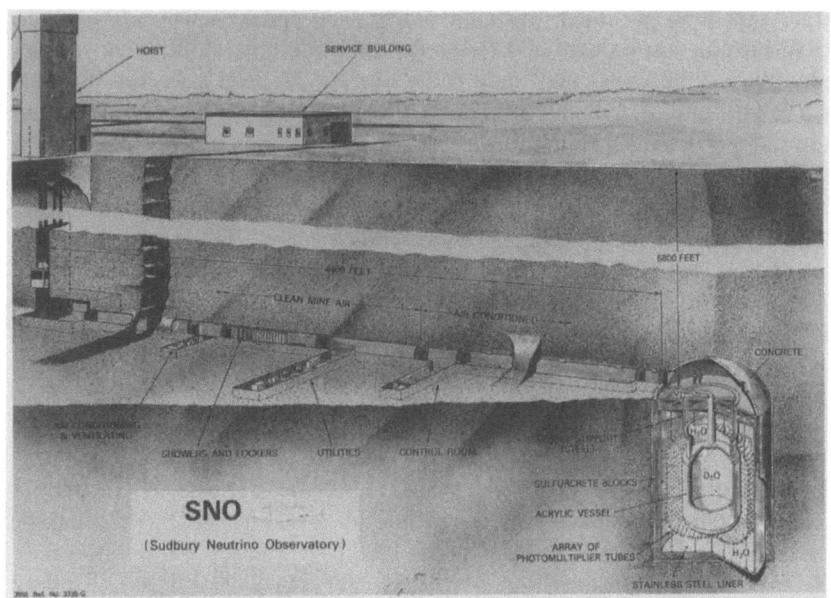

Abb. 7.38 Schema (Stand 1987) des Sudbury-Neutrino-Observatoriums (SNO). Der mit 1000 t schwerem Wasser gefüllte Acryltank (Ø12 m) ist nochmals von 7300 t Wasser umgeben. Der Durchmesser der in den Fels getriebenen Kavität beträgt 20 m (aus [Ewa87], mit Genehmigung der SNO-Kollaboration).

Die Reaktion (7.153a) verläuft über den geladenen schwachen Strom. An ihr können nur Elektronneutrinos teilnehmen. Die Neutrinoenergie hängt über

$$E_\nu = E_e + 1.442 \text{ MeV} \tag{7.154}$$

mit der Elektronenenergie zusammen. Die elastische Streuung von Neutrinos aller Flavors an Elektronen wurde bereits im Zusammenhang mit dem Kamiokande-II-Detektor diskutiert. Die Ereignisrate beträgt etwa 1/10 der der Ereignisrate durch Absorption (7.153a). Da die Elektronen jedoch in Vorwärtsrichtung emittiert werden, kann die elastische Streuung anhand der Winkelverteilung erkannt werden.

Unabhängig vom Neutrinoflavor kann der gesamte Neutrinofluß durch die Reaktion (7.153c) bestimmt werden, die nur über den neutralen schwachen Strom verläuft (Schwellenenergie: 2.225 MeV). Solche Ereignisse werden über den Einfang des Neutrons in einem geeigneten Kern und die anschließende γ-Emission nachgewiesen. Der Vergleich zwischen den Raten der Reaktionen (7.153a) und (7.153b) liefert unabhängig vom Sonnenmodell eine

7.3 Experimente zu Neutrinooszillationen

Aussage darüber, ob Neutrinooszillationen für das solare Neutrinoproblem verantwortlich sind.

Beim SNO-Experiment wird es erstmals möglich sein, den Untergrund direkt zu messen, indem man das schwere Wasser durch normales Wasser ersetzt, so daß die Reaktionen a) und c) wegfallen. Reaktion b) läßt sich im Prinzip durch die Richtungsabhängigkeit vom Untergrund unterscheiden. Die erwartete Zählrate des SNO-Detektors ist mit 10 Ereignissen pro Tag für jede der Reaktionen a) und c) groß im Vergleich zu den laufenden Detektoren. Aufgrund der guten Statistik kann man auch auf eine Aufklärung der im Chlorexperiment gefundenen Zeitabhängigkeit des Flusses hoffen. Während der von Bahcall und Bethe [Bah90] vorgeschlagene Mechanismus drastische Konsequenzen für die Galliumexperimente haben könnte (s.o.), wäre der Einfluß auf das SNO-Experiment vergleichsweise gering. Die Raten für Reaktionen, die durch neutrale schwache Ströme vermittelt werden, blieben unverändert. Die Neutrinoabsorption und die Neutrino-Elektron-Streuung würden in Abhängigkeit von der Schwellenenergie um ca. einen Faktor drei abgeschwächt.

7.3.9 Atmosphärische Neutrinos

Auch atmosphärische Neutrinos werden zur Durchführung von Oszillationsexperimenten verwendet. Die primäre kosmische Strahlung wechselwirkt mit Kernen (N) der Erdatmosphäre und erzeugt dabei komplexe hadronische Schauer. Die atmosphärischen Neutrinos entstehen durch Zerfälle der instabilen Sekundärteilchen, insbesondere Pionen, Kaonen und Myonen. Das Produktionsschema lautet etwa

$$p + N \to n + \pi/K + \ldots$$
$$\pi/K \to \mu^+(\mu^-) + \nu_\mu(\overline{\nu}_\mu)$$
$$\mu^+(\mu^-) \to e^+(e^-) + \nu_e(\overline{\nu}_e) + \overline{\nu}_\mu(\nu_\mu) \,. \tag{7.155}$$

Die Energiespektren der Neutrinos zeigen einen sehr steilen Abfall:

$$\frac{dN}{dE} \sim E^{-3.7} \,. \tag{7.156}$$

Anhand der Zerfallskette (7.155) kann man die Verhältnisse der verschiedenen Neutrinoflavors zueinander abschätzen. Man erwartet etwa doppelt soviele Myonneutrinos wie Elektronneutrinos und etwa gleiche Anzahlen von Neutrinos und Antineutrinos. Im Energiebereich um 1 GeV wurden mehrere Berechnungen des atmosphärischen Neutrinoflusses durchgeführt (siehe z.B. [Bar89a, Gai94]).

Atmosphärische Neutrinos können in gut abgeschirmten Untergrunddetektoren beobachtet werden, allerdings ist die Rate mit typischerweise einem

Ereignis pro Tag und 3000 t Detektor sehr klein. Aufgrund ihrer langen Flugstrecke eignen sich atmosphärische Neutrinos gut zur Suche nach Oszillationen in der Region $\Delta m^2 > 10^{-4}$ eV - wegen der schlechten Statistik allerdings nur bei relativ großen Mischungswinkeln. Die großen Protonzerfallsdetektoren Kamiokande II, Fréjus und NUSEX sind (bzw. waren) in der Lage, ν_e- von ν_μ-induzierten Reaktionen zu unterscheiden, so daß ν_e-ν_μ- und ν_μ-ν_τ-Übergänge untersucht werden können.

Welchen Effekt erwartet man beim Vorhandensein von Oszillationen? Der gemessene atmosphärische Neutrinofluß kann sich in drei Punkten von dem berechneten unterscheiden:

- Oszillationen würden die Flavorzusammensetzung des Flusses ändern.
- Wenn die Oszillationslänge viel größer ist als die Höhe der Atmosphäre, aber kleiner als der Erddurchmesser, dann tritt nur für Neutrinos, die die Erde durchqueren, eine meßbare Oszillationswahrscheinlichkeit auf. Dies würde sich in einer Verzerrung der Winkelverteilung bemerkbar machen.
- Wenn die Oszillationslänge für einen Teil der Neutrinos von der Größenordnung der Flugstrecke wäre, dann würde man eine Modulation der Energieverteilung sehen können.

Betrachten wir z.B. die Zusammensetzung des Flusses, wie es in der Auswertung des Fréjus-Experiments [Ber90b] geschehen ist. Die gemessene Größe ist das Verhältnis von Elektron- zu Myonereignissen (e/μ). Eine direkte Beobachtung des Übergangs in ein Tauneutrino ist nicht möglich, da ca. 90% des atmosphärischen Neutrinoflusses unterhalb der Schwelle für eine τ-Produktion liegen. Ist das gemessene Verhältnis (e/μ) kleiner als erwartet, so kann dies als ν_e-ν_τ- bzw. $\bar{\nu}_e$-$\bar{\nu}_\tau$-Oszillation interpretiert werden. Ein zu großer Meßwert kann entweder durch ν_μ-ν_e- als auch ν_μ-ν_τ-Oszillationen (bzw. Oszillationen der entsprechenden Antineutrinos) erklärt werden.

Die Kamiokande-Kollaboration [Hir88,92a, Suz94] hat im niederenergetischen Bereich (< 1 GeV) und auch im Multi-GeV-Bereich [Fuk94] ein Defizit an Myonneutrinos gefunden, was als Evidenz für Neutrinooszillationen gewertet wurde [Bar88c, Hid88, Lea88, Bug89] (siehe Abb. 7.39). Das Fréjus-Experiment findet dagegen keinen solchen Effekt [Ber90b]. Die aus den rund 200 Ereignissen des Fréjus-Detektors gewonnenen Ausschließungsdiagramme sind ebenfalls in Abb. 7.39 gezeigt. Die Grenzen der letzteren können wie folgt zusammengefaßt werden: Für ν_e-ν_μ- bzw. $\bar{\nu}_e$-$\bar{\nu}_\mu$-Oszillationen gilt

$$\Delta m^2 \leq 1.5 \cdot 10^{-3} \text{ eV}^2 \quad \text{(maximale Mischung)}$$
$$\sin^2 2\theta \leq 0.47 \quad (\Delta m^2 \geq 1 \text{ eV}^2). \tag{7.157a}$$

7.3 Experimente zu Neutrinooszillationen

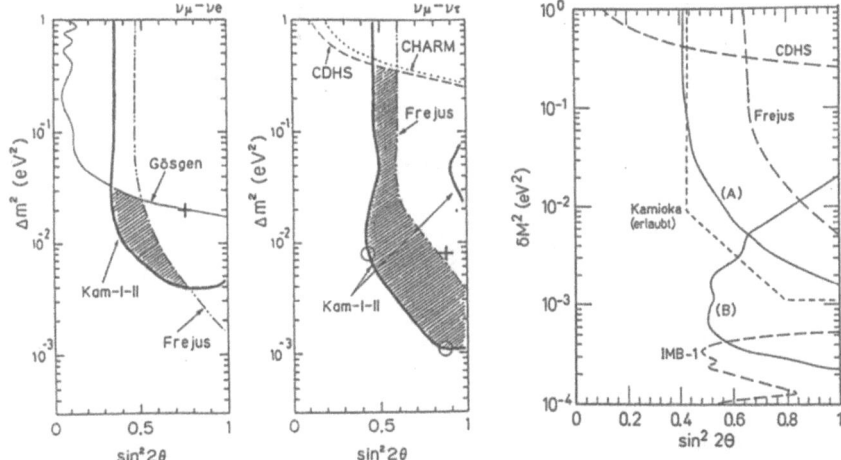

Abb. 7.39 Ergebnisse zu Neutrinooszillationen aus Experimenten mit atmosphärischen Neutrinos: (a) Der „erlaubte" Bereich der Oszillationsparameter (90% Konfidenzlimit) aus den Kamiokande I–II Daten und Ausschlußbereiche aus anderen Experimenten (Fréjus, CHARM, Gösgen, CDHS). Danach wäre der schraffierte Bereich erlaubt (aus [Hir92]); (b) IMB Ergebnisse (A), (B) schränken den nach Kamiokande erlaubten Bereich weiter ein (aus [Bec92b,95]).

Die entsprechenden Werte für die Flavors μ und τ lauten

$$\Delta m^2 \leq 3.5 \cdot 10^{-3} \text{ eV}^2 \quad \text{(maximale Mischung)}$$

$$\sin^2 2\theta \leq 0.60 \quad (\Delta m^2 \geq 1 \text{ eV}^2). \tag{7.157b}$$

Die Statistik der Daten reicht nicht aus, um über den Kanal ν_e-ν_τ Aussagen treffen zu können.

Trotz der kleinen Anzahl von Ereignissen erhält man eine um einen Faktor 10 schärfere Grenze für den Massenparameter als in Beschleunigerexperimenten. Das Fréjus-Resultat steht im Widerspruch zur Kamiokande-Messung, ist jedoch verträglich mit NUSEX [Agl89]. IMB zeigt ebenfalls keinen Hinweis auf $\nu_\mu \to \nu_\tau$-Oszillationen [Bec92b] und schließt den „erlaubten" Bereich von Kamiokande weitgehend aus (Abb. 7.39). Der Rest des erlaubten Bereichs von Kamiokande scheint durch die Baksan-Experimente ausgeschlossen (siehe [Tot92]). Diese Diskrepanzen werden erst in Zukunft gelöst werden können, wenn mehr Daten bzw. eine neue Generation von Detektoren (siehe z.B. [Lea93, Ben94]) zur Verfügung stehen. Möglicherweise kann diese Frage erst durch „long baseline" ν-Oszillationsexperimente wie z.B. mit ICARUS im Gran Sasso (Kap. 4.3.2.5) und einem CERN-SPS- oder LHC-Neutrinostrahl, oder in Reaktorexperimenten wie Chooz oder San Onofre (s. Kap. 7.3.2 und [Vog95]) beantwortet werden.

8 Magnetische Monopole

8.1 Einleitung, historischer Überblick

Im Jahre 1269 entdeckte der französische Waffenbauer Petrus Peregrinus (Pierre de Maricourt), daß sich Eisenfeilspäne in der Umgebung von Magneteisenstein längs bestimmter Linien anordneten. Die von einem magnetischen Körper ausgehenden Feldlinien endeten in demselben Körper an der gegenüberliegenden Seite. Diese und alle späteren Beobachtungen bestätigten die Bipolarität des Magnetismus, d.h. ein Magnet besitzt immer einen Süd- und einen Nordpol. Es erscheint unmöglich, beide Pole voneinander zu trennen. Diese Eigenschaft des Magnetismus steht im Gegensatz zur Existenz isolierter elektrischer Ladungen.

Nach unserer heutigen Vorstellung des Elektromagnetismus wird das Feld eines elektrischen Dipols durch elektrisch geladene Teilchen entgegengesetzter Polarität erzeugt, während ein magnetisches Dipolfeld durch elektrische Kreisströme hervorgerufen wird. Betrachten wir den Magnetismus auf atomarer Ebene, so wirken die um einen Atomkern „kreisenden" Elektronen als ein Kreisstrom, der ein magnetisches Moment hervorrufen kann. Bei zufälliger Orientierung der Atome in einem Festkörper kompensieren sich diese atomaren magnetischen Momente, das Material ist nicht magnetisch. In einem Magneten sind diese Elementarmagnete entlang einer Vorzugsrichtung ausgerichtet. Da jedoch ein Atom für sich genommen einen magnetischen Dipol darstellt, ist es nach diesem Bild unmöglich, Süd- und Nordpol voneinander zu trennen.

Während die Feldgleichungen der Elektrodynamik symmetrisch bezüglich elektrischer und magnetischer Kräfte sind, wird die Symmetrie zwischen Elektrizität und Magnetismus dadurch zerstört, daß es isolierte elektrische aber keine analogen magnetischen Ladungen gibt. Im Jahre 1931 führte Dirac [Dir31] erstmals magnetische Monopole in die moderne Physik ein, um eine weitgehende Symmetrie der Maxwell-Gleichungen zu gewährleisten. Er konnte insbesondere zeigen, daß die Existenz eines Teilchens mit einer magnetischen Ladung g automatisch die Quantisierung der elektrischen Ladung gemäß der Bedingung

8.2 Konzepte zur Einführung von magnetischen Monopolen

$$eg = \frac{1}{2}n\hbar c, \tag{8.1}$$

zur Folge hätte, wobei n eine ganze Zahl ist ($n \in Z$). Quantenmechanisch ist die Existenz magnetischer Monopole zugelassen, die Ladung eines solchen Magnetpols μ ist ein ganzes Vielfaches der magnetischen Elementarladung g

$$\mu = ng = n\frac{\hbar c}{2e} \simeq n\frac{137}{2}e. \tag{8.2}$$

Ein weiterer Schritt in der Geschichte der magnetischen Monopole erfolgte 1974 durch die Arbeiten von 't Hooft ['tHo74] und Polyakov [Pol74], die einen engen Bezug zu den modernen Elementarteilchentheorien aufzeigten. Magnetische Monopole ergeben sich als stabile Lösungen in spontan gebrochenen, nicht-abelschen Eichfeldtheorien als topologische Defekte (siehe Kap. 9.2.3.5). Die Brechung der $SU(5)$-Gruppe in $SU(3) \otimes SU(2) \otimes U(1)$ erfordert z.B. die Existenz magnetischer Monopole mit Massen im Bereich von 10^{16} GeV/c^2. Im Rahmen von Kaluza-Klein-Theorien, von denen man hofft, daß sie eine Vereinigung der Naturkräfte unter Einschluß der Gravitation erlauben (siehe Kap. 12), treten magnetische Ladungen ebenfalls auf natürliche Art und Weise in Erscheinung [Per84].

Nach diesem kurzen historischen Überblick über die Entwicklung der Konzepte von magnetischen Monopolen wollen wir im folgenden etwas ausführlicher auf die zugrundeliegenden physikalischen Ansätze eingehen. Für eine Übersicht verweisen wir auch auf [Car83, Sto84].

8.2 Theoretische Konzepte zur Einführung von magnetischen Monopolen

8.2.1 Die Symmetrie der Maxwell-Gleichungen

Zunächst stellt sich die Frage, ob es überhaupt möglich ist, eindeutig festzustellen, ob Teilchen neben einer elektrischen auch eine magnetische Ladung besitzen. Wir postulieren im folgenden die Existenz einer magnetischen Ladungsdichte ρ_m und einer entsprechenden magnetischen Stromdichte $\vec{j}_m$. Die Maxwell-Gleichungen können damit in eine symmetrische Form gebracht werden (vgl. die Diskussion in [Jac75])

$$\text{div}\,\vec{D} = 4\pi\rho_e, \tag{8.3a}$$

$$\text{div}\,\vec{B} = 4\pi\rho_m, \tag{8.3b}$$

$$\text{rot}\,\vec{H} = \frac{1}{c}\frac{\partial \vec{D}}{\partial t} + \frac{4\pi}{c}\vec{j}_e, \tag{8.3c}$$

8 Magnetische Monopole

$$-\operatorname{rot} \vec{E} = \frac{1}{c}\frac{\partial \vec{B}}{\partial t} + \frac{4\pi}{c}\vec{j}_m\,. \tag{8.3d}$$

Für beide Ladungsarten soll außerdem die Kontinuitätsgleichung und damit die Ladungserhaltung gelten

$$\frac{\partial \rho_e}{\partial t} + \operatorname{div} \vec{j}_e = 0, \qquad \frac{\partial \rho_m}{\partial t} + \operatorname{div} \vec{j}_m = 0\,. \tag{8.4}$$

Es scheint nun, daß die Existenz der magnetischen Ladungen zu meßbaren physikalischen Effekten führen müßte. Daß dies nicht ohne weiteres so sein muß, sehen wir, wenn wir folgende duale Transformation durchführen

$$\vec{E} = \vec{E}'\cos\phi + \vec{H}'\sin\phi \qquad \vec{D} = \vec{D}'\cos\phi + \vec{B}'\sin\phi\,, \tag{8.5a}$$
$$\vec{H} = -\vec{E}'\sin\phi + \vec{H}'\cos\phi \qquad \vec{B} = -\vec{D}'\sin\phi + \vec{B}'\cos\phi\,. \tag{8.5b}$$

Für reelle Mischungswinkel läßt diese Transformation quadratische Formen wie $\vec{E}\times\vec{H}$ und $(\vec{E}\cdot\vec{D}+\vec{B}\cdot\vec{H})$ ungeändert. Darüber hinaus sind die Komponenten des Maxwellschen Spannungstensors $T_{\mu\nu}$ invariant unter (8.5). Durch einfaches Nachrechnen läßt sich zeigen, daß die erweiterten Maxwell-Gleichungen (8.3) forminvariant unter der Transformation (8.5) sind, wenn die Quellen analog transformiert werden

$$\rho_e = \rho'_e\cos\phi + \rho'_m\sin\phi \qquad \vec{j}_e = \vec{j}\,'_e\cos\phi + \vec{j}\,'_m\sin\phi\,, \tag{8.6a}$$
$$\rho_m = -\rho'_e\sin\phi + \rho'_m\cos\phi \qquad \vec{j}_m = -\vec{j}\,'_e\sin\phi + \vec{j}\,'_m\cos\phi\,. \tag{8.6b}$$

Für die gestrichenen Feldgrößen gelten wieder die in (8.3) angegebenen Gleichungen, wobei die Quellen ebenfalls durch die gestrichenen Größen zu ersetzen sind.

Wegen der Invarianz der Grundgleichungen der Elektrodynamik gegenüber diesen dualen Transformationen ist es weitgehend eine Frage der Konvention, ob man einem Teilchen neben der elektrischen auch eine magnetische Ladung zuordnet. Solange alle Teilchen das gleiche Verhältnis von magnetischer zu elektrischer Ladung aufweisen, kann der die Transformation festlegende Winkel ϕ so gewählt werden, daß ρ_m und $\vec{j}_m$ verschwinden. Man bestimmt dazu ϕ_0 derart, daß

$$\rho_m = \rho'_e(-\sin\phi_0 + \frac{\rho'_m}{\rho'_e}\cos\phi_0) = 0\,. \tag{8.7}$$

Damit folgt für die Komponenten der Stromdichte

$$\vec{j}_{m_i} = \vec{j}\,'_{e_i}(-\sin\phi_0 + \frac{\vec{j}\,'_{m_i}}{\vec{j}\,'_{e_i}}\cos\phi_0)$$
$$= \vec{j}\,'_{e_i}(-\sin\phi_0 + \frac{\rho'_m}{\rho'_e}\cos\phi_0) = 0\,. \tag{8.8}$$

8.2 Konzepte zur Einführung von magnetischen Monopolen

Für diese spezielle Wahl des Winkels gehen die erweiterten Maxwell-Gleichungen in die bekannten Maxwell-Gleichungen über. Nach der üblichen Konvention wählt man die Ladungen des Elektrons derart, daß

$$q_e^e = -e, \qquad q_m^e = 0. \tag{8.9}$$

Die elektrische Ladung des Protons ergibt sich dann z.B. relativ zu der des Elektrons zu $q_e^p = +e$ mit einer experimentellen Unsicherheit von $|q_e^e + q_e^p| < 1 \cdot 10^{-21} e$ [Dyl73]. Für die entsprechenden magnetischen Ladungen findet man $||q_m^p| - |q_m^e|| \leq 10^{-26} g$ [Van68]. Die magnetische Ladung des Elektrons selbst wurde in diesem Experiment zu $|q_m^e| < 4 \cdot 10^{-24} g$ bestimmt.

Es stellt sich also die Frage, ob alle Teilchen dasselbe Verhältnis von magnetischer zu elektrischer Ladung besitzen. Nur wenn verschiedene Teilchen mit unterschiedlichen Verhältnissen existieren, müssen die Maxwell-Gleichungen in der verallgemeinerten Form diskutiert werden.

8.2.2 Die Diracsche Quantisierungsbedingung

Dirac untersuchte die Bewegung eines Elektrons in der Gegenwart eines magnetischen Monopols [Dir31, Dir48]. Er konnte zeigen, daß die Quantisierung der Bewegungsgleichungen nur möglich ist unter der Voraussetzung, daß die Ladungen Vielfache der Elementarladungen e bzw. g sind, wobei die Bedingung (8.1) erfüllt sein muß. Die diskrete Natur der elektrischen Ladung ergibt sich dabei also aus der Existenz eines magnetischen Monopols. Die Größe e wird aber nicht direkt festgelegt, sondern vielmehr durch die (unbekannte) magnetische Ladung g ausgedrückt.

Da andererseits die Feinstrukturkonstante $\alpha = e^2/\hbar c \simeq 1/137$ bekannt ist, können wir die Existenz eines magnetischen Monopols ableiten, dessen Ladung gerade

$$g = \frac{n}{2}\frac{\hbar c}{e} = \frac{n}{2}\frac{e}{\alpha} \simeq n\frac{137}{2}e \tag{8.10}$$

betragen sollte. Die magnetische Feinstrukturkonstante α_m hat nach Gleichung (8.10) den Wert

$$\alpha_m = \frac{g^2}{\hbar c} = \frac{n^2}{4}\left(\frac{\hbar c}{e^2}\right) \simeq \frac{137}{4}n^2. \tag{8.11}$$

Aus (8.10) folgt, daß magnetische Monopole der Ladung g in etwa dieselben Kräfte ausüben wie ein elektrisch geladener Körper der Ladung $137n/2$. Dies bedeutet insbesondere, daß magnetische Monopole aufgrund der sehr großen Kopplungskonstanten auch in schwachen Feldern noch eine beachtliche Beschleunigung erfahren können. Sie sollten daher relativ leicht nachzuweisen sein.

8 Magnetische Monopole

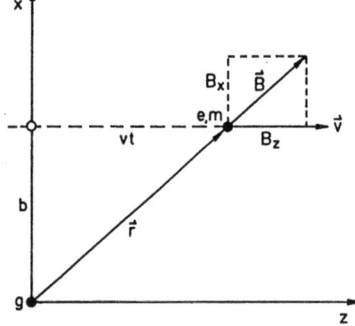

Abb. 8.1
Vorbeiflug eines geladenen Teilchens der Ladung e und der Masse m an einem magnetischen Monopol der Ladung g mit großem Stoßparameter b (nach [Jac75]).

Wir wollen nun versuchen, den Zusammenhang zwischen der Ladungsquantisierung und der Existenz magnetischer Monopole zu verstehen. Die folgende Diskussion orientiert sich an der semiklassischen Ableitung in [Gol65]. Wir betrachten die Ablenkung eines geladenen Teilchens der Ladung e und der Masse m im Feld eines Monopols. Der Stoßparameter b sei groß genug, so daß die Bahn des Teilchens in guter Näherung durch eine gerade Linie beschrieben werden kann (vgl. dazu Abb. 8.1). Der magnetische Monopol sitze im Ursprung des Koordinatensystems. Das radiale magnetische Feld am Ort $\vec{r}$ lautet

$$\vec{B}(\vec{r}) = g\frac{\vec{r}}{r^3}. \tag{8.12}$$

Die Ladung, die sich mit der Geschwindigkeit $\vec{v} = v\hat{e}_z$ in z-Richtung bewegt, erfährt eine Lorentz-Kraft in y-Richtung

$$\vec{F} = F_y \hat{e}_y = \frac{ev}{c} B_x \hat{e}_y. \tag{8.13}$$

Anhand von Abb. 8.1 können wir leicht die Komponente B_x des Magnetfeldes angeben. Sie lautet

$$B_x = \frac{bg}{(v^2 t^2 + b^2)^{3/2}}. \tag{8.14}$$

Die y-Komponente der Lorentz-Kraft ist daher

$$F_y = \frac{eg}{c} \frac{vb}{(v^2 t^2 + b^2)^{3/2}}. \tag{8.15}$$

Der auf das Teilchen übertragene Impuls berechnet sich zu

$$\Delta p_y = \int_{-\infty}^{\infty} F_y dt$$

8.2 Konzepte zur Einführung von magnetischen Monopolen

$$= \frac{egvb}{c} \int_{-\infty}^{\infty} \frac{dt}{(b^2 + v^2t^2)^{3/2}}$$

$$= \frac{2eg}{cb}. \tag{8.16}$$

Diese Impulsänderung führt dazu, daß das Teilchen aus der Ebene der Abb. 8.1 heraus gelenkt wird. Damit verbunden ist eine Drehimpulsänderung

$$\Delta L_z = b\Delta p_y$$
$$= \frac{2eg}{c}. \tag{8.17}$$

ΔL_z ist unabhängig vom Stoßparameter und von der Teilchengeschwindigkeit. Es handelt sich um einen universellen Wert für ein geladenes Teilchen, das in einem beliebigen Abstand an einem magnetischen Monopol vorbeifliegt.

Aus der Quantenmechanik wissen wir, daß der Bahndrehimpuls quantisiert ist

$$L_z = n\hbar, \qquad n \in Z. \tag{8.18}$$

Damit folgt sofort die Bedingung

$$\frac{eg}{\hbar c} = \frac{n}{2}, \tag{8.19a}$$

die eine Quantisierung der elektrischen Ladung

$$e = \frac{n}{2}\left(\frac{\hbar c}{g}\right) \tag{8.19b}$$

zur Folge hat. Für diese Überlegungen genügt bereits die Existenz eines einzigen magnetischen Monopols.

Im folgenden wollen wir noch einen etwas anderen Weg zur Ableitung von Gleichung (8.1) diskutieren. Das magnetische Feld eines Monopols der Stärke g ist gegeben durch

$$\vec{B} = g\frac{\vec{r}}{r^3} = -g\,\mathrm{grad}\left(\frac{1}{r}\right). \tag{8.20}$$

Wegen $\nabla^2 1/r = -4\pi\delta^3(r)$ folgt

$$\mathrm{div}\,\vec{B} = 4\pi g \delta^3(r). \tag{8.21}$$

Da das Magnetfeld radialsymmetrisch ist, berechnet sich der Fluß durch eine den Monopol umschließende Kugeloberfläche zu

$$\Phi = 4\pi r^2 B = 4\pi g. \tag{8.22}$$

8 Magnetische Monopole

Wir betrachten nun wieder eine elektrische Ladung e in diesem Feld. Ein freies Teilchen wird durch die Wellenfunktion

$$\psi = \psi_0 e^{\frac{i}{\hbar}(\vec{p}\vec{r}-Et)} \tag{8.23}$$

beschrieben. In Anwesenheit des elektromagnetischen Feldes ersetzt man nach den üblichen Regeln den Impuls $\vec{p}$ durch

$$\vec{p} \to \vec{p} - \frac{e}{c}\vec{A} \quad \text{(„minimale Kopplung")}, \tag{8.24}$$

wobei $\vec{A}$ das Vektorpotential des Magnetfeldes bezeichnet. Wir erhalten

$$\psi \to \psi e^{-\frac{ie}{\hbar c}\vec{A}\vec{r}}, \tag{8.25}$$

d.h. die Phase α der Wellenfunktion ändert sich

$$\alpha \to \alpha - \frac{e}{\hbar c}\vec{A}\vec{r}. \tag{8.26}$$

Für einen geschlossenen Pfad mit festen Koordinaten r, θ und ϕ beträgt die Phasenänderung gerade

$$\begin{aligned}\Delta\alpha &= \frac{e}{\hbar c}\oint \vec{A}d\vec{l} \\ &= \frac{e}{\hbar c}\int (\text{rot}\,\vec{A})d\vec{f} \\ &= \frac{e}{\hbar c}\int \vec{B}d\vec{f} \\ &= \frac{e}{\hbar c}\Phi(r,\theta). \end{aligned} \tag{8.27}$$

In Abb. 8.2 ist $\Phi(r,\theta)$ gerade der Fluß durch die schraffierte Oberfläche. Für $\theta \to 0$ schrumpft die Fläche auf einen Punkt zusammen, der Fluß durch die „Kugelkappe" verschwindet ($\Phi(r,0) = 0$). Für $\theta \to \pi$ folgt nach (8.22)

$$\Phi(r,\pi) = 4\pi g, \tag{8.28}$$

Abb. 8.2
Zur Quantisierung der elektrischen Ladung (siehe Text).

8.2 Konzepte zur Einführung von magnetischen Monopolen

da die schraffierte Fläche nun die gesamte Kugeloberfläche umfaßt. Andererseits zieht sich die geschlossene Kurve für $\theta \to \pi$ wieder zu einem Punkt zusammen, das Vektorpotential besitzt an diesem Punkt eine Singularität. Die Phase ist dort unbestimmt. Um die Eindeutigkeit der Wellenfunktion zu gewährleisten, muß

$$\Delta\alpha = n2\pi, \quad n \in Z \tag{8.29}$$

erfüllt sein, d.h. wir erhalten wieder das bekannte Ergebnis

$$n2\pi = \frac{e}{\hbar c} 4\pi g \quad \to \quad eg = \frac{1}{2} n\hbar c. \tag{8.30}$$

Die Diracschen Überlegungen machen keine weitergehenden Aussagen über die Eigenschaften der magnetischen Monopole. Wir können jedoch grob abschätzen, welche Massen man in etwa erwarten könnte. Sei r_e der klassische Elektronenradius $r_e = e^2/m_e c^2 = 3 \cdot 10^{-15}$ m. Unter der Annahme, daß der entsprechende „Monopolradius" von derselben Größenordnung ist, folgt

$$\frac{g^2}{m_M} \approx \frac{e^2}{m_e} \quad \to \quad m_M \approx \left(\frac{g}{e}\right)^2 m_e \approx 4700 m_e. \tag{8.31}$$

Die Masse dieser von Dirac eingeführten Teilchen sollte danach im Bereich von einigen GeV/c^2 liegen.

Lange Zeit gab es einen schwerwiegenden Einwand gegen eine mögliche Existenz magnetischer Monopole, da letztere die Zeitumkehrinvarianz verletzen. Dies wollen wir anhand von Abb. 8.3 veranschaulichen. Im oberen Teil der Abbildung ist die Situation gezeigt, daß ein Proton in das Magnetfeld zwischen zwei stromdurchflossenen Leiterschleifen gelangt, so daß es senkrecht zur Feldrichtung abgelenkt wird. Bei Umkehr der Zeitrichtung läuft

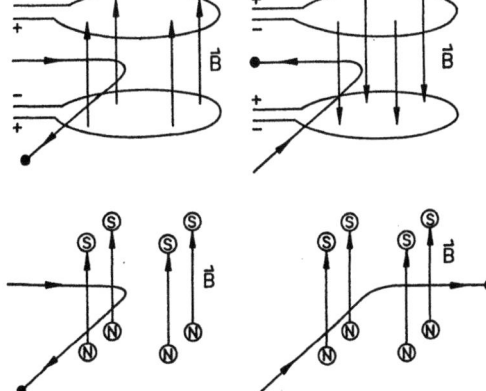

Abb. 8.3
Verletzung der Zeitumkehrinvarianz durch magnetische Monopole (siehe Text, nach [Car82]).

das Proton rückwärts. Da jedoch auch der Strom in den Leiterschleifen und damit das induzierte Magnetfeld ihre Richtung umkehren, folgt das Proton genau der ursprünglichen Bahn. Die Umkehrung des zeitlichen Ablaufes beschreibt wieder einen physikalisch möglichen Vorgang. Diese Invarianz ist für ein Feld, das von isolierten magnetischen Monopolen erzeugt wird, nicht mehr erfüllt (siehe Abb. 8.3, unterer Teil). Da sich die Polarität eines magnetischen Monopoles nicht mit der Zeitrichtung umkehrt, bleibt das Magnetfeld ungeändert. Die Bahn des rückwärtslaufenden Protons entspricht nicht mehr der ursprünglichen Bahn. Es liegt folglich eine Verletzung der Forderung nach Zeitumkehrinvarianz vor. Seit der Entdeckung der CP-Verletzung im K^0-System, die nach dem CPT-Theorem einer indirekten T-Verletzung gleichkommt, kann dieser Einwand gegen die mögliche Existenz von Monopolen aber nicht länger aufrecht erhalten werden.

Bis 1975 konzentrierten sich die experimentellen Bemühungen im wesentlichen auf leichte, relativistische magnetische Monopole ($mc^2 < 10$ GeV) (vgl. [Cra86]), die Suche blieb jedoch erfolglos. Neuen Auftrieb erhielt die Monopolhypothese durch die Arbeiten von 't Hooft und Polyakov [Pol74, 'tHo74] im Jahre 1974, da die Autoren zeigen konnten, daß magnetische Monopole eine natürliche Konsequenz im Rahmen von GUT-Modellen zu sein scheinen.

8.2.3 GUT-Monopole

8.2.3.1 GUT-Monopole als topologische Defekte

't Hooft und Polyakov ['tHo74, Pol74] fanden heraus, daß Eichtheorien die Existenz isolierter Magnetpole als physikalische Notwendigkeit voraussagen. Allerdings mußten diese Objekte sehr viel massereicher sein als man zuvor angenommen hatte. Dies könnte auch der Grund für das Scheitern der intensiven Suche nach magnetischen Monopolen bis zu diesem Zeitpunkt gewesen sein.

Wir haben gesehen, daß die Maxwellsche Elektrodynamik, die auf der abelschen Eichgruppe $U(1)$ basiert, durch die Einführung einer isolierten magnetischen Ladung ergänzt werden kann, so daß eine weitgehende Symmetrie zwischen Elektrizität und Magnetismus erzielt wird. Allerdings besteht keine Notwendigkeit dafür, magnetische Monopole einzuführen. Erweitert man jedoch die Eichsymmetrie zu einer nichtabelschen Gruppe wie die $SU(5)$, so führt die spontane Symmetriebrechung zu einer stabilen Lösung der Feldgleichungen, die gerade die Eigenschaften eines magnetischen Monopoles aufweist. Dies bedeutet, daß im Rahmen unserer heutigen Modellvorstellungen die Existenz dieser Teilchen gefordert wird.

8.2 Konzepte zur Einführung von magnetischen Monopolen

Magnetische Monopole entstehen nach diesen modernen Theorien als topologische Defekte der Raumzeit - und zwar genau dann, wenn eine große lokale Eichgruppe spontan gebrochen wird und als Untergruppe erstmals die abelsche Gruppe $U(1)$ auftritt. Dieses Phänomen findet man insbesondere beim Phasenübergang

$$SU(5) \rightarrow SU(3) \otimes SU(2) \otimes U(1) \quad (E \sim 10^{15} \text{ GeV}). \tag{8.32}$$

Magnetische Monopole entstehen dabei als nulldimensionale Defekte des Higgs-Feldes. Die Masse hängt eng mit der Brechungsenergie zusammen (s.u.). Die weitere Brechung von $SU(2) \otimes U(1)$ zu $U(1)$ führt zu keinen weiteren Monopolen, die mit der elektroschwachen Energieskala von 100 GeV verknüpft sind [Jaf80].

Nach diesen Vorstellungen begann bei typischen Temperaturen von 10^{28} K die $SU(5)$-Symmetriebrechung, indem sich das 24-dimensionale Higgs-Feld im $SU(5)$-Raum ausrichtete, ähnlich der Ausrichtung der Weissschen Bezirke eines Ferromagneten beim Unterschreiten der Curie-Temperatur (vgl. Kap. 1). Da die Orientierungen bei einem solchen Phasenübergang nicht festgelegt sind, mußten Raumdomänen mit verschiedenen Ausrichtungen entstanden sein. An den Grenzflächen der Gebiete mit unterschiedlichen $SU(5)$-Brechungen entwickelten sich topologisch stabile Defektstellen, die eine isolierte magnetische Ladung tragen sollten, die der der Diracschen Monopole entspricht.

8.2.3.2 Die Masse von GUT-Monopolen

Die Masse der GUT-Monopole ist mit der Temperatur des Phasenüberganges korreliert

$$m_M \simeq \frac{m_X}{\alpha_5} \simeq 10^{16} \text{ GeV}/c^2. \tag{8.33}$$

m_X ist die Masse der X-Bosonen, α_5 steht für die der elektromagnetischen Feinstrukturkonstanten analoge starke Wechselwirkungskonstante im Bereich der Vereinigungsenergie. Die Masse m_M ist enorm groß für ein „Elementarteilchen", 10^{16} GeV/c^2 entsprechen 10^{-8} Gramm, d.h. ein Monopol wäre ungefähr so schwer wie ein Bakterium. Wegen dieser ungeheuren Masse wird es in absehbarer Zukunft nicht möglich sein, solche Objekte mittels Teilchenbeschleunigern zu erzeugen.

Welche Geschwindigkeiten erwartet man für die GUT-Monopole [Gro86b, Ric87]? Ein Gas von Monopolen ohne Wechselwirkung mit äußeren Feldern wäre während der Entwicklung des Universums auf rund 10^{-5} mK abgekühlt, d.h. die thermische Geschwindigkeit betrüge weniger als 10^{-21}c. Die Bewegung der superschweren Monopole wird heutzutage vermutlich durch galaktische Gravitations- und Magnetfelder bestimmt. Bei Massen über 10^{17} GeV/c^2 dominiert die Gravitation und die Geschwindigkeiten liegen nahe der galaktischen Virialgeschwindigkeit von 200 km/s ($\simeq 10^{-3}c$). Bei leichteren Monopolen überwiegt der Einfluß der Magnetfelder, die Geschwindigkeiten liegen etwas höher, bei

$$\beta = \frac{v}{c} \sim 10^{-3} \left(\frac{10^{17} \text{ GeV}}{m_M c^2}\right)^{1/2}. \tag{8.34}$$

In größeren Eichgruppen als der $SU(5)$ eröffnen sich weitere Möglichkeiten für die Ladung und die Masse magnetischer Monopole. Insbesondere können auch leichtere Monopole mit $m_M \sim 10^4$ - 10^{10} GeV/c^2 auftreten. In supersymmetrischen GUT-Modellen ist m_M größer als in den entsprechenden einfachen Theorien, da die Energieskala der spontanen Symmetriebrechung in (8.33) wegen der größeren Anzahl an fundamentalen Teilchen höher liegt. In Kaluza-Klein-Theorien schließlich erwartet man Monopolmassen im Bereich der Planck-Masse von 10^{19} GeV/c^2 und darüber (siehe [Wit81]).

8.2.3.3 Die Struktur der GUT-Monopole

GUT-Monopole sind nicht punktförmig, sondern besitzen eine relativ komplizierte Struktur, die in Abb. 8.4 schematisch angedeutet ist. Sie sind zwiebelförmig aufgebaut und beinhalten praktisch das gesamte Teilchenspektrum der GUT-Modelle. In der Nähe des Zentrums ($r_c \sim 1/m_X \sim 10^{-29}$ cm) liegt ein GUT-symmetrisches Vakuum vor. Daran schließt sich der Bereich der elektroschwachen Vereinigung an. Die folgende Schale wird als die Confinement-Schale bezeichnet und enthält Photonen und Gluonen. Am äußeren Rand befindet sich ein Bereich mit Fermion-Antifermion-Paaren. In großen Abständen ($r >$ einige fm) verhält sich dieses Gebilde wie ein Dirac-ähnlicher Monopol.

Aufgrund ihrer komplizierten Struktur können GUT-Monopole einen Zerfall des Protons[1] katalysieren (Rubakov-Callan-Effekt) [Rub81, Cal82, Tro83]. In einem Zusammenstoß zwischen einem Proton und einem magnetischen Monopol kann es zu einer Wechselwirkung der Quarks des Protons mit der inneren GUT-Zone des Monopols kommen. Die Anwesenheit der X- und Y-Bosonen verursacht einen schnellen Zerfall des entsprechenden Protons. Eine mögliche Reaktion wäre z.B. (M = Monopol)

$$M + p \to M + e^+ + \pi^0 + \pi^0. \tag{8.35}$$

Der Wirkungsquerschnitt für einen katalysierten Protonzerfall lautet [Ell82]

---

[1] Der Protonzerfall wird ausführlich in Kap. 4 diskutiert.

8.2 Konzepte zur Einführung von magnetischen Monopolen

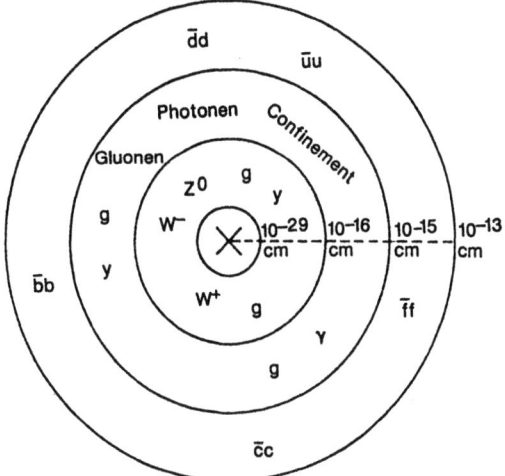

Abb. 8.4
Zwiebelstruktur eines GUT-Monopols. Ausgehend vom inneren GUT-Kern folgen weitere Schalen: 1. die Region der elektroschwachen Vereinigung, 2. die Confinement-Region, 3. das Fermion-Antifermion-Kondensat (aus [Bör88]).

$$\sigma = \frac{c}{v}\left(\frac{\hbar c}{1\text{ GeV}}\right)^2 \sigma_0 = 0.4\frac{c}{v}\sigma_0 \text{ [mb]}. \tag{8.36}$$

v ist die Relativgeschwindigkeit zwischen Proton und Monopol. Der Faktor σ_0 ist leider nur nur sehr ungenau bekannt. Nach den ursprünglichen Arbeiten sollte er von der Größenordnung $\mathcal{O}(1)$ bis $\mathcal{O}(100)$ sein. Danach läge der Wirkungsquerschnitt für einen solchen Prozeß typischerweise im Bereich von Reaktionen der starken Wechselwirkung. Andere Autoren geben jedoch für σ_0 z.T. sehr viel kleinere Werte an (siehe z.B. [Gro86b]). Es erscheint durchaus auch möglich, daß der Rubakov-Callan-Effekt zumindest für die $SU(5)$-Eichgruppe vollständig verschwindet [Wal84]. Hier bestehen auf der Seite der Theorie noch erhebliche Unsicherheiten.

Ein magnetischer Monopol, der einen Protonzerfallsdetektor durchquert, kann (bei hinreichend großem σ_0) rund 10 Zerfälle induzieren. Da bislang keine solchen Ereignisse beobachtet wurden, läßt sich daraus im Prinzip eine obere Grenze für den Fluß von Monopolen ableiten (eine Übersicht findet man in [Err84]). Mit dem IMB-Wasser-Cerenkovzähler wurden Reaktionen der Form $M + \text{Nukleon} \to M + e^+ + \text{Mesonen}$ untersucht. Die aus der Nichtbeobachtung abgeleitete Grenze für den Fluß beträgt [Err83]

$$F_M < 7.2 \cdot 10^{-15} \text{ cm}^{-2}\text{sr}^{-1}\text{s}^{-1}. \tag{8.37a}$$

Besser eignen sich dazu jedoch astronomische Objekte wie Neutronensterne. Magnetische Monopole werden dort eingefangen, sofern sie nichtrelativistische Geschwindigkeiten und Massen kleiner als etwa 10^{21} GeV/c^2 besitzen [Dim82, Kol82,84a, Fre83]. Sie wirken als Katalysator für den Zerfall der Neutronen, der einen beachtlichen Beitrag zur Luminosität der Sterns liefern würde, insbesondere im Röntgenbereich. Die gemessenen Werte für die Röntgenluminosität von Neutronensternen ergeben Obergrenzen für den Monopolfluß von [Gro86b]

$$F_M f_0 < (10^{-22} - 10^{-24})\ \text{cm}^{-2}\text{sr}^{-1}\text{s}^{-1}, \tag{8.37b}$$

wobei der Faktor f_0 die theoretischen Unsicherheiten in σ_0 aus Gleichung (8.36) widerspiegelt ($f_0 = 4\sigma_0$). Für eine ausführliche Diskussion der Problematik des katalysierten Protonzerfalls und der Unsicherheiten der aus der Nichtbeobachtung abgeleiteten Grenzen für F_M verweisen wir auf [Kol84, Gro86b].

8.2.4 Die Häufigkeit magnetischer Monopole im Universum

Aufgrund der extrem großen Masse können magnetische Monopole nur in einer sehr frühen Phase nach dem Urknall gebildet worden sein, als die Temperatur noch ausreichte, um solche Teilchen zu erzeugen. Ursprüngliche Überlegungen, die von einer Kombination der vereinheitlichten Theorie der schwachen, elektromagnetischen und starken Kräfte und dem Standardmodell der Kosmologie ausgingen, kamen zu unglaublich großen Anzahldichten n_M von magnetischen Monopolen im Universum. Danach sollte n_M von derselben Größenordnung sein wie die Baryonendichte. Dies steht jedoch im Widerspruch zur folgenden Überlegung.

Eine einfache Abschätzung der Häufigkeit von GUT-Monopolen folgt aus der Annahme, daß diese massiven Objekte für die dunkle Materie im Universum verantwortlich sind. Dies wäre denkbar, da Monopole nur wenig Licht abstrahlen können. Nehmen wir nun an, ein solcher Monopol sei etwa 10^{16} mal schwerer als ein Nukleon. Aus der Bedingung, daß die Monopolmassendichte $\rho_M = n_M m_M$ nicht größer sein sollte als die kritische Massendichte ρ_c des Universums, folgt dann eine Häufigkeit von etwa einem Monopol auf 10^{15} Protonen. Dies kann in eine Grenze für den Fluß umgerechnet werden [Bör88]

$$F_M < 5 \cdot 10^{-15} (\beta \cdot 10^3) \left(\frac{10^{16}\ \text{GeV}}{m_M c^2}\right)\ \text{cm}^{-2}\text{s}^{-1}. \tag{8.38}$$

$\beta = v/c$ ist die typische Monopolgeschwindigkeit. Für schwere Monopole gilt $\beta \sim 10^{-3}$.

Die Monopoldichte n_M hängt natürlich mit der Kohärenz des Higgs-Feldes zusammen, da Monopole ja gerade als Defekte in diesem Feld definiert sind. Man kann eine einfache untere Grenze für n_M angeben, wenn man voraussetzt, daß pro Raumdomäne wenigstens ein Monopol entstanden ist [Kib76,

8.2 Konzepte zur Einführung von magnetischen Monopolen

Gut81, Gro89,90]. Sei l der Durchmesser einer typischen Raumdomäne, so gilt

$$n_M \sim l^{-3}. \tag{8.39}$$

Der Beitrag zur Massendichte des Universums beträgt

$$\rho_M = m_M n_M \sim m_M l^{-3}. \tag{8.40}$$

Nach den experimentellen Befunden liegt die gegenwärtige Materiedichte ρ_0 des Universums (für $\Lambda = 0$) im Bereich [Wei72, Mis73, Blo84]

$$\frac{1}{10}\rho_c \leq \rho_0 \leq 10\rho_c. \tag{8.41}$$

Die Monopolmassendichte ρ_M muß daher ebenfalls der Bedingung

$$\rho_M \leq \rho_c \tag{8.42}$$

genügen. Andererseits kann l nicht größer sein als der zur Zeit der Symmetriebrechung gegebene Ereignishorizont, da jede Raumdomäne kausal zusammenhängen muß. Dadurch ergibt sich für l eine von m_M abhängige Obergrenze. Umgekehrt folgt aus Gl. (8.40), (8.42) und der Kausalitätsforderung

$$m_M \leq 10^{10} \text{ GeV}/c^2, \tag{8.43}$$

d.h. ein Phasenübergang bei der für die $SU(5)$-Brechung typischen Energie von 10^{15} GeV hätte nach dieser groben Abschätzung eine zu große Monopoldichte zur Folge gehabt.

Inflationäre Modelle umgehen die große Anzahl von Monopolen, indem die Konzentration während der exponentiellen Expansionsphase stark vermindert wird. Es wäre durchaus denkbar, daß die heutige Monopoldichte viel zu klein ist, um jemals beobachtet werden zu können (vgl. [Pre84]).

Wir haben mit dem katalytischen Protonzerfall bereits eine andere Methode kennengelernt, um Aussagen über den Fluß F_M zu gewinnen. Eine weitere wichtige Grenze für den Fluß (das „Parker-Limit") folgt aus astrophysikalischen Beobachtungen. Die Existenz des galaktischen Magnetfeldes wurde von Parker dazu verwendet, eine weitgehend modellunabhängige Grenze für den Fluß langsamer Monopole abzuleiten [Par70,84]. Das galaktische **B**-Feld von etwa 2 - 3 μG kann z.B. durch die Zeeman-Aufspaltung der 21 cm-Linie des Wasserstoffatoms oder der Beobachtung von Synchrotronstrahlung nachgewiesen werden. Ein Hintergrundfluß von magnetischen Monopolen würde dieses galaktische Magnetfeld abschwächen. Wenn es zu viele Monopole gäbe, würden sie dieses Magnetfeld allmählich zerstören. Da es das Feld jedoch gibt, muß die Gesamtzahl der Monopole unter einem bestimmten Wert liegen. Aus dem Vergleich der Zerfallszeit des B-Feldes und der Regenerationszeit von $\tau_R \simeq 10^8$ a kann eine Grenze für den Fluß F_M

8 Magnetische Monopole

hergeleitet werden, s.u. (dieses τ_R entspricht in etwa der Umlaufzeit der Galaxis). Ein ähnlicher Effekt ist dafür verantwortlich, daß das galaktische elektrische Feld extrem klein ist. Es wird durch die Beschleunigungsarbeit an geladenen Teilchen stark geschwächt.

Ein freier magnetischer Monopol der Ladung $g \simeq 137/2e$ würde im galaktischen Magnetfeld stark beschleunigt werden. Die im wesentlichen entlang der Richtung von $\vec{B}$ verlaufende Stromdichte kann wie folgt geschrieben werden

$$\vec{j}_M = gn_M\vec{v}. \tag{8.44}$$

Die Arbeit, die das Feld an den Monopolen verrichtet, führt zu einer Abnahme der Energiedichte $\omega = B^2/8\pi$ des Feldes. Diese Abnahme pro Zeiteinheit beträgt

$$P_- = \vec{B}\cdot\vec{j}_M = Bn_Mgv = BgF_M. \tag{8.45}$$

Durch die Bewegung des interstellaren Gases kann das galaktische Magnetfeld aufgrund eines dem Dynamoprinzip ähnlichen Effekts auf einer Zeitskala von $\tau_R = 10^8$ Jahren erneuert werden. Die dem Feld dadurch pro Zeiteinheit zugeführte Energiedichte lautet

$$P_+ = \frac{B^2}{8\pi\tau_R}. \tag{8.46}$$

Die Existenz des galaktischen Feldes bedeutet nun, daß die Energieabgabe nicht größer sein darf als die Energiezufuhr. Der Fluß F_M der magnetischen Monopole wird also beschränkt durch die Bedingung

$$F_MgB \leq \frac{B^2}{8\pi\tau_R}. \tag{8.47}$$

Daraus folgt die Parker-Grenze[2)]

$$F_M \leq \frac{B}{8\pi g\tau_R} \simeq 1.3\cdot 10^{-15}\ \text{cm}^{-2}\text{s}^{-1} \quad \text{„Parker-Grenze"}. \tag{8.48}$$

Dieser Grenzwert entspricht einem sehr geringen Fluß von etwa einem Monopol pro Jahr und einer Fläche von 2500 m^2.

Die angegebene Grenze gilt für Monopole mit einer Masse von 10^{16} GeV/c^2, die in dem galaktischen Feld relativ stark beschleunigt werden. Bei größeren Massen im Bereich von 10^{19} - 10^{20} GeV/c^2 folgt eine um einen Faktor 100 größere Grenze. Wenn kein Regenerationsmechanismus für das galaktische

---

[2)] Eine strengere Grenze von $F_M \leq 10^{-16}(m/10^{17}\text{GeV}c^{-2})$ cm^{-2}s^{-1}sr^{-1} wird von [Ada93] angegeben („erweiterte Parker-Grenze").

Magnetfeld vorhanden ist, dann beträgt der Zeitfaktor in Gleichung (8.46) 10^{10} Jahre, woraus sich eine Grenze von

$$F_M \leq 10^{-17} \text{ cm}^{-2}\text{s}^{-1} \tag{8.49}$$

ableiten läßt.

8.3 Prinzipien zum Nachweis magnetischer Monopole

Besonderes Augenmerk gilt dem direkten Nachweis dieser exotischen Teilchen. Die experimentelle Suche nach schweren Monopolen in der kosmischen Strahlung erfolgt mit einer Reihe von verschiedenen Techniken: normal- und supraleitende Spulen, Szintillationszähler, Zählrohre und Spuren-("track-etch")-Verfahren. Alle diese Detektoren können in zwei Klassen unterteilt werden:

- Induktionsdetektoren, die auf der elektromagnetischen Induktion eines durch eine Leiterschleife hindurchfliegenden Monopols beruhen und
- Detektoren, die auf der Wechselwirkung eines Monopols mit der Materie beim Durchgang durch den Detektor basieren.

Wir wollen im folgenden die einzelnen Techniken kurz erläutern, bevor wir auf die experimentellen Ergebnisse zu sprechen kommen.

8.3.1 Induktionstechniken

Diese Methode basiert einzig und allein auf dem Faradayschen Induktionsgesetz und mißt direkt die magnetische Ladung. Einen sehr schönen Überblick findet man z.B. in [Fri84]. Der Vorschlag, die magnetische Induktion in einem supraleitenden Ring zum Nachweis magnetischer Monopole zu verwenden, geht auf L.W. Alvarez [Alv63] und L.J. Tassie [Tas65] zurück. Abb. 8.5 zeigt den schematischen Aufbau eines solchen Monopoldetektors. Die Idee war, verschiedene Materialien mehrmals durch den Ring hindurchzuführen und den induzierten Strom zu messen. Bald darauf wurden mehrere Experimente dieser Art durchgeführt [Van68, Alv71, Kol71]. Man fand jedoch keinen Hinweis auf Monopole.

Der Durchgang eines magnetischen Monopols durch einen supraleitenden Ring ändert den magnetischen Fluß um

$$\Delta \Phi = 4\pi q_m . \tag{8.50}$$

Im Falle einer einfachen magnetischen Ladung ($q_m = g$) folgt $\Delta \Phi = 4.14 \cdot 10^{-7}$ Gcm^2. Andererseits ist bekannt, daß der Fluß durch einen solchen supraleitenden Ring quantisiert ist, das Flußquant lautet (die Ladung $2e$ im

8 Magnetische Monopole

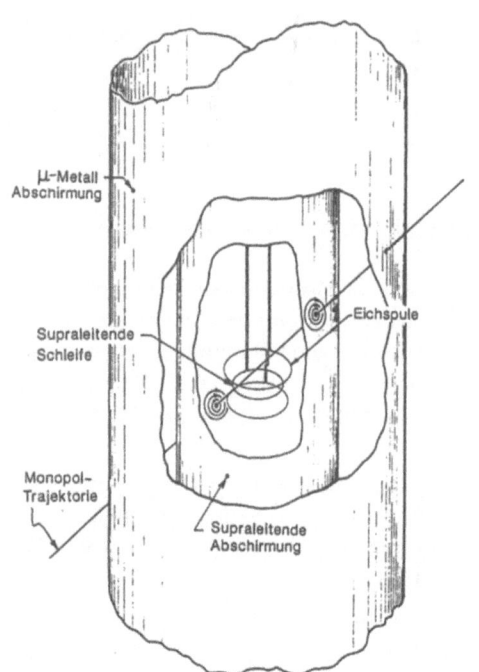

Abb. 8.5
Der supraleitende Induktionsdetektor von Cabrera zum Nachweis magnetischer Monopole (aus [Gro86b]).

Nenner rührt daher, daß im Supraleiter sogenannte Cooper-Paare für den Ladungstransport verantwortlich sind)

$$\Phi_0 = \frac{h}{2e} = 2.07 \cdot 10^{-15} \text{ Tm}^2 = 2.07 \cdot 10^{-7} \text{ Gcm}^2. \tag{8.51}$$

Die durch einen einfach geladenen Monopol hervorgerufene Flußänderung

$$\Delta\Phi = 4\pi g = 4\pi \frac{1}{2\alpha} e = \frac{hc}{e} = 2\Phi_0 \tag{8.52}$$

beträgt gerade das Doppelte des elementaren Flußquantums.

Die Änderung des Flusses wird über den induzierten Strom I

$$I = \frac{\Delta\Phi}{L} = \frac{4\pi q_m}{L} \tag{8.53}$$

gemessen, wobei L die Induktivität bezeichnet. Abb. 8.6 zeigt den typischen Verlauf eines solchen Induktionssignals für a) eine supraleitende Spule und b) eine normalleitende Spule. Der große Vorteil dieser Methode ist, daß das Signal unabhängig von der Masse m_M, der Geschwindigkeit β und einer möglichen zusätzlichen elektrischen Ladung des magnetischen Monopols ist.

8.3 Prinzipien zum Nachweis magnetischer Monopole

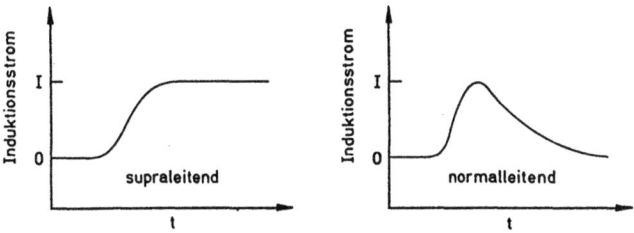

Abb. 8.6 Verlauf des durch den Durchgang eines magnetischen Monopols durch einen Ring hervorgerufenen Induktionsstroms für eine supraleitende und eine normalleitende Spule (siehe Text).

Für einen Kreisring mit Durchmesser D und einer Drahtdicke d berechnet sich die Induktivität zu [Gro46]

$$L = 0.4\pi \frac{D}{1\mathrm{m}} \left[\ln \frac{8D}{d} - 1.75 \right] \mu\mathrm{H}. \tag{8.54}$$

Typische Werte für solche Experimente sind $D = 1$ m und $d = 250$ μm. Dies ergibt eine Induktivität von $L = 10$ μH. Der Monopoldurchgang induziert also einen Strom von 0.4 nA.

Signale dieser Größenordnung können mit einem sogenannten SQUID (Superconducting Quantum Interference Device) problemlos gemessen werden. Es erscheint also prinzipiell möglich, einzelne Monopole nachzuweisen. Man muß jedoch für eine sehr gute Abschirmung oder Stabilisierung der äußeren Magnetfelder sorgen, da das Signal sehr viel kleiner ist, als das Rauschen durch übliche Schwankungen des Erdmagnetfeldes. Bei den oben genannten Dimensionen würde bereits eine Änderung des Feldes von nur 10^{-11} G ein vergleichbares Signal induzieren. Die durch den Monopol verursachte Flußänderung entspricht also extrem kleinen Feldänderungen (vgl. [Fri84]). Darüber hinaus können Ströme, die durch den Durchgang eines Monopols in der magnetischen Abschirmung induziert werden, eine Verminderung des Stromsignals hervorrufen.

Die Nachteile dieser Methode sind die extreme Empfindlichkeit auf thermische und mechanische Störeffekte und die aufgrund der umfangreichen Kryosysteme notwendige Beschränkung auf relativ kleine Dimensionen von ≤ 1 m^2.

8.3.2 Wechselwirkung von Monopolen mit Materie

Die auf der Wechselwirkung der Monopole in Materie beruhenden Detektoren lassen sich in zwei Untergruppen aufteilen. Man unterscheidet Detektoren, die direkt die Ionisation oder die Anregung der Materie ausnutzen und sogenannte „track-etch"-Detektoren, die darauf beruhen, daß der

Durchgang eines geladenen Teilchens die Kristallstruktur entlang der Bahn zerstört. Diese Spur kann später mit Hilfe von chemischen Methoden sichtbar gemacht werden.

Eine weitere Methode, die Suche nach dem durch Monopole katalysierten Protonzerfall, wurde bereits diskutiert.

8.3.2.1 Ionisationsdetektoren

Bei dieser Nachweistechnik greift man auf herkömmliche Teilchendetektoren wie Proportionalzählrohre oder Szintillationszähler zurück, um die durchgehenden Teilchen anhand des Energieverlustes durch Ionisation oder Anregung zu identifizieren. Diese Detektoren können sehr viel größer gebaut werden als Induktionsdetektoren, allerdings hängt die Interpretation der Meßergebnisse von Berechnungen der Detektorantwort auf einen Monopoldurchgang ab.

Wir müssen uns an dieser Stelle kurz mit dem Energieverlust $(dE/dx)_m$ eines Monopols in Materie befassen. Diese Größe ist für relativistische Teilchen gut bekannt, während die Energieverlustmechanismen und Detektorsignale bei kleinen Projektilgeschwindigkeiten noch nicht vollständig verstanden sind (vgl. [Gro86b, Ric87]). Dazu werden detaillierte Berechnungen von atomaren Stößen und Anregungen benötigt.

Ein sich mit der Geschwindigkeit β bewegender magnetischer Monopol produziert ein elektrisches Feld, dessen Feldlinien senkrecht zu der Teilchenbahn verlaufen. Dieses Feld bewirkt eine Anregung oder Ionisation der benachbarten Atome oder Moleküle. Der Energieverlust durch Ionisation durch eine bewegte magnetische Ladung $q_m = ng$ beträgt [Gia83]

$$\left(\frac{dE}{dx}\right)_m = \left(\frac{dE}{dx}\right)_e \left(\frac{g}{e}\right)^2 (n\beta)^2, \tag{8.55}$$

wobei $(g/e)^2 = 4700$. $(dE/dx)_e$ ist für nicht zu kleine Geschwindigkeiten durch die Bethe-Bloch-Formel gegeben [Per82]. Man erkennt sofort, daß die hochrelativistischen Dirac-Monopole im Vergleich zu elektrisch geladenen Teilchen ein enormes Ionisationsvermögen aufweisen. GUT-Monopole besitzen dagegen wegen ihrer großen Masse sehr viel kleinere Geschwindigkeiten ($\beta \sim 10^{-3}$). Abb. 8.7 zeigt die typischen Energieverlustkurven für elektrisch und magnetisch geladene Teilchen. Das Verhalten im Bereich der kleinen Geschwindigkeiten muß als ziemlich unsicher betrachtet werden (siehe auch [Gia83]). Dort muß eine Reihe von weiteren Effekten berücksichtigt werden, für deren Diskussion wir z.B. auf [Gro86b] verweisen.

8.3 Prinzipien zum Nachweis magnetischer Monopole

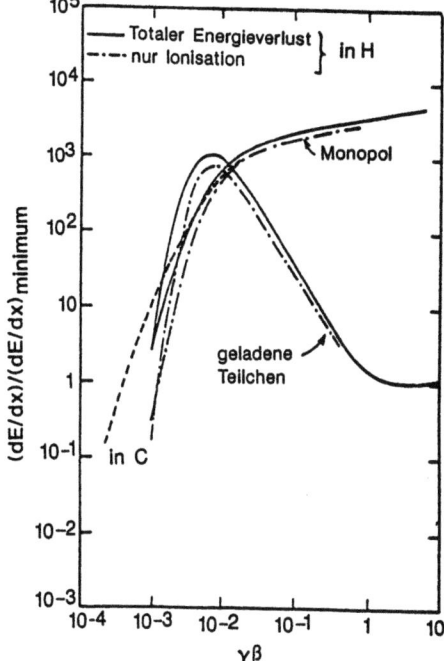

Abb. 8.7
Totaler Energieverlust (durchgezogene Kurven) und Energieverlust durch Ionisation (strichpunktierte Kurven) für magnetische und elektrische Elementarladung in atomarem Wasserstoff als Funktion von $\beta \cdot \gamma$. Für $\beta \cdot \gamma < 10^{-2}$ ist der Energieverlust durch Ionisation in Kohlenstoff ebenfalls eingezeichnet (aus [Gia83], siehe auch [Ahl83]).

In Gaszählern spielen insbesondere zwei Effekte eine wichtige Rolle, der Drell- und der Penning-Effekt [Dre83, Kaj84, Gro86b]. Der Vorbeiflug eines Monopols in der Nähe eines Atoms erzeugt über den Zeeman-Effekt Niveaukreuzungen und Übergänge in der Atomhülle, so daß das Atom in einem angeregten Zustand zurückbleiben kann. In Helium resultiert z.B. ein angeregter, metastabiler Zustand mit einer Anregungsenergie von etwa 20 eV. Der entsprechende Energieverlust des Monopols ist rund 10 mal größer als bei normaler Ionisation (Drell-Effekt).

Wenn dem Helium noch ein zweites Gas mit einem niedrigen Ionisationspotential beigemischt wird (z.B. n-Pentan mit einer Ionisationsenergie von 10 eV), so kann die Anregungsenergie des Heliums durch einen Stoß auf ein Pentan-Molekül übertragen werden, welches dadurch ionisiert wird. Dieser Penning-Effekt bildet die Grundlage für alle neueren Ionisationszähler zum Nachweis langsamer Monopole [Kaj85].

8.3.2.2 Spuren-(Track-etch-)Detektoren

Teilchen, die elektrische oder magnetische Ladungen tragen, hinterlassen beim Durchqueren von Materie aufgrund der lokalen Zerstörung der Struktur des Materials eine Spur. In vielen Dielektrika sind die beschädigten Regionen chemisch sehr viel reaktiver als das umliegende Materiel. Durch Behandeln (Ätzen) mit geeigneten Chemikalien können diese Spuren sichtbar gemacht werden [You58, Fle75, Car78, Pri83, Ahl84]. Der Vorteil dieser Methode besteht in der Möglichkeit, große Detektoren herzustellen und über lange Zeiträume hinweg zu beobachten.

8.4 Experimentelle Ergebnisse

8.4.1 Die Suche nach Dirac-Monopolen

Seit der Diracschen Hypothese aus dem Jahre 1931 ist man auf der „Jagd" nach magnetischen Monopolen, zunächst natürlich nach den klassischen, leichten Monopolen. So suchte man an den verschiedenen Beschleunigeranlagen routinemäßig nach magnetischen Monopolen - insbesondere dann, wenn neue Energiebereiche zugänglich wurden. Man kann sich vorstellen, daß Monopole (M) in hochenergetischen Reaktionen der Art

$$e^+ + e^- \rightarrow M + \bar{M}, \tag{8.56a}$$

$$p + p \rightarrow p + p + M + \bar{M}, \tag{8.56b}$$

$$p + \bar{p} \rightarrow M + \bar{M} \tag{8.56c}$$

erzeugt werden. Sie müssen in Paaren $M, \bar{M}$ erzeugt werden, auch wegen der angenommenen Erhaltung der magnetischen Ladung. Da die Diracschen Monopole hochrelativistisch wären, könnten sie durch ihr enormes Ionisationsvermögen leicht nachgewiesen werden. Entsprechende Experimente wurden sowohl an Elektronen- als auch an Protonenbeschleunigern durchgeführt. Alle Messungen zum Nachweis eines Monopols blieben letztlich ohne Erfolg.

Man versuchte, Monopole entweder unmittelbar nach ihrer Erzeugung in hochenergetischen Kollisionen oder durch indirekte Methoden lange nach ihrer Produktion nachzuweisen. In indirekten Messungen werden typischerweise ferromagnetische Materialien wie Eisen oder Mangan mit hochenergetischen Teilchen (z.B. Protonen aus dem CERN-SPS) beschossen. Die in Proton-Proton- oder Proton-Neutron-Stößen erzeugten Monopole verlieren in dem Festkörper schnell ihre Energie und bleiben dort gebunden, da sie entgegengesetzte Ladungen induzieren. Mit einem starken Elektromagneten müßte man sie schließlich aus dem Eisen wieder extrahieren und anschließend beschleunigen können. Diese beschleunigten Monopole sollten in Ionisationszählern nachweisbar sein. Möglicherweise enthalten auch alte Eisenerze magnetische Monopole, die man mit derselben Methode nachweisen könnte. Bislang blieben jedoch alle Experimente zur Suche nach klassischen

Dirac-Monopolen erfolglos. Tab. 8.1 faßt die Ergebnisse einiger Messungen zusammen (siehe auch [Gia88]). Eine vollständige Übersicht findet man in [PDG90].

Tab. 8.1 Monopolsuche an Beschleunigern. Angegeben sind die Grenzen für den Monopol-Produktionsquerschnitt und die Monopol-Masse für verschiedene Energiebereiche.

σ_M [cm^2]	m_M [GeV/c^2]	Strahl	$\sqrt{s}$ [GeV]	Ereignisse	Ref.
$< 2 \cdot 10^{-35}$	< 1	p	6	0	[Bra59]
$< 1 \cdot 10^{-35}$	< 3	p	28	0	[Fid61]
$< 2 \cdot 10^{-40}$	< 3	p	30	0	[Pur63]
$< 5 \cdot 10^{-42}$	< 13	p	400	0	[Car74]
$< 5 \cdot 10^{-43}$	< 12	p	400	0	[Ebe75]
$< 4 \cdot 10^{-38}$	< 10	e^+e^-	34	0	[Mus83]
$< 3 \cdot 10^{-32}$	< 800	p$\bar{\text{p}}$	1800	0	[Pri87b]
$< 1 \cdot 10^{-38}$	< 17	e^+e^-	35	0	[Bra88]
$< 1 \cdot 10^{-37}$	< 29	e^+e^-	50 bis 61	0	[Kin89]
$< 2 \cdot 10^{-34}$	< 850	p$\bar{\text{p}}$	1800	0	[Ber90d]

8.4.2 Die Suche nach GUT-Monopolen

Die in Abschnitt 8.4.1 erwähnten Experimente waren allesamt unempfindlich auf GUT-Monopole, da die zur Verfügung stehenden Energien nicht zur Produktion so schwerer Teilchen ausreichten oder die verwendeten Magnetfelder nur leichte Dirac-Monopole auf Geschwindigkeiten beschleunigen konnten, die zu einer meßbaren Ionisation geführt hätten. Wir wollen im folgenden einen kurzen Überblick über Versuche geben, auch schwere GUT-Monopole nachzuweisen. Auch an diesen Beispielen werden wir sehen, daß es möglich ist, in Energiebereiche vorzustoßen, die mit heutigen Beschleunigertechnologien nicht erreichbar sind

Mehrere Experimente nutzten die Induktion in supraleitenden Spulen beim Durchgang einer magnetischen Ladung. Die Verwendung von mehreren Schleifen erlaubt dabei Koinzidenzmessungen, die eine Reduktion des Untergrundes erlauben. Abb. 8.5 zeigt den ersten dieser Induktionsdetektoren von Blas Cabrera aus Stanford [Cab82]. Die Spule umfaßte vier Schleifen, der Durchmesser betrug nur 5 cm. Mit diesem Detektor wurde ein möglicher Kandidat für einen magnetischen Monopol beobachtet (vgl. Abb. 8.8). Eine endgültige Erklärung für dieses Ereignis konnte jedoch nicht gegeben

408 8 Magnetische Monopole

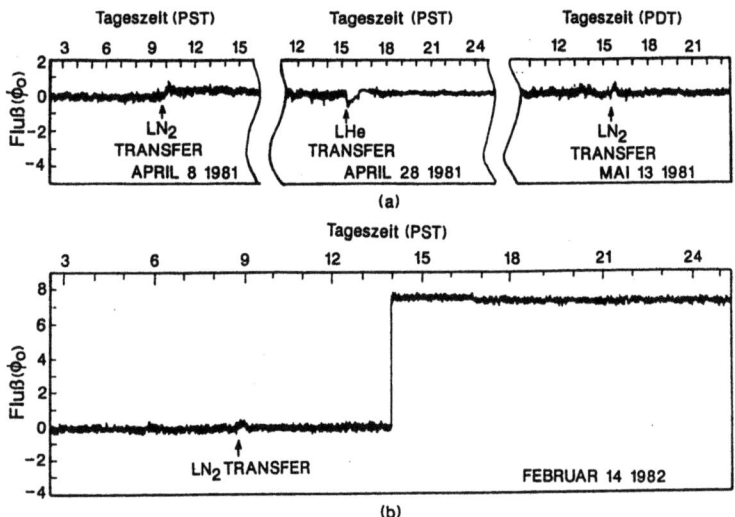

Abb. 8.8 Meßdaten aus Cabrera's Originalapparatur vom 14. Februar 1982. Im unteren Bild ist der Sprung im Fluß um 8 Einheiten zu erkennen, wie er für Dirac-Monopole erwartet wird. Der obere Teil der Abbildung zeigt den Einfluß typischer Störeffekte auf den gemessenen Fluß (aus [Gro86b]).

werden. Wenn es auf einen magnetischen Monopol zurückginge, so ließe sich aus der Meßzeit von 151 Tagen ein Fluß von

$$F_M \approx 6 \cdot 10^{-10} \text{ cm}^{-2}\text{sr}^{-1}\text{s}^{-1} \tag{8.57a}$$

ableiten. Die in der Folgezeit durchgeführten Experimente ergaben jedoch sehr viel schärfere Grenzen. Cabrera selbst interpretierte sein Ergebnis als eine Grenze [Cab82]

$$F_M < 1.4 \cdot 10^{-9} \text{ cm}^{-2}\text{sr}^{-1}\text{s}^{-1} \quad (90\%) \, . \tag{8.57b}$$

Im Anschluß an diese Messung wurden mehrere neue Experimente mit immer größeren Detektoren durchgeführt. Die daraus abgeleiteten Flußgrenzen sind in Tab. 8.2 zusammengefaßt. Ein weiteres Experiment [Cap85] beobachtete einen nicht erklärbaren Induktionsstrom, der auf den Durchgang einer magnetischen Ladung hindeuten könnte. Doch auch dieser Kandidat kann nicht eindeutig als Monopol interpretiert werden.

Die schärfsten Grenzen stammen von drei neueren großen Detektoren. Der IMB-Detektor besteht aus sechs voneinander unabhängigen, planaren Detektorspulen, die auf der Oberfläche eines Quaders angeordnet sind. Ein durchgehender Monopol wird daher in genau zwei dieser Spulen ein Signal induzieren. Die über den gesamten Raumwinkel von 4π gemittelte, effektive Fläche des Detektors beträgt für einen isotropen Fluß ca. 1 m². Nach einer

8.4 Experimentelle Ergebnisse

Tab. 8.2 Flußgrenzen für magnetische Monopole aus Induktionsdetektoren.

F_M [cm^{-2}sr^{-1}s^{-1}]	Ref.
$< 1.4 \cdot 10^{-9}$	[Cab82]
$< 3.7 \cdot 10^{-11}$	[Cab83]
$< 5.9 \cdot 10^{-10}$	[Ebi84]
$< 6.7 \cdot 10^{-12}$	[Inc84]
$< 5.5 \cdot 10^{-12}$	[Ber85b]
$< 6.0 \cdot 10^{-12}$	[Cap85,86]
$< 5.0 \cdot 10^{-12}$	[Cro86]
$< 3.8 \cdot 10^{-13}$	[Ber90c]
$< 7.2 \cdot 10^{-13}$	[Hub90]
$< 4.4 \cdot 10^{-12}$	[Gar91]

Meßzeit von 13410 Stunden wurde kein Ereignis gefunden, was eine Grenze für den Monopolfluß von [Ber90c]

$$F_M < 3.8 \cdot 10^{-13} \text{ cm}^{-2}\text{sr}^{-1}\text{s}^{-1} \tag{8.58}$$

ergibt.

Das zweite, in Stanford durchgeführte Experiment verwendete einen Detektor aus acht unabhängigen Spulen mit einer effektiven Fläche von 1.1 m^2 [Hub90,91] (Abb. 8.9). Nach einer Meßzeit von 6482 Stunden konnte eben-

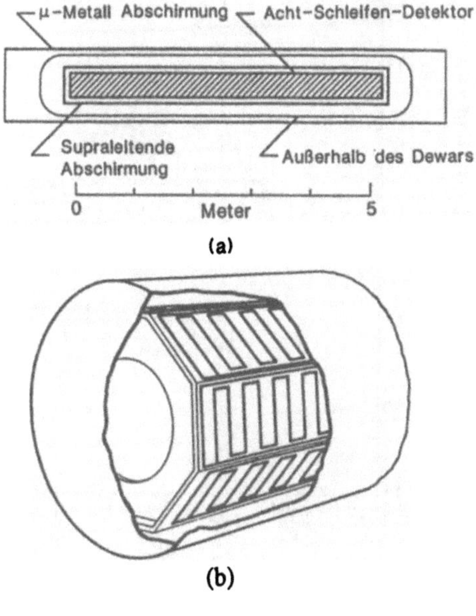

Abb. 8.9
(a) Schematischer Aufbau des Stanford-Monopol-Detektors aus acht unabhängigen Spulen mit der supraleitenden Abschirmung, dem Dewar und der μ-Metall-Abschirmung; (b) Anordnung der Spulen in der supraleitenden Abschirmung (aus [Hub90]).

8 Magnetische Monopole

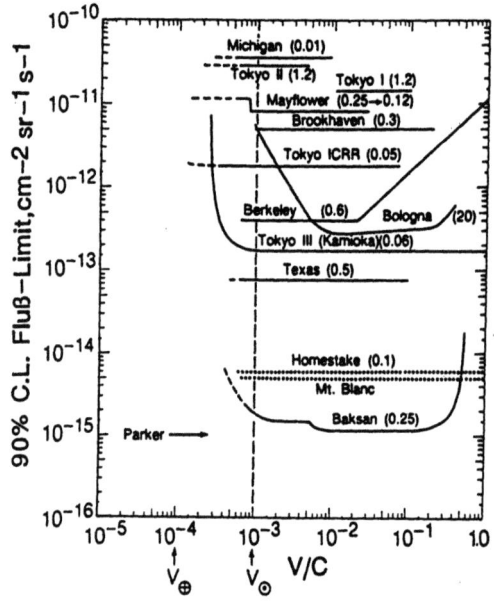

Abb. 8.10
Grenzen für den Fluß magnetischer Monopole aus Ionisationsexperimenten mit Szintillationszählern (aus [Gro86b]).

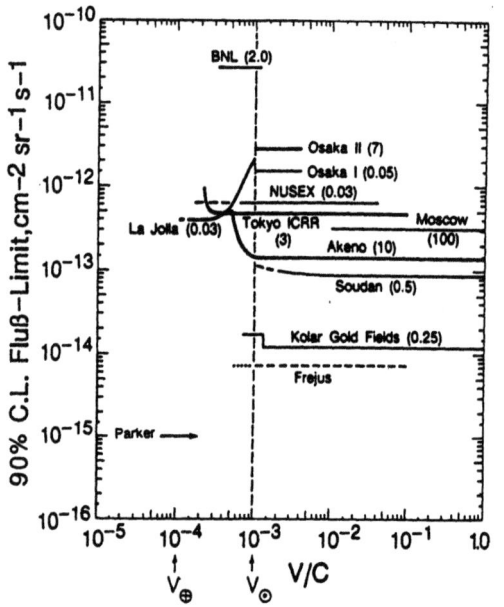

Abb. 8.11
Grenzen für den Fluß magnetischer Monopole aus Drahtkammerexperimenten (aus [Gro86b]).

falls kein Monopol registriert werden, die Grenze für den Fluß beläuft sich auf

$$F_M < 7.2 \cdot 10^{-13} \text{ cm}^{-2}\text{sr}^{-1}\text{s}^{-1}.\tag{8.59}$$

Eine weitere Messung an der Universität von Stanford mit einem Aufbau aus drei supraleitenden Detektorspulen mit einer empfindlichen Gesamtfläche von 476 cm^2 ergab nach einer Meßzeit von 24190 Stunden eine Obergrenze von [Gar91]

$$F_M < 4.4 \cdot 10^{-12} \text{ cm}^{-2}\text{sr}^{-1}\text{s}^{-1}.\tag{8.60}$$

An dieser Stelle sei noch einmal darauf hingewiesen, daß die durch die Induktionsmethode gewonnenen Werte unabhängig von der Masse und der Geschwindigkeit des Monopols sind. Allerdings liegen die Grenzen noch rund drei Größenordnungen über dem von Parker abgeleiteten Wert von $F_M < 1 \cdot 10^{-16}$ cm^{-2}sr^{-1}s^{-1} [Par70].

Experimente mit organischen Szintillatoren und gasgefüllten Drahtkammern besitzen den Vorteil, daß sie im Gegensatz zu supraleitenden Spulen großflächig gebaut werden können. Die Meßergebnisse hängen jedoch von der Geschwindigkeit der Monopole ab. Die untere Grenze der Empfindlichkeit von Szintillationszählern liegt bei etwa $\beta \sim 10^{-4}$. Die Flußgrenzen aus Ionisationsexperimenten sind in Abb. 8.10 für Szintillationszähler und in Abb. 8.11 für Drahtkammern zusammengefaßt. Eine Übersicht findet man in [Gro86b]. Das bislang empfindlichste Experiment dieser Art wurde im Baksan-Untergrundlaborator durchgeführt [Ale82, Ale85]. Die Grenze für den Monopolfluß liegt bereits recht nahe an der Parker-Grenze.

Im Gran-Sasso-Untergrundlabor (siehe Kap. 4, 6, 7) ist derzeit der größte Detektor zur Suche nach magnetischen Monopolen, der sogenannte MACRO-Detektor (Monopole And Cosmic Ray Observatory), in einer Tiefe von 3600 m Wasseräquivalent nahezu vollendet [Bat88, Cal88b, Bel90, Bar92, Ahl93, Hon94] (Abb. 8.12). In seiner vollen Ausbaustufe wird der MACRO-Detektor mit den Abmessungen 72 m×72 m×10 m eine Akzeptanz von $S\Omega \sim 10000\,\text{m}^2\text{sr}$ für einen isotropen Teilchenfluß aufweisen. Es sollen Teilchenspuren, Geschwindigkeiten und das Ionisationsvermögen gemessen werden. Der Detektor setzt sich aus zwölf unabhängigen Modulen (12 m×12 m×4.8 m) zusammen. Abb. 8.13a zeigt eines dieser zwölf Bauelemente. Jedes Modul besteht aus zwei Flüssigszintillatoren und zehn Streamerkammern (siehe den Querschnitt in Abb. 8.13b). Der Abstand zwischen den Streamerkammern beträgt 32 cm. Dieser Raum wird durch Absorbermaterial (Gestein) ausgefüllt. In der Mittelebene des Moduls verläuft zusätzlich ein sogenannter „track-etch"-Detektor. Die vier vertikalen Seiten werden von

Abb. 8.12 Der MACRO-Detektor in Halle B des Gran-Sasso-Untergrundlabors bei Rom (Stand Anfang 1993. Foto: Gran-Sasso-Laboratorium).

jeweils einem Szintillationsdetektor und sechs Lagen aus Streamerkammern abgeschlossen.

Dieser riesige Detektor wird die Suche nach Monopolen im Massenbereich von 10^{16} GeV/c^2 unterhalb der von Parker definierten Flußgrenze ermöglichen (siehe Abb. 8.15). Die ersten Ergebnisse mit einem Modul lieferten bereits eine Grenze für den Fluß einfach geladener GUT-Monopole von [Bel90, Hon94, Ahl94]

$$F_M < 5,6 \cdot 10^{-15} \text{ cm}^{-2}\text{sr}^{-1}\text{s}^{-1} \quad (10^{-4} \lesssim \beta < 4 \cdot 10^{-3}). \quad (8.61)$$

Die Messungen beschränken sich aber nicht auf magnetische Monopole. Der MACRO-Detektor eignet sich auch zum Nachweis der kosmischen Strahlung und zum Nachweis von anderen geladenen superschweren Teilchen oder Supernova-Neutrinos [Cal88b, Bar92].

Auch mit „track-etch"-Detektoren war es möglich, Grenzen für den Fluß F_M zu ermitteln

$$F_M < 1,6 \cdot 10^{-13} \text{ cm}^{-2}\text{sr}^{-1}\text{s}^{-1} \quad \text{für } \beta > 0.02 \quad [\text{Kin81}], \quad (8.62a)$$
$$F_M < 10^{-12} \text{ cm}^{-2}\text{sr}^{-1}\text{s}^{-1} \quad \text{für } \beta > 0.007 \quad [\text{Bar83}], \quad (8.62b)$$

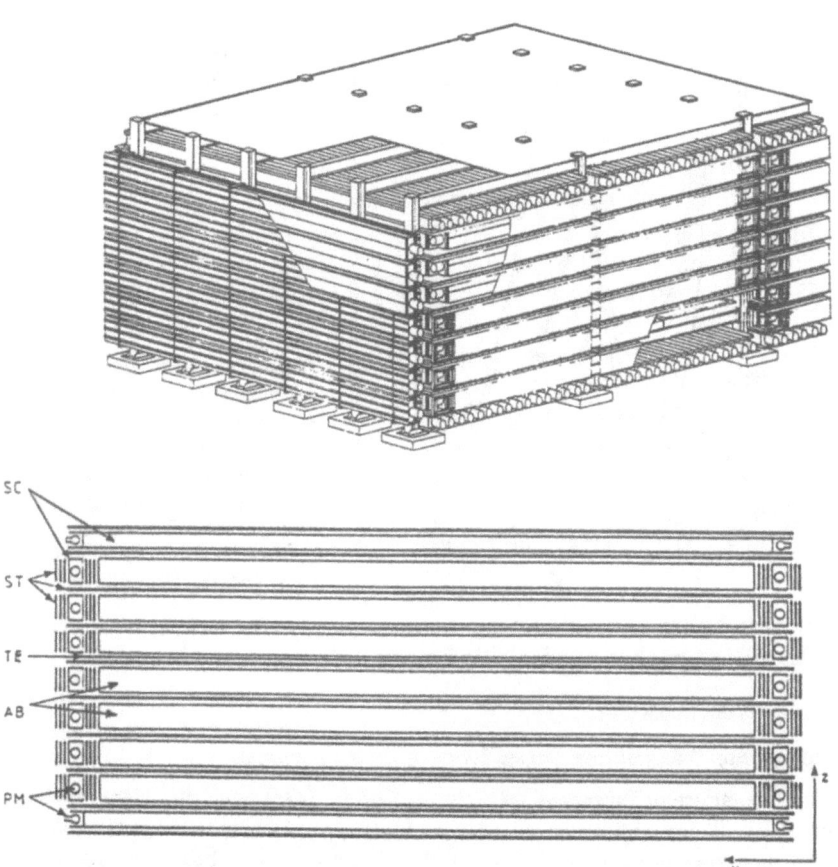

Abb. 8.13 Der MACRO-Detektor im Gran-Sasso-Untergrundlabor: (a) Aufbau eines der zwölf Module (12 m×12 m×5 m) des MACRO-Detektors (aus [Cal88b]); (b) Querschnitt durch ein Detektormodul: SC = Szintillator, ST = Streamerkammer, TE = „Track-etch"-Detektor, AB = Absorber, PM = Photomultiplier (aus [Ahl90]).

$$F_M < 5 \cdot 10^{-15} \text{ cm}^{-2}\text{sr}^{-1}\text{s}^{-1} \quad \text{für } \beta > 0.04 \quad [\text{Dok83}]. \quad (8.62c)$$

[Pri84] wies darauf hin, daß diese Methode bis hinab zu Geschwindigkeiten von $\beta \sim 10^{-4}$ verwendet werden kann. Kürzlich wurde ein neues „track-etch"-Experiment mit einer Detektorfläche von 2000 m² durchgeführt. Das Material (Plastikplatten) wurde über einen Zeitraum von 2,1 Jahren einem möglichen Monopolfluß ausgesetzt [Ori91]. In Abhängigkeit von der

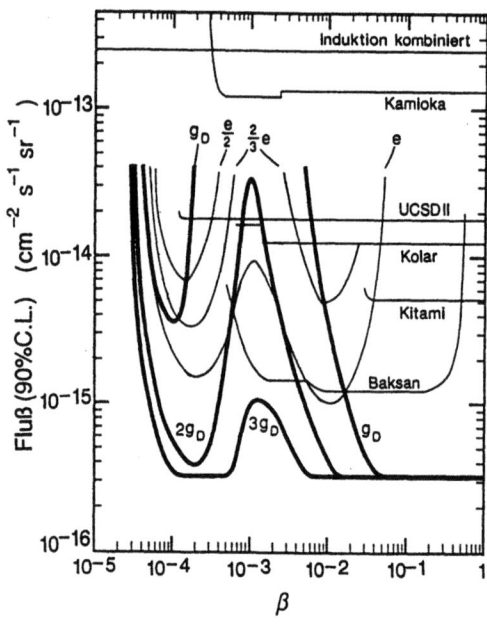

Abb. 8.14
Flußgrenzen (90% Konfidenzlevel) für magnetische Monopole (fette Kurven) (und fraktionell elektrisch geladene Teilchen) als Funktion von β aus dem „track-etch"-Experiment von Orito et al. (aus [Ori91]). Ebenfalls gezeigt sind Grenzen für magnetische Monopole aus anderen Experimenten.

Geschwindigkeit und der Ladung des Monopols konnte eine neue Obergrenze für F_M angegeben werden. Die Empfindlichkeit reicht bis in den Bereich

$$F_M < 3.2 \cdot 10^{-16} \text{ cm}^{-2}\text{sr}^{-1}\text{s}^{-1}. \tag{8.63}$$

Die genaue Analyse der Daten ist in Abb. 8.14 gezeigt.

Von besonderem Interesse ist eine indirekte Methode, die alten Muskovit (Kali-Tonerdeglimmer ($K_2Al_4[Si_6Al_2O_{20}](OH,F)_4$)) als spurempfindlichen Detektor verwendet. Man nutzt dabei die langen Exponierungszeiten der Glimmerproben. Bereits im Jahre 1969 ergaben Untersuchungen von $2 \cdot 10^8$ Jahre alten Glimmerproben einen Wert von [Fle69]

$$F_M < 1 \cdot 10^{-19} \text{ cm}^{-2}\text{sr}^{-1}\text{s}^{-1}. \tag{8.64}$$

Neuere Untersuchungen an Proben mit einem Alter von $4.6 \cdot 10^8$ Jahren wurden von [Pri86] durchgeführt. Den Mechanismus der Spurentstehung stellt man sich etwa wie folgt vor. Ein Monopol, der das Gestein durchdringt, fängt einen Kern mit einem großen magnetischen Moment ein (im allgemeinen wird ein ^{27}Al-Kern angenommen). Dieses gebundene Objekt sollte sichtbare Spuren im Glimmer hinterlassen. Aus der Nichtbeobachtung solcher Spuren ergeben sich Grenzen im Bereich zwischen $5 \cdot 10^{-19}$ cm^{-2}s^{-1}sr^{-1} und $5 \cdot 10^{-17}$ cm^{-2}s^{-1}sr^{-1} (für $\beta \sim 10^{-3}$). Diese Methode birgt jedoch einige

8.4 Experimentelle Ergebnisse

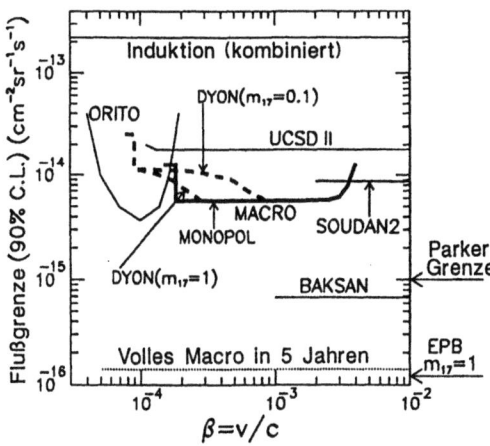

Abb. 8.15
Obere Flußgrenzen (90% Konfidenzlevel) für Monopole und Dyonen (gebundene Monopol-Proton-Zustände, siehe [Bra84]) aus verschiedenen Experimenten (UCSDII [Buc90], Orito [Ori91], SOUDAN2 [Thr92], Baksan [Ale82], MACRO [Hon94]). Ebenfalls gezeigt ist die Parker-Grenze, die erweiterte Parker-Grenze (EPB) für Monopole mit 10^{17} GeV/c^2 Masse ($m_{17} = 1$), sowie die Erwartung aus fünfjähriger Messung mit dem voll ausgebauten MACRO-Detektor (aus [Hon94]).

Schwierigkeiten, so daß die Resultate nur unter bestimmten Voraussetzungen gültig sind (vgl. dazu [Gro86b]).

Wir haben in diesem Abschnitt einen kurzen Überblick über die Suche nach magnetischen Monopolen gegeben. Abbildung 8.15 faßt noch einmal die wesentlichen Ergebnisse zusammen. Der Umfang dieses Buches läßt eine vollständige Würdigung der Ideen und Experimente nicht zu, so daß wir nur eine gewisse Auswahl erwähnen konnten. Zusammenfassend gilt, daß moderne Theorien die Existenz isolierter magnetischer Ladungen zu fordern scheinen, daß es aber bis heute noch nicht gelungen ist, diese zweifelsfrei nachzuweisen.

9 Die Suche nach dunkler Materie im Kosmos

Es gibt Hinweise darauf, daß ein Großteil der Materie im Universum nicht strahlt. Diese unsichtbare Materie kann jedoch anhand ihrer Gravitationswechselwirkung mit der leuchtenden Materie erkannt werden [Fab79, Sch89]. Untersuchungen an Galaxienhaufen und Rotationskurven von Galaxien liefern Evidenz für die Existenz dieser sogenannten dunklen Materie.
Aus der Beobachtung der Bewegung einzelner Galaxien kann die Materiedichte im Universum ρ abgeschätzt werden. Gewöhnlich wird ρ in Einheiten der sogenannten kritischen Dichte ρ_c

$$\rho_c = \frac{3H^2}{8\pi G} \tag{9.1}$$

angegeben. ρ_c bezeichnet eine Grenzdichte, so daß für $\rho > \rho_c$ das Universum geschlossen ist, d.h. die Gravitationswechselwirkung ausreicht, um die Expansion des Universums in eine Kontraktion umzukehren (siehe Kap. 3). G steht für die Gravitationskonstante, H ist die Hubble-Konstante. Letztere ist nur bis auf etwa einen Faktor zwei genau bekannt [Van82, Vau86]

$$H = 100 \cdot h \text{ km·s}^{-1} \cdot \text{Mpc}^{-1} \qquad 0.4 < h < 1. \tag{9.2}$$

Für die kritische Dichte folgt daher

$$\rho_c = 2 \cdot 10^{-29} h^2 \text{ gcm}^{-3}. \tag{9.3}$$

Aus der Dynamik von Clustern und Superclustern bestimmt sich die kosmologische Dichte $\Omega \equiv \rho/\rho_c$ zu (s.u.) [Blo84, Sch86b, Ton93]

$$0.1 \lesssim \Omega \lesssim 0.3. \tag{9.4a}$$

Aus der Beobachtung von Fluchtgeschwindigkeitsfeldern großräumiger Bereiche mittels des Infrarot-Astronomie-Satelliten (IRAS) erhält man [Dek93a,b, Ton93]

$$0.25 < \Omega < 2. \tag{9.4b}$$

Eine Abschätzung der baryonischen Dichte Ω_b über die Luminosität von Galaxien ergibt dagegen eine erheblich kleinere Massendichte von [Wal91]

$$\Omega_b \leq 0.02. \tag{9.5}$$

9 Die Suche nach dunkler Materie im Kosmos

Diese Diskrepanzen werden im allgemeinen als Hinweis auf die Existenz von unsichtbarer Materie gewertet (siehe z.b. [San83, Ton93]).

Die Suche nach dunkler Materie stellt in jüngster Zeit ein sehr aktives Forschungsgebiet dar. Die Notwendigkeit der Existenz von dunkler Materie, die sich zwar über ihre Gravitationswirkung bemerkbar macht, auf der anderen Seite jedoch keine elektromagnetische Strahlung aussendet, ist wohl unumstritten. Trotz Berücksichtigung aller möglichen baryonischen Formen wie etwa Staub, Brauner oder Weißer Zwerge, Neutronensterne, Schwarzer Löcher, scheint jedoch, ungeachtet kürzlicher Hinweise (siehe [Sad94]) aus Gravitationslinsen-Effekten (siehe [Pac86]) auf die Existenz sog. MACHOs (Massive Compact Halo Objects), ein erheblicher Anteil *nicht-baryonischer* Materie nötig zu sein, um alle Beobachtungen zu erklären (Abb. 9.1). Wir wollen im folgenden zunächst einige der Beobachtungsergebnisse besprechen, welche dunkle Materie erfordern.[1] Danach wollen wir uns ansehen, woraus diese Materie bestehen könnte. Den Abschluß bildet ein Kapitel über den Nachweis möglicher Kandidaten.

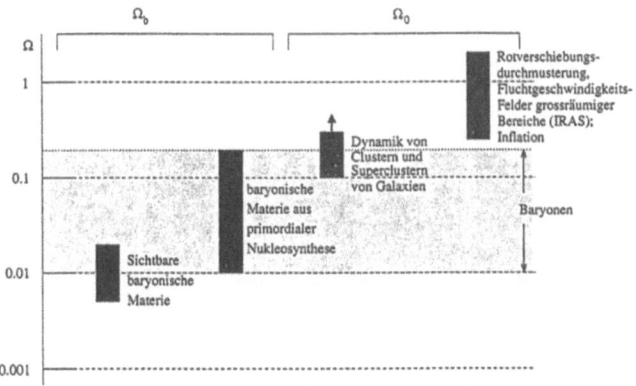

Abb. 9.1 Abschätzungen des totalen Dichteparameters Ω_0 und der baryonischen Komponente Ω_b (siehe die folgenden Kapitel sowie Kap. 3.3 und insbesondere [Ton93, Dek93,93a]).

An dieser Stelle sei eine kurze historische Bemerkung erlaubt. Der Nachweis „dunkler Materie" kann bis in das letzte Jahrhundert zurückverfolgt werden [Sch89]. Der Physiker Friedrich Bessel machte in einem Brief von 1844 an den Mathematiker Carl Friedrich Gauß für das bis dahin ungeklärte Wackeln des Sirius die Gravitationswechselwirkung mit einem benachbarten Körper

---

[1] Für eine detailliertere Darstellung siehe [Kla95].

verantwortlich, der aufgrund des deutlichen Effekts eine große Masse besitzen mußte. Allerdings war dieser Körper zu Bessels Zeit unsichtbar. Dieser „dunkle" Begleiter des Sirius konnte später, im Jahre 1862, zum ersten Mal optisch nachgewiesen werden. In diesem Beispiel wurde „unsichtbare" Materie also über ihre Gravitationswirkung nachgewiesen.

9.1 Hinweise auf die Existenz dunkler Materie

9.1.1 Rotationskurven von Galaxien

Wir betrachten zunächst sogenannte Spiralgalaxien, d.h. Ansammlungen sehr vieler Sterne in Form einer abgeplatteten, rotierenden Scheibe (Abb. 9.2).

Die Rotationsgeschwindigkeiten der einzelnen Sterne um das galaktische Zentrum gewinnt man aus der Bedingung für eine stabile Kreisbahn. Aus der Gleichheit von Zentrifugal- und Gravitationskraft

$$\frac{GmM_r}{r^2} = \frac{mv^2}{r} \tag{9.6}$$

folgt für die Rotationsgeschwindigkeit

$$v(r) = \sqrt{\frac{GM_r}{r}}. \tag{9.7}$$

M_r bezeichnet die Gesamtmasse innerhalb des Radius r. Die Wirkung der Massenelemente außerhalb des Radius r heben sich bei idealer Kugel- bzw. Zylindersymmetrie gegenseitig auf. Der zentrale Wulst der Galaxien („bulge") kann in erster Näherung als kugelförmig angenommen werden, d.h.

$$M_r = \bar{\rho}\frac{4}{3}\pi r^3, \tag{9.8}$$

wobei $\bar{\rho}$ die mittlere Dichte angibt. Damit erhält man für die Rotationsgeschwindigkeit folgenden Ausdruck

$$v(r) = \sqrt{\frac{4}{3}\pi G \bar{\rho} r^2} \sim r. \tag{9.9}$$

Im inneren Teil der Galaxie erwartet man ein lineares Anwachsen der Rotationsgeschwindigkeit mit wachsendem Abstand von Zentrum. Befindet man sich im äußeren Bereich der Galaxie, so wird die Masse M_r im wesentlichen konstant sein. Das Verhalten ähnelt dem Fall einer Punktmasse im Zentrum der Galaxie, wir erhalten

$$v(r) \sim 1/\sqrt{r}. \tag{9.10}$$

9.1 Hinweise auf die Existenz dunkler Materie

Abb. 9.2
Spiralgalaxien NGC 4565 (a) und M51 (mit ihrem Begleiter NGC 5195 im Sternbild Canes Venatici) (b). Der zentrale Bulge und die dünne Scheibe, in die die Spiralarme eingebettet sind, sind in (a) gut zu erkennen (aus [Sch89] bzw. [Rie87]).

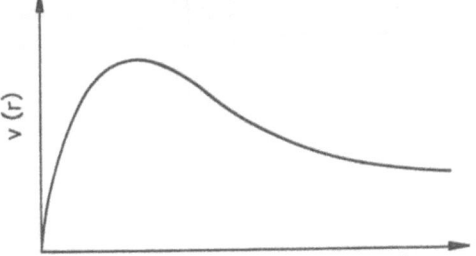

Abb. 9.3a
(a) Erwarteter Verlauf der Rotationskurve einer Galaxie.

420 9 Die Suche nach dunkler Materie im Kosmos

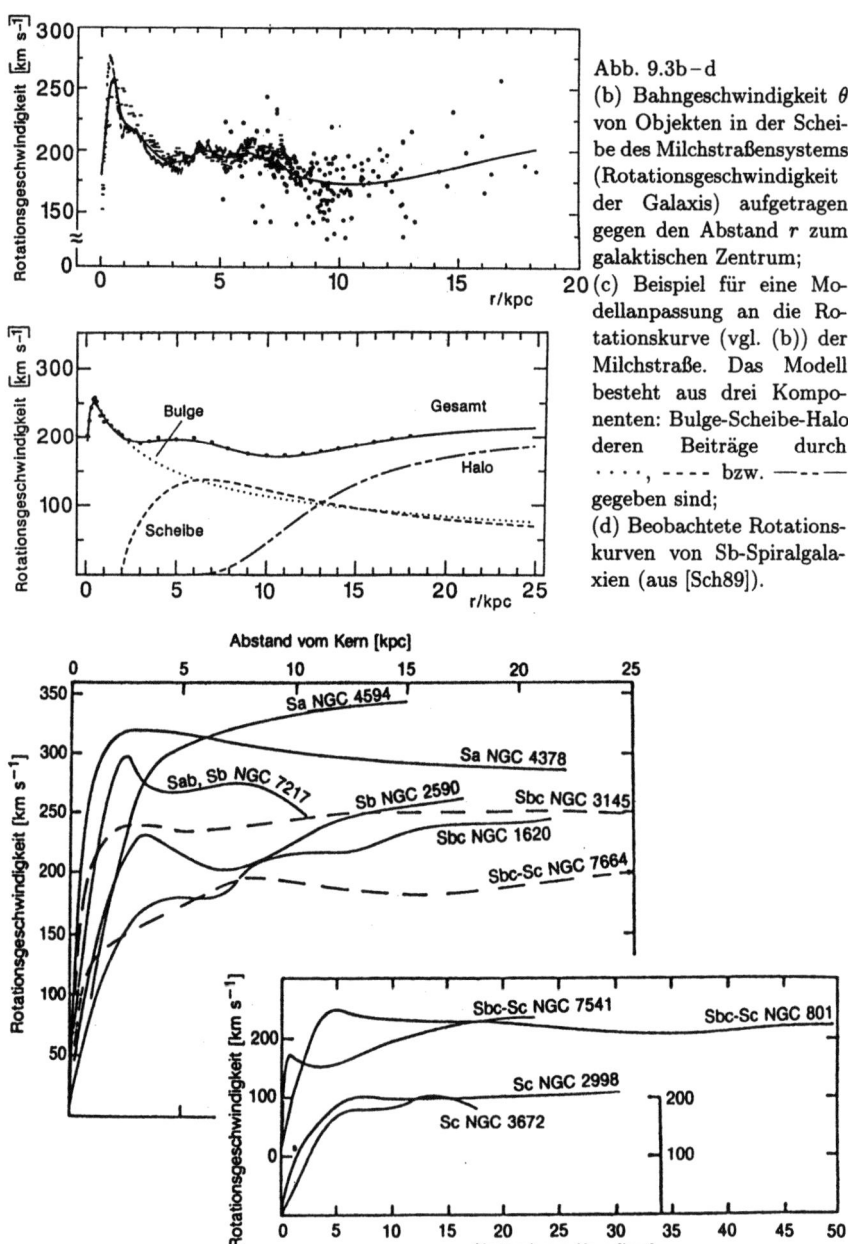

Abb. 9.3b–d
(b) Bahngeschwindigkeit θ von Objekten in der Scheibe des Milchstraßensystems (Rotationsgeschwindigkeit der Galaxis) aufgetragen gegen den Abstand r zum galaktischen Zentrum;
(c) Beispiel für eine Modellanpassung an die Rotationskurve (vgl. (b)) der Milchstraße. Das Modell besteht aus drei Komponenten: Bulge-Scheibe-Halo, deren Beiträge durch ...., - - - - bzw. —·—·— gegeben sind;
(d) Beobachtete Rotationskurven von Sb-Spiralgalaxien (aus [Sch89]).

9.1 Hinweise auf die Existenz dunkler Materie

Den erwarteten Verlauf der Rotationskurve einer Spiralgalaxie zeigt Abb. 9.3a. Die experimentelle Bestimmung von $v(r)$ erfolgt zum Beispiel über die Messung der Dopplerverschiebung im Emissionsspektrum der HII-Regionen um sog. O-Sterne. Die experimentellen Rotationskurven von Spiralgalaxien zeigen keinen Abfall bei großen Radien (vgl. Abb. 9.3b-d). Das gleiche Ergebnis liefern Untersuchungen der von interstellarer Materie emittierten 21-cm-Linie (Hyperfeinstruktur-Übergang in atomarem Wasserstoff). Die Konstanz von $v(r)$ bei großen Radien bedeutet, daß die Masse M_r mit wachsendem Radius ansteigt

$$M_r \sim r. \tag{9.11}$$

Es muß also Materie vorhanden sein, die man nicht sieht. Die Sterne bewegen sich schneller, als man aus der Menge der sichtbaren Materie schließen würde.

Diese Tatsache führte zur Postulierung eines sphärischen *Halos dunkler Materie*, der die Galaxie umgibt und für die flache Rotationskurve verantwortlich ist. Ein sphärischer Halo könnte außerdem zur Stabilität der Scheibenform der Galaxien beitragen. Darüber hinaus würde er die Annahme stützen, daß Galaxien vermutlich aus einer sphärischen Protogalaxie entstanden sind. Modellrechnungen für unsere Milchstraße, die die Rotationskurven unter Berücksichtigung des Halo reproduzieren können, deuten darauf hin, daß ein beachtlicher Teil der Masse in dem Halo zu finden ist [Roh86, Fic91]. Evidenz für sphärische Halos sieht man auch in Kugelsternhaufen, welche als älteste Objekte der Galaxie sphärisch verteilt sind.

Allerdings ließen Untersuchungen zur Durchsichtigkeit von Galaxien Zweifel an diesem Bild aufkommen [Val90]. Betrachtet man die Opazität von Spiralgalaxien in Abhängigkeit vom Neigungswinkel, so können daraus Schlüsse über die Durchsichtigkeit solcher Objekte gezogen werden. Wäre eine Galaxie völlig durchsichtig, so wäre die Gesamthelligkeit unabhängig vom Neigungswinkel, unter dem man sie betrachtet, da stets alle Sterne sichtbar wären (wenn man den Sterndurchmesser vernachlässigt). Andererseits bedeutet eine konstante Flächenhelligkeit, daß die Galaxie undurchsichtig (opak) ist. Man würde stets nur die äußeren Sterne sehen können, d.h. unabhängig vom Blickwinkel immer dieselbe Anzahl pro Fläche. Abb. 9.4 zeigt das Ergebnis der Untersuchungen an mehreren tausend Galaxien. Man erkennt, daß die Flächenhelligkeit im Durchschnitt konstant bleibt, was darauf hindeuten würde, daß Spiralgalaxien praktisch undurchsichtig sind. Unter dieser Annahme wären optische Untersuchungen zur Bestimmung der Massendichte im Universum nur schlecht geeignet.

9 Die Suche nach dunkler Materie im Kosmos

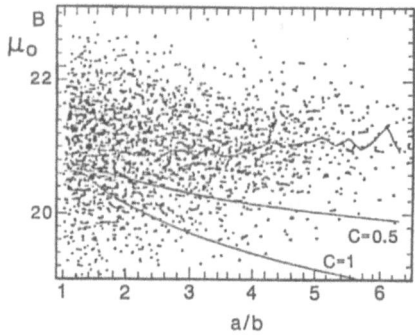

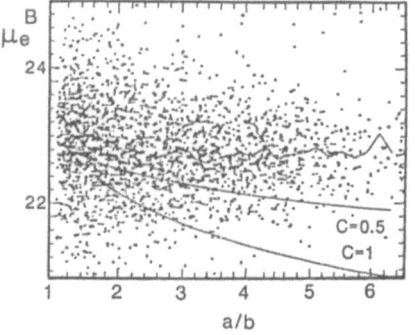

Abb. 9.4
Opazität von Spiralgalaxien. Gezeigt ist die Verteilung von 2639 Typ 2.5–5.0 ($\sim$ Sb) Galaxien in einem Diagramm der lokalen Oberflächenhelligkeit (μ^B) als Funktion des Neigungswinkels (entsprechend dem beobachteten Achsen-Verhältnis a/b). Die zwei Kurven ($C = 1$ und $= 0.5$) zeigen den für transparente Scheiben erwarteten Trend an ($C = 1$ entspricht voller Durchlässigkeit)(aus [Val90]).

Eine genauere Analyse der Meßergebnisse deutet auf Molekülwolken als absorbierendes Material hin (Durchmesser: $\sim$ 50 pc, Temperatur: $\sim$ 20 K). Nach dem Wienschen Verschiebungssatz sollten diese Wolken Strahlung im Submillimeterbereich emittieren. Dieses Resultat könnte zu einer Erklärung der flachen Rotationskurven auch ohne die Annahme zusätzlicher, exotischer dunkler Materie führen [Val90]. In einer anderen Arbeit [Ces90] wird diese Argumentation indessen in Frage gestellt. Eine neuere Untersuchung hierzu findet sich in [Jam93] (siehe auch [Bot91]).

Hinweise auf dunkle Materie wurden auch in elliptischen Galaxien gefunden. Anhand ihrer Röntgenabsorption konnten Gashalos mit Temperaturen von rund 10^7 K entdeckt werden. Die Geschwindigkeiten der Gasmoleküle lägen danach deutlich über der Fluchtgeschwindigkeit

$$v_f = \sqrt{\frac{2GM}{r}}, \tag{9.12}$$

wenn man die der Helligkeit entsprechende Masse einsetzt. Das Masse-zu-Leuchtkraft-Verhältnis von elliptischen Galaxien liegt um etwa 2 Größen-

9.1 Hinweise auf die Existenz dunkler Materie

ordnungen über dem der Sonne als ein typisches Beispiel für einen durchschnittlichen Stern. Dieser große Wert wird im allgemeinen auf die Existenz von dunkler Materie zurückgeführt.

9.1.2 Die Dynamik von Galaxienhaufen

Auch die Dynamik von Galaxienhaufen liefert Hinweise auf dunkle Materie. Wenn die Bewegung eines Systems, dessen potentielle Energie eine homogene Funktion der Koordinaten ist, in einem begrenzten Raumgebiet verläuft, so hängen die zeitlichen Mittelwerte der kinetischen und potentiellen Energien über den Clausiusschen Virialsatz miteinander zusammen (siehe [Lan79]). Dieser Satz erlaubt die Abschätzung der Materiedichte von Ansammlungen von vielen Galaxien.

Wenn die potentielle Energie U eine homogene Funktion k-ten Grades der Radiusvektoren $\vec{r}_i$ ist, gilt folgender Zusammenhang zwischen U und der kinetischen Energie T (siehe [Lan79]):

$$2\overline{T} = k\overline{U}. \tag{9.13}$$

Wegen $\overline{T} + \overline{U} = \overline{E} = E$, kann die Beziehung (9.13) auch durch die Formeln

$$\overline{U} = \frac{2}{k+2}E, \qquad \overline{T} = \frac{k}{k+2}E \tag{9.14}$$

dargestellt werden, welche die Mittelwerte durch die Gesamtenergie E ausdrücken. Für die Gravitationswechselwirkung ($U \sim 1/r$) mit $k = -1$ folgt

$$2\overline{T} = -\overline{U}. \tag{9.15}$$

Für einen Haufen von N Galaxien beträgt die durchschnittliche kinetische Energie

$$\overline{T} = \frac{1}{2}N\overline{mv^2}. \tag{9.16}$$

Die N Galaxien können jeweils paarweise miteinander wechselwirken. Man erhält daher $1/2N(N-1)$ unabhängige Galaxienpaare, deren gesamte mittlere potentielle Energie sich zu

$$\overline{U} = -\frac{1}{2}GN(N-1)\frac{\overline{m}^2}{\overline{r}} \tag{9.17}$$

berechnet. Mit $N\overline{m} = M$ und $(N-1) \approx N$ folgt daraus eine dynamische Masse von

$$M \approx \frac{2\overline{r}\overline{v^2}}{G}. \tag{9.18}$$

Die Messung von $\bar{r}$ und $\bar{v}$ ergibt eine dynamische Masse, die rund zwei Größenordnungen über der aus dem mittleren Verhältnis von Leuchtkraft zu Masse abgeleiteten liegt, was wieder als Anzeichen für die Existenz dunkler Materie gedeutet werden kann.

Allerdings besitzt auch diese Argumentation Schwachpunkte. Der Virialsatz ist nur im langen zeitlichen Mittel für abgeschlossene Systeme gültig, die sich im Gleichgewicht befinden. Die Messungen an Galaxienhaufen stellen dagegen nur Momentaufnahmen dar. Darüber hinaus sind Galaxienhaufen keine abgeschlossenen Gebilde, sondern vielmehr untereinander verbunden. Schließlich ist noch unklar, ob sie seit ihrer Entstehung bereits das Gleichgewicht erreicht haben.

9.1.3 Hinweise aus der Kosmologie

Wir haben in der Einleitung zu diesem Kapitel bereits die kritische Dichte ρ_c definiert. Der Ausdruck (9.1) kann formal aus der Newtonschen Mechanik abgeleitet werden, indem man die kritische Fluchtgeschwindigkeit für ein sphärisches Universum berechnet

$$E = T + U = \frac{1}{2}mv^2 - \frac{Gm}{r}\rho\frac{4}{3}\pi r^3 = 0. \tag{9.19a}$$

Mit

$$H = \frac{\dot{r}}{r} = \frac{v}{r} \tag{9.19b}$$

folgt daraus (9.1). Um die Bedeutung dieser kritischen Dichte besser zu verstehen, wollen wir die Dynamik des Universums im Rahmen der allgemeinen Relativitätstheorie betrachten.

Die Grundlage der Beschreibung der Dynamik des Universums bilden die Einsteinschen Feldgleichungen. Diese vereinfachen sich unter der Annahme eines homogenen und isotropen Raumes. In der dazugehörigen Metrik, der Robertson-Walker-Metrik, ist ein infinitesimales Linienelement durch

$$ds^2 = c^2dt^2 - R^2(t)\left[\frac{dr^2}{1 - kr^2} + r^2(d\theta^2 + \sin^2\theta d\phi^2)\right] \tag{9.20}$$

gegeben. Dabei sind r, θ und ϕ die Polarkoordinaten eines Raumpunktes. Die metrischen Freiheitsgrade sind in dem Parameter k und dem Skalenfaktor R enthalten. k kann nur diskrete Werte annehmen (siehe genauer Kap. 3.1), eine zeitliche Änderung ist nicht möglich. Der für k als Anfangsbedingung angenommene Wert ist charakteristisch für das jeweilige Modell. Es gilt

$$k = \begin{cases} -1 & \text{hyperbolische Metrik (,,offenes`` Universum)} \\ 0 & \text{euklidische Metrik (,,flaches`` Universum)} \\ +1 & \text{sphärische Metrik (,,geschlossenes`` Universum)} \end{cases} \tag{9.21}$$

9.1 Hinweise auf die Existenz dunkler Materie

Die Dynamik ist vollständig in dem Skalenfaktor $R(t)$ enthalten (der Abstand zweier benachbarter Raumpunkte mit konstanten Koordinaten r, θ und ϕ skaliert zeitlich mit $R(t)$). Im Fall der sphärischen Metrik besitzt $R(t)$ außerdem die anschauliche Bedeutung des „Radius" des Universums. Der Skalenfaktor genügt den Einstein-Friedmann-Lemaitre-Gleichungen

$$\left(\frac{\dot{R}(t)}{R(t)}\right)^2 = \frac{8\pi G}{3}\rho(t) - \frac{kc^2}{R^2(t)} + \frac{\Lambda c^2}{3}, \tag{9.22a}$$

$$\frac{\ddot{R}(t)}{R(t)} = -\frac{4\pi G}{3}\left(\rho(t) + \frac{3}{c^2}p(t)\right) + \frac{\Lambda c^2}{3}. \tag{9.22b}$$

Dabei bezeichnet $p(t)$ den Gesamtdruck. Λ ist die sogenannte kosmologische Konstante, die im Rahmen moderner Quantenfeldtheorien als Energiedichte des Vakuums gedeutet wird (s.u.).

Im folgenden nehmen wir zunächst, wie häufig üblich (siehe aber [Gro89]), eine verschwindende kosmologische Konstante Λ an. Der Quotient $\dot{R}_0/R_0$ ergibt gerade die Hubble-Konstante H_0. Der Index 0 steht dabei für den heutigen Wert der entsprechenden Größe. Aus (9.22a) ergibt sich dann für den Krümmungsparameter $k = 0$ die gegenwärtige kritische Dichte des Universums (vgl. (9.1)) zu

$$\rho_{c0} = \frac{3H_0^2}{8\pi G}. \tag{9.23}$$

Eine solche Dichte stellt also gerade die Grenze zwischen einem offenen und einem geschlossenen Universum dar. Sie bestimmt die Grenze zwischen ewiger Expansion und einem Kollaps nach endlicher Expansionszeit.

Oft verwendet man auch den sogenannten Dichteparameter Ω_0

$$\Omega_0 = \frac{\rho_0}{\rho_{c0}} = \frac{8\pi G\rho_0}{3H_0^2} = 1 + \frac{kc^2}{R_0^2 H_0^2} = 2q_0, \tag{9.24}$$

wobei q_0 den sog. Decelerationsparameter ($q(t) = -R(t)\ddot{R}(t)/\dot{R}^2(t)$) bezeichnet. Es gilt also folgender Zusammenhang:

$$\Omega_0 = \begin{cases} < 1 & \Rightarrow \text{offenes Universum} \\ = 1 & \Rightarrow \text{flaches Universum} \\ > 1 & \Rightarrow \text{geschlossenes Universum}. \end{cases} \tag{9.25}$$

Messungen des Dichteparameters ergeben Werte von etwa (siehe (9.4))

$$\Omega_0 \approx 0.2, \tag{9.26}$$

was auf ein offenes Universum hindeuten würde. Allerdings gibt es theoretische Betrachtungen, die mit einem offenen Universum nur schwer verträglich

sind. Es handelt sich dabei um das sogenannte Flachheitsproblem und die
Galaxienentstehung.

- *Das Flachheitsproblem*

Es ist erstaunlich, daß das Universum der kritischen Dichte überhaupt so nahe kommt. Aus den Friedmann-Einstein-Lemaitre-Gleichungen folgt (wieder
für $\Lambda = 0$)

$$\frac{\dot{R}^2(t)}{kc^2} = \frac{8\pi G \rho(t) R^2(t)}{3kc^2} - 1. \tag{9.27}$$

Da die Dichte $\rho(t)$ proportional zu $1/R(t)^3$ ist, ergibt sich aus (9.24) für
$k \neq 0$

$$\Omega(t) = 1 + \frac{1}{\frac{a}{kR(t)} - 1}, \tag{9.28}$$

wobei $a = 8\pi G/3c^2$. Der Wert $\Omega \approx 1$ ist daher sehr instabil. Jede Abweichung vom exakt flachen Wert nimmt mit der Ausdehnung des Universums zu. Dies bedeutet, daß das Universum zur Zeit der primordialen Nukleosynthese noch *sehr* viel flacher gewesen sein muß als es heute schon ist.

Eine mögliche Antwort auf dieses Problem geben sog. inflationäre Modelle [Gut81, Alb82, Lin82,84,90, Kol90]. Dabei wird angenommen, daß die Expansion des frühen Universums (zwischen 10^{-34} und 10^{-31} s nach dem Urknall) in einer inflationären Phase exponentiell verlief. Solche Modelle implizieren jedoch im allgemeinen einen zeitunabhängigen Dichteparameter:

$$\Omega = 1 \quad \text{in inflationären Modellen}. \tag{9.29}$$

Unter Annahme einer verschwindenden kosmologischen Konstanten ($\Lambda = 0$) würde dies die Existenz nicht-baryonischer dunkler Materie implizieren. Es gibt jedoch auch theoretische Arbeiten, die darauf hindeuten, daß Dichteparameter von $0.01 < \Omega_0 < 2$ mit dem inflationären Modell verträglich sein könnten [Hoe90].

- *Galaxienentstehung*

Die Galaxienentstehung erfordert Dichteinhomogenitäten. Galaxien müssen in Raumgebieten entstanden sein, in denen größere Dichten herrschten als in der Umgebung, so daß diese Gebiete aufgrund der Gravitationswechselwirkung kollabieren konnten, bevor die allgemeine Expansion diese Materie hätte trennen können.

9.1 Hinweise auf die Existenz dunkler Materie

Eine solche Zusammenballung der Materie konnte jedoch erst nach der Bildung von Atomen aus Kernen und Elektronen beginnen, d.h. etwa 150000 Jahre nach dem Urknall bei Temperaturen von ca. 3000 K. Merkliche Dichtefluktuationen von gewöhnlicher Materie bereits zu diesem Zeitpunkt sind durch die inzwischen sehr gut vermessene Isotropie der kosmischen Hintergrundstrahlung sehr weitgehend ausgeschlossen. Durch die Bildung von neutralen Atomen konnte die Strahlung entkoppeln, d.h. sie befand sich ab diesem Zeitpunkt nicht mehr im thermischen Gleichgewicht mit der Materie, so daß nun entstehende Dichtefluktuationen sich nicht mehr in ihr widerspiegeln würden.

Berechnet man jedoch die zeitliche Entwicklung der zu diesem Zeitpunkt einsetzenden Materieverdichtung, so ergibt sich, daß die Zeit bis heute nicht ausreicht, um solch große Strukturen wie Galaxien oder Galaxienhaufen entstehen zu lassen. Es erscheint daher notwendig, die Existenz von massiven Teilchen zu fordern, die frühzeitig aus dem thermischen Gleichgewicht entkoppelten, so daß sie als Kondensationskeime für die gewöhnliche Materie wirken konnten (siehe z.B. [Kol90]). Kandidaten hierfür wären die sog. WIMPs (siehe Kap. 9.2.3). Als Randbedingung muß jedoch gelten, daß die Isotropie der Hintergrundstrahlung [Mat90] nicht wesentlich gestört werden darf. Jüngst konnten mit Hilfe des COBE-Satelliten erste extrem geringe Anisotropien in der 3K-Strahlung entdeckt werden [Ben92a, Sil92, Smo92, Wri92]. Es könnte dies ein Spiegelbild von Dichtefluktuationen sein, aus dessen die Strukturen im Universum entstanden sein könnten.

Zusammenfassend läßt sich sagen, daß es eine Reihe von Hinweisen auf eine mögliche Existenz sowohl baryonischer als auch nicht-baryonischer dunkler Materie gibt, daß aber insbesondere die Hinweise auf die letztere nicht zwingend sind und auch andere, weniger exotische Erklärungen zulassen. Das wohl schwerwiegendste Problem betrifft derzeit die Galaxienentstehung, und damit verbunden die großräumige Struktur des Universums (siehe [Gel89, Huc90, Sch90c, Schr85a, Sil93]. Neben der genauen Entstehung einzelner Galaxien bleibt zu klären, wie es zur Bildung von Haufen und Superhaufen kommen konnte. Da die Materieverteilung im Universum zudem auf Skalen von ≈ 100 Mpc äußerst inhomogen erscheint, muß man dies mit der außerordentlichen Homogenität der 3K-Strahlung in Einklang bringen.

Andererseits sagen verschiedene über das Standardmodell hinausgehende Theorien eine Reihe neuartiger Teilchen wie supersymmetrische Partner zu den bislang bekannten Teilchen voraus. Diese Teilchen könnten durchaus eine Erklärung der oben beschriebenen Probleme darstellen, so daß die Suche nach dunkler Materie nach wie vor ein äußerst interessantes Forschungsgebiet darstellt. Im nächsten Abschnitt werden wir uns der Frage zuwenden, welche Kandidaten überhaupt als dunkle Materie in Frage kommen.

9.2 Kandidaten für dunkle Materie

9.2.1 Die kosmologische Konstante, MOND-Theorie, zeitabhängige Gravitationskonstante

Die kosmologische Konstante Λ wurde ursprünglich von Einstein in die Feldgleichungen der allgemeinen Relativitätstheorie eingeführt, um ein statisches Universum zu gewährleisten, welches den damaligen Vorstellungen entsprach. Seit Hubble jedoch gegen Ende der zwanziger Jahre die Expansion des Universums entdeckte, schien die kosmologische Konstante überflüssig geworden zu sein. Fortan wurde folglich oft $\Lambda = 0$ gesetzt. Im Rahmen moderner Feldtheorien findet die kosmologische Konstante jedoch eine Deutung als Energiedichte des Vakuums ρ_V. Der Zusammenhang lautet [McC51, Zel68]

$$\Lambda = \frac{8\pi G}{c^2}\rho_V . \tag{9.30}$$

Der Fall $\Lambda = 0$ entspricht der Annahme, daß das Vakuum keinen Beitrag zur Energiedichte des Universums liefert. Dieses Bild entspricht den Vorstellungen der klassischen Physik, muß aber im Rahmen der Quantentheorie modifiziert werden, wie bereits die typische Nullpunktsenergie etwa des harmonischen Oszillators zeigt. In der Quantenfeldtheorie enthält das Vakuum bereits verschiedene Quantenfelder. Diese befinden sich zwar im energetisch niedrigsten Zustand, welcher jedoch nicht notwendigerweise gleich Null ist. Viele feldtheoretische Ansätze fordern daher eine nichtverschwindende Nullpunktsenergie des Vakuums (vgl. z.B. [Gro89,90, Kol90, Wei89]).

Die Berücksichtigung einer von Null verschiedenen kosmologischen Konstanten ergibt gemäß

$$\rho_{c0} = \frac{3H_0^2 - \Lambda c^2}{8\pi G}, \quad \Omega_0 = \frac{8\pi G \rho_0}{3H_0^2 - \Lambda c^2} \tag{9.31}$$

eine niedrigere kritische Dichte bzw. einen größeren Dichteparameter als nach (9.23) und (9.24) erwartet. Astronomische Beobachtungen aufgrund von Galaxienzählungen ergeben eine obere Grenze für den heutigen Wert der kosmologischen Konstanten von $\Lambda \leq 3 \cdot 10^{-56}$ cm^{-2} [Abb88]. Wir können eine obere Grenze auch leicht abschätzen, da die kritische Dichte ρ_{c0} nicht negativ werden kann. Der Faktor Λc^2 in (9.31) kann also höchstens so groß werden wie $3H_0^2$. Dies führt uns auf

$$\Lambda \leq \frac{3H_{0,\text{max}}^2}{c^2} \approx 3.5 \cdot 10^{-56} \text{ cm}^{-2}, \tag{9.32}$$

wobei wir für $H_{0,\text{max}}$ den Wert von 100 kms^{-1}Mpc^{-1} eingesetzt haben. Während eine nichtverschwindende kosmologische Konstante für die Deutung der frühen Entwicklungsphase notwendig erscheint (vgl. z.B. [Gro89, Kol90, Lin90]), kommen verschiedene Autoren zu dem Schluß, daß $\Lambda \neq 0$ auch in der weiteren Entwicklung des Universums eine Rolle gespielt haben könnte [Blo84, Pee84, Tur84, Kla86b, Tay86, Pri87, Chu88, Gro89,90].
Eine kosmologische Konstante der Größe

$$\Lambda = \frac{3H_0^2}{c^2}\left(1 - \frac{\Omega(\Lambda = 0)}{\Omega(\Lambda \neq 0)}\right) \tag{9.33}$$

könnte ein $\Omega(\Lambda = 0)$ vortäuschen, obwohl ein $\Omega(\Lambda \neq 0)$ realisiert ist. Um ein in Inflationsmodellen gefordertes $\Omega = 1$ zu erzeugen, würde ein scheinbares, aus ρ_0 ermitteltes $\Omega(\Lambda = 0)$ ausreichen, wenn nur die kosmologische Konstante einen Wert von

$$\Lambda = \frac{3H_0^2}{c^2}(1 - \Omega(\Lambda = 0)) \tag{9.34}$$

hätte. Das Einsetzen der Zahlenwerte $H_0 = (75 \pm 25)$ kms^{-1}Mpc^{-1} und $\Omega_{0,\text{obs}} = (0.2 \pm 0.1)$ ergibt

$$\Lambda = (1.6 \pm 1.1) \cdot 10^{-56} \text{ cm}^{-2}. \tag{9.35}$$

Eine diesem Wert entsprechende Energiedichte des Vakuums könnte bereits den „Widerspruch" zwischen dem beobachteten Dichteparameter und dem von verschiedenen Theorien geforderten Dichteparameter $\Omega = 1$ lösen.

Neben der Einführung der kosmologischen Konstanten gibt es noch weitere Modelle, die zumindest für Teilprobleme ohne die Postulierung einer dunklen Materie auskommen. Wir wollen an dieser Stelle zwei solche Ansätze erwähnen:

„MOND"-Theorie

Die „MOND"-Theorie (<u>m</u>odified <u>N</u>ewton <u>d</u>ynamics) von M. Milgrom (vgl. die Übersicht in [San90]) geht davon aus, daß das Gravitationsgesetz von der üblichen Newtonschen Form abweicht und folgende Gestalt annimmt

$$a_G = \frac{GM}{r^2} + \frac{\sqrt{GMa_0}}{r}. \tag{9.36}$$

Die Anziehungskraft wäre danach größer und müßte durch eine schnellere Umlaufbewegung kompensiert werden, was die flachen Rotationskurven erklären könnte. Solche Abweichungen vom bekannten Gravitationsgesetz werden in Kap. 11 ausführlicher diskutiert.

Zeitabhängige Gravitationskonstante

Eine zeitabhängige Gravitationskonstante $G(t)$ hätte einen großen Einfluß auf die Galaxienentstehung. Präzisionsmessungen zeigen jedoch bislang keine zeitliche Variation von G. Die Zeitabhängigkeit von Naturkonstanten und die damit eng verknüpfte Nichterhaltung der Energie werden in Kap. 12 behandelt.

9.2.2 Baryonische dunkle Materie

Der wohl naheliegendste Kandidat für dunkle Materie ist gewöhnliche baryonische Materie, die einerseits relativ häufig aber andererseits dunkel sein müßte. Eine Möglichkeit wäre interstellares oder intergalaktisches Gas. Dieses sollte jedoch typische Emissions- bzw. Absorptionslinien hervorrufen, die nicht beobachtet werden.

Ein anderer Kandidat wären sogenannte *braune Zwerge*, d.h. Körper mit Massen sehr viel kleiner als die Sonnenmasse ($M < 0.08 M_\odot$). Der Gravitationsdruck im Innern dieser Objekte reicht nicht aus, um Temperaturen zu erzeugen, die ein Verschmelzen von Protonen zu Helium ermöglichen würden. Da keine Kernfusion stattfindet, leuchten braune Zwerge abgesehen von der Anfangsphase ihrer Entstehung nur schwach. Auch die Planeten können zu dieser Gruppe gezählt werden. Abschätzungen über die Anzahl solcher Objekte sind jedoch aufgrund unserer mangelnden Kenntnis der Planeten- und Sternentstehung und der Beschränkung der photometrischen Detektierbarkeit auf Entfernungen von nur wenigen Lichtjahren äußerst schwierig.

Auch sehr kompakte Objekte aus den Endstadien der Sternentwicklung wie weiße Zwerge, Neutronensterne oder schwarze Löcher kommen als dunkle Materie in Frage. Da praktisch jeder Stern im Laufe seines Lebens in eines der drei Endstadien gelangt, muß ein Großteil der Masse früherer schwerer Sterne in dunkler Form als weiße Zwerge, Neutronensterne oder schwarze Löcher vorliegen. Ein Teil dieser Materie wird jedoch durch Supernova-Explosionen und andere Prozesse wieder in den interstellaren Raum abgegeben und spielt bei der Neubildung anderer Sterne eine Rolle. Bei dieser Betrachtung müssen Sterne mit Massen $M < 0.9 M_\odot$ ausgeschlossen werden, da diese eine Lebensdauer besitzen, die größer als das Alter des Universums ist, so daß diese Objekte das Endstadium noch nicht erreicht haben.

Aus Untersuchungen zur primordialen Nukleosynthese (siehe Kap. 3), die etwa 3 min nach dem Urknall einsetzte, können Obergrenzen für die maximal mögliche baryonische Materiedichte im Universum abgeleitet werden (vgl. [Yan79a,84, Blo84, Kol90]). Von besonderer Bedeutung ist die heute gemessene Deuterium-Häufigkeit

9.2 Kandidaten für dunkle Materie

$$\left(\frac{D}{H}\right)_0 \approx 10^{-5}, \tag{9.37}$$

da Deuterium im wesentlichen nur während der primordialen Nukleosynthese erzeugt wird. Später tritt Deuterium zwar noch als Zwischenprodukt in Fusionsreaktionen auf, wird aber insgesamt nicht mehr vermehrt. Rechnungen zur Nukleosynthese ergeben eine obere Grenze für die Dichte der im Universum möglichen baryonischen Materie von

$$\Omega_{0,\text{bary}} < 0.1 \text{ bis } 0.2. \tag{9.38}$$

Darin ist die gesamte Materie enthalten, die bei der Nukleosynthese im frühen Universum entstanden ist. Dieser Wert ist in recht guter Übereinstimmung mit dem aus dem Rotationsverhalten von Galaxien gewonnenen Wert in (9.4).

Andererseits erkennt man deutlich, daß baryonische dunkle Materie allein eine aus inflationären Modellen abgeleitete Forderung $\Omega = 1$ nicht erfüllen kann. Auch die Problematik der Galaxienentstehung bleibt weiterhin bestehen. Auch wirft dies die Frage nach der Existenz von *nicht-baryonischer* dunkler Materie auf. Diese erscheint insbesondere dann erforderlich, wenn man bei verschwindender kosmologischer Konstante die Forderung $\Omega = 1$ stellt (siehe Abschn. 9.2.1).

9.2.3 Nicht-baryonische dunkle Materie

Theoretische Modelle liefern eine große Auswahl an möglichen Kandidaten für zusätzliche nicht-baryonische unsichtbare Materie. Zu nennen sind etwa leichte und schwere Neutrinos, supersymmetrische Teilchen aus SUSY-Modellen, Axionen, Kosmionen, magnetische Monopole, Higgs-Teilchen und viele andere mehr (Tab. 9.1). Wir wollen einige dieser Kandidaten im folgenden diskutieren. Für schwere Teilchen mit Massen $> \text{GeV}/c^2$, die nur an der schwachen Wechselwirkung teilnehmen, hat man den Ausdruck WIMP's (= **w**eakly **i**nteracting **m**assive **p**articles) geprägt.

Die großräumige Verteilung der Galaxien und die Entwicklung der großräumigen Struktur der Galaxis ist kürzlich im Lichte der neuen COBE-Ergebnisse zur kosmischen Mikrowellen-Strahlung (3 K-Strahlung) [Wri92, Smo92] (siehe Abschn. 3.1) und der QDOT IRAS Rotverschiebungs-Durchmusterung [Fis93] erneut untersucht worden [Tay92, Dav92a]. Die Autoren kommen auf der Grundlage der Analyse verschiedener Strukturformationsmodelle zu dem Schluß, daß es nur *ein* befriedigendes Modell eines Universums mit $\Omega = 1$ gibt, nämlich ein Modell mit gemischter dunkler Materie: 70% in Form sog. kalter dunkler Materie und 30% an heißer dunkler Materie (s.u.), letztere in Form zweier masseloser Neutrinos und eines Neutrinos mit

Tab. 9.1 Zusammenfassung nichtbaryonischer Kandidaten für Dunkle Materie* (aus [Pri88]).

Teilchenkandidat	Ungefähre Masse×c^2	Vorhergesagt durch	Astrophys. Effekt
$G(R)$	–	Nicht-Newtonsche Gravitation	Scheinbare DM auf großen Skalen
Λ (kosmolog. Konstante)	–	Allgemeine Relativität	$\Omega = 1$ ohne DM
Axion, Majoron, Goldstone-Boson	10^{-5} eV	QCD; PQ-Symmetriebrechung	Kalte DM
Gewöhnliches Neutrino	10–100 eV	GUTs	Heiße DM
Leichtes Higgsino, Photino, Gravitino, Axino, Sneutrino**	10–100 eV	SUSY/SUGRA	Heiße DM
Para-Photon	20–400 eV	Modifizierte QED	Heiße, warme DM
Rechtshändiges Neutrino	500 eV	Superschwache Wechselwirkung	Warme DM
Gravitino etc.**	500 eV	SUSY/SUGRA	Warme DM
Photino, Gravitino, Axino, Spiegelteilchen, Simpson-Neutrino**	keV	SUSY/SUGRA	Warme/kalte DM
Photino, Sneutrino, Higgsino, Gluino, Schweres Neutrino**	MeV	SUSY/SUGRA	Kalte DM
Schattenmaterie	MeV	SUSY/SUGRA	Heiß/kalt (wie Baryonen)
Präon	20–200 TeV	Composite models	Kalte DM

9.2 Kandidaten für dunkle Materie

Tab. 9.1 (Fortsetzung)

Teilchenkandidat	Ungefähre Masse $\times c^2$	Vorhergesagt durch	Astrophys. Effekt
Monopole	10^{16} GeV	GUTs	Kalte DM
Pyrgon, Maximon, Perry Pole, Newtorite, Schwarzschild	10^{19} GeV	Höherdimensionale Theorien	Kalte DM
Supersymmetrische Strings	10^{19} GeV	SUSY/SUGRA	Kalte DM
Quark-Nuggets, Nukleariten	10^{15} g	QCD, GUTs	Kalte DM
Primordiale Schwarze Löcher	10^{15-30} g	Allgemeine Relativität	Kalte DM
Kosmische Strings, Domain Walls	$10^{8-10} M_\odot$	GUTs	Unterstützen Galaxienbildung, können aber nicht viel zu Ω beitragen

* DM, Dunkle Materie; PQ, Peccei&Quinn; SUGRA, Supergravitation; andere siehe Text.

** Von diesen verschiedenen supersymmetrischen Teilchen, die von unterschiedlichen supersymmetrischen Theorien bzw. der Supergravitation vorhergesagt werden, kann nur eines, das leichteste, stabil sein und zu Ω beitragen, die Theorien können aber zum augenblicklichen Zeitpunkt kaum Aussagen über die Art oder erwartete Masse der Teilchen liefern.

einer Masse von $7,2 \pm 2$ eV (1σ). Damit ist das früher bereits verworfene Modell (siehe z.B. [Schra85a]) gemischter dunkler Materie wiederbelebt worden (für eine detaillierte Darstellung siehe [Sil93]).

9.2.3.1 Leichte Neutrinos

Gegenüber allen folgenden Kandidaten für dunkle Materie besitzen Neutrinos den großen Vorteil, daß ihre Existenz bekannt ist. Auch ihre Häufigkeit im Universum ist ungefähr bekannt. Damit Neutrinos als dunkle Materie in Frage kommen, müssen sie natürlich eine Masse besitzen. Um die kritische Dichte des Universums zu erreichen, müssen die Neutrinomassen m_ν entweder im Bereich von einigen GeV/c^2 oder im Bereich von 10 bis 100 eV/c^2 liegen [Kol86b,90] (siehe auch Kap. 3). Die schweren Neutrinos sind erlaubt, da das kosmologisch relevante Produkt $m_\nu \exp(-m_\nu/kT_f)$ bei großen Massen wieder kleiner wird. T_f bezeichnet die Temperatur, bei der die schweren Neutrinos aus dem thermischen Gleichgewicht entkoppeln. Der Boltzmann-Faktor beschreibt dabei die Häufigkeit eines Neutrinos der Masse m_ν relativ zu der eines masselosen Neutrinos. Eine ausführlichere Behandlung dieses Sachverhaltes unter Berücksichtigung einer möglichen Instabilität der Neutrinos findet man z.B. in [Gro89,90].

Wir wollen uns zunächst den leichten Neutrinos zuwenden, die schweren Neutrinos werden im nächsten Abschnitt kurz diskutiert. Die Neutrinodichte n_ν für jede der einzelnen Neutrinosorten im Universum hängt mit der Photonendichte n_γ über den Ausdruck

$$n_\nu = \frac{3}{11} n_\gamma \qquad (9.39)$$

zusammen [Boe87, Gro89,90]. Dieser Ausdruck gilt genau genommen nur für leichte Majorana-Neutrinos (für Dirac-Neutrinos muß unter Umständen noch ein weiterer statistischer Faktor 2 angebracht werden). Die Photonendichte läßt sich aus der 3 K-Hintergrundstrahlung bestimmen, sie beträgt etwa $n_\gamma \approx 400$ cm^{-3}. Es zeigt sich (siehe z.B. [Ell88b, Kol90]), daß man eine Neutrinomassendichte im Bereich der kritischen Dichte erhält, wenn folgende Bedingung erfüllt ist

$$\sum_\nu \frac{g_\nu}{2} m_\nu \approx 100 \text{ eV} \cdot c^{-2} \left(\frac{\rho_\nu}{\rho_c}\right) h_0^2. \qquad (9.40)$$

g_ν ist ein statistischer Faktor, der die Anzahl der Helizitätszustände pro Neutrinoflavour angibt. Für Majorana-Neutrinos nimmt dieser Faktor den Wert 2 an. Dirac-Neutrinos könnten einen statistischen Faktor von 4 aufweisen.

9.2 Kandidaten für dunkle Materie

Allerdings nimmt man im allgemeinen an, daß die rechtshändige Komponente sehr viel früher aus dem Gleichgewicht entkoppelt, so daß man auch im Dirac-Fall mit $g_\nu = 2$ rechnen kann.

Da die Neutrinodichte von derselben Größenordnung wie die Photonendichte ist, gibt es heute rund 10^9 mal mehr Neutrinos als Baryonen, so daß bereits eine geringe Neutrinomasse die Dynamik des Universums dominieren könnte. Um $\Omega = \rho_\nu/\rho_c = 1$ zu erreichen, werden Neutrinomassen von [Har89]

$$m_\nu c^2 \approx 15 - 65 \text{ eV}/N_\nu \tag{9.41}$$

benötigt, wobei N_ν die Anzahl der leichten Neutrinoflavours angibt. Die experimentellen Obergrenzen für die Massen der drei bekannten Neutrinoflavours betragen (siehe die Diskussion in Kap. 6)

$$\begin{aligned} m_{\nu_e} &< 7.2 \text{ eV}/c^2\,, \\ m_{\nu_\mu} &< 250 \text{ keV}/c^2\,, \\ m_{\nu_\tau} &< 31 \text{ MeV}/c^2\,. \end{aligned} \tag{9.42}$$

Das Elektron-Neutrino scheidet daher als Kandidat für den dominanten Anteil praktisch aus. Die experimentellen Daten für die beiden anderen Flavours sind weniger einschränkend, so daß Myon- und Tauneutrinos weiterhin in Frage kommen.

Neutrinos entkoppelten im frühen Universum nach etwa einer Sekunde bei einer Temperatur von 10^{10} K (entsprechend einer Energie von 1 MeV). Sie besaßen zu diesem Zeitpunkt relativistische Energien und werden daher als „*heiße dunkle Materie*" („*hot dark matter*") bezeichnet.

Neutrinos könnten auch bei der Galaxienentstehung mitwirken. In einem expandierenden Universum, das von Teilchen der Masse m_i dominiert wird, beträgt nach dem Jeans-Kriterium die Masse, die gravitativ kollabieren kann [Tri87]

$$M_J \approx 3 \cdot 10^{18} \frac{M_\odot}{m_i \text{ [eV]}}\,. \tag{9.43}$$

In einem neutrinodominierten Universum könnte die notwendige Klumpung erst relativ spät einsetzen, die ersten Strukturen entsprächen der Größe von Superhaufen. Galaxienhaufen und Galaxien müßten dann durch Fragmentation dieser ursprünglichen Strukturen entstanden sein („top-down"-Modell [Oor83]). Es gibt jedoch Schwierigkeiten bei der Entwicklung relativ sehr kleiner Strukturen wie Zwerggalaxien. Bei der Erzeugung sehr massiver Verdichtungen muß außerdem das Pauli-Prinzip für Fermionen berücksichtigt werden. Für Details verweisen wir auf [Bör88, Kol90, Schra85a, Sil93].

9.2.3.2 Schwere Neutrinos

Nach den Ergebnissen von LEP und SLC zur Präzisionsmessung der Zerfallsbreite des Z^0 gibt es nur drei leichte Neutrinoflavours, die Existenz schwerer Neutrinos kann bis zur kinematischen Grenze von etwa 45 GeV/c^2 ausgeschlossen werden.

Neutrinos mit so großen Massen hätten bei ihrer Entkopplung bereits nichtrelativistische Geschwindigkeiten erreicht und werden daher auch als *„kalte dunkle Materie"* (*„cold dark matter"*) bezeichnet. Schwere Neutrinos könnten eine frühzeitige gravitative Verdichtung der Materie ermöglichen. Nach (9.43) wären als erstes kleinere Strukturen entstanden. Galaxienhaufen und Superhaufen hätten sich später durch Zusammenballen einzelner Galaxiengruppen gebildet („bottom-up"-Modell [Efs90, Schra85a]). Für eine ausführliche Darstellung siehe [Sil93].

9.2.3.3 Axionen

Axionen sind hypothetische Teilchen, die im Zusammenhang mit dem starken CP-Problem („Theta-Problem") auftreten. Die Existenz dieses pseudoskalaren Teilchens folgt aus der Brechung der chiralen Peccei-Quinn-Symmetrie [Pec77]. Die Zusammenhänge werden in Kap. 1 und 5 näher erläutert. Für eine ausführliche Darstellung verweisen wir auf [Raf90, Sik90, Tur90].

Die Masse dieses hypothetischen Teilchens beträgt

$$m_a \simeq 0.62 \text{eV} \frac{10^7 \text{GeV}}{f_a}. \tag{9.44}$$

Die Wechselwirkung mit Fermionen bzw. den Eichbosonen wird durch folgende Kopplungskonstanten beschrieben

$$g_f \sim \frac{m_f}{f_a}, \qquad g_b \sim \left(\frac{\alpha}{4\pi}\right) \cdot \frac{1}{f_a}. \tag{9.45}$$

f_a ist die Zerfallskonstante des Axions, die durch den Vakuumerwartungswert eines Higgs-Feldes gegeben ist. Da f_a eine freie Konstante zwischen der elektroschwachen und der Planck-Skala ist, folgt daraus ein Bereich von nahezu 18 Größenordnungen für eine mögliche Axionenmasse. Je nachdem, ob Axionen direkt oder erst in 1. Ordnung Störungstheorie an Elektronen koppeln, unterscheidet man zwischen DFSZ-Axionen [Zhi80, Din81] und hadronischen Axionen [Kim79]. Axionen werden im allgemeinen zur kalten dunklen Materie (cold dark matter) gezählt. Um ihre Dichte kleiner als die kritische Dichte zu halten, benötigt man [Abb83, Din83, Pre83]

$$f_a \leq 10^{12} \text{ GeV}. \tag{9.46}$$

9.2 Kandidaten für dunkle Materie

Das Standard-Peccei-Quinn-Axion mit einem $f_a \approx 250$ GeV ist durch Experimente ausgeschlossen, andere Varianten mit kleineren Massen und entsprechend größeren Kopplungsparametern werden durch eine Vielzahl von vor allem astrophysikalischen Daten erheblich eingeschränkt [Jon90, PDG90, Raf90, Tur90] (siehe Kap. 9.3.1).

9.2.3.4 Supersymmetrische Teilchen

Die Idee der Supersymmetrie wurde bereits in Kap. 1 behandelt. Die meisten dieser supersymmetrischen Theorien enthalten ein neues *stabiles* Teilchen, das als Kandidat für dunkle Materie in Frage kommt. Die Existenz eines stabilen supersymmetrischen Partner-Teilchens liegt daran, daß es in diesen Modellen eine erhaltene, multiplikative Quantenzahl, die sogenannte R-Parität gibt, die für Teilchen den Wert $+1$ und für die entsprechenden supersymmetrischen Partner den Wert -1 annimmt. Nach diesem Erhaltungssatz können SUSY-Teilchen nur paarweise erzeugt werden. Der Zerfall von SUSY-Teilchen kann immer nur in eine ungerade Anzahl von SUSY-Teilchen erfolgen. Folglich muß das leichteste supersymmetrische Partner-Teilchen stabil sein.

Es gibt eine Möglichkeit, den Erhaltungssatz der R-Parität zu verletzen. Die Quantenzahl R ist nämlich über

$$R = (-1)^{3B+L+2S} \tag{9.47}$$

mit der Baryonenzahl B und der Leptonenzahl L verknüpft. S steht für den Teilchenspin. D.h. eine Verletzung von B und/oder L kann eine Nichterhaltung der R-Parität zur Folge haben. Allerdings existieren sehr scharfe Grenzen für eine R-Verletzung [Hal84, Lee84b, Hir95].

Das leichteste supersymmetrische Teilchen[2] nimmt vermutlich weder an der elektromagnetischen noch an der starken Wechselwirkung teil. Ansonsten wäre es zusammen mit der normalen Materie kondensiert und könnte heutzutage als ungewöhnliches, schweres Teilchen nachgewiesen werden. Für die berechneten Häufigkeiten solcher LSP normiert auf die Häufigkeit des Protons ergibt sich [Dov79, Wol79b]

$$\frac{n(\text{LSP})}{n(p)} \sim \begin{cases} 10^{-10} & \text{starke WW} \\ 10^{-6} & \text{elektromagn. WW.} \end{cases} \tag{9.48}$$

Diese Werte stehen jedoch im Widerspruch zur experimentellen Obergrenze von [Ell88a]

---

[2] lightest supersymmetric particle (LSP).

$$\frac{n(\text{LSP})}{n(p)} < 10^{-15} - 10^{-30}. \tag{9.49}$$

Die angegebenen Werte sind massenabhängig und beziehen sich auf den Bereich 1 GeV $< m_{\text{LSP}}c^2 < 10^7$ GeV. Daraus folgt, daß das leichteste SUSY-Partner-Teilchen vermutlich neben der Gravitation nur an der schwachen Wechselwirkung teilnimmt.

Mögliche Kandidaten für das neutrale, leichteste supersymmetrische Teilchen sind das Photino ($S = 1/2$), das Higgsino ($S = 1/2$), das Zino ($S = 1/2$), das s-Neutrino ($S = 0$) und das Gravitino ($S = 3/2$). In den meisten Theorien erscheint es am wahrscheinlichsten, daß es sich bei dem LSP um eine Mischung obiger SUSY-Teilchen mit halbzahligem Spin handelt, welche man auch als Eichinos (Gauginos) bezeichnet. Die Masse sollte bevorzugt über 10 GeV/c^2 liegen. SUSY-Teilchen als dunkle Materie sind insofern von Interesse, da sie in einem ganz anderen Zusammenhang auftreten und nicht speziell zur Lösung des Problems der (nicht-baryonischen) dunklen Materie eingeführt wurden (sofern es ein solches Problem überhaupt gibt). Für ausführlichere Darstellungen sei auf [Ell93,94, Bed94a,b, Bot94] verwiesen.

9.2.3.5 Kosmionen

Kosmionen wurden primär zur Lösung des solaren Neutrinoproblems eingeführt [Fau85, Sper85]. Wegen ihrer hohen Geschwindigkeit durchdringen diese Teilchen die Oberfläche eines Sterns praktisch ungehindert. Im Zentrum stoßen sie mit Atomkernen zusammen. Wenn der Energieverlust groß genug ist, können sie den Stern nicht mehr verlassen und reichern sich dort im Laufe der Zeit an. Im Sonneninnern eingefangene Kosmionen beeinflussen den Energietransport in der Sonne und tragen somit zu einer Absenkung der Zentraltemperatur bei. Dies hätte eine geringere Produktionsrate von ^{8}B-Neutrinos zur Folge und wäre eine Erklärung dafür, warum der auf der Erde gemessene Neutrinofluß kleiner ist als erwartet (vgl. Kap. 7). Um das solare Neutrinoproblem zu lösen, müßte die Masse im Bereich von 4 bis 11 GeV/c^2 und der Wirkungsquerschnitt für die Wechselwirkung zwischen Kosmionen und Materie in der Größenordnung von 10^{-36}cm^2 liegen [Bou89]. Dies scheint jedoch aufgrund experimenteller Daten ausgeschlossen zu sein (siehe Abschn. 9.3 und [Cal90a,91c,92]).

9.2.3.6 Topologische Defekte der Raumzeit

Neben den bislang diskutierten „echten" Teilchen können auch sogenannte topologische Defekte einen Beitrag zur dunklen Materie liefern. Man vermutet, daß am Ende der im frühen Universum herrschenden GUT-Symmetrie bei

9.2 Kandidaten für dunkle Materie

$$t \approx 10^{-36} \text{ s}, \quad E \approx 10^{15} \text{ GeV}, \quad T \approx 10^{28} \text{ K} \tag{9.50}$$

eine Symmetriebrechung stattfand, die zur Trennung der durch die Gruppen $SU(3)$ und $SU(2) \otimes U(1)$ beschriebenen Wechselwirkungen führte. Das 24-dimensionale Higgsfeld richtete sich aus, wobei die Orientierungsphasenwinkel bei der spontanen Symmetriebrechung zufällig sind, wie wir im ersten Kapitel beschrieben haben. Bei diesem Phasenübergang müssen folglich Raumdomänen mit unterschiedlichen Ausrichtungen entstanden sein. Diese Gebiete wuchsen mit der Zeit an und berührten sich schließlich.

An den Grenzflächen, an denen die unterschiedlichen Orientierungen aufeinandertreffen, sollten nach unserer heutigen Vorstellung topologisch stabile Defektstellen entstanden sein (Abb. 9.5). Diese können null- bis dreidimensional sein. Sie würden nur aus Vakuum bestehen, allerdings aus dem Vakuum der vorherigen ungebrochenen Symmetrie. Dieses Urvakuum besitzt nach der Symmetriebrechung eine sehr große Energie- und Materiedichte.

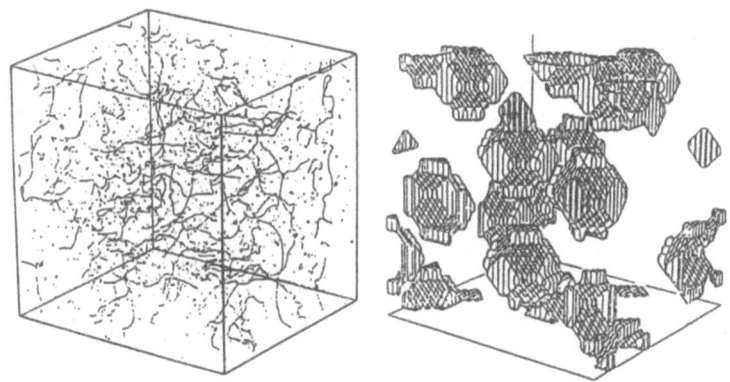

Abb. 9.5 Topologische Defektstellen: Cosmic-String- und Domain-Wall-Simulation (siehe [All90, Pre89]).

Die wohl wichtigsten Defekte sind punktförmige Defekte. Diese sollten eine isolierte magnetische Ladung tragen, d.h. es handelt sich um magnetische Monopole ['tHo74]. Ihre Masse ist mit der Temperatur des Phasenübergangs verknüpft und liegt im Bereich von etwa 10^{16} GeV/c^2. Magnetische Monopole werden in einem eigenen Kapitel ausführlich besprochen. Bislang konnte die Existenz dieser Gebilde trotz intensiver Suche nicht nachgewiesen werden.

Ähnlich den magnetischen Monopolen können sich auch lineare Defekte gebildet haben, die als *kosmische Strings* bezeichnet werden. Diese fadenförmigen Gebilde besitzen eine typische lineare Massendichte von 10^{22} gcm^{-1} und

9 Die Suche nach dunkler Materie im Kosmos

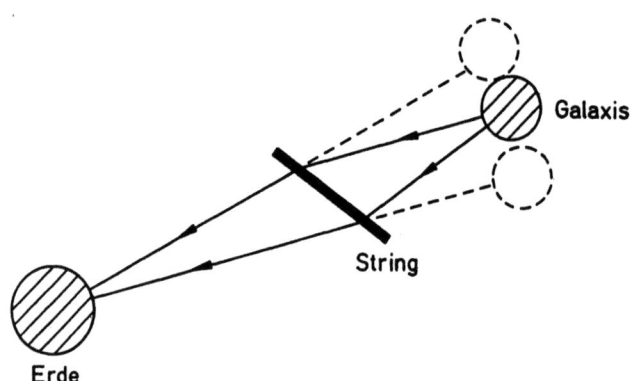

Abb. 9.6 Gravitationslinseneffekt. Kosmische Strings würden den sie umgebenden Raum derart krümmen, daß dahinterliegende Objekte als Doppelbilder erscheinen sollten.

können entweder offen oder geschlossen vorliegen. Infolge ihrer Gravitationswirkung könnten sie als Kondensationskeime für die Galaxienentstehung gedient haben [Alb85, Vil87, Vil88].

Ein Nachweis solcher Strings könnte aufgrund ihrer großen Masse durch den Gravitationslinseneffekt gelingen. Strings würden den sie umgebenden Raum derart krümmen, daß die dahinterliegenden Objekte als Doppelbilder erscheinen sollten (siehe Abb. 9.6). Das Licht weit entfernter Galaxien könnte durch den String gemäß den Gesetzen der allgemeinen Relativitätstheorie abgelenkt werden. Der Beobachter auf der Erde würde zwei benachbarte, spiegelbildliche Galaxien mit identischen spektralen Eigenschaften sehen. Dieser Gravitationslinseneffekt wurde bereits an entfernten Quasaren gefunden, bei denen eine Galaxie im Vordergrund als Gravitationslinse diente (siehe [Kay92]).

Darüber hinaus wird diskutiert, daß kosmische Strings supraleitend sind. Elektrisch geladene Teilchen wie Elektronen wären im symmetrischen Vakuum des Strings masselos, da sie erst durch die Symmetriebrechung über den Higgs-Mechanismus eine Masse erhalten. Daher können mit sehr geringem Energieaufwand Teilchen-Antiteilchen-Paare erzeugt werden, die sich mit Lichtgeschwindigkeit bewegen. Es läge also ein Stromfluß mit verschwindendem Widerstand vor. Durch die Wechselwirkung mit geladenen Teilchen könnten supraleitende Strings zur Emission von Radiowellen angeregt werden [Vil87].

Auch höherdimensionale Fehlstellen werden diskutiert, neben den zweidimensionalen „domain walls" insbesondere dreidimensionale Defekte, sogenannte „Textures" [Tur89a].

9.2.3.7 Weitere Exotika

Der Phantasie bei der Vorstellung immer neuer Kandidaten für die dunkle Materie sind praktisch keine Grenzen gesetzt. Wir erwähnen im folgenden noch kurz zwei exotischer anmutende Ansätze.

- *Schattenmaterie*

Superstring-Theorien versuchen durch Annahme der Fermionen als eindimensionale ausgedehnte Objekte die Erfolge der Supersymmetriemodelle hinsichtlich der Beseitigung der Divergenzen in der Quantenfeldtheorie der nichtgravitativen Kräfte auch auf den Bereich der Gravitation auszudehnen, und auch in Energiebereiche oberhalb der Planck-Masse vorzudringen. Mathematisch lassen sich anomaliefreie Superstringtheorien nur für die Eichgruppen $SO(32)$ und $E_8 \otimes E_{8'}$ angeben. Letztere spaltet in zwei Sektoren auf, einen, der die gewöhnliche Materie beschreibt, und einen, der die Schattenmaterie beschreibt ($E_{8'}$). Beide Sektoren können nur über die Gravitation miteinander wechselwirken [Kol85, Gre86a].

- *Quark-Nuggets*

Quark-Nuggets wurden 1984 vorgeschlagen [Wit84]. Es handelt sich dabei um stabile, makroskopische Gebilde aus Quarkmaterie, bestehend aus u-, d- und s-Quarks mit Dichten im Bereich der Kerndichte von 10^{15} gcm^{-3}, und mit Massen im Bereich von einigen GeV/c^2 bis zur Masse eines Neutronensterns. Sie werden in einem hypothetischen QCD-Phasenübergang gebildet, gelten im allgemeinen aber als sehr unwahrscheinlich.

9.3 Experimente zum Nachweis dunkler Materie

Zum Abschluß des Kapitels über dunkle Materie wollen wir einige wenige Beispiele aus dem breiten Spektrum der Nachweismethoden für die oben genannten Kandidaten diskutieren. Auf die Bestimmung einer möglichen Neutrinomasse der leichten Neutrinosorten gehen wir an dieser Stelle nicht ein, da diese Thematik in früheren Kapiteln ausführlich diskutiert wurde. Auch der Nachweis von magnetischen Monopolen wurde bereits behandelt. Einen Überblick über den Nachweis dunkler Materie findet man in [Prim88, Smi90b, Cal91c,92,93].

Die allgemeine Schwierigkeit des Nachweises eines der oben genannten Teilchen folgt aus der Tatsache, daß sie elektrisch neutral sind und nur an der schwachen Wechselwirkung teilnehmen. Man unterscheidet prinzipiell zwischen zwei Nachweismethoden (vgl. dazu Abb. 9.7), dem direkten und dem

442   9 Die Suche nach dunkler Materie im Kosmos

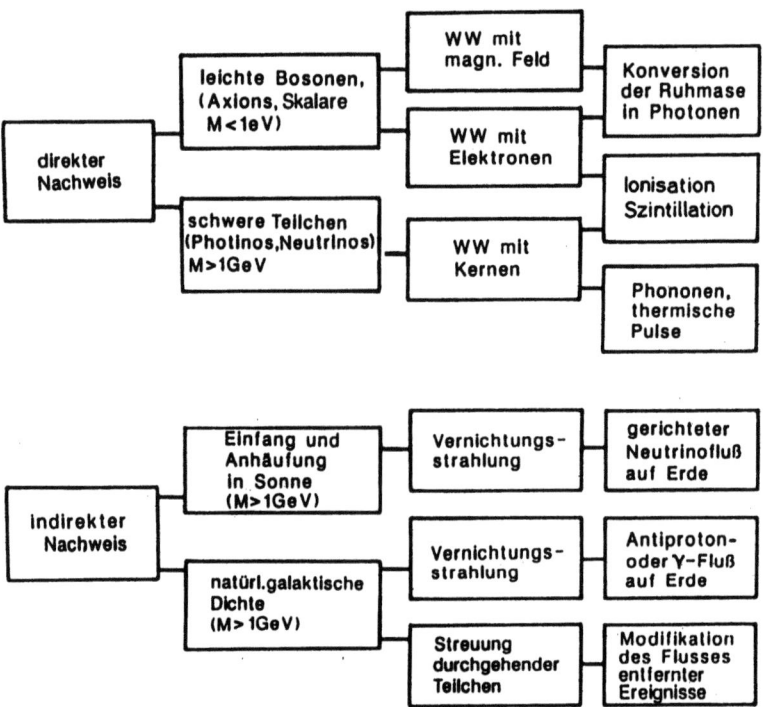

Abb. 9.7 Übersicht über die verschiedenen Methoden zum Nachweis dunkler Materie (nach [Smi90b]).

indirekten Nachweis. Beim direkten Nachweis werden die Folgen der Wechselwirkung mit Elektronen oder Atomkernen in einer erdgebundenen Apparatur untersucht. Bei der indirekten Methode versucht man, den Fluß sekundärer Teilchen nachzuweisen, der etwa durch die Annihilation solarer oder galaktischer dunkler Materie zustande kommt.

9.3.1 Experimente zum Nachweis des Axions

Der Nachweis eines Axions ist wegen der kleinen Kopplungskonstanten und der entsprechend geringen, zu erwartenden Anzahl an Ereignissen sehr schwierig. Einen Überblick über Experimente, die das Axion betreffen, findet man in [Raf90, Tur90]. Trotz großer Anstrengungen konnte dieses hypothetische Teilchen nicht nachgewiesen werden, es existieren nur noch wenige Parameterbereiche (Axionenmasse, Kopplungskonstanten), die durch die Experimente nicht ausgeschlossen werden. Wir beschränken uns hier auf die

9.3 Experimente zum Nachweis dunkler Materie 443

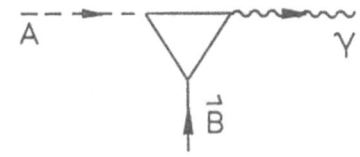

Abb. 9.8
Wechselwirkung eines Axions (A)
mit einem Magnetfeld.

Skizzierung zweier möglicher Nachweismethoden und einige Bemerkungen zu astrophysikalischen Einschränkungen.

[Sik83,85] wiesen darauf hin, daß sich die Masse eines Axions durch die Wechselwirkung mit einem Magnetfeld in ein beobachtbares Photon umwandeln kann (Abb. 9.8). Unter Ausnutzung dieses Sachverhaltes wurde das in Abb. 9.9 schematisch angedeutete Experiment aufgebaut. In einem 4K-Kryostaten ist ein Hohlraumresonator aus Kupfer eingelassen, der sich in einem Magnetfeld befindet. Wenn die Frequenz der durch die Wechselwirkung zwischen Axionen und dem Magnetfeld entstehenden Photonen der Resonatorfrequenz entspricht, dann „sammeln" sich diese Photonen im Resonator und ergeben ein nachweisbares Signal. Eine Axionmasse im Bereich von 10^{-5} bis 10^{-3} eV/c^2 entspräche einer Frequenz im Mikrowellenbereich von 2 bis 200 GHz. In diesem Experiment ist es notwendig, den gesamten zugänglichen Frequenzbereich systematisch und genau abzutasten, da die erwartete Linie äußerst scharf ist ($\Delta E/E \approx 10^{-6}$). Man arbeitet bei einer Magnetfeldstärke von 5 Tesla und einem Resonatorvolumen von 0.01 m^3. Bisher konnte kein positives Signal gefunden werden [Wue89, Smi90b].

Eine andere, sehr interessante Möglichkeit eines Nachweises ist in Abb. 9.10 angedeutet [Bib87, Smi90b]. Ein hochenergetischer Laserstrahl durchfliegt ein transversales Magnetfeld. Dort können sich einige Photonen in Axio-

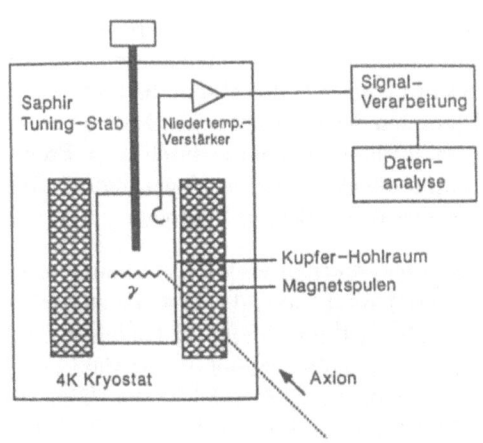

Abb. 9.9
Experiment zum Axionnachweis auf der Grundlage der in Abb. 9.8 dargestellten Reaktion. In einen 4K-Kryostaten ist ein Hohlraumresonator aus Kupfer eingelassen, der sich in einem Magnetfeld befindet (aus [Smi90b]).

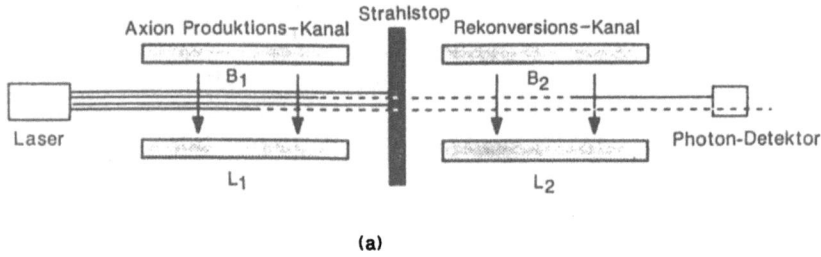

(a)

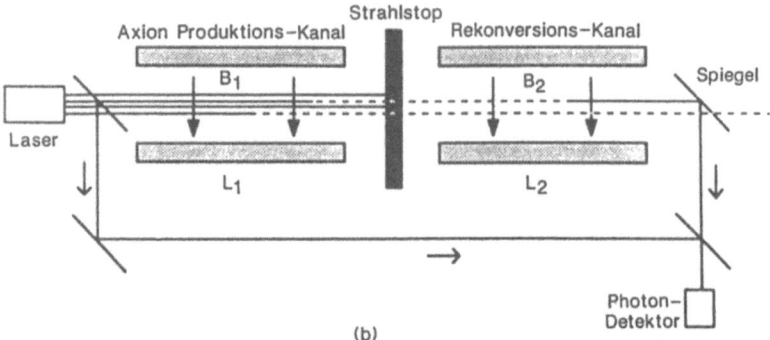

(b)

Abb. 9.10 Erzeugung und Nachweis von Axionen mit Hilfe eines leistungsstarken Lasers und Verwendung des in Abb. 9.8 dargestellten Prozesses: (a) direkter Nachweis der regenerierten Photonen; (b) Interferenz zwischen regenerierten und ursprünglichen Photonen (aus [Smi90b]).

nen umwandeln. Ein Strahlstopper, der für das Laserlicht undurchlässig ist, kann von den Axionen ungehindert passiert werden. Letztere gelangen in ein zweites transversales Magnetfeld, in dem sich einige der Axionen wieder zu Photonen der ursprünglichen Energie umwandeln. Der Nachweis der regenerierten Photonen könnte durch einen Photomultiplier erfolgen. Man kann die Empfindlichkeit noch erhöhen, indem man den ursprünglichen Laserstrahl mit den regenerierten Photonen zur Interferenz bringt.

Vor allem Sternentwicklungsrechnungen schließen Axionen mit Massen größer als $1\text{ eV}/c^2$ aus, da diese als zusätzlicher Verlustmechanismus zu einer schnelleren Entwicklung als beobachtet führen. Dies gilt streng genommen nur für das DFSZ-Axion, für hadronische Axionen bleibt eine Masse im Bereich weniger eV/c^2 möglich. Die Dauer des Neutrino-Pulses der Supernova SN1987A scheint ebenfalls Massen größer als $10^{-3}\text{ eV}/c^2$ auszuschließen.

Kosmologische Argumente schließen Massen $< 10^{-5}$ eV/c^2 aus, da sonst zuviel Materie in Form von Axionen vorhanden ist. Es bleibt also der Bereich 10^{-3} bis 10^{-5} eV/c^2 und für hadronische Axionen von einigen wenigen eV/c^2 (siehe [Kol90, Raf90]). Experimentelle Ergebnisse bzgl. solarer Axionen hat man aus Doppelbetazerfallsexperimenten mit Ge-Detektoren erhalten, welche Massen > 14.4 eV/c^2 ausschließen [Avi88]. Kürzlich wurde die Ausnutzung der Bragg-Streuung zum Nachweis solarer Axionen vorgeschlagen [Pas94].

9.3.2 Der Nachweis von WIMP's

Der Nachweis schwerer WIMP's (Weakly Interacting Massive Particles) könnte über die Rückstoßenergie, die bei der Wechselwirkung z.B. an einen Atomkern übertragen wird, erfolgen. Der Zusammenstoß eines solchen Teilchens der Masse m_d liefert ein Rückstoßspektrum des Kerns, das typischerweise im Bereich von $10^{-6} \cdot m_d c^2$ liegt. Für die Berechnung der Wirkungsquerschnitte für die elastische Streuung von Neutralinos an Atomkernen sowie für die möglichen Einschränkungen des Parameterraumes der Minimalen Supersymmetrischen Erweiterung des Standardmodells (MSSM) durch die Suche nach Neutralinos sei auf [Ell93,94, Bed94a,b, Bot94] verwiesen.

Um WIMP-Kandidaten mit Massen von 1–10 GeV/c^2 nachzuweisen, müssen Rückstoßenergien im Bereich von einigen keV gemessen werden. Dies kann über Ionisation oder über die Wärmeentwicklung erfolgen. Wir wollen im folgenden kurz auf Tieftemperaturmethoden und auf die Messung der Ionisation in Halbleiterzählern eingehen (für Einzelheiten siehe [Prim88, Smi90b, Cal91b,c, Boo92, Fif93, Pre93, Sad94]).

• *Tieftemperaturmethoden*

Eine dieser Tieftemperaturmethoden verwendet supraleitende Spulen (siehe Abb. 9.11). Ein WIMP trifft auf eine Spule, die bei Temperaturen geringfügig unterhalb der Sprungtemperatur betrieben wird. Die Rückstoßenergie ist groß genug, um lokal die Cooper-Paare im Leiter zu zerstören, was ein meßbares Spannungssignal erzeugen würde.

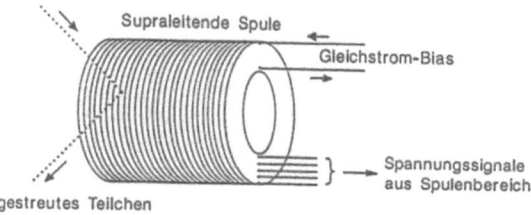

Abb. 9.11
Zum Nachweis von WIMPs: Nachweis der Kernrückstoßenergie mit supraleitenden Spulen.

9 Die Suche nach dunkler Materie im Kosmos

Eine mögliche Realisierung dieser Technik (siehe [Pre87,90,93, Mös91]) besteht aus einem Detektor aus kleinen supraleitenden Kugeln (Supraleiter erster Art) mit einem Durchmesser von 5−10 μm, die in einem dielektrischen Trägermaterial eingebettet sind. Die gesamte Anordnung befindet sich in einem Magnetfeld. Der Meissner-Ochsenfeld-Effekt bewirkt, daß die Magnetfeldlinien unterhalb der Sprungtemperatur aus den Kügelchen herausgedrückt werden. Die Temperatur und das äußere Magnetfeld sind so angepaßt, daß sich der Supraleiter in einem metastabilen Zustand befindet. Findet nun eine Wechselwirkung statt, so reicht die Rückstoßenergie aus, um das entsprechende Kügelchen in den normalleitenden Zustand zu überführen. Die dadurch hervorgerufene Flußänderung kann nachgewiesen werden.

Man kann auch versuchen, die Rückstoßenergie E_R kalorimetrisch zu bestimmen, d.h. die durch E_R hervorgerufene Erwärmung eines Kristalls nachzuweisen. Der Kristall muß dazu auf sehr tiefe Temperaturen (in den Bereich einiger mK) abgekühlt werden. Wegen der T^3-Abhängigkeit der Wärmekapazität

$$C_V = \left(\frac{\partial Q}{\partial T}\right)_V \tag{9.51a}$$

$$\sim \left(\frac{T}{\Theta_D}\right)^3, \quad (T \ll \Theta_D) \tag{9.51b}$$

würde die Rückstoßenergie $E_R = \Delta Q$ unterhalb der Debye-Temperatur eine relativ große Temperaturerhöhung hervorrufen. Um die Empfindlichkeit zu steigern, sollte man das Target in viele Gebiete mit sehr kleinem Volumen unterteilen, da die Temperaturerhöhung um so größer wird, je kleiner das Volumen ist. Darüber hinaus verwendet man möglichst ein Material mit einer geringen Wärmekapazität, und arbeitet typischerweise im mK-Bereich. Erste entsprechende Detektoren, so etwa ein 334 g schwerer TeO$_2$-Kristall, sind inzwischen bereits im Einsatz in Doppelbetazerfallsexperimenten [Giu91, Ale94].

- *Ionisation in einem Halbleiterzähler*

Wenn die Wechselwirkung (elastische Streuung) eines WIMP in einem Halbleiterdetektor stattfindet, kann der Rückstoßkern einige Elektron-Loch-Paare erzeugen. Diese freien Ladungsträger wandern wegen des angelegten Feldes in entgegengesetzte Richtungen aus der Verarmungszone heraus und erzeugen einen Stromstoß. Da nur sehr wenige Ereignisse erwartet werden, muß man einen gut gegen die Höhenstrahlung und andere äußere Einflüsse abgeschirmten Detektor verwenden. Solche Germanium-Halbleiterzähler

9.3 Experimente zum Nachweis dunkler Materie

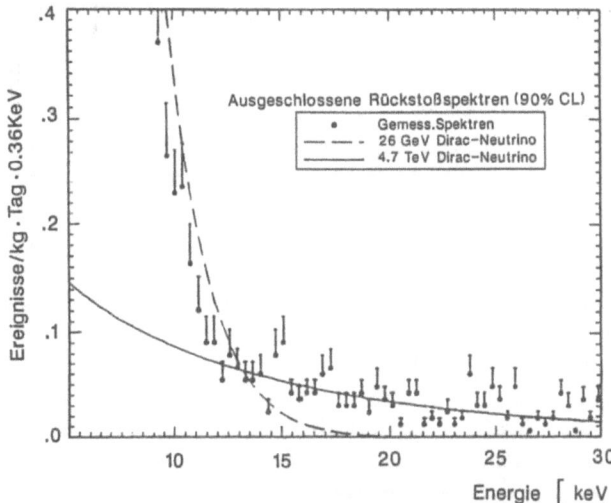

Abb. 9.12 Niederenergetischer Teil des mit einem in ^{76}Ge angereicherten Detektor in 166 kg·d aufgenommenen Spektrums. Die Fehlerbalken bezeichnen 90% c.l. Gezeigt sind ferner die erwarteten Rückstoßspektren für Dirac-Neutrinos mit Massen von 26 GeV/c^2 und 4,7 TeV/c^2 (aus Bec94, Kla94]).

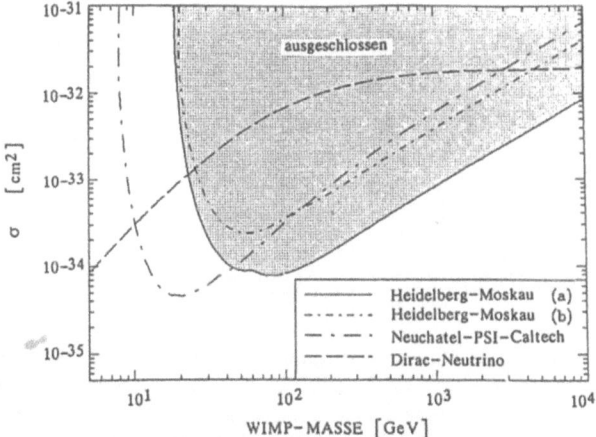

Abb. 9.13 Ausschließungsdiagramm für WIMPs aus dem Heidelberg-Moskau-Experiment [Bec94, Kla93b,94]: WIMPs mit Massen und Wirkungsquerschnitten σ im schraffierten Bereich sind ausgeschlossen, z.B. Dirac-Neutrinos mit Massen zwischen 26 GeV/c^2 und 4,7 TeV/c^2. (Die Kurve (b) ist korrigiert bzgl. Kohärenzverlust). Ebenfalls gezeigt sind Ergebnisse des Gotthard-Experiments [Reu91, Tre91].

werden zur Untersuchung des Doppelbetazerfalls von ^{76}Ge verwendet (siehe Kap. 6). Abb. 9.12 zeigt das niederenergetische Spektrum eines dieser Experimente (Heidelberg-Moskau-Experiment), das im Gran-Sasso-Tunnel in Italien betrieben wird [Bec94, Kla93c-d, Kla94]. Mit eingezeichnet sind die erwarteten Rückstoßspektren für Dirac-Neutrinos mit Massen von 26 bzw. 4700 GeV/c^2. Solche Auswertungen ergeben obere Grenzen für Massen und Kopplungsstärken von schwach wechselwirkenden, massiven Teilchen. Begrenzt wird die Aussagekraft zu niedrigeren Massen hin durch das Rauschen des Detektors. Abb. 9.13 zeigt Ausschließungsdiagramme für schwere Dirac-Neutrinos unter Annahme von Standardkopplung[3], die aus einem solchen Germaniumexperiment gewonnen wurden, sowie für WIMP's (Massen und Wirkungsquerschnitte) [Bec94, Kla94]. Abb. 9.14a (aus [Ell90a, Sch90d]) zeigt entsprechende Ergebnisse eines anderen ^{76}Ge-Experimentes [Cal88a,91c]. Die Empfindlichkeit solcher Experimente übertrifft ersichtlich die der jüngsten LEP-Ergebnisse [ALE92], die zum Vergleich mit angegeben sind. Genauer gesagt sind sie komplementär zu den LEP-Experimenten, die empfindlicher für leichtere Teilchen sind, wogegen die Empfindlichkeit der Halbleiterdetektoren bis zu sehr großen Massen hinaufreicht.

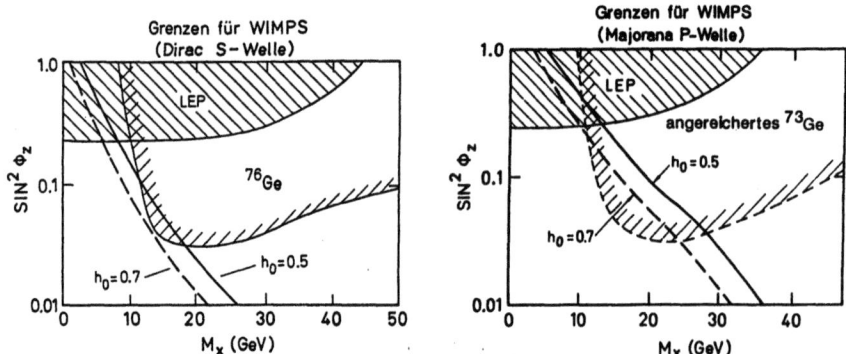

Abb. 9.14 Ausschließungsdiagramme für WIMPs mit Masse M_X und Kopplungsstärke $\sin^2\theta_Z$ (relativ zur Kopplung des Neutrinos an das Z^0) für Dirac- (a) und Majorana-Teilchen (b). In (a) ist der Bereich oberhalb der schraffierten Kurve experimentell ausgeschlossen [Cal91c], während die Ausschließungsgrenze in (b) einem projektierten Experiment entspricht (nach [Ell90a, Schr90d, Kla91c-e]).

---

[3] Da der Wirkungsquerschnitt für Sneutrino-Kern-Wechselwirkung vier mal so groß ist wie der für Dirac-Neutrino-Kern-Wechselwirkung, schließt das Heidelberg-Moskau-Experiment schwere *Sneutrinos* des minimalen supersymmetrischen Standardmodells als Kandidaten dunkler Materie ebenfalls aus [Fal94].

9.3 Experimente zum Nachweis dunkler Materie

Es ist zu beachten, daß die genannten Halbleiter-Experimente auf der kohärenten Streuung der WIMPS's beruhen, für die

$$\sigma^{\text{coh.}} \simeq N^2 \tag{9.52}$$

gilt (N ist die Anzahl der Neutronen im streuenden Kern).
Neben solcher kohärenter Wechselwirkung besteht auch die Möglichkeit einer *spinabhängigen* Wechselwirkung. Von besonderem Interesse wäre hier ein Germaniumdetektor, in dem das Isotop ^{73}Ge angereichert ist, da dieses Isotop einen Kernspin von $J = 9/2$ besitzt, während die anderen stabilen Ge-Isotope einen verschwindenden Kernspin aufweisen. Ein solcher Detektor könnte zum Nachweis von spinabhängigen Wechselwirkungen dienen. Zur Klasse von Kandidaten dunkler Materie, die hauptsächlich spinabhängig wechselwirken, zählen Majorana-Neutrinos und das leichteste supersymmetrische Teilchen (LSP). Abb. 9.14b zeigt die Möglichkeiten zum Nachweis von WIMP's bei Verwendung eines 2 kg schweren Detektors aus zu ≈85% angereichertem (natürliche Häufigkeit 7.8%) ^{73}Ge (siehe [Kla91a,d]) im Vergleich zu den existierenden LEP-Daten. Als Unsicherheit geht in die Auswertung solcher Experimente neben den Kernmatrixelementen auch die Spinstruktur des Protons ein (siehe [Ell88, Prim88, Iac91, Nik93, Bed94]).

Der *gleichzeitige* Nachweis der Ionisation und der Phononen bei niedrigen Temperaturen mit einem 60 g schweren Kryo-Ge-Detektor wurde kürzlich in Berkeley demonstriert (siehe [Cal91c, Cal94, Sad94]).

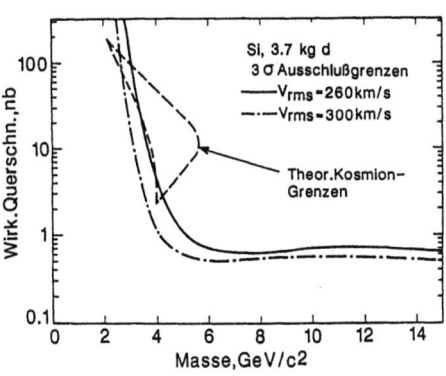

Abb. 9.15
Ausschließungsdiagramm für dunkle Materie-Teilchen (verschiedener Geschwindigkeit) in einem Si-Experiment. Die Bereiche oberhalb der Kurven sind ausgeschlossen, darunter Kosmionen, deren theoretisch erlaubter Bereich zwischen den gestrichelten Kurven liegt (aus [Cal91c, Cal92]).

Von Interesse sind auch Experimente mit Silizium-Halbleiterzählern. Der Vorteil von Silizium liegt in der kleineren Masse, die eine größere Rückstoßenergie und damit – im Prinzip – eine größere Empfindlichkeit zur Folge hat. Abb. 9.15 zeigt ein mit Si-Detektoren gemessenes Ausschließungsdiagramm für Kosmionen [Cal90b,91c,92]. Der für die Lösung des solaren

9 Die Suche nach dunkler Materie im Kosmos

Neutrino-Problems (siehe Kap. 7) geforderte Bereich (innerhalb der gestrichelten Kurve) ist praktisch vollständig ausgeschlossen. Abb. 9.16 zeigt einen Ausblick auf erhoffte zukünftige Möglichkeiten zum Nachweis nichtbaryonischer dunkler Materie mit Kryo-^{73}Ge-Detektoren und theoretische Erwartungen.

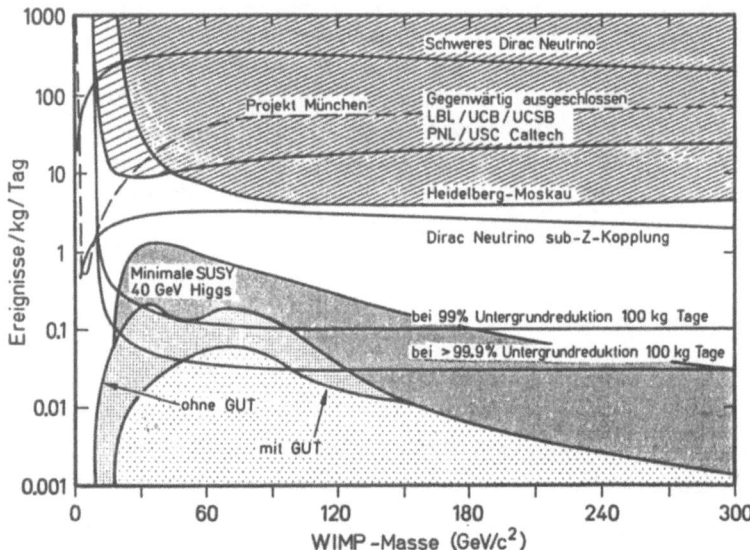

Abb. 9.16 Gegenwärtige Nachweisgrenzen von WIMPs mit Ge-Detektoren (schraffierte Bereiche) und erhoffte Steigerung der Empfindlichkeit mit angereicherten ^{73}Ge-Kryo-Detektoren (Kurven 99 und 99,9%). Gezeigt ist auch der Empfindlichkeitsbereich des im Aufbau befindlichen Münchner Kryo-Experiments [Coo93, Sei93, Fer94], das ebenfalls im Gran Sasso durchgeführt werden soll. Eingezeichnet sind ferner Erwartungen für *spinabhängig* wechselwirkende WIMPs in verschiedenen GUT-Modellen (nach [Cal94, Sad94, Kla94]).

- *Beschleunigerexperimente*

Zum Abschluß noch einige Bemerkungen zu jüngeren Beschleunigerresultaten: Bei LEP wurden große Anstrengungen unternommen, um nach Higgs- und SUSY-Teilchen zu suchen [ALE92]. Die vier LEP-Experimente haben den gesamten kinematisch zugänglichen Massenbereich abgesucht. Wie die Suche nach dem Higgs-Teilchen, das im Massenbereich $m_{Higgs} < 48$ GeV/c^2 ausgeschlossen wurde [Ade91c], war auch die Suche nach SUSY-Teilchen praktisch im gesamten kinematisch zugänglichen Massenbereich von keinem Erfolg gekrönt. Für s-Quarks und s-Leptonen konnten untere Massengrenzen von $40-45$ GeV/c^2 ermittelt werden.

9.3 Experimente zum Nachweis dunkler Materie 451

9.3.3 Suche nach Quark-Nuggets (Nukleariten)

Ein Teil des MACRO-Detektors (siehe Kap. 8) wurde zur Suche nach Quark-Nuggets (auch Nuklearite genannt, siehe Abschn. 9.2.3.7) in der kosmischen Strahlung eingesetzt [Ahl92]. Die ermittelten Flußgrenzen liegen bei $1,1 \cdot 10^{-14}\text{cm}^{-2}\text{sr}^{-1}\text{s}^{-1}$ für $10^{-10}\text{g} < m < 0,1$ g und bei $5,5 \cdot 10^{-15}\text{cm}^{-2}\text{sr}^{-1}\text{s}^{-1}$ für $m > 0,1$ g.

Wir haben nur einige wenige Resultate aus der Vielzahl von Experimenten angesprochen. Trotz aller Anstrengungen ist es bislang noch nicht gelungen, einen eindeutigen Hinweis auf die Existenz eines Kandidaten für dunkle, insbesondere nicht-baryonische Materie zu finden.

10 Fraktionell geladene Teilchen

10.1 Das Quark-Confinement

Experimente zur Suche nach Teilchen mit elektrischen Ladungen q_e kleiner als die Elementarladung [Coh87]

$$e = 1.60217733(49) \cdot 10^{-19} \text{ C} \tag{10.1}$$

begannen mit der Einführung des Quarkmodells durch Gell-Mann und Zweig [Gel64, Zwe64]. Gell-Mann zeigte, daß die beobachteten Teilchenmultipletts sehr einfach verstanden werden können, wenn man sich die Hadronen aus Konstituenten mit drittelzahligen Ladungen ($+2/3e$ und $-1/3e$) aufgebaut denkt. Diese Konstituenten bezeichnete er als Quarks. Obwohl die Quarks zunächst eher als mathematische Gebilde, als Ausdruck einer grundlegenden Symmetrie, betrachtet wurden, begann die Suche nach diesen Objekten schon bald nach ihrer Postulierung. Gell-Mann selbst schlug solche Experimente vor, um sich von der Nicht-Existenz reeller Quarks zu überzeugen. Wie wir in Kap. 1 bereits diskutiert haben, besteht heute kein Zweifel mehr an der physikalischen Realität der Quarks, auch wenn es bislang nicht gelungen ist, freie Quarks zu identifizieren.

Aus der Tatsache, daß die meisten Experimente ein negatives Ergebnis zeigten, erwuchs schließlich das Konzept des Confinements, welches wir bereits in Kap. 1 dargestellt haben. Die heutige Auffassung ist, daß infolge der speziellen Eigenschaften der Farbwechselwirkung alle physikalischen Systeme wie Mesonen und Baryonen nach außen hin farbneutral („weiß") erscheinen, d.h. ein Singulett bezüglich der Farbwechselwirkung bilden. Quarks können danach nicht als freie Teilchen, sondern nur in gebundenen Systemen existieren („Quark-Confinement"). Die kleinsten farbneutralen Quarksysteme bestehen aus drei Quarks unterschiedlicher Farbe (qqq = Baryonen) oder aus einem Quark-Antiquark-Paar ($q\bar{q}$ = Mesonen).

Die Suche nach freien Quarks besitzt nach wie vor große Bedeutung als Test der Confinement-Hypothese. Insbesondere stellt sich die Frage, ob der Quarkeinschluß exakt gilt und ob er für beliebige Energien gültig bleibt, oder ob das Confinement ab einer bestimmten Energie zusammenbricht.

Darüber hinaus existieren Theorien der Großen Vereinigung, die die Existenz von weiteren fraktionell geladenen Teilchen fordern [Ing86, Wet86]. Bestimmte höherdimensionale Modelle führen exotische Quarks mit elektrischen Ladungen $q_e = +1/6\,e$ und $q_e = -5/6\,e$ ein. Zusammen mit den Standardquarks bilden diese Teilchen Baryonen und Mesonen mit halbzahligen elektrischen Ladungen. Das leichteste dieser neuen Hadronen sollte stabil sein, sofern die Ladungserhaltung gilt. Während GUT-Modelle wie $SU(5)$, $SO(10)$ oder E_6 fordern, daß die Ladung aller Farbsingulett-Zustände ein ganzzahliges Vielfaches der Elementarladung e beträgt, erlauben höherdimensionale Modelle auch farblose Teilchen mit halbzahligen Ladungen. Als Beispiel seien Superstring-Theorien genannt, die auf $E_8 \otimes E_8$- oder $SO(32)$-Symmetriegruppen beruhen. Da die Massen der neuen, exotischen Quarks mit der $SU(2) \otimes U(1)$-Symmetriebrechung verknüpft sind, erwartet man Werte im Bereich der Masse des W-Bosons oder darunter [Ing86].

Wegen der relativ großen Anzahl an Quarks und Leptonen, die heute bereits bekannt sind, wurden Theorien entwickelt, die diese „Elementarteilchen" aus noch elementareren Komponenten (Subquarks oder Präonen) aufbauen (siehe z.B. [Ter80, Schr85b, Moh86a] und dort genannte Referenzen). Die elektrischen Ladungen dieser „subquarks" betragen z.B. nach [Ter80]

$$q_e/e = \pm 1/2, 0, +1/6\,. \tag{10.2}$$

Daneben wird auch über sehr schwere, fraktionell geladene Leptonen spekuliert [Bar83b]. Diese neuen Leptonen sollten stabil sein und könnten daher in der kosmischen Strahlung auftreten. Bezüglich einer allgemeinen Diskussion des Ursprungs fraktioneller Ladungen sei auf [Ber85d] verwiesen.

10.2 Experimente zur Suche nach freien Quarks

10.2.1 Der Millikan-Versuch

Den direkten Beweis für die Existenz der Quantelung der elektrischen Ladung und die ersten genauen Bestimmungen der Größe der Elementarladung erbrachte Millikan im Jahre 1910 [Mil10]. Die experimentelle Methode nach Millikan beruht auf der unmittelbaren Messung der Ladung sehr kleiner Öltröpfchen. Zwischen die Platten eines horizontal gelagerten Kondensators werden durch einen Zerstäuber kleine Flüssigkeitstropfen gebracht, von denen ein Teil durch den Zerstäubungsprozeß selbst oder durch nachträgliche Belichtung mit ionisierender Röntgenstrahlung mit einer Ladung q aufgeladen werden. Im feldfreien Raum ($\vec{E} = 0$) wirken auf ein Tröpfchen die um den Auftrieb korrigierte Schwerkraft nach unten

10 Fraktionell geladene Teilchen

$$F_S = \frac{4\pi}{3}r^3(\rho - \rho_L)g \qquad (10.3)$$

und die der Bewegungsrichtung entgegengesetzte Reibungskraft

$$F_R = 6\pi\eta r v_g \quad \text{„Stokessches Gesetz"}. \qquad (10.4)$$

ρ bezeichnet hier die Dichte des Öls, ρ_L ist die Dichte der Luft. Durch Messen der freien Fallgeschwindigkeit v_g kann übrigens der Tröpfchenradius über die Bedingung

$$\frac{4\pi}{3}r^3(\rho - \rho_L)g = 6\pi\eta r v_g \qquad (10.5)$$

bestimmt werden. Es folgt

$$r = 3\sqrt{\frac{\eta v_g}{2(\rho - \rho_L)g}}. \qquad (10.6)$$

Die Bewegung läßt sich mittels eines Lichtmikroskops beobachten. Durch Anlegen einer geeigneten Spannung U an den Kondensator kann ein geladenes Tröpfchen der Ladung q in der Schwebe gehalten werden, d.h. wir fordern

$$F_S = qE = q\frac{U}{d}, \qquad (10.7)$$

woraus die Ladung unter Verwendung von Gl. (10.6) einfach bestimmt werden kann. In der Schwebe sind wegen der Brownschen Molekularbewegung nur sehr ungenaue Resultate zu erwarten. Durch Umpolen des elektrischen Feldes kann man jedoch ein geladenes Tröpfchen abwechselnd schnell absinken und langsam wieder aufsteigen lassen und die wegen der Reibungskraft zeitlich konstanten Geschwindigkeiten v_1 und v_2 in den beiden Bewegungsrichtungen messen. Man erhält zwei einfache Bewegungsgleichungen

$$\frac{4\pi}{3}r^3(\rho - \rho_L)g + qE - 6\pi\eta r v_1 = 0 \quad \text{Abwärtsbewegung}, \qquad (10.8a)$$

$$\frac{4\pi}{3}r^3(\rho - \rho_L)g - qE + 6\pi\eta r v_2 = 0 \quad \text{Aufwärtsbewegung}. \qquad (10.8b)$$

Aus Präzisionsmessungen der Geschwindigkeiten v_1 und v_2 folgt schließlich die Ladung des Tröpfchens

$$q = \frac{9\pi}{2E}\sqrt{\frac{\eta^3(v_1 - v_2)}{g(\rho - \rho_L)}}(v_1 + v_2). \qquad (10.9)$$

Millikans Messungen ergaben das wichtige Ergebnis, daß die elektrische Ladung jedes Tröpfchens ein ganzzahliges Vielfaches der Elementarladung e ist

$$q = ze, \quad z \in Z. \qquad (10.10)$$

10.2 Experimente zur Suche nach freien Quarks

Wir haben diesen grundlegenden Versuch hier noch einmal beschrieben, da ähnliche Methoden auch heute noch zur Suche nach freien Quarks verwendet werden. Millikan beobachtete in seinem Experiment übrigens einen Kandidaten, der nicht der Bedingung (10.10) genügte, sondern eine um etwa 30% niedrigere Ladung aufwies (siehe auch [McC83]).

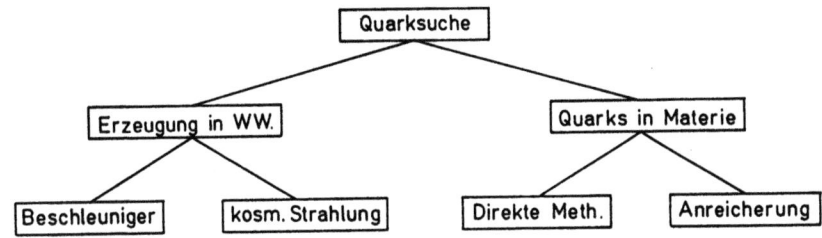

Abb. 10.1 Verschiedene Techniken zur Suche nach freien Quarks (nach [Lyo85]).

Es gibt verschiedene Techniken, um nach freien Quarks zu suchen (siehe Abb. 10.1). Entweder versucht man, sie in Wechselwirkungsprozessen zu erzeugen, oder man sucht nach bereits existierenden Quarks in Materie. Wir wollen im folgenden beide Möglichkeiten besprechen.

10.2.2 Erzeugung freier Quarks an Beschleunigern

Da die Erzeugung von fraktionell geladenen Teilchen eine gewisse Schwerpunktsenergie in Abhängigkeit von der Masse des neuen Teilchens erfordert, handelt es sich bei diesen Untersuchungen entweder um Beschleunigerexperimente oder um Messungen an der kosmischen Strahlung.

Der Nachweis von Teilchen mit nicht ganzzahligen Ladungen beruht auf der Tatsache, daß diese ein geringeres Ionisationsvermögen besitzen als ganzzahlige Ladungen bei der gleichen Geschwindigkeit. Aus der gleichzeitigen Messung der Geschwindigkeit und der Ionisation gewinnt man daher Aussagen über die Ladung. Der Energieverlust eines geladenen Teilchens in Materie ist proportional zum Quadrat der elektrischen Ladung

$$\frac{dE}{dx} = \frac{q_e^2}{\beta^2} f(\beta) \,. \tag{10.11}$$

Die Funktion $f(\beta)$ hängt nur von der Teilchengeschwindigkeit ab. Der Durchgang eines Quarks durch einen Szintillationszähler könnte folglich an der ungewöhnlich geringen Ionisation erkannt werden.

Die Quarksuche an Beschleunigern begann 1964 bei CERN in Genf und am Brookhaven National Laboratory (BNL) in New York mit typischen Protonenergien von 30 GeV. Es folgte eine Vielzahl von weiteren Experimenten zur

Suche nach freien Quarks und anderen Teilchen mit ungewöhnlichen Ladungen in hadronischen Kollisionen, in der tiefinelastischen Leptonstreuung und an e^+e^--Speicherringen. Trotz der immer größeren Schwerpunktsenergien, die im Laufe der Jahre zur Verfügung standen, ergaben sich bislang keine Hinweise auf die Existenz freier Quarks (eine Übersicht über Beschleunigerexperimente findet man in [Lyo85, PDG90]).

10.2.3 Die Suche in der kosmischen Strahlung

Im Vergleich zu Experimenten an Beschleunigern bietet die kosmische Strahlung den Vorteil, daß die Untersuchungen zu höheren Energien hin ausgedehnt werden können. Die Ergebnisse aus solchen Messungen lassen allerdings zwei verschiedene Interpretationen zu. Die möglicherweise beobachteten fraktionell geladenen Teilchen können entweder primärer Bestandteil der kosmischen Strahlung sein, oder sie entstehen als Sekundärteilchen in Reaktionen, die durch die kosmische Strahlung ausgelöst werden. Da das Spektrum der kosmischen Strahlung zu hohen Energien sehr stark abfällt, ist eine Umrechnung des Flusses (bzw. einer Flußgrenze) auf einen Produktionsquerschnitt mit sehr großen Unsicherheiten behaftet, da dabei Annahmen über die Energieabhängigkeit des Wirkungsquerschnittes eingehen.

Die 1912 entdeckte kosmische Strahlung bildete lange Zeit das fruchtbarste Feld für Experimente zur Teilchenphysik. Erst später konnten Beschleunigeranlagen die dominierende Rolle übernehmen. Bis heute gibt die kosmische Strahlung noch viele Rätsel auf. So sind z.B. die Quellen dieser Teilchen und die Beschleunigungsmechanismen noch weitgehend unbekannt. Abb. 10.2 zeigt das Spektrum der kosmischen Strahlung, das sich bis hinauf zu Energien von wenigstens 100 EeV = 10^8 TeV erstreckt. Über einen großen Energiebereich folgt dieses Spektrum einem Potenzgesetz

$$-\frac{dN}{dE} \sim E^{-\gamma}. \tag{10.12}$$

Bei $E \simeq 1$ PeV = 10^3 TeV zeigt die Kurve einen leichten Knick, der Index γ wechselt von $\gamma \simeq 2.7$ auf $\gamma \simeq 3.1$. Dieser Knick und die Form des Spektrums bei sehr hohen Energien werden gegenwärtig intensiv untersucht.

Der primäre Fluß setzt sich hauptsächlich aus leichten Kernen zusammen. Allerdings findet man auch praktisch alle anderen stabilen Kerne, viele langlebige Radionuklide, Elektronen und Antiprotonen. Im niederenergetischen Bereich überwiegen die Protonen bei weitem. Typische Detektoren zum Nachweis von Quarks in der kosmischen Strahlung sind als Teleskopdetektoren ausgelegt. Abb. 10.3 zeigt das „Quark-Teleskop" von Fukushima und Mitarbeitern [Fuk69]. Eine Streamerkammer auf der Oberseite dient

10.2 Experimente zur Suche nach freien Quarks

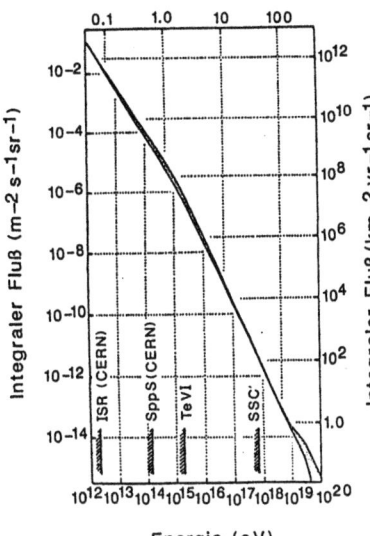

Abb. 10.2
Energiespektrum der primären kosmischen Strahlung. Zum Vergleich ist die äquivalente Schwerpunktsenergie im Nukleon-Nukleon-System mit angegeben (aus [Ric87]).

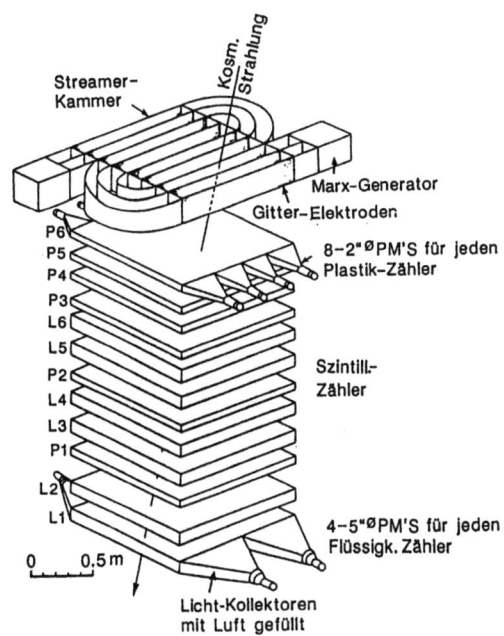

Abb. 10.3
„Quark-Teleskop" zum Nachweis von Quarks in der kosmischen Strahlung (aus [Fuk69]) (siehe Text).

10 Fraktionell geladene Teilchen

der Spurerkennung, die zwölf anschließenden Szintillationszähler messen die Ionisation der durchfliegenden Teilchen. Mit diesem und ähnlichen Detektoren wurden mehrere Experimente in verschiedenen Höhen durchgeführt. Eine Auswahl an Ergebnissen für den Fluß fraktionell geladener Teilchen in der kosmischen Strahlung ist in Tab. 10.1 angegeben. Eine vollständige Liste findet man in [PDG90]. Die oberen Grenzen für den Fluß lagen bis vor kurzem im Bereich von 10^{-10} cm^{-2}s^{-1}sr^{-1} bis 10^{-12} cm^{-2}s^{-1}sr^{-1}. Es gibt jedoch auch Messungen, die zumindest mögliche Kandidaten beobachten konnten.

Tab. 10.1 Der Quarkfluß in der kosmischen Strahlung.

F_{q_e} [cm^{-2}s^{-1}sr^{-1}]	q_e [e]	Ereignisse	Ref.
$< 5 \cdot 10^{-10}$	$+4/3$	0	[Bea72]
$< 2 \cdot 10^{-12}$	$\pm 1/3, \pm 2/3, \pm 1$	0	[Mas83]
$< 1 \cdot 10^{-12}$	$\pm 2/3, \pm 1/2$	0	[Kaw84]
$< 9 \cdot 10^{-10}$	$\pm 1/3, \pm 2/3$	0	[Wad84]
$4 \cdot 10^{-9}$	$\pm 4/3$	7	[Wad84]
$< 2 \cdot 10^{-10}$	$\pm 1/3, \pm 2/3$	0	[Wad88]
	$\pm 4/3$	12	[Wad88]
$< 2.1 \cdot 10^{-15}$	$\pm 1/3$	0	[Mor91]
$< 2.3 \cdot 10^{-15}$	$\pm 2/3$	0	[Mor91]

Sehr empfindliche Messungen zum Fluß fraktioneller Ladungen kommen aus einem Untergrundexperiment, das hauptsächlich dem Nachweis massiver magnetischer Monopole diente [Mas83, Kaw84]. Der Detektor wurde in einer Tiefe von 250 m in der Kamioka-Mine 300 km westlich von Tokio installiert. Er bestand aus insgesamt 60 Plastikszintillatoren, die in 6 Ebenen angeordnet waren. Neben dem Energieverlust wurde die Flugzeit der durchgehenden Teilchen bestimmt. Im Geschwindigkeitsbereich $3 \cdot 10^{-4} < \beta < 1$ wurden keine ungewöhnlichen Ereignisse gefunden. Die Analyse der Daten ergab für den Fluß magnetischer Monopole (vgl. Kap. 8) [Mas83]

$$F_M < 1.5 \cdot 10^{-12} \text{ cm}^{-2}\text{s}^{-1}\text{sr}^{-1}, \quad 6 \cdot 10^{-4} < \beta < 1, \tag{10.13a}$$

$$F_M < 1.8 \cdot 10^{-12} \text{ cm}^{-2}\text{s}^{-1}\text{sr}^{-1}, \quad \beta = 5 \cdot 10^{-4}, \tag{10.13b}$$

$$F_M < 2.5 \cdot 10^{-12} \text{ cm}^{-2}\text{s}^{-1}\text{sr}^{-1}, \quad \beta = 4 \cdot 10^{-4}, \tag{10.13c}$$

$$F_M < 9.2 \cdot 10^{-12} \text{ cm}^{-2}\text{s}^{-1}\text{sr}^{-1}, \quad \beta = 3 \cdot 10^{-4}. \tag{10.13d}$$

Die Flußgrenzen für fraktionell geladene Teilchen mit verschiedenen Ladungen q_e mit $\beta < 0.4$ lauten

$$F_{q_e} < 1.5 \cdot 10^{-12} \text{ cm}^{-2}\text{s}^{-1}\text{sr}^{-1}, \quad 3.5 \cdot 10^{-4} < \beta, \quad |q_e| = 1e \quad (10.14\text{a})$$

$$F_{q_e} < 1.8 \cdot 10^{-12} \text{ cm}^{-2}\text{s}^{-1}\text{sr}^{-1}, \quad 4 \cdot 10^{-4} < \beta, \quad |q_e| = 2/3e \quad (10.14\text{b})$$

$$F_{q_e} < 2.5 \cdot 10^{-12} \text{ cm}^{-2}\text{s}^{-1}\text{sr}^{-1}, \quad 4.5 \cdot 10^{-4} < \beta, \quad |q_e| = 1/2e \quad (10.14\text{c})$$

$$F_{q_e} < 9.2 \cdot 10^{-12} \text{ cm}^{-2}\text{s}^{-1}\text{sr}^{-1}, \quad 6 \cdot 10^{-4} < \beta, \quad |q_e| = 1/3e \quad (10.14\text{d})$$

Darüber hinaus konnten auch Grenzen für den Fluß von Leptonen mit $|q_e| = 2/3\,e$ und $|q_e| = 1/2\,e$ mit relativistischen Energien ($\beta \simeq 1$) gewonnen werden

$$F_{q_e} < 2.1 \cdot 10^{-12} \text{ cm}^{-2}\text{s}^{-1}\text{sr}^{-1}, \quad |q_e| = 2/3\,e \quad (\text{Leptonen}), \quad (10.15\text{a})$$

$$F_{q_e} < 1.6 \cdot 10^{-14} \text{ cm}^{-2}\text{s}^{-1}\text{sr}^{-1}, \quad |q_e| = 1/2\,e \quad (\text{Leptonen}). \quad (10.15\text{b})$$

Die bislang schärfsten Grenzen für den Fluß von drittelzahligen Ladungen in der kosmischen Strahlung ergaben sich aus Messungen mit dem Wasser-Cerenkovzähler der Kamiokande-II-Kollaboration. Dieser Detektor wird in Kap. 4 über den Protonzerfall näher beschrieben. Fraktionell geladene Teilchen können von solchen mit ganzzahligen Ladungen über die Intensität der emittierten Cerenkovstrahlung unterschieden werden. Die Anzahl der pro Weglänge in Wasser und pro Wellenlängeneinheit von einem Teilchen der Ladung q_e mit der Geschwindigkeit $\beta > 1/n$ emittierten Photonen beträgt [Mor91]

$$\frac{d^2 N}{dx\, d\lambda} = 2\pi \left|\frac{q_e}{e}\right|^2 \alpha \left(1 - \frac{1}{(n\beta)^2}\right) \frac{1}{\lambda^2}. \quad (10.16)$$

n ist der Brechungsindex von Wasser und α die Feinstrukturkonstante. Die Anzahl der Cerenkovquanten hängt also vom Quadrat der Ladung ab. Die Intensität der von Quarks emittierten Strahlung beträgt daher nur 1/9 bzw. 4/9 der Myonenintensität. Die Auswertung nach 1009 Tagen Meßzeit ergab [Mor91]

$$F_{q_e} < 2.1 \cdot 10^{-15} \text{ cm}^{-2}\text{s}^{-1}\text{sr}^{-1}, \quad |q_e| = 1/3\,e, \quad (10.17\text{a})$$

$$F_{q_e} < 2.3 \cdot 10^{-15} \text{ cm}^{-2}\text{s}^{-1}\text{sr}^{-1}, \quad |q_e| = 2/3\,e. \quad (10.17\text{b})$$

10.2.4 Die Suche nach fraktionell geladenen Teilchen in Materie

Wenn freie Quarks in unserer Umgebung existierten, müßten sie in Materie gebunden sein, ohne einen farbneutralen Zustand zu bilden. Ein positiv geladenes Quark wird vermutlich zusammen mit einem Elektron einen wasserstoffähnlichen Zustand mit einer Ladung von $-2/3\,e$ oder $-1/3\,e$ bilden. Negativ geladene Quarks könnten dagegen in der inneren Schale eines Atoms

460 10 Fraktionell geladene Teilchen

oder sogar im Kern selbst gebunden werden. Die chemischen Eigenschaften solcher fraktionell geladenen Atome werden in [Lac82, Lac83] behandelt. Man versucht jedoch, die Experimente so auszulegen, daß sie weitgehend unabhängig von Annahmen über die Quarkverteilung und die chemischen Eigenschaften der resultierenden exotischen Atome sind.

Eine einfache Abschätzung der Konzentration fraktionell geladener Teilchen in Materie erhält man unter der Annahme, daß alle auf der Erde vorhandenen Teilchen mit nichtganzzahligen Ladungen ursprünglich aus der kosmischen Strahlung stammen (vgl. [Ric87]). Wir können dann die im vorherigen Abschnitt gewonnenen Flußgrenzen verwenden, um die maximale

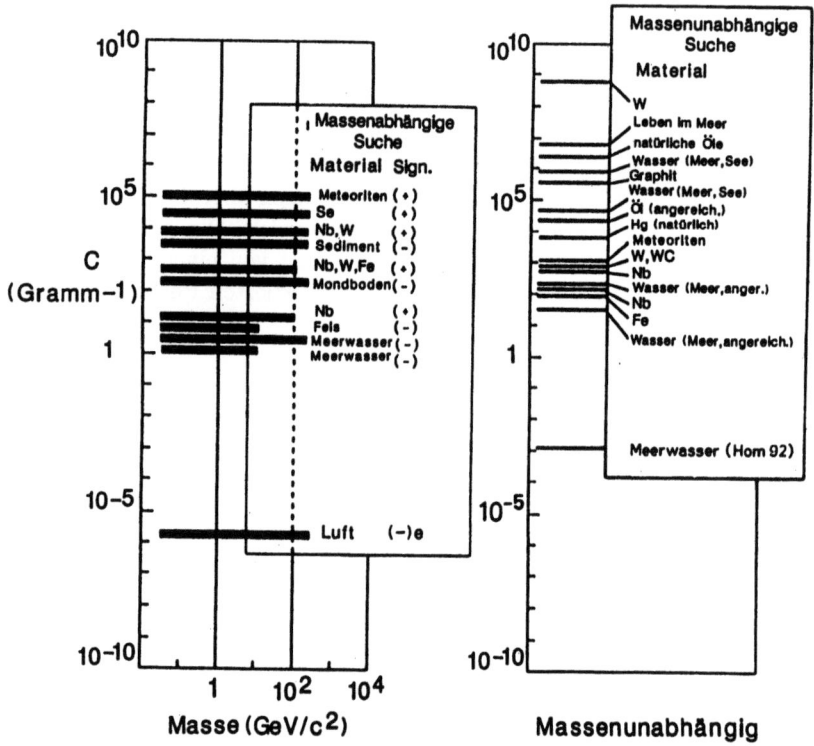

Abb. 10.4 Grenzen für die Konzentration fraktionell geladener Teilchen in verschiedenen Materialien. Der linke Teil der Abbildung faßt die Ergebnisse aus Experimenten mit Ionenstrahlen zusammen. Die schwarzen Balken zeigen den empfindlichen Massenbereich der Messungen, die jeweils nur nach einem bestimmten Vorzeichen der Ladung suchen. Der rechte Teil faßt die Ergebnisse direkter Ladungsmessungen zusammen. Diese Resultate sind unabhängig von der Teilchenzahl und dem Vorzeichen der Ladung (aus [Smi89], ergänzt durch [Hom92]).

10.2 Experimente zur Suche nach freien Quarks 461

Anzahl von freien Quarks pro Nukleon zu bestimmen. Die freien Quarks können in der Erdkruste bis zu einer Tiefe von etwa 3 km (bis in diese Tiefe erfolgt in etwa eine geologische Durchmischung) verteilt sein. Nimmt man einen konstanten Fluß von 10^{-11} cm^{-2}s^{-1}sr^{-1} über das Erdalter an, so erwartet man maximal ein freies Quark in 200 mg Material. Dies entspricht einer Konzentration von 10^{-23} Quarks pro Nukleon. Die neuen Messungen der Kamiokande-Kollaboration zeigen jedoch [Mor91], daß der tatsächliche Fluß noch um wenigstens vier Größenordnungen geringer ist, d.h. die Konzentration entsprechend kleiner ist.

Es gibt im wesentlichen zwei experimentelle Methoden, die zur Untersuchung von Materialproben herangezogen wurden. Es handelt sich dabei um Messungen an Ionenstrahlen und um Schwebeexperimente ähnlich dem Millikan-Versuch. Letztere bieten den Vorteil, daß die Ergebnisse unabhängig von der Teilchenmasse sind. Abb. 10.4 gibt einen Überblick über die Konzentrationsgrenzen aus solchen Messungen. Eine sehr gute Zusammenfassung der experimentellen Suche nach fraktionellen Ladungen in Materie findet man in [Smi89].

10.2.4.1 Ionenstrahlexperimente

Abb. 10.5a zeigt das Prinzip eines Ionenstrahlexperiments. Die zu untersuchende Materialprobe wird verdampft und ionisiert. Danach werden die Ionen der Ladung q_e durch das Potential V auf die kinetische Energie $T = q_e V$ beschleunigt. Mit Hilfe eines Siliziumbarrierendetektors oder eines Elektronenvervielfachers kann die Energie und damit auch die elektrische Ladung q_e bestimmt werden. Um den Untergrund zu verringern, werden die Ionen häufig noch „gestrippt", d.h. man streift ihnen die Elektronen ab. Daneben können durch zusätzliche elektrostatische Felder bestimmte T/q_e-Werte ausgewählt werden [Mil85,87].

Da der Ionenstrom begrenzt ist, eignet sich diese Methode nur zur direkten Untersuchung kleiner Materialmengen von etwa 10^{-4} g. Durch eine Anreicherung der Probe mit freien Quarks oder anderen Teilchen können jedoch auch höhere Sensitivitäten erzielt werden. Man läßt dazu z.B. Luft oder Wasserdampf langsam durch ein elektrisches Feld strömen, so daß alle geladenen Ionen extrahiert werden können und sich auf einem kleinen Faden sammeln, der als Quelle für das Ionenstrahlexperiment dient. Diese Methode ist anwendbar, da die Ladung eines fraktionell geladenen Teilchens im allgemeinen nicht vollständig neutralisiert werden kann. Das Verfahren wurde inzwischen auf verschiedene andere Materialien ausgedehnt (siehe Abb. 10.5b). Die zu untersuchende Substanz wird in einem Strom eines inerten

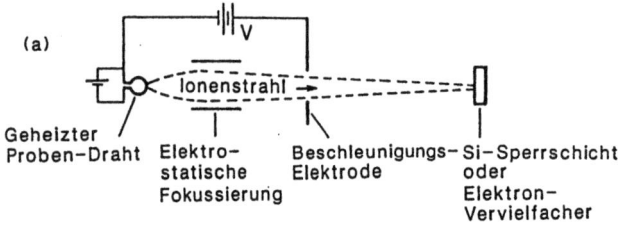

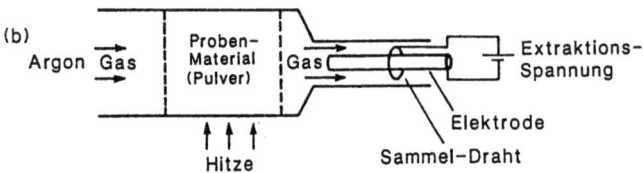

Abb. 10.5 (a) Prinzip eines Ionenstrahlexperiments zur Suche nach fraktionell geladenen Teilchen; (b) Verfahren zur Extraktion fraktionell geladener Teilchen aus einer Probe und Konzentration auf einen kleinen Faden (nach [Smi89]).

Gases (z.B. Argon) erhitzt. Das Trägergas nimmt die freigesetzten Ladungen mit und gelangt wieder in ein elektrisches Feld zur Extraktion dieser Ionen. Die auf diese Weise erzielte Extraktionswahrscheinlichkeit ist jedoch weitgehend unbekannt.

In Ionenstrahlexperimenten wurden verschiedene Proben wie Luft, Seewasser, Gestein und Metalle (Fe, Se, Nb, W) untersucht. In direkten Messungen konnten Mengen bis zu $\sim 10^{-4}$ g und bei Verwendung der Extraktionsmethode bis ~ 1 g untersucht werden. Für Luft erreicht die Substanzmenge sogar 10^6 g. Aufgrund der Anlagerung freier Ladungen an Wassertropfen erwartet man jedoch in Luft nur sehr wenige Teilchen mit nichtganzzahligen Ladungen, so daß die entsprechenden Grenzen für die Konzentrationen wenig signifikant sein dürften (vgl. [Smi89]). Tab. 10.2 faßt eine Auswahl der in Ionenstrahlexperimenten erzielten Ergebnisse zusammen.

Ein großer Nachteil der Ionenstrahlmethode besteht in der Beschränkung auf einen Massenbereich bis etwa 100 Protonenmassen (vgl. Abb. 10.4). Das Beschleunigungspotential V reicht bei größeren Massen nicht mehr aus, um die für einen Nachweis durch Ionisation benötigte Geschwindigkeit von mindestens $\sim 10^7$ cms^{-1} zu erreichen [Lew85]. Darüber hinaus hängt die Sensitivität eines Experiments im einzelnen noch von der Ionensorte und der Ladung ab. Die obere Massenbegrenzung auf etwa 100 GeV/c^2 stellt nach heutigen theoretischen Vorstellungen eine starke Einschränkung dar, da die

Tab. 10.2 Die Quarkkonzentration c in Materie aus Ionenstrahlexperimenten.

c [Quarks/Nukleon]	q_e [$e/3$]	Ereignisse	Ref.
$< 1 \cdot 10^{-17}$	$+1, 2$	0	[Chu66]
$< 5 \cdot 10^{-23}$		0	[Coo69]
$< 1 \cdot 10^{-21}$		0	[Ste76]
$< 1 \cdot 10^{-22}$		0	[Sch78]
$< 4 \cdot 10^{-28}$		0	[Ogo79]
$< 2 \cdot 10^{-20}$	$\pm > 1$	0	[Mil85]
$< 1 \cdot 10^{-19}$	$\pm 1, 2$	0	[Mil87]

Massenskalen der gängigen Theorien zum Teil beträchtlich darüber liegen. Es erscheint daher notwendig, Experimente durchzuführen, deren Interpretation unabhängig von der Masse eines möglichen fraktionell geladenen Teilchens ist. Eine solche Methode wollen wir im nächsten Abschnitt besprechen.

10.2.4.2 Schwebeexperimente

Wie bereits erwähnt, erlauben „Schwebeexperimente" einen massenunabhängigen Nachweis fraktionell geladener Teilchen. Diese direkte Bestimmung der elektrischen Ladung basiert auf zwei wichtigen Grundlagen. Die Probe wird von der Umgebung isoliert, um Schwankungen der Ladung zu vermeiden (eine Probe, die im Kontakt mit umgebenden Materialien steht, unterliegt Ladungsschwankungen der Größe $\Delta q_e^2 \simeq akT$ [Smi89], wobei a den Probenradius bezeichnet). Danach beobachtet man die Bewegung des Körpers in einem elektrischen Feld $\vec{E}$ und ermittelt daraus schließlich die Ladung.

Eine mögliche Realisierung dieser Prinzipien besteht in dem klassischen Millikan-Experiment, das wir bereits ausführlich besprochen haben. Man mißt die Bewegung eines geladenen Tropfens unter dem Einfluß von Gravitations- und elektrischen Feldern in einem viskosen Medium. Tatsächlich wurde diese Technik auch für die Suche nach fraktionell geladenen Teilchen eingesetzt. Während Millikan in seinem ursprünglichen Experiment Tröpfchen mit Massen von etwa 10^{-11} g verwendet hatte, wurden die neuen automatischen Messungen mit Massen im Bereich von 10^{-9} g bei sehr viel kürzeren Meßzeiten durchgeführt [Hod81, Joy83, Sav86]. Durch die Automatisierung erreichte man Wiederholungsraten von 1 s^{-1} und damit eine Gesamtmenge von $\sim 10^{-4}$ g pro Tag [Hod81, Joy83]. Diese Methode erlaubt die Untersuchung praktisch aller Flüssigkeiten. Die erzielten Grenzen für die Quarkkonzentrationen sind in Tab. 10.3 angegeben. Auch die Suche

10 Fraktionell geladene Teilchen

Tab. 10.3 Grenzen für die Konzentration fraktionell geladener Teilchen aus Millikan-ähnlichen Experimenten (vgl. auch [Par90]).

c [Quarks/Nukleon]	Material	Ereignisse	Ref.
$< 2 \cdot 10^{-20}$	175 µg Hg	0	[Hod81]
$< 9 \cdot 10^{-20}$	50 µg Seewasser	0	[Joy83]
$< 3 \cdot 10^{-21}$	2 mg Hg	0	[Sav86]

in Quecksilberproben, die zuvor einem Schwerionenstrahl ausgesetzt waren, blieb erfolglos [Lin83].

Die meisten massenunabhängigen Messungen wurden nicht in einem elektrostatischen Feld, sondern in einem inhomogenen Magnetfeld durchgeführt. Dazu bringt man einen ferromagnetischen oder diamagnetischen Probekörper in eine Gleichgewichtslage, die durch ein inhomogenes Magnetfeld und das Erdgravitationsfeld erzeugt wird (siehe Abb. 10.6). Die elektrische Ladung läßt sich über die Bewegung, die durch ein elektrisches Wechselfeld hervorgerufen wird, bestimmen [Mar82].

In der ferromagnetischen Ausführung verwendet man kleine Stahlbälle (oder nicht ferromagnetische Proben mit einem Stahlmantel) mit typischen Durchmessern von 0.25 mm als Probekörper in einer Vakuumkammer bei Raumtemperatur. Man kann jedoch auch den fast perfekten Diamagnetismus einer kleinen supraleitenden Kugel bei sehr niedrigen Temperaturen ($\sim$ 4 K) zur Stabilisierung der Probe im Magnetfeld ausnutzen. Zwei leitende Platten erzeugen in beiden Ausführungen ein oszillierendes elektrisches Feld, das die Kugeln zu einer gedämpften Schwingung anregt, deren Amplitude proportional zur Ladung ist.

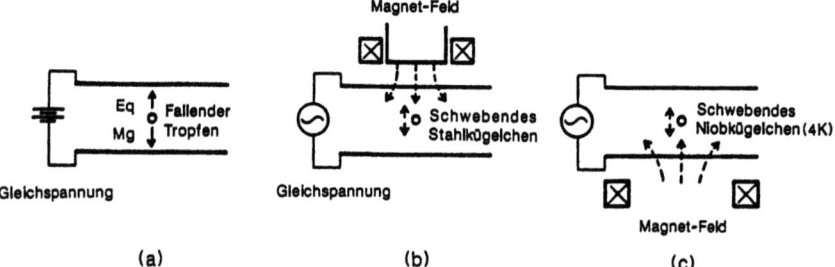

Abb. 10.6 Schwebeexperimente zur Messung der elektrischen Ladung: (a) Millikan-Technik des fallenden Tröpfchens; (b) Schwebeexperiment mit einer ferromagnetischen Kugel im Magnetfeld; (c) Schwebeexperiment mit einer supraleitenden Kugel im Magnetfeld (nach [Smi89]).

10.2 Experimente zur Suche nach freien Quarks

Um nach fraktionell geladenen Teilchen zu suchen, beginnt man mit einem negativ geladenen Probekörper und entfernt sukzessive Elektronen durch Bestrahlung mit UV-Licht oder mittels einer radioaktiven Quelle. Wenn nur noch wenige überschüssige Ladungen vorhanden sind, werden diese einzeln entfernt, bis die Probe einige positive Ladungseinheiten besitzt. Sind keine fraktionellen Ladungen vorhanden, sollte die Oszillationsamplitude einen Nulldurchgang aufweisen. Die Anwesenheit eines Teilchens der Ladung $1/3\,e$ oder $2/3\,e$ ergibt dagegen eine Verschiebung gegenüber der Nullinie, die der Ladungsgröße von $\pm 1/3\,e$ entspricht. Verschiedene systematische Fehlerquellen werden in [Mar82, Mar84b] diskutiert. Von einer Ausnahme abgesehen waren bislang alle Ionenstrahl- und Schwebeexperimente mit einer verschwindenden Restladung auf allen Proben verträglich.

Eine Gruppe aus Stanford beobachtete Hinweise auf die Existenz freier Quarks [LaR77,79,81]. LaRue und Mitarbeiter untersuchten supraleitende Niobkugeln bei der Temperatur von flüssigem Helium. Abb. 10.7 zeigt schematisch den Aufbau des Stanford-Experiments. Eine kugelförmige Probe aus Niob schwebt in einem Magnetfeld, das von der supraleitenden Spule M erzeugt wird. Sie befindet sich zwischen zwei horizontalen Platten eines Kondensators, über den ein oszillierendes elektrisches Feld angelegt werden kann. Die gesamte Apparatur wird auf eine Temperatur von $T = 4.2$ K abgekühlt. Die Lage der Kugeln wird mit Hilfe eines extrem empfindlichen Magnetometers (SQUID = Superconducting Quantum Interference Device) gemessen.

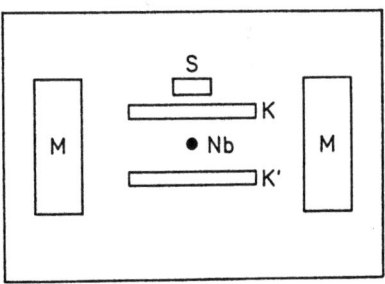

Abb. 10.7
Schematischer Aufbau des Stanford-Experiments zur Untersuchung supraleitender Niobkugeln bei der Temperatur von flüssigem Helium: K, K′ = flache Kondensatorplatten, zwischen denen ein elektrisches Wechselfeld angelegt werden kann; M = supraleitende Magnetspulen; S = Meßsonde (SQUID) zur Bestimmung der Position der Nb-Kugel.

Es wurden insgesamt 40 Messungen an 13 Niobkugeln von jeweils 0.1 mg Masse durchgeführt. 14 Messungen (5 Kugeln) zeigten Restladungen der Größe $\pm 1/3\,e$. Die Ergebnisse sind in Abb. 10.8 zusammengefaßt. Die Autoren geben folgende Werte für die Konzentration c an [LaR77]

$$c = 4 \cdot 10^{-21} \text{ Quarks/Nukleon}, \qquad q_e = +1/3\,e\,, \qquad (10.18\text{a})$$

$$c = 2 \cdot 10^{-21} \text{ Quarks/Nukleon}, \qquad q_e = -1/3\,e\,, \qquad (10.18\text{b})$$

466 10 Fraktionell geladene Teilchen

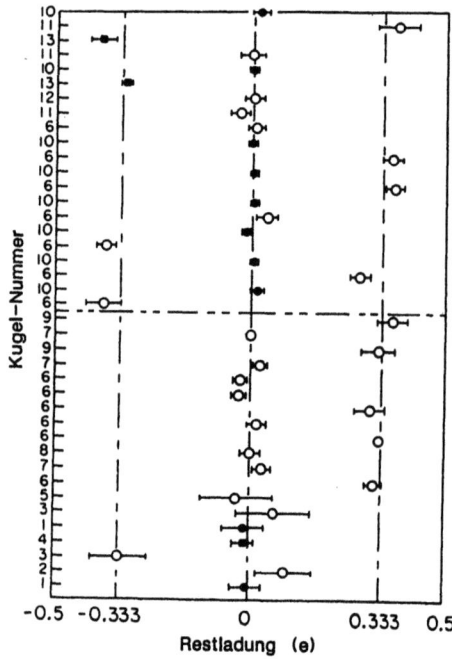

Abb. 10.8
Ergebnisse des Stanford-Experiments von LaRue und Mitarbeitern (aus [LaR81]). 14 Messungen zeigten Restladungen der Größe $\pm \frac{1}{3} e$ (siehe Text).

bzw. [LaR79]

$$c = 1 \cdot 10^{-20} \text{ Quarks/Nukleon}, \quad q_e = +1/3 \; e \quad (10.18c)$$

und [LaR81]

$$c = 1 \cdot 10^{-20} \text{ Quarks/Nukleon}, \quad q_e = \pm 1/3 \; e \,. \quad (10.18d)$$

Diese Werte stehen jedoch im Widerspruch zu den Ergebnissen aus anderen, im Anschluß durchgeführten Versuchen (siehe Tab. 10.4). Da man jedoch das chemische Verhalten von fraktionell geladenen Atomen nicht genau kennt, können aufgrund möglicher Anreicherungsprozesse durchaus Unterschiede zwischen verschiedenen Materialien auftreten (unter Umständen sogar zwischen Proben aus gleichen Materialien in Abhängigkeit von der Vorbehandlung). Bei solchen Experimenten müssen Effekte sehr gründlich diskutiert und untersucht werden, die Signale von möglichen Ladungen nur vortäuschen. In Frage kommen dabei unter anderem Störungen durch magnetische oder elektrische Restfelder. Diese Effekte werden ausführlich in [Mar82, Mar84b] auch im Zusammenhang mit der Messung aus Stanford diskutiert.

Die Stanfordgruppe konnte seit 1982 aufgrund von ungelösten technischen Problemen keine verläßlichen Messungen mehr durchführen. Inzwischen wird

10.2 Experimente zur Suche nach freien Quarks

Tab. 10.4 Grenzen für die Konzentration c fraktionell geladener Teilchen aus Schwebeexperimenten (vgl. auch [Par90]).

c [Quarks/Nukleon]	Ladung $[e]$	Material	Ereignisse	Ref.
$4 \cdot 10^{-21}$	$+1/3$	Nb	2	[LaR77]
$2 \cdot 10^{-21}$	$-1/3$	Nb	1	[LaR77]
$< 3 \cdot 10^{-21}$		Fe	0	[Gal77]
$< 5 \cdot 10^{-15}$		W	0	[Bla77]
$< 6 \cdot 10^{-15}$	$> 1/6$	W	0	[Put78]
$1 \cdot 10^{-20}$	$+1/3$	Nb	2	[LaR79]
$< 1 \cdot 10^{-21}$		Fe	0	[Mar80b]
$1 \cdot 10^{-20}$	$+1/3$	Nb	4	[LaR81]
$1 \cdot 10^{-20}$	$-1/3$	Nb	4	[LaR81]
$< 2 \cdot 10^{-21}$	$\pm > 1/2$	Fe	0	[Lie83]
$< 5 \cdot 10^{-22}$		Fe	0	[Mar84b]
$< 1 \cdot 10^{-21}$	$\pm 1/3$	Nb	0	[Smi85]
$< 3 \cdot 10^{-22}$	$\pm 1/3, \pm 2/3$	Nb	0	[Smi86]
$< 5 \cdot 10^{-22}$	$\pm 1/3, \pm 2/3$	W	0	[Smi87]
$< 4 \cdot 10^{-20}$	$\pm 1/3, \pm 2/3$	Meteorit	0	[Jon89]

von den Autoren selbst ein kleiner magnetischer Effekt als mögliche Erklärung der offensichtlichen drittelzahligen Restladungen in Erwägung gezogen [Phi88].

Es ist bislang also noch nicht gelungen, die Existenz von fraktionell geladenen Teilchen, insbesondere natürlich von freien Quarks, zweifelsfrei nachzuweisen. Es bleibt damit weiterhin unklar, ob das Quarkconfinement einer exakten Symmetrie entspricht, oder ob es nur bei heute zugänglichen Energien gültig ist. Für eine ausführlichere Diskussion der experimentellen Problemstellungen und einen Ausblick auf zukünftige Möglichkeiten für die Quarksuche verweisen wir den interessierten Leser auf [Smi89].

11 Fünfte Kraft: Theoretische Erwartungen und experimenteller Status

11.1 Einleitung

Eines der grundlegenden Ziele der Physik ist das Verständnis der fundamentalen Kräfte (Wechselwirkungen) in der Natur. Bislang kennen wir vier Grundkräfte, die die Welt beherrschen, nämlich die Gravitation, die schwache Wechselwirkung, die elektromagnetische Wechselwirkung und die starke Wechselwirkung (Farbkraft). Am längsten bekannt ist die Newtonsche Gravitation. Diese Kraft, mit der sich zwei Körper gegenseitig anziehen, hängt nur von ihrer Masse ab und folgt einem $1/r^2$-Gesetz. Die Gravitation ist unabhängig von der chemischen Zusammensetzung der wechselwirkenden Objekte. Im letzten Jahrhundert kam die elektromagnetische Wechselwirkung als weitere fundamentale Kraft hinzu. In diesem Jahrhundert entdeckte man schließlich die beiden übrigen Kräfte, die nur in sehr kleinen Abständen wirken.

Natürlich stellt sich sofort die Frage, ob es nur diese vier Grundkräfte gibt, oder ob noch weitere Wechselwirkungen existieren, die uns bislang wegen ihrer Schwäche verborgen geblieben sind. Im Rahmen der Genauigkeit heutiger Meßtechniken können gewisse Abstandsbereiche definiert werden, in denen noch Raum für eine fünfte Kraft ist. Darüber hinaus gibt es Andeutungen aus theoretischen Modellen, die auf weitere Wechselwirkungen hindeuten.

11.2 Theoretische Erwartungen

Im Rahmen von Versuchen, die vier bis heute bekannten Wechselwirkungen zu vereinheitlichen, d.h. letzlich auf eine gemeinsame Ursache zurückzuführen, wurden Quantentheorien der Gravitation vorgeschlagen, die weitere anziehende und abstoßende, gravitationsartige Kräfte enthalten, welche mit wachsender Entfernung exponentiell abfallen. Wir wollen diese Vorstellungen im folgenden etwas näher diskutieren. Wir können jedoch im Rahmen dieser Darstellung nicht auf die mathematisch zum Teil sehr komplexen

Strukturen dieser Theorien eingehen, sondern beschränken uns im wesentlichen auf das Referieren der Ergebnisse und Vorhersagen.

Das Vorhaben, alle Wechselwirkungen aus einer grundlegenden Kraft abzuleiten, ist bei der schwachen und der elektromagnetischen Wechselwirkung im Rahmen des Standardmodells bereits weitgehend gelungen. GUT-Modelle haben das Ziel der Vereinigung der elektroschwachen Theorie mit der starken Wechselwirkung (siehe Kap. 1). Eine Einbeziehung der Gravitation bereitet gegenwärtig immer noch die größten Schwierigkeiten. Doch auch hierfür existieren vielversprechende Ansätze (Supergravitations- und insbesondere Superstringmodelle).

11.2.1 Das Äquivalenzprinzip

Die Schwierigkeiten der Formulierung einer Quantenfeldtheorie der Gravitation nach dem bewährten Muster lokaler Eichsymmetrien wie etwa die elektroschwache Theorie oder die Quantenchromodynamik entstehen aus der Unvereinbarkeit der Heisenbergschen Unschärferelation mit dem sogenannten schwachen Äquivalenzprinzip, das die Äquivalenz von träger und schwerer Masse fordert. Bevor wir auf diesen Widerspruch zur allgemeinen Relativitätstheorie eingehen, wollen wir kurz die Begriffe der schweren und der trägen Masse erläutern.

Die Masse eines Körpers läßt sich durch Messen der Beschleunigung $\vec{a}$ bei bekannter Krafteinwirkung $\vec{F}$ aus der Beziehung

$$m_t \vec{a} = \vec{F} \tag{11.1}$$

ableiten. Diese Masse wird als träge Masse bezeichnet. Die sogenannte schwere Masse m_s kann dadurch bestimmt werden, daß man die Gravitationskraft $\vec{F}$ ermittelt, die ein anderer Körper der Masse m_0 auf den Probekörper ausübt. Aus dem Newtonschen Gravitationsgesetz

$$F = G \frac{m_0 m_s}{r^2} \tag{11.2}$$

folgt die schwere Masse

$$m_s = \frac{F r^2}{G m_0}. \tag{11.3}$$

Es ist nun eine bemerkenswerte Tatsache, daß die träge und die schwere Masse aller Körper innerhalb der Meßgenauigkeit zueinander proportional sind. Durch eine geeignete Wahl der Einheiten kann die numerische Gleichheit von m_s und m_t erzielt werden.

Das Äquivalenzprinzip besagt, daß die durch eine beschleunigte Bewegung und die von Gravitationskräften verursachten Wirkungen ununterscheidbar sind. Daraus folgt insbesondere die Gleichheit von träger und schwerer Masse.

Ein sehr interessantes Experiment betrifft die Messung der schweren Masse des Photons, das eine verschwindende Ruhemasse besitzt. Die Energie eines Photons der Frequenz ν ist gegeben durch

$$E = h\nu. \tag{11.4}$$

Folglich kann dem Photon nach der Beziehung $E = mc^2$ eine träge Masse m_t von der Größe

$$m_t = \frac{h\nu}{c^2} \tag{11.5}$$

zugeordnet werden. Pound und Rebka [Pou60] versuchten, die schwere Masse des Photons über die Rotverschiebung durch die Gravitation direkt nachzuweisen. Sie untersuchten Photonen im Schwerefeld der Erde. Ein Photon der Frequenz ν, das sich in der Höhe H über dem Erdboden befindet, besitzt nach dem Äquivalenzprinzip eine potentielle Energie

$$V = m_s H g = \frac{h\nu}{c^2} H g. \tag{11.6}$$

Beim Durchfallen der Höhe H in Richtung der Erdmitte erhöht sich die Energie des Photons gerade um diesen Betrag, wodurch sich die Frequenz verschiebt. Die neue Energie lautet

$$h\nu' \simeq h\nu + \frac{h\nu}{c^2} H g. \tag{11.7}$$

Hierbei haben wir angenommen, daß sich die Masse $h\nu/c^2$ praktisch nicht ändert. Aus (11.7) folgt

$$\nu' = \nu \left(1 + \frac{Hg}{c^2}\right). \tag{11.8}$$

Pound und Rebka verwendeten eine Fallstrecke von nur rund 20 m. Dies ergibt eine Frequenzverschiebung von

$$\frac{\Delta\nu}{\nu} \approx 2 \cdot 10^{-15}. \tag{11.9}$$

Der Nachweis dieses äußerst subtilen Effekts gelang unter Verwendung des Mößbauer-Effekts an der 14.4 keV-Linie von ^{57}Fe. Die Anordnung erlaubte Messungen von Energieverschiebungen $\Delta\nu/\nu$ bis zu $5 \cdot 10^{-16}$ [Pou60]. Die gemessene relative Energieänderung der Photonen stimmte mit dem bei Gleichheit von träger und schwerer Masse erwarteten Wert überein:

$$\Delta(h\nu)^{\text{exp}} = +(1.05 \pm 0.10) \cdot \Delta(h\nu)^{\text{theo}}. \tag{11.10}$$

11.2 Theoretische Erwartungen

Allerdings darf diese gute Übereinstimmung nicht darüber hinwegtäuschen, daß es äußerst schwierig ist, systematische Fehlerquellen bei diesem Experiment auszuschließen. Insbesondere können bereits winzige Temperaturunterschiede zwischen Quelle und Absorber Effekte ähnlicher Größe hervorrufen.

Nach diesem kleinen Ausflug kommen wir wieder zurück auf das Problem der fünften Kraft. Der allgemeinen Relativitätstheorie liegt das schwache Äquivalenzprinzip zugrunde, das insbesondere die $1/r^2$-Abhängigkeit des Newtonschen Kraftgesetzes zur Folge hat. Dieses Postulat bedingt allerdings, daß die Weltlinie eines Objekts exakt definiert ist. Diese Forderung ist mit der Heisenbergschen Unschärferelation nicht vereinbar. Eine Möglichkeit, diesen Widerspruch im Rahmen einer Quantengravitationstheorie aufzuheben, besteht in der Verletzung des Äquivalenzprinzips durch weitere gravitative Kräfte, die das klassische $1/r^2$-Gesetz modifizieren. Sollte es eine vereinheitlichte Theorie geben, die die Gravitation mit einschließt, dann kann die allgemeine Relativitätstheorie – als nicht-renormierbare Theorie – in ihrer jetzigen Form nicht mehr bestehen bleiben. Supersymmetrische Theorien enthalten z.B. Elementarteilchen, deren Existenz eine Verletzung des schwachen Äquivalenzprinzips bedeuten könnte, zumindest für bestimmte Abstandsbereiche zwischen den wechselwirkenden Objekten [Gol86].

11.2.2 Das Yukawa-Potential in Bosonenaustausch-Modellen

Nach unserem heutigen Verständnis werden alle elementaren Wechselwirkungen durch den Austausch eines virtuellen Feldquantes vermittelt. Diese Feldquanten sind Bosonen und besitzen bei allen Wechselwirkungen außer der Gravitation den Spin 1. Das bislang hypothetische Graviton, das die Gravitationswechselwirkung vermittelt, müßte den Spin 2 besitzen (siehe Abb. 11.1).

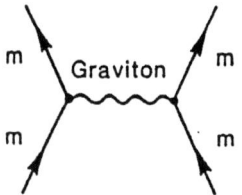

Abb. 11.1 Elementarer Vertex für die Gravitation.

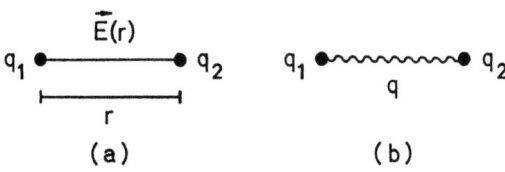

Abb. 11.2 Die elektromagnetische Wechselwirkung: (a) klassisches elektrisches Feld $\vec{E}(r)$; (b) Austausch eines virtuellen Bosons mit Impuls q.

Masselose Austauschquanten ergeben dabei ein Kraftgesetz mit einer radialen Abhängigkeit der Form $1/r^2$ wie im Beispiel des Elektromagnetismus (die starke Wechselwirkung bildet wegen der Selbstkopplung der Gluonen eine Ausnahme). Am Beispiel des Elektromagnetismus wollen wir uns nun anhand eines Plausibilitätsarguments überlegen, wie der Austausch eines masselosen, virtuellen Bosons (hier Photons) zwischen zwei Ladungen q_1 und q_2 mit der $1/r^2$-Abhängigkeit des entsprechenden Kraftgesetzes (hier Coulomb-Gesetzes) zusammenhängt (siehe Abb. 11.2). Das ausgetauschte Photon wird virtuell genannt, da es nur für eine begrenzte Zeit, die durch die Unschärferelation

$$\Delta E \Delta t \geq \hbar \tag{11.11}$$

definiert ist, existieren kann. Zwischen dem Impuls des Photons und dem räumlichen Abstand der beiden Ladungen besteht der Zusammenhang

$$qr \simeq \hbar. \tag{11.12}$$

Jedes ausgetauschte Photon überträgt einen Impuls $q = \hbar/r$. Die Laufzeit ergibt sich für ein masseloses Teilchen zu

$$t = \frac{r}{c}. \tag{11.13}$$

Die Kraftwirkung läßt sich nun einfach über die Beziehung

$$F = \frac{dq}{dt} \tag{11.14a}$$

ableiten. Wir erhalten für den Betrag der Kraft

$$F = \frac{\hbar c}{r^2}. \tag{11.14b}$$

Nehmen wir zusätzlich noch an, daß die Anzahl der emittierten und absorbierten Photonen proportional zum Produkt der Kopplungen $q_1/\sqrt{\hbar c}$ und $q_2/\sqrt{\hbar c}$ ist, folgt das bekannte Coulombsche Gesetz

$$F = \text{const} \cdot \frac{q_1 q_2}{r^2}. \tag{11.15}$$

Theoretisch gesehen werden gravitative Kräfte ebenfalls durch den Austausch von Bosonen verursacht. Ist deren Ruhemasse Null, dann bewegen sie sich mit Lichtgeschwindigkeit und erzeugen das Newtonsche Kraftgesetz (11.2) mit unendlicher Reichweite. Oder anders ausgedrückt, das Wechselwirkungspotential ist von der Form

$$V(r) \sim \frac{1}{r}. \tag{11.16}$$

Besitzen die Austauschbosonen jedoch eine endliche Ruhemasse m_B, dann erzeugen sie ein Potential der Yukawa-Form

$$V(r) \sim \frac{1}{r} e^{-r/\lambda_B} \,. \tag{11.17}$$

Die Reichweite dieser Kraft ist durch die Compton-Wellenlänge des Bosons

$$\lambda_B = \frac{\hbar}{m_B c} \tag{11.18}$$

gegeben. Dieser Zusammenhang zwischen der endlichen Reichweite und der Masse der Austauschquanten begegnete uns bereits in Kap. 1 bei der Besprechung der schwachen Wechselwirkung.

Da wir hier Kräfte im makroskopischen Bereich diskutieren wollen, interessieren wir uns für Bosonen mit Massen kleiner als $\sim 10^{-4}$ eV/c^2 entsprechend einer Reichweite im Millimeterbereich und darüber. Die Existenz solch leichter Teilchen wurde in mehreren theoretischen Arbeiten diskutiert (siehe z.B. [Gib81, Moo84, Cha85, Fay86, Bar86a,86b, Gol86, Pec87] und Abschn. 11.2.4). Im einfachsten Fall addiert sich das Yukawa-Potential (11.17) direkt zum klassischen Gravitationspotential. Das gesamte gravitative Wechselwirkungspotential zwischen zwei Massen m_1 und m_2 mit einem gegenseitigen Abstand r kann daher wie folgt geschrieben werden

$$V(r) = -G_\infty \frac{m_1 m_2}{r} \left(1 + \alpha e^{-r/\lambda}\right) \,. \tag{11.19}$$

G_∞ ist die „echte" Newtonsche Gravitationskonstante, die bei unendlichem Abstand gemessen wird. α bezeichnet hier die Kopplungskonstante des neuen Feldes und λ steht für die Reichweite der fünften Kraft. Eine derartige Modifikation des Gravitationsgesetzes wurde bereits in den siebziger Jahren von Fujii [Fuj72] vorgeschlagen. Als ein allgemeines Resultat der Quantenfeldtheorie ergibt der Austausch eines Bosons mit geradzahligem Spin eine anziehende und der Austausch eines Bosons mit ungeradem Spin eine abstoßende Kraft zwischen zwei Fermionen gleicher Ladung. Für große ($r \gg \lambda$) und sehr kleine ($r \ll \lambda$) Distanzen geht (11.19) in das Newtonsche Gesetz über. Bei kleinen Abständen müssen wir jedoch jetzt mit einer effektiven Gravitationskonstanten

$$G_0 = G_\infty (1 + \alpha) \tag{11.20}$$

rechnen, die sich von der Newtonschen Gravitationskonstanten G_∞ unterscheidet. Eine solche Hypothese steht nicht im Widerspruch zu astronomischen Beobachtungen, da aus diesen nur das Produkt Gm folgt, und die Massen der entsprechenden astronomischen Objekte nur sehr ungenau bekannt sind [Spe88].

Allgemein gilt, daß skalare Austauschteilchen eine anziehende Wechselwirkung vermitteln. In [Pec87] werden mögliche Auswirkungen von skalaren

Pseudo-Goldstone-Bosonen theoretisch untersucht. Diese Teilchen sind eine Folge spontan gebrochener globaler Symmetrien. In klassischen Theorien ohne jegliche Massenskala muß die sogenannte Dilatationssymmetrie („Längenreskalierung") spontan gebrochen sein. Das daraus resultierende Goldstone-Boson wird als Dilaton bezeichnet. Dieses Dilaton erhält dadurch eine kleine Masse, daß die Quantisierung die Einführung einer effektiven Massenskala erfordert. Es wird diskutiert [Pec87], daß die Masse m_D von der Größenordnung Λ^2/M_{Pl} ist, wobei Λ eine typische Massenskala der bekannten Wechselwirkungen ist und M_{Pl} die Planck-Masse von $\sim 10^{19}$ GeV/c^2 bezeichnet. Für $\Lambda \simeq 1$ GeV/c^2 erhält man damit eine Reichweite λ_D der durch Dilaton-Austausch vermittelten Wechselwirkung von einigen hundert Metern bis wenige Kilometer. Die Kopplung dieser Kraft an Leptonen, Quarks und Eichbosonen ist aus Symmetriegründen sehr schwach, man erwartet etwa $0.01 < \alpha < 1/3$.

Wir wollen zum Abschluß noch bemerken, daß das Yukawa-Potential in (11.19) nicht das allgemeinste mögliche Potential ist, das durch den Austausch massiver Bosonen erzeugt wird [Moo84]. Es können zusätzliche spinabhängige Terme auftreten. Auf diese Modifikationen wollen wir jedoch hier nicht näher eingehen.

11.2.3 Baryonenzahlabhängige fünfte Kraft

Neben einer vom $1/r^2$-Gesetz abweichenden radialen Abhängigkeit könnte sich eine neue Kraft auch dadurch äußern, daß sie von der Zusammensetzung der wechselwirkenden Körper abhängt. Die „Ladung" eines Atoms bezüglich der hypothetischen neuen Kraft, oder die Kopplungskonstante der neuen Kraft muß nicht notwendigerweise proportional zur Masse des Atoms sein. So wurde z.B. eine neue Wechselwirkung vorgeschlagen, die durch den Austausch von Vektorbosonen vermittelt wird, die an die Baryonenzahl B koppeln, d.h. für diese Kraft spielt B die Rolle einer „Ladung" [Fis86]. Wenn die Baryonenzahl auf diese Weise mit einer elementaren Wechselwirkung in Verbindung gebracht werden könnte, ließe sich die bislang in Experimenten ausnahmslos bestätigte Erhaltung dieser Größe theoretisch verstehen (vgl. auch Kap. 4 über den Zerfall des Protons).

Sei Q die Ladung, an die die fünfte Kraft angekoppelt ist. Das erzeugte Wechselwirkungspotential schreiben wir in der Form

$$V_Q(r) = \frac{G_\infty m_1 m_2}{r} \alpha_Q \left(\frac{Q}{\mu}\right)_1 \left(\frac{Q}{\mu}\right)_2 e^{-r/\lambda_Q} \,. \tag{11.21}$$

11.2 Theoretische Erwartungen

α_Q beschreibt die Stärke der neuen Wechselwirkung. Die Zahlen μ geben die Massen in Einheiten des atomaren Wasserstoffs an, mit $m_H = 1.00782519(8)$ AME (atomare Masseneinheit). Die gesamte potentielle Energie ist durch (11.19) gegeben, wobei

$$\lambda = \lambda_Q, \tag{11.22a}$$

$$\alpha = -\alpha_Q \left(\frac{Q}{\mu}\right)_1 \left(\frac{Q}{\mu}\right)_2. \tag{11.22b}$$

Für die Ladung Q gibt es eine Reihe von verschiedenen Ansätzen. Wie bereits erwähnt, könnte Q gerade durch die Baryonenzahl B gegeben sein

$$Q = B. \tag{11.23}$$

Diese entspricht bei normalen Atomen oder Kernen gerade der Summe der Nukleonen.

Zwei Körper mit gleicher Masse ($m_1 = m_2 = m$), aber unterschiedlichen Baryonenzahlen ($B_1 \neq B_2$) sollten dann eine unterschiedliche Wirkung der neuen Kraft erfahren. Die Potentialdifferenz zwischen zwei solchen Objekten im Feld einer Masse M beträgt

$$\Delta V_B = \Delta\left(\frac{B}{\mu}\right) \alpha_B \frac{G_\infty m M}{r} e^{-r/\lambda_B}. \tag{11.24}$$

Ein etwas allgemeinerer Ansatz [Fis86] geht davon aus, daß die Kopplung der fünften Kraft proportional zur Hyperladung

$$Q = Y = B + S \tag{11.25}$$

ist, d.h. der Summe aus Baryonenzahl B und Strangeness S. Normale Materie besitzt keine Strangeness, S. so daß $Y = B$ gilt. Der Ansatz (11.25) geht damit wieder über in (11.23). Kleine Effekte erwartet man aber im Rahmen der Elementarteilchenphysik z.B. bei den K-Mesonen. Es gibt auch Vorschläge, für Q eine Kombination aus Baryonen- und Leptonenzahl anzusetzen

$$Q = B\cos\theta + L\sin\theta, \tag{11.26}$$

wobei der Winkel θ die Mischung beschreibt [Fay89].

Eine Kraft, die von der Zusammensetzung der wechselwirkenden Körper abhängt, kann neben der Baryonenzahl auch mit der Differenz aus Neutronen- und Protonenzahl $N - Z$ zusammenhängen. Für neutrale Atome gilt übrigens gerade folgende Beziehung

$$N - Z = B - 2L. \tag{11.27}$$

Eine $(N-Z)$-Abhängigkeit könnte eine Kopplung an die dritte Komponente des Isospins I_3 bedeuten. Häufig diskutiert man folgende Ladung [Fis88]

$$Q = B \sin\theta_5 + (N-Z)\cos\theta_5. \tag{11.28}$$

Der Mischungswinkel θ_5 bestimmt die relative Stärke der Kopplungen an B und $(N-Z)$. Im nächsten Abschnitt wollen wir besprechen, wie neue Kräfte auf ganz natürliche Art und Weise in Modellen der Großen Vereinigung auftreten.

11.2.4 Quantentheorien der Gravitation

Die Formulierung einer renormierbaren Quantentheorie der Gravitation (vgl. Supergravitation, Abschn. 12.2) scheint zwangsläufig auf neue, zusätzliche Gravitationskräfte zu führen [Sch77,79, Mac84, Gol86, Nie91]. In supersymmetrischen Theorien sollte das gewöhnliche Graviton mit Spin 2 als Vermittler der bekannten (tensoriellen) Gravitation zwei massive Partner mit Spin 0 (Graviskalar) und Spin 1 (Gravivektor oder Graviphoton) besitzen. Diese neuen Teilchen könnten die Austauschquanten neuer Kräfte darstellen. Wenn die Massen nur klein genug sind, könnte die Reichweite nach (11.18) groß genug sein, um makroskopische Effekte hervorzurufen.

Allen Feldtheorien ist gemeinsam, daß der Austausch von Bosonen mit geradzahligem Spin ($S = 0, 2, \ldots$) zwischen unpolarisierten, gleichartigen Teilchen anziehende Kräfte erzeugt, während der Austausch von Bosonen mit ungeradzahligem Spin ($S = 1, 3, \ldots$) eine abstoßende Wechselwirkung zur Folge hat. Die graviskalare (S) Wechselwirkung ergäbe daher eine anziehende und die gravivektorielle (V) eine abstoßende Komponente zur Gravitationswechselwirkung. Es erscheint darüber hinaus auch möglich, daß beide Anteile von der Zusammensetzung der wechselwirkenden Objekte abhängen [Sch79, Gol86, Nie91]. Phänomenologisch können wir die potentielle Energie zwischen zwei Punktmassen schreiben als

$$V(r) = -\frac{G_\infty m_1 m_2}{r}\left(1 - \alpha_V e^{-r/\lambda_V} + \alpha_S e^{-r/\lambda_S}\right). \tag{11.29}$$

In gewöhnlicher Materie könnten sich beide Komponenten gegenseitig mehr oder weniger stark aufheben, so daß ihr Nachweis nicht möglich ist. Diese Situation ändert sich jedoch entscheidend, wenn wir die Wechselwirkung zwischen Materie und Antimaterie betrachten (zur Frage der Wechselwirkung zwischen Materie und Antimaterie vgl. z.B. [Ade91a] und [Nie91]). Die Teilchen-Antiteilchen-Kräfte sind sowohl für den Graviskalar- als auch für den Gravivektoraustausch anziehend (d.h. wir müßten in (11.29) das Vorzeichen vor α_V umkehren).

11.2 Theoretische Erwartungen

Die gravivektorielle Wechselwirkung unterscheidet also zwischen gleichen (Materie-Materie) und entgegengesetzten (Materie-Antimaterie) Ladungen. Ein entsprechendes Phänomen finden wir auch in der elektromagnetischen Wechselwirkung, die durch den Austausch eines Photons mit Spin 1 vermittelt wird. Der Austausch eines Skalars ergibt dagegen immer eine Anziehung. Dies gilt allgemein für den Fall von Bosonen mit geradem Spin, also auch für das Graviton. Die normale, tensorielle Gravitation sollte daher keinen Unterschied zwischen Materie und Antimaterie machen.

Auch wenn sich die beiden letzten Terme in (11.29) gegenseitig weitgehend herausheben, könnte man ihre Existenz über einen Vergleich der Wechselwirkung von Materie und der von Antimaterie nachweisen. Ein Antiteilchen im Gravitationsfeld der Erde würde mit einer Beschleunigung a fallen, die etwas größer als g ist.

Wir wollen hier noch eine Bemerkung zum CPT-Theorem anbringen, um möglichen Mißverständnissen vorzubeugen (vgl. [Nie91]). Das schwache Äquivalenzprinzip fordert die Gleichheit von träger und schwerer Masse

$$m_t = m_s. \tag{11.30}$$

Das CPT-Theorem [Lüd57] besagt, daß die träge Masse eines Teilchens gleich der trägen Masse seines Antiteilchens ist

$$m_t = \overline{m}_t. \tag{11.31}$$

Dies bedeutet jedoch keinesfalls, daß gilt

$$\overline{m}_s = \overline{m}_t. \tag{11.32}$$

Wir können nur $m_s = m_t = \overline{m}_t$ schließen. Folglich bedeutet $m_s \neq \overline{m}_s$ nicht notwendigerweise eine Verletzung des CPT-Theorems. Letzteres besagt nämlich lediglich, daß der berühmte Newtonsche Apfel in gleicher Weise zur Erde fällt wie der Antiapfel zur Antierde. Es wird jedoch keine Aussage über den Fall des Antiapfels zur Erde gemacht [Nie88].

Das CPT-Theorem bildet jedoch die Grundlage für die Ableitung des Satzes, daß der Austausch von Bosonen mit geradzahligem Spin immer eine anziehende Wechselwirkung ergibt. Sollte also die normale, tensorielle Gravitation eine Unterscheidung zwischen Materie und Antimaterie erlauben, dann wäre dieses Theorem verletzt [Nie88]. Mit dieser Bemerkung zum Zusammenhang zwischen dem CPT-Theorem und der Gravitation wollen wir die Diskussion der theoretischen Motivation der Suche nach einer fünften Kraft beenden und uns den experimentellen Ergebnissen zuwenden.

11.3 Die experimentelle Suche nach einer fünften Kraft

11.3.1 Das geophysikalische Fenster

Es stellt sich als erstes die Frage, für welche Abstände man im Rahmen der Genauigkeit heutiger Meßmethoden überhaupt Abweichungen von der Newtonschen Gravitation nachweisen kann. Eine Betrachtung der Messungen zum $1/r^2$-Gesetz der Gravitation zeigt, daß es einen Abstandsbereich von einigen Zentimetern bis zu einigen Metern gibt, der durch bestehende Experimente nicht abgedeckt wird („geophysikalisches Fenster") [Mik77, Gib81].

An der $1/r^2$-Abhängigkeit der Gravitation auf astrophysikalischen Längenskalen gibt es kaum Zweifel. Eine neue Kraft mit sehr großer oder gar unendlicher Reichweite kann praktisch ausgeschlossen werden, da die Newtonsche bzw. die Einsteinsche Gravitationtheorie die Dynamik von Galaxien sehr gut beschreibt. Sehr genaue Vermessungen der Planeten- und Satellitenbahnen in unserem Planetensystem geben sehr scharfe Einschränkungen für eine zusätzliche endliche Kraft in Entfernungsbereichen von 10^5 bis 10^9 km. Äußerst präzise Tests des schwachen Äquivalenzprinzips wurden von [Rol64] und [Bra72] durchgeführt. Sie beobachteten den Fall von Testkörpern in Richtung der Sonne und fanden keinen Hinweis auf eine Wechselwirkung, die das Äquivalenzprinzip verletzen würde. Die Sensitivität dieser Messungen betrug etwa $3 \cdot 10^{-11}$ bzw. $9 \cdot 10^{-11}$. Lasermessungen der Entfernung zwischen Erde und Mond bestätigten das Äquivalenzprinzip bis zu einer Genauigkeit von $5 \cdot 10^{-12}$ [Nor82, All83]. Alle diese Experimente betreffen jedoch sehr große Distanzen und erlauben daher keine Aussagen über mögliche Verletzungen bei kleineren Abständen.

Auf der anderen Seite zeigen auch subatomare und atomare Systeme keinerlei Anzeichen für eine über die vier bekannten Wechselwirkungen hinausgehende Kraft. Dies gilt bis hinauf zu Längenskalen, die in sogenannten Cavendish-Experimenten zugänglich sind. In einem Cavendish-Experiment bestimmt man mit sehr empfindlichen Dreh- oder Torsionswaagen die Anziehungskraft von Probekörpern unterschiedlicher Zusammensetzung im Abstand von wenigen Zentimetern. Mit dieser Methode konnte der Chemiker Henry Cavendish im Jahre 1798 erstmals die Gravitationskonstante messen [Cav98].

Nach diesen Überlegungen wäre die neue, fünfte Kraft von mittlerer Reichweite und würde für Probleme in der Atom- oder Astrophysik praktisch keine Rolle spielen. Von Bedeutung wäre sie jedoch für geophysikalische Fragestellungen.

11.3.2 Die Überprüfung des $1/r^2$-Gesetzes

Motiviert durch das Fehlen von Messungen im mittleren Entfernungsbereich führte Long einen Test der $1/r^2$-Abhängigkeit auf der Skala von 4 bis 30 cm durch [Lon74,76]. Er bestimmte die Anziehungskraft einer Kugel auf Ringe verschiedener Größe und fand tatsächlich Abweichungen vom Newtonschen Kraftgesetz. Für die Gravitationskonstante ergab sich folgende Parametrisierung

$$G(r) = G\left[1 + (2.0 \pm 0.4)\cdot 10^{-3} \ln\left(\frac{r}{1\text{ cm}}\right)\right]. \tag{11.33}$$

Dieses Ergebnis konnte jedoch in späteren Messungen nicht bestätigt werden [Spe80, Che84]. Inzwischen werden die Resultate von Long auf systematische Fehler zurückgeführt (siehe [Spe88]). Allerdings wurde dadurch eine Vielzahl weiterer Experimente angeregt.

Grundsätzlich gilt, daß Experimente, die die Entfernungsabhängigkeit der Gravitation untersuchen, die Änderung der Schwerkraft mit zunehmender Tiefe in Gestein oder Wasser oder mit zunehmender Höhe auf Türmen messen. Man kann darüber hinaus die zeitliche Änderung der Schwerkraft an einem festem Ort in der Nähe von bewegten Wassermassen (z.B. an Stauseen mit variablem Wasserstand) untersuchen. Zum Nachweis der Gravitationskraft finden überwiegend hochempfindliche Federwaagen (Gravimeter) Verwendung. Schwereänderungen führen zu einer Verschiebung einer Testmasse aus ihrer Gleichgewichtslage. Mit Hilfe einer elektrostatischen Rückkopplung kann diese Verschiebung wieder ausgeglichen werden. Solche relativen Schweremessungen erreichen Genauigkeiten von unter $10^{-9}\,g$ (g ist hier die Erdbeschleunigung).

11.3.2.1 „Airy"-Experimente

Eine australische Arbeitsgruppe versuchte, eine fünfte Kraft mit mittlerer Reichweite durch Schwerkraftmessungen in einem Bergwerksschacht nachzuweisen [Sta81,87, Hol86]. Sie verwendeten ein erstmals von Airy im vergangenen Jahrhundert verwendetes Verfahren zur Bestimmung der mittleren Dichte der Erde [Air56]. Die Methode besteht aus der Messung der Änderung der Erdbeschleunigung mit zunehmender Tiefe in einer Mine. Die Schweredifferenz zwischen der Erdoberfläche und an Punkten in verschiedenen Tiefen eines Schachtes hängt von den dazwischenliegenden Gesteinsschichten ab. Man mißt also den vertikalen Gradienten der Erdbeschleunigung in einem Bergwerk und sucht nach Abweichungen von der erwarteten Abhängigkeit der Erdbeschleunigung von der Tiefe z.

11 Fünfte Kraft: Erwartungen und Status

Wir wollen das Prinzip einer Airy-Messung im folgenden am Beispiel einer sphärischen Erde beschreiben, wobei wir für einen kurzen Moment ein reines Newtonsches Gravitationsgesetz annehmen wollen. Die Beschleunigung durch die Erdanziehung beträgt in einem beliebigen Abstand vom Zentrum der Erde

$$g(r) = \frac{Gm(r)}{r^2}, \tag{11.34}$$

wobei $m(r)$ die Masse bezeichnet, die innerhalb eines Radius r liegt

$$m(r) = 4\pi \int_0^r \rho(r') r'^2 dr'. \tag{11.35}$$

$\rho(r')$ bezeichnet die Dichte. Der Gradient der Erdbeschleunigung folgt durch Differentiation von (11.34)

$$\frac{dg(r)}{dr} = -\frac{2g(r)}{r} + \frac{4\pi G}{r^2} \frac{\partial}{\partial r} \int_0^r \rho(r') r'^2 dr'$$

$$= -\frac{2g(r)}{r} + 4\pi G \rho(r). \tag{11.36}$$

Wir können dies unter Verwendung von (11.34) umschreiben in

$$\frac{dg(r)}{dr} = -\frac{2Gm(r)}{r^3} + 4\pi G \rho(r)$$

$$= 4\pi G \left(\rho(r) - \frac{2}{3}\overline{\rho}(r) \right), \tag{11.37}$$

wobei

$$\overline{\rho}(r) = \frac{m(r)}{\frac{4\pi}{3}r^3} \tag{11.38}$$

die mittlere Dichte innerhalb des Radius r angibt.

Der erste Term in (11.36) wird als „free-air"-Gradient bezeichnet, der zweite Term trägt die Bezeichnung doppelte Bouguer-Korrektur [Sta87]. Airy-Experimente ergeben direkt die Gravitationskonstante, da die Masse des anziehenden Körpers explizit im zweiten Term berücksichtigt wird. Dies ist ein bedeutender Unterschied zu den später zu besprechenden Turmexperimenten.

Wir haben den Ausdruck (11.37) unter der Annahme eines sphärischen Körpers mit einem $1/r^2$-Kraftgesetz abgeleitet. Die Berücksichtigung der elliptischen Deformation der Erde und der Rotation führt auf einen ähnlichen Ausdruck mit Korrekturfaktoren und einem weiteren Term [Sta81, 87, Dah82]. Die Berücksichtigung von Beiträgen durch einen Yukawa-Term der

11.3 Die experimentelle Suche nach einer fünften Kraft

Form (11.19) ergibt für die Abweichung der Erdbeschleunigung von dem Ausdruck für das Newtonsche Gesetz, die von der Tiefe z des Schachtes abhängt

$$\Delta g(z) = \frac{4\pi G_0 \rho \alpha}{(1+\alpha)} \left[z - \frac{\lambda}{2}(1 - e^{-z/\lambda}) \right]. \tag{11.39}$$

G_0 ist die in Labormessungen bestimmte Gravitationskonstante. In einer Tiefe, die sehr viel größer als die Reichweite der gesuchten Kraft ist, tritt ein zusätzlicher Gradient

$$\left(\frac{d\Delta g}{dz} \right)_5 = \frac{4\pi G_0 \rho \alpha}{(1+\alpha)} \qquad (z \gg \lambda) \tag{11.40}$$

auf. Im anderen Grenzfall ($z \ll \lambda$) ist der Gradient wegen

$$\frac{\lambda}{2}\left(1 - e^{-z/\lambda}\right) \approx \frac{z}{2} \tag{11.41}$$

gerade halb so groß

$$\left(\frac{d\Delta g}{dz} \right)_5 = \frac{2\pi G_0 \rho \alpha}{(1+\alpha)} \qquad (z \ll \lambda). \tag{11.42}$$

Zwischen beiden Grenzwerten gibt es nur einen flachen Übergangsbereich, so daß die Bestimmung einer Reichweite λ sehr schwierig ist, auch wenn ein anomaler Gradient vergleichsweise einfach nachzuweisen ist.

Stacey und Mitarbeiter führten über mehrere Jahre Messungen bis in Tiefen von 1 km in Minen in Queensland (Australien) durch [Sta71, Hol86, Sta87]. Sie konnten die von Fujii [Fuj71] diskutierte Kraft mit $\lambda \sim 200$ m und $\alpha = 1/3$ ausschließen. Sie fanden jedoch einen Effekt, der als möglicher Hinweis auf eine fünfte Kraft gedeutet wurde. Die Bestimmung von α und λ aus Minenexperimenten allein ist sehr schwierig. Die Gravitationskonstante aus Messungen in der Hilton-Mine beträgt

$$G_\infty = (6.720 \pm 0.002 \pm 0.024) \cdot 10^{-11} \text{ m}^3\text{kg}^{-1}\text{s}^{-2}. \tag{11.43}$$

Sie weicht um weniger als ein Prozent vom Laborwert [Coh87]

$$G_0 = (6.67259 \pm 0.00085) \cdot 10^{-11} \text{ m}^3\text{kg}^{-1}\text{s}^{-2} \tag{11.44}$$

aus Messungen mit Torsionspendeln für Entfernungen im Zentimeterbereich ab (vgl. [Lut82]). Nimmt man diese kleine Diskrepanz zwischen (11.43) und (11.44) ernst, dann sollte die neue Kraft abstoßend sein ($\alpha < 0$). Holding et al. geben $\alpha = -8 \cdot 10^{-3}$ und $\lambda \simeq 200$ m an [Hol86]. Dieses Resultat ist jedoch mit großer Wahrscheinlichkeit auf systematische Fehler zurückzuführen [Bar89b, Ade91b, Nie91] (vergleiche auch die Diskussion in Abschn. 11.3.2.3). Ein Problem bei Airy-Experimenten in Minen besteht in der ungenauen Kenntnis der Dichte im Bereich der Bergwerksschächte. Darüber hinaus ist es äußerst schwierig, Dichteanomalien zu berücksichtigen.

Schwerkraftmessungen in Bohrlöchern in Nevada ergaben ebenfalls eine Abweichung vom $1/r$-Potential, die jedoch sehr viel größer sind als die in dem oben beschriebenen Experiment [Tho90]. Die Autoren schließen aus dieser Diskrepanz zwischen beiden Messungen nicht auf eine fünfte Kraft, sondern vielmehr, daß die Experimente großen systematischen Unsicherheiten durch Dichteanomalien unterliegen.

Airy-Experimente in Meerwasser oder Eis bieten gegenüber den Minenmessungen den Vorteil, daß die Dichteverteilungen sehr viel einfacher zu bestimmen sind. Der Meßort kann so ausgewählt werden, daß der Meeresgrund möglichst strukturlos ist und durch eine dicke, homogene Sedimentschicht bedeckt ist. Dadurch lassen sich Dichteanomalien weitgehend ausschließen [Sta78, Sta87]. Ein erstes Experiment dieser Art wurde im Sommer 1987 in einem 2 km tiefen Bohrloch (Dye-3) im grönländischen Eis durchgeführt [Cha87, And89]. Es ergaben sich zwar Abweichungen zwischen Theorie und Experiment, die jedoch sehr wahrscheinlich auf die ungenügende Kenntnis der Dichteverteilung in der Erdkruste unterhalb des Eises zurückgehen, da dort Gesteine mit sehr hoher Dichte eingelagert sein könnten. Die Interpretation ist daher nicht eindeutig. Weitere Experimente dieser Art in der Antarktis und im Pazifik sind in Planung oder bereits bei der Datenaufnahme (siehe [Mül91]).

11.3.2.2 Messungen an Stauseen

Experimente mit ortsfesten Gravimetern an Stauseen mit einem zeitlich sich ändernden Wasserstand sind weniger aufwendig als die oben beschriebenen. Ein großer Vorteil besteht darin, daß die Ergebnisse nicht durch unbekannte Dichteanomalien in der Erdkruste verfälscht werden können. Da die Meßgeräte nicht bewegt werden, sind die Ergebnisse unabhängig von solchen Effekten. Pionierarbeit auf diesem Gebiet leistete eine Forschergruppe am Splityard Creek-Stausee in Queensland in Australien, dessen Wasserstand täglichen Schwankungen von bis zu 10 m unterlag. Dadurch, daß das Wasser täglich umgewälzt wird und deswegen gut durchmischt ist, kann die Wasserdichte in wenigen Probennahmen mit sehr großer Genauigkeit bestimmt werden. Die Messung der Erdbeschleunigung auf einem Turm in der Mitte des Reservoirs während des Absinkens oder des Anstiegs des Wasserspiegels ergab [Moo88]

$$G = (6.689 \pm 0.057) \cdot 10^{-11} \text{ m}^3\text{kg}^{-1}\text{s}^{-2} \tag{11.45}$$

11.3 Die experimentelle Suche nach einer fünften Kraft

bei einer effektiven Reichweite von 22 m. Dieser Wert ist innerhalb der Fehlergrenzen konsistent mit der Erwartung (11.44).

Ein weiteres Experiment dieser Art wurde im August 1988 am Hornbergbekken im südlichen Schwarzwald durchgeführt. Die Daten konnten durch das Newtonsche Gravitationsgesetz unter Berücksichtigung der Gezeitenkräfte erklärt werden. Die Abweichung vom Laborwert betrug $(0.25 \pm 0.40)\%$ ($\lambda \sim 40\ldots 70\,\mathrm{m}$) [Mül89]. Das neueste und empfindlichste Experiment dieser Art wurde am Gigerwald-Stausee in der Schweiz durchgeführt. Es liefert ebenfalls keine Hinweise auf eine fünfte Kraft [Cor94].

11.3.2.3 Turmexperimente

Das Gravitationsgesetz kann auch durch Experimente auf Türmen getestet werden. Gemessen wird dabei die Erdbeschleunigung entlang einer Vertikalen zur Erdoberfläche. Diese Daten werden dann mit den erwarteten, unter Annahme einer reinen Newtonschen Gravitationskraft berechneten Werte verglichen. Allerdings erfordert die Bestimmung der theoretisch erwarteten Schwereabnahme mit wachsender Höhe sehr präzise Schweremessungen an der Erdoberfläche in der Umgebung des Turms bis zu Entfernungen von einigen hundert Kilometern.

Eine neue präzise Messung von g in verschiedenen Höhen des WTVD-Fernsehturms in Garner (North Carolina) zeigte im Vergleich mit Meßwerten am Erdboden signifikante Abweichungen von der Vorhersage des Newtonschen $1/r$-Potentials, die an der Turmspitze

$$\Delta g = (-500 \pm 35) \cdot 10^{-8}\,\mathrm{ms}^{-2} \qquad (11.46)$$

betrugen und auf eine zusätzliche anziehende Kraft hinzuweisen schienen [Eck88]. Dabei gingen 257 Bodenmessungen in einem Radius von bis zu 5 km und 1784 Bodenmessungen in einem Radius bis zu 220 km um den Turm ein. Die Annahme eines einfachen Yukawa-Potentials (11.19) führte auf eine anziehende Kraft mit folgenden Parametern für die Wechselwirkungsstärke α und die Reichweite λ

$$\alpha = +0.0204, \quad \lambda = 311\,\mathrm{m}\,. \qquad (11.47)$$

Während die Interpretation der Bergwerksexperimente eine genaue Kenntnis der umgebenden Massendichte erfordert und von Annahmen über die unbekannte Massenverteilung tief unter der Erdoberfläche abhängt, sind Turmmessungen ein direkter Test der $1/r$-Form des Gravitationspotentials. Letztere sind im Prinzip unabhängig von der Maasenverteilung, die g an der Erdoberfläche bestimmt.

Das Airy-Experiment von Stacey und Mitarbeitern ergab im Gegensatz zu (11.47) Hinweise auf eine abstoßende Störung, so daß ein einfacher Yukawa-Ansatz nicht ausreicht, um beide Experimente zu erklären. Das in Abschnitt 11.2.4 diskutierte „Skalar-Vektor-Modell" mit zwei sich gegenseitig mehr oder weniger kompensierenden Komponenten ermöglicht dagegen eine konsistente Beschreibung, sofern beide Messungen die physikalische Realität widerspiegeln. Es gibt praktisch unendlich viele Zweiparameterlösungen. Ein typischer Fit wäre [Eck88, Sta88]

$$\alpha_S = 1.000, \qquad \alpha_V = 1.007, \qquad (11.48a)$$
$$\lambda_S = 103.0 \text{ m}, \quad \lambda_V = 97.0 \text{ m}. \qquad (11.48b)$$

Allerdings wiesen Bartlett und Tew [Bar89b,90b] auf systematische Fehler in beiden Experimenten hin. Eine neue Analyse der Daten von [Eck88] unter Berücksichtigung dieser Effekte ergab schließlich, daß die Daten tatsächlich keinen Hinweis auf eine Abweichung von einem $1/r$-Potential enthalten [Jek90]. Für ein einfaches zusätzliches Yukawa-Potential liegen die Grenzen für die Kopplungskonstante α nun bei

$$|\alpha| < 0.001 \quad \text{für } \lambda > 100 \text{ m}. \qquad (11.49)$$

Ähnliches scheint auch für das Minenexperiment zu gelten [Ade91b]. Zwei weitere Turmexperimente am 465 m hohen BREN-Turm in Nevada [Tho89b] und am 300 m hohen NOAA-Wetterturm in Erie (Colorado) [Spe90] waren ebenfalls konsistent mit der Annahme eines reinen $1/r$-Potentials. Die mit Hilfe der Newtonschen Gravitation berechneten Schwereabnahmen stimmen also bei allen drei Experimenten auf 300 bis 600 m hohen Türmen mit der gemessenen Schwereabnahme im Rahmen der Meßfehler überein (siehe Tab. 11.1).

Zusammenfassend kommen wir zu dem Schluß, daß es bislang keine zweifelsfrei nachgewiesene Abweichung von einem $1/r$-Gravitationspotential gibt.

Tab. 11.1 Schwereabnahme in Turmexperimenten. Δg_s bezeichnet die Differenz zwischen der gemessenen und der erwarteten Erdbeschleunigung an der Turmspitze.

Turm	Höhe [m]	Δg_s [10^{-8} ms^{-2}]	Ref.
WTVD (NC)	600	(-500 ± 35)	[Eck88]
WTVD (NC)*	600	(-4 ± 43)	[Jek88]
BREN (Nevada)	465	(-60 ± 95)	[Tho89b]
NOAA (Colorado)	300	(10 ± 27)	[Spe90]

* Reanalyse der Daten von [Eck88]

11.3.3 Substanzabhängigkeit der Gravitation

Weitere Hinweise auf eine fünfte Kraft könnten von einer Substanzabhängigkeit der Gravitation kommen, da die Newtonsche Gravitation nur an die Masse ankoppelt. Die Existenz einer solchen substanzabhängigen Kraft würde ebenfalls das Prinzip der Äquivalenz von schwerer und träger Masse verletzen.Wie wir bereits gesehen haben, kommen die Baryonenzahl B, die Hyperladung Y, die Leptonenzahl L, der Isospin I_3 oder eine Kombination dieser Größen als mögliche Ladung in Frage.

11.3.3.1 Das Eötvös-Experiment und seine Reanalyse

In einem berühmt gewordenen Experiment untersuchte der ungarische Geophysiker Baron Loránd von Eötvös[1] die Äquivalenz von träger und schwerer Masse [Eöt91]. Dieses Drehwaagen-Experiment wurde etwa 1890 begonnen und über viele Jahre hinweg fortgesetzt. Ursprünglich waren diese Messungen zur Bestimmung von Irregularitäten des Gravitationsgradienten als geophysikalische Untersuchungsmethode ausgelegt. Eötvös und seine Mitarbeiter verglichen die relative Beschleunigung von Paaren von Materialproben in Richtung der Erde. Nach der Formulierung der Einsteinschen Allgemeinen Relativitätstheorie erhielten diese Arbeiten eine neue Bedeutung. Die Ergebnisse wurden nach dem Tode von Eötvös's publiziert [Eöt22] und als Bestätigung des schwachen Äquivalenzprinzips gewertet.

Beim Eötvös-Experiment handelt es sich um eine klassische Methode, die Erdbeschleunigung bzw. Unterschiede in der Richtung der Erdbeschleunigung bei verschiedenen Probekörpern zu messen. Der Test des schwachen Äquivalenzprinzips erfolgt über den Vergleich der Verhältnisse von schwerer zu träger Masse für Körper verschiedener chemischer Zusammensetzung. Um das Prinzip der von Eötvös verwendeten Drehwaage zu verstehen, betrachten wir ein Pendel auf der Erdoberfläche bei gegebener (nördlicher) geographischer Breite θ (vgl. Abb. 11.3). Auf das Pendel wirken die Schwerkraft $F_g = m_s g$ in Richtung des Erdmittelpunkts und die Zentrifugalkraft $F_z = m_t \omega_E^2 R_E \sin\theta$, die senkrecht zur Rotationsachse der Erde steht. Wir interessieren uns hier für die Horizontalkomponente der Zentrifugalkraft $F_{z,h}$, die gegeben ist durch

$$F_{z,h} = m_t \omega_E^2 R_E \sin\theta \cos\theta. \qquad (11.50)$$

---

[1] „Ich werde niemals den Augenblick vergessen, als mein Zug in den Bahnhof von Heidelberg an den Gestaden des Neckar einfuhr ..." (Baron L. von Eötvös, 1887).

486 11 Fünfte Kraft: Erwartungen und Status

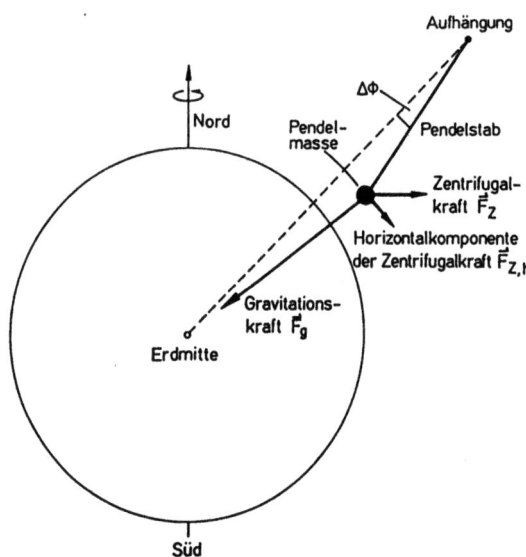

Abb. 11.3
Ablenkung eines Pendels aus der Vertikalen um einen kleinen Winkel $\Delta\phi$ aufgrund der Zentrifugalkraft, die von der Erddrehung herrührt.

Aufgrund der von der Erddrehung herrührenden Zentrifugalkraft ergibt sich eine Auslenkung des Pendels aus der Vertikalen um einen kleinen Winkel $\Delta\phi$

$$\Delta\phi \simeq \frac{m_t \omega_E^2 R_E \sin\theta \cos\theta}{m_s g}$$
$$= \frac{\omega_E^2 R_E \sin\theta \cos\theta}{g} \cdot \frac{m_t}{m_s}. \qquad (11.51)$$

Abb. 11.4 zeigt eine Drehwaage ähnlich der Eötvösschen Torsionswaage zur Bestimmung der Verhältnisse von träger zu schwerer Masse. Die Waage mit den beiden Massen m_1 und m_2 hängt an einem Torsionsfaden. Die beiden Kugeln bestehen aus unterschiedlichen Materialien mit gleicher schwerer Masse

$$m_s(1) = m_s(2). \qquad (11.52)$$

Sind die trägen Massen $m_t(1)$ und $m_t(2)$ ungleich, so wird die Aufhängung wegen der ungleichen Zentrifugalkräfte tordiert. Die Nullage dieser Waage bestimmt man durch Wiederholung der Messung nach einer Drehung der Apparatur um 180°. Einen Effekt beobachtet man nur für $m_t(1) \neq m_t(2)$.

11.3 Die experimentelle Suche nach einer fünften Kraft

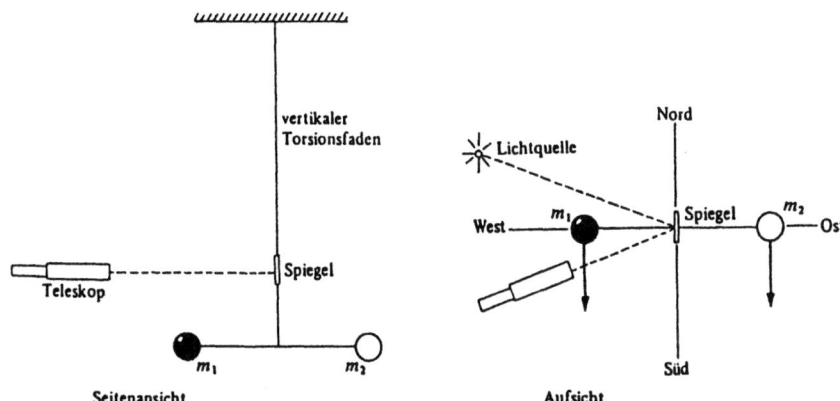

Abb. 11.4 Torsionswaage zur Bestimmung des Verhältnisses von träger zu schwerer Masse. m_1 und m_2 sind ungleiche Gegenstände mit gleicher schwerer Masse. Sind die trägen Massen m_1 und m_2 gleich, so sind die Horizontalkomponenten der Zentrifugalkraft ebenfalls gleich, so daß die gesamte auf den Faden wirkende Spannung verschwindet (aus [Kit79]).

Eötvös und Mitarbeiter fanden keinen Unterschied zwischen den trägen Massen für verschiedene Paare von Materialproben [Eöt22]. Der relative Fehler der Gleichung

$$\frac{m_s(1)}{m_t(1)} = \frac{m_s(2)}{m_t(2)} \tag{11.53}$$

betrug etwa $5 \cdot 10^{-9}$.

In einer verbesserten Versuchsanordnung nutzten Roll, Krotkov und Dicke die kleineren Zentrifugaleffekte der Sonne, um eine Genauigkeit von $3 \cdot 10^{-11}$ für Proben aus Aluminium und Gold zu erhalten [Rol64]. Später wurde das Experiment von einer anderen Gruppe mit Aluminium und Platin wiederholt [Bra72]. Auch diese Messung ergab auf einem Niveau von $0.9 \cdot 10^{-11}$ keine Abweichungen vom Äquivalenzprinzip. Aber wie wir bereits erwähnt haben, machen diese Untersuchungen nur Aussagen über Kräfte mit sehr großen Reichweiten.

Eine neue Kraft mit einer mittleren Reichweite könnte sich dagegen in Versuchen mit Torsionspendeln auswirken. Eine neue Analyse der Daten aus dem ursprünglichen Eötvös-Experiment ergab tatsächlich ein überraschendes Resultat. Es stellte sich nämlich für die von Eötvös untersuchten Proben aus verschiedenen Stoffen eine unerwartete Systematik heraus, die auf eine mögliche baryonenzahlabhängige bzw. von der Hyperladung abhängige fünfte Kraft hindeutete [Fis86].

11 Fünfte Kraft: Erwartungen und Status

In (11.24) haben wir gesehen, daß die Potentialdifferenz zwischen zwei Körpern im Kraftfeld einer Masse M (in diesem Beispiel die Erde) gerade proportional zu $\Delta(B/\mu)$ ist, wenn die fünfte Kraft an die Baryonenzahl B ankoppelt. Da die Bindungsenergie pro Nukleon im Kern bei Eisen maximal ist und nach beiden Seiten, d.h. zu kleineren und größeren Kernladungszahlen hin wieder abnimmt, ändert sich das Verhältnis B/μ über das Periodensystem. Abb. 11.5 zeigt die Abweichung der Beschleunigung Δa vom Wert, der sich bei der Wechselwirkung gleicher Substanzen ergibt, als Funktion des Quotienten aus Baryonenzahl und Masse für die von Eötvös untersuchten Proben [Fis86]. Man erkennt deutlich, daß das Ergebnis des Drehwaagen-Experiments geringfügig von der Art der verwendeten Substanz abhängt. Fischbach et al. schlossen auf ein Potentialgesetz der Form (vgl. (11.21) und (11.22) mit $Q = B$)

$$V = -\frac{G_\infty m_1 m_2}{r}\left(1 - \alpha_B \left(\frac{B}{\mu}\right)_1 \left(\frac{B}{\mu}\right)_2 e^{-r/\lambda_B}\right). \tag{11.54}$$

Es war jedoch nicht möglich, die Parameter α_B und λ_B zu bestimmen, da die Bedingungen, unter denen das Experiment durchgeführt worden war, nicht mehr rekonstruiert werden konnten [Fis86, Spe88]. Genauere Analysen zeigten, daß die Resultate stark von der Umgebung der Drehwaagenanordnung beeinflußt werden. Dies folgt letztlich aus der relativ kurzen Reichweite der postulierten fünften Kraft im Vergleich zur normalen Gravitation. Damit ist die Interpretation der Steigung der Geraden in Abb. 11.5 unsicher.

Das von Fischbach et al. gefundene Resultat löste eine kontroverse Diskussion u.a. über die Geometrie und das Vorzeichen und die Stärke der Wechselwirkung aus. Auf diese Details wollen wir hier nicht näher eingehen, sondern

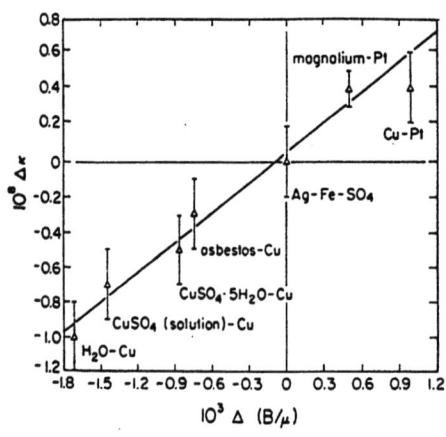

Abb. 11.5
Analyse der Eötvös-Daten durch Fischbach et al. [Fis86]: Es ergibt sich die gezeigte Abhängigkeit der Wechselwirkung vom Quotienten aus Baryonenzahl und Masse in einer $\Delta a - \Delta(B/\mu)$-Darstellung (aus [Fis86])($\Delta K \equiv \Delta a$).

11.3 Die experimentelle Suche nach einer fünften Kraft   489

verweisen den interessierten Leser auf [DeR86, Sta87, Nie89, Nie91]. Die Hypothese, daß es sich um eine Vektorkraft handelt, die an die Hyperladung ankoppelt [Fis86], konnte durch die Nichtbeobachtung des Zerfalls

$$K^+ \to \pi^+ + \text{unbeob. neutrale Teilchen} \tag{11.55}$$

zumindest für die geforderte Stärke der Wechselwirkung ausgeschlossen werden (siehe z.B. [Nie91]).

Trotz aller Kritik an verschiedenen Details schien die in der neuen Analyse gefundene Korrelation physikalisch real zu sein. Dieses Ergebnis stimulierte mehrere moderne Experimente. Einige Arbeitsgruppen arbeiten dabei wie Eötvös mit an Torsionsfäden aufgehängten Probenpaaren unterschiedlicher Zusammensetzung. Während die klassische Anordnung statisch war, handelt es sich bei den modernen Versionen häufig um dynamische Experimente.

11.3.3.2 Neuere Experimente zu einer substanzabhängigen fünften Kraft

Thieberger führte eines der ersten modernen Experimente zur Suche nach einer substanzabhängigen fünften Kraft durch [Thi87]. Der Versuchsaufbau unterscheidet sich vollständig von dem des ursprünglichen Eötvös-Experiments. Eine hohle Kupferkugel wird durch entsprechende Dimensionierung ($m_{Cu} = 4.925$ kg, Durchmesser $= 21.11$ cm) in einem Wasserbehälter zum Schweben gebracht. Sie sollte sich unter dem Einfluß der Newtonschen Gravitation nicht bewegen. Im Gleichgewichtszustand wird das Gewicht der Kugel exakt durch den Auftrieb kompensiert, die Masse des Kupfers stimmt exakt mit der der verdrängten Wassermasse überein.

Eine zusätzliche horizontal wirkende Kraft könnte aufgrund der chemischen Unterschiede zwischen Kupfer und Wasser das Gleichgewicht stören und zu einer horizontalen Drift der Kugel führen. Die Differenz der horizontalen Beschleunigungskomponenten sollte proportional zum Ladungsunterschied sein

$$\Delta a \sim \alpha_Q \Delta \left(\frac{Q}{\mu}\right). \tag{11.56}$$

Die horizontale Beschleunigung kann aus der Messung der Driftgeschwindigkeit v_D bestimmt werden, mit der sich die Kugel mit dem Radius r durch die Flüssigkeit der Viskosität η bewegt. Die Bewegungsgleichung lautet unter Verwendung des Stokesschen Gesetzes

$$m\Delta a - 6\pi \eta r v_D = 0. \tag{11.57}$$

11 Fünfte Kraft: Erwartungen und Status

Mit $m = \frac{4\pi}{3} r^3 \rho$ folgt daraus

$$\Delta a = \frac{9}{2} \frac{\eta v_D}{\rho r^2}. \tag{11.58}$$

Eine Korrektur ergibt sich aus einer nicht vernachlässigbaren Reynoldszahl [Som50], so daß wir schließlich

$$\Delta a = \frac{9}{2} \frac{v_D \eta}{\rho r^2} \left(1 + \frac{3}{8} \frac{v_D r \rho}{\eta}\right) \tag{11.59}$$

erhalten.

Thieberger stellte eine solche Anordnung am Rande eines Kliffs, dem New Jersey Palisades Cliff, auf. Die mittlere Materieverteilung war dadurch ausreichend asymmetrisch, so daß eine durch das Kliff erzeugte substanzabhängige Kraft der Kugel eine Beschleunigung relativ zum Wasser erteilen konnte. Die Wassertemperatur wurde auf eine konstante Temperatur von (4.0±0.2) °C eingeregelt, um Konvektionsströme weitgehend auszuschließen. Zur Vermeidung störender chemischer Reaktionen wurde destilliertes Wasser verwendet, wobei der Gehalt an gelöstem Sauerstoff durch Ersetzen mit Stickstoff reduziert wurde.

Tatsächlich beobachtete Thieberger eine systematische seitliche Drift der Kupferkugel mit einer typischen Driftgeschwindigkeit von 4.7 mm/h. Dies entspricht nach (11.59) einer Beschleunigung von [Thi87]

$$\Delta a = (8.5 \pm 1.3) \cdot 10^{-8} \text{ cms}^{-2}. \tag{11.60}$$

Dieses Resultat ist verträglich mit der Annahme einer substanzabhängigen fünften Kraft mit einer mittleren Reichweite. Diese neue Wechselwirkung wäre danach für Kupfer stärker abstoßend als für Wasser.

Nimmt man an, daß die Kraft an die Baryonenzahl ankoppelt, so kann man Aussagen über die Parameter α und λ aus (11.19) gewinnen. Für das Verhältnis von Baryonenzahl zu Masse B/μ gilt folgende Beziehung

$$\left(\frac{B}{\mu}\right)_{\text{Cu}} = 1.00171 \left(\frac{B}{\mu}\right)_{\text{H}_2\text{O}}. \tag{11.61}$$

Es ergibt sich

$$\alpha \lambda = -(1.2 \pm 0.4) \text{ m} \quad \text{für} \quad 5 \text{ m} \ll \lambda < 100 \text{ m}. \tag{11.62}$$

In einem ähnlichen Experiment, das in Vallombrosa bei Florenz durchgeführt wurde, konnte dagegen keine Bewegung beobachtet werden [Biz89]. Verwendet wurde eine Vollkugel aus Kunststoff (Gewichtsanteile: 93.8% Nylon

11.3 Die experimentelle Suche nach einer fünften Kraft

($[C_{12}H_{23}NO]_n$) und 6.2% $C_{10}H_{15}NO_2S$) mit einem Radius von 6 cm, die sich frei in einer Salzlösung mit praktisch der gleichen Dichte bewegen konnte. Die Ladungsdifferenz $\Delta(B/\mu)$ betrug bei diesem Experiment

$$\Delta\left(\frac{B}{\mu}\right) = -3.8 \cdot 10^{-4}. \tag{11.63}$$

Die Autoren erhalten unter der Annahme einer an B ankoppelnden vektoriellen Kraft [Biz89]

$$|\alpha\lambda| < 0.25 \text{ m} \quad \text{für} \quad 60 \text{ m} < \lambda < 500 \text{ m}. \tag{11.64}$$

Boynton und Mitarbeiter untersuchten die Torsionsschwingungen eines Massendipols im Gravitationsfeld einer seitlich angeordneten Masse, die von einem 130 m hohen Kliff bei Index/Washington gebildet wurde [Boy87]. Als Massendipol diente ein Ring, zur Hälfte aus Aluminium und zur Hälfte aus Beryllium (siehe Abb. 11.6), der an einem Wolframfaden aufgehängt ist. Je nach Orientierung des Dipols würde eine fünfte Kraft zwischen der Klippe und dem Ring ein stabilisierendes oder destabilisierendes Drehmoment erzeugen, was sich in unterschiedlichen Schwingungsperioden äußern würde.

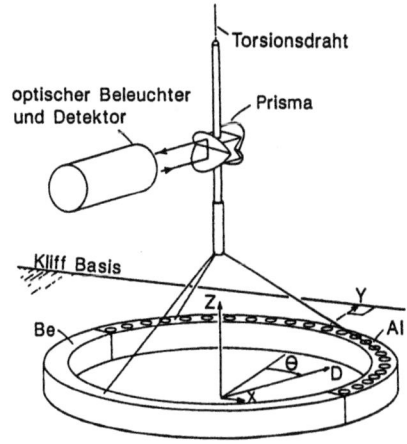

Abb. 11.6
Experiment zur Messung der Torsionsschwingungen eines Massendipols im Gravitationsfeld einer seitlich angeordneten Masse (in diesem Fall ein 130 m hohes Kliff). D ist die Dipolachse (aus [Boy87]).

Im Gegensatz zum ursprünglichen Eötvös-Experiment wurde keine statische Auslenkung der Dipolachse gemessen, sondern die Periode einer Torsionsschwingung unter verschiedenen Anfangsbedingungen. Einmal startet man das Drehpendel unter dem Winkel θ zwischen der Dipolachse und der Klippenoberfläche und einmal unter dem Winkel $\theta + \pi$. Aus der Differenz beider

11 Fünfte Kraft: Erwartungen und Status

Perioden lassen sich Aussagen über eine fünfte Kraft ableiten. Es wurde tatsächlich ein signifikanter Effekt beobachtet

$$\alpha\lambda = (-2.3 \pm 0.6) \cdot 10^{-2} \text{ m} \quad \text{für} \quad \lambda = 100 \text{ m}. \tag{11.65}$$

Dieser Wert ist sehr viel kleiner als der von Thieberger erhaltene. Boynton und Mitarbeiter zeigten jedoch, daß die Resultate in Einklang gebracht werden können, wenn man eine Kraft postuliert, die praktisch ausschließlich proportional zur z-Komponente des nuklearen Isospins $I_3 = (N-Z) = (B-2Z)$ ist (vgl. (11.28) (mit $\theta_5 \approx 0$). Es gelang den Experimentatoren indessen nicht, das Signal mit einer verbesserten Apparatur zu bestätigen [Boy90]. Allerdings wurden andere Materialien verwendet.

Eine Kopplung an den Isospin wurde durch die Nichtbeobachtung des Zerfalls des K-Mesons in das postulierte Austauschboson stark eingeschränkt [Gol88b]. Spätere Experimente schlossen die Isospinhypothese weitgehend aus [Cow88,90, Spe88b, Stu89, Nel90]. Nelson, Graham und Newman [Nel90] verwendeten die in Abb. 11.7 schematisch gezeigte Meßmethode. Eine anziehende Masse in Form eines 320 kg schweren Bleiringes in einem Aluminiummantel wird periodisch von der einen Seite einer Torsionswaage zur anderen Seite bewegt. Eine substanzabhängige Kraft auf die Probenmasse, die im wesentlichen aus Blei und Kupfer bestand, würde ein Drehmoment auf die Torsionswaage ausüben, dessen Vorzeichen sich bei der Verschiebung der großen, anziehenden Masse umkehren würde.

Legt man die in (11.28) angegebene Parametrisierung $Q = B \sin \theta_5 + (N - Z) \cos \theta_5$ der Ladung zugrunde, so ergeben sich aus den Meßergebnissen folgende sehr scharfe Grenzen für den Kopplungsparameter α_Q in (11.21) [Nel90]

$$\alpha_B = (-1.2 \pm 1.3) \cdot 10^{-3} \quad \text{für } \theta_5 = 90° \quad (B\text{-Kopplung}), \tag{11.66a}$$

$$\alpha_{I_3} = (5.7 \pm 6.3) \cdot 10^{-5} \quad \text{für } \theta_5 = 0° \quad ((N{-}Z)\text{-Kopplung}). \tag{11.66b}$$

Diese Ergebnisse sind für $\lambda > 1$ m praktisch unabhängig von der Reichweite der Wechselwirkung. Die Kopplung an den Isospin wird also mit großer

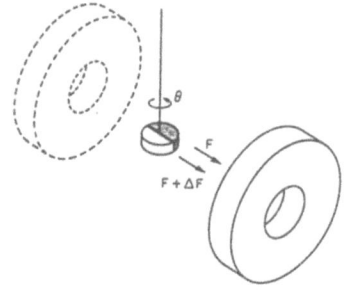

Abb. 11.7
Torsionswaage von Nelson, Graham und Newman (aus [Nel90])(siehe Text).

11.3 Die experimentelle Suche nach einer fünften Kraft

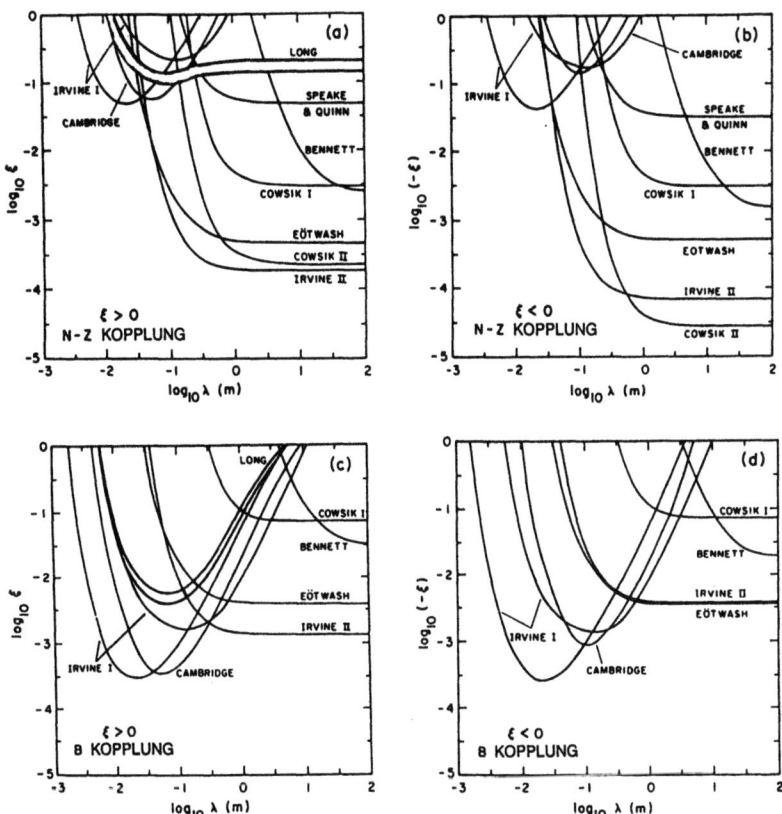

Abb. 11.8 Gemessene Grenzen für die Kopplungsstärke $dQ = \xi$ unter Annahme eines Yukawa-Potentials der Form (11.21) für $(N-Z)$-Kopplung und B-Kopplung (aus [Nel90]). Mit angegeben sind Ergebnisse aus verschiedenen anderen Experimenten: Long = [Lon76], Irvine I = [Hos85], Cambridge = [Che84], Irvine II = [Nel90], Bennett = [Ben89], Cowsik I = [Cow88], Cowsik II = [Cow90], Eöt–Wash = [Stu89] und Speake&Quinn = [Spe88].

Präzision ausgeschlossen. Abb. 11.8 zeigt die Grenzen auf dem 2σ-Niveau für die Kopplungsstärke α_Q als Funktion der Reichweite für ein Yukawa-Potential der Form (11.21) für $(N-Z)$- und für B-Kopplung. Mit angegeben sind auch die Ergebnisse von verschiedenen anderen Messungen, auf die wir nicht alle eingehen können.

Ein anderes „Nullexperiment" (ein Experiment, das keinen positiven Effekt nachweisen konnte) wurde von Niebauer und Mitarbeitern durchgeführt. Sie wiederholten im Prinzip das von Galileo Galilei angeblich am schie-

11 Fünfte Kraft: Erwartungen und Status

fen Turm von Pisa durchgeführte Fallexperiment, allerdings mit einem modernen Versuchsaufbau [Nie87]. Sie bestimmten die Fallzeit von Körpern unterschiedlicher baryonischer Zusammensetzung (Kupfer und Uran), aber gleicher Masse. Beide Probekörper wurden gleichzeitig in benachbarten Vakuumkammern fallen gelassen. Die Unterschiede in der Beschleunigung maßen die Experimentatoren interferometrisch. Die Auflösung der Apparatur betrug $\Delta g/g \simeq 5 \cdot 10^{-10}$. Aus den gemessenen Fallzeiten folgt [Nie87]

$$|\alpha\lambda| = (1.6 \pm 6.0)\,\text{m}. \tag{11.67}$$

Dieses Fallexperiment ist empfindlich auf die Masse, die sich direkt unterhalb der Apparatur befindet. Horizontale Massenanomalien beeinflussen das Ergebnis nicht. Der in (11.67) angegebene Wert gilt für Abstände im Bereich zwischen 100 m und 1000 km. Die Empfindlichkeit bei kleinen Abständen ist geringer als in Experimenten mit einer Torsionswaage.

Eine Gruppe an der Universität Washington (in Anlehnung an das von Eötvös durchgeführte Experiment auch Eöt-Wash-Gruppe genannt) führte Messungen mit einer Apparatur vom Eötvös-Typ durch. Sie verwendete eine Torsionswaage mit vier Kugeln, wovon zwei aus Kupfer ($B/\mu = 1.00112$) und zwei aus Beryllium ($B/\mu = 0.99865$) gefertigt waren. Der Aufbau befand sich am Hang eines Hügels, der für eine asymmetrische Massenverteilung sorgte. Die Torsionswaage wurde in einem Vakuumbehälter relativ zum Hügel gedreht. Eine fünfte Kraft sollte sich durch ein Signal mit geeigneter Phase in der Auslenkung des Pendels äußern. Es wurde kein Drehmoment, das auf eine neue Kraft hindeuten könnte, gefunden.

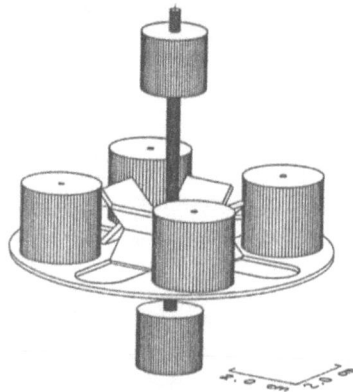

Abb. 11.9
Torsionswaage der Eöt-Wash-Gruppe zur Messung der differentiellen horizontalen Beschleunigung von Be/Al- und Be/Cu-Paaren (aus [Ade90]).

11.3 Die experimentelle Suche nach einer fünften Kraft

Unter der Annahme einer an die Baryonenzahl ankoppelnden Kraft ergeben sich folgende Grenzen für α_B aus (11.21) und (11.22) [Stu87]

$$|\alpha_B| < 2 \cdot 10^{-4} \quad \text{für} \quad 250 \text{ m} < \lambda < 1400 \text{ m}, \tag{11.68a}$$

$$|\alpha_B| < 1 \cdot 10^{-3} \quad \text{für} \quad 30 \text{ m} < \lambda < 250 \text{ m}. \tag{11.68b}$$

Da die $\Delta((B-L)/\mu)$- und $\Delta(I_3/\mu)$-Werte des Pendels mit $-1.015 \cdot 10^{-2}$ bzw. $1.139 \cdot 10^{-2}$ sehr viel größer sind als der $\Delta(B/\mu)$-Wert von $2.468 \cdot 10^{-3}$, ergeben sich entsprechend sehr viel schärfere Grenzen für eine Wechselwirkung, die an $(B-L)$ oder I_3 ankoppelt (vgl. auch Abb. 11.8). Ein ähnliches Experiment mit Aluminium- und Beryllium-Testmassen ergab ebenfalls kein anomales Drehmoment [Ade87].

Mit einer verbesserten Apparatur (Abb. 11.9) maß die Eöt-Wash-Gruppe die differentielle horizontale Beschleunigung für die Be/Al- und Be/Cu-Paare und erhielt folgende Ergebnisse [Hec89]

$$\Delta a(\text{Al/Be}) = (1.5 \pm 2.3) \cdot 10^{-11} \text{ cms}^{-2}, \tag{11.69a}$$

$$\Delta a(\text{Cu/Be}) = (0.9 \pm 1.7) \cdot 10^{-11} \text{ cms}^{-2} \tag{11.69b}$$

bzw. [Ade90]

$$\Delta a(\text{Al/Be}) = (2.1 \pm 2.1) \cdot 10^{-11} \text{ cms}^{-2}, \tag{11.70a}$$

$$\Delta a(\text{Cu/Be}) = (0.8 \pm 1.7) \cdot 10^{-11} \text{ cms}^{-2}. \tag{11.70b}$$

Es wurden also wieder keine Effekte beobachtet, die nicht im Rahmen der bekannten Physik erklärt werden konnten. Daraus ergeben sich sehr scharfe Einschränkungen für die Parameter einer neuen Kraft und die Masse des die Yukawa-Wechselwirkung vermittelnden Bosons im Bereich zwischen

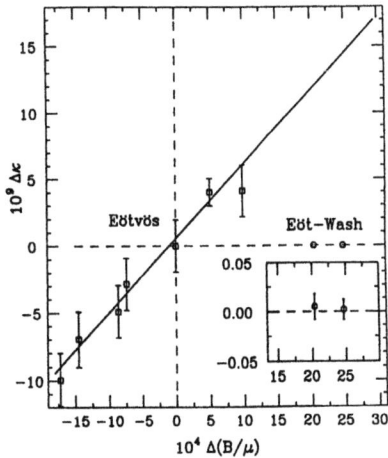

Abb. 11.10
Ergebnisse der Eöt-Wash-Gruppe im Vergleich zur Analyse der Daten des Eötvös-Experiments in der $\Delta a - \Delta(B/\mu)$-Ebene (siehe Abb. 11.5). Es gilt $\Delta K = \Delta a$ (aus [Ade90]). Im Einsatz ist die vertikale Skala um einen Faktor 100 vergrößert, um die Fehlerbalken der Eöt-Wash-Daten zu zeigen. Die neuen Daten stehen im Widerspruch zur Existenz einer B-abhängigen Kraft.

11 Fünfte Kraft: Erwartungen und Status

$3 \cdot 10^{-18}$ eV/c^2 und $1 \cdot 10^{-6}$ eV/c^2. Als Beispiel der enormen Präzision, die in diesem Experiment erzielt wurde, mag Abb. 11.10 dienen, in der die neuen Eöt-Wash-Daten zusammen mit der Resultaten der neuen Analyse des ursprünglichen Eötvös-Experiments eingetragen sind. Die neuen Daten stehen im Rahmen der Meßgenauigkeit im Widerspruch zur Existenz einer B-abhängigen Kraft.

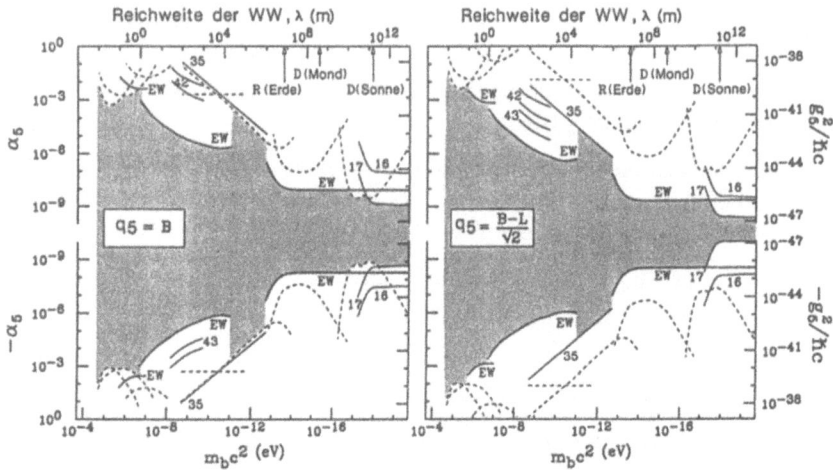

Abb. 11.11 Experimentelle Grenzen für Wechselwirkungen über leichte Vektorbosonen aus dem Eöt-Wash- (EW) und anderen Experimenten. Grenzen für die Parameter $\alpha(=\alpha_5)$ als Funktion der Bosonmasse $m_b c^2$ (oder der Reichweite λ), für verschiedene Ladungen $Q = q_5$ (aus [Ade90]; für Details siehe dort).

Die Grenzen für die Parameter α und λ für verschiedene postulierte Ladungen sind in Abb. 11.11 gezeigt (EW bezeichnet die Daten des hier besprochenen Experiments)[2]. Um die Präzision des Eötvös-Experiments zu verdeutlichen, wollen wir noch folgendes Zahlenbeispiel von Adelberger wiederholen [Ade91b]. Aus der Nichtbeobachtung eines Effekts ergibt sich, daß die Energie der fundamentalen Schwingungsmode (Schwingungsmode mit kleinster Anregungsenergie) des Torsionspendels weniger als $5\,\mu$eV für das 70 g schwere Pendel beträgt. Das sind weniger als 10^{-29} eV pro Atom des Pendels. Die Energie von 10^{-29} eV entspricht der elektrostatischen Energie zwischen zwei Elektronen im gegenseitigen Abstand von 10000 Lichtjahren!

---

[2] Eine erheblich verbesserte Version des Experimentes mit schärferen Grenzen wurde kürzlich in [Su94] beschrieben.

11.3 Die experimentelle Suche nach einer fünften Kraft 497

Wir wollen an dieser Stelle die Diskussion der experimentellen Suche nach einer neuen fundamentalen Wechselwirkung beenden. Die Liste der diskutierten Messungen ist natürlich nicht vollständig. Den interessierten Leser verweisen wir auf [Nie91] und die dort angegeben Referenzen. Insgesamt zeigt sich, daß nach anfänglichen, positiven Hinweisen auf eine fünfte Kraft nun Ernüchterung eingetreten ist. Die meisten der neuen, hochpräzisen Messungen sind mit einen substanzunabhängigen $1/r$-Potential verträglich. Die gefundenen positiven Hinweise sind vermutlich auf systematische Fehler zurückzuführen, die eine fünfte Kraft nur vortäuschen. Dennoch kann die Existenz einer neuen Wechselwirkung nicht vollkommen ausgeschlossen werden.

11.3.3.3 Der Effekt einer Materie-Antimaterie-Asymmetrie

Im Hinblick auf eine Überprüfung des „Skalar-Vektor-Modells" im Rahmen von Quantentheorien der Gravitation ist ein bei CERN am Antiproton-Ring LEAR vorgeschlagenes Experiment [Gol82,86] von großem Interesse, bei dem das Fallen bzw. Steigen von Protonen und Antiprotonen im Schwerefeld der Erde verglichen werden sollen (vgl. die Diskussion des Effekts der Antimaterie in Abschn. 11.2.4).

Zum Abschluß wollen wir noch auf einen interessanten Zusammenhang zwischen einer Materie-Antimaterie-Abhängigkeit der Gravitationskraft und der Suche nach Neutron-Antineutron-Oszillationen hinweisen [Lam91]. Die Beobachtung von $n\bar{n}$-Oszillationen würde Grenzen für eine Materie-Antimaterie-Asymmetrie der Gravitation ergeben. Die Existenz einer solchen Wechselwirkung im Rahmen der heutigen Meßgenauigkeit würde eine Beobachtung von $n\bar{n}$-Oszillationen als als sehr unwahrscheinlich erscheinen lassen.

Wir haben in Kap. 5 gesehen, daß die Wahrscheinlichkeit $P_{n\bar{n}}(t)$ dafür, nach der Zeit t in einem reinen Neutronenstrahl ein Antineutron zu finden, durch (5.55) gegeben ist. Im Falle einer zusätzlichen Gravitationswechselwirkung $V_{n\bar{n}}^G$ zwischen Neutronen und Antineutronen wird diese Wahrscheinlichkeit beeinflußt, da das neue Potential die Aufspaltung zwischen beiden Zuständen vergrößert

$$2\Delta E \to 2\Delta E + V_{n\bar{n}}^G. \tag{11.71}$$

Die in (5.58) definierte Größe $\Delta M c^2$ geht über in

$$\Delta M c^2 = \sqrt{\delta m^2 c^4 + (\Delta E + \frac{1}{2}V_{n\bar{n}}^G)^2}. \tag{11.72}$$

Wenn die quasifreie Bedingung (5.70)

$$\Delta M c^2 t \ll \hbar \tag{11.73}$$

erfüllt ist, folgt die einfache Beziehung

$$P_{n\bar{n}}(t) = \left(\frac{t}{\tau_{n\bar{n}}}\right)^2 \tag{11.74}$$

mit

$$\tau_{n\bar{n}} = \frac{\hbar}{\delta m c^2}. \tag{11.75}$$

Wegen $\delta m \ll \Delta M$ folgt aus (11.73)

$$\left(\Delta E + \frac{1}{2} V_{n\bar{n}}^G\right) t \ll \hbar. \tag{11.76}$$

Für das neue am ILL durchgeführte Experiment [Bal90] gelten folgende Werte für die durch das Restmagnetfeld der Erde verursachte Energieverschiebung und die typische Flugzeit t

$$\Delta E \simeq 10^{-15} \text{ eV}, \quad t \simeq 0.1 \text{ s}. \tag{11.77}$$

Mit diesen Werten können wir als Grenze für das neue Potential abschätzen

$$V_{n\bar{n}}^G < 10^{-14} \text{ eV}. \tag{11.78}$$

Dies entspricht etwa dem 10^{-14}fachen des normalen Newtonschen Gravitationspotentials des Neutrons an der Erdoberfläche (0.64 eV). Man kann auf diesem Umweg also auch sehr große Empfindlichkeiten erreichen, sofern das Matrixelement δm nicht verschwindet.

12 Zeitabhängigkeit von Naturkonstanten

12.1 Einleitung

Das Standardmodell der elektroschwachen Theorie enthält zahlreiche freie Parameter, Kopplungskonstanten, Mischungswinkel und Massen (siehe Kap. 1). Da der Ursprung dieser Größen bis heute nicht geklärt ist, wäre es durchaus denkbar, daß diese „Konstanten" einer zeitlichen Variation unterliegen. Wir werden im folgenden aus Gründen der Einfachheit weiterhin von Naturkonstanten sprechen, auch wenn deren zeitliche Variation zur Diskussion steht.

Die Frage nach der Zeitabhängigkeit von Naturkonstanten wurde erstmals 1937 von P.A.M. Dirac aufgeworfen [Dir37]. Es gibt viele natürliche Verhältnisse von Konstanten, die grob gesprochen von der Größenordnung eins sind, etwa $\alpha = 1/137$, $m_e/m_\mu \approx 1/200$, ... Andererseits findet man jedoch auch sehr große dimensionslose Konstanten wie etwa das Verhältnis von elektrostatischer und gravitativer Anziehung zwischen einem Elektron und einem Proton $e^2/Gm_p m_e \simeq 2 \cdot 10^{39}$. Dirac stellte die Hypothese auf, daß letztere keine rein mathematischen Zahlen seien, sondern vielmehr variable Parameter, die den gegenwärtigen Zustand des Universums charakterisieren. Er bemerkte nämlich, daß das Alter des Universums, ausgedrückt in natürlichen Einheiten $e^2/m_e c^3$, in etwa der Größe $e^2/Gm_p m_e$ entspricht. Diese natürliche Zeiteinheit wird definiert durch die Zeit, die ein Lichtstrahl im Vakuum benötigt, um eine dem klassischen Elektronenradius entsprechende Wegstrecke zurückzulegen. Diese Zeiteinheit wurde früher mit „tempon" [frz.] bezeichnet, wobei 1 tempon $\approx 10^{-23}$ s. Das Alter des Universums beträgt etwa $10 \cdot 10^9$ Jahre oder $3 \cdot 10^{40}$ tempons. Diese Zahl liegt recht nahe bei dem Wert des oben erwähnten Verhältnisses.

Dirac nahm nun weiterhin an, daß diese Gleichheit kein Zufall sei, sondern daß beide Zahlen tatsächlich zu jeder Zeit praktisch gleich sein sollten[1], d.h.

$$\frac{e^2}{Gm_e m_p} \approx \frac{m_e c^3}{e^2} \cdot t . \tag{12.1}$$

---

[1] Dirac's large-number hypothesis

12 Zeitabhängigkeit von Naturkonstanten

Dies bedeutet, daß dimensionslose Konstanten von der Größenordnung 10^{40} linear mit der Zeit variieren sollten. Unter der Annahme, daß die atomaren Konstanten keiner zeitlichen Änderung unterworfen sind, folgt daraus eine Abnahme der Gravitationskonstante G mit der Zeit t

$$G \sim t^{-1}. \tag{12.2}$$

Man kann diese Hypothese noch erweitern und folgern, daß dimensionslose Zahlen der Größenordnung $(10^{40})^n$ mit dem Alter des Universums gemäß t^n variieren. Schätzt man die Anzahl der Baryonen im Universum dadurch ab, daß man die sichtbare Masse des Universums durch die Protonenmasse dividiert, so erhält man eine Zahl von etwa 10^{78} Baryonen [Nor86]. Dirac sagte daraus eine Zunahme der Anzahl der Baryonen im Universum mit t^2 vorher.

Rund 10 Jahre später zeigte Teller, daß eine zu t^{-1} proportionale Abnahme von G den Erkenntnissen aus der Evolution zu widersprechen schien [Tel48, Gam67]. Er leitete folgenden Zusammenhang zwischen der Leuchtkraft L eines Sterns, der Masse M und der Gravitationskonstanten G her:

$$L \sim G^7 M^5. \tag{12.3}$$

Ein in früheren Zeiten größeres G hätte danach eine höhere Luminosität der Sonne und einen kleineren Radius der Erdbahn R zur Folge gehabt:

$$R \sim G^{-1}. \tag{12.4}$$

Die zeitliche Variation der Gravitationskonstanten hängt nach der Diracschen Hypothese direkt mit der Expansionsrate des Universums, der sogenannten Hubble-Konstante $H = 50$ bis $100 \,\mathrm{km\, Mpc^{-1}\, s^{-1}}$, zusammen

$$|\dot{G}/G| = H = (5 \cdot 10^{-11} - 1 \cdot 10^{-10})a^{-1}. \tag{12.5}$$

Da G mit der Zeit abnimmt, gilt $\dot{G}/G \simeq -5 \cdot 10^{-11} a^{-1}$. Die sich mit Hilfe des Stefan-Boltzmann-Gesetzes ergebende Oberflächentemperatur der Erde vor rund zwei Milliarden Jahren hätte die Entwicklung von Leben auf der Erde unmöglich gemacht. Der Zusammenhang (12.2) wird nach dieser Argumentation durch die Evolution ausgeschlossen. Darüber hinaus führten auch astrophysikalische Betrachtungen zu Widersprüchen mit $G \sim t^{-1}$ [Poc64].

Daraufhin schlug Gamow 1967 vor, daß G in (12.1) konstant bleiben könnte, wenn die Elementarladung mit der Zeit zunehmen würde [Gam67]

$$e^2 \sim t. \tag{12.6}$$

Unabhängig davon stellte Teller folgende Hypothese auf [Tel48]

$$\alpha^{-1} = \frac{\hbar c}{e^2} \sim \ln \frac{t m_e c^2}{\hbar}. \tag{12.7}$$

12.1 Einleitung

Beide Ansätze wurden jedoch von Dyson durch Untersuchungen am ^{187}Re–^{187}Os-System in Zweifel gezogen [Dys67].

In jüngster Zeit erkannte man, daß die oben aufgeführten Argumente, die im Widerspruch zu der Annahme $G \sim t^{-1}$ standen, nicht länger haltbar sind [Wes80, Can81, Nor86]. Der Einwand aus der Astrophysik basiert auf der Tatsache, daß die Sonne bereits ein Roter Riese sein sollte, wenn das Alter des Universums nicht wenigstens 15 Milliarden Jahre betragen würde. Während dieser Wert 1964 noch als unphysikalisch groß galt, liegt er heute im Bereich des angenommenen Alters von 10 bis 20 Milliarden Jahren [Kla83]. Teller's Argumentation über die Luminosität der Sonne und der Temperatur der Erde konnte inzwischen ebenfalls entkräftet werden. Eine genaue Untersuchung von Systemen, die ausschließlich der Gravitation unterliegen, zeigte, daß G und M immer in der Kombination GM auftreten. Insbesondere ergab sich für die Behandlung z.B. der Struktur der Sonne folgende wichtige Nebenbedingung [Can81]

$$GM = \text{const.}, \qquad (12.8)$$

so daß die Leuchtkraft eines Sterns im wesentlichen zeitunabhängig ist. Dieser Aspekt wurde von Teller und anderen Autoren nicht berücksichtigt, der Zusammenhang (12.3), der eine starke Variation von L mit G und M vorhersagt, ist daher falsch.

Dirac's spekulative Ideen haben zu einer Vielzahl von Experimenten zur Suche nach einer möglichen Zeitabhängigkeit von Naturkonstanten geführt. Die Bedeutung solcher Messungen wird durch neuere theoretische Modelle, in denen die Werte der Kopplungskonstanten mit den Radien von sogenannten kompaktifizierten Dimensionen verknüpft sind, erhöht. Die Grundideen, die solchen Kaluza-Klein-Theorien zugrundeliegen, werden im nächsten Abschnitt behandelt. Zuvor soll jedoch noch auf eine weitere interessante Konsequenz einer möglichen zeitlichen Variation der Gravitationskonstante G hingewiesen werden.

Im Rahmen der Newtonschen Mechanik führt ein zeitabhängiges G zu einer Verletzung des Energieerhaltungssatzes, wovon man sich anhand der folgenden Überlegung leicht überzeugen kann [Bis76]. Ein ringförmiges und ein kleines kugelförmiges Objekt mögen sich aus sehr großer Entfernung aufgrund der gegenseitigen Massenanziehung aufeinander zu bewegen, durcheinander hindurch fliegen und sich schließlich wieder trennen. Wenn $G(t)$ zeitlich abnimmt, so ist die Anziehungskraft zwischen beiden Objekten bei gegebenem relativen Abstand während der Annäherung größer als beim Auseinanderfliegen, so daß die Relativgeschwindigkeit und damit die kinetische

12 Zeitabhängigkeit von Naturkonstanten

Energie nach dem Passieren größer ist als vorher. Da die potentielle Energie für große gegenseitige Abstände verschwindet, liegt eine Verletzung des Energiesatzes für wechselwirkende Teilchen vor. Die Forderung nach der Erhaltung der Energie und das Newtonsche Gravitationsgesetz in der Form

$$\vec{F}(\vec{r}) = -G(t)\frac{m_1 m_2 \vec{r}}{r^3} \qquad (12.9)$$

sind nicht miteinander verträglich, falls $G(t) \neq$ const (allgemein verletzt ja ein zeitabhängiger Hamiltonoperator die Energieerhaltung, siehe Kap. 1.3.1).

Nimmt man weiterhin die Erhaltung der Energie als fundamentaler an als die Gültigkeit des Newtonschen Gesetzes in der Form von (12.9), so läßt sich ein neues Kraftgesetz ableiten. Wir halten uns im folgenden eng an die Darstellung in [Bis76]. Wir betrachten ein System aus N Teilchen mit den Massen m_i. Die potentielle Energie dieses System ist

$$V = \frac{1}{2} \sum_{\substack{i,j=1 \\ i \neq j}}^{N} m_i m_j \mathcal{V}(r_{ij}, t), \qquad (12.10)$$

wobei $r_{ij} = |\vec{x}_i - \vec{x}_j|$ den relativen Abstand zwischen den Teilchen i und j bezeichnet. Offensichtlich besitzt $\mathcal{V}(r_{ij}, t)$ die Form

$$\mathcal{V}(r_{ij}, t) = -\frac{G(t)}{r_{ij}}. \qquad (12.11)$$

Der Energiesatz liefert

$$\frac{1}{2} \sum_{i=1}^{N} \sum_{\alpha=1}^{3} m_i \dot{x}_{i\alpha}^2 + \frac{1}{2} \sum_{\substack{i,j=1 \\ i \neq j}}^{N} m_i m_j \mathcal{V}(r_{ij}, t) = E, \qquad (12.12)$$

wobei E eine Konstante ist. Die Differentiation nach der Zeit ergibt

$$0 = \sum_{i=1}^{N} m_i \sum_{\alpha=1}^{3} \dot{x}_{i\alpha} \left(\ddot{x}_{i\alpha} + \sum_{\substack{j=1 \\ j \neq i}}^{N} m_j \left[\frac{\partial \mathcal{V}}{\partial r_{ij\alpha}} + \frac{\dot{r}_{ij\alpha}}{v_{ij}^2} \frac{\partial \mathcal{V}}{\partial t} \right] \right), \qquad (12.13)$$

mit $v_{ij} = |\dot{r}_{ij}|$. (12.13) deutet auf folgendes Kraftgesetz hin

$$\ddot{x}_{i\alpha} = - \sum_{\substack{j=1 \\ j \neq i}}^{N} m_j \left[\frac{\partial \mathcal{V}}{\partial r_{ij\alpha}} + \frac{\dot{r}_{ij\alpha}}{v_{ij}^2} \frac{\partial \mathcal{V}}{\partial t} \right]. \qquad (12.14)$$

Von welcher Größe ist nun die in (12.14) eingeführte Korrektur? Für ein Teilchen, daß sich mit der Geschwindigkeit v auf der Erdoberfläche bewegt (Erdradius r), folgt unter Verwendung von (12.11)

$$\frac{\dot{r}}{c^2}\frac{\partial v}{\partial t}\bigg/\frac{\partial v}{\partial r} = 1 - \frac{\dot{G}}{G}\frac{r}{v}, \tag{12.15}$$

so daß sich die Korrektur zu

$$|\xi| = \left|\frac{\dot{G}}{G}\right|\frac{r}{v} \approx \frac{10^{-9}\,\text{cm/s}}{v} \tag{12.16}$$

ergibt. Ganz analog findet man für zwei Atome mit einem gegenseitigen Abstand von $a = 10^{-8}$ cm in einem Festkörper bei der Temperatur T mit $v \approx \sqrt{\frac{kT}{m}}$

$$|\xi| = \sqrt{\frac{m}{kT}}\,a\left|\frac{\dot{G}}{G}\right| \approx \frac{10^{-30}\sqrt{K}}{\sqrt{T}}. \tag{12.17}$$

Die angegebenen Zahlenwerte beziehen sich auf die in (12.5) angegebene Hubble-Konstante. Die Korrektur wird im allgemeinen vernachlässigbar klein sein.

Auch wenn man (12.11) nicht verwendet, impliziert das neue Kraftgesetz, daß es im Universum keine zwei Teilchen gibt, die sich in relativer Ruhe zueinander befinden, solange die Gravitation zeitabhängig ist. Diese Schlußfolgerung ist in Übereinstimmung mit der Beobachtung, daß sich praktisch alle physikalischen Systeme in einem Zustand relativer Bewegung befinden, angefangen von der Nullpunktsbewegung in mikroskopischen Systemen bis hin zur Expansion des Universums. Da das neue Kraftgesetz nicht notwendigerweise zu einer Radialkraft führt, ist der Drehimpuls im allgemeinen nicht erhalten.

12.2 Vorhersagen der Theorie

Bislang existieren keine grundlegenden Theorien, die quantitative Aussagen über die Größe einer möglichen Zeitvariation von Naturkonstanten machen. Grundsätzlich wird jedoch eine Abhängigkeit von der Zeit im Rahmen von Modellen mit mehr als vier Dimensionen, sogenannten Kaluza-Klein-Theorien, ermöglicht. Diese höherdimensionalen Theorien besitzen typischerweise die Struktur $M^4 \otimes C^N$, wobei M^4 die vierdimensionale Raumzeit darstellt und C^N ein N-dimensionaler, kompakter Raum ist, der bei niedrigen Energien eine Quantenfeldtheorie vom Yang-Mills-Typ erlaubt.

504　12 Zeitabhängigkeit von Naturkonstanten

Kaluza versuchte bereits 1921 die Gravitation und den Elektromagnetismus in einem 5-dimensionalen Modell mit Riemannscher Geometrie zu vereinigen [Kal21]. Entsprechend der Beschreibung der Gravitation durch die Krümmung im Minkowski-Raum soll die Krümmung der zusätzlichen fünften Dimension die elektromagnetische Wechselwirkung erklären. Diese Ideen wurden später von Klein weiterentwickelt [Kle26]. Das zugrundeliegende Raum-Zeit-Kontinuum ließ sich jedoch nicht quantisieren, so daß dieser Ansatz zunächst gegenüber den von Weyl eingeführten Eichtheorien in den Hintergrund trat. In jüngster Zeit wurde der Gedanke der vieldimensionalen Vereinigungstheorien wieder aufgegriffen, zumal der Kaluza-Klein-Ansatz im Hinblick auf die Vereinigung von Eichtheorien mit der allgemeinen Relativitätstheorie und damit der Gravitation vielversprechend zu sein scheint [Wit81]. Allerdings genügt es nun nicht mehr, den Minkowski-Raum um nur eine Dimension zu erweitern, da heutzutage die Vereinigung aller fundamentalen Kräfte das Ziel ist.

Im Gegensatz zu den meisten klassischen Arbeiten werden die Extra-Dimensionen als ebenbürtige, wahre, physikalische Dimensionen betrachtet. Der offensichtliche Unterschied zwischen den vier beobachteten und den zusätzlichen Dimensionen könnte die Folge einer spontanen Symmetriebrechung sein („spontane Kompaktifizierung") [Cre76]. Die Extra-Dimensionen werden als kompakt angenommen, d.h. die mittleren Radien sind so klein, daß sie einer direkten Beobachtung nicht zugänglich sind.

Verallgemeinerte Kaluza-Klein-Modelle basieren auf der Erweiterung der 4-dimensionalen Raum-Zeit auf $(4+N)$ Dimensionen derart, daß die N neuen Dimensionen eine sehr kleine kompakte Mannigfaltigkeit mit einem mittleren Radius R_{KK} bilden. R_{KK} sollte von der Größenordnung der Planck-Länge sein

$$l_{\text{Pl}} = \sqrt{\frac{G\hbar}{c^3}} \simeq 1.6 \cdot 10^{-33} \text{ cm}. \tag{12.18}$$

Der 4-dimensionale metrische Tensor $g_{\mu\nu}$ beschreibt für Energien $\ll \lambda\hbar/R_{KK}$ sowohl die allgemeine Relativitätstheorie als auch die Eichwechselwirkungen. Witten konnte insbesondere zeigen, daß Kaluza-Klein-Modelle mit $N \geq 7$ die vollständige $SU(3)_C \otimes SU(2) \otimes U(1)$-Eichgruppe der starken und elektroschwachen Wechselwirkung enthalten [Wit81].

Die spontane Kompaktifizierung und das Modell der Supergravitation können gewinnbringend miteinander kombiniert werden. Die bekannten Eichwechselwirkungen lassen sich nach unserem heutigen Verständnis durch die Eichgruppe $SU(3)_C \otimes SU(2) \otimes U(1)$ beschreiben. Diese muß in der Symmetriegruppe $\mathcal{G}$ der kompakten Mannigfaltigkeit enthalten sein

12.2 Vorhersagen der Theorie

$$SU(3)_C \otimes SU(2) \otimes U(1) \subset \mathcal{G}. \tag{12.19}$$

Es stellt sich heraus, daß die 11-dimensionale Mannigfaltigkeit die niedrigste mit der gewünschten Symmetrie ist. Um eine Theorie zu konstruieren, in welcher sich die $SU(3)_C \otimes SU(2) \otimes U(1)$-Eichfelder als Komponenten des Gravitationsfeldes in mehr als 4 Dimensionen ergeben, benötigt man folglich zusätzlich zu den 4 nicht-kompakten Raum-Zeit-Dimensionen wenigstens 7 Extra-Dimensionen. Dieses Ergebnis ist deswegen bemerkenswert, da 11 Dimensionen voraussichtlich das Maximum für Supergravitationstheorien darstellen[2] [Nah78, Gri77, Ber79, Ara80], zumindest jedoch mathematisch besonders ansprechend sind[3].

Es erscheint recht vielversprechend, daß die kleinstmögliche Dimension für Kaluza-Klein-Theorien mit der größtmöglichen Dimension für Supergravitationstheorien übereinstimmt. Dieser Ansatz besitzt jedoch einige ungelöste Probleme, die im Zusammenhang mit der beobachteten Helizität der Quarks und Leptonen auftreten.

Rechts- und linkshändige Fermionen unterscheiden sich in ihrem Transformationsverhalten unter Eichtransformation, linkshändige Fermionen bilden $SU(2)$-Dubletts, rechtshändige dagegen $SU(2)$-Singuletts. Diese Tatsache ist einerseits der Grund dafür, daß Quarks und Leptonen keine manifeste Masse besitzen, sondern ihre Masse erst über den Higgs-Mechanismus durch die spontane Symmetriebrechung erhalten (vgl. Kap. 1), und liefert andererseits eine theoretische Erklärung für die Kleinheit der Leptonen- und Quarkmassen im Vergleich zur Massenskala der Großen Vereinigungstheorien oder zur Planck-Masse M_{Pl}.

In dem oben diskutierten Kaluza-Klein-Modell transformieren sich aber rechts- und linkshändige Fermionen identisch unter $SU(3)_C \otimes SU(2) \otimes U(1)$ [Wit81]. Dadurch wäre es möglich, diesen Teilchen eine manifeste Masse zuzuordnen, die jedoch beliebig groß sein könnte. Die Renormierbarkeit der Theorie stellt ein weiteres Problem dar, eine Diskussion dieses Sachverhaltes würde jedoch den Rahmen dieses Buches sprengen und wird nicht weiter verfolgt.

An dieser Stelle sei kurz auf bereits in früheren Kapiteln erwähnte Zusammenhänge hingewiesen. In der 11-dimensionalen Theorie sind C-, P- und CP-Verletzungen möglich, allerdings verschwindet der in Abschn. 1.3

---

[2] SUGRA-Theorien mit d>11 würden masselose Teilchen mit Spin größer als 2 beinhalten [Nah78]. Es gibt jedoch theoretische Gründe dafür anzunehmen, daß eine konsistente Feldtheorie mit einer Gravitationswechselwirkung, die an masselose Teilchen mit Spin größer als 2 koppelt, nicht existiert [Gri77, Ber79, Ara80].

[3] Eine sehr gute allgemeinverständliche Darstellung findet man in [Fre85].

diskutierte Winkel θ auf dem Baum-Niveau, so daß in solchen Modellen das Problem der starken CP-Verletzung (θ-Problem) gelöst werden könnte. Allerdings ist der Beitrag von Quantenkorrekturen zu θ noch nicht abzusehen.

Darüber hinaus besitzt die 11-dimensionale SUGRA-Theorie keine globale Symmetrie, die als Baryonenzahl interpretiert werden könnte, so daß das Proton instabil sein sollte. Die Massenskala für den Nukleonenzerfall ist durch $1/R_{KK} \sim 1/l_{Pl}$ gegeben, entspricht also der Planck-Masse M_{Pl}. Dies impliziert eine Lebensdauer des Nukleons von rund 10^{45} Jahren, weit oberhalb der gegenwärtig experimentell erreichbaren Grenzen.

Die eingangs diskutierte Supersymmetrie stellt ein attraktives Konzept dar, welches zur Lösung offener Fragen der GUT-Modelle beitragen könnte. Allerdings ist man sich weitgehend einig, daß allein die Kombination von Supersymmetrie und herkömmlicher Quantenfeldtheorie nicht zu einer konsistenten Quantentheorie der Gravitation führt. Solange die Theorie punktförmige Fermionen enthält, divergiert diese für Energien größer als M_{Pl} (zum Problem der Quantisierung der Gravitation siehe z.B. [DeWit62]).

Ein Lösungsversuch für dieses Problem geht von Fermionen als eindimensionalen ausgedehnten Objekten, sogenannten Strings, aus. Es erscheint möglich, solche Superstring-Theorien zu konstruieren, die für Energien sehr viel kleiner als die Planck-Masse nicht von einer punktförmigen Quantenfeldtheorie mit Supersymmetrie zu unterscheiden sind, oberhalb von M_{Pl} aber die Divergenzen durch den String-Charakter der Fermionen vermeiden.

Eine vielversprechende Superstring-Theorie basiert auf der Eichgruppe $E8 \otimes E8$ [Gre85]. Diese Theorie kann jedoch nur in einem 10-dimensionalen geometrischen Raum formuliert werden, der dann auf die beobachteten 4 Raum-Zeit-Dimensionen zusammenfallen muß („Kompaktifizieren"). Bezüglich weiterführender Literatur verweisen wir auf [Gre87, Moh86a].

Es stellen sich nun insbesondere zwei Fragen:

a) Kann man die Extra-Dimensionen der Kaluza-Klein- und Superstring-Theorien beobachten?

b) Wie hängen diese Extra-Dimensionen mit einer möglichen Zeitabhängigkeit der Naturkonstanten zusammen?

Da die mittleren Radien der Extra-Dimensionen R_{KK} von der Größenordnung der Planck-Länge l_{Pl} sein sollten, erscheint eine direkte Beobachtung als unmöglich. Wenn es jedoch $4 + N$ Dimensionen gibt, dann hängen die Kopplungskonstanten der zugeordneten Eichtheorien in 4 Dimensionen mit der Größe des kompakten N-dimensionalen Raums zusammen. Die wahren Naturkonstanten wären in dem $(4 + N)$-dimensionalen Raum definiert.

12.2 Vorhersagen der Theorie

Die R_{KK} der Kaluza-Klein-Theorien hängen mit der Newtonschen Gravitationskonstante G und den Kopplungskonstanten

$$\alpha_i(R_{KK}) = \frac{g_i^2(R_{KK})}{4\pi}, \quad i = U(1),\ SU(2),\ SU(3) \tag{12.20}$$

der drei Eichgruppen $U(1)$, $SU(2)$ und $SU(3)$ bei sehr kleinen Abständen über folgende Quantisierungsbedingung zusammen [Kal21, Kle26, Wei83, Mar84a]

$$\alpha_i(R_{KK}) = \frac{K_i G}{R_{KK}^2} = K_i G m_{KK}^2. \tag{12.21}$$

Die Zahlen K_i ergeben sich aus der Topologie des N-dimensionalen Raumes, spielen für das folgende aber keine Rolle.

Die Beziehung zwischen den $\alpha_i(m_{KK})$ und den effektiven Kopplungskonstanten bei großen Abständen $\alpha_i(\mu)$ mit $\mu \ll m_{KK}$ lautet [Mar84a]

$$\alpha_i^{-1}(\mu) = \alpha_i^{-1}(m_{KK}) \\ - \pi^{-1} \sum_j C_{ij} \left[\ln(\frac{m_{KK}}{m_j}) + \Theta(\mu - m_j) \ln(\frac{m_j}{\mu}) \right]. \tag{12.22}$$

Für $i = 3$ ist (12.22) nur für $\mu > 1$ GeV anwendbar. Die Summe $\sum_j$ läuft über alle Leptonen, Quarks, Gluonen, $W^\pm$,..., die C_{ij} sind bekannte Konstanten, die vom Spin und der Gruppendarstellung abhängen. Die Feinstrukturkonstante $\alpha(0) \simeq 1/137$, die Fermi-Kopplungskonstante G_F und der schwache Mischungswinkel können durch die $\alpha_i(\mu)$ ausgedrückt werden

$$\alpha^{-1}(\mu) = \frac{5}{3}\alpha_1^{-1}(\mu) + \alpha_2^{-1}(\mu), \tag{12.23a}$$

$$G_F \simeq \frac{\pi \alpha(m_W)}{\sqrt{2} m_W^2}, \tag{12.23b}$$

$$\tan^2 \Theta_W(m_W) = \frac{3}{5} \frac{\alpha_1(m_W)}{\alpha_2(m_W)}, \tag{12.23c}$$

wobei m_W die Masse der $W^\pm$-Bosonen bezeichnet.

Während sich in Kaluza-Klein-Theorien die Eichkopplungskonstanten in unserer vierdimensionalen Welt wie

$$\alpha_i \sim R_{KK}^{-2}. \tag{12.24}$$

entwickeln, erhält man für die Newtonsche Gravitationskonstante G [Bar87a]

$$G \sim R_{KK}^{-N}. \tag{12.25}$$

12 Zeitabhängigkeit von Naturkonstanten

In den gegenwärtig häufig diskutierten 10-dimensionalen Superstring-Theorien [Gre84,85] wird folgende Abhängigkeit erwartet [Kol86a]

$$\alpha_i \sim G \sim R_{KK}^{-6}. \tag{12.26}$$

Jede kosmologische Evolution der N Extra-Dimensionen würde eine Variation der üblichen in drei Dimensionen beobachteten Konstanten mit der Zeit und/oder dem Raum bewirken, deren Ausmaß durch den mittleren Skalenfaktor $R_{KK}(\vec{x}, t)$ bestimmt ist.

Wenn die Radien R_{KK} mit der Zeit variierten, dann würde dies also eine Zeitabhängigkeit in den Kopplungskonstanten induzieren. Die Radien können schrumpfen, wachsen oder gar oszillieren. Für die Annahme, daß die Radien zeitlich nicht konstant sind, gibt es mehrere Motivationen. Zunächst ist nicht bekannt, seit wann die Extra-Dimensionen kompaktifiziert sind, so daß das „Zusammenziehen" noch andauern könnte. Zum anderen folgt im Rahmen von Kaluza-Klein-Modellen aus der beobachteten Expansion des Universums auf natürliche wenn auch nicht zwingende Weise $\dot{R}_{KK} \neq 0$ [Cho80, Fre82].

Vieldimensionale Theorien verknüpfen also die mittleren Radien der kompakten Mannigfaltigkeiten mit den Kopplungskonstanten unserer vierdimensionalen Welt. Die Extra-Dimensionen könnten sich durch eine Zeitabhängigkeit der Kopplungskonstanten offenbaren.

Unter sehr speziellen Annahmen sagen Superstring-Theorien eine zeitliche Variation der Gravitationskonstante von $\dot{G}/G \simeq -1 \cdot 10^{-11\pm 1}$ a^{-1} [Wu86] voraus.

12.3 Experimente zur Suche nach der Zeitabhängigkeit von Naturkonstanten

12.3.1 Die Auslegung von Experimenten

Da die erwartete Variation der Naturkonstanten sehr klein ist (vergleiche z.B. (12.5)), werden Präzisionsmessungen benötigt. Bei solchen Messungen muß beachtet werden, daß man häufig nicht nur eine Kopplungskonstante, sondern Kombinationen aus mehreren Konstanten bestimmt. Die Interpretation der Ergebnisse hängt daher entscheidend davon ab, welcher Konstanten die Variation zugewiesen wird. Unter Umständen können sich die Abhängigkeiten in solchen Kombinationen gerade gegenseitig kompensieren. Außerdem ist grundsätzlich darauf zu achten, daß das Meßprinzip nicht auf der Konstanz genau derjenigen Größe beruht, deren Zeitabhängigkeit gemessen werden soll.

12.3 Suche nach der Zeitabhängigkeit von Naturkonstanten

Die Experimente können in zwei Kategorien unterteilt werden. Eine besteht aus Messungen der heutigen Variation der Naturkonstanten und die andere aus geophysikalischen und astronomischen Beobachtungen, die einen Vergleich zwischen dem heutigen Wert einer Konstanten und deren Wert zu einem definierten früheren Zeitpunkt oder einem mittleren Wert aus früheren Zeiten anstellen. Man vergleicht z.B. die Ergebnisse einer alten Reaktion mit denen der gleichen Reaktion zu einem sehr viel späteren Zeitpunkt. Die entsprechenden Wirkungsquerschnitte geben Auskunft über die Kopplungskonstanten. Ein Problem bei geophysikalischen Experimenten stellt die Datierung von alten Proben dar, da die gängigen Radioaktivitätsmessungen wiederum von den Kopplungskonstanten abhängen.

Es existiert eine Vielzahl von Experimenten aus beiden Kategorien, von denen wir nur einige wenige diskutieren können. Tab. 12.1 gibt einen Überblick über die erzielten Grenzen für die verschiedenen Konstanten.

Tab. 12.1 Zusammenstellung der wichtigsten Grenzen für die zeitliche Variation von Naturkonstanten ($H = 100$ kms^{-1} Mpc^{-1} mit $1/2 < h < 1$).

Methode	Größe Q	$d(\ln Q)/dt$ [a^{-1}]	Referenz
Planetenbahn	G	$(0.2 \pm 0.4) \cdot 10^{-11}$	[Hel83]
Uhrenvergleich	$g_{Cs}(\frac{m_e}{m_{Cs}})\alpha^3$	$< 1.2 \cdot 10^{-11}$	[Tur76]
Reaktor	α	$< 1 \cdot 10^{-17}$	[Shl76]
Feinstruktur	α	$< 1.3h \cdot 10^{-13}$	[Bah67]
HFS	α	$< 2h \cdot 10^{-14}$	[Tub80]
^{187}Re-Lebensdauer	α	$< 2 \cdot 10^{-15}$	[Lin86]
Nukleosynthese	α	$< 1.5h \cdot 10^{-14}$	[Kol86a]
Nukleosynthese	G	$< 9 \cdot 10^{-13}$	[Acc90]
Rotverschiebung	h	$(-3 \pm 4) \cdot 10^{-13}$	[Sol76]

12.3.2 Experimente zur gegenwärtigen Variation

• **Vergleich von Gravitations- und Atomuhren**

Die Radien von Planeten- und Mondbahnen hängen empfindlich von der Newtonschen Gravitationskonstanten ab. Moderne Meßverfahren wie das Radarechoverfahren erlauben sehr genaue Bestimmungen der Entfernungen zum Mond und anderen Planeten. Wiederholt man solche Messungen über einen längeren Zeitraum immer wieder, gewinnt man Aussagen über die Zeitabhängigkeit von G. Genau genommen vergleicht man dabei z.B. eine Atomuhr mit einer Gravitationsuhr (Abb. 12.1).

510   12 Zeitabhängigkeit von Naturkonstanten

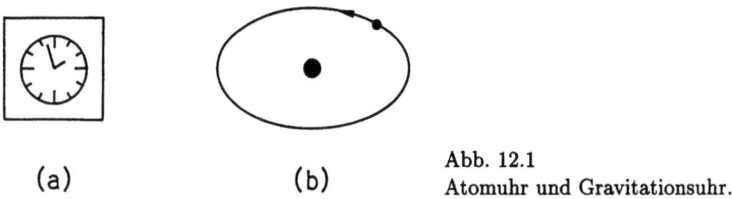

(a)   (b)

Abb. 12.1
Atomuhr und Gravitationsuhr.

Bei Anwendungen in wissenschaftlichen und technischen Bereichen, wo eine besonders genaue Zeitmessung erforderlich ist, werden heutzutage sogenannte Atomuhren wie die Cäsiumuhr, die Rubidiumuhr oder der Wasserstoffmaser eingesetzt. Bei diesen Uhren wird von der Hyperfeinstrukturaufspaltung Gebrauch gemacht, die auf der Wechselwirkung des Hüllenspins mit dem Kernmagnetfeld beruht. Die magnetische Energie hängt von der Orientierung des Hüllenspins J ab, der energetische Unterschied der Zustände entspricht der HFS-Aufspaltung ν_{HFS}. Anschaulich bezeichnet ν_{HFS} die Larmorfrequenz des Hüllenspins im Feld B_K des Atomkerns

$$\nu_{HFS} = g_J \mu_B \frac{B_K}{h}, \qquad (12.27)$$

wobei g_J den sogenannten Landéschen g-Faktor bezeichnet. μ_B ist das Bohrsche Magneton.

Das Magnetfeld eines Atomkerns besitzt eine außergewöhnliche Stabilität. Die günstige Reproduzierbarkeit erlaubt es, an verschiedenen Orten und zu verschiedenen Zeiten praktisch gleichlaufende Uhren zu bauen. Daher beruht die Definition der Zeiteinheit, der Sekunde, auf der Hyperfeinfrequenz des Grundzustandes des Cs-Isotops ^{133}Cs (Cäsiumuhr), die durch

$$h\nu_{HFS} \sim g_{Cs} \frac{m_e}{m_{Cs}} \alpha^4 m_e c^2 \qquad (12.28)$$

gegeben ist [Ric87]. g_{Cs} und m_{Cs} sind der g-Faktor und die Masse des Cäsiumkerns.

Die Gravitationsuhr wird durch die Umlaufzeit eines Planeten um die Sonne definiert. Um das Prinzip einer solchen Messung zu erläutern, nehmen wir anstelle der Ellipsenbahn zur Vereinfachung eine Kreisbahn an. Nach dem Keplerschen Flächensatz überstreicht ein Planet der Masse m pro Zeiteinheit die Fläche

$$\frac{dF}{dt} = \frac{1}{2} |\vec{R} \times \dot{\vec{R}}| = \frac{L}{2m} = \text{const}, \qquad (12.29)$$

wobei $L = mvR$ den Bahndrehimpuls bezeichnet. Die Umlaufzeit für die vollständige Kreisbahn beträgt daher

12.3 Suche nach der Zeitabhängigkeit von Naturkonstanten

$$T = \frac{2\pi R^2 m}{L}. \tag{12.30}$$

Aus der Gleichgewichtsbedingung für eine Kreisbahn $GmM/R^2 = mv^2/R$ folgt für den Bahndrehimpuls

$$L = m\sqrt{GMR}. \tag{12.31}$$

Damit läßt sich (12.30) wie folgt schreiben

$$T = \frac{2\pi L^3}{m^3 M^2 G^2}. \tag{12.32}$$

Die Umlauffrequenz $\nu_P = 1/T$, normiert auf ν_{Cs}, lautet

$$\frac{\nu_P}{\nu_{Cs}} = \frac{m^3 M^2 m_{Cs}}{m_e g_{Cs}} \cdot \frac{G^2 \hbar}{c^2 \alpha^4} \cdot \frac{1}{L^3}. \tag{12.33}$$

Mißt man wiederholt die Umlaufperiode T eines Planeten mit einer Atomuhr, so kann man Grenzen für die zeitliche Variation der dimensionslosen Kombination von Naturkonstanten in (12.33) angeben, wenn man $L = $ const. annimmt.

Setzt man weiterhin die „Atomzeit" als konstant voraus, so gewinnt man aus der Umlaufperiode Aussagen über $\dot{G}/G$. Aus (12.32) folgt nämlich

$$\frac{\dot{T}}{T} = -2\frac{\dot{G}}{G} - 3\frac{\dot{m}}{m} - 2\frac{\dot{M}}{M} + 3\frac{\dot{L}}{L}, \tag{12.34}$$

oder bei konstanten Massen und konstantem Bahndrehimpuls

$$\frac{\dot{G}}{G} = -\frac{1}{2}\frac{\dot{T}}{T}. \tag{12.35}$$

Der genaue Zusammenhang ist modellabhängig, allgemein findet man

$$\frac{\dot{G}}{G} = f\frac{\dot{T}}{T} \tag{12.36}$$

mit $f = -1/2$, wenn nur G variiert. In kosmologischen Theorien mit veränderlicher Baryonenzahl ergibt sich jedoch $f \neq -1/2$ [Fla81]. Materie kann entweder kontinuierlich mit gleicher Rate im gesamten Universum erzeugt werden (additive Erzeugung) oder Materie wird dort erzeugt, wo die Materie bereits sehr dicht ist (multiplikative Erzeugung), so daß die Masse von dichten Objekten (Planeten und Sternen) mit der Zeit zunimmt. In Dirac-Theorien mit multiplikativer Massenerzeugung ist $f = 1$ und in solchen mit additiver Erzeugung $f = -1$ [Fla81].

Läßt man die Beschränkung auf Kreisbahnen fallen, so findet man in einer großen Klasse von Gravitationstheorien mit der Newtonschen Theorie als Grenzfall für die Umlaufzeit eines Zweikörper-Systems [Nor90]

$$T = \frac{2\pi l^3}{(Gm)^2} \cdot \frac{1}{(1-e^2)^{3/2}} \left(1 + \mathcal{O}\left(\frac{G^2 m^2}{c^2 l^2}\right)\right). \tag{12.37}$$

l steht für $l = R^2\dot{\Theta}$, m ist ein Massenparameter und e die Exzentrität ($e = \sqrt{a^2 - b^2}/a$). In erster Näherung folgt

$$\frac{\dot{T}}{T} = -2\frac{\dot{G}}{G} - 2\frac{\dot{m}}{m} + 3\frac{\dot{l}}{l}. \tag{12.38}$$

Man gewinnt wieder (12.35), wenn nur die Variation von G berücksichtigt wird.

Shapiro et al. haben eine solche Gravitationsuhr mit einer Cäsium-Atomuhr verglichen [Sha71], wobei die Autoren die Umlaufzeiten von Merkur und Venus mit Hilfe des Radarechoverfahrens bestimmten. Es ergab sich

$$|\dot{G}/G| \leq 4 \cdot 10^{-10} \text{ a}^{-1}. \tag{12.39}$$

Ganz analog kann die Mondbahn untersucht werden. Tatsächlich ergab ein Experiment ein positives Resultat [Fla81]

$$\dot{G}/G = (-6.4 \pm 2.2) \cdot 10^{-11} \text{ a}^{-1}. \tag{12.40}$$

Allerdings gilt dieses Ergebnis wegen der großen Unsicherheiten aufgrund der Gezeitenkräfte als wenig aussagekräftig. (12.40) steht zudem im Widerspruch zu neueren Untersuchungen (vgl. z.B. (12.41)). Die derzeit besten Grenzen, die mit dieser Methode erzielt wurden, stammen aus Messungen des Abstandes Erde-Mars im Viking-Projekt [Hel83]. Von Juli 1976 bis Ende Juli 1982 wurden mit Hilfe eines Laserstrahls 1136 Abstandsbestimmungen zwischen der Erde und den Viking-Landesonden auf dem Mars durchgeführt. Die Messungen selbst waren auf 2 m genau, die Unsicherheit der Kalibration betrug etwa 9 m. Da die Erdbahn bei der Auswertung ebenfalls gut bekannt sein muß, wurden zusätzlich viele tausend weitere astronomische Daten von anderen Objekten des Sonnensystems, die die Bewegung der Erde beeinflussen, verwendet. Unter der Voraussetzung der Konstanz aller anderen Konstanten erhielten Hellings und Mitarbeiter [Hel83]

$$\dot{G}/G = (-0.2 \pm 0.4) \cdot 10^{-11} \text{ a}^{-1}. \tag{12.41}$$

Die angegebenen Fehler sind eine Folge der Unsicherheiten in den Asteroidenmassen.

Damit scheint Dirac's ursprüngliche Annahme (12.5) ausgeschlossen zu sein. Die experimentellen Unsicherheiten liegen im Bereich der Vorhersagen von bestimmten Superstring-Modellen [Wu86].

12.3 Suche nach der Zeitabhängigkeit von Naturkonstanten

Obwohl Dirac eine Variation von G bevorzugte, kann man sich auch eine Zeitabhängigkeit *anderer* Naturkonstanten vorstellen. In den fünfziger und sechziger Jahren wurden hauptsächlich die elektrische Elementarladung, die Feinstrukturkonstante und die Fermi-Kopplungskonstante auf ihre Konstanz hin untersucht [Dys72, Nor86]. Es wurden jedoch keine Hinweise auf eine Variation dieser Größen auf dem Niveau von $1 \cdot 10^{-11}$ a^{-1} gefunden. Auch neuere Messungen zur Suche nach einer Zeitabhängigkeit der Feinstrukturkonstante, der Planckschen Konstante und der schwachen und starken Kopplungskonstanten blieben erfolglos (vgl. [Ric87]).

- **Experiment zur Feinstrukturkonstante**

In dem im folgenden beschriebenen Experiment bestimmten Turneaure und Stein [Tur76,83] den relativen Gangunterschied zwischen zwei Uhren, einer Standard-Cäsiumuhr und einem supraleitenden Hohlraumresonator. Die Frequenz ν_{Cs} der ersten Uhr ist durch (12.28) gegeben. Die Resonanzfrequenz eines Hohlraumresonators der Länge l ist von der Größenordnung

$$\nu_R \sim \frac{c}{l}. \tag{12.42}$$

Die Länge l hängt mit den interatomaren Abständen des Resonators über

$$l \approx N a_0 \tag{12.43}$$

zusammen, wobei $a_0 = \frac{\hbar}{\alpha m_e c}$ den Bohrschen Radius bezeichnet und N die Anzahl der Gitterebenen entlang des Resonators angibt. Man findet daraus

$$\nu_R \sim \frac{\alpha m_e c^2}{N \hbar}. \tag{12.44}$$

Das Verhältnis der beiden Frequenzen ist proportional zu α^3

$$R = \frac{\nu_{Cs}}{\nu_R} \sim g_{Cs} \frac{m_e}{m_{Cs}} \alpha^3. \tag{12.45}$$

Die Uhren bleiben synchronisiert, wenn R konstant ist. Der Uhrenvergleich kann also eine Aussage über $\dot{R}/R$ machen. Unter der Annahme, daß g_{Cs} und m_e/m_{Cs} zeitunabhängig sind, folgt daraus direkt die Zeitabhängigkeit der Feinstrukturkonstante α

$$\frac{1}{\alpha} \frac{d\alpha}{dt} = \frac{1}{3R} \frac{dR}{dt}. \tag{12.46}$$

12 Zeitabhängigkeit von Naturkonstanten

Unter Verwendung von $\nu_R \simeq \nu_{Cs}$ erhält man

$$\left|\frac{1}{\alpha}\frac{d\alpha}{dt}\right| \simeq \frac{1}{3\nu_R}\left|\frac{d}{dt}\langle\nu_{Cs} - \nu_R\rangle\right|. \tag{12.47}$$

Bei einer Beobachtungszeit von 12 Tagen wurde kein Gangunterschied festgestellt, woraus obere Grenzen für die gegenwärtige Variation von R bzw. α abgeleitet werden konnten [Tur76,83]

$$|\dot{R}/R| < 1.2 \cdot 10^{-11} \text{ a}^{-1}, \tag{12.48a}$$

$$|\dot{\alpha}/\alpha| < 4.1 \cdot 10^{-12} \text{ a}^{-1}. \tag{12.48b}$$

• **Zur Konstanz der schwachen Wechselwirkung**

Interessante Aussagen über die Konstanz von G_F lassen sich aus einem Vergleich zwischen den Lebensdauern für den einfachen und den doppelten Betazerfall gewinnen, da beide Halbwertszeiten unterschiedlich von G_F abhängen (siehe [Irv86])

$$T_\beta \sim G_F^{-2}, \qquad T_{\beta\beta} \sim G_F^{-4}. \tag{12.49}$$

Als ein mögliches System eignet sich z.B. der einfache Betazerfall von ^{40}K im Vergleich zum $\beta\beta$-Zerfall von ^{82}Se. Wenn es gelingt, die Lebensdauern auf 10% genau zu messen, könnte man eine Sensitivität von

$$|\dot{G}_F/G_F| < 3 \cdot 10^{-10} \text{ a}^{-1} \tag{12.50}$$

erreichen.

• **Zur Konstanz von hc aus dem Vergleich „alter" und „junger" Photonen**

Es existiert eine Reihe weiterer Messungen zur Variation von $\hbar$, c und m (z.B. m_e, m_n, m_p ...), siehe z.B. [Ric87]. Dabei werden häufig Methoden der modernen Astronomie verwendet. Eine solche Technik beruht auf der für Photonen gültigen Beziehung

$$E\lambda = hc. \tag{12.51}$$

Durch Messung der Energien E und der Wellenlängen λ von „jungen" und von „alten" Photonen kann man nach der Variation von hc (bzw. h, wenn $c = $ const.) suchen. In der Astronomie kennt man Photonen verschiedenen Alters. Aus der beobachteten Rotverschiebung z von Galaxien und Quasaren folgt über das Hubble-Gesetz die von dem Photon zurückgelegte Strecke und damit der Zeitpunkt der Emission. Der prinzipielle Aufbau einer dazu verwendeten Meßapparatur ist in Abb. 12.2 gezeigt. Trägt man den Wert des Planckschen Wirkungsquantums gegen die Rotverschiebung z auf, so

12.3 Suche nach der Zeitabhängigkeit von Naturkonstanten

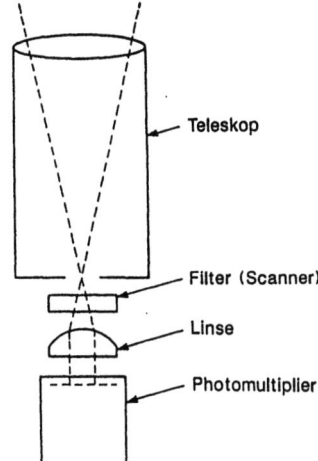

Abb. 12.2
Meßapparatur zur Bestimmung der Rotverschiebung von Galaxien und Quasaren (schematisch)(aus [Nor86]). Das Licht astronomischer Quellen fällt in das Teleskop, die Lichtwellenlängen werden mit dem Filter selektiert, und die Photonenergien werden mit dem Photomultiplier bestimmt. Durch Vergleich der Ergebnisse für Photonen ferner und naher Quellen läßt sich die Wellenlänge-Energie-Relation für „alte" und „junge" Photonen bestimmen.

findet man keine Anzeichen einer Abhängigkeit von z und damit von der Zeit. Die genaue Analyse ergibt

$$\frac{\dot{h}}{h} = (-3 \pm 4) \cdot 10^{-13} \text{ a}^{-1} \qquad \text{[Sol76]}, \qquad (12.52\text{a})$$

$$\frac{1}{hc}\frac{d}{dt}(hc) < 5 \cdot 10^{-13} \text{ a}^{-1} \qquad \text{[Bau76]}. \qquad (12.52\text{b})$$

Zum Abschluß dieses Abschnitts sei noch erwähnt, daß auch nach einer Erzeugung von Materie im Universum gesucht wurde, da nach der Diracschen Hypothese die Baryonenzahl mit t^2 anwachsen sollte (für eine Übersicht verweisen wir auf [Nor86]). Diese Untersuchungen ergaben bislang keinen Hinweis auf eine kontinuierliche Synthese von Baryonen.

12.3.3 Experimente zu früheren Variationen

Wir wenden uns nun der zweiten Klasse von Experimenten zu, die den gegenwärtigen Wert einer Konstanten K mit ihrem Wert zu einem sehr frühen Zeitpunkt der Entwicklung des Universums vergleichen.

Experimente, die sehr weit in die Vergangenheit zurückblicken, sind besonders dann wichtig, wenn die Größe $\dot{K}/K$ auf der kosmologischen Zeitskala keinem Potenzgesetz folgt. Es stellt sich in diesem Zusammenhang die Frage: Wann nach dem Urknall hatten die fundamentalen Konstanten im wesentlichen ihren heutigen Wert?

• Primordiale Nukleosynthese

Die frühesten verläßlichen Grenzen gewinnt man aus Untersuchungen der primordialen Nukleosynthese, die etwa 100 s nach dem Urknall einsetzte. Unter primordialer Nukleosynthese versteht man die Erzeugung leichter Kerne (H, D, He und Li) in der frühen Entwicklungsphase des Universums. Die schwereren Elemente sind später im Laufe der galaktischen Entwicklung in den verschiedenen Sternpopulationen durch Kernfusion bis hinauf zu Eisen und darüber hinaus über Neutroneneinfangprozesse mit anschließenden β-Zerfällen (s- und r-Prozeß) entstanden [Gro89,90].

Aus dem Massenanteil der primordialen Elemente, insbesondere des ^{4}He, kann man Aussagen sowohl über die Richtigkeit der Urknall-Theorie als auch von Elementarteilchentheorien gewinnen [Yan79a, Kol90]. Eine herausragende Erkenntnis aus der primordialen ^{4}He-Häufigkeit war die Vorhersage von maximal 4 leichten Neutrino-Flavours lange vor den neuesten Ergebnissen von LEP [Yan79a, Blo84] (siehe auch Kap. 3).

Der Anteil Y_p des primordialen ^{4}He an der Gesamtmasse des Universums hängt stark von dem Verhältnis von Protonen zu Neutronen beim Ausfrieren der Reaktionen

$$n + e^+ \rightleftharpoons p + \bar{\nu}_e, \tag{12.53a}$$
$$n + \nu_e \rightleftharpoons p + e^- \tag{12.53b}$$

ab. Es gilt [Wei72]

$$Y_p \simeq \frac{2(N_n/N_p)_f}{1 + (N_n/N_p)_f}, \tag{12.54}$$

wobei der Index f den Wert beim Ausfrieren („freeze-out") bezeichnet.

Anhand der Abhängigkeit der primordialen ^{4}He-Erzeugung von G, G_F und der Massendifferenz zwischen Proton und Neutron $Q = (m_n - m_p)c^2$ lassen sich Effekte von zeitlich variierenden Kopplungskonstanten studieren [Kol86a]. Nach (3.24) gilt $(N_n/N_p)_f = \exp(-Q/kT_f)$. Die Temperatur T_f wird durch das Gleichsetzen der Expansionsrate des Universums $H \sim (G\rho)^{1/2}$ und der schwachen Wechselwirkungsrate $\Gamma_s \sim G_F^2$ bestimmt. Abb. 12.3 demonstriert den Einfluß von G, G_F und Q auf Y_p. Ein wachsendes G führt zu einer Erhöhung der Expansionsrate und ermöglicht ein früheres Ausfrieren der schwachen Wechselwirkung aus dem Gleichgewicht. Das erhöhte T_f bewirkt eine Zunahme der primordialen Helium-Produktion. Wegen $\Gamma_s \sim G_F^2$ hat ein abnehmendes G_F ebenfalls eine höhere Ausfriertemperatur und damit wieder eine Zunahme von Y_p zur Folge. Für ein gegebenes T_f ergibt eine anwachsende Massendifferenz Q eine exponentielle Abnahme von N_n/N_p und damit des ^{4}He-Anteils.

12.3 Suche nach der Zeitabhängigkeit von Naturkonstanten

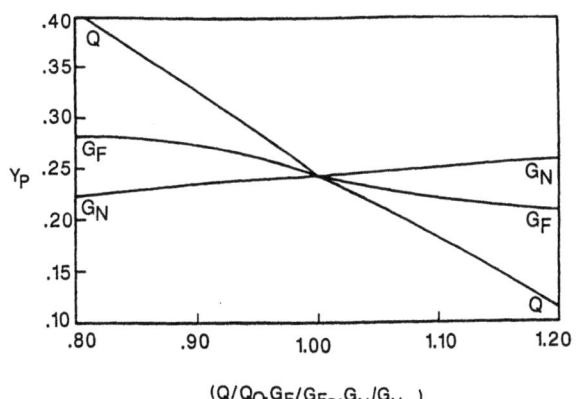

Abb. 12.3 Abhängigkeit des primordialen ^{4}He-Anteils von der Gravitationskonstante $G = G_N$, der Fermikonstante G_F und der Massendifferenz zwischen Neutron und Proton Q (aus [Kol86a]). Der Index 0 bezeichnet den heutigen Wert.

Y_p hängt am empfindlichsten von Q ab (siehe Abb. 12.3). Für kleine Änderungen von Q

$$Q = Q_0 + \Delta Q, \tag{12.55}$$

wobei $Q_0 = 1.293$ MeV den heutigen Wert bezeichnet, verläuft ΔY nahezu linear, da für $\Delta Q \ll kT_f$

$$\begin{aligned}(N_n/N_p)_f &= \exp\left(\frac{-Q}{kT_f}\right) \\ &= \exp\left(\frac{-Q_0}{kT_f}\right)\exp\left(\frac{-\Delta Q}{kT_f}\right) \\ &= (N_n/N_p)_0\left(1 - \frac{\Delta Q}{kT_f}\right).\end{aligned} \tag{12.56}$$

Eine Änderung der Proton-Neutron-Massendifferenz sollte mit einer Änderung der Feinstrukturkonstanten α zusammenhängen [Kol86a]

$$\frac{Q}{Q_0} \simeq \frac{\alpha}{\alpha_0}. \tag{12.57}$$

Die Beziehungen zwischen den Kopplungskonstanten und den Radien der Extra-Dimensionen R_{KK} in Kaluza-Klein- bzw. Superstring-Theorien sind in Tab. 12.2 noch einmal zusammengefaßt. Damit kann Y_p als Funktion von R_{KK}/R_0 berechnet werden. R_0 bezeichnet den Wert von R_{KK} zur heutigen Zeit. Abb. 12.4 enthält die Ergebnisse für 3 Modelle, ein Superstring-Modell und zwei Kaluza-Klein-Modelle mit $N = 2$ bzw. $N = 7$. Der beobachtete Massenanteil des primordialen ^{4}He beträgt $Y_p = 0.24 \pm 0.01$ [Yan84].

12 Zeitabhängigkeit von Naturkonstanten

Tab. 12.2 Abhängigkeit der fundamentalen Kopplungskonstanten von den Radien der N Extradimensionen R. Der untere Index 0 kennzeichnet den heutigen Wert (aus [Kol86a]).

Theorie	α/α_0	G/G_0	G_F/G_{F_0}
Kaluza-Klein	$(R/R_0)^{-2}$	$(R/R_0)^{-N}$	$(R/R_0)^{-2}$
Superstrings ($N=10$)	$(R/R_0)^{-6}$	$(R/R_0)^{-6}$	$(R/R_0)^{-6}$

Wenn man zusätzlich verlangt, daß die Deuterium- und Helium-3-Häufigkeiten ebenfalls mit der Beobachtung übereinstimmen, kann eine Variation von α, G_F oder G nicht durch eine Änderung des Verhältnisses von Baryonenzahl zu Photonenzahl kompensiert werden.

Im Superstring-Modell erhält man $Y_p = 0.24\pm0.01$ nur für $1.005 \geq R_{KK}/R_0 \geq 0.995$, in den Kaluza-Klein-Theorien dagegen für $1.01 \geq R_{KK}/R_0 \geq 0.99$. Daraus folgt eine obere Grenze für die Zeitabhängigkeit der Feinstrukturkonstante von [Kol86a]

$$\left|\frac{1}{\alpha}\frac{d\alpha}{dt}\right| < 1.5 \cdot 10^{-14} h \text{ a}^{-1}, \quad h = 0.5 - 1. \tag{12.58}$$

Diese Grenze ist zwar weniger restriktiv als die im folgenden zu berechnenden, ist aber dennoch von großer Bedeutung, da sie aus einer sehr frühen Zeit stammt.

Ähnliche Untersuchungen der primordialen Nukleosynthese führten Yang und Mitarbeiter unter der Annahme eines Potenzansatzes $G(t) \sim t^{-x}$ auf folgende Grenze für die Newtonsche Gravitationskonstante

$$-\left(\frac{1}{G}\frac{dG}{dt}\right) = \frac{x}{t_0} < 5 \cdot 10^{-13}\left(\frac{10^{10}}{t_0}\right) \text{ a}^{-1}, \tag{12.59}$$

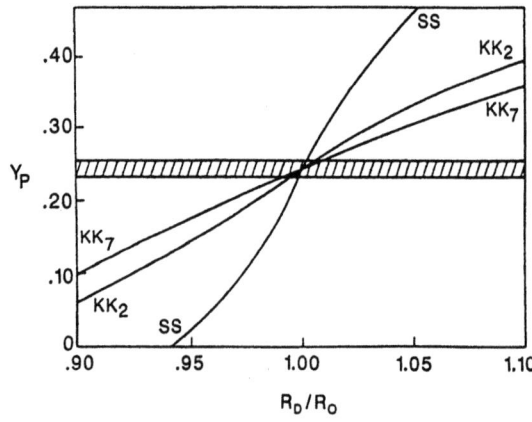

Abb. 12.4 Der primordiale Massenanteil von ^{4}He als Funktion von R_D/R_0 für ein Superstring-Modell (SS) mit $N=6$ und zwei Kaluza-Klein-Modelle mit $N=2$ (KK$_2$) bzw. $N=7$ (KK$_7$). R_D ist der Radius der Extra-Dimensionen zur Zeit der primordialen Nukleosynthese, R_0 der gegenwärtige Wert. Das gestrichelte Band gibt den beobachteten Wert von $Y_p = 0,24 \pm 0,01$ wieder (aus [Kol86a]).

12.3 Suche nach der Zeitabhängigkeit von Naturkonstanten

wobei t_0 das gegenwärtige Alter des Universums ($t_0 \simeq 1 - 2 \cdot 10^{10}$ a) ist, so daß die Diracsche Hypothese ausgeschlossen zu sein scheint.

Eine neuere Analyse der Variation von G im Rahmen der Urknall-Nukleosynthese unter Verwendung der neuesten Messungen der Lebensdauer des Neutrons und der neuen Resultate von LEP bezüglich der Anzahl der leichten Neutrino-Flavours ergibt mit $Y_p = 0.22 - 0.25$ für das Verhältnis der Gravitationskonstante während der Nukleosynthese G_{Nucl} zum heutigen Wert G_0 [Acc90]

$$1.4 > G_{\text{Nucl}}/G_0 > 0.7 \,. \tag{12.60}$$

Mit $G(t) \sim t^{-x}$ folgt

$$\left| \frac{1}{G} \frac{dG}{dt} \right| < 9 \cdot 10^{-13} \text{ a}^{-1} \,. \tag{12.61}$$

Andererseits könnte eine Zulassung einer zeitabhängigen Gravitationskonstanten eine frühe Nukleosynthese erlauben, die zu einer Baryonendichte $\Omega = 0.1 - 1$ führen könnte [Sta92c] (siehe Kap. 3).

- **Lebensdauern radioaktiver Nuklide (^{187}Re)**

Eine weitere Möglichkeit, die Zeitabhängigkeit von Naturkonstanten zu testen, besteht in dem Vergleich der im Labor gemessenen Lebensdauer eines radioaktiven Nuklids mit der aus Isotopenhäufigkeiten in geologischen Proben bestimmten Lebensdauer [Dys67]. Da das Alter von solchen Proben mit Hilfe von Radioaktivitätsmessungen (z.B. K-Ar-Methode) bestimmt wird, mißt man genau genommen das Verhältnis zwischen den Lebensdauern des untersuchten Nuklids und des zur Datierung verwendeten Nuklids. Die Halbwertszeit des letzteren ist dabei über den Zeitraum seit der Bildung der Probe gemittelt. Für solche Untersuchungen benötigt man Nuklide, die den folgenden Bedingungen genügen:

a) lange Lebensdauern, damit möglichst alte Werte der Konstanten ermittelt werden können,

b) die Proben sollten auf unabhängige Weise datierbar sein,

c) die Zerfallsprodukte sollten nichtflüchtig sein und

d) die Lebensdauern sollten empfindlich von den Kopplungskonstanten abhängen.

Das Rhenium-Isotop ^{187}Re erfüllt diese Anforderungen am besten. ^{187}Re zerfällt mit einer Halbwertszeit von $4 \cdot 10^{10}$ Jahren über β-Emission in ^{187}Os. Wegen der kleinen Zerfallsenergie von nur 2.5 keV hängt die Lebensdauer sehr empfindlich von α ab, denn eine geringfügige Änderung in der elektrostatischen Bindungsenergie von Re oder Os würde eine große Änderung des Q_β-Wertes hervorrufen. Die elektrostatische Bindungsenergie (der Coulomb-Term in der Weizsäckerschen Massenformel) ist von der Form

$$E_C \sim \frac{Z^2}{A^{1/3}} \qquad (12.62)$$

und hängt somit von e^2 bzw. α ab.

Man kann wie folgt eine Sensitivität der β-Zerfallsrate λ_β auf die Feinstrukturkonstante definieren [Dys72]

$$s = \frac{\alpha}{\lambda_\beta}\frac{d\lambda_\beta}{d\alpha} \quad \Rightarrow \quad \lambda_\beta \sim \alpha^s. \qquad (12.63)$$

Für ^{187}Re ergibt sich $s = 18000$, die Lebensdauer ist also proportional zu α^{18000}. Im Vergleich zu dieser starken α-Abhängigkeit können die Lebensdauern anderer Nuklide als praktisch unabhängig von α betrachtet werden, so daß letztere zur Altersbestimmung der Probe herangezogen werden können. Für ^{40}K ($T_{1/2} = 1.28 \cdot 10^9$ a, $Q_{\beta^-} = 1.31$ MeV) ergibt sich wegen des viel größeren Q_β-Wertes eine Sensitivität von nur $s = 30$.

Die β-Halbwertszeit von ^{187}Re wurde sowohl aus den Isotopenhäufigkeiten von Re und Os in Meteoriten ($T_{1/2} = (4.56 \pm 0.12) \cdot 10^{10}$ a [Luc83]) als auch in einem Laborexperiment ($T_{1/2} = (4.35 \pm 0.13) \cdot 10^{10}$ a [Lin86]) bestimmt. Der Vergleich ergibt als Obergrenze für die relative Variation von α über die vergangenen $4.55 \cdot 10^9$ Jahre [Lin86]

$$\left|\frac{1}{\alpha}\frac{d\alpha}{dt}\right| < 2 \cdot 10^{-15} \text{ a}^{-1}. \qquad (12.64)$$

- **Prähistorischer Reaktor in Oklo (Gabun)**

Noch schärfere Grenzen ergeben sich aus Untersuchungen an dem prähistorischen Reaktor in Oklo (Gabun), die im folgenden besprochen werden sollen. Shlyakhter stellte fest, daß die energetische Lage der Resonanzen für den Einfang thermischer (d.h. langsamer) Neutronen sehr empfindlich von den Werten der Wechselwirkungs-Kopplungskonstanten abhängt [Shl76]. Eine solche Resonanz findet man z.B. in ^{149}Sm. Aufgrund dieser niedrigliegenden Resonanz findet man den ungewöhnlich großen Wirkungsquerschnitt von 41000 barn für die Reaktion

$$n + {}^{149}\text{Sm} \to {}^{150}\text{Sm}^* + \gamma. \qquad (12.65)$$

12.3 Suche nach der Zeitabhängigkeit von Naturkonstanten

(Zum Vergleich: der Neutroneneinfangquerschnitt von ^{150}Sm beträgt 102 barn). Die Energie dieser Resonanz entspricht einer kinetischen Energie des Neutrons von $T_n = 98$ meV mit einer Breite von 63 meV. Die Resonanzen der anderen Sm-Isotope liegen im eV-Bereich, so daß nur noch Neutronen aus dem hochenergetischen Schwanz der Maxwell-Verteilung eingefangen werden.

Aufgrund des Energieerhaltungssatzes ergibt sich T_n aus der Differenz zwischen der Anregungsenergie E von ^{150}Sm* und der Bindungsenergie pro Nukleon $\Delta \simeq 8$ MeV

$$T_n = E - \Delta. \tag{12.66}$$

Das Auftreten der Resonanz im thermischen Bereich hängt also damit zusammen, daß E und Δ bis auf die achte Stelle hinter dem Komma gleich sind. Beide Energien hängen von den Stärken der starken, elektromagnetischen und schwachen Wechselwirkungen ab. Die Änderung einer der Kopplungskonstanten könnte das empfindliche Gleichgewicht zwischen E und Δ stören und die Resonanz aus dem thermischen Bereich hinausschieben. Die Abhängigkeit von einer beliebigen der drei Kopplungskonstanten lautet [Ric87]

$$\frac{d\Delta}{\Delta} = \beta_\Delta \frac{dg}{g}, \qquad \frac{dE}{E} = \beta_E \frac{dg}{g}. \tag{12.67}$$

Die Parameter β_Δ und β_E hängen von der Kernstruktur ab und können im Rahmen des Kernschalenmodells berechnet werden.

Aus (12.66) und (12.67) folgt

$$\begin{aligned}\frac{dT_n}{T_n} &= \frac{dg}{g}\frac{(\beta_E E - \beta_\Delta \Delta)}{E - \Delta}\\ &\approx \frac{dg}{g}(\beta_E - \beta_\Delta)\frac{E}{E - \Delta}\\ &\sim \frac{dg}{g}(\beta_E - \beta_\Delta) \cdot 10^8.\end{aligned} \tag{12.68}$$

Man erkennt, daß sich eine Änderung der Kopplungskonstanten g in einer 10^8mal stärkeren Variation der energetischen Lage der Resonanz niederschlägt, sofern nicht $\beta_E \sim \beta_\Delta$.

Man benötigt also ^{149}Sm, das vor möglichst langer Zeit einem thermischen Neutronenfluß ausgesetzt war. Heutige Kernreaktoren laufen noch nicht lange genug, um empfindliche Messungen durchführen zu können. Ein glücklicher Zufall war in diesem Zusammenhang die Entdeckung eines prähistorischen „Reaktors" in einer Uranlagerstätte in Oklo (Gabun) in Afrika im Jahre 1972 durch französische Forscher [Okl75, Mau76, Kur82]. Man fand, daß das Uranerz aus der Lagerstätte in Gabun zu wenig ^{235}U enthielt, man entdeckte Proben mit einer Isotopenhäufigkeit von nur 0.29% ^{235}U im Vergleich zu (0.7202 ± 0.0010)% für normales Natururan. Darüber hinaus konnten die als Spaltprodukte entstehenden Nd- und Sm-Isotope nachgewiesen werden. Aus der Analyse des ^{235}U-Anteils und der Isotopenhäufigkeitsverteilung der Spaltprodukte konnte geschlossen werden, daß in dieser Uranmine vor ca. 2 Milliarden Jahren eine Kettenreaktion auf natürliche Weise zustande gekommen war, die sich möglicherweise über einen Zeitraum von 600000 bis 1500000 Jahre selbst aufrecht erhalten hat.

Wegen der verschiedenen Halbwertszeiten der beiden Uranisotope (^{238}U: $4.5 \cdot 10^9$ a, ^{235}U: $7 \cdot 10^8$ a) betrug damals der Gehalt an ^{235}U ca. 3-4%, es war also eine ausreichende Menge an durch thermische Neutronen spaltbarem Material vorhanden[4]. Durch Einsickern von Wasser in die Lagerstätte konnten bei diesem Naturreaktor Bedingungen entstehen, die denen in einem heute üblichen Leichtwasserreaktor entsprechen. Wasser dient als Moderator zur Abbremsung der schnellen Spaltneutronen. Es waren rund 500 t Uran an der Kettenreaktion beteiligt, die freigesetzte Energie betrug ca. 10^{11} kWh. Der integrierte Neutronenfluß überstieg an einigen Stellen $1.5 \cdot 10^{21}$ Neutronen pro cm^2.

Tab. 12.3 Häufigkeiten der Nd-Isotope in zwei verschiedenen Erzproben der Oklo-Uranmine (nach der Analyse von [Neu72]). Die mit (*) gekennzeichneten Werte wurden auf den natürlich vorkommenden Anteil des entsprechenden Isotops korrigiert.

	Oklo M	Oklo 310	natürlich	Oklo M$^{(*)}$	Oklo 310$^{(*)}$	Spaltung (^{235}U)
^{142}Nd	1.38	5.49	27.11	0	0	0
^{143}Nd	22.1	23.0	12.17	22.6	25.7	28.8
^{144}Nd	32.0	28.2	23.85	32.4	29.3	26.5
^{145}Nd	17.5	16.3	8.30	18.05	18.4	18.9
^{146}Nd	15.6	15.4	17.22	15.55	14.9	14.4
^{148}Nd	8.01	7.70	5.73	8.13	8.20	8.26
^{150}Nd	3.40	3.90	5.62	3.28	3.46	3.12

Tab. 12.3 gibt die in zwei verschiedenen Erzproben der Oklo-Uranmine gefundenen Häufigkeiten der Nd-Isotope wieder (nach [Neu72]). Die Probe Oklo M enthielt (0.4400 ± 0.0005)% ^{235}U und die Probe Oklo 310 (0.592 ± 0.001)%, während das natürliche Isotopengemisch 0.7202% ^{235}U enthält.

---

[4] Moderne Leichtwasserreaktoren arbeiten mit einer Anreicherung von 3-3.5 Prozent.

12.3 Suche nach der Zeitabhängigkeit von Naturkonstanten

Man erkennt, daß die Nd-Häufigkeiten von den üblicherweise gefundenen Verhältnissen abweichen, sie gleichen dagegen sehr stark der durch Spaltung von ^{235}U erzeugten Isotopenverteilung (siehe die letzte Spalte in Tab. 12.3). Da das Isotop ^{142}Nd kein Spaltprodukt ist, kann dessen Häufigkeit als ein Maß für den in den Erzproben Oklo M und Oklo 310 natürlich vorkommenden Nd-Gehalt herangezogen werden. Die auf diesen natürlichen Nd-Gehalt korrigierten Werte sind mit einem hochgestellten Stern gekennzeichnet. Sie sind in guter Übereinstimmung mit den Ausbeuten aus der neutroneninduzierten Spaltung von Uran, was darauf hindeutet, daß tatsächlich eine Kettenreaktion stattgefunden hat.

Eine entsprechende Auswertung wurde für Samarium durchgeführt. Neuilly und Mitarbeiter fanden, daß das Verhältnis von ^{149}Sm zu ^{147}Sm in der Probe Oklo M extrem klein war (~ 0.003). In dem natürlichen Isotopengemisch beträgt dieses Verhältnis 0.924, in der Uranspaltung ergibt sich ein Wert von 0.475. Der Grund für den ^{149}Sm-Mangel liegt in dem großen Wirkungsquerschnitt für die Reaktion

$$^{149}\text{Sm}(n,\gamma)^{150}\text{Sm}, \tag{12.69}$$

so daß die meisten ^{149}Sm-Kerne in ^{150}Sm-Kerne umgewandelt wurden. Im Vergleich dazu ist der Wirkungsquerschnitt für die Reaktion

$$^{147}\text{Sm}(n,\gamma)^{148}\text{Sm} \tag{12.70}$$

sehr klein ($\simeq 60$ barn). Ein Teil der ^{147}Sm-Kerne wurde zwar in ^{148}Sm-Kerne verwandelt, doch wurde die Häufigkeit im Vergleich zu ^{149}Sm nur geringfügig durch Neutroneneinfang modifiziert. Man muß nach diesen Überlegungen genau genommen die Verteilungen von (^{147}Sm + ^{148}Sm) und (^{149}Sm + ^{150}Sm) miteinander vergleichen. Dozol und Neuilly [Doz75] fanden in ihrer Analyse die in Tab. 12.4 angegebenen, auf den natürlichen Sm-Gehalt korrigierten Resultate. Die letzte Spalte gibt die in der Uranspaltung gefundenen Werte wieder. Auch diese Daten deuten die Existenz eines prähistorischen Reaktors an. Der leichte Überschuß an ^{152}Sm entsteht durch Neutronen-Einfang von ^{151}Eu, das nach ^{152}Sm zerfällt.

Tab. 12.4 Über verschiedene Proben aus Oklo gemittelte Häufigkeiten der Sm-Isotope in [%] [Doz75].

Sm-Isotop	Oklo	natürlich	Spaltung (^{235}U)
147 + 148	61.22	26.21	61.56
149 + 150	27.33	21.27	29.3
152	10.51	26.72	7.23
154	1.77	22.71	1.94

Die Tatsache, daß nur sehr wenig ^{149}Sm gefunden wurde, wird durch die energetisch niedrig liegende Resonanz für Neutronen-Einfang erklärt, die zu dem großen Wirkungsquerschnitt für n-Einfang an ^{149}Sm führt. Diese Resonanz mußte also schon vor rund 2 Milliarden Jahren im thermischen Bereich gelegen haben. Dies bedeutet eine relative Änderung von T_n von weniger als 10%.

Shlyakhter [Shl76] leitete daraus folgende Grenzen für die Zeitabhängigkeit der Kopplungskonstanten der starken, elektromagnetischen und schwachen Wechselwirkung ab

$$\left|\frac{1}{g_s}\frac{dg_s}{dt}\right| < 5\cdot 10^{-19}\,\text{a}^{-1}, \qquad (12.71\text{a})$$

$$\left|\frac{1}{\alpha}\frac{d\alpha}{dt}\right| < 1\cdot 10^{-17}\,\text{a}^{-1}, \qquad (12.71\text{b})$$

$$\left|\frac{1}{g_w}\frac{dg_w}{dt}\right| < 2\cdot 10^{-12}\,\text{a}^{-1}. \qquad (12.71\text{c})$$

• **Fein- und Hyperfeinstrukturlinien ferner Galaxien**

In weiteren Untersuchungen wurden die relativen Verschiebungen zwischen Feinstruktur- bzw. Hyperfeinstrukturlinien von fernen Galaxien untersucht. Da das Licht vor langer Zeit ausgesandt wurde, stellt man somit den Wert von α vor langer Zeit fest [Bah67, Tub80].

12.4 Abschließende Bemerkungen und Ausblick

Tab. 12.1 faßt die wichtigsten Ergebnisse im Hinblick auf die Konstanz von Naturkonstanten zusammen. Anhand dieser Daten kann die Diracsche Hypothese ausgeschlossen werden. Man sollte jedoch beachten, daß die Grenzen in einigen Fällen nur unter der Voraussetzung gültig sind, daß alle anderen Konstanten als zeitlich konstant betrachtet werden.

Wenn bislang noch keine Zeitabhängigkeit von Naturkonstanten nachgewiesen werden konnte, so steht dies jedoch nicht im Widerspruch zu den vieldimensionalen Kaluza-Klein-Theorien, die zwar eine Zeitabhängigkeit ermöglichen, aber nicht zwingend vorhersagen.

Allerdings wäre es auch möglich, daß die Suche bislang auf der falschen Zeitskala erfolgte (vergleiche hierzu [Kol86a]). Im allgemeinen wird angenommen, daß die Konstanten mit einer Potenz der kosmologischen Zeit H^{-1} variieren. Es wäre jedoch auch denkbar, daß die Kompaktifizierung der Extra-Dimensionen sehr schnell abgeschlossen war und die Radien heute

12.4 Abschließende Bemerkungen und Ausblick

nur noch Oszillationen um ihre Gleichgewichtslage ausführen. Die relevante Zeitskala könnte dann vielmehr durch die Planck-Zeit $t_{Pl} = 5.39 \cdot 10^{-44}$ s definiert sein, so daß die beobachteten Werte nur Mittelwerte über sehr viele Oszillationen darstellen würden.

Eine endliche Variation der Naturkonstanten hätte folgenreiche Konsequenzen, wie bereits in Abschn. 12.1 angedeutet wurde. Eine der am schwersten wiegenden Konsequenzen wäre die Aufhebung der Invarianz der Naturgesetze unter Zeittranslationen. Diese Nichthomogenität der Zeit hätte eine Verletzung des Energieerhaltungssatzes zur Folge (vgl. Abschn. 12.1).

Literaturverzeichnis

[Aar87] G. Aardsma et al., Phys. Lett. **B 194** (1987) 321
[Aba88] A.I. Abazov et al., Proc. of the 13th Int. Conf. on Neutrino Physics and Astrophysics, Boston, June 5–11, 1988, eds. J. Schneps, T. Kafka, W.A. Mann und P. Nath (World Scientific, Singapore, 1988) 317
[Aba91] A.I. Abazov et al., SAGE-Kollaboration, Phys. Rev. Lett. **67** (1991) 3332
[Aba95] S. Abachi et al., Phys. Rev. Lett. **74** (1995) 2422
[Abb83] L. Abbott und P. Sikivie, Phys. Lett. **B 120** (1983) 133
[Abb88] L. Abbott, Sci. American **258**, No. 5 (1988) 82
[Abd90] K. Abdullah et al., Phys. Rev. Lett. **65** (1990) 2347
[Abe84] R. Abela et al., Phys. Lett. **B 146** (1984) 431
[Abe90] F. Abe et al., Phys. Rev. Lett. **65** (1990) 2243
[Abe93] H. Abele et al., Phys. Lett. **B 316** (1993) 26
[Abe94] F. Abe et al. preprint FERMILAB-PUB94/116-E
[Abr86] H. Abramowicz et al., Phys. Rev. Lett. **57** (1986) 298
[Abr90] P. Abreu et al., Phys. Lett. **B 247** (1990) 167; Phys. Lett. **B 252** (1990) 149
[Acc90] F.S. Accetta, L.M. Krauss und P. Romanelli, Phys. Lett. **B 248** (1990) 146
[Ack91] A. Acker, S. Pakvasa und J. Pantaleone, Phys. Rev. **D 43** (1991) 1754
[Ada93] F.C. Adams et al., Phys. Rev. Lett. **70** (1993) 2511
[Ade87] E.G. Adelberger et al., Phys. Rev. Lett. **59** (1987) 849
[Ade90] E.G. Adelberger et al., Phys. Rev. **D 42** (1990) 3267
[Ade91a] E.G. Adelberger, B.R. Heckel, C.W. Stubbs und Y. Su, Phys. Rev. Lett. **66** (1991) 850
[Ade91b] E. Adelberger, Nucl. Phys. **A 527** (1991) 223c
[Ade91c] B. Adeva et al., Phys. Lett. **B 257** (1991) 450
[Afo83] A.I. Afonin et al., JETP Lett. **38** (1983) 463
[Afo85] A.I. Afonin et al., JETP Lett. **42** (1985) 285
[Agl87] M. Aglietta et al., Europhys. Lett. **3** (1987) 1315 and 1321
[Agl89] M.A. Aglietta et al., Europhys. Lett. **8** (1989) 611
[Agl91] M.A. Aglietta et al., Ap. J. **382** (1991) 344
[Agl93] M. Aglietta et al., Proc. NEUTRINO'92, Granada, Nucl. Phys. **B** (Proc. Suppl.) **31** (1992) 450

[Ahl83]   S.P. Ahlen, Proceedings Magnetic Monopoles 1982 (Plenum Press, New York, 1983) 259
[Ahl84]   S.P. Ahlen, P.B. Price, S. Guo und R.L. Fleischer, Proc. NATO Advanced Research Workshop Monopole '83, Ann Arbor, Oct. 6–9, 1983, ed. J.L. Stone (Plenum Press, New York, 1984) 383
[Ahl90]   S.P. Ahlen et al., MACRO-Kollaboration, Phys. Lett. **B 249** (1990) 149
[Ahl92]   S.P. Ahlen et al., MACRO-Kollaboration, Phys. Rev. Lett. **69** (1992) 1860
[Ahl93]   S.P. Ahlen et al., MACRO-Kollaboration, Nucl. Instrum. Methods **A 324** (1993) 337
[Ahl94]   S.P. Ahlen et al., MACRO-Kollaboration, Phys. Rev. Lett. **72** (1994) 608
[Ahm94]   J. Ahmed et al., H1 Kollaboration, Preprint DESY 94–154 (Aug. 1994), Z. Phys. **C 64** (1994) 545
[Ahr85]   L. Ahrens et al., Phys. Rev. **D 31** (1985) 2732
[Ahr87]   L.A. Ahrens et al., Proceedings Telemark IV, Wisconsin 1987, (World Scientific, Singapur, 1987) 99
[Air56]   G.B. Airy, Phil. Trans. R. Soc. London **146** (1856) 297, 343
[Ait89]   F.J.R. Aitchison und A.J.G. Hey, Gauge Theories in Particle Physics (A. Hilger, Bristol, 1989)
[Akh88]   E.Kh. Akhmedov und M.Yu. Khlopov, Mod. Phys. Lett. **A 3** (1988) 451
[Akr91]   M.Z. Akrawy et al., Phys. Lett. **B 253** (1991) 511
[Aku72]   D.V. Akulov und V.P. Volkov, JETP Lett. **16** (1972) 438
[Alb82]   A. Albrecht und P.J. Steinhardt, Phys. Rev. Lett. **48** (1982) 1220
[Alb85]   A. Albrecht und N. Turok, Phys. Rev. Lett. **54** (1985) 1868
[Alb88]   H. Albrecht et al., Phys. Lett. **B 202** (1988) 149
[Alb90]   H. Albrecht et al., Phys. Lett. **B 234** (1990) 409
[Alb91]   W.M. Alberico, A. de Pace und M. Pignone, Nucl. Phys. **A 523** (1991) 488
[Alb92]   H. Albrecht et al., Phys. Lett. **B 292** (1992) 221
[Ale82]   E.N. Alexeyev et al., Lett. Nuovo Cimento **35** (1982) 413; und Proceedings 21st Int. Cosmic Ray Conference, Vol. 10, 83
[Ale85]   E.N. Alexeyev, M.M. Boliev, A.E. Chudakov und S.P. Mikheyev, Proc. 19th Int. Cosmic Ray Conf. (La Jolla) Vol. 8 (1985) 250
[Ale87]   E.N. Alexeyev, L.N. Alexeyeva, A.E. Chudakov und I.V. Krivosheina, Proc. Int. Symp. on Underground Physics, Baksan, UdSSR, 17.–19. August 1987, eds. G.V. Domogatsky et al., p. 30
[Ale88]   E.N. Alexejev et al., Phys. Lett. **B 205** (1988) 209
[ALE89]   ALEPH-Kollaboration, Phys. Lett. **B 231** (1989) 519
[Ale92]   A. Alessandrello et al., Phys. Lett. **B 285** (1992) 176
[ALE92]   ALEPH-Kollaboration, Phys. Reports **216** (1992) 253

528 Literaturverzeichnis

[Ale94] A. Alessandrello et al., Nucl. Phys. B (Proc. Suppl.) **35** (1994) 366, und Phys. Lett. **B 335** (1994) 519
[Ali90] J. Alitti et al., Phys. Lett. **B 241** (1990) 150
[All83] C.O. Alley, in: Quantum Optics, Experimental Gravity and Measurement Theory, eds. P. Meystre und M.O. Scully (Plenum, New York, 1983) 429
[All86] J.V. Allaby et al., Phys. Lett. **B 177** (1986) 446
[All88] W.W.M. Allison, Proc. 9th Workshop on Grand Unification, April 28–30, 1988, Aix-Les-Bains, ed. R. Barloutaud (World Scientific, Singapore, 1988) 50
[All90] B. Allen, E.P.S. Shellard, Phys. Rev. Lett. **64** (1990) 119
[Als88] M. Alston-Garnjost, Phys. Rev. Lett. **60** (1988) 1928
[Als89] M. Alston-Garnjost et al., Phys. Rev. Lett. **63** (1989) 1671
[Als93] M. Alston-Garnjost et al., Phys. Rev. Lett. **71** (1993) 831
[Alt81] I.S. Altarev et al., Phys. Lett. **B 102** (1981) 13
[Alt85] T. Altzitzoglou et al., Phys. Rev. Lett. **55** (1985) 799
[Alt86] I.S. Altarev et al., JETP Lett. **44** (1986) 460
[Alt90] G. Altarelli, Proc. NEUTRINO'90, Genf, Nucl. Phys. B (Proc. Suppl.) **19** (1990) 354
[Alv63] L.W. Alvarez, LRL Physics Note **470** (1963)
[Alv71] L.W. Alvarez et al., Review of Sci. Inst. **42** (1971) 326
[Ama87] U. Amaldi et al., Phys. Rev. **D 36** (1987) 1385
[Ama91] U. Amaldi, W. de Boer und H. Fürstenau, Phys. Lett. **B260** (1991) 447
[And32] C.D. Anderson, Science **76** (1932) 238
[And89] M.E. Ander et al., Phys. Rev. Lett. **62** (1989) 985
[Ang86] C. Angelini et al., Phys. Lett. **B 179** (1986) 307
[Ano92] O.L. Anosov et al., Proc. NEUTRINO'92, Nucl. Phys. B (Proc. Suppl.) **31** (1993) 111
[Ans92] P. Anselmann et al., GALLEX-Kollaboration, Phys. Lett. **B285** (1992) 376, 390
[Ans93] P. Anselmann et al., Phys. Lett. **B 314** (1993) 445
[Ans94] P. Anselmann et al., Phys. Lett. **B 327** (1994) 377
[Ant60] G.F. dell'Antonio und E. Fiorini, Suppl. Nuovo Cim. **17** (1960) 132
[Apa85] A.M. Apalikov et al., JETP Lett. **42** (1985) 289
[Ara80] C. Aragone und S. Deser, Phys. Rev. **D 21** (1980) 352
[Arn83] G. Arnison et al., Phys. Lett. **B 122** (1983) 103; **B129** (1983) 273; **B 126** (1983) 398
[Arn87] W.D. Arnett und J. Rosner, Phys. Rev. Lett. **58** (1987) 1906
[Arn95] R. Arnold et al. (NEMO Kollaboration), Pisma v ZhETF **61** (1995) 168
[Arp94] C. Arpesella, E. Bellotti und A. Bottino (Hrsg.), Proceedings TAUP'93, Nucl. Phys. B (Proc. Suppl.) **35** (1994)
[Art95] V. Artemiev et al., Phys. Lett. **B 345** (1995) 564

[Asr81]	A.E. Asratyan et al., Phys. Lett. **B 105** (1981) 301
[Ast89]	P. Astier et al., Phys. Lett. **B 220** (1989) 646
[Aul83]	C.S. Aulakh und R.N. Mohapatra, Phys. Lett. **B 119** (1983) 136
[Avi87]	F.T. Avignone et al., Phys. Rev. **D 35** (1987) 1713
[Avi88]	F.T. Avignone und R.L. Brodzinski, in: Neutrinos, ed. H.V. Klapdor (Springer, Heidelberg, New York, 1988) 147
[Avi89]	F.T. Avignone et al., Proc. 13th Int. Conf. on Neutrino Physics und Astrophysics, June 5–11, 1988, Boston, eds. J. Schneps, T. Kafka, W.A. Mann und P. Nath (World Scientific, Singapore, 1989) 66
[Avi90]	F.T. Avignone et al., Phys. Rev. Lett. **65** (1990) 3092
[Avi91]	F.T. Avignone et al., Phys. Lett. **B 256** (1991) 559
[Bab91a]	K.S. Babu, R.N. Mohapatra und I.Z. Rothstein, Phys. Rev. **D44** (1991) 2265
[Bab91b]	K.S. Babu, R.N. Mohapatra und I.Z. Rothstein, Phys. Rev. Lett. **67** (1991) 545
[Bac91]	H. Backe et al., DPG-Tagung Physik der Hadronen und Kerne, Darmstadt, 1991
[Bac93]	H. Backe et al., Proc. NEUTRINO'92, Granada, Nucl. Phys. B (Proc. Suppl.) **31** (1993) 46
[Bag83]	P. Bagnaia et al., Phys. Lett. **B 129** (1983) 130
[Bah67]	J.N. Bahcall und M. Schmidt, Phys. Rev. Lett. **19** (1967) 1294
[Bah69]	J.N. Bahcall und S.C. Frautschi, Phys. Lett. **B 29** (1969) 623
[Bah71]	J.N. Bahcall und R.K. Ulrich, Astrophys. J. **170** (1971) 593
[Bah78]	J.N. Bahcall und H. Primakoff, Phys. Rev. **D 18** (1978) 3463
[Bah82a]	J.N. Bahcall et al., Rev. Mod. Phys. **54** (1982) 767
[Bah82b]	J.N. Bahcall und R. Davis, Essays in Nuclear Astrophysics (Cambridge University Press, Cambridge, 1982) 242
[Bah87]	J.N. Bahcall und S.L. Glashow, Nature **326** (1987) 476
[Bah88]	J.N. Bahcall und R.K. Ulrich, Rev. Mod. Phys. **60** (1988) 297
[Bah89]	J.N. Bahcall, Neutrino Astrophysics, Cambridge University Press, Cambridge, 1989
[Bah90]	J.N. Bahcall und H.A. Bethe, Phys. Rev. Lett. **65** (1990) 2233
[Bah92]	J.N. Bahcall und M.H. Pinsonneault, Rev. Mod. Phys. **64** (1992) 885
[Bah93]	J.N. Bahcall und P. Kumar, Ap. J. **409** (1993) L73
[Bak84]	N.J. Baker et al., Phys. Rev. **D 28** (1984) 2705
[Bal87]	A.J. Baltz und J. Weneser, Phys. Rev. **D 35** (1987) 528
[Bal88]	A.J. Baltz und J. Weneser, Phys. Rev. **D 37** (1988) 3364
[Bal90]	M. Baldo-Ceolin et al., Phys. Lett. **B 236** (1990) 95
[Bal91]	A.J. Baltz und J. Weneser, Phys. Rev. Lett. **66** (1991) 520
[Bal92]	A. Balysh et al., Heidelberg-Moskau-Kollaboration, Phys. Lett. **B 283** (1992) 32
[Bald92]	M. Baldo-Ceolin (ed.), Proceedings 4th Internat. Workshop on Neutrino Telescopes, Venezia, 10.–13. März 1992.

530 Literaturverzeichnis

[Bald94] M. Baldo-Ceolin et al., Preprint DFPD 94/EP/13, Febr. 1994 und Z. Phys. **C 63** (1994) 409
[Bal93] A. Balysh et al., Heidelberg-Moskau-Kollaboration, Phys. Lett. **B 298** (1993) 278
[Bal94] A. Balysh et al., Heidelberg-Moskau-Kollaboration, Phys. Lett. **B 322** (1994) 176
[Bal94a] A. Balysh et al., Heidelberg-Moskau-Kollaboration, Proc. 27th Int. Conf. on High Energy Physics, 20–27 July, 1994, Glasgow
[Bal95] A. Balysh et al., Heidelberg-Moskau-Kollaboration, Phys. Lett. **B**, im Druck (1995)
[Bam94] P. Bamert, C.P. Burgess, R.N. Mohapatra, Preprint hep-ph/-yymmnnn (1994)
[Bam95] P. Bamert, C.P. Burgess, R.N. Mohapatra, Preprint UMD-PP-95-78 (1995)
[Ban83] M. Banner et al., Phys. lett. **B 122** (1983) 476
[Bar70] R.K. Bardin, P.J. Gollon, J.D. Ullman und C.S. Wu, Nucl. Phys. **A 158** (1970) 337
[Bar81] R. Barbieri, R.N. Mohapatra, Phys. Lett **105 B** (1981) 369
[Bar82] V. Barger, H. Baer, W.Y. Keung und R.J.N. Phillips, Phys. Rev. **D 26** (1982) 218
[Bar83a] S.W. Barwick, K. Kinoshita und P.B. Price, Phys. Rev. **D 28** (1983) 2338
[Bar83b] S.M. Barr, D.B. Reiss und A. Zee, Phys. Rev. Lett. **50** (1983) 317
[Bar85] I.R. Barabanov et al., AIP Conf. Proceedings **126** (1985) 175
[Bar86a] I. Bars und M. Visser, Phys. Rev. Lett. **57** (1986) 25
[Bar86b] S.M. Barr und R.N. Mohapatra, Phys. Rev. Lett. **57** (1986) 3129
[Bar86c] I. Barabanov et al., Pis'ma Zh. Eksp. Teor. Fiz. **43** (1986) 116
[Bar87a] J.D. Barrow, Phys. Rev. **D 35** (1987) 1805
[Bar87b] A. Barroso, R. Chalabi, N. Dombey und C. Hamzaoui, Phys. Lett. **B 196** (1987) 369
[Bar87c] A.S. Barabash, Preprint ITEP 56-1987
[Bar87d] V. Barger, in „TeV Physics and Beyond", Proc. VIIIth Summer School in Nucl. and Particle Physics, Tasmanien, 2.–6. Februar 1987, eds. R. Delbourgo und J.R. Fox (World Scientific, Singapur, 1987) 103
[Bar88a] C. Bari et al., Nucl. Instr. und Meth. **A 264** (1988) 5
[Bar88b] R. Barbieri und R.N. Mohapatra, Phys. Rev. Lett. **61** (1988) 27
[Bar88c] V. Barger und K. Whisnant, Phys. Lett. **B 209** (1988) 365
[Bar89] V. Barger et al., Phys. Rev. **D 40** (1989) 2987
[Bar89a] G. Barr, T.K. Gaisser und T. Stanev, Phys. Rev. **D 39** (1989) 3532
[Bar89b] D.F. Bartlett und W.L. Tew, Phys. Rev. **D 40** (1989) 673
[Bar89c] A.S. Barabash et al., Phys. Lett. **B 223** (1989) 273
[Bar89d] A.S. Barabash, Phys. Lett. **B 216** (1989) 257

[Bar89e]	A.S. Barabash, Proc. Int. Symp. on Weak und Electromagnetic Interactions in Nuclei, May 15–19, 1989, Montréal, ed. P. Depommier (Editions Frontières, Gif-sur-Yvette, 1989) 249
[Bar90a]	V. Barger, R.J.N. Phillips und K. Whisnant, Phys. Rev. Lett. **65** (1990) 3084
[Bar90b]	D.F. Bartlett und W.L. Tew, J. Geophys. Res. **95** (1990) 17363
[Bar90c]	A.S. Barabash et al., Sov. J. Nucl. Phys. **51** (1990) 1
[Bar90d]	A.S. Barabash, O.K. Egorov, A.A. Klimenko, E.D. Kolganova, E.A. Pozharova, T. Yu. Skorodko, V.A. Smirnitsky und A.A. Smolnikov, preprint ITEP 90-131, 1990
[Bar92]	C. Barry, Proc. NEUTRINO'92, Nucl. Phys. **B** (Proc. Suppl.) **31** (1993) 437
[Bat82]	G. Battistoni et al., Phys. Lett. **B 118** (1982) 461
[Bat83]	G. Battistoni et al., Phys. Lett. **B 133** (1983) 454
[Bat88]	G. Battistoni et al., Nucl. Instr. Meth. **A 270** (1988) 185
[Bau76]	W.A. Baum und R. Florentin-Nielsen, Astrophys. J. **209** (1976) 319
[Bau86]	N. Baumann et al., Proc. 12th Int. Conf. on Neutrino Physics und Astrophysics, Sendai, June, 1986, eds. T. Kitagaki und H. Yuta (World Scientific, Singapore, 1986)
[Baz84]	G.A. Bazilevskaja et al., Sov. J. Nucl. Phys. **39** (1984) 543
[Bea72]	W.T. Beauchamp, T. Bowen, A.J. Cox und R.M. Kalbach, Phys. Rev. **D 6** (1972) 1211
[Bec81]	P. Becher, M. Böhm und H. Joos, Eichtheorien der starken und elektroschwachen Wechselwirkung (B.G. Teubner, Stuttgart, 1981)
[Bec91a]	H. Becker et al., Proc. XIth Moriond Workshop on Tests of Fundamental Laws in Physics, Les Arcs, France, 1991
[Bec91b]	M. Beck et al., Proc. XIth Moriond Workshop on Tests of Fundamental Laws in Physics, Jan. 26 - Feb. 2, 1991, Les Arcs
[Bec92a]	M. Beck et al., Heidelberg-Moskau-Kollaboration, Z. Phys. **A 343** (1992) 397
[Bec92b]	R. Becker-Szendy et al., Phys. Rev. Lett. **69** (1992) 1010
[Bec93]	M. Beck et al., Heidelberg-Moskau-Kollaboration, Phys. Rev. Lett. **70** (1993) 2853
[Bec94]	M. Beck et al., Heidelberg-Moskau-Kollaboration, Phys. Lett. **B 336** (1994) 141
[Bed94a]	A. Bednyakov, H.V. Klapdor-Kleingrothaus und S. Kovalenko, Phys. Lett. **B 329** (1994) 5
[Bed94b]	A. Bednyakov, H.V. Klapdor-Kleingrothaus und S. Kovalenko, Phys. Rev.. **D 50** (1994) 7128
[Bei91]	E.W. Beier, R. Davis, Jr., S.B. Kim, S.R. Elliott und N. Jelley, Nucl. Phys. **A 527** (1991) 653c
[Bel83]	E. Bellotti et al., Phys. Lett. **B 121** (1983) 72
[Bel88]	E. Bellotti, Nucl. Instr. und Meth. **A 264** (1988) 1
[Bel89]	E. Bellotti et al., Phys. Lett. **B 221** (1989) 209

[Bel90]   E. Bellotti et al., Proc. Rencontres de la Vallée d'Aoste, La Thuile, 1990
[Bel91a] E. Bellotti, Nucl. Phys. News 1 (1991) 18
[Bel91b] E. Bellotti et al., Phys. Lett. **B 266** (1991) 193
[Ben89]   W.R. Bennett, Jr., Phys. Rev. Lett. **62** (1989) 365
[Ben91]   L. Bento und J.W.F. Valle, Phys. Lett. **B 264** (1991) 373
[Ben92a] C.L. Bennett et al., Ap. J. **396** (1992) L7
[Ben92b] P. Benetti et al., Proc. 4th Internat. Workshop on Neutrino Telescopes, Venezia, 10.-13. März 1992, ed. M. Baldo-Ceolin (1992) 279
[Ben93]   P. Benetti et al., Nucl. Instrum. Methods **A 327** (1993) 173
[Ben94]   P. Benetti et al., Nucl. Phys. B (Proc. Suppl.) **35** (1994) 276
[Ber72]   K.E. Bergkvist, Nucl. Phys. **B 39** (1972) 317
[Ber79]   F.A. Berends, J.W. van Holten, B. de Wit und P. Nieuwenhuizen, Nucl. Phys. **B 154** (1979) 261, Phys. Lett. **B 83** (1979) 188
[Ber85a] V.S. Berezinsky, C. Castagnoli, O.G. Ryazhskaya und O. Saavedra, Nucl. Phys. **B 262** (1985) 383
[Ber85b] S. Bermon et al., Phys. Rev. Lett. **55** (1985) 1850
[Ber85c] K.E. Bergkvist, Phys. Lett. **B 159** (1985) 408
[Ber85d] M.D. Bernstein und L.S. Brown, Comm. Nucl. Part. Phys. **15** (1985) 35
[Ber86]   G. Bernardi et al., Phys. Lett. **B 166** (1986) 479 and Phys. Lett. **B 181** (1986) 173
[Ber89]   Ch. Berger et al., Nucl. Phys. **B 313** (1989) 509
[Ber90a] Ch. Berger et al., Phys. Lett. **B 240** (1990) 237
[Ber90b] Ch. Berger et al., Phys. Lett. **B 245** (1990) 305
[Ber90c] S. Bermon et al., Phys. Rev. Lett. **64** (1990) 839
[Ber90d] M. Bertani et al., Europhys. Lett. **12** (1990) 613
[Ber91a] S. Bertolini und A. Santamaria, Nucl. Phys. **B 357** (1991) 222
[Ber91b] Ch. Berger et al., Z. Phys. **C 50** (1991) 385
[Ber92a] T. Bernatowicz et al., Phys. Rev. Lett. **69** (1992) 2341
[Ber92b] Z.G. Berezhiani, A.Y. Smirnov und J.W.F. Valle, Phys. Lett. **B 291** (1992) 99
[Ber93]   G. Berthomieu, J. Provost, P. Morch und Y. Lebreton, Astron. Astrophys. **268** (1993) 775
[Ber93a] T. Bernatowicz et al., Phys. Rev. **C 47** (1993) 806
[Bet86a] K. Bethge und U.E. Schröder, Elementarteilchen und ihre Wechselwirkungen (Wissenschaftliche Buchgesellschaft, Darmstadt, 1986)
[Bet86b] H.A. Bethe, Phys. Rev. Lett. **56** (1986) 1305
[Bib87]   K. Van Bibber et al., Phys. Rev. Lett. **59** (1987) 759
[Bil87]   S.M. Bilenky und S.T. Petcov, Rev. Mod. Phys. **59** (1987) 671
[Bil91]   S.M. Bilenky, A. Masiero und S.T. Petcov, Phys. Lett. **B 263** (1991) 448

[Bio87]	R.M. Bionta et al., Phys. Rev. Lett. **58** (1987) 1494
[Bio88]	R.M. Bionta et al., Phys. Rev. **D 38** (1988) 768
[Bis76]	N.T. Bishop und P.T. Landsberg, Nature **264** (1976) 346
[Bit85]	T. Bitter und D. Dubbers, Nucl. Instr. Meth. **A 239** (1985) 461
[Biz89]	P.G. Bizzeti et al., Phys. Rev. Lett. **62** (1989) 2901
[Bjo50]	R. Bjorklund et al., Phys. Rev. **77** (1950) 213
[Bjo78]	J.P. Bjorken und S.D. Drell, Relativistische Quantenfeldtheorie (BI, Mannheim, 1978, Nachdruck)
[Bla77]	R. Bland, D. Bocobo, M. Eubank und J. Royer, Phys. Rev. Lett. **39** (1977) 369
[Blo84]	H.J. Blome und W. Priester, Naturwissenschaften **71** (1984) 456, 515, 528
[Blu92]	S.A. Bludman, D.C. Kennedy und P.G. Langacker, Phys. Rev. **D45** (1992) 1810
[Bob91]	G. Bobbink, P. Ratoff, XXVI Rencontres de Moriond, März 1991
[Boe85]	A.M. Boesgaard und G. Steigman, Ann. Rev. Astron. Astrophys. **23** (1985) 319
[Boe87]	F. Boehm und P. Vogel, Physics of Massive Neutrinos (Cambridge University Press, Cambridge, 1987)
[Boe92]	F. Boehm und P. Vogel, Physics of Massive Neutrinos, 2. Auflage, (Cambridge University Press, Cambridge, 1992)
[Bör88]	G. Börner, The Early Universe – Facts und Fiction, Texts und Monographs in Physics (Springer, Berlin, Heidelberg, 1988)
[Boh75]	A. Bohr und B.R. Mottelson, Struktur der Atomkerne, Bd. I (Akademie-Verlag, Berlin, 1975)
[Boo92]	N.E. Booth und G.L. Salmon (Hrsg.), Proceedings Low Temperature Detectors for Neutrinos and Dark Matter IV, 1991, Editions Frontières (1992)
[Bor85]	S. Boris et al., Phys. Lett. **B 159** (1985) 217
[Bor87]	S. Boris et al., Phys. Rev. Lett. **58** (1987) 2019
[Bor91]	Borexino Experiment, Proposal, eds. G. Bellini, M. Campanella, D. Giugni, R. Raghavan, August 1991
[Bor92]	L. Borodovsky et al., Phys. Rev. Lett. **68** (1992) 274
[Bot91]	A. Bottino, Proceedings 3rd Int. Workshop on Neutrino Telescopes (Hrsg. M. Baldo Ceolin), Venedig (1991) 41
[Bot94]	A. Bottino et al., Astropart. Phys. **2** (1994) 67 und 77
[Bou86]	J. Bouchez et al., Z. Phys. **C 32** (1986) 499
[Bou88]	C. Bourdarios, Proc. 9th Workshop on Grand Unification, April 28–30, 1988, Aix-Les-Bains, ed. R. Barloutaud (World Scientific, Singapore, 1988) 42
[Bou89]	A. Bouquet, J. Kaplan und F. Martin, Astron. Astrophys. **222** (1989) 103
[Boy85]	R.N. Boyd, AIP Conf. Proceedings **126** (1985) 145

[Boy87] P.E. Boynton, D. Croby, P. Ekstrom und A. Szumilo, Phys. Rev. Lett. **59** (1987) 1385
[Boy90] P. Boynton und S. Aronson, Proc. XXVth Rencontre de Moriond, New und Exotic Phenomena, eds. O. Fackler und J. Tran Thanh Van (Éditions Frontières, Gif-sur-Yvette, 1990) 207
[Bra59] H. Bradner und W.M. Isbell, Phys. Rev. **114** (1959) 603
[Bra72] V.B. Braginsky und V.I. Panov, Sov. Phys. JETP **34** (1972) 463
[Bra84] L. Bracci et al,. Phys. Lett. **B 143** (1984) 357; ibid. **B 155** (1985) 468 (Erratum)
[Bra88] W. Braunschweig et al,. Z. Phys. **C 38** (1988) 543
[Bre89] G. Bressi et al., Z. Phys. **C 43** (1989) 175
[Bru85] S.W. Bruenn, Astrophys. J. Suppl. **58** (1985) 771
[Bru87] S.W. Bruenn, Phys. Rev. Lett. **59** (1987) 938
[Buc90] K.N. Buckland et al., Phys. Rev. **D 41** (1990) 2726
[Buc92] W. Buchmüller und G. Ingelman, Proc. Workshop Physics at HERA, Hamburg, Oct. 29-30 (1991)
[Bug89] E.V. Bugaev und V.A. Naumov, Phys. Lett. **B 232** (1989) 391
[Bur57] E.M. Burbidge, G.R. Burbidge, W.A. Fowler und F. Hoyle, Rev. Mod. Phys. **29** (1957) 547
[Bur88] H. Burkhardt et al., Phys. Lett. **B 206** (1988) 169
[Bur94] C.P. Burgess, J.M. Cline, Phys. Rev. **D 49** (1994) 5925
[Bus90] J. Busto et al., Nucl. Phys. **A 513** (1990) 291
[But93] J. Butterworth und H. Dreiner, Nucl. Phys. **B 397** (1993) 3
[Cab82] B. Cabrera, Phys. Rev. Lett. **48** (1982) 1378
[Cab83] B. Cabrera et al., Phys. Rev. Lett. **51** (1983) 1933
[Cal76] C. Callan, R. Dashen und D. Gross, Phys. Lett. **B 63** (1976) 334
[Cal82] C.G. Callan, Phys. Rev. **D 25** (1982) 2141, Phys. Rev. **D 26** (1982) 2058
[Cal87] D.O. Caldwell et al., Phys. Rev. Lett. **59** (1987) 419
[Cal88a] D.O. Caldwell et al., Phys. Rev. Lett. **61** (1988) 510
[Cal88b] M. Calicchio et al., Nucl. Instr. Meth. **A 264** (1988) 18
[Cal89] D.O. Caldwell, Int. J. Mod. Phys. **A 4** (1989) 1851
[Cal90a] D.O. Caldwell et al., Phys. Rev. Lett. **65** (1990) 1305
[Cal90b] D.O. Caldwell et al., Nucl. Phys. **B** (Proc. Suppl.) **13** (1990) 547
[Cal91a] D.O. Caldwell und P. Langacker, Phys. Rev. **D 44** (1991) 823
[Cal91b] D.O. Caldwell, J. Phys. **G 17** (1991) S90 und S137
[Cal91c] D.O. Caldwell, J. Phys. **G 17** (1991) S325
[Cal92] D.O. Caldwell, Proc. TAUP'91, Nucl. Phys. **B** (Proc. Suppl.) **28A** (1992) 273
[Cal93] D.O. Caldwell, Proc. NEUTRINO'92, Nucl. Phys. **B** (Proc. Suppl.) **31** (1993) 371
[Cal94] D.O. Caldwell, Prog. Part. Nucl. Phys. **32** (1994) 109
[Cam91] B. Campbell, S. Davidson, J. Ellis und K. Olive, Phys. Lett. **B 256** (1991) 457

[Can81] V.M. Canuto und S.-H. Hsieh, Astrophys. J. **248** (1981) 801
[Cap85] A.D. Caplin et al., Nature **317** (1985) 234
[Cap86] A.D. Caplin, M. Hardiman, M. Koratzinos und J.C. Schouten, Nature **321** (1986) 402
[Car74] R.A. Carrigan, Jr., F.A. Nezrick und B.P. Strauss, Phys. Rev. **D 10** (1974) 3867
[Car78] B.G. Cartwright, E.K. Shirk und P.B. Price, Nucl. Instr. Meth. **153** (1978) 457
[Car82] R.A. Carrigan und W.P. Trower, Sci. American **246**, No. 4, (1982) 91
[Car83] R.A. Carrigan und W.P. Trower (eds.), Magnetic Monopoles, Proc. NATO Advanced Study Institute, Wingspread, 14.–17. Oktober 1982 (Plenum Press, New York, 1983)
[Car93] C.D. Carone, Phys. Lett. **B 308** (1993) 85
[Cav84] J.F. Cavaignac et al., Phys. Lett. **B 148** (1984) 387
[Cav98] H. Cavendish, Phil. Trans. R. Soc. London **88** Pt. II (1798) 469
[Ces90] C. Cesarsky et al., preprint DPhPE-90-22 (1990)
[Cha39] S. Chandrasekhar, An Introduction to the Study of Stellar Structure (Univ. Chicago Press, Chicago, 1939)
[Cha82] D. Chang und P.B. Pal, Phys. Rev. **D 26** (1982) 3113
[Cha85] D. Chang et al., Phys. Rev. Lett. **55** (1985) 2835
[Cha87] A.D. Chave et al., Nature **326** (1987) 250
[CHA89] CHARM II-Kollaboration, Phys. Lett. **B 232** (1989) 539
[Che84] Y.T. Chen, A.H. Cook und A.J.F. Metherell, Proc. Roy. Soc. London **A 394** (1984) 47
[Che92] M. Chen, D.A. Imel, T.J. Radcliffe und F. Boehm, Phys. Rev. Lett. **69** (1992) 3151
[Che94] M. Chen et al., Nucl. Phys. **B** (Proc. Suppl.) **35** (1994) 447
[Chi80] Y. Chikashige, R.N. Mohapatra und R.D. Peccei, Phys. Rev. Lett. **45** (1980) 1926
[Chi81] Y. Chikashige, R.N. Mohapatra und R.D. Peccei, Phys. Lett. **B 98** (1981) 265
[Cho80] A. Chodos und S. Detweiler, Phys. Rev. **D 21** (1980) 2167
[Chr64] J.H. Christenson, J.W. Cronin, V.L. Fitch und R. Turlay, Phys. Rev. Lett. **13** (1964) 138
[Chr94] J. Christensen-Dalsgaard, Europhys. News **25** (1994) 71
[Chu66] W.A. Chupka, J.P. Schiffer und C.M. Stevens, Phys. Rev. Lett. **17** (1966) 60
[Chu88] Y. Chu, J. Hoell, H.J. Blome und W. Priester, Astrophys. Space Sci. **148** (1988) 119
[Cis71] A. Cisneros, Astro. Space Sci. **10** (1971) 87
[Civ87] O. Civitarese, A. Faessler und T. Tomoda, Phys. Lett. **B 194** (1987) 11
[Cli87] D.B. Cline, Proc. Telemark IV Conf. on Neutrino Masses and Neutrino Astrophysics, Ashland, Wisconsin (World Scientific, Singapore, 1987)

[Coh87] E.R. Cohen und B.N. Taylor, Rev. Mod. Phys. **59** (1987) 1121
[Coo69] D.D. Cook, G. DePasquall, H. Frauenfelder, R.N. Peacock, F. Steinrisser und A. Wattenberg, Phys. Rev. **188** (1969) 2092
[Coo93] S. Cooper et al., Proposal, 1993
[Cop95] C.J. Copi, D.N. Schramm, M.S. Turner, Science **267** (1995) 192
[Cor94] A. Cornaz, B. Hubler, W. Kündig, Phys. Rev. Lett. **72** (1994) 1152
[Cos88] G. Costa et al., Nucl. Phys. **B 297** (1988) 244
[Cow88] R. Cowsik et al., Phys. Rev. Lett. **61** (1988) 2179
[Cow90] R. Cowsik et al., Phys. Rev. Lett. **64** (1990) 336
[Cow91] J. Cowan et al., Phys. Rep. **208** (1991) 267
[Cra86] N.S. Craigie et al., Theory und Detection of Magnetic Monopoles in Gauge Theories (World Scientific, Singapore, 1986)
[Cre76] E. Cremmer und J. Scherk, Nucl. Phys. **B 103** (1976) 393, Nucl. Phys. **B 108** (1976) 409
[Cri86] M. Cribier, W. Hampel, J. Rich und D. Vignaud, Phys. Lett. **B 182** (1986) 89
[Cro86] M.W. Cromar et al., Phys. Rev. Lett. **56** (1986) 2561
[Dah82] F.A. Dahlen, Phys. Rev. **D 25** (1982) 1735
[Dan74] H. Daniel, Beschleuniger (Teubner, Stuttgart, 1974)
[Dan89] F.A. Danevich et al., JETP Lett. **49** (1989) 476
[Dan92] F.A. Danevich et al., Proceedings of the III. International Symposium on Weak and Electromagnetic Interactions in Nuclei (WEIN'92), Dubna, Rußland, 1992
[Dan95] F.A. Danevich et al., Phys. Lett. **B 344** (1995) 72
[Das95] D. Dassie et al., Phys. Rev. **D 51** (1995) 2090
[Dat85] V.M. Datar et al., Nature **318** (1985) 547
[Dav68] R. Davis, Jr., D.S. Harmer und K.C. Hoffman, Phys. Rev. Lett. **20** (1968) 1205
[Dav84] R. Davis, Jr., B.T. Cleveland und J.K. Rowley, Proc. Conf. on the Interaction between Particle und Nuclear Physics, Steamboat Springs, 23.–30. Mai 1984
[Dav87a] R. Davis, Proc. Int. Symp. on Underground Physics, Baksan, UdSSR, 17.–19. August 1987, eds. G.V. Domogetsky et al., p. 6
[Dav87b] R. Davis, Jr., Proc. 7th Workshop on Grand Unification, ICOBAN '86, Toyama, ed. J. Arafune (World Scientific, Singapore, 1987) 237
[Dav88] R. Davis, K. Lande, B.T. Cleveland, J. Ullman und J.K. Rowley, Proc. of the 13th Int. Conf. on Neutrino Physics and Astrophysics, Boston, June 5–11, 1988, eds. J. Schneps, T. Kafka, W.A. Mann und P. Nath (World Scientific, Singapore, 1988) 518
[Dav92a] M. Davis, F.J. Summers und D. Schlegel, Nature **359** (1992) 393
[Dav92b] P. Davies (ed.), The New Physics (Cambridge University Press, Cambridge, 1992)
[Dav94] R. Davis, Prog. Part. Nucl. Phys. **32** (1994) 13

[Dav94a] R. Davis, Proc. 6th Intern. Workshop on Neutrino Telescopes, Venedig, 22.–24. Febr. 1994 (ed. M. Baldo-Ceolin)
[Dec95] Y. Declais et al., Bugey III, Nucl. Phys. **B 434** (1995) 503
[Dek93a] A. Dekel, Ann. N.Y. Acad. Sci., **688** (1993) 558
[Dek93b] A. Dekel et al., Astrophys. J. **412** (1993) 1
[DEL89] DELPHI-Kollaboration, Phys. Lett. **B 231** (1989) 539
[DEL91] DELPHI-Kollaboration, Phys. Lett. **B 255** (1991) 466
[Den90] D. Denegri, B. Sadoulet und M. Spiro, Rev. Mod. Phys. **62** (1990) 1
[Der83] A.V. Derbin und L.A. Popeko, Sov. J. Nucl. Phys. **38** (1983) 665
[Der86] J.P. Derendinger, Proc. WEIN'86, ed. H.V. Klapdor (Springer, Heidelberg, 1986)
[DeR86] A. De Rújula, Phys. Lett. **B 180** (1986) 213
[Des87] N.G. Deshpande, Proceedings Telemark IV, Conf. Neutrino Masses and Neutrino Astrophysics, Ashland, Wisconsin, eds. V. Barger, F. Halzen, M. Marshak und K. Olive (World Scientific, Singapore, 1987) 78
[DeWit62] B.S. De Witt, in: An Introduction to Current Research, ed. E. Witten (Wiley, New York, 1962) 49
[Die88] B.D. Dieterle, Proc. 8th Moriond Workshop on 5th Force - Neutrino Physics, Jan. 23–30, 1988, Les Arcs, eds. O. Fackler und J. Tran Thanh Van (Editions Frontières, Gif-sur-Yvette) 57
[Dim82] S. Dimopoulos, J.R. Preskill und F. Wilczek, Phys. Lett. **B 119** (1982) 320
[Din81] M. Dine, W. Fischler und M. Srednicki, Phys. Lett. **B 104** (1981) 199
[Din83] M. Dine und W. Fishler, Phys. Lett. **B 120** (1983) 137
[Dir31] P.A.M. Dirac, Proc. Roy. Soc. **A 133** (1931) 60
[Dir37] P.A.M. Dirac, Nature **139** (1937) 323
[Dir48] P.A.M. Dirac, Phys. Rev. **74** (1948) 817
[Doi83] M. Doi et al., Prog. Theor. Phys. **69** (1983) 602
[Doi85] M. Doi, T. Kotani und E. Takasugi, Prog. Theor. Phys. Suppl. **83** (1985) 1
[Doi88] M. Doi, T. Kotani und E. Takasugi, Phys. Rev. **D 37** (1988) 2575
[Dok83] T. Doke et al., Phys. Lett. **B 129** (1983) 370
[Dol81] A.D. Dolgov und Ya.B. Zeldovich, Rev. Mod. Phys. **53** (1981) 1
[Dol92] A.D. Dolgov, Phys. Reports **222** (1992) 309
[Dol93] A.D. Dolgov und I.Z. Rothstein, Phys. Rev. Lett. **71** (1993) 476
[Dom87] T. Dombeck et al., Phys. Lett. **B 194** (1987) 491
[Dov79] C.B. Dover, T.K. Gaisser und G. Steigman, Phys. Rev. Lett. **42** (1979) 1117
[Dov83] C.B. Dover, A. Gal und M. Richard, Phys. Rev. **D 27** (1983) 1090
[Doz75] J.-F. Dozol und M. Neuilly, in [Okl75] p. 357

[Dra87]   N. Dragon, U. Ellwanger, M.G. Schmidt, Progr. Part. Nucl. Phys. **18** (1987) 1
[Dre77]   W.B. Dress et al., Phys. Rev. **D 15** (1977) 9
[Dre78]   W.B. Dress et al., Phys. Rep. **43** (1978) 410
[Dre83]   S.D. Drell et al., Phys. Rev. Lett. **50** (1983) 644
[Dre94]   H. Dreiner, P. Morawitz, Nucl. Phys. **B 428** (1994) 31
[Dub88]   D. Dubbers, Proc. 9th Workshop on Grand Unification, Aix-Les-Bains, April 28–30, 1988, ed. R. Barloutaud (World Scientific, Singapore, 1988) p. 59
[Dyl73]   H.F. Dylla und J.G. King, Phys. Rev. **A 7** (1973) 1224
[Dys67]   F.J. Dyson, Phys. Rev. Lett. **19** (1967) 1291
[Dys72]   F.J. Dyson in: Aspects of Quantum Theory, eds. A. Salam and E.P. Wigner (Cambridge University Press, Cambridge, 1972) 213
[Ebe75]   P.H. Eberhard et al., in [Par90]
[Ebi84]   T. Ebisu und T. Watanabe, Proc. NATO Advanced Research Workshop Monopole '83, Ann Arbor, Oct. 6–9, 1983, ed. J.L. Stone (Plenum Press, New York, 1984) 503
[Eck88]   D.H. Eckhardt et al., Phys. Rev. Lett. **60** (1988) 2567
[Edd26]   A.S. Eddington, The Internal Constitution of the Stars, Cambridge, 1926
[Efs90]   G. Efstathiou et al., Nature **348** (1990) 705
[Egg95]   K. Eggert et al., Nucl. Phys. **B** (Proc. Suppl.) **38** (1995) 240
[Eis92]   F. Eisele und G. Wolf, Phys. Bl. **48** (1992) 787
[Eji87]   H. Ejiri et al., J. Phys. **G 13** (1987) 839
[Eji91]   H. Ejiri et al., Phys. Lett. **B 258** (1991) 17
[Eji91b] H. Ejiri, K. Fushimi, M. Kawasaki, H. Kinoshita, H. Ohsumi, K. Okado, H. Sano, T. Shima, E. Takasugi, J. Tanaka und T. Watanabe, J. Phys. **G 17** (Proc. Suppl.) (1991) 155
[Eji92]   H. Ejiri et al., Nucl. Phys. **B** (Proc. Suppl.) **28A** (1992) 219
[Eji94]   H. Ejiri et al., Nucl. Phys. **B** (Proc. Suppl.) **35** (1994) 372
[Ell81]   J. Ellis, M.K. Gaillard, D.V. Nanopoulos und S. Rudaz, Phys. Lett. **B 99** (1981) 101
[Ell82]   J. Ellis, D.V. Nanopoulos und K.A. Olive, Phys. Lett. **B 116** (1982) 127
[Ell86]   S.R. Elliott, A.A. Hahn und M.K. Moe, Proc. Int. Symp. on Weak und Electromagnetic Interactions in Nuclei, July 1–5, 1986, Heidelberg, ed. H.V. Klapdor (Springer, Heidelberg, New York, 1986) 692
[Ell87]   S.R. Elliott, A.A. Hahn und M.K. Moe, Phys. Rev. Lett. **59** (1987) 1649
[Ell88a] J. Ellis und R.A. Flores, Nucl. Phys. **B 307** (1988) 883
[Ell88b] J. Ellis, Proc. 9th Workshop on Grand Unification, Aix-Les-Bains, April 28–30, 1988, ed. R. Barloutaud (World Scientific, Singapore, 1988) 259

[Ell90a]	J. Ellis et al., Phys. Lett. **B 245** (1990) 251
[Ell90b]	J. Ellis, S. Kelley und D.V. Nanopoulos, Phys. Lett. **B249** (1990) 441
[Ell91a]	J. Ellis, G. Ridolfi und F. Zwirner, Phys. Lett. **B 257** (1991) 83
[Ell91b]	S.R. Elliott et al., J. Phys. **G 17** (1991) S145
[Ell92]	S.R. Elliott et al., Phys. Rev. **C 46** (1992) 1535
[Ell93]	J. Ellis und R.A. Flores, Phys. Lett. **B 300** (1993) 175
[Ell94]	J. Ellis, Proceedings TAUP'93, Nucl. Phys. B (Proc. Suppl.) **35** (1994) 5
[Els90]	Y. Elsworth et al., Nature **347** (1990) 536
[Eng88]	J. Engel, P. Vogel und M.R. Zirnbauer, Phys. Rev. **C 37** (1988) 731
[Eöt22]	R. von Eötvös, D. Pekár und E. Fekete, Ann. Phys. (Leipzig) **68** (1922) 11
[Eöt91]	R.B. Eötvös, Math. Naturwiss. Berichte Ungarn **8** (1891) 65, 448
[Ern84]	J. Ernwein, Nucl. Instr. und Meth. **225** (1984) 583
[Err83]	S. Errede et al., Phys. Rev. Lett. **51** (1983) 245
[Err84]	S.M. Errede, Proc. NATO Advanced Research Workshop Monopole '83, Ann Arbor, Oct. 6–9, 1983, ed. J.L. Stone (Plenum Press, New York, 1984) 251
[Ewa87]	G.T. Ewan et al., Sudbury Neutrino Observatory Proposal, Oktober 1987
[Fab79]	S.M. Faber und J.S. Gallagher, Ann. Rev. Astron. Astrophysics **17** (1979) 135
[Fae88]	A. Faessler, in: Neutrino Physics, eds. H.V. Klapdor und B. Povh (Springer, Heidelberg, 1988) 164
[Fal94]	T. Falk, K.A. Olive, M. Srednicki, Phys. Lett. **B 339** (1994) 248
[Fau85]	J. Faulkner und R.L. Gilliland, Astrophys. J. **299** (1985) 994
[Fay86]	P. Fayet, Phys. Lett. **B 171** (1986) 261
[Fay89]	P. Fayet, Phys. Lett. **B 227** (1989) 127
[Fay91]	S.A. Fayans, private Mitteilung (1991)
[Fei82]	F.v. Feilitzsch, A.A. Hahn und K. Schreckenbach, Phys. Lett. **B 118** (1982) 162
[Fei88a]	F.v. Feilitzsch, in: Neutrinos, ed. H.V. Klapdor (Springer, Heidelberg, 1988) 1
[Fei88b]	F.v. Feilitzsch und L. Oberauer, Phys. Lett. **B 200** (1988) 580
[Fer50]	E. Fermi, J. Orear, A.H. Rosenfeld und R. Schluter, Nuclear Physics (Univ. Chicago Press, Chicago, 1950) 201
[Fer94]	P. Ferger et al., Phys. Lett. **B 323** (1994) 95
[Fic91]	M. Fich und S. Tremaine, Ann. Rev. Astr. Astrophys. **29** (1991) 409
[Fid61]	M. Fidecaro, G. Finocchiaro und G. Giacomelli, Nuovo Cimento **22** (1961) 657
[Fid85]	G. Fidecaro et al., Phys. Lett. **B 156** (1985) 122
[Fif93]	Proc. Fifth Int. Workshop on Low Temperature Detectors, Berkeley, 1993. J. Low Temp. Phys. **93**, Nos. 3, 4 (1993)

[Fio67] E. Fiorini et al., Phys. Lett. **B 45** (1967) 602
[Fio84] E. Fiorini und T.O. Niinikoski, Nucl. Instr. Meth. **224** (1984) 83
[Fio91a] E. Fiorini, Physica **B 167** (1991) 388
[Fio91b] E. Fiorini, Nucl. Phys. News, **Vol. 1**(5) (1991) 17
[Fir48] E.L. Fireman, Phys. Rev. **74** (1948) 1238
[Fir49] E.L. Fireman, Phys. Rev. **75** (1949) 323
[Fir52] E.L. Fireman und D. Schwarzer, Phys. Rev. **86** (1952) 451
[Fis86] E. Fischbach et al., Phys. Rev. Lett. **56** (1986) 3
[Fis88] E. Fischbach et al., Ann. Phys. (N.Y.) **182** (1988) 1
[Fis89] P. Fisher et al., Phys. Lett. **B 218** (1989) 257
[Fis93] K.B. Fisher et al., Ap. J. **402** (1993) 42
[Fla81] T.C. Van Flandern, Astrophys. J. **248** (1981) 813
[Fle58] G.N. Flerov et al., Sov. Phys. Dokl. **3** (1958) 79
[Fle69] R.L. Fleischer et al., Phys. Rev. **184** (1969) 1398
[Fle75] R.L. Fleischer, P.B. Price und R.M. Walker, Nuclear Tracks in Solids (Univ. Calif. Press, Berkeley, 1975)
[For94] N. Fornengo, Proceedings TAUP'93, Nucl. Phys. **B** (Proc. Suppl.) **35** (1994) 145
[Fre82] P.G.O. Freund, Nucl. Phys. **B 209** (1982) 146
[Fre83] K. Freese, M.S. Turner und D.N. Schramm, Phys. Rev. Lett. **51** (1983) 320
[Fre85] D.Z. Freedman und P. van Nieuwenhuizen, Scientific American **252, 3** (1985) 62
[Fre88] P.G.O. Freund und K.T. Mahanthappa (eds.), Proc. NATO Advanced Research Workshop on Superstrings, Boulder, Colorado, 7. Juli – 1. August 1987 (Plenum Press, New York, 1988)
[Frem50] J.H. Fremlin und M.C. Walters, Proc. Phys. Soc. London **A63** (1950) 1178; ibid. **A 65** (1952) 911, für $Q_{2\beta}$-Wert korrigiert.
[Fri75] H. Fritzsch und P. Minkowski, Ann. Phys. **93** (1975) 193
[Fri84] H.J. Frisch, Proc. NATO Advanced Research Workshop Monopole '83, Ann Arbor, Oct. 6–9, 1983, ed. J.L. Stone (Plenum Press, New York, 1984) 515
[Fri86] M. Fritschi et al., Phys. Lett. **173** (1986) 485
[Fri88] J.A. Frieman, H.E. Haber und K. Freese, Phys. Lett. **B 200** (1988) 115
[Fri91] M. Fritschi et al., Nucl. Phys. **B** (Proc. Suppl.) **19** (1991) 205
[Fri92] H. Fritzsch, Phys. Bl. **48** (1992) 711
[Fuj71] Y. Fujii, Nature **234** (1971) 5; Phys. Rev. **D 9** (1971) 874
[Fuj72] Y. Fujii, Ann. Phys. (N.Y.) **69** (1972) 494
[Fuj80] K. Fujikawa und R.E. Shrock, Phys. Rev. Lett. **45** (1980) 963
[Fuk69] Y. Fukushima et al., Phys. Rev. **178** (1969) 2058
[Fuk87] M. Fukugita und T. Yanagida, Phys. Rev. Lett. **58** (1987) 1807
[Fuk90] M. Fukugita und T. Yanagida, Phys. Rev. **D 42** (1990) 1285
[Fuk94] Y. Fukuda et al., Phys. Lett. **B 335** (1994) 237

[Ful90]	R. Fulton et al., Phys. Rev. Lett. **64** (1990) 16
[Fur39]	W.H. Furry, Phys. Rev. **56** (1939) 1184
[Gab84]	K. Gabathuler et al., Phys. Lett. **B138** (1984) 449
[Gai94]	T.K. Gaisser, Proceedings TAUP'93, Nucl. Phys. B (Proc. Suppl.) **35** (1994) 209
[Gal77]	G. Gallinaro, M. Marinelli und G. Morpurgo, Phys. Rev. Lett. **38** (1977) 1255
[Gam67]	G. Gamow, Phys. Rev. Lett. **19** (1967) 759
[Gan90]	R. Gandhi und A. Burrows, Phys. Lett. **B246** (1990) 149
[Gar91]	R.D. Gardner, B. Cabrera, M.E. Huber und M.A. Taber, Phys. Rev. **D44** (1991) 622
[Gau86]	A. Gauthier, Proc. XXIII. Int. Conf. on High-Energy Physics, Berkeley (World Scientific, Singapore, 1986)
[Gav90]	M.B. Gavela, in CP Violation in Particle Physics and Astrophysics, ed. Tran Than Van (Editions Frontières, Gif-sur-Yvette, 1990) 249
[Gav91]	V.N. Gavrin et al., Proc. of the 25th Int. Conf. on High Energy Physics, Singapore, 1990, eds. K.K. Phua und Y. Yamaguchi (World Scientific, Singapore)
[Gav94]	V.N. Gavrin et al., Proceedings TAUP'93, Nucl. Phys. B (Proc. Suppl.) **35** (1994) 412
[Gel64]	M. Gell-Mann, Phys. Lett. **8** (1964) 214
[Gel79]	M. Gell-Mann, P. Ramond, S. Slansky, in „Supergravity", eds. P. van Nieuwenhuizen, D.Z. Freedman (North Holland, Amsterdam, 1979)
[Gel81]	G.B. Gelmini und M. Roncadelli, Phys. Lett. **B99** (1981) 411
[Gel88]	G. Gelmini, in „Neutrinos", ed. H.V. Klapdor (Springer, Heidelberg, 1988) 309
[Gel89]	M.J. Geller und J.P. Huchra, Science **246** (1989) 892
[Gel91]	G. Gelmini, S. Nussinov und R.C. Peccei, preprint UCLA/91/TEP/15, 1991
[Gel92]	G. Gelmini und T. Yanagida, Phys. Lett. **B294** (1992) 53
[Geo74]	H. Georgi und S.L. Glashow, Phys. Rev. Lett. **32** (1974) 438
[Geo75]	H. Georgi, in „Particles and Fields", ed. C.E. Carlson (AIP, New York, 1975)
[Geo81]	H.M. Georgi, S.L. Glashow und S. Nussunov, Nucl. Phys. **B193** (1981) 297
[Gia83]	G. Giacomelli, Proc. NATO Advanced Study Institute on Magnetic Monopoles, Wingspread, Oct. 14–17, 1982, eds. R.A. Carrigan, Jr. und W.P. Trower (Plenum Press, New York, 1983) 41
[Gia88]	G. Giaconelli, Proceedings 9th Workshop on Grand Unification, Aix-les-Bains, 28.–30. April 1988, ed. R. Barloutand (World Scientific, Singapur, 1988) 83
[Gia94]	M.G. Giammarchi, Proceedings TAUP'93, Nucl. Phys. B (Proc. Suppl.) **35** (1994) 433
[Gib81]	G.W. Gibbons und B.F. Whiting, Nature **291** (1981) 636

[Gil79] F.J. Gilman und M.B. Wise, Phys. Lett. **B 83** (1979) 83
[Gil86] R.L. Gilliland, J. Faulknerm, W.H. Press und D.N. Spergel, Ap. J. **306** (1986) 703
[Giu91] A. Giuliani, J. Phys. **G 17** (1991) S309
[Gla61] S.L. Glashow, Nucl. Phys. **22** (1961) 579
[Gla70] S.L. Glashow, J. Iliopoulos und L. Maiani, Phys. Rev. **D 2** (1970) 1285
[Gla91] S.L. Glashow, Phys. Lett. **B 256** (1991) 255
[Goe35] M. Goeppert-Mayer, Phys. Rev. **48** (1935) 512
[Gol58] M. Goldhaber, L. Grodzins und A.W. Sunyar, Phys. Rev. **109** (1958) 1015
[Gol61] J. Goldstone, Nuovo Cimento 19 (1961) 154
[Gol65] A.S. Goldhaber, Phys. Rev. **140** (1965) B1407
[Gol80] M. Goldhaber, P. Langacker und R. Slansky, Science **210** (1980) 851
[Gol82] T. Goldman, M.M. Nieto, Phys. Lett. **112** (1982) 437
[Gol86] T. Goldman, R.J. Hughes und M.M. Nieto, Phys. Lett. **B 171** (1986) 217
[Gol88a] I. Goldman, Y. Aharonov, G. Alexander und S. Nussinov, Phys. Rev. Lett. **60** (1988) 1789
[Gol88b] T. Goldman, R.J. Hughes und M.M. Nieto, Mod. Phys. Lett. **A 3** (1988) 1243
[Gov71] N.B. Gove und M.J. Martin, Nucl. Data Tables **10** (1971) 205
[Gre79] W. Greiner, Quantenmechanik I + II (Verlag Harry Deutsch, Frankfurt, 1979)
[Gre84] M.B. Green und J.H. Schwarz, Phys. Lett. **B 149** (1984) 117
[Gre85] M. Green und J. Schwarz, Phys. Lett. **B 151** (1985) 21
[Gre86] W. Greiner und B. Müller, Theoret. Physik 8, Eichtheorien der schwachen Wechselwirkung (Harri Deutsch, Thun/Frankfurt, 1986)
[Gre87] M. Green, J. Schwarz und E. Witten, Superstring Theory, Vols. I, II (Cambridge University Press, Cambridge, 1987)
[Gre89] W. Greiner, Quantum Mechanics (Springer, Heidelberg, 1989)
[Gri77] M.T. Grisaru, H.N. Pendleton und P. van Nieuwenhuysen, Phys. Rev. **D 15** (1977) 996
[Gri87] K. Griest und D. Seckel, Nucl. Phys. **B 283** (1987) 681
[Gri90] J.A. Grifols und E. Massó, Phys. Lett. **B 242** (1990) 77
[Gro46] F.W. Grover, Inductance Calculations (D. Van Nostrand und Co., 1946)
[Gro85a] D. Gross, J. Harvey, E. Matinec und R. Rohm, Phys. Rev. Lett. **54** (1985) 502
[Gro85b] K. Grotz und H.V. Klapdor, Phys. Lett. **B 153** (1985) 1
[Gro85c] K. Grotz und H.V. Klapdor, Phys. Lett. **B 157** (1985) 242
[Gro86a] K. Grotz, H.V. Klapdor und J. Metzinger, Phys. Rev. **C 33** (1986) 1263

[Gro86b] D.E. Groom, Phys. Rep. **140** (1986) 323
[Gro86c] K. Grotz und H.V. Klapdor, Nucl. Phys. **A 460** (1986) 395
[Gro89]   K. Grotz und H.V. Klapdor, Die Schwache Wechselwirkung in Kern-, Teilchen- und Astrophysik (Teubner, Stuttgart, 1989)
[Gro90]   K. Grotz, H.V. Klapdor, The Weak Interaction in Nuclear, Particle und Astrophysics (Adam Hilger, Bristol, Philadelphia, New York, 1990)
[Gro92]   K. Grotz, H.V. Klapdor-Kleingrothaus, Slaboe wsaimodeistwie w fisike jadra, tschastiz i astrofisike (Isdatelstvo Mir, Moskau, 1992)
[Gun90]   J.F. Gunion, H.E. Haber, G. Kane, S. Dawson, The Higgs Hunter's Guide, Addison Wesley, 1990
[Gut81]   A.H. Guth, Phys. Rev. **D 23** (1981) 347
[Hab93]   H.E. Haber, in Proc. Workshop on Recent Advances in the Superworld, Houston, April 14–16, 1993, preprint hep-ph/9308209
[Hal84]   L.J. Hall und M. Suzuki, Nucl. Phys. **B 231** (1984) 419
[Hal86]   A. Halprin, Phys. Rev. **D 34** (1986) 3462
[Ham85]   W. Hampel, in Solar Neutrinos und Neutrino Astronomy, eds. M.L. Cherry, W.A. Fowler und K. Lande, AIP Conf. Proceedings **126** (1985) 162
[Ham85a] C. Hamzaoui, A. Barroso, Phys. Lett. **154B** (1985) 202
[Ham86a] W. Hampel, Proc. Int. Symp. on Weak und Electromagnetic Interactions in Nuclei, July 1–5, 1986, Heidelberg, ed. H.V. Klapdor (Springer, Berlin, Heidelberg, New York, 1986) 718
[Ham86b] W. Hampel, Sterne und Weltraum, 1986
[Ham88a] W. Hampel, in Neutrino Physics, eds. H.V. Klapdor und B. Povh (Springer, Heidelberg, 1988) 230
[Ham88b] W. Hampel, Proc. of the 13th Int. Conf. on Neutrino Physics and Astrophysics, Boston, June 5–11, 1988, eds. J. Schneps, T. Kafka, W.A. Mann und P. Nath (World Scientific, Singapore, 1988) 311
[Ham93]   W. Hampel, J. Phys. **G 19** (1993) S209
[Ham94]   W. Hampel, Phil. Trans. R. Soc. London **A 346** (1994) 3
[Har89]   H. Harari, Phys. Lett. **B 216** (1989) 413
[Hax82]   W.C. Haxton, G.J. Stephenson und D. Strottman, Phys. Rev. **D 25** (1982) 2360
[Hay50]   C. Hayashi, Prog. Theor. Phys. **5** (1950) 224
[He89]   X.G. He, B.H. McKellar und S. Pakvasa, Int. J. Mod. Phys. **A 4** (1989) 5011
[Hec89]   B.R. Heckel et al., Phys. Rev. Lett. **63** (1989) 2705
[Hel83]   R.W. Hellings, P.J. Adams, J.D. Anderson, M.S. Keesey, E.L. Lau, E.M. Standish, V.M. Canuto und I. Goldman, Phys. Rev. Lett. **51** (1983) 1609
[Hel95]   J. Hellmig, Dissertation, Universität Heidelberg, in Vorbereitung (1995)
[Het87]   D.W. Hetherington et al., Phys. Rev. **C 36** (1987) 1504
[Hid88]   K. Hidaka et al., Phys. Rev. Lett. **61** (1988) 1537

[Hig64] P.W. Higgs, Phys. Lett. **12** (1964) 132; Phys. Rev. Lett. **13** (1964) 508
[Him89] A. Hime und J.J. Simpson, Phys. Rev. **D 39** (1989) 1837
[Him91a] A. Hime und N.A. Jelley, Phys. Lett. **B 257** (1991) 441
[Him91b] A. Hime et al., Phys. Lett. **B 260** (1991) 381
[Him92] A. Hime, preprint LA-UR-92-3087 (1992)
[Hir87] K.S. Hirata et al., Phys. Rev. Lett. **58** (1987) 1490
[Hir88] K.S. Hirata et al., Phys. Lett. **B 205** (1988) 416
[Hir89] K.S. Hirata et al., Phys. Lett. **B 220** (1989) 308
[Hir90a] K.S. Hirata et al., Phys. Rev. Lett. **65** (1990) 1297
[Hir90b] K.S. Hirata et al., Phys. Rev. Lett. **65** (1990) 1301
[Hir91] K.S. Hirata et al., Phys. Rev. Lett. **66** (1991) 9
[Hir92a] K.S. Hirata et al., Phys. Lett. **B 280** (1992) 146
[Hir92b] M. Hirsch, A. Staudt und H.V. Klapdor-Kleingrothaus, At. Data Nucl. Data Tabl. **51** (1992) 243
[Hir93a] M. Hirsch, A. Staudt, K. Muto und H. Klapdor-Kleingrothaus, At. Data Nucl. Data Tabl. **53** (1993) 165
[Hir93b] M. Hirsch, X.R. Wu, H.V. Klapdor-Kleingrothaus, C.R. Ching and T.H. Ho, Z. Phys. **A 345** (1993) 163
[Hir94] M. Hirsch, K. Muto, T. Oda und H.V. Klapdor-Kleingrothaus, Z. Phys. **A 347** (1994) 151
[Hir94a] M. Hirsch, X.R. Wu, H.V. Klapdor-Kleingrothaus, C.R. Ching and T.H. Ho, Phys. Rep. **242** (1994) 403
[Hir95] M. Hirsch, H.V. Klapdor-Kleingrothaus, S. Kovalenko, Phys. Bl. **51** (1995) 418; Phys. Lett. **B 352** (1995) 1; Phys. Rev. Lett. **75** (1995) 17; Phys. Rev. **D** , im Druck (1995)
[Hod81] D.C. Hodges et al., Phys. Rev. Lett. **47** (1981) 1651
[Hoe90] J. Hoell und W. Priester, Sterne und Weltraum **29** (1990) 638
[Hol86] S.C. Holding, F.D. Stacey und G.J. Tuck, Phys. Rev. **D 33** (1986) 3487
[Hol89] B.R. Holstein, Weak Interactions in Nuclei (Princeton Univ. Press, Princeton, New Jersey, 1989)
[Hom92] G.J. Homer et al., Z. Phys. **C 55** (1992) 549
[Hon94] J.T. Hong, Proceedings TAUP'93, Nucl. Phys. **B** (Proc. Suppl.) **35** (1994) 261
[Hos85] J.K. Hoskins et al., Phys. Rev. **D 32** (1985) 3084
[Hoy75] F. Hoyle, Astronomy und Cosmology (Freeman, San Francisco, 1975)
[Hub90] M.E. Huber, B. Cabrera, M.A. Taber und R.D. Gardner, Phys. Rev. Lett. **64** (1990) 835
[Hub91] M.E. Huber, B. Cabrera, M.A. Taber und R.D. Gardner, Phys. Rev. **D 44** (1991) 636
[Huc90] J.P. Huchra et al., Ap. J. Suppl. **72** (1990) 433
[Huc92] J.P. Huchra, Science **256** (1992) 321
[Iac91] F. Iachello, L.M. Krauss und G. Miano, Phys. Lett. **B 254** (1991) 220

[Ilj83]	A.S. Iljinov, Proc. Int. Conf. on Matter Non Conservation, Frascati, 1983, ed. E. Bellotti und S. Stipcich
[Inc84]	J. Incandella et al., Phys. Rev. Lett. **53** (1984) 2067
[Ing49]	M.G. Inghram und J.H. Reynolds, Phys. Rev. **76** (1949) 1265
[Ing50]	M.G. Inghram und J.H. Reynolds, Phys. Rev. **78** (1950) 822
[Ing86]	G. Ingelman und C. Wetterich, Phys. Lett. **B 174** (1986) 109
[Irv86]	J.H. Irvine und R. Humphreys, Progr. Part. Nucl. Phys. **17** (1986) 59
[Jac75]	J.D. Jackson, Classical Electrodynamics (John Wiley und Sons, New York, 1975)
[Jac76]	R. Jachiw und C. Rebbi, Phys. Rev. Lett. **37** (1976) 172
[Jaf80]	A. Jaffe und C. Taubes, Vortices und Monopoles (Birkhäuser, Boston, 1980)
[Jam93]	P.A. James und P.J. Puxley, Nature **363** (1993) 240
[Jar85]	C. Jarlskog, Phys. Rev. Lett. **55** (1985) 1039
[Jar89]	C. Jarlskog, ed., CP-Violation (World Scientific, Singapur, 1989)
[Jar90a]	C. Jarlskog, Phys. Lett. **B 241** (1990) 579
[Jar90b]	G. Jarlskog und D. Rein (eds.), Proc. of the Large Hadron Collider Workshop, Aachen 1990, CERN Report 90-10 (1990)
[Jar90c]	C. Jarlskog, Proc. XXVth Rencontre de Moriond on Electroweak Interactions, CERN-TH.5740/90
[Jec86]	B. Jeckelmann et al., Phys. Rev. Lett. **56** (1986) 1444
[Jek90]	C. Jekeli, D.H. Eckhardt und A.J. Romaides, Phys. Rev. Lett. **64** (1990) 1204
[Jon83]	B. Jonson et al., Nucl. Phys. **A 396** (1983) 479c
[Jon89]	W.G. Jones et al., Z. Phys. **C 43** (1989) 349
[Jon90]	C. Jones und A. Melissinos (eds.), Proc. Workshop on Cosmic Axions, Brookhaven, 13.-14. April 1989 (World Scientific, Singapur, 1990)
[Joy83]	D.C. Joyce et al., Phys. Rev. Lett. **51** (1983) 731
[Käp89]	F. Käppeler, H. Beer und K. Wisshak, Rep. Progr. Phys. **52** (1989) 945
[Kaj84]	F. Kajino et al., Phys. Rev. Lett. **52** (1984) 1373
[Kaj85]	F. Kajino et al. Nucl. Instr. Meth. **228** (1985) 278
[Kaj89]	T. Kajita, Physics with the Superkamiokande Detector, ICR-Report-185-89-2, Feb. 1989
[Kal21]	Th. Kaluza, Sitzungsber. Preuss. Akad. Wiss. Berlin , Math.-Phys. K1 (1921) 966
[Kaw84]	K. Kawagoe et al., Lett. Nuovo Cim. **41** (1984) 604
[Kaw87]	H. Kawakami et al., Phys. Lett. **B 187** (1987) 198
[Kaw88]	H. Kawakami et al., J. Phys. Soc. Jpn. **57** (1988) 2873
[Kaw91]	H. Kawakami et al., Phys. Lett. **B 256** (1991) 105
[Kay81]	B. Kayser, Phys. Rev. **D 24** (1981) 110
[Kay84]	B. Kayser, Phys. Rev. **D 30** (1984) 1023

[Kay89]   B. Kayser, F. Gibrat-Debu und F. Perrier, The Physics of Massive Neutrinos, World Scientific Lecture Notes in Physics Vol. 25 (World Scientific, Singapore, 1989)
[Kay92]   R. Kayser, T. Schramm und L. Nieser (eds.), Gravitational Lenses, Lecture Notes in Physics 406 (Springer, Heidelberg, 1992)
[Key85]   U. Keyser, Z. Phys. **A 322** (1985) 529
[Key91]   Ke You et al., Phys. Lett. **265B** (1991) 53.
[Kib67]   T.W.B. Kibble, Phys. Rev. **155** (1967) 1554
[Kib76]   T.W.B. Kibble, J. Phys. **A 9** (1976) 1387
[Kim79]   J.E. Kim, Phys. Rev. Lett. **43** (1979) 103
[Kin81]   K. Kinoshita und P.B. Price, Phys. Rev. **D 24** (1981), 1707
[Kin89]   K. Kinoshita et al., Phys. Lett. **B 228** (1989) 543
[Kir67]   T. Kirsten, W. Gentner und O.A. Schaeffer, Z. Phys. **202** (1967) 273
[Kir68]   T. Kirsten et al., Phys. Rev. Lett. **20** (1968) 1300
[Kir83a] T. Kirsten, H. Richter und E. Jessberger, Phys. Rev. Lett. **50** (1983) 474 und Z. Phys. **C 16** (1983) 189
[Kir83b] T. Kirsten, AIP Conf. Proc. **96** (1983) 396
[Kir84]   T. Kirsten, Inst. Physics Conf. Ser. **71** (1984) 251
[Kir86a] T. Kirsten, Sterne und Weltraum **25** (1986) 375
[Kir86b] T. Kirsten, Proc. VIth Moriond Workshop on Massive Neutrinos in Astrophysics und Particle Physics, eds. O. Fackler und J. Tran Thanh Van (Editions Frontières, Gif-sur-Yvette, 1986) 119
[Kir86c] T. Kirsten, Proc. Int. Symp. on Nuclear Beta Decays and Neutrino, June 1986, Osaka, eds. T. Kotani, H. Ejiri und E. Takasugi (World Scientific, Singapore, 1986) p. 81
[Kir88a] T. Kirsten, Proc. of the 13th Int. Conf. on Neutrino Physics and Astrophysics, Boston, June 5–11, 1988, eds. J. Schneps, T. Kafka, W.A. Mann und P. Nath (World Scientific, Singapore, 1988) 742
[Kir88b] T. Kirsten, Proc. 9th Workshop on Grand Unification, Aix-les-Bains, April 28–30, 1988, ed. R. Barloutaud (World Scientific, Singapore, 1988) 221
[Kir93]   T. Kirsten, Sterne und Weltraum **1** (1993) 16
[Kit79]   Ch. Kittel, W.D. Knight, M.A. Ruderman, A.C. Helmholtz und B.J. Mayer, Berkeley Physikkurs I (F. Vieweg, Braunschweig, 1979)
[Kla81]   H.V. Klapdor, Phys. Rev. **C 23** (1981) 1269
[Kla82a] H.V. Klapdor, J. Metzinger, Phys. Lett. **B 112** (1982) 22
[Kla82b] H.V. Klapdor, J. Metzinger, Phys. Rev. Lett. **48** (1982) 1127
[Kla83]   H.V. Klapdor, Progr. Part. Nucl. Phys. **10** (1983) 131
[Kla84]   H.V. Klapdor und K. Grotz, Phys. Lett. **B 142** (1984) 323
[Kla86a] H.V. Klapdor, Progr. Part. Nucl. Phys. **17** (1986) 419
[Kla86b] H.V. Klapdor, K. Grotz, Ap. J. **304** (1986) L39
[Kla87]   H.V. Klapdor, MPI-Bericht MPI H-1987-V17 (Proposal)

[Kla89]	H.V. Klapdor et al., Proc. Int. Symp. on Weak and Electromagnetic Interactions in Nuclei, May 15–19, 1989, Montréal (Editions Frontières, Gif-sur-Yvette, 1989) p. 701
[Kla91a]	H.V. Klapdor-Kleingrothaus, in Nuclei in the Cosmos, ed. H. Oberhummer (Springer, Heidelberg, 1991) p. 199
[Kla91b]	H.V. Klapdor-Kleingrothaus, Spektrum der Wissenschaft, Oktober 1991, 20
[Kla91c]	H.V. Klapdor-Kleingrothaus, J. Phys. G 17 (Suppl.) (1991) S129
[Kla91d]	H.V. Klapdor-Kleingrothaus, Proc. Int. Symp. on γ-Ray Line Astrophysics, Paris 1990 (AIP Conf. Proc. 232, 1991) 464
[Kla91e]	H.V. Klapdor-Kleingrothaus, J. Phys. G 17 (1991) S537
[Kla91f]	H.V. Klapdor-Kleingrothaus, Phys. Blätter 47 (1991) 206
[Kla92a]	H.V. Klapdor-Kleingrothaus, Proceedings 4th Internat. Symp. on Neutrino Telescopes, Venedig, ed. M. Baldo-Ceolin, 10.–13. März 1992, 113
[Kla92b]	H.V. Klapdor-Kleingrothaus und K. Zuber, Phys. Bl. 48 (1992) 1017
[Kla93a]	H.V. Klapdor-Kleingrothaus, Proceedings of Neutrino'92, Granada 1992, Nucl. Phys. B (Proc. Suppl.) 31 (1993) 72
[Kla93b]	H.V. Klapdor-Kleingrothaus, Proc. WEIN'92, Dubna, Juni 1992 (World Scientific, Singapore, 1993) 201
[Kla93c]	H.V. Klapdor-Kleingrothaus, XIII Int. Conf. on Particles and Nuclei (PAN XIII) Perugia, 28. Juni–2. Juli 1993, World Scientific, Singapore, 1994, p. 283
[Kla93d]	H.V. Klapdor-Kleingrothaus, Proc. NATO Advanced Study Institute, Frontier Topics in Nuclear Physics, Predeal, Rumänien, 24. August – 4. September 1993 (Plenum Press, New York, 1993)
[Kla94]	H.V. Klapdor-Kleingrothaus, Proc. Internat. School on Neutrinos in Cosmology, Astro, Particle und Nuclear Physics, Erice, September 1993, Prog. Part. Nucl. Phys. 32 (1994) 261
[Kla95]	H.V. Klapdor-Kleingrothaus, K. Zuber, Teilchenastrophysik, Teubner Verlag, Stuttgart, 1995
[Kla95a]	H.V. Klapdor-Kleingrothaus, S. Stoica (eds.), Double Beta Decay and Related Topics, ECT-Workshop, Trento, Italy, April 24–May 5 (1995) (World Scientific, Singapore, 1995)
[Kle26]	O. Klein, Z. Phys. 37 (1926) 895
[Kle88]	R. Kleiss et al., Z. Phys. C 39 (1988) 393
[Kli84]	A.A. Klimenko, A.A. Pomansky und A.A. Smolnikov, Proc. XI. Int. Conf. on Neutrino Physics und Astrophysics, Dortmund (World Scientific, 1984)
[Kli86]	A.A. Klimenko et al., Proc. Int. Symp. on Weak and Electromagnetic Interactions in Nuclei, July 1–5, 1986, Heidelberg, ed. H.V. Klapdor (Springer, Heidelberg, 1986) 701

[Kli86b] A.A. Klimenko, A.A. Pomansky und A.A. Smolnikov, Nucl. Instrum. Methods **B 17** (1986) 445
[Kli89]   A.A. Klimenko et al., Proceedings TAUP'89, eds. A. Bottino und P. Monacelli (Editions Frontières, 1989) 241
[Kob73]   M. Kobayashi und T. Maskawa, Prog. Theor. Phys. **49** (1973) 652
[Kol71]   H. Kolm et al., Phys. Rev. **D 4** (1971) 3260
[Kol82]   E.W. Kolb, S.A. Colgate und J.A. Harvey, Phys. Rev. Lett. **49** (1982) 1373
[Kol84a] E.W. Kolb und M.S. Turner, Astrophys. J. **286** (1984) 702
[Kol84b] E.W. Kolb, in NEUTRINO'84, Proc. 11th Int. Conf. on Neutrino Physics und Astrophysics, Nordkirchen, eds. K. Kleinknecht, E.A. Paschos (World Scientific, Singapore, 1984) 243
[Kol85]   E.W. Kolb, D. Seckel und M.S. Turner, Nature **314** (1985) 415
[Kol86a] E.W. Kolb, M.J. Perry und T.P. Walker, Phys. Rev. **D 33** (1986) 869
[Kol86b] E.W. Kolb und K.A. Olive, Phys. Rev. **D 33** (1986) 1202
[Kol86c] E.W. Kolb, in WEIN'86, Proc. Int. Symp. Weak and Electromagn. Interactions in Nuclei, Heidelberg, 1986, ed. H.V. Klapdor, (Springer, Heidelberg, 1986) 369
[Kol87]   E.W. Kolb, A.J. Stebbins und M.S. Turner, Phys. Rev. **D 35** (1987) 3598
[Kol90]   E.W. Kolb und M.S. Turner, The Early Universe (Addison-Wesley, Reading, 1990)
[Kol91]   E.W. Kolb und M.S. Turner, Phys. Rev. Lett. **67** (1991) 5
[Kon66]   E.J. Konopinski, The Theory of Beta Radioactivity (Oxford University Press, 1966)
[Kos92]   M. Koshiba, Phys. Reports **220** (1992) 229
[Kra91]   L.M. Krauss, Phys. Lett. **B 263** (1991) 441
[Kri81]   M.R. Krishnaswamy et al., Phys. Lett. **B 106** (1981) 339
[Kri82]   M.R. Krishnaswamy et al., Phys. Lett. **B 115** (1982) 349
[Kri94]   I. Krivosheina, Proc. Int. School on Neutrinos in Cosmology, Astro, Particle and Nuclear Physics, Erice, September 1993, Prog. Part. Nucl. Phys. **32** (1994) 41
[Kro85]   D. Krofcheck et al., Phys. Rev. Lett. **55** (1985) 1051
[Kun 94] W. Kündig, E. Holzschuh, Prog. Part. Nucl. Phys. **32** (1994) 131
[Kuo86]   T.K. Kuo und J. Pantaleone, Phys. Rev. Lett. **57** (1986) 1805
[Kur82]   P.K. Kuroda, The Origin of the Chemical Elements und the Oklo Phenomenon (Springer, Berlin, Heidelberg, New York, 1982)
[Kuz66]   V.A. Kuzmin, Sov. Phys. JETP **22** (1966) 1051
[Kuz70]   V.A. Kuzmin, JETP Lett. **12** (1970) 228
[Kuz85]   V. Kuzmin, V. Rubakov und M. Shaposhnikov, Phys. Lett. **B185** (1985) 36
[Kwo81]   H. Kwon et al., Phys. Rev. **D 24** (1981) 1097
[L89]   L3-Kollaboration, Phys. Lett. **B 231** (1989) 509

[L90]	L3-Kollaboration, Phys. Lett. **B 248** (1990) 464
[Lac82]	K.S. Lackner und G. Zweig, Lett. Nuovo cim. **33** (1982) 65
[Lac83]	K.S. Lackner und G. Zweig, Phys. Rev. **D 28** (1983) 1671
[Lal94]	D. Lalanne, NEMO-Kollaboration, Nucl. Phys. B (Proc. Suppl.) **35** (1994) 369
[Lam87]	S.K. Lamoreaux et al., Phys. Rev. Lett. **59** (1987) 2275
[Lam91]	S.K. Lamoreaux, R. Golub und J.M. Pendlebury, Europhys. Lett. **14** (1991) 503
[Lan52]	L.M. Langer und R.J.D. Moffat, Phys. Rev. **88** (1952) 689
[Lan57]	L. Landau, Nucl. Phys. **3** (1957) 127
[Lan79a]	L.D. Landau, E.M. Lifschitz, Lehrbuch d. theoretischen Physik, Band I, Mechanik (Akademie-Verlag, Berlin, 1979)
[Lan79b]	L.D. Landau, E.M. Lifschitz, Lehrbuch d. theoretischen Physik, Bd. III, Quantenmechanik (Akademie-Verlag, Berlin, 1979)
[Lan79c]	L.D. Landau, E.M. Lifschitz, Lehrbuch d. theoretischen Physik, Bd. IV, Statistische Physik (Akademie-Verlag, Berlin, 1979)
[Lan81]	P. Langacker, Phys. Rep. **72** (1981) 185
[Lan83]	P. Langacker et al., Phys. Rev. **D 27** (1983) 1228
[Lan85]	P. Langacker, Comm. Nucl. Part. Phys. **15** (1985) 41
[Lan86]	P. Langacker, Proc. Int. Symp. on Weak und Electromagnetic Interactions in Nuclei, July 1–5, 1986, Heidelberg, ed. H.V. Klapdor (Springer, Berlin, Heidelberg, New York, 1986) 879
[Lan88]	P. Langacker, in: Neutrinos, ed. H.V. Klapdor (Springer, Heidelberg, New York, 1988) 71
[Lan92a]	P. Langacker, Proc. 4th Int. Symposium on Neutrino Telescopes, Venedig, ed. M. Baldo-Ceolin, März 1992, 73
[Lan92b]	P. Langacker, Mingxing Luo und A.K. Mann, Rev. Mod. Phys. **64** (1992) 87
[Lan93]	P. Langacker, Annals of the New York Acad. of Sciences **688** (1993) 34
[LaR77]	G.S. LaRue, W.M. Fairbank und A.F. Hebard, Phys. Rev. Lett. **38** (1977) 1011
[LaR79]	G.S. LaRue, W.M. Fairbank und J.D. Phillips, Phys. Rev. Lett. **42** (1979) 142
[LaR81]	G.S. LaRue, J.D. Phillips und W.M. Fairbank, Phys. Rev. Lett. **46** (1981) 967
[Lat47]	C.M.G. Lattes et al., Nature 159 (1947) 694; Nature **160** (1947) 453, 486
[Lat88]	J.M. Lattimer und J. Cooperstein, Phys. Rev. Lett. **61** (1988) 23
[Lea79]	J. Learned, F. Reines und A. Soni, Phys. Rev. Lett. **43** (1979) 907
[Lea88]	J.G. Learned et al., Phys. Lett. **B 207** (1988) 79
[Lea93]	J.G. Learned, Proc. NEUTRINO'92, Granada, Nucl. Phys. B (Proc. Suppl.) **31** (1993) 456
[Lec83]	F. Leccia et al., Lett. Nuovo Cim. **78 A** (1983) 50

[Lee72]	B.W. Lee und J. Zinn-Justin, Phys. Rev. **D5** (1972) 3121, 3137, 3155
[Lee77]	B. Lee und R.S. Schrock, Phys. Rev. **D16** (1977) 1444
[Lee84a]	H.L. Lee, An Introduction to Kaluza-Klein Theories (World Scientific, Singapore, 1984)
[Lee84b]	I.H. Lee, Phys. Lett. **B138** (1984) 121
[Lee94]	D.G. Lee, R.N. Mohapatra, Phys. Lett. **B329** (1994) 463
[Lee95]	D.G. Lee, R.N. Mohapatra, M.K. Parida and M. Rani, Phys. Rev. **D51** (1995) 229
[Lee95a]	D.G. Lee, R.N. Mohapatra, Phys. Rev. **D51** (1995) 1353
[Lei85]	J.W. Leibacher et al., Scientific American **253, 9** (1985) 34
[Lev50]	C.A. Levine et al., Phys. Rev. **27** (1950) 296
[Lew80]	R.R. Lewis, Phys. Rev. **D21** (1980) 663
[Lew85]	J.D. Lewin und P.F. Smith, Phys. Rev. **D32** (1985) 1177
[Li82]	L.F. Li und F. Wilczek, Phys. Rev. **D25** (1982) 143
[Lie83]	D. Liebowitz, M. Binder und K.O.H. Ziock, Phys. Rev. Lett. **50** (1983) 1640
[Lim88]	C.S. Lim und W.J. Marciano, Phys. Rev. **D37** (1988) 1368
[Lin82]	A.D. Linde, Phys. Lett. **B108** (1982) 389
[Lin83]	M.A. Lindgren et al., Phys. Rev. Lett. **51** (1983) 1621
[Lin84]	A.D. Linde, Rep. Progr. Phys. **47** (1984) 925
[Lin86]	M. Lindner et al., Nature **320** (1986) 246
[Lin88]	W.J. Lin et al., Nucl. Phys. **A481** (1988) 477 und 484
[Lin90]	A. Linde, Particle Physics und Inflationary Cosmology (Harward Publ., 1990)
[Liu87]	J. Liu, Phys. Rev. **D35** (1987) 3447
[Lob84]	V.M. Lobashev und A.P. Serebrov, J. Phys. (Paris) **45** (1984) 3
[Loh92]	E. Lohrmann, Phys. Bl. **48** (1992) 33
[Lon74]	D.R. Long, Phys. Rev. **D9** (1974) 850
[Lon76]	D.R. Long, Nature **260** (1976) 417
[LoS85a]	J.M. LoSecco, Comm. Nucl. Part. Phys. **15** (1985) 23
[LoS85b]	J.M. LoSecco, F. Reines und D. Sinclair, Spektrum der Wissenschaft, August (1985); Scientific American **252, 6** (1985) 42
[Lov72]	D. Lovelocke, J. Math. Phys. **13** (1972) 874
[Lub80]	V.A. Lubimov et al., Phys. Lett. **B94** (1980) 266
[Luc83]	J.-M. Luck und C.J. Allegre, Nature **302** (1983) 130
[Luc86]	W. Lucha, Comments Nucl. Part. Phys. **16** (1986) 155
[Lüd54]	G. Lüders, Kgl. Danske Vidensk. Selsk. Mat.-Fys. Medd. **28** (1954) No. 5
[Lüd57]	G. Lüders, Ann. Phys. (N.Y.) **2** (1957) 1
[Lut82]	G.G. Luther und W.R. Towler, Phys. Rev. Lett. **48** (1982) 121
[Lyo85]	L. Lyons, Phys. Rep. **129** (1985) 225
[Mac84]	K.I. Macrae und R.J. Riegert, Nucl. Phys. **B244** (1984) 513
[Mai94]	B. Maier, Nucl. Phys. **B** (Proc. Suppl.) **35** (1994) 358

[Maj37] E. Majorana, Nuovo Cimento **14** (1937) 171
[Mal91] R.A. Malaney, in Nuclei in the Cosmos, ed. H. Oberhummer (Springer, Heidelberg, 1991) 127
[Mal93] R.A. Malaney und G.J. Mathews, Phys. Reports **229** (1993) 147
[Mam89] W. Mampe et al., Phys. Rev. Lett. **63** (1989) 593
[Man86] O.K. Manuel, Proc. Int. Symp. on Nuclear Beta Decays and Neutrino, June 1986, Osaka, eds. T. Kotani, H. Ejiri und E. Takasugi (World Scientific, Singapore, 1986) 103
[Man88] A.K. Mann, Proc. of the 13th Int. Conf. on Neutrino Physics and Astrophysics, Boston, June 5–11, 1988, eds. J. Schneps, T. Kafka, W.A. Mann und P. Nath (World Scientific, Singapore, 1988) 105
[Man91a] A.V. Manohar und A.E. Nelson, Phys. Rev. Lett. **66** (1991) 2847
[Man91b] O.K. Manuel, J. Phys. **G 17** (1991) S221
[Mar70] P. Marmier, E. Sheldon, Physics of Nuclei and Particles, Vol. II, Academic Press, New York, 1970
[Mar80a] R.E. Marshak und R. Mohapatra, Phys. Rev. Lett. **44** (1980) 1316
[Mar80b] M. Marinelli und G. Morpurgo, Phys. Lett. **B 94** (1980) 433
[Mar80c] W.J. Marciano und A. Sirlin, Phys. Rev. **D 22** (1980) 2695
[Mar82] M. Marinelli und G. Morpurgo, Phys. Rep. **85** (1982) 161
[Mar84a] W.J. Marciano, Phys. Rev. Lett. **52** (1984) 489
[Mar84b] M. Marinelli und G. Morpurgo, Phys. Lett. **B 137** (1984) 439
[Mar85] J. Markey und F. Boehm, Phys. Rev. **C 32** (1985) 2215
[Mar86] W.J. Marciano und Z. Parsa, Ann. Rev. Nucl. Part. Sci. **36** (1986) 171
[MAR89] MARK II-Kollaboration, Phys. Rev. Lett. **63** (1989) 2173
[Mas83] T. Mashomo et al., Phys. Lett. **B 128** (1983) 327
[Mat66] E. Ter Mateosian und M. Goldhaber, Phys. Rev. **146** (1966) 810
[Mat90a] J.C. Mather et al., Ap. J. **354** (1990) L37
[Mat90b] G.J. Mathews und J.J. Cowan, Nature **345** (1990) 491
[Mau76] M. Maurette, Ann. Rev. Nucl. Sci. **26** (1976) 319
[May84] T. Mayer-Kuckuk, Kernphysik (Teubner, Stuttgart, 1984)
[McC51] W.H. McCrea, Proc. Roy. Soc. **A 206** (1951) 562
[McC83] B. McCusker, The quest for quarks (Cambridge, 1983)
[McD94] A.B. McDonald, Proceedings TAUP'93, Nucl. Phys. **B** (Proc. Suppl.) **35** (1994) 340
[McK80] B.H.J. McKellar, Phys. Lett. **B 97** (1980) 93
[Mes76] A. Messiah, Quantenmechanik I, II (Walter de Gruyter, Berlin, 1976)
[Mes86] A. Messiah, Proc. VIth Moriond Workshop on Massive Neutrinos in Particle und Astrophysics, eds. O. Fackler und J. Tran Thanh Van (Editions Frontières, Gif-sur-Yvette, 1986) 373
[Mey86] H. Meyer, Proc. Int. Symp. on Weak und Electromagnetic Interactions in Nuclei, July 1–5, 1986, Heidelberg, ed. H.V. Klapdor (Springer, Berlin, Heidelberg, New York, 1986) 846 und H. Meyer, Proc. 12th Int.

Conf. on Neutrino Physics and Astrophysics, June 3–8, 1986, Sendai, ed. T. Kitagaki und H. Yuta (World Scientific, Singapore, 1986) 674
[Mik77] D.R. Mikkelsen und M.J. Newman, Phys. Rev. **D 16** (1977) 919
[Mik86a] S.P. Mikheyev und A.Yu. Smirnov, Sov. J. Nucl. Phys. **42** (1986) 913
[Mik86b] S.P. Mikheyev und A.Yu. Smirnov, Sov. Phys. JETP **64** (1986) 4
[Mik86c] S.P. Mikheyev und A.Yu. Smirnov, Proc. 12th Int. Conf. on Neutrino Physics und Astrophysics, eds. T. Kitagaki und H. Yuta (World Scientific, Singapore, 1986) 177
[Mik88a] S.P. Mikheyev und A.Yu. Smirnov, in Neutrinos, ed. H.V. Klapdor (Springer, Heidelberg, 1988) 239
[Mik88b] S.P. Mikheyev und A.Yu. Smirnov, Sov. Phys. JETP **65** (1988) 230
[Mil10] R. Millikan, Phil. Mag. **19** (1910) 209
[Mil85] R.G. Milner et al., Phys. Rev. Lett. **54** (1985) 1472
[Mil87] R.G. Milner et al., Phys. Rev. **D 36** (1987) 37
[Mil90] H.S. Miley et al., Phys. Rev. Lett. **65** (1990) 3092
[Mis73] C.W. Misner, T.S. Thorne und J.A. Wheeler, Gravitation (W.H. Freeman und Co., San Francisco, 1973)
[Mit88] L.W. Mitchell und P.H. Fisher, Phys. Rev. **C 38** (1988) 895
[Moe80] M.K. Moe und D.D. Lowenthal, Phys. Rev. **C 22** (1980) 2186
[Moe91a] M.K. Moe, Nucl. Phys. **B** (Proc. Suppl.) **19** (1991) 158
[Moe91b] M.K. Moe, Phys. Rev. **C 44** (1991) 931
[Moe92] M.K. Moe et al., UCI-Neutrino 92-1 preprint, vorgestellt beim Franklin Symp. on Celebration of the Discovery of the Neutrino, Philadelphia (1992)
[Moe93a] M.K. Moe, Internat. J. Mod. Phys. **E**, Vol. 2, (1993) 507
[Moe93b] M.K. Moe, Proc. International School on Neutrinos in Cosmology, Astro, Particle and Nuclear Physics, Erice, September 1993, Progr. Part. Nucl. Phys. **32** (1994) 247
[Moe93c] M.K. Moe, Proc. NEUTRINO'92, Granada, Nucl. Phys. **B** (Proc. Suppl.) **31** (1993) 68
[Moe94] M.K. Moe, P. Vogel, Ann. Rev. Nucl. Part. Sci **44** (1994) 247
[Moe94a] M.K. Moe, M.A. Nelson, M.A. Vient, Progr. Part. Nucl. Phys. **32** (1994) 247
[Moe95] M.K. Moe, Nucl. Phys. **B** (Proc. Suppl.) **38** (1995) 36
[Moh74] R.N. Mohapatra und J.C. Pati, Phys. Rev. **D 11** (1974) 566
[Moh80] R.N. Mohapatra und R.E. Marshak, Phys. Lett. **B 94** (1980) 183
[Moh81] R.N. Mohapatra und J.D. Vergados, Phys. Rev. Lett. **47** (1981) 1713
[Moh86a] R.N. Mohapatra, Unification und Supersymmetry (Springer, New York, Berlin, Heidelberg, 1986)
[Moh86b] R.N. Mohapatra, Phys. Rev. **D 34** (1986) 3457
[Moh86c] R.N. Mohapatra, Phys. Rev. **D 34** (1986) 909
[Moh88a] R.N. Mohapatra, E. Takasugi, Phys. Lett. **B 211** (1988) 192

Literaturverzeichnis

[Moh88b] R.N. Mohapatra, in: Neutrinos, ed. H.V. Klapdor (Springer, Heidelberg, New York, 1988) 117
[Moh88c] R.N. Mohapatra, in Neutrino Physics, eds. H.V. Klapdor und B. Povh (Springer, Heidelberg, 1988)
[Moh89] R.N. Mohapatra, Nucl. Instr. Meth. **A 284** (1989) 1
[Moh91a] R.N. Mohapatra, P.B. Pal, Massive Neutrinos in Physics und Astrophysics (World Scientific, Singapore, 1991)
[Moh91b] R.N. Mohapatra, Progr. Part. Nucl. Phys. **26** (1991) 1
[Moh94] R.N. Mohapatra, Progr. Part. Nucl. Phys. **32** (1994) 187
[Moo84] J.E. Moody und F. Wilczek, Phys. Rev. **D 30** (1984) 130
[Moo88] G.I. Moore et al., Phys. Rev. **D 38** (1988) 1023
[Moo92] K.J. Moody, R.W. Longheed und E.K. Hulet, Preprint UCRL–JC–110153, 1992
[Mor91] M. Mori et al., Phys. Rev. **D 43** (1991) 2843
[Mös91] R.L. Mößbauer, J. Phys. **G 17** (1991) S1
[Mül89] G. Müller, W. Zürn, K. Lindner und N. Rösch, Phys. Rev. Lett. **63** (1989) 2621
[Mül91] G. Müller, Bild der Wissenschaft **7** (1991) 102
[Mur89] S.A. Murthy, D. Krause, Jr., Z.L. Li und L.R. Hunter, Phys. Rev. Lett. **63** (1989) 965
[Mus83] P. Musset, M. Price und E. Lohrmann, Phys. Lett. **B 128** (1983) 333
[Mut88a] K. Muto und H.V. Klapdor, in: Neutrinos, ed. H.V. Klapdor (Springer, Heidelberg, New York, 1988) 183
[Mut88b] K. Muto und H.V. Klapdor, Phys. Lett. **B 201** (1988) 420
[Mut89a] K. Muto, E. Bender und H.V. Klapdor, Z. Phys. **A 334** (1989) 177
[Mut89b] K. Muto, E. Bender und H.V. Klapdor, Z. Phys. **A 334** (1989) 187
[Mut91] K. Muto, E. Bender und H.V. Klapdor, Z. Phys. **A 39** (1991) 435
[Nac86] O. Nachtmann, Phänomene und Konzepte der Elementarteilchenphysik (Vieweg & Sohn, Braunschweig/Wiesbaden, 1986)
[Nah78] W. Nahm, Nucl. Phys. **B 135** (1978) 149
[Nam60] Y. Nambu, Phys. Rev. Lett. **4** (1960) 380
[Nel90] P.G. Nelson, D.M. Graham und R.D. Newman, Phys. Rev. **D 42** (1990) 963
[Nem81] P. Nemethy et al., Phys. Rev. **D 23** (1981) 262
[Neu72] M. Neuilly et al., C.R. Acad. Sci. Paris **275 D** (1972) 1847
[Ng89] J. Ng, Proc. Int. Symposium on Weak und Electromagnetic Interactions in Nuclei, Montréal, May 15–19, 1989, ed. P. Depommier (Editions Frontières, Gif-sur-Yvette, 1989) 167
[Nie87] T.M. Niebauer, M.P. McHugh und J.E. Faller, Phys. Rev. Lett. **59** (1987) 609
[Nie88] M.M. Nieto, T. Goldman und R.J. Hughes, Aust. Phys. **25** (1988) 259

[Nie89]   M.M. Nieto, R.J. Hughes und T. Goldman, Am. J. Phys. **57** (1989) 397
[Nie91]   M.M. Nieto und T. Goldman, Phys. Rep. **205** (1991) 221
[Nik93]   M.A. Nikolaev und H.V. Klapdor-Kleingrothaus, Z. Phys. **A345** (1993) 183; ibid. **345** (1993) 373
[Noe18]   E. Noether, Kgl. Ges. Wiss. Nachrichten, Math.-Phys. Klasse (Göttingen, 1818) 235
[Nor82]   K. Nordtvedt, Jr., Rep. Prog. Phys. **45** (1985) 631
[Nor84]   E.B. Norman und M.A. DeFaccio, Phys. Lett. **B 148** (1984) 31
[Nor85]   E.B. Norman, Phys. Rev. **C 31** (1985) 1937
[Nor86]   E.B. Norman, Am. J. Phys. **54** (1986) 317
[Nor90]   K. Nordtvedt, Phys. Rev. Lett. **65** (1990) 953
[Nor91]   E.B. Norman et al., J. Phys. **G 17** (Suppl.) (1991) S291
[Nus76]   S. Nussinov, Phys. Lett. **B 63** (1976) 201
[Obe87]   L. Oberauer et al., Phys. Lett. **B 198** (1987) 113
[Obe88]   L. Oberauer und F. von Feilitzsch, in „Neutrino Physics", eds. H.V. Klapdor und B. Povh, (Springer, Heidelberg, 1988) 142
[Ogo79]   Ogorodnikov, Samoilov und Solntsev, JETP **49** (1979) 953
[Ohi85]   T. Ohi et al., Phys. Lett. **B 160** (1985) 322
[Oka88]   K. Okada et al., Nucl. Phys. **A 478** (1988) 447c
[Okl75]   Le Phenomène d'Oklo, Comptes rendus d'un colloque sur le phenomène d'Oklo, Libreville, Gabon, 23.6.–27.6. 1975 (IAEA, Vienna, 1975)
[Oku86]   L.B. Okun, Sov. J. Nucl. Phys. **44** (1986) 546
[Oku87]   L.B. Okun, Elementarteilchen von α bis Z (Akademie Verlag, Berlin, 1987)
[Oli81]   K.A. Olive et al., Astrophys. J. **246** (1981) 557
[Oli85]   K.A. Olive und D.N. Schramm, Comm. Nucl. Part. Phys. **15** (1985) 69
[Oli91]   K.A. Olive, Science **251** (1991) 1194
[Ono91]   Y. Ono, D. Suematsu, Phys. Lett. **B 271** (1991) 165
[Oor83]   J.H. Oort, Ann. Rev. Astron. Astrophys. **21** (1983) 373
[OPA89]   OPAL-Kollaboration, Phys. Lett. **B 231** (1989) 530
[Ori91]   S. Orito et al., Phys. Rev. Lett. **66** (1991) 1951
[Pac86]   B. Paczynski, Ap. J. **304** (1986) 1
[Pan94]   O. Panella, Y. Srivastava, preprint LPC-94-39 (1994)
[Par70]   E.N. Parker, Astrophys. J. **160** (1970) 383
[Par84]   E.N. Parker, Proc. NATO Advanced Research Workshop Monopole '83, Ann Arbor, Oct. 6–9, 1983, ed. J.L. Stone (Plenum Press, New York, 1984) 125
[Pas79]   E. Pasierb et al., Phys. Rev. Lett. **43** (1979) 96
[Pas94]   E.A. Paschos und K. Zioutas, Phys. Lett. **B 323** (1994) 367
[Pat74]   J.C. Pati und A. Salam, Phys. Rev. **D 10** (1974) 275
[Pat90]   J.R. Paterson et al., Phys. Rev. Lett. **64** (1990) 1491

[Pau55]	W. Pauli, in: Niels Bohr und the Development of Physics (Pergamon Press, London, 1955) 30
[PDG90]	Particle Data Group, Phys. Lett. **B 239** (1990) 1
[PDG92]	Particle Data Group, M. Aguilar-Benitez et al., Review of Particle Properties, Phys. Rev. **D 45** (1992) Part 2
[PDG94]	Particle Data Group, Phys. Rev. **D 50** (1994) Part I
[Pec77]	R.D. Peccei und H.R. Quinn, Phys. Rev. Lett. **38** (1977) 1440 und Phys. Rev. **D 16** (1977) 1791
[Pec87]	R.D. Peccei, I. Solà und C. Wetterich, Phys. Lett. **B 195** (1987) 183
[Pee84]	P.J.E. Peebles, Astrophys. J. **284** (1984) 439
[Pen65]	A.A. Penzias und R.W. Wilson, Astrophys. J. **142** (1965) 419
[Pen84]	J.M. Pendlebury et al., Phys. Lett. **B 136** (1984) 327
[Per82]	D.H. Perkins, Introduction to High Energy Physics (Addison-Wesley Publishing Company, Reading, Massachusetts, 1982)
[Per84]	M.J. Perry, Proc. NATO advanced research workshop Monopole '83, Ann Arbor, Oct. 6–9, 1983, ed. J.L. Stone (Plenum Press, New York, 1984) 29
[Pes88]	H. Pessard, Proc. 9th Workshop on Grand Unification, Aix-les-Bains, April 28–30, 1988, ed. R. Barloutaud (World Scientific, Singapore, 1988) 130
[Pet87]	S.T. Petcov und S. Toshev, Phys. Lett. **B 187** (1987) 222
[Pet94]	S.T. Petkov, A.Yu. Smirnov, Phys. Lett. **B 322** (1994) 109
[Pic92]	A. Picard et al., Nucl. Instrum. Methods **B 63** (1992) 345
[Phi88]	J.D. Phillips, W.M. Fairbank und J. Navarro, Nucl. Instr. Meth. **A 264** (1988) 125
[Phi89]	T.J. Phillips et al., Phys. Lett. **B 224** (1989) 348
[Phy86]	Physics through the 1990's: Nuclear Physics (National Academy Press, Washington, 1986)
[Poc64]	P. Pochoda und M. Schwarzschild, Astrophys. J. **139** (1964) 587
[Pol74]	A.M. Polyakov, JETP Lett. **20** (1974) 194
[Pom86]	A. Pomanski, Proceedings NEUTRINO'86, Sendai, Juni 1986, eds. T. Kitagaki und H. Yuta (World Scientific, Singapur, 1986)
[Pon57]	B. Pontecorvo, Zh. Eksp. Teor. Fiz. **33** (1957) 549 (Sov. Phys. JETP **6** (1958) 429
[Pon58]	B. Pontecorvo, Zh. Eksp. Teor. Fiz. **34** (1958) 247
[Pon68]	B. Pontecorvo, Phys. Lett. **B 26** (1968) 630
[Pou60]	R.V. Pound und G.A. Rebka, Jr., Phys. Rev. Lett. **4** (1960) 337
[Pre83]	J. Preskill, M. Wise und F. Wilczek, Phys. Lett. **B 120** (1983) 127
[Pre84]	J. Preskill, Ann. Rev. Nucl. Part. Sci. **34** (1984) 461
[Pre87]	K. Pretzl et al. (eds.), Proc. Low Temperatur Detectors for Dark Matter Detection, Ringberg-Castle (Springer, Heidelberg, 1987)
[Pre89]	W.H. Press und D.N. Spergel, Phys. Today **3** (1989) 29
[Pre90]	K.P. Pretzl, Particle World **1** (1990) 153
[Pre93]	K.P. Pretzl, Europhys. News **24** (1993) 167

[Pri83]   P.B. Price, Proc. NATO Advanced Study Institute on Magnetic Monopoles, Wingspread, Oct. 14–17, 1982, eds. R.A. Carrigan, Jr. und W.P. Trower (Plenum Press, New York, 1983) 307
[Pri84]   P.B. Price, Phys. Lett. **B140** (1984) 112
[Pri86]   P.B. Price und M.H. Salamon, Phys. Rev. Lett. **56** (1986) 1226
[Pri87a] W. Priester, H.J. Blome und J. Hoell, Sky und Telescope **73** (1987) 237
[Pri87b] P.B. Price, R. Guoxiao und K. Kinoshita, Phys. Rev. Lett. **59** (1987) 2523
[Pri88]   J.R. Primack, D. Seckel, B. Sadoulet, Ann. Rev. Nucl. Part. Sci. **38** (1988) 751
[Pug89]   G. Puglieri, Nucl. Instr. Meth. **A284** (1989) 9
[Pur50]   E.M. Purcell und N.F. Ramsey, Phys. Rev. **78** (1950) 807
[Pur63]   E.M. Purcell et al., Phys. Rev. **129** (1963) 2326
[Put78]   G.D. Putt und P.C.M. Yock, Phys. Rev. **D17** (1978) 1466
[Qui83]   C. Quigg, Gauge Theories of the Strong, Weak and Electromagnetic Interations (Benjamin/Cummings, 1983)
[Raf90]   G.G. Raffelt, Phys. Rep. **198** (1990) 1
[Rag94]   R.S. Raghavan, Phys. Rev. Lett. **72** (1994) 1411
[Ram80]   N.F. Ramsey, Physics Today, July, 1980, p. 25
[Ram82]   N.F. Ramsey, Ann. Rev. Nucl. Part. Sci. **32** (1982) 211
[Ram90]   N.F. Ramsey, Ann. Rev. Nucl. Part. Sci. **40** (1990) 1
[Rau89]   F. Raupach, Proc. XXIV Int. Conf. on High Energy Physics, August 4–10, Munich, ed. R. Kotthaus und J. Kühn (Springer, Berlin, Heidelberg, 1989) 1290
[Rei54]   F. Reines, C.L. Cowan, Jr. und M. Goldhaber, Phys. Rev. **96** (1954) 1157
[Rei74]   F. Reines und M.F. Crouch, Phys. Rev. Lett. **32** (1974) 493
[Rei80]   F. Reines, H.W. Sobel und E. Pasierb, Phys. Rev. Lett. **45** (1980) 1307
[Rei83]   F. Reines, Nucl. Phys. **A396** (1983) 469c
[Reu91]   D. Reusser et al., Phys. Lett. **B255** (1991) 143
[Ric87]   J. Rich, D. Lloyd Owen und M. Spiro, Phys. Rep. **151** (1987) 239
[Rie87]   P. Riepe et al., Sterne und Weltraum **3** (1987) 155
[Ril91]   S.P. Riley und J.M. Irvine, J. Phys. **G17** (1991) 35
[Rob91]   R.G.H. Robertson et al., Phys. Rev. Lett. **67** (1991) 957
[Röd72]   B. Röde und H. Daniel, Lett. Nuovo Cim. **5** (1972) 139
[Roh86]   K. Rohlfs, Sterne und Weltraum **25** (1986) 467
[Roi92]   D.P. Roi , Phys. Lett. **B283** (1992) 270
[Rol64]   P.G. Roll, R. Krotkov und R.H. Dicke, Ann. Phys. (N.Y.) **26** (1964) 442
[Roo88]   M. Roos, in Neutrino Physics, eds. H.V. Klapdor und B. Povh (Springer, Heidelberg, 1988) 57
[Ros88]   S.P. Rosen, Comments Nucl. Part. Phys. **18** (1988) 31

[Row85]	J.K. Rowley, B.T. Cleveland und R. Davis, Jr., Solar Neutrinos und Neutrino Astronomy, eds. M.L. Cherry, W.A. Fowler und K. Lande, AIP Conf. Proceedings **126** (1985) 1
[Rub81]	V. Rubakov, JETP Lett. **33** (1981) 644, Nucl. Phys. **B 203** (1982) 311
[Rub93]	C. Rubbia, Proceedings XXVI Int. Conference on High Energy Physics, Dallas, 1992, AIP Conf. Proc. **272** (1993) 321
[Ruj81]	A. De Rújula, Nucl. Phys. **B 188** (1981) 414
[Sac67a]	A.D. Sacharov, JETP Lett. **5** (1967) 24
[Sac67b]	A.D. Sacharov, JETP Lett. **5** (1967) 32
[Sad94]	B. Sadoulet, Proceedings TAUP'93, Nucl. Phys. **B** (Proc. Suppl.) **35** (1994) 117
[Sal68]	A. Salam, Proc. 8th Nobel Symposium, Stockholm 1968, 367
[San83]	A. Sandage und G.A. Tammann, Proc. 1st ESO-CERN Symposium, eds. G. Setti und L. Van Hove
[San90]	R.H. Sanders, Astron. Astrophys. Rev. **2** (1990) 1
[Sat87]	K. Sato und H. Suzuki, Phys. Rev. Lett. **58** (1987) 2722
[Sav86]	M.L. Savage et al., Phys. Lett. **B 167** (1986) 481
[Sch51]	J. Schwinger, Phys. Rev. **82** (1951) 914
[Sch77]	J. Scherk, La Recherche **8** (1977) 878
[Sch78]	J.P. Schiffer et al., Phys. Rev. **D 17** (1978) 2241
[Sch79]	J. Scherk, Phys. Lett. **B 88** (1979) 265
[Sch82]	J. Schechter und J.W.F. Valle, Phys. Rev. **D 25** (1982) 2951
[Sch83]	K. Schreckenbach, G. Colvin und F.v. Feilitzsch, Phys. Lett. **B 129** (1983) 265
[Sch84]	K. Schreckenbach, Technical Report 84SC26T, Institut Laue-Langevin, Grenoble, 1984
[Sch85a]	K. Schreckenbach, G. Colvin, W. Gelletly und F.v. Feilitzsch, Phys. Lett. **B 160** (1985) 325
[Sch85b]	E. Schatzman, AIP Conf. Proceedings **126** (1985) 69
[Sch86a]	K. Schreckenbach et al., Proc. Int. Symp. on Weak und Electromagnetic Interactions in Nuclei, July 1–5, 1986, Heidelberg, ed. H.V. Klapdor (Springer, Berlin, Heidelberg, New York, 1986) 759
[Sch86b]	D.N. Schramm, Proc. Int. Symp. on Weak und Electromagnetic Interactions in Nuclei, July 1–5, 1986, Heidelberg, ed. H.V. Klapdor (Springer, Berlin, Heidelberg, New York, 1986) 1033
[Sch89]	H. Schulz, Sterne und Weltraum **28** (1989) 588, 656
[Sch90a]	B. Schwarzschild, Physics Today, October 1990, 17
[Sch90b]	D.N. Schramm und J.W. Truran, Phys. Rep. **189** (1990) 89
[Sch90c]	D.N. Schramm, in Dark Matter in the Universe, eds. P. Galeotti und D.N. Schramm (Kluwer Academic Publ., 1990) p. 1
[Sch90d]	D.N. Schramm, Proc. La Thuile Workshop, März 1990
[Sch91]	B. Schwarzschild, Physics Today, May 1991, 17
[Sch93]	R.F. Schwitters, Proceedings XXVI Int. Conference on High Energy Physics, Dallas, 1992, AIP Conf. Proc. **272** (1993) 306

[Schm90a] W. Schmidt-Parzefall, Phys. Bl. **46** (1990) 442
[Schm90b] P. Schmüser, Phys. Bl. **46** (1990) 470
[Schn94] J.R. Schneider, P. Söding, G.A. Voss, A. Wagner, B.H. Wiik, Europhys. News **25** (1994) 91
[Scho89] H. Schopper, Materie und Antimaterie (Piper, 1989)
[Scho91] H. Schopper, Phys. Bl. **47** (1991) 907
[Schr85a] D.N. Schramm und N. Vittorio, Comm. Nucl. Part. Phys. **15** (1985) 1
[Schr85b] B. Schrempp und F. Schrempp, Phys. Bl. **41** (1985) 335
[Schw85] J.H. Schwarz, Comm. Nucl. Part. Phys. **15** (1985) 9
[Sei88] S. Seidel et al., Phys. Rev. Lett. **61** (1988) 2522
[Sei93] W. Seidel et al., J. Low Temp. Phys. **93** (1993) 797
[Sel91] P. Selvin, Science **251** (1991) 1426
[Sex74] R.G. Sextro, R.A. Gough und J. Cerny, Nucl. Phys. **A 234** (1974) 130
[Sha71] I.I. Shapiro et al., Phys. Rev. Lett. **26** (1971) 27
[Sha86] Q. Shafi, Proc. WEIN'86, ed. H.V. Klapdor (Springer, Heidelberg, 1986)
[Shl76] A.I. Shlyakhter, Nature **264** (1976) 340
[Shr80] R.E. Shrock, Phys. Lett. **B 96** (1980) 159
[Shr81] R.E. Shrock, Phys. Rev. **D 24** (1981) 1232 und 1275
[Sik83] P. Sikivie, Phys. Rev. Lett. **51** (1983) 1415 , Phys. Rev. Lett. **52** (1984) 695
[Sik85] P. Sikivie, Phys. Rev. **D 32** (1985) 2988
[Sik90] P. Sikivie, in „Dark Matter in the Universe", eds. H. Sato und H. Kodama (Springer, Berlin, 1990) 94
[Sil92] J. Silk, Nature **356** (1992) 741
[Sil93] J. Silk und R.F.G. Wyse, Phys. Reports **231** (1993) 293
[Sim81] J.J. Simpson, Phys. Rev. **D 24** (1981) 2971
[Sim84] J.J. Simpson et al., Phys. Rev. Lett. **53** (1984) 141
[Sim85] J.J. Simpson, Phys. Rev. Lett. **54** (1985) 1891
[Sim86] J.J. Simpson, Phys. Lett. **B 174** (1986) 113
[Sim89] J.J. Simpson und A. Hime, Phys. Rev. **D 39** (1989) 1825
[Sin87] D. Sinclair in „Neutrino Physics", eds. H.V. Klapdor und B. Povh (Springer, Heidelberg, 1988) 239
[Sin91] D. Sinclair, Proceedings NEUTRINO'90, Nucl. Phys. **B** (Proc. Suppl.) **19** (1991) 100
[Sir80] A. Sirlin, Phys. Rev. **D 22** (1980) 971
[Sir87] A. Sirlin, Phys. Rev. **D 35** (1987) 3423
[Smi57] J.H. Smith, E.M. Purcell und N.F. Ramsey, Phys. Rev. **108** (1957) 120
[Smi85] P.F. Smith et al., Phys. Lett. **B 153** (1985) 188
[Smi86] P.F. Smith et al., Phys. Lett. **B 171** (1986) 129; ibid. **B 181** (1986) 407
[Smi87] P.F. Smith et al., Phys. Lett. **B 197** (1987) 447

[Smi89]	P.F. Smith, Ann. Rev. Nucl. Part. Sci. **39** (1989) 73
[Smi90a]	K.F. Smith et al., Phys. Lett. **B 234** (1990) 191
[Smi90b]	P.F. Smith und J.D. Lewin, Phys. Rep. **187** (1990) 203
[Smo92]	G.F. Smoot et al., Ap. J. **396** (1992) L1
[Sob86]	H. Sobel, Proc. VIth Moriond Workshop on Massive Neutrinos in Particle und Astrophysics, eds. O. Fackler und J. Tran Thanh Van (Editions Frontières, Gif-sur-Yvette, 1986) 339
[Sol76]	J.E. Solheim, T.G. Barnes III und H.J. Smith, Astrophys. J. **209** (1976) 330
[Som50]	A. Sommerfeld, Lectures on Theoretical Physics Vol. II (Academic, New York, 1950)
[Spe80]	R. Spero et al., Phys. Rev. Lett. **44** (1980) 1645
[Spe85]	D.N. Spergel und W.H. Press, Ap. J. **294** (1985) 663; ibid. **296** (1985) 679
[Spe88a]	C.C. Speake, Proc. 9th Workshop on Grand Unification, Aix-les-Bains, April 28–30, 1988, ed. R. Barloutaud (World Scientific, Singapore, 1988) 101
[Spe88b]	C.C. Speake und T.J. Quinn, Phys. Rev. Lett. **61** (1988) 1340
[Spe90]	C.C. Speake et al., Phys. Rev. Lett. **65** (1990) 1967
[Spr87]	P.T. Springer, C.L. Bennett und P.A. Baisden, Phys. Rev. **A 35** (1987) 679
[Sta78]	F.D. Stacey, Geophys. Res. Lett. **5** (1978) 377
[Sta81]	F.D. Stacey et al., Phys. Rev. **D 23** (1981) 1683; F.D. Stacey und G.J. Tuck, Nature **292** (1981) 230
[Sta87]	F.D. Stacey et al., Rev. Mod. Phys. **59** (1987) 157
[Sta88]	F.D. Stacey, G.J. Tuck und G.I. Moore, J. Geophys. Res. **93** (1988) 10575
[Sta89]	A. Staudt, E. Bender, K. Muto und H.V. Klapdor, Z. Phys. **A 334** (1989) 47
[Sta90a]	A. Staudt, K. Muto und H.V. Klapdor-Kleingrothaus, Europhys. Lett. **13** (1990) 31
[Sta90b]	A. Staudt, T.T.S. Kuo und H.V. Klapdor-Kleingrothaus, Phys. Lett. **B 242** (1990) 17
[Sta90c]	A. Staudt, M. Hirsch, K. Muto und H. Klapdor-Kleingrothaus, Phys. Rev. Lett. **65** (1990) 1543
[Sta91]	A. Staudt, K. Muto und H.V. Klapdor-Kleingrothaus, Phys. Lett. **B 268** (1991) 312
[Sta92a]	A. Staudt und H.V. Klapdor-Kleingrothaus, Nucl. Phys. **A 549** (1992) 254
[Sta92b]	A. Staudt, T.T.S. Kuo und H.V. Klapdor-Kleingrothaus, Phys. Rev. **C 46** (1992) 871
[Sta92c]	G.D. Starkman, Phys. Rev. **D 45** (1992) 476
[Ste76]	C.M. Stevens, J.P. Schiffer und W.A. Chupka, Phys. Rev. **D 14** (1976) 716

[Ste77] R.I. Steinberg und J.C. Evans, Jr., Proceedings of Neutrino '77 (Academy of Sciences of the USSR, Moscow, 1977) 321
[Ste80] B. Stech, in Unification of Fundamental Particle Interactions, eds. J. Ellis et al. (Plenum Press, New York, 1980) 23
[Ste88] M.A. Stefanov, JETP Lett. **47** (1988) 1
[Ste91] J. Steinberger, Phys. Reports **203** (1991) 345
[Sto84] J.L. Stone (ed.), Monopole'83, Proc. NATO Advanced Research Workshop, Ann Arbor, Michigan, 6.-9. Oktober 1983 (Plenum Press, New York, 1984)
[Stü39] E.C.G. Stückelberg, Helv. Phys. Acta **11** (1939) 225 und 229
[Stu87] C.W. Stubbs et al., Phys. Rev. Lett. **58** (1987) 1070
[Stu89] C.W. Stubbs et al., Phys. Rev. Lett. **62** (1989) 609
[Su94]   Y. Su et. al., Phys. Rev. **D 50** (1994) 3614
[Suh88] J. Suhonen, T. Taigel und A. Faessler, Nucl. Phys. **A 486** (1988) 91
[Suh93] J. Suhonen und O. Civitarese, Phys. Lett. **B 312** (1993) 367
[Sur91] B. Sur et al., Phys. Rev. Lett. **66** (1991) 2444
[Suz92] Y. Suzuki, Proceedings 4th Int. Workshop on Neutrino Telescopes, Venezia, 10.-13. März 1992, Hrsg. M. Baldo Ceolin, S. 237
[Suz94] Y. Suzuki, Proceedings TAUP'93, Nucl. Phys. **B** (Proc. Suppl.) **35** (1994) 273
[Tak84] E. Takasugi, Phys. Lett. **B 149** (1984) 372
[Tak86] M. Takita et al., Phys. Rev. **D 34** (1986) 902
[Tak95] E. Takasugi , preprint OU-HET 215, June 1995
[Tas65] L.J. Tassie, Nuovo Cimento **38** (1965) 1935
[Tay83] G.N. Taylor et al., Phys. Rev. **D 28** (1983) 2705
[Tay86] R.J. Taylor und Q.J. Roy, Astr. Soc. **27** (1986) 383
[Tay92] A.N. Taylor und M. Rowan-Robinson, Nature **359** (1992) 396
[Tel48] E. Teller, Phys. Rev. **73** (1948) 801
[Ter80] H. Terazawa, Phys. Rev. **D 22** (1980) 184
[Thi87] P. Thieberger, Phys. Rev. Lett. **58** (1987) 1066
[Thi91] F. Thielemann, in Nuclei in the Cosmos, ed. H. Oberhummer (Springer, Heidelberg, 1991) 147
['tHo71] G. 't Hooft, Phys. Lett. **B 37** (1971) 195
['tHo72] G. 't Hooft und M. Veltman, Nucl. Phys. **B 50** (1972) 318
['tHo74] G. 't Hooft, Nucl. Phys. **B 79** (1974) 276
['tHo76] G. 't Hooft, Phys. Rev. Lett. **37** (1976) 8, Phys. Rev. **D 14** (1976) 3432
[Tho89a] D. Thompson, Nucl. Instr. Meth. **A 284** (1989) 40
[Tho89b] J. Thomas et al., Phys. Rev. Lett. **63** (1989) 1902
[Tho90] J. Thomas und P. Vogel, Phys. Rev. Lett. **65** (1990) 1173
[Thr92] J.L. Thron et al., Phys. Rev. **D 46** (1992) 4846
[Thr93] J.L. Thron, Proceedings XXVI Int. Conference on High Energy Physics, Dallas, 1992, AIP Conf. Proc. **272** (1993) 1232
[Tom86] T. Tomoda et al., Nucl. Phys. **A 452** (1986) 591
[Tom87] T. Tomoda und A. Faessler, Phys. Lett. **B 199** (1987) 475

[Tom88] T. Tomoda, Nucl. Phys. **A 484** (1988) 635
[Tom91] T. Tomoda, Rep. Prog. Phys. **54** (1991) 53
[Ton93] J.L. Tonry, Ann. N.Y. Acad. Sci. **688** (1993) 113
[Tot92] Y. Totsuka, Proc. NEUTRINO'92, Nucl. Phys. B (Proc. Suppl.) **31** (1993) 428
[Tra90] Tran Than Van (ed.), CP Violation in Particle Physics and Astrophysics (Editions Frontières, Gif-sur-Yvette, 1990)
[Tre91] M. Treichel et al., J. Phys. **G 17** (1991) S193
[Tri87] V. Trimble, Ann. Rev. Astron. Astrophys. **25** (1987) 425
[Tri88] V. Trimble, Rev. Mod. Phys. **60** (1988) 859
[Tro83] W.P. Trowers, Acta Phys. Austr. Suppl. **25** (1983) 101
[Tub80] A.D. Tubbs und A.M. Wolfe, Astrophys. J. **236** (1980) L105
[Tup87] G. Tupper, M. Danos, B. Müller und J. Rafelski, Phys. Rev. **D 35** (1987) 394
[Tur76] J.P. Turneaure und S.R. Stein, in: Atomic Masses and Fundamental Constants, Vol. 5, eds. J. Sanders und A. Wapstra (Plenum, New York, 1976) 636
[Tur81] M. Turner, Neutrino'81, Proc. Int. Conf. on Neutrino Physics and Astrophysics, Hawaii, eds. R.J. Cence, E. Ma und A. Roberts, Vol. I, 95 (1981)
[Tur83] J.P. Turneaure et al., Phys. Rev. **D 27** (1983) 1705
[Tur84] M.S. Turner, G. Steigman und L.M. Krauss, Phys. Rev. Lett. **52** (1984) 2090
[Tur88] S. Turck-Chièze, S. Cahen, M. Cassé und C. Doom, Ap. J. **268** (1988) 415
[Tur89a] N. Turok, Phys. Rev. Lett. **63** (1989) 2625
[Tur89b] A.L. Turkevich et al., Proc. Workshop Fund. Symmetry and Nucl. Structure, Santa Fe, 12 Oktober 1988, eds. J.N. Ginocchio und S.P. Rosen (World Scientific, Singapur, 1989) 86
[Tur90] M.S. Turner, Phys. Rep. **197** (1990) 67
[Tur91] A.L. Turkevich, T.E. Economou und G.A. Cowan, Phys. Rev. Lett. **67** (1991) 3211
[Tur92] M.S. Turner, Phys. Rev. **D 45** (1992) 1066
[Tur93a] S. Turck-Chièze et al., Phys. Reports **230** (1993) 57
[Tur93b] S. Turck-Chièze und I. Lopes, Ap. J. **408** (1993) 347
[Uns81] A. Unsöld und B. Baschek, Der neue Kosmos (Springer, Heidelberg, 1981)
[Ush81] N. Ushida et al., Phys. Rev. Lett. **47** (1981) 1694
[Val86] J.W.F. Valle, Proc. WEIN'86, ed. H.V. Klapdor (Springer, Heidelberg, 1986)
[Val87] J.W.F. Valle, Phys. Lett. **B 186** (1987) 73; **B 196** (1987) 157
[Val90] E.A. Valentijn, Nature **346** (1990) 153
[Val93] J.W.F. Valle, Proceedings of WEIN'92, Dubna, June 16–22, 1992 (World Scientific, Singapur, 1993) 131

[Val94]   J.W.F. Valle, Nucl. Phys. B (Proc. Suppl.) **35** (1994) 309
[Van68]   L.L. Vant-Hull, Phys. Rev. **173** (1968) 1412
[Van82]   S. van den Bergh, Nature **299** (1982) 297
[Vau86]   G. de Vaucouleur und H.G. Corwin, Ap. J. **308** (1986) 487
[Vas90]   A.A. Vasenko et al., Mod. Phys. Lett. **A 5** (1990) 1299
[Ver87]   J.D. Vergados, Phys. Lett **B 184** (1987) 55
[Vid94]   G.S. Vidyakin et al., JETP Letters **59** (1994) 364
[Vil87]   A. Vilenkin, Sci. American **12** (1987) 52
[Vil88]   A. Vilenkin, Spektrum der Wissenschaft, 2/1988, p. 94
[Vog81]   P. Vogel, G.K. Schenter, F.M. Mann und R.E. Schenter, Phys. Rev. **C 24** (1981) 1543
[Vog84]   P. Vogel, Phys. Rev. **D 30** (1984) 1505
[Vog86]   P. Vogel und M.R. Zirnbauer, Phys. Rev. Lett. **57** (1986) 3148
[Vog95]   P. Vogel, Nucl. Phys. B (Proc. Suppl.) **38** (1995) 204
[Vol84]   T.G. Vold, F.J. Raab, B.R. Heckel und E.N. Fortson, Phys. Rev. Lett. **52** (1984) 2229
[Vol86]   M.B. Voloshin, M.I. Vysotskii und L.B. Okun, Sov. J. Nucl. Phys. **44** (1986) 440 und Sov. Phys. JETP **64** (1986) 446
[Vui82]   J.L. Vuilleumier et al., Phys. Lett. **B 114** (1982) 298
[Vui92a] J.C. Vuilleumier et al., Proc. XII Moriond Workshop on Massive Neutrinos, Les Arcs, January 25 – February 1st, 1992
[Vui92b] J.-L. Vuilleumier et al., private Mitteilung (1992)
[Vui93]   J.-L. Vuilleumier et al., Phys. Rev. **D 48** (1993) 1009
[Vyl84]   Ts. Vylov et al., Isv. Akad. Nauk, Ser. Fiz. **48** (1984) 1809
[Wad84]   Wada, Yamashita und Yamamoto, Lett. Nuovo Cimento **40** (1984) 329
[Wad88]   Wada, Yamashita und Yamamoto, Nuovo Cimento **C 11** (1988) 229
[Wal84]   T.F. Walsh, P. Weisz und T.T. Wu, Nucl. Phys. **B 232** (1984) 349
[Wal91]   T.P. Walker et al., Astrophys. J. **376** (1991) 51
[Wan84]   K.C. Wang et al., Proc. 11th Conf. on Neutrino Physics und Astrophysics (Neutrino 84), eds. E.K. Kleinknecht und E.A. Paschos, (World Scientific, Singapore, 1984) 177
[Wap85]   A.H. Wapstra und G. Audi, Nucl. Phys. **A 432** (1985) 1
[Wei35]   C.F.v. Weizsäcker, Z. Phys. **96** (1935) 431
[Wei67]   S. Weinberg, Phys. Rev. Lett. **19** (1967) 1264
[Wei72]   S. Weinberg, Gravitation und Cosmology (Wiley, New York, 1972)
[Wei77]   S. Weinberg, Die ersten drei Minuten (Piper, München, 1977)
[Wei78]   S. Weinberg, Phys. Rev. Lett. **40** (1978) 223
[Wei79a] S. Weinberg, Phys. Rev. Lett. **42** (1979) 850
[Wei79b] S. Weinberg, Phys. Rev. Lett. **43** (1979) 1566
[Wei83]   S. Weinberg, Phys. Lett. **B 125** (1983) 265
[Wei89]   S. Weinberg, Rev. Mod. Phys. **61** (1989) 1
[Wei93]   Ch. Weinheimer et al., Phys. Lett. **B 300** (1993) 210

[Wes74] J. Wess und B. Zumino, Phys. Lett. **B 49** (1974) 52; Nucl. Phys. **B 70** (1974) 39
[Wes80] P. Wesson, Phys. Today **33**(7) (1980) 32
[Wet86] C. Wetterich, Phys. Lett. **B 167** (1986) 325
[Wey29] H. Weyl, Z. Phys. **56** (1929) 330
[Wig49] E.P. Wigner, Proc. Am. Philos. Soc. **93** (1949) 521
[Wil78] F. Wilczek, Phys. Rev. Lett. **40** (1978) 279
[Wil79] F. Wilczek und A. Zee, Phys. Rev. Lett. **43** (1979) 1571
[Wil80] S.E. Willis et al., Phys. Rev. Lett. **44** (1980) 522
[Wil87] J.F. Wilkerson et al., Phys. Rev. Lett. **58** (1987) 2023
[Wil92] K. Wille, Physik der Teilchenbeschleuniger und Synchrotronstrahlquellen (Teubner, 1992)
[Wil93] F. Wilczek, Ann. of the New York Acad. of Sciences **688** (1993) 94
[Win52] R.G. Winter, R.G., Phys. Rev. **85** (1952) 687
[Win88] K. Winter, Phys. Bl. **44** (1988) 73
[Win95] K. Winter, Nucl. Phys. B (Proc. Suppl.) **38** (1995) 211
[Wit81] E. Witten, Nucl. Phys. **B 186** (1981) 412
[Wit84] E. Witten, Phys. Rev. **D 30** (1984) 272
[Wla59] N.A. Wlassow, Neutronen (VEB Deutscher Verlag der Wissenschaften, Berlin, 1959)
[Wol64] L. Wolfenstein, Phys. Rev. Lett. **13** (1964) 562
[Wol78] L. Wolfenstein, Phys. Rev. **D 17** (1978) 2369
[Wol79a] L. Wolfenstein, Phys. Rev. **D 20** (1979) 2634
[Wol79b] S. Wolfram, Phys. Lett. **B 82** (1979) 65
[Wol81] C. Wolfenstein, Phys. Lett. **B 107** (1981) 77
[Won91] H.T. Wong et al., Phys. Rev. Lett. **67** (1991) 1218
[Won92] H.T. Wong et al., Vortrag auf der Tagung der Deutschen Physikalischen Gesellschaft (DPG) 1992
[Wri92] E.L. Wright et al., Ap. J. **396** (1992) L13
[Wu57] S. Wu et al., Phys. Rev. **105** (1957) 1413
[Wu66] C.S. Wu und S.A. Moszkowski, Beta Decay (Interscience Publishers, New York, 1966)
[Wu86] Y.-S. Wu und Z. Wang, Phys. Rev. Lett. **57** (1986) 1978
[Wu91] X.R. Wu, A. Staudt, H.V. Klapdor-Kleingrothaus, C.R. Ching und T.H. Ho, Phys. Lett. **B 272** (1991) 169
[Wu92] X.R. Wu, A. Staudt, T.T.S Kuo, H.V. Klapdor-Kleingrothaus, C.R. Ching und T.H. Ho, Phys. Lett. **B 276** (1992) 272
[Wue89] W.U. Wuensch et al., Phys. Rev. **D 40** (1989) 3153
[Yan79a] J. Yang, D.N. Schramm, G. Steigman und R.T. Rood, Astrophys. J. **227** (1979) 697
[Yan79b] T. Yanagida, Proc. Workshop on Unified Theory und the Baryon Number of the Universe, KEK, eds. O. Sawada und A. Sugimoto (1979)
[Yan84] J. Yang et al., Astrophys. J. **281** (1984) 493
[Yas83] S. Yasumi et al., Phys. Lett. **B 122** (1983) 461

[Yas86]	S. Yasumi et al., Phys. Lett. **B 181** (1986) 169
[You58]	D.A. Young, Nature **182** (1958) 375
[You91]	Ke You et al., Phys. Lett. **B 265** (1991) 53
[Yuk35]	H. Yukawa, Proc. Phys. Math. Soc. Japan **17** (1935) 48
[Zac85]	V. Zacek et al., Phys. Lett. **B 164** (1985) 193
[Zac86a]	G. Zacek et al., Phys. Rev. **D 34** (1986) 2621
[Zac86b]	V. Zacek, Physik in unserer Zeit **4** (1987) 114
[Zac86c]	V. Zacek, Proc. WEIN'86, ed. H.V. Klapdor, Springer, Heidelberg, 1986, S. 750
[Zde81]	Yu. Zdesenko et al., Izv. Akad. Nauk SSSR, Ser. Fiz. **45** (1981) 1856
[Zde91]	Yu. Zdesenko, J. Phys. **G 17** (1991) S243
[Zde93]	Yu. Zdesenko, priv. Mitteilung
[Zel68]	Ya.B. Zel'dovich, Sov. Phys. Usp. **11** (1968) 381
[Zel83]	Ya.B. Zel'dovich und I.D. Novikov, The Structure and Evolution of the Universe (Univ. Chicago Press, Chicago, 1983)
[Zer92]	P.M. Zerwas (ed.), Proc. e^+e^- Collisions at 500 GeV: The Physics Potential, DESY-Report 92-123 A+B (1992)
[Zer93]	P.M. Zerwas, Phys. Bl. **49** (1993) 187
[Zhi80]	A.R. Zhitnitsky, Sov. J. Nucl. Phys. **31** (1980) 260
[Zli91]	I. Zlimen et al., Phys. Rev. Lett. **67** (1991) 560
[Zub93]	K. Zuber und H.V. Klapdor-Kleingrothaus, Phys. Bl. **49** (1993) 125
[Zwe64]	G. Zweig, CERN 8182 - TH401, CERN 8419 - TH412 (1964)

Quellennachweis

Abb. 2.17
: aus Chris Quigg, Gauge Theory of the Strong, Weak and Electromagnetic Interactions (pg. 158), © 1983 by Benjamin Cummings Publishing Company, Inc. Reprinted by permission of Addison-Wesley Publishing Company, Inc.

Abb. 1.9, 1.11, 2.5b, 2,6, 2.7a,b, 2.8, 2.9, 2.10a,b, 2.11, 2.12, 2.13
: aus H. Schopper, Materie und Antimaterie, © R. Piper Gmbh & Co. KG, München 1989

Abb. 3.4
: aus Edward W. Kolb and Michael S. Turner, The Early Universe (pg. 130), © 1990 by Addison-Wesley Publishing Company, Inc. Reprinted by permission of the publishers.

Abb. 2.3, 2.4, 2.5, 2.24
: Reprinted with the permission from PHYSICS THROUGH THE 1990S: ELEMENTARY PARTICLE PHYSICS. Copyright 1986 by the National Academy of Sciences. Courtesy of the National Academy Press, Washington, D.C.

Abb. 6.7, 6.45, 7.4, 7.27
: aus F. Boehm, P. Vogel, Physics of Massive Neutrinos, 2nd edition (1992), Cambridge University Press, Cambridge

Abb. 5.4, 10.4, 10.5, 10.6
: aus Ann. Rev. Nuclear Particle Science, Copyright 1982 und 1989, mit Genehmigung von Annual Reviews, Inc.

Abb. 9.4
: aus Nature, mit Genehmigung von Nature, Copyright 1990, Macmillan Magazines, Ltd.

Abb. 8.3
: nach Superheavy Magnetic Monopoles' by R.A. Carrigan, W.P. Trower. Copyright 1982 by Scientific American, Inc. All rights reserved.

Abb. 4.6
: aus J.M. LoSecco, Comm. Nucl. Part. Phys. **15** (1985) 23. © 1985 by Gordon and Breach, Science Publ.

Sachverzeichnis

ACC 107
^{8}B-Neutrinos 339, 340, 344, 349–351
ADA 107
additive Materieerzeugung 511
Adiabatentheorem 365
adiabatische Näherung 359, 365
ADONE 107
Airy-Experimente 479–482, 484
ALEPH 93, 108
allgemeine Relativitätstheorie 424–428
Anomaliefreiheit 12
Antimaterie 476, 477
Antineutrino-Deuterium-Streuung 330
Antiteilchen 13, 32, 69, 70
Anzahl von Flavours 141, 142
appearance-Experiment 311, 318, 331, 334
Äquivalenzprinzip 469–471, 485
asymptotische Freiheit 23, 52, 58
atmosphärische ν 383–385
Atomuhr 509–513
Auger-Elektronen 202, 218, 236, 342, 344, 374
äußere Symmetrie 27
Austauschbosonen 16, 18
Austauschwechselwirkung 16
Axialvektorkopplung 208
Axion 81, 131, 183, 370, 431, 433, 436, 442–445

Baksan-Untergrund-Labor 379, 380
Baryogenese 131
Baryon-Antibaryon-Asymmetrie 131, 174
Baryonen 13, 14
Baryonendichte 138
Baryonenzahl 11, 55, 62, 63, 76, 80, 144–146, 148, 170, 184, 185, 236, 474–476, 487, 495, 506, 511, 515
baryonenzahlabhängige fünfte Kraft 474–476, 487
baryonische dunkle Materie 430–431
beam dump-Experiment 332, 333
Beauty 11, 12
Beschleuniger 82–124
Beschleunigerexperimente zu ν-Oszillationen 330–334
Bessel 417
Betatron 84
β-verzögerte Neutronenemission 202
– Spaltung 202
β-Zerfall 23, 29, 520
– des Neutrons 188
Bethe-Bloch-Formel 404
Bethe-Weizsäcker-Zyklus 336
Big Bang-Modell 125
$(B - L)$-Erhaltung 62, 63, 76, 77, 115, 184, 235
$(B - L)$-Symmetrie 237, 238
Bolometer 281
Bonn-Potential 252
Borexino 373
Bose-Einstein-Statistik 32
Boson 13, 64, 65
Bottom 11, 12
bottom up model 436
Bouguer-Korrektur 480
b-quark 11
brauner Zwerg 430
Brechungsgesetz 176

Brechungsindex 354
Bugey 325, 329

Cabibbo-Mischung 24, 33
Cabibbo-Winkel 33, 34, 209
Cabrera-Experiment 407, 408
Cäsiumuhr 510, 513
Cavendish-Experiment 478
Cerenkovzähler 157, 348, 459
CERN 91, 92
CESR 99, 107
Chandrasekhar-Grenze 294
Charm 11, 12, 107
chirale Symmetrie 183, 370
Chlor-Experiment 341–350, 367, 370, 371
Chooz 330, 385
CHORUS 334, 379
closure approximation 247
CNO-Zyklus 336, 337, 341
COBE-Satellit 127, 427, 431
Collider 89–94
compositeness 13, 241
confinement 22, 52, 58, 130, 131
Cooper-Paar 402
Coulomb-Gesetz 21, 53, 57
Coulomb-Term 520
CP-Invarianz 187
CP-Konjugation 29
CPT-Theorem 30–32, 187, 477
CP-Verletzung 30, 32–37, 131, 145, 173
Curie-Temperatur 46, 47

Davis 342
Davis-Experiment 341–350, 367, 369–371
de Broglie-Wellenlänge 82
de Sitter-Universum 134
Debye-Temperatur 281
Decelerationsparameter 425
DELPHI 93
Demokrit 9
DFSZ-Axion 436
D-Häufigkeit 136

Dicke 126, 487
Dilatationssymmetrie 474
Dilaton 474
Dipolmoment elektrisches 31, 37, 170–197
Diquark-Diagramm 173
Dirac 386, 389, 393, 499–501, 512
Dirac-Gleichung 41, 69
Dirac-Monopole 406–407
Dirac-ν 68–74, 233, 290, 372, 432, 447, 448
Diracsche Quantisierungsbedingung 389–394
direkte CP-Verletzung 35
disappearance-Experiment 318, 319
diskrete Symmetrieoperationen 27, 28
domain walls 440
Doppelbetazerfall 55, 61, 63, 80, 199, 228–292
– neutrinoloser 231–237, 247–250
– 2ν 231–236, 244–247
Doppelpositron-Emission 288
Doppler-Effekt 126
Dopplerverschiebung 421
DORIS 99, 107, 227
down quark 11
Drehimpulserhaltung 27, 41, 503
Dreiecksanomalie 184
^{3}He-Häufigkeit 136
^{3}He-Zähler 327
K-Strahlung 126, 127, 132
Drell-Effekt 405
dunkle Materie 80, 198, 226, 416–451
Dyson 501

e^+e^--Annihilation 89
$E_8 \otimes E_8$ 67
Eddington 335
effektive Kopplungskonstante 53, 56–60, 116
– Masse 237, 248, 275, 281, 284, 286, 289, 290
Eichbosonen 37

Eichfeld 42
Eichgruppe 44
– abelsche 44
– nichtabelsche 44
Eichprinzip 38–44
Eichsymmetrie 37
Eichtheorie 27, 37–55
Eichtransformation 40, 42, 43
Eigenparität 29
einfache Gruppe 38, 56
$1/r^2$-Gesetz 479–484
Einstein-Friedmann-Lemaitre-
 Gleichungen 129, 133, 425, 426
Einsteinsche Feldgleichungen 424
Eisenkalorimeter 155
elektrisches Dipolmoment 170–184
– – des ν 371
elektromagnetische Wechselwirkung 15,
 21, 22, 29, 37, 48, 54
Elektromagnetismus 39–40
Elektron 10
Elektroneinfang 199–201, 220, 342, 374
Elektronenzerfall 279
Elektron-Positron-Konversion 288, 289
elektroschwache Wechselwirkung 24, 38,
 48–53
Elementarteilchentheorie 9
e-μ-τ-Universalität 25, 112
Energieerhaltung 27, 41, 501, 502, 525
Energiespektrum des β-Zerfalls 202–205,
 221
– – Doppelbetazerfalls 232
Eötvös-Experiment 485–489
Eöt-Wash-Experiment 494–496
erlaubte β-Zerfälle 206, 208
euklidische Metrik 129, 425
euklidisches Universum 127
Extra-Dimensionen 504–508, 517

Familie 12, 13
Farbladung 21, 22, 51, 52
Farbsingulett 52–54
Farbwechselwirkung 15, 22, 49, 53, 58,
 452

Feinstrukturkonstante 513–514, 517,
 518, 520–524
Feldstärketensor 39
Fermi 198
Fermi-Dirac-Statistik 32
Fermifunktion 209–211, 249
Fermiintegral 211
Fermikonstante 517
Fermi-Kopplungskonstante 208, 357
Fermion 10, 13, 54, 65, 67
Fermi's Goldene Regel 202, 245
Fermi-Übergänge 207–208, 249
Fernwirkung 16
Ferromagnetismus 46
Feynman-Diagramm 16, 17
Fierz-Transformation 357
Fischbach 488
fixed-target Experimente 85–87
Flachheitsproblem 133, 426
Flavor 11
Flavoroszillationen 307–310
Fluchtbewegung 126
fraktionell elektrisch geladene Teilchen
 414, 452–467
Fréjus-Detektor 156, 164, 191, 258,
 384
frühes Universum 125
ft-Wert 344
Fünfte Kraft 468–498
Furry 233

Galaxienentstehung 426–428, 435, 440
Galaxienhaufen 423–424
Galilei 493
Gallex 291, 375–379
Gallium-Experimente 374–381
Gamow 126, 500
Gamow-Teller-Übergänge 207–209, 243,
 244, 249
Gauß 417
geladene schwache Ströme 23, 24, 49,
 50, 55
Gell-Mann-Nishijima-Formel 12
Generation 12, 13

geochemische $\beta\beta$-Experimente 264–266
geophysikalisches Fenster 478
Georgi 146
Germaniumdetektor 271, 272
g-Faktor 22, 116
GIM-Mechanismus 33
Glashow 146, 237, 291
Glashow-Weinberg-Salam-Modell 24, 48–51, 238
globale Eichtransformation 41
Gluino 66
Gluon 16, 21, 22, 52, 90, 107
Gluon-Bremsstrahlung 118
Goeppert-Mayer 231
Goldhaber 26, 154
Gösgen-Experiment 301, 321, 322, 324, 325, 327, 329
Gran-Sasso-Untergrundlabor 165, 258, 270, 275, 276, 281, 375, 411
Graviphoton 476
Graviskalar 476
Gravitation 15, 21–23, 67, 128, 418
Gravitationskonstante 143, 499, 500, 509–513, 517, 518
Gravitationslinseneffekt 440
Gravitino 66
Graviton 471, 476
Gravivektor 476
GUT 55–56, 75–78, 237, 238
GUT-Monopole 394–398, 407–415
GUT-Symmetrie 65
GUT-Wechselwirkung 15, 129

Hadronen 13
Hadronenjets 109
hadronische Zerfälle 25
Halbleiter-Experimente zum $\beta\beta$-Zerfall 271–280
Halo von Galaxien 421
Heidelberg-Moskau-$\beta\beta$-Experiment 273–279, 284, 286–287
Heisenberg-Bild 27
Heisenbergsche Unschärferelation 19, 21, 203, 469, 471

heiße dunkle Materie 435
Helioseismologie 351
Helizität 26, 69, 234
HERA 85, 91, 96, 97
Higgsino 66
Higgs-Massen 102, 117
Higgs-Mechanismus 43, 47, 48, 50, 61
Higgs-Teilchen 51, 79, 102
HII-Region 136, 421
Hintergrundstrahlung (kosmische) 126–132, 427
– Neutrino- 132, 199
Höhenstrahlung 154
Homestake-Goldmine 154, 272, 342
Horizontproblem 133
HPW (Protonzerfallsexperiment) 158
Hubble E.P., 126, 428
Hubble-Konstante 125, 126, 416, 425, 500
hydrostatische Brennphase (von Sternen) 294
hyperbolische Metrik 129, 425
Hyperladung 475
Hyperon 23

ICARUS 385
ICARUS-Projekt 165, 192, 385
ILL Grenoble 177, 179, 180, 182, 194, 195, 321
IMB-Experimente (p-Zerfall atmosp. ν's, Monopole) 158, 164, 296, 397
impulse approximation 247
Impulserhaltung 27, 41
indirekte CP-Verletzung 35
Induktionstechniken 401–403, 407–409, 411
Inflation 81, 133, 399, 426, 429
inhomogener Urknall 139
innere Bremsstrahlung 219–220
– Symmetrie 27
intermediäre Vektorbosonen 19
Invarianzen 26–37
Ionenstrahlexperimente zum Nachweis fraktionell geladener Teilchen 459–463

Ionisationsdetektoren 403, 404
Ionisationskammer-Experimente 268–271
IRAS 416
isobarer Analogzustand 343
Isospin 11, 12, 476, 492
ISR 91, 106
ITEP 215

J/ψ 107
jahreszeitliche Modulation (des solaren ν-Flusses) 369
Jeans-Kriterium 132, 435
Josephson-Effekt 281

K_{e3}-Zerfall 332
kalte dunkle Materie 436
Kaluza 504
Kaluza-Klein-Theorie 44, 68, 151, 387, 396, 501, 503–505, 517, 518
Kamioka-Erzmine 158, 348
Kamiokande 191
Kamiokande-Experiment 163, 164, 191, 341, 347–350, 367, 384
Kernbetazerfall 199–220
Kernmatrixelemente 205–209
Kernpotential 190, 192, 254, 256
Kernstrukturrechnungen 192, 193, 251–256, 284
KGF (p-Zerfallsexp.) 156
King-Silbermine 158
Klein 504
Klein-Gordon-Gleichung 19, 20, 43
K-Mesonen 29
Kobayashi-Maskawa-Matrix 33, 34, 36, 54, 104
Kobayashi-Maskawa-Modell 33, 34, 173, 183
Kolar-Experiment 156, 163
Kolar-Goldmine 156
Kompaktifizierung 67
kontinuierliche Symmetrieoperationen 27
Kontinuitätsgleichung 39
Konversionselektronen 202
Kopplungskonstante 147
– gleitende 57–60
Kosmion 351, 431, 438, 449
kosmische Strahlung 161, 456–459
– Strings 434, 439
kosmologische Konstante 126, 129, 133, 425, 428–441
kosmologisches Standardmodell 125–132
kovariante Ableitung 42
Kreisbeschleuniger 84, 85
kritische Dichte 139, 416, 425
Kryodetektor zum $\beta\beta$-Zerfall 281
Kurie-Diagramm 211–213, 222–224, 273
Kuzmin 186, 374

ladungsändernde schwache Ströme 23, 24
Ladungskonjugation 13, 29
Lagrange-Funktion 27
Lagrangemultiplikator 353
Lamb-Shift 22, 57, 116, 172
LAMPF 332
Landau 29
Landau-Ginzburg-Näherung 46
Landé-Faktor 510
LANL 218
Larmorfrequenz 174, 179, 181, 510
LEAR 99
Lee-Weinberg-Grenze 143
LEP 54, 91–93
Leptonen 10–13, 54
Leptonenzahl 11, 55, 61, 63, 71, 72, 76, 148, 184, 185, 199, 231, 233, 236, 303, 304, 475
leptonische Zerfälle 25, 30
Leptoquarks 105
LHC 80, 91, 97, 98
Linearbeschleuniger 84, 85
Linear-Collider 93
Links-Rechts-Symmetrie 63, 64, 173, 174, 182, 185, 237, 238
lokale Symmetrie 42
long baseline ν-Experimente 165, 385

Sachverzeichnis 571

Lorentz-Eichung 40
Lorentz-Invarianz 47
Lorentz-Kraft 84
LSP (leichtes supersymmetrisches Teilchen 437
Luminosität 82, 90
LVD-Experiment 165
L3-Experiment 93

MACHO 417
MACRO 411–413, 451
magnetische Monopole 62, 81, 133, 386–415, 439, 458
– Resonanz 174
magnetisches Moment des ν 73, 370–373
Majorana-Beschreibung 70–73
Majoranacharakter 61
Majorana-Masse 131
Majorana-Neutrino 68, 71–73, 290–292, 372, 432, 449
Majoron 77, 115, 143, 144, 232, 235, 238, 239, 250, 267, 277, 291, 433
Majoron-Kopplung 281–287
MARK-II-Detektor 95
Masseneigenzustand 33, 221
Massenmatrix 74, 305–306, 354, 355
Materie-Antimaterie-Asymmetrie 131, 497–498
Maxwell-Gleichungen 39, 40, 387–389
Maxwellscher Spannungstensor 388
Mehrschicht-Spurendetektoren 155
Meissner-Ochsenfeld-Effekt 446
Mesonen 13, 14
Mikheyev-Smirnov-Wolfenstein-Effekt 352, 354–370
Millikan-Versuch 453–455, 463–464
Mills 503
minimale Kopplung 392
Minkowski 504
Molekülstrahlapparatur 177
MOND-Theorie 429
Mont-Blanc-Tunnel 156
Mößbauer-Effekt 470
MSW-Effekt 352, 354–370

Multipletts 44
multiplikative Materieerzeugung 511
μ-Zerfall 23
Myon 10
Myonneutrinomasse 226–228

Nahwirkung 16
Nambu-Goldstone-Boson 47
Naturkonstanten Zeitabhängigkeit, 499–525
neutrale schwache Ströme 24, 50
Neutrino 10, 68–78, 432–436
– superschweres 77, 241
Neutrino-Elektroneinfangreaktion 200
Neutrino-Elektron-Streuung 354
Neutrino-Elektron-Wechselwirkungslänge 361
Neutrino-Hintergrundstrahlung 132, 199
Neutrinomasse 55, 61, 73–75, 77, 115, 131, 198–303
Neutrino-Mischung 289–292, 303, 305–306
Neutrino-Nachweis 325, 326
Neutrino-Oszillationen 199, 303–385
Neutrino-Potential 248, 249, 254
Neutrino-Quark-Streuung 90, 354
Neutrino-Stabilität 291, 302
Neutrino-Zerfall 199, 291, 298–302, 373
Neutron 170–197
Neutronendetektor 326
Neutronenflasche 177, 179–182
Neutronenspiegel 175–177
Neutronenstern 294, 397, 398, 430
Neutronlebensdauer 140
nichtbaryonische dunkle Materie 431–451
Nichtstandard-Sonnenmodelle 350–351
NLC-Beschleuniger 96
$n\bar{n}$-Oszillationen 170, 184–197, 497
Noether-Theorem 41
NOMAD 334, 379
Nuklearit 451
Nukleon 9, 10

Nukleon-Nukleon-Wechselwirkung 252, 255
Nukleonzerfall 506
NUSEX 156, 384

OEM 247, 253, 254
Oklo 520
OPAL 93
Opazität 344, 351, 421, 422
operator expansion Methode 247, 253, 254
optisches Potential 190
Oszillationslänge 310, 312, 314, 317, 362

Paarungsenergie 229
Paris-Potential 192, 252
Parität 28, 68
Paritätsverletzung 23, 26, 145
Parker-Limit 399, 400
Pati-Salam-Modell 60, 185
Pauli 198
Pauli-Prinzip 203, 435
Pauli-Spinmatrizen 41, 208
Peccei-Quinn-Mechanismus 370
Peccei-Quinn-Modell 183
Peccei-Quinn-Symmetrie 434, 436
Penning-Effekt 405
Penzias A., 126
PEP 107
PETRA 107
Phasenraumintegral 246, 265, 266
Photino 66
Pion 20
π-Zerfall 199
Planck-Länge 504
Planck-Masse 67, 127
Plancksches Wirkungsquantum 514
Planck-Zeit 127–130, 133
(p,n)-Reaktion 344, 374
Polyakov 394
Pontecorvo 303
Positron 13
Pound 470

pp-Neutrinos 339, 340, 342, 351, 374, 377
pp-Zyklus 336, 337, 341
prähistorischer Reaktor 520–524
Präonen 13, 433, 453
primordiale Nukleosynthese 125, 134–143, 426, 430, 516–519
Propagatorterm 17
Protonzerfall 55, 61, 122, 144–169
Pseudo-Dirac ν 74
Pseudoskalar 26

QCD (Quantenchromodynamik) 22, 36, 51–53, 118
QCD-Vakuum 36
QED 22, 43
QRPA-Modell 251, 253
Quantenelektrodynamik 43
Quantentheorien der Gravitation 471, 476–477
Quantisierung der elektrischen Ladung 391, 392
Quark-Confinement 452–453
Quark-Gluon-Plasma 131
Quark-Lepton-Struktur 10
Quark-Nuggets 434, 441, 451
Quarkonium 107
Quarks 10–14, 54, 452–467
quasifreie Neutronen 193

Rabi 177
Radarechoverfahren 509
radiochemische $\beta\beta$-Experimente 266–267
Ramsey-Puls 181
Reaktor 177, 180, 194, 300, 317, 320–330
Reaktorexperimente 320–330
Reaktorneutrinospektrum 317, 323, 324
Rebka 470
Rechts-Links-Asymmetrie 29
Rechts-Links-Symmetrie 64, 173, 174, 182, 185, 237, 238
Regenerationseffekt 368
Reichweite 19–21

Reines 154
Renormierbarkeit 38, 66
Renormierungsgruppengleichung 57–59, 120, 131, 150
Reynoldszahl 490
Riemann 504
Robertson-Walker-Metrik 128, 424
Rotationskurven (von Galaxien) 416, 418–423
Rotverschiebung 126, 470, 514
Rovno 321, 325, 329
R-Parität 239, 241, 437
r-Prozeß 135, 202
Rubakov-Callan-Effekt 396, 397
Rubidiumuhr 510
running coupling constant 57–60
Rutherford Streuquerschnitt 18

Sacharov 145, 184
Sage-Experiment 379–381
San Onofre 330, 385
Sättigungscharakter (der Kernkräfte) 229
Savannah River 321, 329
Schattenmaterie 433, 441
Schrödinger-Bild 27
Schrödinger-Gleichung 27
schwache Wechselwirkung 15, 21, 23–26, 29, 37, 48, 53
schwarzes Loch 294, 430
Schwebeexperimente zum Nachweis fraktionell geladener Teilchen 463–467
schwere Masse 469
See-Quark 13
See-saw-Mechanismus 75, 76, 78, 367
See-saw-Modell 78
semileptonische Zerfälle 25
Shapiro 512
Shlyakhter 520, 524
^{7}Li-Häufigkeit (kosmische) 136
17-keV-Neutrino 221–226
Simpson 223
SLC 54, 91, 93–96

s-Lepton 66
Smirnow 354, 363
Smith 177
Snellius 176
Sneutrino 448
SNU 344
SN1987A 373, 444
solare Neutrinos 164, 334–373
solarer ν-Fluß 339
solares Neutrino-Problem 345, 350, 359, 450
– ν-Spektrum 341
Solarkonstante 338
Sonnenaktivität 345, 347
Sonnenzyklus 370
Soudan-Erzmine 156
Soudan-II-Detektor 156
$SO(10)$-Modell 62–64, 77, 185, 237
$SO(32)$ 67
Spallation 135
SPEAR 107
Speicherring 82, 86, 88
Sphaleron 80
Sphaleron-Effekt 131
sphärische Metrik 129, 425
spin-flip 371
Spin-Flip-Übergang 177, 181
Spinor 69
Spin-Statistik-Satz 32
Spiralgalaxie 418, 419, 421
spontane Kompaktifizierung 504
– Spaltung 153, 266
– Symmetriebrechung 43–48, 134
SPPS 91
s-Prozeß 135
Sprungtemperatur 47
s-Quark 66
SQUID 403
SSC 80, 91, 98
Standardmodell 37–55, 102, 108–122
– (kosmologisches) 125–143
Standard-Sonnenmodell 335, 336
starke Wechselwirkung 15, 21–23, 29, 37, 51–53

574 Sachverzeichnis

Stark-Effekt 172
starkes CP-Problem 37, 183, 369, 436, 506
Steady-State-Modelle 127
sterile Neutrinos 319
sterile ν 371
steriles Neutrino 292, 371
Stokessches Gesetz 454, 489
Störungsrechnung zeitabhängig, 202, 241, 245
Strahlungsdruck 128
Strahlungskorrekturen 115
Strangeness 11, 12, 29, 148, 475
strange quark 11
Streuamplitude 175, 354, 355
Streulänge 176
Streumatrix 241
String 67
Stückelberg 145
Subquark 13, 146, 453
Substanzabhängigkeit der Gravitation 485–498
Sudbury-Neutrino-Observatorium 381–383
Supergravitation (SUGRA) 67, 505, 506
Superkamiokande 158, 164, 192
Supernova 164, 293–298
– SN 1987A 199, 238, 291, 293–298
Superstrings 67, 78
Superstring-Theorie 506, 517
Supersymmetrie 62, 65–67, 118–122, 151, 241
superweak model 172
Supraleiter 46, 47
Supraleitung 281, 445–446
SUSY-Doppelbetazerfall 241, 250, 286, 287
SUSY-GUT 151
SUSY-Teilchen 81, 105, 433, 437, 438
$SU(2)$ 49, 58
$SU(2)_L \otimes U(1)$-Gruppe 37, 54
$SU(3)$-Symmetrie 22, 38, 51–53, 58
$SU(5)$ 38, 56, 60–62, 76, 118, 146–151, 237

$SU(5)$-Symmetrie 129
Symmetrieoperation 26–32
Synchroton 85
Synchrotronstrahlung 85
Szintillationszähler-Experimente zum $\beta\beta$-Zerfall 280

Tag-Nacht-Effekt (des solaren ν-Flusses 368
Tauneutrinomasse 226–228
Tauon 10
τ-Zerfall 199
Teilchen-Teilchen-Wechselwirkung 252, 255
Teller 500, 501
tempon 499
Tevatron 91, 106
Textures 440
thermodynamisches Nichtgleichgewicht 131
θ-Problem 37, 182–183, 436, 506
Thiokol-Salzbergwerk 158
't Hooft 394
TOE (= Theorie of Everything) 79
Top 11
top down model 435
topologische Defekte 394–395, 438–440
– Quantenzahl 36
top-Quark 11, 104, 115–118
Totalreflexion 176, 177, 179
TPC 268
track-etch-Detektor 403, 405, 406, 412–415
träge Masse 469
– – des Photons 470
Triga-Mark-II-Reaktor 194
Tripel-Gluon-Vertex 120
Tritiumexperimente 214–219
Tritiumzerfall 199, 214, 215, 217
Tröpfchenmodell 230
Turmexperimente 483–484

UNK 98
Universum, großräumige Struktur 427

Sachverzeichnis

Unschärferelation 203, 469, 471
Urknall 79, 125–127, 130, 226
$U(1)$ 49, 58

Vakuumenergiedichte 133, 134
Vakuumpolarisation 57, 58
Valenzquarks 13
Valin 215, 216
V-A-Struktur 55
Vektorkopplung 208
VEPP4, 107
verbotene Übergänge 207
Vertex 16
Viererpotential 39
^{4}He-Häufigkeit (kosmische) 135–136, 141
Viking-Projekt 512
Virialsatz 423, 424
virtuelle Austauschteilchen 16
von Weizsäcker Massenformel, 229, 520
Vorwärts-Rückwärts-Asymmetrie 116

W^+W^--Paarerzeugung 93
Wasser-Cerenkov-Zähler 157–158
Wasserstoffmaser 510
W-Boson 16, 23, 24, 50, 51, 53, 56, 106
– rechtshändiges 241
Wechselwirkungen 14–26, 468
Weinberg 148
Weinberg-Winkel 38, 50, 62, 104, 115–122
weißer Zwerg 430
Weyl 144, 504
Weyl-Spinor 70

Wiensches Verschiebungsgesetz 422
Wigner 145, 231
Wilson 126
WIMP 81, 351, 431–450
Wino 66
Witten 504
Wolfenstein 36, 172, 174, 354
Wu 26
Wüste (in GUT-Modellen) 60

X-Boson 16, 56, 61, 122, 130, 145, 147

Yang 503
Y-Boson 16, 56, 61, 122, 130, 145, 147
Yukawa 20
Yukawa-Potential 471–474

Zähler-Experimente zum $\beta\beta$-Zerfall 267–281
Zeeman-Aufspaltung 399
zeitabhängige Gravitationskonstante 430
Zeitprojektionskammer 268, 270
Zeitumkehrinvarianz 30–33, 37, 171, 172, 393, 394
Zerfallskanäle im Protonzerfall 148
Zino 66, 250
Zustandstheorien 30
Zweizustandssystem 187, 314
Z^0-Boson 16, 24, 50, 51, 53, 56, 93, 106, 108–111
Z^0-Breite 54, 110, 111
Z^0-Masse 110, 111

Wille
Physik der Teilchenbeschleuniger und Synchrotronstrahlungsquellen

Eine Einführung

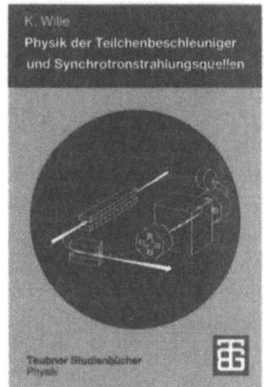

Teilchenbeschleuniger werden in der Physik seit den zwanziger Jahren eingesetzt, um die Struktur der Materie experimentell zu untersuchen. Aus den einfachen zunächst elektrostatischen Beschleunigern mit Energien von wenigen MeV haben sich heute sehr große Anlagen bis zu Energien von 1 TeV entwickelt. Diese erzeugen ihre Beschleunigungsspannung aus leistungsstarken Hochfrequenzgeneratoren. Als besonders erfolgreich haben sich die Speicherringe erwiesen, bei denen sehr hohe Teilchenströme mit konstanter Energie gegeneinander umlaufen und in den Teilchendetektoren kollidieren. In Ringbeschleunigern umlaufende Elektronen senden bei hinreichend hohen Energien scharf nach vorn gebündelte Synchrotronstrahlung aus, eine elektromagnetische Strahlung, deren Spektrum vom sichtbaren Licht bis in den Röntgenbereich reicht. Diese wird heute vor allem im Bereich der Festkörperphysik mit großem Erfolg eingesetzt. Dazu wurden spezielle Magnete, die Wiggler und Undulatoren entwickelt. Besonders intensive kohärente Strahlung wird mit Free Elektron Lasern erreicht.

Aus dem Inhalt

Die wichtigsten Beschleunigertypen – Synchrotronstrahlung – Bewegungsgleichung für Strahlführungssysteme – Konventionelle Eisenmagnete – Supra-

Von Prof. Dr.
Klaus Wille,
Universität Dortmund

1992. X, 318 Seiten.
13,7 x 20,5 cm.
Kart. DM 34,80
ÖS 272,– / SFr 34,80
ISBN 3-519-03087-X

(Teubner Studienbücher)

leitende Magnete – Transformationsmatrizen – Dispersion – Betafunktion – Phasenelipse – Strahlemittanz – Anpassung der Strahloptik – Optische Resonanzen – Chromatizität – Dynamische Apertur – Lokale Orbitbeulen – Injektion und Ejektion – Hohlleiter und Hohlraumresonatoren (Cavities) – Linac-Strukturen – Klystron-Modulator – Phasenfokussierung und Synchrotronfrequenz – Separatrix – Strahlungseffekte – Robinsontheorem – Natürliche Strahlemittanz – Luminosität – Raumladungsgrenze – Wiggler und Undulatoren – Undulatorstrahlung – Free-Electron-Laser (FEL) – FEL-Verstärkung – Madey Theorem – Optisches Klystron

B. G. Teubner Stuttgart

MIX
Papier aus verantwortungsvollen Quellen
Paper from responsible sources
FSC® C105338

If you have any concerns about our products,
you can contact us on
ProductSafety@springernature.com

In case Publisher is established outside the EU,
the EU authorized representative is:
**Springer Nature Customer Service Center GmbH
Europaplatz 3, 69115 Heidelberg, Germany**

Printed by Libri Plureos GmbH
in Hamburg, Germany